A. Herbert Fritz/Günter Schulze (Hrsg.) · Fertigungstechnik

Fertigungstechnik

Prof. Dr.-Ing. A. Herbert Fritz
Prof. Dipl.-Ing. Hans-Dieter Haage
Prof. Dipl.-Ing. Manfred Knipfelberg
Dipl.-Ing. Klaus-Dieter Kühn
Dr.-Ing. Gerd Rohde
Prof. Dr.-Ing. Günter Schulze

Herausgegeben von
Prof. Dr.-Ing. A. Herbert Fritz und Prof. Dr.-Ing. Günter Schulze

Dritte, neu bearbeitete Auflage

 **VDI** VERLAG

CIP-Kurztitelaufnahme der Deutschen Bibliothek

Fertigungstechnik / A. Herbert Fritz ... Hrsg. von A. Herbert Fritz und Günter Schulze. – 3., neu bearb. Aufl. – Düsseldorf : VDI-Verl., 1995
   ISBN 3-18-401394-4
NE: Fritz, A. Herbert [Hrsg.]

Autorengemeinschaft

Professor Dr.-Ing. *A. H. Fritz*, Laboratorium für Produktionstechnik an der TFH Berlin: Abschnitt 3.12, 4.1 bis 4.2 und 5.1 bis 5.6

Professor Dipl.-Ing. *H.-D. Haage*, Technische Fachhochschule Berlin: Abschnitt 2.6, 2.8, 3.9, 3.11, 3.13, 4.8 und 5.7

Professor Dipl.-Ing. *M. Knipfelberg*, Fachhochschule Braunschweig/Wolfenbüttel: Abschnitt 2.1 bis 2.5 und 2.7

Dipl.-Ing. *K.-D. Kühn*, Technische Universität Braunschweig: Abschnitt 1 und 4.3 bis 4.6

Dr.-Ing. *G. Rohde*, MBB Kirchheim/Nabern: Abschnitt 4.7

Professor Dr.-Ing. *G. Schulze*, Technische Fachhochschule Berlin: Abschnitt 3.1 bis 3.8, 3.10 und 4.9

© VDI-Verlag GmbH, Düsseldorf 1995

Printed in Germany

Druck und Verarbeitung: Konrad Triltsch, Würzburg

ISBN 3-18-401394-4

Vorwort zur dritten Auflage

Die dritte Auflage berücksichtigt den Entwicklungsprozeß in der Produktionstechnik, da einzelne Fertigungsverfahren unter Kosten- und Qualitätsgesichtspunkten ständig untereinander konkurrieren. Beispielsweise haben gegossene Kurbelwellen zu einer Verminderung von Gesenkschmiedeteilen geführt. Andererseits sind viele – aus sehr vielen Teilen zusammengesetzte – Schweißkonstruktionen zu kompakten Schmiedeteilen umgestaltet worden. Die ununterbrochene Flut neu erscheinender EURO-Normen erforderte eine weitgehende Überarbeitung. Die Sachgebiete Schweißen, Löten und thermisches Trennen wurden vollständig überarbeitet. Die Trennverfahren wurden systematischer gegliedert, indem das Zerteilen von Blechen (Scherschneiden) mit dem Spanen und dem thermischen Schneiden zusammengefaßt wurden.

Beim Abschnitt Umformen wurden die Drückverfahren zur Herstellung rotationssymmetrischer Blechteile sowie die Biegeverfahren um die Rückfederungsfaktoren und -diagramme erweitert. Bei den konstruktiven Gestaltungsbeispielen zu den einzelnen Fertigungsverfahren liegen jetzt über 300 Gegenüberstellungen (unzweckmäßig/zweckmäßig) vor.

Soweit Euronormen bereits verabschiedet sind, wurden sie in den einzelnen Kapiteln aufgeführt. Diese Umstellung ist jedoch noch nicht abgeschlossen.

Berlin, September 1994   *A. Herbert Fritz*
                                                          Günter Schulze

Vorwort zur zweiten Auflage

Die erste Auflage des Fachbuches „Fertigungstechnik" hat in den vier Jahren seit Erscheinen eine erfreulich große Verbreitung gefunden. Konzeption und Inhalt dieses Lehr- und Nachschlagewerkes haben eine beträchtliche Anzahl von Zuschriften ausgelöst. Die Herausgeber danken insbesondere den Fachkollegen, die sowohl Druckfehlerberichtigungen als auch sachliche Verbesserungen vorschlugen und die Aufnahme von ergänzenden Sachgebieten anregten.

Außer der notwendig gewordenen Aktualisierung statistischer und werkstofftechnischer Daten sind viele Einzelheiten korrigiert oder überarbeitet worden. Die Sachgebiete „Löten", „Metallkleben" und „Thermisches Schneiden" wurden neu aufgenommen und durch die Abschnitte „Gestaltung von Sinterteilen", „Gestaltung von Lötverbindungen", „Gestaltung von Klebverbindungen" und „Gestaltung von Gewinden" ergänzt. Auf die fertigungstechnische Verarbeitung von Kunststoffen mußte wegen des sehr großen Umfangs dieses Bereiches weiterhin verzichtet werden.

Dem VDI-Verlag sei für die Bemühungen, die Ausstattung dieses Lehrbuches für das Studium und den Fertigungsbetrieb weiter zu verbessern, gedankt.

Berlin, Oktober 1989   *A. Herbert Fritz*
                                                        Günter Schulze

Vorwort zur ersten Auflage

Das vorliegende Lehr- und Nachschlagewerk „Fertigungstechnik" soll die Lücke schließen zwischen den großen mehrbändigen, überwiegend theorieorientierten Lehrbüchern der Fertigungstechnik und den ausschließlich für den Praktiker geschriebenen Büchern, die häufig nicht alle Aspekte der Fertigungstechnik ausreichend berücksichtigen.

Die Autoren haben sich das Ziel gesetzt, einen Überblick über die wichtigsten Fertigungsverfahren gemäß dem heutigen Wissensstand zu vermitteln. Die Beschränkung auf die wesentlichsten Grundlagen steht dabei im Vordergrund. Dies betrifft nicht nur die Anzahl der beschriebenen Verfahren, sondern auch den Umfang der theoretischen Erörterungen. Die Autoren waren zudem stets bemüht, die Grenzen, Möglichkeiten und die Leistungsfähigkeit der Verfahren aufzuzeigen. Ein wichtiges Mittel für die intensive Auseinandersetzung mit dem gebotenen Lehrstoff ist die unübliche große Anzahl der Schaubilder, Diagramme und Verfahrensskizzen. Dagegen haben die Verfasser auf Photographien von Maschinen und Anlagen weitgehend verzichtet, da der Informationswert solcher Bilder bei der Komplexität moderner Verfahren und Geräte sehr gering ist. Dem raschen Auffinden bestimmter Einzelheiten dient das umfangreiche Sachwortverzeichnis.

Die Reihenfolge der zu beschreibenden Verfahrensgruppen weicht aus verschiedenen Gründen von der in DIN 8580 vorgegebenen ab. Die in diesem Buch gewählte Folge, nämlich

- Gießen (Urformen),
- Schweißen (Fügen),
- spanende Fertigungsverfahren und
- spanlose Fertigungsverfahren (Umformverfahren)

wird in vielen Fachhochschulen und Universitäten bevorzugt.

Bei den Gießverfahren muß berücksichtigt werden, daß der Studienanfänger heute keinen gesicherten Bezug mehr zum Gießen hat. Eine anschauliche Darstellung ist daher ebenso wichtig wie das Herausstellen der praktisch unbegrenzten Gestaltungsmöglichkeiten. Der Entwicklungstrend geht hier eindeutig zu den Seriengießverfahren: Mehr als 70% aller erzeugten Gußstücke sind Serien. Der weitaus größte Anwender von Gußteilen ist mit 50% aller erzeugten Gußstücke der Fahrzeugbau.

Die Kenntnis noch so vieler verfahrenstechnischer Einzelheiten ist keine hinreichende Gewähr für den sinnvollen Einsatz der schweißtechnischen Fertigungsverfahren. Wesentlich ist die Erfahrung, daß die beim Schweißen ablaufenden Werkstoffänderungen einen erheblichen Einfluß auf die mechanischen Gütewerte der Schweißverbindung haben können. Die oft zitierte Grunderfahrung „Der Werkstoff diktiert die Schweißverbindungen" wird immer wieder in den Vordergrund gestellt.

Die spanenden Fertigungsverfahren sind wegen der erreichbaren Fertigungsgenauigkeit in Verbindung mit den vielfältigen Bearbeitungsmöglichkeiten von großer praktischer Bedeutung. Die Verfahren sind gegliedert in solche mit geometrisch bestimmten und solche mit geometrisch unbestimmten Schneiden. Die Autoren haben die neuesten Begriffe der Zerspantechnik berücksichtigt, die nach einer grundlegenden Neuordnung der DIN- und ISO-Normen neue Kurzzeichen erhalten haben. Die Technologie der wichtigsten Fertigungsverfahren ist in einem der Bedeutung und den bestehenden Tendenzen in der Fertigungstechnik entsprechenden Umfang wiedergegeben. Einheitlich sind für alle spanenden Fertigungsverfahren Gesichtspunkte zur Einteilung sowie Fertigungsmöglichkeiten, Werkzeuge und Berechnungsgrundlagen beschrieben.

Die Umformverfahren zeichnen sich dadurch aus, daß der Stoffzusammenhalt beibehalten wird. Da die als Rohling eingesetzte Masse konstant bleibt und im Fertigteil wiederzufinden ist, gibt es nur sehr geringe Materialabfälle. Die Umformverfahren sind vorwiegend gekennzeichnet durch die Kraftwirkungen, die zwischen der Umformmaschine und dem eingesetzten Werkzeug einerseits sowie dem umzuformenden Werkstück andererseits auftreten. Deshalb müssen zunächst die Beanspruchungen und Spannungszustände des Werkstoffs im Umformprozeß betrachtet und erläutert werden. Das Ordnungsprinzip der DIN geht von den beim Umformen herrschenden Spannungszuständen aus:

Druckumformen, Zugdruck-, Zug-, Biege- und Schubumformen.

Da man auch auf Grund der Ausgangsform des Rohlings zu der Unterteilung Massivumformung und Blechumformung kommen kann, wird abweichend von der Norm die Verarbeitung des blechförmigen Zuschnitts als Abschnitt „Schneiden von Blechen" angefügt. Der beim Praktiker noch bekannte Ausdruck „Stanzen" ist in der Norm nicht mehr enthalten.

Im Abschnitt Umformen wird zunächst jedes Verfahren in seinen Einzelheiten erklärt und dann der Kraft- und Arbeitsbedarf überschlägig berechnet. Diese Angaben sind nötig, um für eine bestimmte Fertigungsaufgabe die geeignete Maschine entsprechend ihrer Nennkraft und ihrem Arbeitsvermögen auszuwählen. Mitunter muß der Umformtechniker seine Fertigungsschritte in kleineren Stufen vorgeben, damit die vorhandenen kleineren Maschinen für die vorgesehene Umformaufgabe sinnvoll eingesetzt werden können.

Bei den Berechnungen greifen die Verfasser bewußt auf die elementare Plastizitätstheorie zurück; denn aufwendige moderne Verfahren benötigen einen großen Rechneraufwand, liefern aber keine genaueren Ergebnisse für den praktischen Einsatz im Betrieb.

Zu jedem Abschnitt des Buches werden konstruktive Hinweise in Form der Gegenüberstellung „zweckmäßige und unzweckmäßige Gestaltung" gegeben. Somit hat der Anfänger die Möglichkeit, grobe Fehler in der Gestaltung der Teile zu vermeiden, und der Praktiker wird daran erinnert, wie er die Bearbeitung und das Spannen von Werkstücken oder wie er Einflüsse auf die Spannungszusammensetzung im Werkstück bereits bei der Konstruktion berücksichtigen kann.

Berlin, März 1985

A. Herbert Fritz
Günter Schulze

Inhalt

1	**Einführung**	1
2	**Urformen**	5
2.1	Urformen durch Gießen	5
	2.1.1 Grundbegriffe der Gießereitechnologie	5
	2.1.1.1 Formen und Formverfahren	6
	2.1.1.2 Formverfahren mit verlorenen Formen	8
	2.1.1.3 Dauerformverfahren	9
	2.1.1.4 Schmelzen	9
	2.1.1.5 Gießen	10
	2.1.1.6 Putzen	12
	2.1.1.7 Wärmebehandlung	12
	2.1.1.8 Qualitätssicherung	12
	2.1.1.9 Konstruieren mit Gußwerkstoffen	15
2.2	Metallkundliche Grundlagen des Gießens	15
	2.2.1 Entstehung der Gußgefüge	15
	2.2.2 Stoffzustände	15
	2.2.3 Keimbildung und Impfen	16
	2.2.3.1 Homogene Keimbildung	16
	2.2.3.2 Impfen der Schmelze	18
	2.2.4 Kristallformen	19
	2.2.4.1 Globulare Kristallformen	20
	2.2.4.2 Säulenförmige Kristalle	21
	2.2.4.3 Dendritische Kristallformen	21
	2.2.5 Erstarrungstypen	21
	2.2.6 Isotropes, anisotropes und quasiisotropes Verhalten von Gußwerkstoffen	23
2.3	Gußwerkstoffe	24
	2.3.1 Eisengußwerkstoffe	24
	2.3.1.1 Gußeisen	25
	2.3.1.2 Temperguß	28
	2.3.1.3 Stahlguß	31
	2.3.2 Nichteisen-Gußwerkstoffe	33
	2.3.2.1 Leichtmetall-Gußwerkstoffe	34
	2.3.2.2 Schwermetall-Gußwerkstoffe	36
2.4	Gießbarkeit	38
	2.4.1 Fließ- und Formfüllungsvermögen	38
	2.4.2 Schwindung (Schrumpfung)	40
	2.4.3 Warmrißneigung	43
	2.4.4 Gasaufnahme	45
	2.4.5 Penetrationen	46
	2.4.6 Seigerungen	46
	2.4.7 Fehlerzusammenstellung bei Sandguß	47
2.5	Form- und Gießverfahren	47
	2.5.1 Formverfahren mit verlorenen Formen	48

2.5.1.1 Tongebundene Formstoffe   49
2.5.1.2 Kohlensäure-Erstarrungsverfahren (CO_2-Verfahren)   57
2.5.1.3 Maskenformverfahren   59
2.5.2 Formverfahren mit verlorenen Formen nach verlorenen Modellen   61
2.5.2.1 Feingießverfahren   61
2.5.2.2 Vollformgießverfahren   64
2.5.3 Formverfahren mit Dauerformen   66
2.5.3.1 Druckgießverfahren   66
2.5.3.2 Kokillengießverfahren   71
2.5.3.3 Schleudergießverfahren   73

2.6   Gestaltung von Gußteilen   74
2.6.1 Allgemeines   74
2.6.2 Gestaltungsregeln   74
2.6.3 Gießgerechte Gestaltung   75
2.6.4 Beanspruchungsgerechte Gestaltung   82
2.6.5 Fertigungsgerechte Gestaltung   84
2.6.6 Normung von Erzeugnissen aus Gußeisen   87
2.6.7 Normung von Erzeugnissen aus Stahlguß   87

2.7   Urformen durch Sintern (Pulvermetallurgie)   88
2.7.1 Pulvermetallurgische Grundbegriffe   89
2.7.2 Pulvererzeugung   90
2.7.3 Preßtechnik   91
2.7.4 Sintern   93
2.7.5 Arbeitsverfahren zur Verbesserung der Werkstoffeigenschaften   94
2.7.6 Anwendungen   95

2.8   Gestaltung von Sinterteilen   96
2.8.1 Allgemeines   96
2.8.2 Gestaltungsregeln   96
2.8.3 Werkstoff- und werkzeuggerechte Gestaltung   97
2.8.4 Fertigungs- und fügegerechte Gestaltung   99
      Ergänzendes und weiterführendes Schrifttum   102

3   Fügen   103

3.1   Schweißen   103
3.1.1 Bedeutung der Schweißtechnik heute und morgen   103
3.1.2 Das Fertigungsverfahren Schweißen; Abgrenzung und Definitionen   103
3.1.3 Einteilung der Schweißverfahren   104
3.1.4 Hinweise zur Wahl des Schweißverfahrens   107

3.2   Werkstoffliche Grundlagen für das Schweißen   109
3.2.1 Wirkung der Wärmequelle auf die Werkstoffeigenschaften   109
3.2.2 Physikalische Eigenschaften der Werkstoffe   110
3.2.3 Einfluß des Temperaturfelds   110
3.2.4 Werkstoffbedingte Besonderheiten und Schwierigkeiten beim Schweißen . .   113
3.2.4.1 Probleme während des Erwärmens   113
3.2.4.2 Probleme während des Erstarrens   114
3.2.4.3 Verbindungs- und Auftragschweißen unterschiedlicher Werkstoffe   116
3.2.4.4 Schweißbarkeit metallischer Werkstoffe   117

3.3 Gasschweißen 119
  3.3.1 Verfahrensprinzip 119
  3.3.2 Die Acetylen-Sauerstoff-Flamme 119
  3.3.3 Betriebsstoffe: Acetylen, Sauerstoff 120
  3.3.4 Der Schweißbrenner 121
  3.3.5 Arbeitsweisen beim Gasschweißen 121
  3.3.6 Zusatzstoffe; Schweißnähte 122
  3.3.7 Anwendung und Anwendungsgrenzen 122

3.4 Metall-Lichtbogenschweißen (Lichtbogenhandschweißen) 123
  3.4.1 Verfahrensprinzip und Schweißanlage 123
  3.4.2 Vorgänge im Lichtbogen 124
  3.4.3 Schweißstromquellen 126
  3.4.4 Zusatzwerkstoffe; Stabelektroden 131
  3.4.4.1 Aufgaben der Elektrodenumhüllung 132
  3.4.4.2 Metallurgische Grundlagen 133
  3.4.4.3 Die wichtigsten Stabelektrodentypen 134
  3.4.4.4 Bedeutung des Wasserstoffs 137
  3.4.4.5 Normung der umhüllten Stabelektroden 138
  3.4.5 Ausführung und Arbeitstechnik 139
  3.4.5.1 Stoßart; Nahtart; Fugenform 140
  3.4.5.2 Einfluß der Schweißposition 143
  3.4.5.3 Magnetische Blaswirkung 143
  3.4.6 Anwendung und Anwendungsgrenzen 144

3.5 Schutzgasschweißen (SG) 145
  3.5.1 Verfahrensprinzip 145
  3.5.2 Wirkung und Eigenschaften der Schutzgase 145
  3.5.3 Wolfram-Intergas-Schweißen (WIG) 147
  3.5.3.1 Verfahrensprinzip 147
  3.5.3.2 Schweißanlage und Zubehör 148
  3.5.3.3 Hinweise zur praktischen Ausführung 150
  3.5.3.4 WIG-Impulslichtbogenschweißen 151
  3.5.3.5 Anwendung und Grenzen 151
  3.5.4 Metall-Schutzgas-Schweißen (MSG) 152
  3.5.4.1 Verfahrensprinzip 152
  3.5.4.2 Schweißanlage, Zubehör 153
  3.5.4.3 Die innere Regelung 153
  3.5.4.4 Lichtbogenformen und Werkstoffübergang 154
  3.5.4.5 Auswahl der Schutzgase und Drahtelektroden 157
  3.5.4.6 MSG-Verfahrensvarianten 159
  3.5.4.6.1 MIG-Schweißen 159
  3.5.4.6.2 MAG-Verfahrensvarianten 161
  3.5.4.7 Praktische Hinweise; Anwendung und Möglichkeiten 161

3.6 Plasmaschweißen (WP) 162
  3.6.1 Physikalische Grundlagen 162
  3.6.2 Verfahrensgrundlagen 162
  3.6.3 Verfahrensvarianten 165

3.7 Unterpulverschweißen (UP) 166
  3.7.1 Verfahrensprinzip; Schweißanlage 166
  3.7.2 Verfahrensvarianten 167

3.7.3 Aufbau und Eigenschaften der Schweißnaht 169
3.7.4 Zusatzstoffe 170
3.7.4.1 Zusatzwerkstoffe 171
3.7.4.2 Schweißpulver 171
3.7.5 Hinweise zur praktischen Ausführung 174
3.7.6 Anwendung und Anwendungsgrenzen 175

3.8. Widerstandsschweißen 175
3.8.1 Prinzip und verfahrenstechnische Grundlagen 175
3.8.1.1 Wärmeerzeugung an der Schweißstelle 176
3.8.2 Widerstandspreßschweißen 178
3.8.2.1 Widerstandspunktschweißen 178
3.8.2.1.1 Verfahrensvarianten 178
3.8.2.1.2 Punktschweiß-Elektroden 178
3.8.2.1.3 Technologische Besonderheiten 180
3.8.2.1.4 Anwendung und Anwendungsgrenzen 181
3.8.2.2 Rollennahtschweißen 182
3.8.2.3 Buckelschweißen 184
3.8.2.4 Preßstumpfschweißen 185
3.8.2.5 Abbrennstumpfschweißen 186
3.8.3 Widerstandsschmelzschweißen 187

3.9   Gestaltung von Schweißverbindungen 187
3.9.1 Allgemeines 187
3.9.2 Gestaltungsregeln 188
3.9.3 Gestaltung von Schmelzschweißverbindungen 188
3.9.4 Gestaltung von Punktschweißverbindungen 193

3.10 Löten 195
3.10.1 Grundlagen des Lötens 195
3.10.2 Einteilung der Lötverfahren 198
3.10.3 Flußmittel; Vakuum; Schutzgas 200
3.10.4 Lote 202
3.10.5 Konstruktive Hinweise zur Gestaltung von Lötverbindungen . . . 204

3.11 Gestaltung von Lötverbindungen 205
3.11.1 Allgemeines 205
3.11.2 Gestaltungsregeln 205
3.11.3 Gestaltung von Blechverbindungen 206
3.11.4 Gestaltung von Rundverbindungen 207
3.11.5 Gestaltung von Rohrverbindungen 209
3.11.6 Gestaltung von Bodenverbindungen 211

3.12 Metallkleben 212
3.12.1 Klebstoffe 212
3.12.1.1 Physikalisch abbindende Klebstoffe 212
3.12.1.2 Reaktionsklebstoffe 212
3.12.2 Vorbereiten zum Kleben 213
3.12.3 Behandeln zur Steigerung der Haftfähigkeit 215
3.12.4 Nachbehandlung 215
3.12.5 Herstellen der Klebung 215

3.13   Gestaltung von Klebverbindungen 217
    3.13.1 Allgemeines 217
    3.13.2 Gestaltung von Blechverbindungen 219
    3.13.3 Gestaltung von Rohrverbindungen 219
    3.13.4 Gestaltung von Rundverbindungen 219
    Ergänzendes und weiterführendes Schrifttum 220

4   **Trennen** (Zerteilen, Spanen; thermisches Abtragen) 223

4.1   Allgemeines und Verfahrensübersicht 223

4.2   Scherschneiden 223
    4.2.1 Beschreibung des Schneidvorgangs 225
    4.2.2 Schneidkraft 227
    4.2.3 Gestaltung von Schneidwerkzeugen 228
    4.2.4 Vorschubbegrenzungen 229

4.3   Spanen 231
    4.3.1 Einteilung nach DIN 8589 231
    4.3.2 Technische und wirtschaftliche Bedeutung 232

4.4   Grundbegriffe der Zerspantechnik 232
    4.4.1 Bewegungen und Geometrie von Zerspanvorgängen 232
    4.4.2 Eingriffe von Werkzeugen 233
    4.4.3 Spanungsgrößen 234
    4.4.4 Geometrie am Schneidteil 234
    4.4.5 Kräfte und Leistungen 236
    4.4.6 Stand- und Verschleißbegriffe 236

4.5   Grundlagen zum Spanen 237
    4.5.1 Spanbildung 237
    4.5.2 Spanstauchung 238
    4.5.3 Scherwinkelgleichungen 239
    4.5.4 Spanarten 239
    4.5.5 Spanformen 241
    4.5.6 Energieumwandlung beim Spanen 242
    4.5.7 Schneidstoffe 242
    4.5.7.1 Werkzeugstähle 243
    4.5.7.2 Schnellarbeitsstähle 243
    4.5.7.3 Hartmetalle 244
    4.5.7.4 Schneidkeramik 246
    4.5.7.5 Diamant and Bornitrid 248
    4.5.8 Werkzeugverschleiß 249
    4.5.9 Kühlschmierstoffe 250
    4.5.10 Standzeitberechnung und -optimierung 251
    4.5.11 Schnittkraftberechnung 253

4.6   Spanen mit geometrisch bestimmten Schneiden 254
    4.6.1 Drehen 255
    4.6.1.1 Drehverfahren 255
    4.6.1.2 Drehwerkzeuge 258
    4.6.1.3 Zeitberechnung 259

4.6.2 Bohren, Senken, Reiben 260
4.6.2.1 Bohrverfahren 260
4.6.2.2 Bohrwerkzeuge 263
4.6.2.3 Zeitberechnung 265
4.6.3 Fräsen 265
4.6.3.1 Fräsverfahren 266
4.6.3.2 Fräswerkzeuge 269
4.6.3.3 Zeitberechnung 269
4.6.4 Hobeln und Stoßen 270
4.6.4.1 Hobel- und Stoßverfahren 270
4.6.4.2 Hobelwerkzeuge 270
4.6.4.3 Zeitberechnung 272
4.6.5 Räumen 272
4.6.5.1 Räumverfahren 273
4.6.5.2 Räumwerkzeuge 274
4.6.5.3 Zeitberechnung 277

4.7   Spanen mit geometrisch unbestimmten Schneiden 277
4.7.1 Schleifen 277
4.7.1.1 Grundlagen 278
4.7.1.1.1 Kinematische Grundlagen 278
4.7.1.1.2 Schneideneingriff und Schneidenraum 279
4.7.1.1.3 Schleifkraft und Verschleiß 280
4.7.1.2 Schleifwerkzeug 280
4.7.1.2.1 Schleifmittel und Bindung 280
4.7.1.2.2 Schleifwerkzeuge mit Korund- und Siliciumcarbid-Kornwerkstoffen . . 282
4.7.1.2.3 Schleifwerkzeuge mit Diamant- und Bornitrid-Kornwerkstoff (CBN) . . 284
4.7.1.2.4 Werkzeugaufspannung 285
4.7.1.2.5 Abrichten des Schleifwerkzeugs 287
4.7.1.3 Der Schleifprozeß 289
4.7.1.3.1 Änderung des Schneidenraums im Schleifprozeß 290
4.7.1.3.2 Rauheit 291
4.7.1.3.3 Schleifkraft und Schleifleistung 292
4.7.1.3.4 Schleiftemperatur und Kühlung 293
4.7.1.3.5 Schleifscheibenverschleiß 294
4.7.1.3.6 Besondere Einflüsse verschiedener Einstellgrößen auf das Schleifergebnis 295
4.7.1.3.7 Mehrstufiger Schleifprozeß 295
4.7.1.3.8 Kosten 296
4.7.1.4 Schleifverfahren 297
4.7.1.4.1 Planschleifen 297
4.7.1.4.2 Rundschleifen 300
4.7.1.4.3 Schraubschleifen 304
4.7.1.4.4 Wälzschleifen 305
4.7.1.4.5 Profilschleifen 305
4.7.2 Honen 307
4.7.2.1 Kinematische Grundlagen 307
4.7.2.2 Einfluß der Einstellgrößen auf den Honvorgang und das Honergebnis . . 309
4.7.2.3 Einfluß des Werkzeugs 310
4.7.2.4 Einfluß des Werkstücks 311
4.7.2.5 Einfluß des Kühlschmierstoffs 312
4.7.2.6 Plateauhonen 313
4.7.2.7 Meßsteuerung des Honprozesses 313
4.7.3 Läppen 314

4.7.3.1 Grundlagen 314
4.7.3.2 Einfluß von Prozeßgrößen auf das Läppergebnis 315
4.7.3.3 Läppverfahren 318
4.7.3.3.1 Planläppen 318
4.7.3.3.2 Außen- und Innenrundläppen 319
4.7.3.3.3 Kugelläppen 319
4.7.3.3.4 Polierläppen 320
4.7.4 Gleitschleifen 321
4.7.5 Strahlspanen 324

4.8   Gestaltung spanend herzustellender Werkstücke 324
4.8.1 Allgemeines 324
4.8.2 Gestaltung für das Drehen 325
4.8.2.1 Form- und Lageabweichungen 325
4.8.2.2 Gestaltungsbeispiele 325
4.8.3 Gestaltung für das Bohren, Senken, Reiben 327
4.8.3.1 Gestaltung von Gewinden 328
4.8.4 Gestaltung für das Fräsen 329
4.8.5 Gestaltung für das Hobeln und Stoßen 331
4.8.6 Gestaltung für das Räumen 331
4.8.7 Gestaltung für das Schleifen 333
4.8.8 Gestaltung von Schnitteilen 335
4.8.8.1 Werkstoffausnutzung 335
4.8.8.2 Fertigung 337
4.8.8.3 Genauigkeit 338
4.8.8.4 Beanspruchung 339

4.9   Thermisches Schneiden 340
4.9.1 Autogenes Brennschneiden 340
4.9.1.1 Verfahrensgrundlagen 340
4.9.1.2 Thermische Beeinflussung der Werkstoffe 341
4.9.1.3 Geräte und Einrichtungen 342
4.9.1.4 Technik des Brennschneidens 346
4.9.1.5 Qualität brenngeschnittener Erzeugnisse 347
4.9.1.6 Anwendung des Brennschneidens 350
4.9.2 Plasmaschneiden 351
4.9.2.1 Verfahrensvarianten 352
4.9.3 Laserschneiden 353
4.9.3.1 Verfahrensprinzip 354
4.9.3.2 Verfahrensmöglichkeiten und Grenzen 356
Ergänzendes und weiterführendes Schrifttum 356

5   Umformen 359

5.1   Einteilung und technisch-wirtschaftliche Bedeutung der Umformverfahren 359

5.2   Grundlagen der Umformtechnik 361

5.3   Druckumformen 367
5.3.1 Walzen 367
5.3.1.1 Definition und Einteilung nach DIN 8583 367
5.3.1.2 Verhältnisse im Walzspalt 371

5.3.1.3 Kraft- und Arbeitsbedarf beim Walzen 374
5.3.2 Schmieden 376
5.3.2.1 Freiformschmieden 376
5.3.2.2 Gesenkschmieden 379
5.3.2.3 Kraft- und Arbeitsbedarf beim Schmieden 383
5.3.3 Eindrücken 383
5.3.4 Durchdrücken 385
5.3.4.1 Strangpressen 385
5.3.4.2 Fließpressen 389

5.4 Zug-Druck-Umformen 394
5.4.1 Draht- und Stabziehen 394
5.4.2 Gleitziehen von Rohren 397
5.4.3 Abstreckziehen von Hohlkörpern 398
5.4.4 Tiefziehen 399
5.4.4.1 Zuschnittsermittlung beim Tiefziehen 403
5.4.5 Drücken 405
5.4.6 Kragenziehen (Bördeln von Öffnungen) 406

5.5 Zugumformen 407
5.5.1 Längen 407
5.5.2 Weiten 407
5.5.3 Tiefen (Streckziehen) 408
5.5.4 Blechprüfung zur Kennwertermittlung 409
5.5.4.1 Tiefungsversuch nach *Erichsen* 410
5.5.4.2 Näpfchen-Tiefziehprüfung nach *Swift* 410
5.5.4.3 Beurteilung von Blechen mittels Meßrastertechnik 410

5.6 Biegen 412
5.6.1 Einteilung der Biegeverfahren 412
5.6.2 Biegespannungen, Verformungen und Kräfte 414

5.7 Gestaltung für das Umformen 417
5.7.1 Allgemeines 417
5.7.2 Gestaltung von Gesenkschmiedestücken 418
5.7.3 Gestaltung von Tiefziehteilen 424
Ergänzendes und weiterführendes Schrifttum 426

6   **Sachwortverzeichnis** 427

1 Einführung

Die Aufgabe der Fertigungstechnik besteht in der wirtschaftlichen Herstellung eines durch eine Zeichnung oder einen anderen Informationsträger vorgegebenen Werkstücks. In diesen „Konstruktionsunterlagen" sind Anweisungen und Einzelheiten festgelegt, die die Fertigung des Werkstücks ermöglichen. Dazu gehören u. a. die Abmessungen, die Werkstoffe, die erforderlichen Maßtoleranzen, die Oberflächengüten sowie die Prüf- und Meßmittel während bzw. nach der Fertigung.

Damit sind schon weitgehend (zusammen mit den betrieblichen Möglichkeiten) die zum Herstellen des Bauteils erforderlichen Fertigungsverfahren vorgegeben.

Die in der Zeiteinheit zu fertigenden Teile und der zeitliche, wirtschaftliche und (oder) personelle Aufwand bestimmen den Automatisierungsgrad der Fertigung. Die Möglichkeiten reichen von handbedienten Universalmaschinen über numerisch gesteuerte Maschinen, bei denen die Wirkinformationen in Form von Programmen gespeichert sind, und über flexible Fertigungssysteme, bei denen mehrere CNC-gesteuerte Fertigungssysteme (Bearbeitungszentren, Fertigungszellen, -inseln und Einzelmaschinen) durch eine übergeordnete Werkstück- und Werkzeugversorgung sowie integrierte Auftragsablaufsteuerung mit Anschluß der Zellenrechner an übergeordnete Leitrechner miteinander verbunden sind. Eine Folge der zunehmenden Automatisierung ist die kontinuierliche Verschiebung der Tätigkeit der Menschen von der handwerklich ausführenden zur geistig anspruchsvollen, planenden Arbeit.

Die Vielzahl der Fertigungsverfahren zwingt zur Einordnung der einzelnen Bereiche in ein überschaubares, widerspruchsfreies System, in dem die bekannten und die in der Zukunft entwickelten Verfahren Platz finden.

Die Norm DIN 8580 enthält die systematische Einteilung der Fertigungsverfahren. Ein wesentliches Ordnungsprinzip ist das Ändern des Zusammenhalts. Es bezieht sich sowohl auf den Zusammenhalt der Teilchen eines festen Körpers als auch auf den Zusammenhalt der Teile eines komplexen Bauteils:

– Zusammenhalt schaffen (Hauptgruppe 1),
– Zusammenhalt beibehalten (Hauptgruppe 2),
– Zusammenhalt vermindern (Hauptgruppe 3),
– Zusammenhalt vermehren (Hauptgruppe 4 und 5).

Ein weiterer Gesichtspunkt ist die Unterscheidung zwischen Formgeben und Stoffeigenschaftsändern. Damit ergibt sich eine zweidimensionale Ordnungsmatrix der in sechs Hauptgruppen eingeteilten Fertigungsverfahren gemäß Bild 1-1. In diesem Ordnungssystem wird jedes Fertigungsverfahren mit einer mehrstelligen Ordnungsnummer (ON) bezeichnet:

– Hauptgruppen (1. Stelle der ON Einteilung)
– Gruppen (2. Stelle der ON Unterteilung)
– Untergruppen (3. Stelle der ON Verfahren)

Bild 1-1 zeigt die Einordnung einiger Fertigungsverfahren in das Ordnungssystem der DIN 8580.

In bezug auf die jeweilige Bearbeitungsaufgabe bieten sich in der Regel mehrere Fertigungsverfahren bzw. Kombinationen von Fertigungsverfahren an. Von den zu bearbeitenden Formelementen, den formelementspezifischen Abmessungen, Toleranzen und Oberflächenmerkmalen, vom Werkstückstoff und von den Stoffeigenschaften ist es unter anderem abhängig, wie sich Anwendungsgrenzen von Fertigungsverfahren verschieben.

Fertigungsverfahren und Fertigungssysteme sind so zu wählen, daß die Werkstücke in ausreichender Ausbringung und Qualität bei minimalen Kosten sowie unter ergonomischen und umweltverträglichen Bedingungen gefertigt werden können.

Die fortwährende Verbesserung der bestehenden Fertigungsverfahren vollzieht sich i. a. als komplexer Prozeß. So werden die in der industriellen Fertigung erreichbaren Genauigkeiten umformend oder urformend vorgefertigter Werkstücke zunehmend größer, und in vielen Fällen wird nur noch *ein* spanendes Fertigungsverfahren für die Endbearbeitung erforderlich sein. Die Forderungen nach kürzeren Durchlaufzeiten und geringerer Kapitalbindung verlangen zudem, daß die klassischen Fertigungsfolgen mit dem Ziel der Kostensenkung und mit teilweise erhöhten Anforderungen an die Qualität der gefertigten Werkstücke neu überdacht werden. Zukunftsorientierte Fertigungsstrategien haben neben den bekannten Forderungen nach höherer Produktivität auch

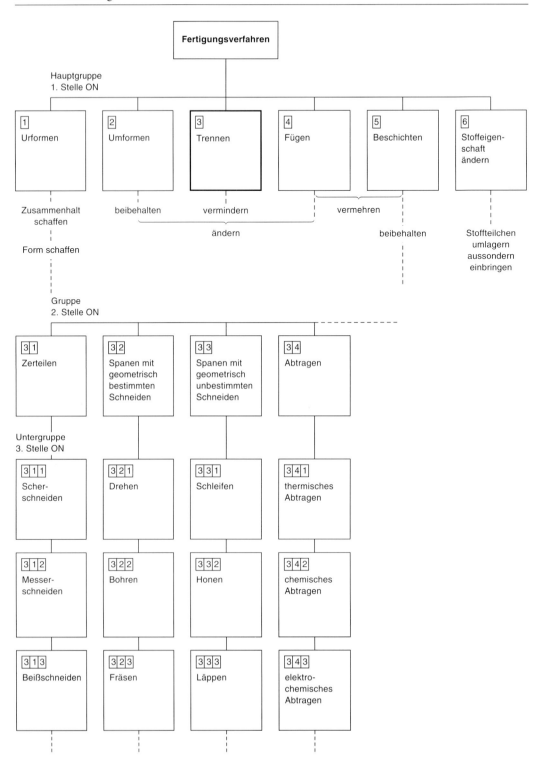

Bild 1-1. Einteilung der Fertigungsverfahren (nach DIN 8580).

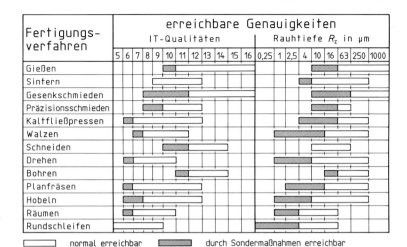

Fertigungs- verfahren	erreichbare Genauigkeiten																				
	IT-Qualitäten												Rauhtiefe R_z in µm							
	5	6	7	8	9	10	11	12	13	14	15	16	0,25	1	2,5	4	10	16	63	250	1000
Gießen																					
Sintern																					
Gesenkschmieden																					
Präzisionsschmieden																					
Kaltfließpressen																					
Walzen																					
Schneiden																					
Drehen																					
Bohren																					
Planfräsen																					
Hobeln																					
Räumen																					
Rundschleifen																					

☐ normal erreichbar   ▨ durch Sondermaßnahmen erreichbar

Bild 1-2.
Erreichbare Genauigkeiten
bei verschiedenen
Fertigungsverfahren.

verstärkt die Flexibilität und Zuverlässigkeit der Fertigung zu berücksichtigen. Es wird künftig weniger darum gehen, die einzelnen Arbeitsvorgänge selbst zu optimieren. Technologische Prozesse lassen sich deshalb nicht mehr isoliert betrachten, sondern müssen als Kette von vor- und nachgelagerten Teilvorgängen beurteilt werden. Eine zentrale Forderung in der Produktion ist die Reduzierung der Anzahl notwendiger Fertigungsschritte. Unter Ausnutzung der größer werdenden Anwendungsbreite und Formgebungsmöglichkeiten von Fertigungsverfahren unter weitgehender Annäherung der Ausgangsform (Rohteil) an das Fertigteil („Near-Net-Shape"-Technologie) konnten durch Substitution und Integration von Fertigungsverfahren Kosten und Durchlaufzeiten innerhalb von Prozeßketten insgesamt verringert und die Qualität von Produktion und Produkt erhöht werden.

Bild 1-2 gibt eine Übersicht der erreichbaren Genauigkeiten wichtiger Fertigungsverfahren. Durch die Erweiterung der Leistungsbereiche umformender und urformender Fertigungsverfahren werden sich dabei zugleich Möglichkeiten ergeben, die Bearbeitungszugaben und damit auch den Anteil der Nachbearbeitung künftig drastisch zu reduzieren.

Neben der Einhaltung vorgegebener Maß-, Form-, Lage- und Rauheitstoleranzen bestimmen jedoch noch eine Vielzahl von weiteren Kriterien die Verfahrensentscheidung. So wird diese unter Umweltverträglichkeitsgesichts-

punkten zunehmend von Fragen der Entsorgung, z. B. von Spänen und Kühlschmierstoffen beeinflußt.

Waren früher vor allem Kostensenkung und Produktivitätserhöhung die prioritären Zielsetzungen, so geht es heute und zukünftig in der industriellen Produktion darum, zusätzlich die Bestände zu senken, die Flexibilität und Qualität zu erhöhen und die human- und umweltzentrierten Aspekte in der Zielsetzung höher zu gewichten, Bild 1-3.

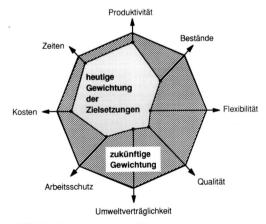

Bild 1-3. Gewichtung der Zielsetzungen zur Entwicklung von wettbewerbsfähigen Produktionskonzepten (nach Westkämper).

2 Urformen

2.1 Urformen durch Gießen

Nach dem Fertigungsverfahren Gießen werden aus *Metallen* und *Legierungen* Gußstücke erzeugt. Aber auch zahlreiche andere Werkstoffe erhalten durch *Gießverfahren* ihre endgültige Form, z. B.

- Porzellan und Reaktionsharzbeton,
- Gläser und
- Kunststoffe.

Im folgenden werden ausschließlich metallische *Gußwerkstoffe* und deren Gießverfahren betrachtet.

Durch Gießen lassen sich metallische Werkstücke dann besonders wirtschaftlich fertigen, wenn mit Gießverfahren wie

- Sandformguß,
- Kokillen- und Druckguß sowie
- Präzisions- oder Feinguß

bessere *Werkstückeigenschaften* erzielt werden als mit konkurrierenden Formgebungsverfahren. Die Werkstücke lassen sich mit genügender Genauigkeit durch die gewünschten Eigenschaften und Besonderheiten den verschiedenen Fertigungsverfahren zuordnen, wie Bild 1-2 zeigt. Die Zuordnung ist bedingt durch

- Maßgenauigkeit, z. B. IT-Qualitäten,
- Oberflächengüte, z. B. Rauhtiefe,
- Wanddicke,
- Stückzahl,
- Stückmasse (Stückgewicht),
- Abmessungen u. a.

Im Vergleich verschiedener Verfahren der Teilefertigung nach Bild 1-2 lassen sich durch Gießen folglich nur *Rohteile* herstellen. *Fertigteile* mit hohen Genauigkeiten werden durch spanende oder umformende Fertigungsverfahren erzeugt.

Um erkennen zu können, welche Verfahren der Teilefertigung zu Kostenvorteilen führen, ist neben der betriebswirtschaftlichen Kostenanalyse eine volkswirtschaftliche Betrachtungweise notwendig, die alle Teilschritte der *Produktion* und des *Recyclings* erfassen muß.

Dazu werden wichtige Verfahren der Teilefertigung in Bild 2-1 verglichen, nachdem zuvor für jedes Fertigungsverfahren *Material-* und *Energiebilanzen* aufgestellt wurden. Die Verwendung von Gußstücken nutzt das Werkstoffvolumen besser aus und senkt den Energieaufwand erheblich.

Bei vergleichbaren Werkstücken kommt Gießen dem Bestreben, diese in einem Arbeitsgang in ihre endgültige Form zu bringen und dabei verlustarm herzustellen, am nächsten.

Das bedeutet für die Teilefertigung: Rohteile nur an Funktionsflächen so wenig wie möglich spanlos oder spanend fertig bearbeiten.

2.1.1 Grundbegriffe der Gießereitechnologie

Die Beschreibung der gießtechnischen Fertigung, also des Verfahrensablaufs im Gießereibetrieb von der *Konstruktionszeichnung* bis zum fertigen Gußstück, erfordert die Kenntnis von Grundbegriffen, die in der Regel durch ein *Gießereipraktikum* erworben werden.

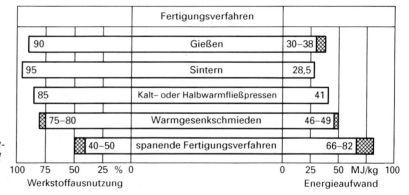

Bild 2-1. Werkstoffausnutzung und Energieaufwand verschiedener Fertigungsverfahren (nach Lange).

Die Konstruktionszeichnung wird der Gießerei zur Angebotsabgabe zugesandt entweder als
– Rohteilzeichnung oder als
– Fertigteilzeichnung.

Die *Rohteilzeichnung* enthält die vom Besteller gewünschten *Aufmaße, Bearbeitungszugaben* und *Formschrägen* mit *Längen-, Dicken-* und *Winkeltoleranzen.* Es ist üblich, in Rohteilzeichnungen für Seriengußstücke die Spannflächen (sog. Erstaufnahmeflächen) für die erste spanende Bearbeitung zu kennzeichnen. Ferner sind die Flächen für *Beschriftungen* und *Herstellerzeichen* wahlweise *vertieft* oder *erhaben* – teilweise sogar die Lage der *Anschnitte* (Bild 2-4) – eingezeichnet.

Die bei Einzelfertigung und Kleinserien übliche *Fertigteilzeichnung* wird in der Arbeitsvorbereitung der Gießerei durch Angabe der vorgegebenen oder vereinbarten Aufmaße, Formschrägen und Toleranzen in eine Rohteilzeichnung umgewandelt.

2.1.1.1 Formen und Formverfahren

Die Fertigungseinrichtungen, z.B. *Modelle, Schablonen* oder *Kokillen,* werden nach der Rohteilzeichnung im **Modell-** oder **Formenbau** angefertigt; hierbei sind kleinere Änderungen fast bis zur Fertigstellung möglich. Dies ist von besonderer Bedeutung für Neuentwicklungen.

Zunächst werden in Zusammenarbeit zwischen Arbeitsvorbereitung und Gießereibetrieb dem Modell- oder Formenbau folgende Angaben gemacht:
– Formteilung,
– Zahl und Lage der Anschnitte sowie
– Kerne und Kernlagerung.

Die *Formteilung* ist diejenige gedachte Fläche, die am Gußstück – außen und innen als Teilungsgrat sichtbar – die Formhälften anzeigt. Die Wahl der Formteilung bestimmt meist auch die Anzahl und Lage der Kerne.

Am Beispiel eines einfachen Lagerdeckels gemäß Bild 2-2 sollen verschiedene *mögliche Lagen* der Formteilung erläutert werden.

Der Deckel wird mit einer spanenden Werkzeugmaschine bearbeitet. Es sollen der Wälzlagersitz feingedreht und die Deckelfläche als Dichtfläche plangefräst oder planüberdreht werden. Zum Befestigen des Deckels durch Schrauben ist der Flansch an den Ecken mit

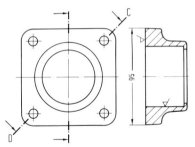

Bild 2-2. Zum Begriff der Formteilung an einem Lagerdeckel für einen Pkw.

vier Bohrungen zu versehen. Dabei ist die Zentrierung für die Bohrer möglichst auszuformen. Alle Bearbeitungsvorgänge können nacheinander von einer Seite in einem Aufspannen erfolgen, wenn das Rohrende des Deckels als *Erstaufnahmefläche* dient.

Zum Sichern des Lagers gegen Herauswandern aus dem Deckel wird der Innendurchmesser rohrseitig als Sicherungsbund ausgeführt. Die Formteilung in Bild 2-3 soll zunächst in die zu bearbeitende Deckelfläche gelegt werden. Dadurch liegt der Lagerdeckel praktisch nur in einer *Formhälfte.*

Der Innendurchmesser des Deckels wird *kernlos* durch *hängende* und *stehende Ballen* ausgeformt. Dabei ist es vorteilhaft, die *Ballenteilung* auf der Mitte der Lagersitztiefe zu wählen, weil dadurch beide Ballenhälften mit minimalen *Formschrägen* auskommen. Der zwischen den Ballen entstehende geringe *Teilungsgrat* liegt auf einer Fläche, die spanend bearbeitet wird. Die Bohrzentrierungen lassen sich problemlos ausformen.

Zum Entfernen der *Speiser* oder *Steiger* sowie zum Gußputzen ist die Formteilung in Bild 2-4

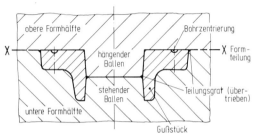

Bild 2-3. Lagerdeckel, Schnitt C–D in Bild 2-2, kernlos geformt in der unteren Formhälfte mit Formteilung X–X in der Deckelfläche beginnend.

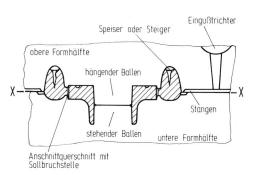

Bild 2-4. Kernlos geformter Lagerdeckel mit Anschnittsystem und Formteilung X–X auf Flanschmitte
beginnend.

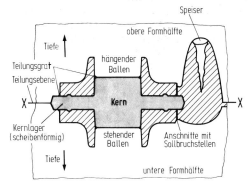

Bild 2-5. Zum Begriff der Formfläche: Lagerdeckel
als Doppelmodell mit Kern und Formteilung X–X in
der Kernteilung.

geeigneter. Die bei den meisten Gußwerkstoffen zum Volumenausgleich erforderlichen Speiser können in der Formteilung durch *Anschnitte* mit dem Gußstück verbunden werden.
Vom *Eingußtrichter* aus lassen sie sich über
Stangen, die sich in der Teilung überlappen, mit
Schmelze füllen.

Durch das Ausformen einer *Sollbruchstelle* zwischen Anschnitt und Speiser kann nach dem
Erstarren das gesamte *Anschnittsystem,* bestehend aus

– Speiser oder Steiger,
– Verteilerstangen und
– Eingußtrichter

durch einfaches *Abschlagen* entfernt werden.
Diese elegante Möglichkeit der Trennung des
Anschnittsystems vom Gußstück kann bei *duktilen,* d.h. zähen Gußwerkstoffen, nicht angewandt werden. Es entstehen dann erhebliche
Putzkosten. Der in Bild 2-4 in Flanschmitte
auftretende *Teilungsgrat* kann mit Putzmaschinen vollständig entfernt werden.

Aus formtechnischer Sicht ist die Lage der
Formteilung in Bild 2-4 noch unbefriedigend,
da die *Formfläche* – dies ist die Projektion der
durch die Formteilung erzeugten Ebene des
Gußstücks in die Teilungsebene – durch den
flachen Lagerdeckel nach der Tiefe hin nur un-
genügend ausgenutzt ist. In Bild 2-5 können auf
nur wenig vergrößerter Formfläche bedingt
durch den *Kern* und die *Kernlagerung* zwei Lagerdeckel gegossen werden. Die Teilung zwischen Kern und Ballen im Innendurchmesser
kann auch unsymmetrisch ausgeführt werden,
wenn dadurch der Kern verbilligt wird. Falls

erforderlich, können am Rechteckflansch bis zu
vier *Doppelspeiser* angeschnitten werden.

Weitere Variationen der Formteilung wie in
Bild 2-6, als *Mitten-* oder *Diagonalteilung* nach
Bild 2-2, Schnitt CD, ausgeführt, bringen bereits Nachteile für die Anschnitt- und Speiser-
technik. Auch das Formen der Zentrierungen
für die Flanschbohrungen wird schwieriger,
weil der Kern als kostengünstiger *Hohlkern* mit
geringem Sandverbrauch und guter Gasablei-
tung unvorteilhaft lange Stege haben müßte.

Der optimalen Wahl der Formteilung kommt
bei Seriengußstücken große Bedeutung zu, weil
damit auch evtl. erforderliche Kerne, die Hohlräume oder nicht formbare Flächen – Hinterschneidungen – abbilden sollen, beeinflußt werden.

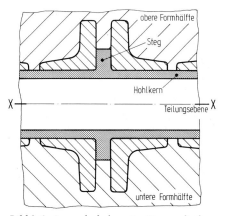

Bild 2-6. Lagerdeckel mit Diagonalteilung gemäß
Schnittebene CD in Bild 2-2, mit Hohlkern geformt.

Da die Formfläche einer Gießform durch die vorhandene *Formmaschine* vorgegeben und meist nicht variabel ist, muß versucht werden, diese kostengünstig mit geringerem Sandverbrauch nach der Tiefe hin auszunutzen.

An Hand der Rohteilzeichnung wird in der Gießerei über das wirtschaftliche Herstellverfahren (Form- und Gießverfahren s. Abschn. 2.5) entschieden.

Je nach

– Kompliziertheit,
– Maßtoleranzen,
– Stückmasse,
– Losgröße,
– Werkstoff

und anderen Faktoren wird im Modellbau ein sog.

– **Dauermodell** für Formverfahren mit *verlorenen Formen* oder im Formenbau eine

– **Dauerform** (*Kokille*) für ein *Dauerformverfahren* angefertigt.

Bei beiden Verfahren ist es möglich, Hohlräume und nicht formbare Flächen, Hinterschneidungen, durch *Kerne* oder *Kernschieber* abzubilden.

Werkstoffe für Dauermodelle sind

– Modellholz,
– Gießharze und
– Metalle.

Je nach Beanspruchung werden *Dauermodelle* nach *Modellgüteklassen* gemäß DIN 1511 mit auf Nennmaßbereiche bezogenen Maßabweichungen angefertigt. Für die drei Nennmaßbereiche zwischen 50 mm und 180 mm sind als Beispiel in Tabelle 2-1 die *zulässigen Maßabweichungen* am Gußstück angegeben für

– H: Holzmodelle,
– M: Metallmodelle und
– K: Kunststoffmodelle.

DIN 1511 macht auch Angaben über Formschrägen an inneren und äußeren Modellflä-

chen und legt bei Holzmodellen die Anstrich- und Farbkennzeichnungen fest.

2.1.1.2 Formverfahren mit verlorenen Formen

Die verlorenen Formen oder Kerne werden aus Gießereisanden, bestehend aus *Quarz* und *Zirconium* mit natürlichen oder chemischen Bindemitteln, wie z. B.

– Ton (Bentonit),
– Wasserglas, Zement, Gips,
– Kunstharze auf Phenol-, Kresol-, Furan- und Polyurethanbasis

und Zusätzen (Wasser, Kohlenstaub), im *bildsamen Zustand* meist auf Vorrichtungen, wie z. B. Formmaschinen, Kernblas- oder Kernschießmaschinen, gefertigt. Näheres ist in Abschn. 2.5 erläutert.

Der Ausdruck verlorene Formen oder verlorene Kerne bezieht sich dabei auf den Zustand unmittelbar nach der Erstarrung des Gußstücks. Zu diesem Zeitpunkt soll die Form mit den Kernen durch die thermische Beanspruchung zerfallen.

Das Gußstück läßt sich dadurch problemlos entformen, d. h. *auspacken*. Der Formstoff ist damit keineswegs verloren. Er dient als *Kreislaufsand* nach einer Aufbereitung zur Herstellung neuer verlorener Formen.

Die Formverfahren mit verlorenen Formen werden sowohl bei der Einzelfertigung als auch bei Großserien, z. B. in der Automobilindustrie, angewendet.

Bestimmte Gußstücke lassen sich vorteilhafter gleichzeitig mit *verlorenen Modellen* und verlorenen Formen fertigen. Die verlorenen Modelle für den *Fein- oder Präzisionsguß* werden aus synthetischen Wachsen oder thermoplastischen Kunststoffen durch *Spritzgießen* in einer geteilten Dauerform erzeugt oder für Mittel- und Großgußmodelle aus Hartschaumblöcken her-

Tabelle 2-1. Zulässige Maßabweichungen $\pm \Delta l$ in mm für drei Nennmaßbereiche (nach DIN 1511).

Modellgüteklasse		H1a/H1	H2/3	M1	M2	K1	K2
Nennmaßbereich	50 mm bis 80 mm	0,3	0,6	0,15	0,25	0,25	0,3
	80 mm bis 120 mm	0,4	0,7	0,2	0,3	0,3	0,45
	120 mm bis 180 mm	0,5	0,8	0,2	0,3	0,3	0,5

Tabelle 2-2. Formverfahren mit verlorenen Formen und Dauerformen.

verlorene Formen		Dauerformen
Dauermodelle	verlorene Modelle	Kokillen
Handformen Maschinenformen Maskenformen Keramikformen	Feingießen Vollformgießen	Druckgießen Kokillengießen Schleudergießen Stranggießen Verbundgießen

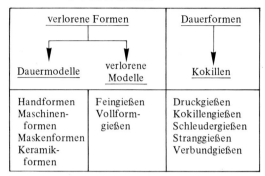

ausgeschnitten und verklebt. Durch Erwärmen (Brennen) der ungeteilten Form vor dem Abguß schmilzt das Wachs oder der Kunststoff heraus, oder der Hartschaum verbrennt beim Eingießen der Schmelze.

Eine Übersicht der gebräuchlichsten Formverfahren vermittelt Tabelle 2-2.

2.1.1.3 Dauerformverfahren

Die *Dauerformen* oder *Kokillen* für die Dauerformverfahren können nur aus Metallen gefertigt werden. Werkstoffe für Kokillen sind

- verschleißfeste, hitze- und zunderbeständige Stähle,
- niedrig- oder hochlegiertes Gußeisen,
- Kupfer und Kupferlegierungen.

Da Dauerformen in der Herstellung lohnintensiv und somit teuer sind, werden nur Seriengußstücke in Kokillen vergossen.

Auch Dauerformen unterliegen erheblichem Verschleiß und haben eine von der Beanspruchung (Entformung und Temperaturwechsel) abhängige Lebensdauer. Das *Entformen*, d. h. das *Ausstoßen* oder das *Auswerfen* der Gußstücke aus den Kokillen erfordert z. T. aufwendige Vorrichtungen.

Bei den Verfahren mit verlorenen Formen gemäß Tabelle 2-2 können mit Dauermodellen auch Kerne für alle anderen Formverfahren mit Ausnahme des *Druckgießens* gefertigt werden. Der *Gießdruck* ist beim Druckgießen so hoch, daß nur Kernschieber oder Kerne aus Metallen zur Abbildung von Hohlräumen oder Hinterschneidungen verwendbar sind.

Die Wahl eines bestimmten Formverfahrens nach Tabelle 2-2 für ein Gußstück an Hand der

Rohteilzeichnung ist nur in wenigen Fällen eindeutig möglich. Vor allem bei Seriengußstücken sind oft verschiedene Formverfahren aus wirtschaftlichen Gründen dann von Interesse, wenn die geforderten Werkstückeigenschaften auch durch andere Gußwerkstoffe erreicht werden können. Zum Beispiel werden Motorblöcke sowohl aus Gußeisen in verlorener Form als auch aus Leichtmetall in Dauerformen hergestellt.

2.1.1.4 Schmelzen

Parallel zur Form- und Kernherstellung werden im Schmelzbetrieb der Gießerei die Gußwerkstoffe erschmolzen. Dies geschieht werkstoffbedingt im

- Schachtofen, z. B. Kupolofen,
- Tiegelofen, z. B. Induktionsofen,
- Herdofen, z. B. Lichtbogenofen.

Die Öfen werden mit Koks, Öl, Gas oder elektrisch beheizt und sind in der Regel *sauer* ausgekleidet. Die feuerfeste Auskleidung besteht aus *Quarz* (SiO_2) oder *Klebsanden* (Quarz und Ton).

Der bekannteste Gießereischachtofen ist der saure oder auch futterlose **Kupolofen** mit Heißwind. Bild 2-7 zeigt den in Eisen- und Tempergießereien vorherrschenden Heißwindkupolofen mit dem Netzfrequenztiegel im Verbund

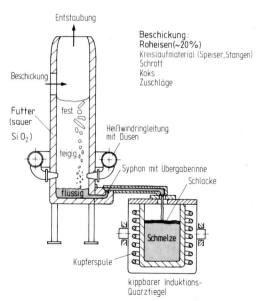

Bild 2-7. Heißwindkupolofen im Duplexbetrieb mit einem Netzfrequenzinduktionstiegelofen, schematisch.

als *Duplexbetrieb*. Der *Syphonabstich* hält flüssiges Eisen im Ofen zurück, das dort aufkohlen kann und über eine Rinne kontinuierlich dem Induktionsofen zufließt. Das Legieren, also das Einstellen der Zusammensetzung, erfolgt im Tiegel, der dazu auf Druckmeßdosen gelagert ist, die den Füllstand anzeigen.

2.1.1.5 Gießen

Das Gießen, Abgießen oder Füllen der Form ist der nächste Verfahrensschritt einer gießtechnischen Fertigung. Nach der Art des *Gießdrucks* unterscheidet man

– Schwerkraftgießen entsprechend Bild 2-8,
– Druckgießen (Abschn. 2.3.2.1) und
– Schleudergießen (Abschn. 2.5.3.3).

Weil *Druckguß* spezifisch werkstoffabhängig ist (typisch für Zink und Leichtmetalle), wird dieses Verfahren in Abschn. 2.3.2.1 zusammen mit den *Druckgußwerkstoffen* beschrieben. *Schleuderguß* als Formguß (Abschn. 2.5.3.3) gewinnt an Bedeutung. Bisher sind Rohre und ringförmige Gußstücke aus allen Gußwerkstoffen vorherrschend.

Beim *Schwerkraftgießen* werden oben offene Sand- oder Dauerformen mit Schmelze gefüllt. In Bild 2-8 ist der Flüssigkeitsspiegel in der oben offenen Nockenwellenform im Einguß und im Speiser durch die Volumendifferenz flüssig-fest wie in kommunizierenden Röhren ($h_1 = h_2$) als Lunker ausgebildet und eingefallen, Einfallunker. Diese Art der Gießtechnik läßt sich nur mit *aufgesetzten* Speisern verwirk-

lichen, da andernfalls ein *Einfallunker* im Gußstück auftreten würde.

Die Formfüllung ist steigend oder fallend möglich:

– fallender Guß, z. B. in Kokillen,
– steigender Guß, z. B. in Sandformen und Kokillen.

Die steigende Formfüllung hat bei Sandformen den Vorteil, daß Verunreinigungen, wie z. B. Schlacke, lose Sandreste und Gase, im Speiser aufsteigen können. Die Formfüllung erfolgt laminar ohne Gefahr von Auswaschungen und ohne Spritzer. Keramische Filterelemente aus Glasfasern oder Korund im Eingußkanal von Dauerformen für Leichtmetalle können auch Oxidhäute zurückhalten.

In Schmelzen pflanzt sich der Gießdruck nach allen Seiten gleichmäßig fort. Bei horizontal geteilten Formen, wie z. B. bei den *Formkästen* der Maschinenformerei, wird dadurch die obere Formhälfte druckbeaufschlagt.

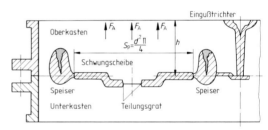

Bild 2-9. Pkw-Schwungscheibe als kernloser Kastenguß mit Anschnittsystem zur überschlägigen Berechnung der Auftriebskraft F_A.

Die Kraft F_A gegen den *Oberkasten* gemäß Bild 2-9 bei steigendem Guß beträgt

$$F_A = S_p \, \varrho_S \, g \, .$$

Hierbei ist S_p die in der Formteilung gegen den Oberkasten projizierte Fläche des Gußstücks, h die Oberkastenhöhe, ϱ_S die Dichte der Schmelze und ϱ_K des Kerns und g die Erdbeschleunigung. Der Druck gegen den Oberkasten wird bei Gußstücken mit Kernen durch deren *Auftrieb* noch zusätzlich erhöht.

Jeder in eine Schmelze eintauchende Kern erfährt nach dem *Archimedischen Prinzip* einen senkrecht nach oben gerichteten Auftrieb. Diese *Auftriebskraft* F_K ist gleich der Gewichtskraft des durch den Kern verdrängten Schmelz-

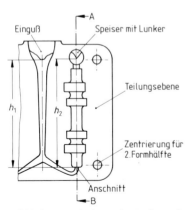

Bild 2-8. Draufsicht in der Teilungsebene auf eine für das steigende Schwerkraftgießen vorbereitete Nockenwellenformhälfte.

volumens und wird über die *Kernlager* in der Regel ebenfalls in die obere Formhälfte eingeleitet:

$$\sum F = F_A + F_K .$$

Die Kernauftriebskraft F_K soll nach Bild 2-10 für eine Büchse berechnet werden. Das für den Auftrieb *wirksame* Kernvolumen V_K ist

$$V_K \approx \frac{D^2\,\pi}{4}\,L + \frac{d^2\,\pi}{4}\,l = \frac{\pi}{4}\,(D^2\,L + d^2\,l),$$

also die Summe der beiden Zylindervolumen ohne die Kernlager, die in den ausgeformten *Kernmarken* der Ober- und Unterformhälften die maßgenaue Lagerung des Kerns ermöglichen. Die Auftriebskraft

$$F_K = V_K\,g\,(\varrho_S - \varrho_K)$$

wird bei horizontal geteilten Formen über die beiden *Kernlager* in die Oberform eingeleitet.

Die Kernlager in Bild 2-10 sind in ihrer Länge auf die *Kernfestigkeit* abgestimmt worden. Bei zu geringer Wanddicke oder zu kurzen Kernlagern besteht die Gefahr des Abscherens und Aufschwimmens während der Erstarrung.

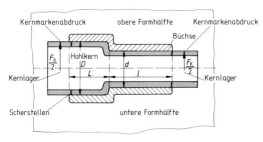

Bild 2-10. *Büchse, liegend geformt, mit Hohlkern zur Bestimmung der Auftriebskraft F_K des Kerns.*

In horizontal geteilten Formen ist Gießen und ungestörtes Erstarren nur möglich, wenn der Gießdruck und der Auftrieb durch

– Beschweren oder
– Verklammern

der Oberformhälfte gemäß Bild 2-11 abgefangen wird. In senkrecht geteilten Sandformen muß der seitlich wirksame Gießdruck, wie Bild 2-12 zeigt, durch

– Verkleben oder
– Verklammern

und durch zusätzliches *Hinterfüllen*, d.h. Stützen der Formhälften mit Formstoff, Drahtkorn

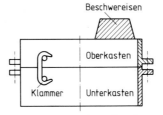

Bild 2-11. *Maschinenformkästen unterschiedlicher Tiefe, links verklammert und rechts im Schnitt beschwert.*

oder Gußkies, abgefangen werden (Abschn. 2.5.1.3). Bei den Dauerformverfahren sind die *Zuhaltekräfte* der Kokillenhälften so groß, daß diese Maßnahmen entfallen können.

Die Zeit für das Erstarren von Gußstücken kann sehr unterschiedlich sein. So beträgt die *Erstarrungszeit* z.B. mehrere

– **Sekunden** bei Druckguß, Kokillenguß, Schleuderguß,
– **Minuten** bei Sandguß, Maskenguß, Maschinenformguß und
– **Stunden** und Tage bei Großguß.

Bei Seriengußstücken gibt die Erstarrungszeit die Taktzeit für den nächsten Fertigungsschritt, das *Entformen* vor.

Je kürzer die Erstarrungszeiten werden, desto schneller müssen die Gußstücke entformt oder ausgepackt werden. Erstarrende und abkühlende Gußstücke *schwinden* und *schrumpfen* (Abschn. 2.4.2). Allgemein wird ein möglichst frühes Entformen bevorzugt, da dann der Schwindungs- und Schrumpfungsvorgang weniger behindert wird.

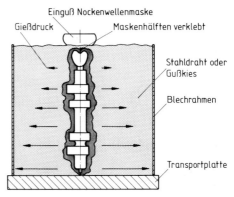

Bild 2-12. *Nockenwellenmaske im Blechrahmen nach Bild 2-8, Schnitt A–B, zum Abgießen aufgestellt und mit Gußkies hinterfüllt.*

In Dauerformen führt man ein automatisches Zwangsentformen mit *Auswerfern* durch, um die Kokillentemperatur in einem als vorteilhaft erkannten, engen Temperaturbereich zu halten. Auch wird versucht, beim Entformen Teile des Anschnittsystems, wie z. B. Speiser, Stangen und Eingußtrichter, gleich mit zu entfernen.

2.1.1.6 Putzen

Nach dem Entformen folgt als nächster Fertigungsschritt im Gießereibetrieb das Putzen. *Putzarbeiten* sind nur selten vollständig mechanisierbar und deshalb in der Regel teuer. Eine gute Gußkonstruktion muß darum unbedingt *putzgerecht* sein, d. h., der Umfang der Putzarbeit sollte möglichst gering sein, Putzarbeiten werden durch

- Formteilung,
- Zahl und Lage der Anschnitte,
- Kerne,
- Formstoffe

und andere Faktoren beeinflußt.

Für den Lagerdeckel in Bild 2-4 ist die Putzarbeit gering, weil die vier Speiser bei *Temperguß* und *Gußeisen* durch einfaches Abschlagen zu entfernen sind. Die Bruchfläche des *Anschnittquerschnitts* kann entweder am Gußstück verbleiben oder wird mit der Schleifscheibe überschliffen. Der Teilungsgrat im Bereich der Ballen liegt in einer Fläche, die ausgedreht wird. Form und Größe des Lagerdeckels erlauben maschinelles Putzen in *Schleuderstrahlputzmaschinen*. Die Gußstücke werden dabei lose auf Drehtischen oder in Trommeln liegend oder auch in Kabinen hängend durch ein Schleuderrad, wie es Bild 2-13 zeigt, mit Gußkies oder

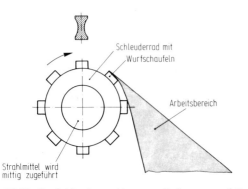

Strahlmittel wird mittig zugeführt

Bild 2-13. Schleuderstrahlen zum Gußputzen und Festigkeitsstrahlen (Peenen) in Trommeln, Drehtischen und Kabinen.

Drahtkorn bestrahlt. *Peenen* ist ein Festigkeitsstrahlen, bei dem durch Oberflächenverfestigung die Dauerfestigkeit um 30% bis 50% erhöht wird.

Die Schwungscheibe in Bild 2-9 erfordert größere Putzarbeit. Der Gußwerkstoff, Gußeisen mit Kugelgraphit, ist *duktil,* d. h. zäh und fest. Die Speiser (vier oder zwei Stück) lassen sich nicht durch Abschlagen vom Gußstück trennen. Sie müssen durch Abbrechen, Abdrücken, Sägen oder Brennen entfernt werden. Der Anschnittquerschnitt muß mit unterbrochenem Schnitt vorgedreht werden. Der Teilungsgrat zwischen den Ballen liegt in der später zu bearbeitenden Fläche für die Reibkupplung und kann bleiben. Die Öffnung der Scheibe ermöglicht ein Einhängen in eine *Hängebahnputzmaschine*. Gegenüber dem Lagerdeckel (Bild 2-4) ist diese Form- und Gießtechnik der Schwungscheibe nicht besonders putzgerecht.

Das *Naßputzverfahren* gewinnt bei mittleren bis großen Teilen an Bedeutung. Die Formstoffreste am Gußstück werden dabei in einer Kabine durch einen Druckwasserstrahl staubfrei entfernt. Nach dem Putzen ist das Gußstück fertig für die *Endkontrolle*.

2.1.1.7 Wärmebehandlung

Zum normalen Fertigungsablauf gehört bei einigen Gußwerkstoffen noch eine *Wärmebehandlung*. Dadurch lassen sich Eigenschaften, wie z. B. Festigkeit, Härte und Dehnung, im Gußstück beeinflussen. Die Art der Wärmebehandlung ist vom Gußwerkstoff abhängig.

Gußeisen mit Lamellengraphit, der mengenmäßig bedeutendste Eisengußwerkstoff, wird nur in Ausnahmefällen geglüht. Zum Beispiel werden

- Temperguß und Gußeisen mit Kugelgraphit graphitisierend geglüht,
- Stahlguß normalgeglüht und (oder) vergütet, aber auch einsatzgehärtet,
- NE-Gußwerkstoffe homogenisiert und (oder) ausgehärtet.

2.1.1.8 Qualitätssicherung

Die *Endkontrolle* ist der letzte Teil einer Reihe von Maßnahmen, die den Fertigungsablauf und die *Qualität* der Gußstücke garantieren.

In einer Fertigung hochbeanspruchter Serienteile aus dem Fahrzeugbau wie z. B.

Tabelle 2-3. Qualitätssicherung für Pkw-Pleuel (nach *Gut* und *Trapp*).

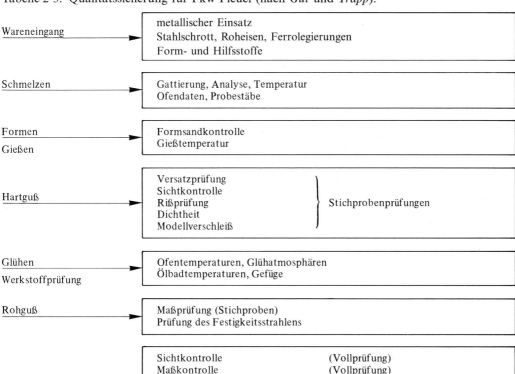

Wareneingang	metallischer Einsatz Stahlschrott, Roheisen, Ferrolegierungen Form- und Hilfsstoffe
Schmelzen	Gattierung, Analyse, Temperatur Ofendaten, Probestäbe
Formen Gießen	Formsandkontrolle Gießtemperatur
Hartguß	Versatzprüfung Sichtkontrolle Rißprüfung } Stichprobenprüfungen Dichtheit Modellverschleiß
Glühen Werkstoffprüfung	Ofentemperaturen, Glühatmosphären Ölbadtemperaturen, Gefüge
Rohguß	Maßprüfung (Stichproben) Prüfung des Festigkeitsstrahlens
Endkontrolle	Sichtkontrolle (Vollprüfung) Maßkontrolle (Vollprüfung) (Durchbiegung, Verdrehung, Dickenmaße) Härteprüfung (Vollprüfung) Magnetische Rißprüfung (Vollprüfung) Rißprüfung mittels Ultraschall (Vollprüfung) Versandkontrolle (Stichprobe)

– Pkw-Pleuel,
– Kurbel- und Nockenwellen,
– Radnaben und Felgen,
– Gelenkwellenflansche

muß z. B. durch eine zwei- bis dreifache *Einzelprüfung* das Ausfallrisiko auf ein Verhältnis vermindert werden, das kleiner ist als 1 : 100 000. Die dazu notwendigen Maßnahmen und *Prüfgrößen* sind produktbezogen und werden mit dem Oberbegriff *Qualitätssicherung* bezeichnet.

In Tabelle 2-3 ist ein *Kontrollschema* für Pkw-Pleuel dargestellt. Die eingehenden Rohstoffe werden im *Wareneingang* bereits ersten Prüfungen unterzogen. Die Daten der Schmelz-, Form- und Gießanlagen werden kontinuierlich erfaßt und zur sicheren und gleichmäßigen Prozeßführung eingesetzt. Im Hartguß- und (oder) Rohgußbereich lassen sich durch *Stichprobenprüfungen* zulässige Abweichungen in einem so

frühen Stadium erkennen, daß Gegenmaßnahmen rechtzeitig möglich sind. Der Modellverschleiß läßt sich z. B. durch regelmäßige Messungen an Rohgußstücken nach einem *Stichprobenplan* exakt feststellen.

Bei *Sicherheitsteilen,* wie z. B. Felgen, Radnaben und Gelenkwellen, kann auf *Vollprüfungen* in der Endkontrolle nicht verzichtet werden. Die produktbezogenen Prüfgrößen werden dabei unterschiedlich sein, z. B.
– Sichtkontrollen an äußeren und inneren Oberflächen,
– Maßkontrollen mit Meßmaschinen,
– zerstörungsfreie und automatische Härteprüfungen oberflächennaher Zonen,
– teil- und vollautomatische Rißprüfungen.

Die verschiedenen Fertigungsschritte von der Zeichnung bis zum fertigen Gußstück im Gießereibetrieb sind in Tabelle 2-4 zusammen-

Tabelle 2-4. Fertigungsschritte im Gießereibetrieb mit geschlossenem Formstoff- und Werkstoffkreislauf.

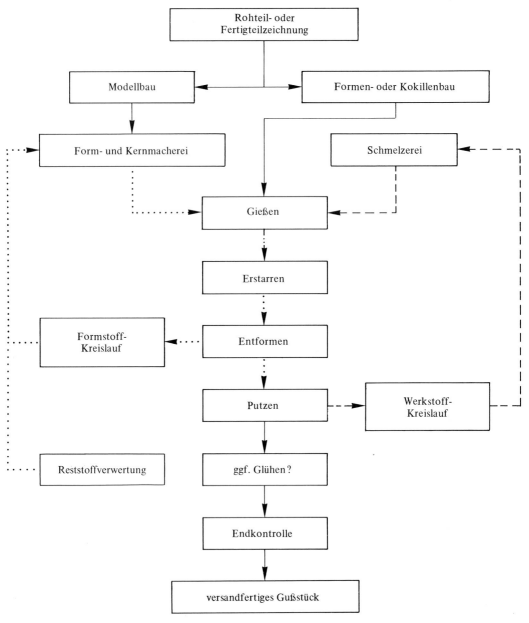

gefaßt. Für einen wirtschaftlichen und umweltfreundlichen Betrieb ist ein geschlossener Formstoff- und Werkstoffkreislauf von großem Vorteil. Eine Risikoanalyse solcher Fertigungen durch die Fehler-, Möglichkeits- und Einflußanalyse (FMEA) ist Stand der Technik für Serienteile des Fahrzeugbaus und verursacht steigende Qualitätskosten.

2.1.1.9 Konstruieren mit Gußwerkstoffen

Beim Entwurf eines Gußstücks nach den allgemeinen gießtechnischen Gestaltungsrichtlinien (Abschn. 2.6) sollte sich der Konstrukteur zunächst *nicht* auf ein bestimmtes Gießverfahren festlegen. Die Kombinationsmöglichkeiten mit den metallischen Gußwerkstoffen auf Eisen- und NE-Metallbasis sind groß.

Die Optimierung des Gußstücks nach den technischen Erfordernissen und den wirtschaftlichen Gesichtspunkten erfolgt zweckmäßig erst in Zusammenarbeit mit der Gießerei. Dabei kann meist sicherer die Entscheidung für verlorene Formen oder für ein Dauerformverfahren getroffen werden, wobei Überlegungen zum Recycling schon bei der Entwicklung des Gußstücks beginnen müssen.

2.2 Metallkundliche Grundlagen des Gießens

Urformen durch Gießen mit metallischen Gußwerkstoffen bedeutet Einflußnehmen auf die Zustandsänderung flüssig → fest, die in einer Gußform in Abhängigkeit von der Zeit abläuft. Die dabei auftretenden metallphysikalischen Probleme sind außerordentlich komplex und nur in Teilbereichen bis heute erforscht. Auch entzieht sich das Geschehen, z. B. das *Kristallwachstum* oder das *Formstoffverhalten,* nach dem Abguß einer direkten Beobachtung, so daß bisher nur Modellvorstellungen zur Erklärung der beobachteten Phänomene bekannt sind.

In diesem Hauptabschnitt werden nur die wichtigsten metallkundlichen Begriffe des Gießens erläutert. Der Einfluß der Gußwerkstoffe auf die gießtechnischen Fertigungsverfahren kann so deutlich gemacht werden.

2.2.1 Entstehung der Gußgefüge

Die Entstehung des Gußgefüges bei der Herstellung von Gußstücken ist ein der „Geburt" vergleichbarer Vorgang. Wesentliche Werkstück- und Werkstoffeigenschaften des Gußstücks werden eindeutig festgelegt. Nur wenige Eigenschaften können noch nachträglich und nur unter erheblichen Kosten verändert werden.

Deshalb sollte der Konstrukteur von Gußteilen durch die Formgebung gestaltenden Einfluß auf diesen „Lebensbeginn" nehmen und in Zusammenarbeit mit dem Hersteller die sog. *gelenkte Erstarrung* von Gußstücken (Abschn. 2.2.4) anstreben.

2.2.2 Stoffzustände

Zum Gießen müssen *Legierungen* oder *Reinmetalle* zunächst vom festen in den flüssigen Aggregatzustand gebracht werden. Die Gußwerkstoffe können aufgebaut sein aus

– Mischkristallen: Eisen, Messing, Bronze,
– intermediären Verbindungen: Fe_3C, Al_3Mg_2,
– nichtmetallischen Phasen: Graphit, Schwefel.

Sie müssen aus dem festen, *kristallinen* Zustand durch Zufuhr von Energie in die gießfähige Schmelze überführt werden. Untersuchungen haben gezeigt, daß derartige Schmelzen *amorphe, homogene Flüssigkeiten* ohne kristalline Anteile sind. Beim Abkühlen einer Schmelze in der Form läuft die Zustandsänderung

$$\text{flüssig } (amorph) \xrightarrow{\text{Erstarren}} \text{fest } (kristallin)$$

ab. Die Zustandsänderung wird als *Erstarrung* oder *Kristallisation* bezeichnet. Dabei muß die Form nicht nur die *Geometrie* des Gußstücks abbilden, sondern auch den größeren Teil der bei der Erstarrung freiwerdenden *Kristallisationswärme* aufnehmen und weiterleiten.

Wesentliche Eigenschaften ändern sich beim Phasenübergang flüssig-fest sprunghaft. Insbesondere kann die Dichteänderung zu schwer beherrschbaren Fehlern wie Lunker, Warmrisse und Poren führen. Die mit der Erstarrung verbundene Entmischung kann Seigerungen und Gasblasen zur Folge haben.

Im *Abkühlungsschaubild,* das die Abhängigkeit der Temperatur von der Zeit gemäß Bild 2-14 und 2-15 wiedergibt, unterscheidet man nichteutektische Legierungen und eutektische Legierungen (letztere erstarren wie reine Metalle). In Bild 2-14 ist die Abkühlung einer Aluminiumschmelze dargestellt. Eine typische Gießtemperatur ϑ_G ist z. B. 730 °C. Zum Zeitpunkt t_1 beginnt beim Schmelzpunkt $\vartheta_L = 660$ °C die Kristallisation, die nach der Zeit t_3 beendet ist. Die Aluminiumschmelze ist jetzt vollständig erstarrt, soll aber weiter bis auf die Raumtemperatur ϑ_R abkühlen. Dies kann in der Form oder schneller nach dem *Auspacken* bei der Temperatur ϑ_A erfolgen.

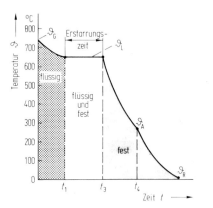

Bild 2-14. *Abkühlschaubild für Aluminium von Gieß-temperatur ϑ_G bis auf Raumtemperatur ϑ_R.*

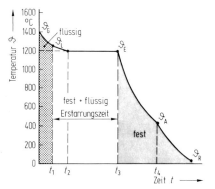

Bild 2-15. *Abkühlschaubild einer Gußeisenschmelze mit dem Erstarrungsintervall zwischen ϑ_L und ϑ_E.*

Das *Entformen* oberhalb Raumtemperatur bietet eine Reihe von Vorteilen; z. B. können metallische Formen, sog. Dauerformen, sofort wieder mit Schmelze gefüllt werden. Außerdem werden dadurch die rißbegünstigenden *Schrumpfspannungen* vermieden bzw. klein gehalten. Das Gußstück kühlt dann auf dem Weg zur Putzmaschine von ϑ_A bis auf Raumtemperatur ϑ_R ab.

Bild 2-15 zeigt das Abkühlverhalten der Legierung *Gußeisen* GG. Untereutektisches Gußeisen wird mit einer typischen Gießtemperatur ϑ_G von ca. 1400 °C vergossen. Die Kristallisation beginnt zum Zeitpunkt t_1 bei etwa 1260 °C und ist bei der tieferen eutektischen Temperatur ϑ_E von ca. 1200 °C zur Zeit t_3 beendet. Die Temperaturdifferenz zwischen der Liquidustemperatur ϑ_L und der eutektischen Temperatur ϑ_E heißt *Erstarrungsintervall*.

In Bild 2-15 beträgt die Temperaturdifferenz

$$\vartheta_L - \vartheta_E = 1270\,°C - 1200\,°C = 70\,°C.$$

Der Gußwerkstoff befindet sich während des Erstarrungsintervalls in dem für das Gießen bedeutsamen *teigigen* Zustand (Abschn. 2.3.2.1). Während der Erstarrungszeit t_2 bis t_3 kristallisiert die restliche Schmelze bei der eutektischen Temperatur ϑ_E. Man nennt diesen Vorgang die *eutektische Reaktion*.

Auch in Bild 2-14 liegt der teigige Zustand während der Erstarrungszeit t_1 bis t_3; die Kristallisation findet in diesem Fall bei konstanter Temperatur statt.

Kennzeichnender Unterschied im *Erstarrungsverhalten* sind die Temperaturen:

– *konstante Temperatur* bei eutektischen Legierungen und Reinmetallen,
– *Temperaturintervall* bei Legierungen.

2.2.3 Keimbildung und Impfen

In Gußstücken werden verschiedenartige Gußgefüge beobachtet, die durch *Wachstumsprozesse* von *Erstarrungszentren* entstehen. Solche Kristallisationszentren werden auch **Keime** genannt. Im folgenden sollen zwei Möglichkeiten betrachtet werden, wie *Keime* in Schmelzen zu erzeugen oder in diese einzubringen sind.

2.2.3.1 Homogene Keimbildung

Die Keimbildung bezeichnet man als homogen, wenn die Schmelze selbst eigene Keime, sog. *arteigene Keime*, in der flüssigen Phase bilden kann. Zur Veranschaulichung ist in Bild 2-16 der Einfluß der Abkühlgeschwindigkeit auf die

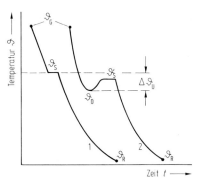

Bild 2-16. *Zum Begriff der Unterkühlung von Schmelzen. Abkühlschaubilder: Schmelze 1 sehr langsam und Schmelze 2 schnell.*

Unterkühlung $\Delta \vartheta_U$ metallischer Schmelzen dargestellt. Kurve 1 zeigt das schon bekannte Abkühlverhalten einer Schmelze. Die Erstarrung beginnt und endet bei der konstanten Schmelztemperatur ϑ_S, wenn die Abkühlgeschwindigkeit sehr klein ist. Bei zunächst hoher Abkühlgeschwindigkeit gemäß Kurve 2 beginnt die Kristallisation an *arteigenen Keimen* erst bei der Temperatur ϑ_O unterhalb von ϑ_S. Die Erstarrungszentren werden in der Schmelze in um so größerer Anzahl gebildet, je stärker sie unterkühlt ist. Die Unterkühlung $\Delta \vartheta_U$ einer Schmelze ist folglich die Temperaturdifferenz

$$\Delta \vartheta_U = \vartheta_S - \vartheta_O.$$

Durch die fortschreitende Erstarrung und die dadurch freiwerdende Kristallisationswärme steigt die Temperatur der Schmelze erneut bis ϑ'_S an, erreicht den Schmelzpunkt ϑ_S aber nicht. Dadurch ist eine große Anzahl von Keimen in unterkühlten Schmelzen *stabil,* d. h., sie werden nicht mehr aufgeschmolzen.

Die Abkühlung einer Schmelze in einer dickwandigen, getrockneten Sandform kommt der Kurve 1 nahe. Die Abkühlung der Schmelze in einer dünnwandigen, gekühlten, metallischen Dauerform, *Kokille* genannt, entspricht der Kurve 2.

Messungen der Unterkühlung von Schmelzen haben gezeigt, daß die Temperaturdifferenz $\Delta \vartheta_U$ größer wird, wenn die Schmelze vorher stärker erwärmt oder länger bei höheren Temperaturen aufbewahrt – der Gießer sagt, *überhitzt* oder *gehalten* – wurde.

Eine überhitzte, also besonders keimarme Schmelze ist ein geeigneter Ausgangszustand zur Bildung arteigener Keime.

Nach der *kinetischen Keimtheorie* müssen Schmelzen, die kurzzeitig überhitzt wurden, unterhalb ihres Schmelzpunktes ϑ_S ein Maximum für die sich in ihnen bildenden Keime besitzen. Die Kristallisationsgeschwindigkeit v_{KG} nimmt mit steigender Abkühlgeschwindigkeit zu und nähert sich einem Grenzwert. Keimzahl N_{KZ} und v_{KG} sind somit abhängig von der Unterkühlung $\Delta \vartheta_U$. Dieser Zusammenhang ist in Bild 2-17 dargestellt.

Mit der Wahl des Form- und Gießverfahrens wird in der Gießereipraxis die Abkühlungsgeschwindigkeit festgelegt und damit die erzielbare Unterkühlung der Schmelze bestimmt. Das Gußstück bekommt dadurch ein typisches

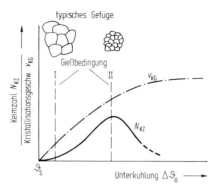

Bild 2-17. Keimzahl N_{KZ} und Kristallisationsgeschwindigkeit v_{KG} in Abhängigkeit von der Unterkühlung.

Gefüge. Der Vorgang wird als *Primärkristallisation,* das Gefüge als *Primärgefüge* bezeichnet. Er wird bestimmt durch die Keimzahl und die Kristallisationsgeschwindigkeit, die durch die Abkühlgeschwindigkeit des Gußstücks vorgegeben ist.

In Bild 2-18 sind die Gefüge für die Abkühlbedingungen I und II aus Bild 2-17 schematisch dargestellt. Geringe Keimzahlen und kleine bis mittlere Kristallisationsgeschwindigkeiten führen zu einem groben Gußgefüge, einem *Grobkorngefüge.*

Dagegen werden durch große Keimzahlen bei großen Kristallisationsgeschwindigkeiten feine Primärgefüge, sog. *Feinkorngefüge,* erzeugt. *Kokillenguß* und das Gießen in wasserhaltige Formstoffe, *Naßguß* genannt, sind Beispiele für die Bedingung II. Dickwandiger Guß in gebrannten, vorgeheizten Formstoffen entspricht der Bedingung I. Zwischen diesen Extremwerten sind viele Zwischenstufen möglich, die auch tatsächlich beobachtet werden. Sie entstehen durch die unterschiedlichen Wanddicken, Versteifungen und Durchdringungen der Gußkonstruktionen.

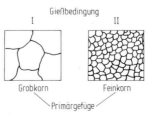

Bild 2-18. Unterschiedliche Primärkristallisation durch Formen mit geringer (I) und hoher Unterkühlung (II).

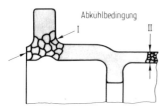

Bild 2-19. *Einfluß einer geringeren (I) und einer höheren Abkühlgeschwindigkeit (II) auf die Korngröße im Gußstück.*

In Bild 2-19 sind die den Bedingungen I und II aus Bild 2-17 entsprechenden Gefüge in ein Gußstück eingezeichnet. Da die Abkühlgeschwindigkeit durch das Form- und Gießverfahren vorgegeben ist, entstehen im gleichen Gußstück zwischen I und II unterschiedliche Primärgefüge.

Eine einfache *Konstruktionsregel* lautet:

Nach Möglichkeit soll man Gußstücke mit annähernd gleichen Wanddicken versehen. Durch stark abweichende Abkühlbedingungen entstehen beim Gießen Primärgefüge mit unterschiedlicher Korngröße.

2.2.3.2 Impfen der Schmelze

Das Primärgefüge von Gußstücken läßt sich auch durch *Impfen* beeinflussen. Unter Impfen versteht man dabei das Einführen und Verteilen von *Impfmitteln* in Schmelzen. Es sind *artfremde, heterogene Keime,* da die Impfmittel nicht der Zusammensetzung des Gußwerkstoffs entsprechen. Man nennt sie deshalb auch *Fremdkeime.* Durch Impfen kann die Keimzahl N_{KZ} der Schmelze gesteuert werden, ohne die chemische Zusammensetzung merklich zu ändern.

Die Mehrzahl der empirisch – durch sinnvolles Probieren – gefundenen Impfmittel bestehen aus Legierungen mit Graphit. Sie haben meist einen höheren Schmelzpunkt als der Gußwerkstoff selbst. Bekannte Impfmittel, die feinkörnig oder stückig den Schmelzen kurz vor dem Vergießen oder sogar direkt in der Form zugesetzt werden, sind z. B.

– Ferrolegierungen wie: FeSi, FeMn, FeCr, FeP,
– Kohlenstoff als Graphit, Ruß, Pech,
– Verbindungen wie etwa
  Oxide: Al_2O_3, ZrO_2, Fe_2O_3,

Nitride: Bor- und Eisennitrid,
Carbide: Bor- und Chromcarbid,
– Legierungen als Ca-Si, Al-Si.

Obwohl Impfmittel häufig eingesetzt werden und auch nicht billig sind, ist über die *Theorie der Impfwirkung* selbst wenig bekannt.

Die Impfwirkung wird in den Gießereien durch thermische Analysen und Gefügeuntersuchungen überprüft, um

– Menge,
– Art der Zugabe,
– Verteilung in der Form oder der Schmelze,
– Zeiteffekt (Abklingverhalten)

in optimaler Form herauszufinden. Handelsübliche Impfmittel können auch Gemenge sein, wie z. B. eine Mischung aus Ferrolegierung, Graphit und Leichtmetall.

Einige wenige, aber besonders wichtige Impfmittel sind dadurch gekennzeichnet, daß ihre Schmelzpunkte erheblich niedriger als die der damit behandelten Gußwerkstoffe liegen. Ihre Impfwirkung muß deshalb anders geartet sein, da sie im Gußwerkstoff aufschmelzen, Verbindungen bilden oder sogar verdampfen.

Solche Impfmittel sind die Metalle

– Natrium, $\vartheta_S = 98\,°C$,
– Magnesium, $\vartheta_S = 650\,°C$,
– Aluminium, $\vartheta_S = 660\,°C$,
– Cer, $\vartheta_S = 797\,°C$.

Mit Natrium werden viele Aluminium-Silicium-Legierungen geimpft, man sagt *veredelt.* Dabei wird die kurzzeitige Impfwirkung nicht durch Natriumfremdkeime herbeigeführt, sondern durch die jetzt größere Unterkühlung der Schmelze. Eine **Langzeitveredlung** mit Strontium erfolgt zweckmäßiger im Schmelz-, Gieß- oder Warmhalteofen.

Mit Magnesium oder Cer kann die Kristallisation von Graphit in hochkohlenstoffhaltigen Eisengußwerkstoffen (2,4 % C bis 4,3 % C) beeinflußt werden. Soweit bisher bekannt ist, kommt dies durch Verbindungsbildung dieser Elemente mit Schwefel und Sauerstoff zustande. Als Fremdkeim für den Graphit wirkt Kieselsäure, deren Ausscheidung aus der Schmelze aber ebenfalls nicht ohne Fremdkeime möglich zu sein scheint. Die Erstarrung von Gußeisen ist zwingend auf kieselsäurehaltige Keime angewiesen. Aus den genannten Gründen ist die Beeinflussung der Erstarrung zum Vermeiden von Gußfehlern eine ständige Aufgabe der Praxis.

Zusammenfassend betrachtet sind also zwei Verfahren zur Einstellung der Primärgefüge in Gußwerkstoffen üblich:

– Impfen mit verschiedenen Impfmitteln,
– Überhitzen von Schmelzen (homogene Keimbildung wird erleichtert).

In der Gießereipraxis werden meist beide Verfahren angewandt, denn auch wenn keine Impfmittel direkt zugegeben werden, wirkt bereits der Formstoff oder die Wand als Fremdkeim auf die Schmelze.

2.2.4 Kristallformen

Zunächst sei der fortschreitende Erstarrungsablauf einer Schmelze näher betrachtet. Die Frage, wie aus

$$Keimen \xrightarrow[\text{Wachstum}]{\text{durch}} Gußgefüge$$

entstehen, ist für das Gießen von besonderem Interesse, weil hierbei Möglichkeiten zum Beeinflussen der Erstarrung, die sog. *gerichtete Erstarrung,* erkannt werden. Untersuchungen an verschiedenen Gußwerkstoffen haben gezeigt, daß die *Kristallformen,* die zu einem Gußgefüge zusammenwachsen, von mehreren Einflußgrößen abhängen. Dabei ist die Abkühlgeschwindigkeit von größter Bedeutung. Sie wird deshalb auch vom *Konstrukteur* und nicht nur vom Gießer durch Wahl des Form- und Gießverfahrens festgelegt.

In Bild 2-20 ist schematisch eine geteilte Form mit der Schmelze in drei Phasen der Erstarrung dargestellt. Die geteilte, dünne Gußform wird *Formmaske* genannt, weil sie sich ähnlich einer Maske der Kontur des Gußstücks anschmiegt.

Der Wärmefluß während der Erstarrung in einer Maske ist in Bild 2-20 zum Zeitpunkt t_1 durch Pfeile in radialer Richtung angedeutet. Durch die fast gleiche Dicke der Form fließt die Wärme nach allen Seiten gleichmäßig ab. Es tritt kein Wärmestau auf. Die Körner oder Kristallite zur Zeit t_2 wachsen gleichmäßig zu einem Gußgefüge bei t_3 zusammen. Die Erstarrungsdauer wird außer vom Gußwerkstoff und von der Gießtemperatur auch durch das Temperaturgefälle zwischen Kern- und Randzone der Form bestimmt.

Dazu ist in Bild 2-21 der Einfluß der Wärmeableitung durch den *Formstoff* skizziert. Das

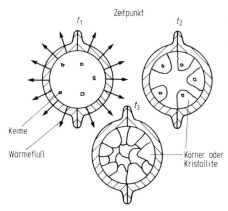

Bild 2-20. Formmasken mit radial gleicher Abkühlgeschwindigkeit zum Zeitpunkt t_1 der Keimbildung, t_2 des Kristallwachstums und t_3 des Primärgefüges.

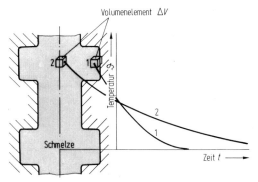

Bild 2-21. Temperaturgefälle in einer gefüllten Form: Das Volumenelement der Schmelze ΔV kann nach Kurve 2 langsam oder nach Kurve 1 schneller erstarren.

Volumenelement ΔV der Schmelze kann nach Kurve 2 bei flachem oder nach Kurve 1 bei steilem Temperaturgefälle erstarren.

Die Kristallformen der Gußwerkstoffe werden nicht durch die kristallinen *Hauptachsensysteme* vorbestimmt, die als

– trikline,
– monokline,
– rhombische,
– hexagonale,
– tetragonale und
– kubische

Elementarzellen oder *Gitter* aus der Werkstoffkunde bekannt sind, sondern sie werden hauptsächlich durch das Temperaturgefälle bei der Primärkristallisation ausgebildet.

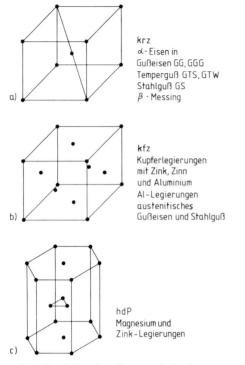

krz
α-Eisen in
Gußeisen GG,GGG
Temperguß GTS,GTW
Stahlguß GS
β-Messing

kfz
Kupferlegierungen
mit Zink, Zinn
und Aluminium
Al-Legierungen
austenitisches
Gußeisen und Stahlguß

hdP
Magnesium und
Zink-Legierungen

Bild 2-22. Gußwerkstoffe mit a) kubischraumzentrierter Matrix, b) kubischflächenzentrierter Matrix und c) mit hexagonal dichtester Packung.

Die Kristallbasis der Hauptatomsorte der Gußgefüge wird *Matrix* genannt. Für die technischen Gußwerkstoffe sind praktisch nur zwei Kristallsysteme von Bedeutung, das *kubische* Kristallsystem mit den Varianten

– **krz** (kubischraumzentriert) und
– **kfz** (kubischflächenzentriert)

und das *hexagonale* System **hdP** (hexagonal dichteste Packung). In Bild 2-22 a, b, c sind die Elementarzellen dargestellt und einigen häufig verwendeten Gußwerkstoffen zugeordnet.

Diese wenigen Beispiele zeigen, daß die wichtigsten Eisengußwerkstoffe und Kupfer-Zink-Legierungen im wesentlichen aus der gleichen Kristallbasis entwickelt werden können. Außerdem ist zu beachten, daß man aus Werkstoffen mit gleicher Matrix unterschiedliche Gußgefüge (Primärgefüge, Abschn. 2.2.4.1) entwickeln kann. Die für die Qualität des Gußteils entscheidende Art der Erstarrung (Abschn. 2.2.5) wird nicht so sehr vom Kristallaufbau, sondern von der Form- und Gießtechnik bestimmt.

2.2.4.1 Globulare Kristallformen

Treibende Kraft des Kristallwachstums ist die Abkühlgeschwindigkeit der Schmelze in der Form. Sie führt in Abhängigkeit vom Legierungsaufbau, der *Konstitution,* zu einer unterschiedlichen Unterkühlung und damit zu verschiedenen *Kristallformen.* Bei Gefügeuntersuchungen an Gußwerkstoffen können drei Kristallformen sicher unterschieden werden. *Globulare* Kristallformen entstehen durch annähernd gleiche Erstarrungsgeschwindigkeiten in den drei Achsrichtungen *x, y* und *z* des Kristallsystems. Sie werden auch als *Globulite* oder *Sphärolithe* bezeichnet. Im Schema gemäß Bild 2-23 besteht das Gußgefüge nur aus einer Kristallart. Im mittleren Korn ist der Keim angedeutet, der jedoch nicht beobachtet werden kann. Die globularen Kristallformen führen in Gußgefügen zu besonderen Festigkeits- und Zähigkeitseigenschaften.

Bild 2-24 zeigt zwei globulare Kristallformen, die sich nebeneinander gebildet haben. In einer globulitischen Matrix sind rundliche Sphärolithe eingelagert.

Globulare Kristallformen verhalten sich beim Gießen sehr vorteilhaft, da sie die Restschmelze beim Kristallwachstum vor sich her schieben und nicht einschließen. Gußstücke mit globulitischem Gefüge entstehen meist durch große Abkühlgeschwindigkeiten der Schmelze.

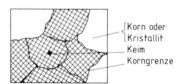

Korn oder
Kristallit
Keim
Korngrenze

Bild 2-23. Globulares Gefüge, schematisch, mit Keim, Kristalliten und Korngrenzen.

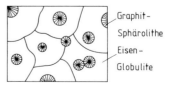

Graphit-
Sphärolithe
Eisen-
Globulite

Bild 2-24. Globulitische Eisenkristalle mit eingelagerten Graphitsphärolithen, schematisch.

2.2.4.2 Säulenförmige Kristalle

Säulenförmige oder auch *prismatische* Kristallformen entstehen, wenn die Kristalle z. B. in einer Richtung bevorzugt wachsen, in den beiden anderen Richtungen dagegen weniger schnell, aber beide annähernd gleichmäßig.

Bild 2-25 zeigt den Schnitt eines gegossenen Stabes in einer Maskenform. Man erkennt die vom Formstoff ausgehende *nadel-* oder *stengelartige Kristallform,* die streng entgegen dem Wärmefluß gerichtet ist. Dabei werden meist Verunreinigungen in der Restschmelze angereichert, so daß diese mit hoher Keimzahl globular erstarrt.

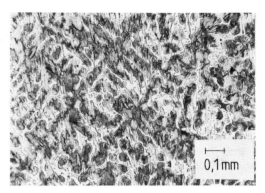

Bild 2-26. Primärgefüge von Temperrohguß GTS, bestehend aus Dendriten (dunkel) und globularen zum Teil fein verästelten Kristallen der Restschmelze (hell).

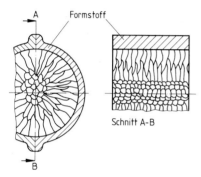

Bild 2-25. Randzone mit Säulenkristallen und globulitisch erstarrter Restschmelze in der Mitte.

Nadelstrukturen werden an Gußstücken bei mittleren Abkühlgeschwindigkeiten beobachtet und weisen bei einer Beanspruchung quer zu den Nadeln schlechte Festigkeits- und Verformungseigenschaften auf.

2.2.4.3 Dendritische Kristallformen

Dendritisches Erstarrungsgefüge ähnelt der Gestalt einer Tanne. Die Kristallformen nennt man daher auch *Tannenbaumkristalle.* Sie entstehen durch eine große Erstarrungsgeschwindigkeit in einer bevorzugten Richtung. Bild 2-26 zeigt ein Rohgußgefüge mit dendritischen Eisencarbiden, wie es für dünnwandige Gußstücke mit großem Erstarrungsintervall und hoher Unterkühlung der Schmelze charakteristisch ist. Auch bei der dendritischen Erstarrung kann eine Ausrichtung der Dendriten nach dem Wärmefluß beobachtet werden. Da die Schmelze in den feinen Seitenästen und Gängen abgeschnürt wird, erstarrt sie nicht

dicht genug. Es entstehen dadurch häufig *Mikrolunker.* Dendritische Strukturen weisen meist schlechte Festigkeits- und Zähigkeitseigenschaften auf.

2.2.5 Erstarrungstypen

Untersuchungen an Gußstücken zeigen, daß die beschriebenen Kristallformen teilweise gleichzeitig auftreten und auch unterschiedlich im Werkstückquerschnitt verteilt sein können. In Bild 2-27 soll der Einfluß der Kristallform an einem bei Gußstücken häufig vorkommenden Detail gezeigt werden. Dazu sind *Stengelkristalle,* links, und *Globulite,* rechts, in gegossene Flanschstücke eingezeichnet. Flansche können konstruktiv an der späteren Dichtfläche nicht mit Radien versehen werden. Ein zu großer *Radius R* (rechts) ergibt eine unerwünschte *Werkstoffanhäufung.* Die Stengelkristalle (links) wachsen entgegen dem Wärmefluß in Richtung

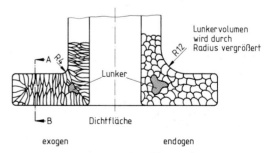

Bild 2-27. Nachteilige Flanschkonstruktion mit exogener sowie mit endogener Erstarrung bei vergrößertem Radius.

der geometrischen Mitte des Gußstücks. Diese Art der Erstarrung wird als *exogener Typ* bezeichnet und tritt besonders bei säulenförmigen und dendritischen Kristallen auf.

Der *endogene,* also ungerichtete *Erstarrungstyp* tritt bei globularen Kristallen auf. Obwohl der Wärmefluß, bedingt durch gleiche Geometrie und Formstoffe, fast identisch ist, erfolgt die Erstarrung meist *breiartig.*

Die *Erstarrungsfronten,* die sich beim Hineinwachsen der Kristalle in die Schmelze ausbilden, sind in Bild 2-28 dargestellt. Das Nachfließen der Schmelze wird durch *glattwandige* oder *ebene* Erstarrungsfronten im Gußstück erleichtert.

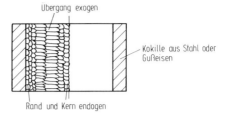

Bild 2-29. *Exogen-endogene Kristallisation bei Kokillenguß.*

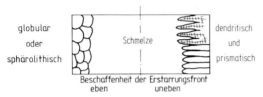

Bild 2-28. *Ebene oder unebene Erstarrungsfronten beeinflussen das Nachfließen der Restschmelze.*

Bei exogener Erstarrung am Flansch (Bild 2-27, links) ist durch die *rauhe,* nicht ebene Erstarrungsfront das Nachfließen der Restschmelze in der Wandmitte behindert. Dies führt an Materialanhäufungen, die langsamer erkalten als die anschließenden Wände, zur *Lunkerbildung.*

Die Lunkerbildung tritt auch bei endogener Erstarrung auf, wenn durch große Radien der Werkstoffquerschnitt so vergrößert wird, daß die Schmelze dort zuletzt erstarrt. Zu beachten ist die besonders nachteilige Lage der Lunkerstellen. Durch Beanspruchung des Flansches im geschwächten Werkstoff können leicht zusätzlich *Kaltrisse* entstehen.

In Gußstücken mit dickeren Wänden werden noch kompliziertere Erstarrungsformen beobachtet. Man nennt sie *Mischtypen.*

Ein *exogen-endogener* Mischtyp, wie er häufig bei *Kokillenguß* entsteht, ist in Bild 2-29 skizziert. Die unmittelbar an der Kokillenwand stark unterkühlte Zone erstarrt feinkörnig endogen. Die Übergangzone ist säulenförmig ausgebildet und schiebt durch die unebene Erstarrungsfront Fremdkeime in die Mitte. Der Keimreichtum in der zuletzt erstarrenden wenig unterkühlten Mittelzone bewirkt dort die

breiartige, endogene Kristallisation. Mischtypen werden auch bei Gußwerkstoffen beobachtet, die in wasserhaltigen Formstoffen erstarren (*Naßguß*).

Eine Meßmöglichkeit, mit der die Festigkeitseigenschaften indirekt über die Härte ermittelt werden können, ist in Bild 2-30 angegeben. Zu diesem Zweck ist in Bild 2-27 der exogen erstarrte Flansch an der Stelle A–B geschnitten worden. Die unvorteilhafte Art des Zusammenwachsens gerichteter Kristalle in der *thermischen Mitte* in Bild 2-30, in diesem Fall gleichzeitig auch Werkstückmitte, ist durch Härtemessungen über dem Werkstoffquerschnitt einfach nachweisbar. Die Härte und damit auch andere Festigkeitseigenschaften fallen nach der Mitte hin ab und zeigen dadurch die dort herrschende geringere *Werkstoffdichte* an. Ursache sind die beim Zusammenwachsen rauher Erstarrungsfronten auftretenden kleinen Hohlräume, die *Mikrolunker* genannt werden. Sie erschweren die Herstellung *druckdichter Gußstücke* (Abschn. 2.3.2.1). Deshalb versucht man, die Erstarrung von Schmelzen so zu beeinflussen, daß feinkörnige, ungerichtete Gußgefüge entstehen. Diese weisen bessere Festigkeits- und Zähigkeitswerte auf.

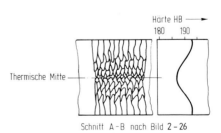

Bild 2-30. *Nachweis von Mikrolunkern durch Härtemessungen.*

2.2.6 Isotropes, anisotropes und quasiisotropes Verhalten von Gußwerkstoffen

Gußstücke sollen den vom Konstrukteur oder Anwender vorgegebenen Anforderungen genügen. Dabei sollen die Werkstoffeigenschaften im Gußstück in der Regel unabhängig von der Beanspruchungsrichtung und der Geometrie des Gußstücks sein. Solche Werkstoffe besitzen *isotrope,* d.h. unabhängig von der Richtung gleiche Stoffeigenschaften.

Die bisherigen Erläuterungen (Abschn. 2.2.3 und 2.2.4) haben gezeigt, daß Gußstücke von Natur aus *anisotrop* sind, also von der Richtung abhängige Stoffeigenschaften haben. Markante Beispiele sind die Zonen, in denen Kristalle zusammenwachsen. Auch die Gußoberfläche ist als Randzone des Werkstücks mit abweichenden Eigenschaften ein solcher Bereich.

Mittels einer Reihe von *Nachbehandlungsverfahren,* z. B. durch

- Wärmebehandlungen: Normalglühen, Vergüten,
- Oberflächenverfestigen: Rollen, Festigkeitsstrahlen

gelingt es mehr oder weniger, aus richtungsabhängigen, anisotropen Werkstücken fast richtungsunabhängige, *quasiisotrope* Werkstoffeigenschaften in Gußstücken zu erzeugen.

Eine einfach zu merkende, aber nicht leicht durchzuführende Konstruktionsregel hierzu lautet:

Gußteile beanspruchungsgerecht entwerfen

Dies bedeutet, daß die anisotropen Werkstoffeigenschaften von Gußstücken bereits mit in die Entwurfsüberlegungen einbezogen werden müssen. Bild 2-31 zeigt, wie die Flanschkonstruktion in Abschn. 2.2.4 beanspruchungsgerecht ausgeführt wird. Flansche werden auf Biegung beansprucht. Im Übergangsbereich Rohr-Flansch muß deshalb die Festigkeit des ungeschwächten Werkstoffs zur Verfügung stehen. Folglich sollte dort möglichst keine Materialanhäufung vorliegen.

Als *gießgerecht* gelten Übergänge von 1 zu 5 mit entsprechenden von der Werkstückdicke s abhängigen Radien R:

$$\frac{1}{3}s > R > \frac{1}{4}s.$$

Das Schliffbild, schematisch in Bild 2-31 rechts wiedergegeben, zeigt, daß der Anteil der unerwünschten Stengelkristalle besonders gering ist.

Eine Reihe von Gußwerkstoffen weist ein von der Wanddicke abhängiges Festigkeitsverhalten auf, wie Bild 2-32 zeigt. Enthält ein Gußstück Wände mit stark abweichender Dicke, dann kann dies zu Schwierigkeiten führen. Deshalb sei noch einmal an die Gestaltungsrichtlinie erinnert:

Gußstücke nach Möglichkeit mit annähernd gleichen Wanddicken ausführen.

Der Sinn dieser Konstruktionsregel ist an Hand des Diagramms Bild 2-32 sofort verständlich: Das anisotrope Festigkeitsverhalten tritt dann nicht in Erscheinung.

Bei beanspruchungsgerechten Entwürfen für Gußstücke aus Gußeisen wird man auch die *3- bis 4fach* höhere *Druckfestigkeit* gegenüber der Zugfestigkeit ausnutzen.

Typische Anwendungen für druckbeanspruchtes Kokillengußeisen GGK sind z. B. *Bremshydraulikgußteile* für Fahrzeuge. Je nach Sorte wird eine Druckfestigkeit zwischen 700 N/mm² und 1000 N/mm² erreicht (s. a. Abschn. 3.1.1).

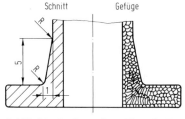

Bild 2-31. Gießgerechter Flansch: Durch die Formgebung wird der Anteil prismatischer Kristalle zurückgedrängt.

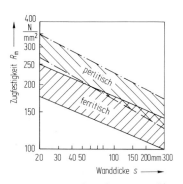

Bild 2-32. Zugfestigkeit in Abhängigkeit von der Wanddicke bei Kokillengrauguß GGK nach VDG-Merkblatt W 43.

2.3 Gußwerkstoffe

Das gießgerechte Gestalten von Gußstücken ist ohne Beachtung der *Gießeigenschaften* der Gußwerkstoffe (Abschn. 2.4) kaum möglich. Wegen der Vielzahl metallischer Gußwerkstoffe ist es bei einer Einführung in gießtechnische Fertigungsverfahren zunächst erforderlich, die Legierungen in der Reihenfolge ihrer mengenmäßigen Bedeutung im *Maschinen-* und *Fahrzeugbau* zu nennen. In Tabelle 2-5 ist eine Übersicht wichtiger metallischer Gußwerkstoffe dargestellt. Man unterscheidet *Eisengußwerkstoffe* und *Nichteisen-Gußwerkstoffe*. Von den Eisengußwerkstoffen sind besonders die hochkohlenstoffhaltigen Legierungen ausgezeichnet gießbar. Darunter versteht man Schmelzen, die zwischen 2,4% und 4,3% Kohlenstoff als Legierungselement enthalten. Der Stahlguß zählt nicht zu diesen Legierungen.

Bei den Nichteisengußwerkstoffen haben *eutektische* Legierungen des *Aluminiums* wegen der guten Gießbarkeit überragende Bedeutung. Ebenso *Kupfer-Zink-Legierungen* mit oder ohne Blei sind bei den Schwermetallen sehr gut gießbar. Auch die *Feinzinklegierungen* verhalten sich gießtechnisch einwandfrei.

2.3.1 Eisengußwerkstoffe

Die Verbände der Deutschen Gießereiindustrie und das BMFT haben 1987 eine Gußprognose bis zum Jahr 1995 erarbeiten lassen:
Prognose 1995
- Gußeisen mit Lamellengraphit   64%
- Gußeisen mit Kugelgraphit   27%
- Temperguß   3%
- Stahlguß   6%.

Für die Eisengußwerkstoffe wird nur beim Gußeisen mit Kugelgraphit noch ein Zuwachs vorausgesagt. Die geschätzte prozentuale Verteilung der vier Eisengußwerkstoffe bis zum Jahre 1995 bezieht sich auf eine Produktion von ca. 3 Mill. t/a.

70% aller Gußstücke werden im Fahrzeug- und Maschinenbau verwendet. Die Entwicklung bis 1995 wird für den Bedarf im Fahrzeugbau als nahezu konstant vorhergesagt.

Die Wirtschaftlichkeit einer Gußkonstruktion wird nicht nur vom Kilopreis des Gußwerkstoffs bestimmt. Entscheidend ist meist der Preisvergleich mit anderen konkurrierenden Gußwerkstoffen.

Die gemittelten Preise für Eisengußstücke aus
   GG : GGG : GT : GS je kg lassen sich etwa wie 1 : 1,3 : 2 : 3 ins Verhältnis setzen.

2.3.1.1 Gußeisen

Die naheutektischen *Eisen-Kohlenstoff-Silicium*-Legierungen werden als Gußeisen bezeichnet. Formguß hat etwa folgende Zusammensetzung:
- 3% bis 4% Kohlenstoff,
- 2% bis 3% Silicium.

Hinzu kommen noch geringe Gehalte an Mangan, Schwefel und Phosphor. Beim Gußeisen werden die beiden Sorten
- Gußeisen mit Lamellengraphit GG und
- Gußeisen mit Kugelgraphit GGG
unterschieden.

Gußeisen mit Lamellengraphit GG

Der älteste und auch heute mengenmäßig am häufigsten vertretene Eisengußwerkstoff ist das Gußeisen mit Lamellengraphit. Seine Bedeutung beruht auf den für das Gießen von Formguß wichtigen
- Gießeigenschaften und
- Gebrauchseigenschaften
der Gußstücke aus lamellarem Gußeisen. Durch das Legieren von Eisen mit Kohlenstoff und Silicium wird die Schmelztemperatur bei *naheutektischer Erstarrung* bis auf etwa 1200 °C erniedrigt. Dies ist vorteilhaft für folgende *Gießeigenschaften* und Forderungen:
- geringe Temperaturbelastung des Formstoffs,
- saubere Oberfläche,
- hohe Maßgenauigkeit,
- geringe Schwindung,

Tabelle 2-5. Metallische Gußwerkstoffe.

metallische Gußwerkstoffe	
Eisen-Gußwerkstoffe	Nichteisen-Gußwerkstoffe

Gußeisen	Leichtmetalle:
Temperguß	Al, Mg, Ti
Stahlguß	Schwermetalle:
Sonderguß	Cu, Zn, Pb, Sn

– sehr gutes Fließvermögen,
– einfachste Speisungsmöglichkeiten,
– geringe Lunker- und Rißneigung,
– hohe Wärmeableitung.

Die *Gebrauchseigenschaften* des Gußstücks werden durch die lamellaren, blättchenförmigen Ausscheidungen des Graphits und der damit verbundenen *Kerbwirkung* durch Unterbrechung der Eisengrundmasse bestimmt. Dadurch ergibt sich zwar eine geringe Festigkeit, sie reicht aber für viele Anwendungen aus. In bezug auf die Gebrauchseigenschaften hat nicht nur die Festigkeit allein, sondern auch die Kombination von Festigkeit mit weiteren Werkstoffeigenschaften, z. B.

– Zerspanbarkeit,
– Dämpfungsfähigkeit,
– Formstabilität,
– Verschleißbeständigkeit sowie
– Gleit- u. Notlaufeigenschaften

größte Bedeutung.

Gußeisen ist eine *Mehrstofflegierung*. Die wichtigsten Legierungselemente sind außer Kohlenstoff die Grundstoffe Silicium, Mangan, Phosphor und Schwefel. Den Einfluß der Legierungselemente versucht man durch eine charakteristische Zahl, den **Sättigungsgrad** S_C, auszudrücken:

$$S_C = \frac{\text{C-Gehalt \%}}{4,23 - 0,31\,\text{Si}\,\% - 0,33\,\text{P}\,\% + 0,07\,\text{Mn}\,\%}.$$

Die Kennzahl S_C bestimmt die Lage der Mehrstofflegierung zum eutektischen Punkt des Zweistoffsystems, d.h., sie ist ein Maß für die Änderung des eutektischen Kohlenstoffgehalts durch die Wirkung der anderen Legierungselemente.

Gußeisen mit $S_C = 1$ erstarrt wie eine reine Eisen-Kohlenstoff-Legierung mit dem *eutektischen Kohlenstoffgehalt* von 4,23%. $S_C < 1$ bedeutet eine untereutektische, $S_C > 1$ eine übereutektische Erstarrung, d.h. die zunehmende Neigung zur *Grauerstarrung* infolge Primärausscheidung von Graphit und zur Austenitumwandlung nach dem stabilen System.

Die neue Gußeisennorm DIN 1691 vom Mai 85 bietet erstmals Anhaltswerte für Werkstoffeigenschaften im Gußstück, die naturgemäß von den getrennt gegossenen Probestabwerten abweichen.

Die Norm unterscheidet sechs Festigkeitsklassen von lamellarem Gußeisen, die Sorten ge-

nannt werden. Die Zahlenangaben im Werkstoffkurzzeichen, Tabelle 2-6, entsprechen der zu erwartenden Brinellhärte in einer Wand von 15 mm Dicke. Bild 2-33 zeigt in Abhängigkeit von der Wanddicke im Bereich des Formgusses drei verschiedene Gußgefüge:

– Fläche II: Perlit und Graphit
– Fläche II b: Perlit, Ferrit und Graphit
– Fläche III: Ferrit und Graphit.

Die den Flächen I und II a entsprechenden Gefüge sind sehr hart und dürfen in lamellarem Gußeisen nach DIN 1691 nicht vorkommen. Sie werden als *Weißeinstrahlung* bezeichnet und gelten als Gußfehler. Das Mischgefüge gemäß Fläche II b ist in Bild 2-34 als Mikrogefüge wiedergegeben. In der perlitisch-ferritischen Grundmasse sind Graphitlamellen eingelagert. Je nach Wanddicke sind dazu verschiedene Gehalte an Kohlenstoff und Silicium erforderlich.

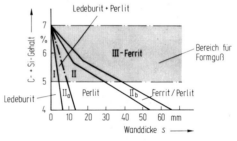

Bild 2-33. Gußeisendiagramm nach Greiner-Klingenstein mit dem für Formguß üblichen Bereich.

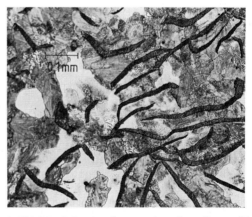

Bild 2-34. Gußeisengefüge mit Lamellengraphit; Grundmasse überwiegend perlitisch (grau gestreift) mit einigen Ferritkörnern (hell).

Tabelle 2-6. Brinellhärte und Zugfestigkeit von Gußstücken aus Gußeisen mit Lamellengraphit nach DIN 1691, Tafel 1.

Sorte Werkstoff-		Wanddicken mm		Brinellhärte HB 30	
Kurzzeichen	Nummer	über	bis	minimal	maximal
GG-150 HB	0.6012	2,5	5	–	210
		5	10	–	185
		10	20	–	170
		20	40	–	160
		40	80	–	150
GG-170 HB GG-15	0.6017	2,5	5	170	260
		5	10	140	225
		10	20	125	205
		20	40	110	185
		40	80	100	170
GG-190 HB GG-20	0.6022	4	5	190	275
		5	10	170	260
		10	20	150	230
		20	40	135	210
		40	80	120	190
GG-220 HB GG-25	0.6027	5	10	200	275
		10	20	180	250
		20	40	160	235
		40	80	145	220
GG-240 HB GG-30	0.6032	10	20	200	275
		20	40	180	255
		40	80	165	240
GG-260 HB GG-35	0.6037	20	40	200	275
		40	80	185	260

Es ist nicht möglich, in einem Gußstück mit sehr unterschiedlichen Wanddicken *isotrope* Festigkeitseigenschaften zu erreichen.

Nach Tafel 1 aus DIN 1691 ist in Tabelle 2-6 der Zusammenhang zwischen Sorte (Festigkeitsklasse), Wanddickenbereich und Brinellhärte des Gußstücks an vereinbarten Prüfstellen festgelegt.

Die Sorten GG-170 HB bis GG-260 HB stimmen näherungsweise mit den bisherigen Sorten GG-15 bis GG-35 überein. Für eine Übergangszeit ist bei der Sorteneinstellung und der Sortenwahl Beratung hilfreich, da bei einem Gußstück die Wanddicke festliegt. Nach Tabelle 2-6 kann aus dem jeweiligen Härtebereich ein eingegrenzter Toleranzbereich der Brinellhärte abgeleitet werden, der jedoch nicht weniger als 40 Brinelleinheiten umfassen sollte.

Im Fahrzeugbau ist es üblich, noch engere Härtetoleranzen zu vereinbaren.

Gußeisen mit Kugelgraphit GGG

Nach dem Auslaufen der Schutzrechte Ende der 60er Jahre stieg der Anteil von Gußeisen mit Kugelgraphit bis 1992 auf über 30% der Gesamtgußeisenerzeugung. Davon sind 57% Gußstücke für den Maschinen- und Fahrzeugbau.

Sphäroguß ist eine geschützte Bezeichnung der Firma Metallgesellschaft AG für Gußeisen mit Kugelgraphit. *Meehanite-Gußeisen* ist eine geschützte Bezeichnung der Firma Int. Meehanite Co. für Gußeisen mit Lamellen- und Kugelgraphit sowie legiertes Gußeisen mit einem sehr gleichmäßigen Gefüge, selbst bei unterschiedlichen Wanddicken.

Gußeisen mit Kugelgraphit besitzt ebenfalls gute Gießeigenschaften. Der gegenüber lamellarem Gußeisen höhere Kohlenstoff- und Siliciumgehalt führt in Verbindung mit einer *Schmelzbehandlung* durch Reinmagnesium

Tabelle 2-7. Festigkeitseigenschaften der Normalsorten von Gußeisen mit Kugelgraphit nach DIN 1693 in Abhängigkeit von der Gefügeart.

Werkstoffsorte nach DIN 1693	GGG-40	GGG-50	GGG-60	GGG-70	GGG-80
Gefügeart	ferritisch ◀────	──Mischgefüge──		────▶	perlitisch
Zugfestigkeit R_m in N/mm^2	400	500	600	700	800
Streckgrenze $R_{p0,2}$ in N/mm^2	250	320	380	440	500
Bruchdehnung A_5 in %	15	7	3	2	2
Brinellhärte HB	135 bis 185	170 bis 220	200 bis 250	235 bis 285	270 bis 335

oder Magnesiumlegierungen zu der Graphitausscheidung in Kugelform. Dadurch vermindert man die *innere Kerbwirkung* und erhöht die Festigkeits- und Dehnungswerte.

Die Gießeigenschaften werden durch die naheutektische Erstarrung im Schmelzbereich von etwa 1120 °C bis 1180 °C positiv beeinflußt. Im Vergleich zu GG ergeben sich Unterschiede hinsichtlich

– Wärmeleitfähigkeit und
– Speisungsverhalten (Abschn. 2.4.2).

Infolge der Graphitausbildung in Kugelform wird die Wärmeleitfähigkeit herabgesetzt und das Speisungsverhalten verbessert. Gußeisen GGG gilt als *nicht rißempfindlicher* Eisengußwerkstoff. Weiterhin werden höhere Festigkeits-, Dehnungs- und Zähigkeitswerte erreicht als bei GG.

Gemäß Tabelle 2-7 (nach DIN 1693) unterscheidet man fünf Werkstoffsorten als Normalsorten, deren mechanischen Kennwerte man an getrennt gegossenen Probestäben ermittelt. Wegen der stahlähnlichen Eigenschaften wird GGG deshalb auch zu den *duktilen* Gußwerkstoffen gezählt.

Das duktile Verhalten zeigt sich besonders bei den Sorten GGG-35.3 und GGG-40.3, für die Kerbschlagarbeitswerte gewährleistet sind, wie aus Tabelle 2-8 hervorgeht. Die Werte für die Bruchdehnung A_5 erreichen praktisch die Werte üblicher Massenbaustähle.

Die Brinellhärte ist nicht genormt und wird nach *Siefer* aus der Beziehung

$$\text{Brinellhärte HB} = \frac{R_m\,(\text{N/mm}^2)}{3,2}$$

als Mittelwert gebildet; hierbei liegen 90% aller Werte zwischen den Faktoren 2,64 und 3,4.

Besondere Bedeutung haben *Guß-Schweiß-Verbundkonstruktionen* als Vorder- oder Hinterachsbrücken für den Fahrzeugbau erlangt, Bild 2-35.

Das flanschlose Achsgehäuse aus GGG-40 wird beidseitig mit Rohrabschnitten aus St 52-3 durch Reibschweißen verbunden. Die Verfahrensparameter werden so eingestellt, daß in der Fügezone weder Martensit noch Ledeburit entstehen kann und die Graphitkugeln erhalten bleiben.

Auch bei Gußeisen mit Kugelgraphit muß bei schweren, dickwandigen Gußstücken der *Wanddickeneinfluß* beim Entwerfen berücksichtigt werden. DIN 1693, Teil 2, unterscheidet zwei Wanddickenbereiche:

– Bereich 30 mm bis 70 mm,
– Bereich 60 mm bis 200 mm.

Die Vielseitigkeit der Werkstoffgruppe Gußeisen soll noch am Beispiel eines *legierten GGG-Gußeisens* erläutert werden. Von wirtschaftlichem und technischem Interesse ist die Kombination wichtiger Gebrauchseigenschaften – *duktil, hitzebeständig, warmfest, zerspanbar* –

Tabelle 2-8. Schlagzähes Gußeisen mit Kugelgraphit. Mindestwerte für die Zugfestigkeit R_m, Streckgrenze $R_{p0,2}$, Bruchdehnung A_5 und Kerbschlagarbeit A_v (DVM-Probe) nach DIN 1693.

Sorten	R_m N/mm^2	$R_{p0,2}$ N/mm^2	A_5 %	A_v J
GGG-35.3	350	220	22	14 (−40 °C)
GGG-40.3	400	250	18	14 (−20 °C)

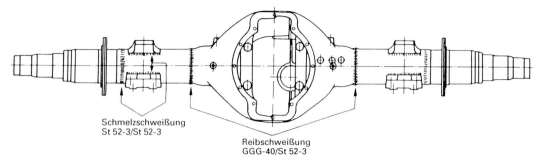

Schmelzschweißung
St 52-3/St 52-3

Reibschweißung
GGG-40/St 52-3

Bild 2-35. Hinterachsbrücke aus Gehäuse, Rohrabschnitten und Achszapfen, Länge ca. 2000 mm (nach von Hirsch).

mit den guten Gießeigenschaften von Gußeisen besonders dann, wenn diese Eigenschaftskombination ohne die teuren Legierungselemente Chrom und Nickel, d. h. ohne die *austenitischen Gußwerkstoffe* erreichbar ist.

Der warmfeste duktile Gußwerkstoff mit der Bezeichnung GGG-X SiMo 51 mit Kugelgraphit in ferritischer Grundmasse enthält 5% Silicium und 1% Molybdän. Dieser ist

– hitzebeständig bis 820 °C,
– warmfest ($R_{p0,2} = 120$ N/mm² bei 600 °C),
– korrosionsbeständig und
– zerspanbar bei Härtewerten von 200 HB bis 240 HB.

Wegen der Legierungsbestandteile Silicium und Molybdän läßt er sich so gut wie Gußeisen vergießen. Gegenüber den teuren warmfesten au-

stenitischen Werkstoffen bieten diese Gußwerkstoffe erhebliche Preisvorteile, z. B. bei Auspuffkrümmern etwa gemäß Bild 2-36, und bei Turboladern für Motore.

2.3.1.2 Temperguß

Eine Legierung aus Eisen mit Graphit in flockiger oder knotiger Form, die durch Auflösung von spröden Eisencarbiden entsteht, heißt Temperguß.

Aus dem spröden *Temperhartguß* wird durch eine Wärmebehandlung in neutraler oder entkohlender Atmosphäre *duktiler Temperrohguß* hergestellt, der gut mechanisch bearbeitbar ist. Um eine graphitfreie Primärerstarrung zu erreichen, wird mittels Wismutimpfung und bestimmter Gehalte an

– Kohlenstoff (2,3% bis 3,4%) und
– Silicium (1,5% bis 0,4%)

eine Zusammensetzung des Hartgusses nach Bild 2-33 als

– Ledeburit/Perlit-Bereich II a oder
– Ledeburit, Bereich I

eingestellt. Das Mikrogefüge des Hartgusses entsprechend Bild 2-37 besteht aus dunklen, exogenen Dendriten, zwischen denen hell die eutektische Restschmelze breiartig endogen erstarrt.

Die Kristallisation erfolgt in einem Erstarrungsintervall zwischen etwa 1300 °C und 1140 °C. Dies bedeutet hinsichtlich der wichtigsten Gießeigenschaften:

– Gutes Fließverhalten ist nur durch eine höhere Gießtemperatur möglich;
– die graphitfreie Primärerstarrung ist auf Wanddicken kleiner als 45 mm beschränkt;

Bild 2-36. Auspuffkrümmer verschiedener Pkw-Motoren aus warmfestem Gußeisen mit Kugelgraphit. Werkphoto Georg Fischer AG

– Dichtspeisung und Schwindung sowie die Rißanfälligkeit werden durch das breite Erstarrungsintervall größer und schwieriger.

Die Gebrauchseigenschaften von Temperguß sind in DIN 1692 genormt. Je nach Bruchaussehen des duktilen Rohgusses unterscheidet man den

– entkohlend geglühten *weißen Temperguß GTW* und den
– nichtentkohlend geglühten *schwarzen Temperguß GTS*.

Der ältere *weiße* Temperguß wird auch *europäischer* Temperguß genannt. Der *schwarze* oder auch *amerikanische* Temperguß hat erst seit Mitte der 50er Jahre in der Bundesrepublik Deutschland mit den Serienteilen für den Fahrzeug- und Maschinenbau den weißen Temperguß mengenmäßig überholt.

Schwarzer Temperguß GTS

In Tabelle 2-9 sind für nichtentkohlend geglühten Temperguß nach DIN 1692 fünf Festigkeitsklassen unterschieden. Die Eigenschaften werden an getrennt gegossenen Probestäben nach DIN 50 149 mit 12 oder 15 mm Dmr. direkt, d. h. ohne spanende Bearbeitung bestimmt. Die nichtentkohlende Glühung erfolgt meist zweistufig unter Stickstoff als *Schutzgas*. Dadurch werden Entkohlen und Verzundern der Gußteile verhindert.

Der Ledeburit wird in der ersten Stufe durch die *Zerfallsglühung* bei etwa 1000 °C aufgelöst. Es zerfällt in Perlit und Temperkohle. Durch ein Luftabschrecken, *Luftbrause* genannt, wird ein perlitisches Gefüge mit Temperkohle bei einer Härte von etwa 280 HB bis 310 HB eingestellt.

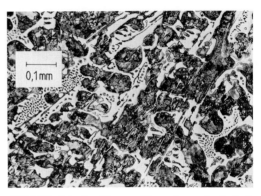

Bild 2-37. *Primärgefüge von Temperhartguß mit dunklen Dendriten aus zerfallenen Austenitkristallen (Perlit) und Restschmelze aus Zementit (hell).*

In der zweiten Stufe wird nach einem *Anlaßglühen* bei 680 °C bis 710 °C das Endgefüge erreicht. Je nach Zusammensetzung ist es ferritisch, ferritisch-perlitisch oder perlitisch, jeweils mit eingelagerter Temperkohle. Tabelle 2-9 zeigt eine Übersicht. Das Mikrogefüge von GTS-55 gemäß Bild 2-38 enthält in perlitisch-ferritischer Grundmasse Temperkohle in Form von *Knotengraphit*.

Für einige Gebrauchseigenschaften von schwarzem Temperguß, wie z. B. für die

– Zerspanbarkeit,
– Oberflächengüte,
– Formstabilität,
– Härtbarkeit und für das
– Verschleißverhalten

ist es von besonderer Bedeutung, daß in DIN 1692 den fünf Festigkeitsklassen *Härtebereiche* zugeordnet sind. Unabhängig von der Wand-

Tabelle 2-9. Gewährleistete Eigenschaften von nichtentkohlend geglühtem, schwarzen Temperguß (nach DIN 1692).

Werkstoffsorte			Durchmesser des Probestabes	Zugfestigkeit	0,2-%-Dehngrenze	Bruchdehnung ($L_0 = 3\,d$)	Brinellhärte
Kurzzeichen nach DIN 1692	Werkstoff-Nr.	Kurzzeichen nach ISO 5922	d_0 mm	R_m N/mm² minimal	$R_{p\,0,2}$ N/mm² minimal	A_3 % minimal	HB 30/5
GTS-35-10	0.8135	B 35-10	12 oder 15	350	200	10	max. 150
GTS-45-06	0.8145	P 45-06	12 oder 15	450	270	6	150 bis 200
GTS-55-04	0.8155	P 55-04	12 oder 15	550	340	4	180 bis 230
GTS-65-02	0.8165	P 65-02	12 oder 15	650	430	2	210 bis 260
GTS-70-02	0.8170	P 70-02	12 oder 15	700	530	2	240 bis 290

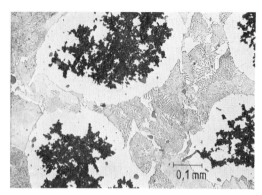

Bild 2-38. Gefüge von schwarzem Temperguß GTS-55-04 mit ferritisch-perlitischer Grundmasse und Temperkohleknoten.

Gefügeausbildung

Kernzone: ▨ Perlit(+Ferrit)+Temperkohle
Übergangszone: ▤ Perlit+Ferrit+Temperkohle
Randzone: ☐ Ferrit

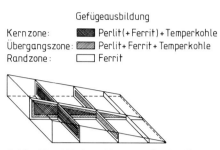

Bild 2-39. Weißer Temperguß GTW, wegen der Wanddickenabhängigkeit als Keil dargestellt (nach DIN 1692).

dicke gelten z. B. für GTS-45-06 folgende Anforderungen:
- Zugfestigkeit $R_m \geq 450$ N/mm²,
- Streckgrenze $R_{p\,0,2} > 270$ N/mm²,
- Bruchdehnung $A_3 > 6\%$,
- Härtebereich 150 HB bis 200 HB.

Wegen dieser Kopplung der Eigenschaften gilt schwarzer Temperguß als hervorragend geeignet für komplizierte Massengußteile, z. B. im Fahrzeugbau.

Weißer Temperguß GTW

Bei einer Wärmebehandlung in *entkohlenden Gasgemischen*, wie z. B. in
- Kohlenmonoxid/Kohlendioxid oder
- Wasserdampf/Wasserstoff

entsteht aus Temperhartguß ein sehr anisotropes Gefüge. Dieses ist in Bild 2-39 als *Gießkeil* dargestellt, um den Wanddickeneinfluß zu betonen. Die rein ferritische Randzone an der Keilspitze wird bei Wanddicken unter 6 mm bis 8 mm erreicht. Weißer Temperguß ist nach DIN 1692 in vier Festigkeitsklassen eingeteilt, wie Tabelle 2-10 zeigt. Die Eigenschaften der einzelnen Sorten werden wie bei GTS bestimmt. Die Qualität GTW-S 38-12 ist für Festigkeitsschweißungen ohne thermische Nachbehandlung bis zu Wanddicken von 7 mm vorgesehen und wird mit besonders großer *Entkohlungstiefe* hergestellt.

Eine Anwendung des schweißgeeigneten weißen Tempergusses GTW-S 38-12 bei der Fertigung von Kardan- oder Gelenkwellen ist in Bild 2-40 skizziert. Die Wanddicke des Gabelkopfes,

umlaufende Schutzgasschweißnaht

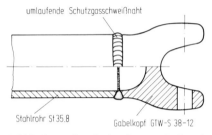

Stahlrohr St 35.8   Gabelkopf GTW-S 38-12

Bild 2-40. Rohrgelenkwelle in Guß-Verbundschweißung.

Bild 2-41. Einbaufertiges Kardangelenk, bestehend aus Gabelflansch, Gabelkopf und Stahlrohr in Gußverbundkonstruktion.
Werkphoto Georg Fischer AG

die mit dem Stahlrohr durch eine umlaufende Schutzgasschweißnaht verbunden ist, darf maximal 7 mm betragen.

Bild 2-41 zeigt eine Gußverbundkonstruktion, bestehend aus einem Gabelflansch aus schwarzem Temperguß GTS-45-06, einem Gabelstück

Tabelle 2-10. Gewährleistete Eigenschaften von entkohlend geglühtem, weißem Temperguß (nach DIN 1692).

Werkstoffsorte			Durchmesser- des Probestabs	Zug- festigkeit	0,2-%- Dehn- grenze	Bruch- dehnung $(L_0 = 3\,d)$	Brinellhärte
Kurzzeichen nach DIN 1692	Werkstoff- Nr.	Kurzzeichen nach ISO 5922	d_0 mm	R_m N/mm^2 minimal	$R_{p\,0,2}$ N/mm^2 minimal	A_3 % minimal	HB 30/5
GTW-35-04	0.8035	W 35-04	9 12 15	340 350 360	– – –	5 4 3	230
GTW-S 38-12	0.8038	W 38-12	9 12 15	320 380 400	170 200 210	15 12 8	200
GTW-40-05	0.8040	W 40-05	9 12 15	360 400 420	200 220 230	8 5 4	220
GTW-45-07	0.8045	W 45-07	9 12 15	400 450 480	230 260 280	10 7 4	220

aus weißem Temperguß GTW-S 38-12 und einem Stahlrohr; diese Teile bilden ein einbaufertiges Kardangelenk. Auch gegossene Radträger für Pkw-Hinterachsen werden mit Stahlpreßteilen zu kompletten Achsschwingen zusammengeschweißt.

2.3.1.3 Stahlguß

Stahl zu Formguß vergossen heißt Stahlguß, der je nach Beanspruchung

– unlegiert,
– niedriglegiert oder
– hochlegiert

sein kann.

Stahlguß wird überall dort eingesetzt, wo die Festigkeit, die Zähigkeit oder spezielle Eigenschaften der bisher beschriebenen hochkohlenstoffhaltigen Eisengußwerkstoffe nicht ausreichen. Der Anwendungsbereich von *Stahlguß* ist deshalb sehr groß, z.B. bei großen hochbeanspruchten Stückmassen bis 100 t oder bei Wanddicken von 8 mm bis 800 mm. Aus Kostengründen wird Stahlguß aber nur dann eingesetzt, wenn die geforderten Gebrauchseigenschaften keine andere Lösung zulassen.

Bild 2-42 zeigt ein Pumpengehäuse aus dem *austenitischen Stahlguß* G-X 6 CrNiMo 1810.

Bild 2-42. Pumpengehäuse aus warmfestem, korrosionsbeständigem Stahlguß.
Werkphoto Georg Fischer AG

Dieser Gußwerkstoff ist korrosionsbeständig, warmfest und kaltzäh. Die Stückmasse beträgt 31 t bei Wanddicken bis zu 70 mm.

Ein besonders schwieriges Problem bei Stahlguß ist die geforderte *warmrißfreie* Primärerstarrung in der Randschale. Ursache der *Warmrisse* sind meist metallurgische Vorgänge in der Schmelze. Man unterscheidet vier typische Fälle: Die Risse können sowohl bei glattwandiger als auch bei dendritischer Erstarrung bei großen und kleinen Wanddicken oder Abkühlgeschwindigkeiten auftreten:

– Fall I und II: glattwandig,
– Fall III und IV: dendritisch.

Nur durch große gießtechnische Erfahrungen und Maßnahmen in Verbindung mit zerstörungsfreien Werkstoffprüfverfahren sind Warmrisse sicher zu beherrschen.

Die weniger guten Gießeigenschaften von Stahlguß werden durch den geringen Kohlenstoffgehalt sowie durch Legierungselemente verursacht, die nur in Verbindung mit hohen Gießtemperaturen gut gießfähige Schmelzen liefern. Nachteilig sind folgende Eigenschaften von Stahlgußschmelzen:

– Hohe Gießtemperatur (etwa 1580 °C bis 1680 °C),
– Oberflächenanbrennungen am Formstoff,
– große Speiser zur Formfüllung erforderlich,
– Gefahr der Warmrißbildung,
– großer Aufwand beim Trennen der Angüsse,
– große flüssige und feste Schwindung und
– Treiben der Formen.

Die zahlreichen Stahlgußsorten sind in verschiedenen DIN-Normen oder in Stahl-Eisen-Werkstoffblättern zusammengefaßt.

Nach DIN 1681 unterscheidet man vier Festigkeitsklassen von Stahlguß für allgemeine Verwendungszwecke. Dies sind die *Normalsorten* GS-38 bis GS-60 entsprechend Tabelle 2-11. Sie werden durch Legieren mit Kohlenstoff eingestellt; die Sorten GS-38 und GS-52 ($\leqq 0,22\%$ C) sind gut schmelzschweißgeeignet. Dies gilt im wesentlichen auch für die Sorte GS-45. Mit einem maximalen Kohlenstoffgehalt von 0,25% eignet sie sich noch für Fertigungs- und Konstruktionsschweißungen. Ohne besondere Maßnahmen, wie z. B. Vorwärmen oder Wärmenachbehandeln, ist mit diesem Gußwerkstoff die Grenze der Schweißeignung erreicht.

Die Schweißeignung ist bei Stahlguß von großer praktischer Bedeutung. Nach der Fehlerortung in Stahlgußstücken werden durch Reperaturschweißungen – man spricht in diesem Fall vom *Fertigungsschweißen* – Lunker, Risse und Oberflächenfehler beseitigt. Das Stahlgußstück wird zunächst *normalgeglüht* und im Anschluß an das Fertigungsschweißen *spannungsarm* geglüht.

Nicht nur die Schweißeignung von Stahlguß wird hauptsächlich vom Kohlenstoffgehalt beeinflußt. In Bild 2-43 sind die einstellbaren Festigkeits- und Verformungswerte in Abhängigkeit vom Kohlenstoffgehalt aufgetragen. Der durch *Widmannstättensches* Gefüge gefährdete Bereich zwischen etwa 0,25% C und 0,35% C ist hervorgehoben. Die Stahlgußsorte GS-60 stellt man nur in geringem Umfang her. Werden höhere Festigkeiten gefordert, dann verwendet man niedriglegierten Stahlguß mit geringen Kohlenstoffgehalten und guter Schweißeignung.

Tabelle 2-11. Mechanische Eigenschaften der Stahlgußsorten für allgemeine Verwendungszwecke (nach DIN 1681).

Stahlgußsorte		Streck-grenze	Zugfestig-keit	Bruch-dehnung ($L_0 = 5\, d_0$)	Bruchein-schnürung	Kerbschlagarbeit (ISO-V-Proben) $\leqq 30$ mm | > 30 mm Mittelwert		magnetische Induktion bei einer Feldstärke von		
Kurz-name	Werkstoff-nummer	N/mm²	N/mm²	%	%	J		25 A/cm T	50 A/cm T	100 A/cm T
		minimal	minimal	minimal	minimal	minimal		minimal		
GS-38	1.0420	200	380	25	40	35	35	1,45	1,60	1,75
GS-45	1.0446	230	450	22	31	27	27	1,40	1,55	1,70
GS-52	1.0552	260	520	18	25	27	22	1,35	1,55	1,70
GS-60	1.0558	300	600	15	21	27	20	1,30	1,50	1,65

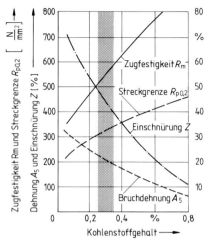

Bild 2-43. Festigkeitswerte von unlegiertem, normal-geglühtem Stahlguß in Abhängigkeit vom Kohlenstoff-gehalt (nach Roesch); durch Widmannstättensches Gefüge gefährdeter Bereich.

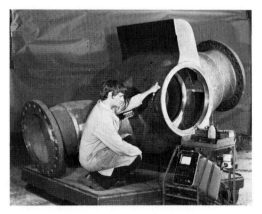

Bild 2-44. Pumpengehäuse als Guß-Verbund-Schweiß-konstruktion während der Ultraschallprüfung.
Werkphoto Georg Fischer AG

Große Bedeutung haben die zahlreichen nied-riglegierten und hochlegierten Stahlgußsorten, wie z. B.

- warmfester Stahlguß nach DIN 17 245,
- Vergütungsstahlguß nach dem Stahleisen-Werkstoffblatt SEW 510-62,
- nichtrostender Stahlguß nach DIN 17 445,
- nichtmagnetisierbarer Stahlguß nach SEW 390-61,
- Stahlguß für Erdöl- und Erdgasanlagen nach SEW 595,
- hitzebeständiger Stahlguß nach DIN 17 465,
- kaltzäher Stahlguß nach SEW 685 und
- Flamm- und induktionshärtbarer Stahlguß.

Die Gebrauchseigenschaften dieser Sorten zei-gen, daß der verhältnismäßig teure Stahlguß ein mengenmäßig begrenztes, aber genau bestimm-tes Einsatzgebiet bei Großguß- und Serienguß-stücken mit besonderen Eigenschaften hat.

Da sich die Gießeigenschaften bei steigenden Gehalten an Legierungselementen im allgemei-nen zunehmend verschlechtern, werden häu-fig Verbundkonstruktionen, d.h. Gießen und Schweißen, mit

- Walzprofilen, z.B. Rohren,
- Schmiedestücken, z.B. Ringen, Flanschen, und
- umgeformten Grobblechen, z.B. Kümpelbö-den.

hergestellt. Die Gußstücke bzw. die Schweiß-konstruktionen kann man auf diese Weise ein-facher oder billiger fertigen; außerdem wird da-bei oft die *Bauteilsicherheit* erhöht. Ein Beispiel zeigt Bild 2-44. Die Herstellung eines Pum-pengehäuses für den Sekundärkreislauf eines Wärmekraftwerks wurde durch eine Guß-Ver-bund-Schweißkonstruktion vereinfacht. Der Gußwerkstoff G-X 12 Cr 14 ist an beiden Vor-schuhenden mit artgleichen nahtlosen Rohren und geschmiedeten Ringen durch Schmelz-schweißen zu Flanschen verbunden.

2.3.2 Nichteisen-Gußwerkstoffe

Die Gußprognose 1995 sagt nur noch für Alu-miniumliegerungen Zuwachsraten voraus. Die insgesamt in der Bundesrepublik Deutschland erzeugten Mengen werden sich dann zu etwa 80% auf Leichtmetalle und nur noch zu ca. 20% auf Schwermetalle verteilen, bezogen auf eine Jahresproduktion von geschätzten 500 000 t.

Ein Vergleich der mittleren Dichten von Alumi-nium-Magnesium-Legierungen im Verhältnis zu den Kupfer-Zink-Blei-Zinn-Legierungen von etwa 1 zu 3 macht aber deutlich, daß das vergossene Werkstoffvolumen der Leichtme-tallegierungen etwa zwölfmal größer ist.

Die Beschreibung von NE-Gußwerkstoffen ist wegen der Vielfalt der Legierungen in diesem Rahmen nur beschränkt möglich. Die wichtig-sten Legierungstypen seien nach den erzeugten

Mengen den Gießverfahren an Hand weniger Beispiele zugeordnet. Bei den Leichtmetall-Gußwerkstoffen Al, Mg, Ti hat der schwer zu gießende Werkstoff Titan noch keinen größeren Anteil erreichen können. Bei den Schwermetallen Cu, Zn, Pb, Sn sollen die in geringeren Mengen hergestellten Kupfer-Nickel-Legierungen – verhältnismäßig teure, korrosions- und warmfeste Gußwerkstoffe – in diesem Buch nicht näher betrachtet werden.

2.3.2.1 Leichtmetall-Gußwerkstoffe

Die wichtigsten Leichtmetall-Gußwerkstoffe sind **Aluminiumlegierungen,** die nach ihrem Hauptlegierungselement eingeteilt werden in
– Aluminium-Silicium-Legierungen,
– Aluminium-Magnesium-Legierungen und
– Aluminium-Kupfer-Legierungen.

Wegen der besonders vorteilhaften Kombination der Gieß- und Gebrauchseigenschaften kommt den naheutektischen *Aluminium-Silicium*-Legierungen die größte Bedeutung zu. Bild 2-45 zeigt den aluminiumseitigen Ausschnitt des Al-Si Zustandsschaubilds. Das Eutektikum liegt bei etwa 12% Silicium und 577 °C. Es ist die Legierung mit dem besten Erstarrungsverhalten. Mit größer werdendem Erstarrungsintervall sind einige Gießeigenschaften beeinträchtigt, so daß für Formguß nur Siliciumgehalte zwischen 6% und 17% verwendet werden. Eine Ausnahme bilden die *Kolbenlegierungen,* die eine minimale Wärmedehnung bei 25% Silicium aufweisen. Zwecks Erhöhung der Warmfestigkeit werden Legie-

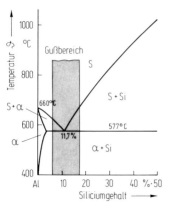

Bild 2-45. Zustandsschaubild Aluminium-Silicium mit dem für Formguß bevorzugten Konzentrationsbereich.

rungselemente wie Kupfer und Nickel zugesetzt.

Die Gießeigenschaften der Aluminium-Silicium-Legierungen lassen sich wie folgt beschreiben:
– niedrige Gießtemperaturen,
– gutes Formfüllungsvermögen, optimal bei 12% Si,
– geringe Lunkerneigung, minimal bei 6% bis 8% Si,
– geringes Schwindmaß von etwa 1,25%,
– geringe Warmrißneigung bis unterhalb 6% Si,
– Wanddickeneinfluß gering, bei Sandguß vorhanden.

Eine feinkörnige Erstarrung durch *Impfen* mit Titan und Bor abgebenden Salzgemischen oder Titan und Bor enthaltenden Vorlegierungen und eine rasche Abkühlung vermindern die Warmrißbildung und begünstigen druckdichte Gußgefüge mit nahezu wanddickenunabhängigen Gebrauchseigenschaften.

Die Leichtmetall-Gußwerkstoffe werden hauptsächlich nach drei Gießverfahren zu Formguß vergossen:
– **Druckguß,** Kurzzeichen GD;
– **Kokillenguß,** Kurzzeichen GK;
– **Sandguß,** Kurzzeichen G.

Druckguß ist mit einem Anteil von über 60% das wichtigste Gießverfahren.

Druckgußlegierungen

Die wichtigsten Leichtmetall-Druckgußlegierungen sind
– **Aluminium-Silicium-Legierungen** und
– **Magnesium-Aluminium-Legierungen.**

Tabelle 2-12 enthält einige mechanische Gütewerte der fünf wichtigsten Aluminium-Druckgußlegierungen. Die eutektische Al-Si-Legierung mit 12% Silicium eignet sich für komplizierte, druckdichte Gußstücke und ist mit Kupfergehalten kleiner als 0,05% korrosionsbeständig gegen Salzwasser. Die Legierung mit 10% Silicium und einigen Zehntel Prozent Magnesium ist nicht ganz so gut gießbar, aber härter und ermöglicht dadurch beim Spanen bessere Oberflächen. Auf die nicht genormte Umschmelzlegierung **GD-AlSi 9 Cu 3** entfallen mehr als 80% der Druckgußerzeugung.

Silicium und Kupfer sind innerhalb bestimmter Grenzen gegeneinander austauschbar, ohne

Tabelle 2-12. Aluminium-Druckgußlegierungen nach DIN 1725, Blatt 2; Auswahl der fünf wichtigsten Legierungen.

Werkstoffsorte nach DIN 1725	Dichte ρ kg/dm³	Zugfestigkeit R_m N/mm²	Bruchdehnung A_{10} %	Brinellhärte HB	Biegewechselfestigkeit σ_{bW} N/mm²
GD-AlSi 12	2,65	220 bis 280	1 bis 3	60 bis 80	60 bis 70
GD-AlSi 10 Mg	2,65	220 bis 300	1 bis 3	70 bis 90	70 bis 90
GD-AlSi 8 Cu 3	2,75	240 bis 310	0,5 bis 3	80 bis 110	70 bis 90
GD-AlSi 6 Cu 4	2,75	220 bis 300	0,5 bis 3	70 bis 100	70 bis 90
GD-AlMg 9	2,6	200 bis 300	1 bis 5	70 bis 100	55 bis 65

Tabelle 2-13. Magnesium-Druckgußlegierungen nach DIN 1729, Blatt 2 (Auswahl).

Werkstoffsorte nach DIN 1729	Dichte ρ kg/dm³	Zugfestigkeit R_m N/mm²	Bruchdehnung A_5 %	Brinellhärte HB	Biegewechselfestigkeit σ_{bW} N/mm²
GD-MgAl 8 Zn 1	1,8	200 bis 240	1 bis 3	60 bis 85	50 bis 70
GD-MgAl 9 Zn 1	1,8	220 bis 250	0,5 bis 3	65 bis 85	50 bis 70
GD-MgAl 6	1,8	190 bis 230	4 bis 8	55 bis 70	50 bis 70

daß sich die Eigenschaften wesentlich ändern, wenn Si und Cu zusammen etwa 10% betragen, z. B. AlSi 7 Cu 3.

Die preisgünstigste Aluminium-Druckgußlegierung ist **GD-AlSi 6 Cu 4.** Sie ist gut gießbar und wird vielseitig dort angewendet, wo keine erhöhten Ansprüche an Festigkeit, Zähigkeit und Korrosionsbeständigkeit gestellt werden, z. B. bei Gehäusen aller Art, auch bei Getriebegehäusen und Deckeln für Pkw.

Die Aluminium-Magnesium-Legierung GD-AlMg 9 ist bei geringen Kupfergehalten (<0,05%) beständig gegen Seewasser und ausgezeichnet polierbar. Bild 2-46 zeigt, daß die Erstarrung der Schmelze zu α-Mischkristallen bei einem Magnesiumgehalt von 9% (L_1) in einem breiten Temperaturintervall von etwa 100 °C erfolgt. Die Schmelz- und Gießtechnik muß das Auftreten der β-Phase (Al_2Mg_3) vermeiden, die bevorzugt an den Korngrenzen zu interkristallinem Korrosionsangriff führt. Bei Druckguß ist es durch eine Wärmebehandlung – wie z. B. bei Halbzeug – nicht möglich, eine feindisperse Verteilung der β-Phase zu erreichen.

Die Preise der Hauptlegierungen gemäß Tabelle 2-13 liegen im Verhältnis zu den konkurrierenden Aluminium-Druckgußlegierungen seit Jahren wie 1,1 bis 1,3 zu 1 und verhalten sich damit etwa umgekehrt wie ihre Dichten.

Die drei Magnesium-Grundtypen mit Aluminium und Zink als Hauptlegierungselementen (Tabelle 2-13) haben eine geringere Festigkeit, Härte und Duktilität als Aluminiumlegierungen. Für den *Leichtbau* ist die geringe Dichte von etwa 1,8 kg/dm³ bedeutsam.

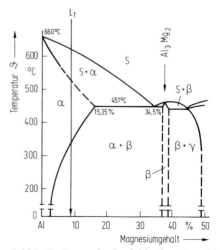

Bild 2-46. *Zustandsschaubild Aluminium-Magnesium mit der Druckgußlegierung GD-AlMg 9.*

Kokillengußlegierungen

Die Kokillengußlegierungen des Aluminiums unterscheiden sich in ihren Gießeigenschaften und in der chemischen Zusammensetzung nur wenig von den Druck- und Sandgußlegierungen, wie Tabelle 2-14 zeigt. Die naheutektischen Legierungen mit Silicium und Kupfer sind teilweise wie die Druckgußlegierungen (Tabelle 2-12) zusammengesetzt.

Von besonderer Bedeutung für den Einsatz von Leichtmetall-Kokillenguß ist die Möglichkeit, Kokillengußstücke *nachzubehandeln* durch

– Galvanotechnik und
– Aushärtung.

Beim Druckguß ist das wegen der Blasenbildung durch eingeschlossene Luft nicht möglich.

Die sehr glatten und feinkörnig erstarrten Oberflächen gestatten eine *Beschichtung* mit zahlreichen Metallen und den unterschiedlichsten Farbtönen.

Der *Aushärtungseffekt* beruht auf der Ausscheidung von Vorstufen der intermediären Verbindung Mg_2Si aus dem α-Mischkristall nach einer dem Lösungsglühen bei etwa $520\,°C$ folgenden Wärmebehandlung zwischen $125\,°C$ und $175\,°C$. Die Festigkeitswerte der Gußstücke, z. B. aus GK-AlSi 12 Mg, lassen sich dadurch fast verdoppeln.

Sandgußlegierungen

Alle Leichtmetallegierungen kann man grundsätzlich auch in Sandformen vergießen (Tabelle 2-12 und Tabelle 2-14). Es gibt bei *Sandguß* jedoch zahlreiche nichtgenormte Legierungen mit speziellen Gebrauchseigenschaften, z. B. die *Kolbenlegierungen.*

Leichtmetallsandguß aus Aluminiumlegierungen kann wie Kokillenguß oberflächlich oder vollständig nachbehandelt werden durch

– Galvanotechnik und
– Aushärtung.

2.3.2.2 Schwermetall-Gußwerkstoffe

Schwermetalle, sog. *Börsenmetalle,* wie z. B. Cu, Zn, Sn, Pb und Ni werden zu schwankenden Preisen an den Metallbörsen gehandelt. Preis und Verfügbarkeit bestimmen die Konkurrenzfähigkeit des Gußwerkstoffs. Die Austauschbarkeit – die *Substitution* – unterschiedlicher metallischer Gußwerkstoffe ist in diesem Fall bei gleichen Gebrauchseigenschaften oft nur eine Frage des Preises.

In der Bundesrepublik Deutschland werden nach der Gußprognose 1995 zukünftig folgende Mengen Schwermetallgußwerkstoffe erzeugt:

– Kupferlegierungen ca. 65 000 t/a
– Zinklegierungen ca. 35 000 t/a.

Zinklegierungen werden praktisch nur als Druckguß vergossen.

Messing, Rotguß und Zinnbronze sind die wichtigsten Kupfergußwerkstoffe, die nach allen Gießverfahren vergossen werden. Auf die drei Dauerformverfahren

– Kokillenguß GK
– Schleuderguß GZ
– Strangguß GC

entfallen mehr als zwei Drittel der Erzeugung. Das Druckgießen von Kupferlegierungen auf Kaltkammermaschinen hat noch keine größere Bedeutung gewonnen. Entsprechend ihrer Bedeutung werden von den Schwermetall-Gußwerkstoffen deshalb nur die Zinklegierungen und einige wenige Kupferlegierungen für Kokillen- und Sandguß erläutert.

Tabelle 2-14. Aluminium-Silicium-Kokillenguß-Legierungen nach DIN 1725, Blatt 2; auch für Sandguß geeignet.

Werkstoffsorte nach DIN 1725	Streckgrenze $R_{p0,2}$ N/mm²	Bruchdehnung A_5 %	Brinellhärte HB
GK-AlSi 12	80 bis 110	6 bis 12	50 bis 60
GK-AlSi 10 Mg	90 bis 120	2 bis 6	60 bis 80
GK-AlSi 8 Cu 3	110 bis 160	1 bis 3	70 bis 100
GK-AlSi 6 Cu 4	120 bis 180	1 bis 3	70 bis 100

Tabelle 2-15. Zink-Druckgußlegierungen; Mindestwerte für Zugfestigkeit R_m, Bruchdehnung A_5, Brinellhärte HB und Biegewechselfestigkeit σ_{bW} für $20 \cdot 10^6$ Lastwechsel (nach DIN 1743, Teil 2).

Werkstoffsorte nach DIN 1743	Dichte ρ kg/dm³	Zugfestigkeit R_m N/mm²	Bruchdehnung A_5 %	Brinellhärte HB	Biegewechsel-festigkeit σ_{bW} $20 \cdot 10^6$ Lastwechsel N/mm²
GD-ZnAl 4	6,7	250 bis 300	3 bis 6	70 bis 90	60 bis 80
GD-ZnAl 4 Cu 1	6,7	280 bis 350	2 bis 5	85 bis 105	70 bis 100

Zinkdruckguß-Legierungen

Die wichtigsten mechanischen Gütewerte der beiden Hauptlegierungen, die auch mit den Schlagzeichen **Z 400** ($\hat{=}$ GD-ZnAl 4) und **Z 410** ($\hat{=}$ GD-ZnAl 4 Cu 1) gekennzeichnet werden, zeigt Tabelle 2-15.

Die Legierung GD-ZnAl 4 wird für hochwertige maßbeständige *Genaugußstücke* bevorzugt. Die kupferhaltige Legierung aus Schrott- und Umschmelzzink dagegen ist billiger bei höheren Festigkeits- und Härtewerten. Beide Druckgußlegierungen enthalten 4% Aluminium. Sie sind naheutektisch und ausgezeichnet gießbar. Das Eutektikum liegt bei 5% Aluminium und 380 °C. Ein geringer Magnesiumgehalt von 0,02% bis 0,06% und streng begrenzte Gehalte für Zinn, Blei und Cadmium machen die Legierung auch bei hoher Luftfeuchtigkeit unempfindlich gegen interkristalline Korrosion.

Zum Ermitteln der Wanddicke von ständig statisch oder wechselnd beanspruchten Gußstükken wird nicht die Zug- oder Dauerfestigkeit verwendet. Die Verwendung der *10 000-Stunden-Zeitdehngrenze* für eine maximale 0,2%-Dehnung von 30 N/mm² bis 50 N/mm² vermeidet das Kriechen und Abweichungen der eng tolerierten Gußmaße durch Beanspruchung.

Die Streuung der mechanischen Eigenschaften (Tabelle 2-15), die an getrennt gegossenen Probestücken ermittelt werden, beruht u. a. auf der Wirkung der

– Wanddicke,
– Gestalt und
– Gießtechnik.

Kupfer-Gußwerkstoffe

Gußwerkstoffe aus Kupferlegierungen lassen sich nach allen Form- und Gießverfahren vergießen. Die *Gußmessinge,* Legierungen des Kupfers mit Zink, sind mit etwa 50% die größte Gruppe. Sie werden zu mehr als 90% in Kokillen und in Sand vergossen. Da an den Gußteilen meist noch eine spanende Bearbeitung vorzunehmen ist, werden den Legierungen geringe Gehalte an Blei (0,5% bis 3,5%) zugefügt. Die Hauptlegierung GK-CuZn 37 Pb – früher als GK-Ms 60 bezeichnet – wird zur besseren Spanbildung mit 2% Blei legiert.

Armaturen mit Gußmassen unter 5 kg für Wasser, Gas und Dampf in Voll- oder Gemischtkokillen mit Sandkernen bilden die überwiegende Mehrheit der Gußstücke. Ein bedeutender Anteil wird als Strangguß GC zu Halbzeugen mit Rund-, Sechskant-, Vierkantquerschnitt vergossen. Daraus lassen sich preisgünstige Massendrehteile, sog. Fassondrehteile fertigen. Hohlkörper wie Rohre, Ringe, Büchsen werden in rotierenden Dauerformen als Schleuderguß GZ gegossen.

Klassische Gußbronzen sind Kupfer-Zinn-Legierungen, die meist 10% bis 20% Zinn enthalten. Sie besitzen höhere Festigkeiten und Härten und bessere Gleiteigenschaften als Messing und sind ausgezeichnet korrosionsbeständig und warmfest. Die Legierung mit 20% Zinn ist als *Glockenbronze* bekannt.

Rotguß ist eine Kupfer-Zinn-Zink-Gußlegierung, in der ein Teil des teuren Zinns – der Preis liegt unter 20 DM/kg – durch Zink ersetzt wird. Daraus werden u. a. korrosionsbeständige und verschleißfeste Lager und Getriebe als Kokillen-, Schleuder- und Sandguß gefertigt. Eine Zusammenstellung der mechanischen Eigenschaften dieser drei Kupfer-Gußwerkstoffe, nämlich

– Gußmessing,
– Gußbronze und
– Rotguß,

zeigt Tabelle 2-16. Die Streuung der Eigenschaften bei den zinnhaltigen Gußwerkstoffen

Tabelle 2-16. Mechanische Gütewerte der Kupfer-Gußwerkstoffe Gußmessing, Gußbronze und Rotguß (nach DIN 1709 und DIN 1705).

| DIN | Werkstoff-Kurzzeichen | | R_m | $R_{p0,2}$ | A_5 | HB 10 | ρ |
	neu	alt	N/mm²	N/mm²	%		kg/dm³
1709	G-CuZn 33 Pb	G-Ms 65	180	70	12	45	8,5
1709	GK-CuZn 37 Pb	GK-Ms 60	280	90	25	70	8,5
1705	G-CuSn 10	G-SnBz 10	220 bis 270	110 bis 150	18 bis 7	60 bis 90	8,7
1705	G-CuSn 5 ZnPb	Rg 5	150 bis 270	80 bis 120	20 bis 10	60 bis 75	8,7

wird durch eine spröde intermediäre Kupfer-Zinn-Verbindung verursacht, die durch eine Homogenisierungsglühung bei 600 °C aufgelöst werden kann.

Die *modernen Gußbronzen* – dies sind Kupfer-Aluminium- und Kupfer-Mangan-Legierungen – sind bei hohen Festigkeiten gegen Seewasser und Salzlösungen beständig und durch geringe Zusätze von Eisen und Nickel aushärtbar.

2.4 Gießbarkeit

Im Begriff *Gießbarkeit* sind eine Reihe von Eigenschaften zusammengefaßt, die die Gußqualität entscheidend bestimmen. Für ein „gutes" Gußstück ist die Zuordnung von

– Gußwerkstoff,
– Form- und Gießverfahren,
– Schmelz- und Erstarrungsbedingungen

und den in der Rohteilzeichnung festgelegten Gebrauchseigenschaften des Gußstücks erforderlich. Vom Gußstück wird i. a. verlangt

– eine saubere, glatte Oberfläche,
– Maßhaltigkeit,
– Freiheit von Lunkern, Einschlüssen und Poren sowie
– Freiheit von Rissen und Spannungen.

Da diese und weitere Eigenschaften des Gußstücks durch die gießtechnischen Bedingungen beeinflußt werden, faßt man im Begriff Gießbarkeit meßbare Einzelkriterien zusammen, denen typische *Gußfehler* am Gußstück zugeordnet werden. Das Schema in Tabelle 2-17 zeigt, daß eine besondere Einteilung der Gießeigenschaften nach chemischen oder physikalischen Gesichtspunkten nicht erfolgt. Gießbarkeit ist also ein Sammelbegriff für Gießeigenschaften, die für die Gießereipraxis von Bedeutung sind.

So werden z. B. die Eigenschaften, die das Fließen und Füllen von Schmelzen in Formen beschreiben, unter den Begriffen *Fließ-* und *Formfüllungsvermögen* zusammengefaßt.

Alle Eigenschaften, die Volumen- oder Längenänderungen an erstarrenden und erkaltenden Gußstücken bewirken, werden mit den Begriffen *Schwindung* oder *Schrumpfung* beschrieben.

Warmrisse sind während der Erstarrung auftretende Werkstofftrennungen, die durch niedrigschmelzende Bestandteile entstehen. Zu den Gießeigenschaften der Schmelzen gehört auch die Neigung, Gase aufzunehmen, die sog. *Gasaufnahme*. Das unerwünschte Verhalten zahlreicher Gußwerkstoffe, sich bei der Erstarrung zu entmischen, wird mit dem Begriff *Seigerung* erfaßt.

Unter *Penetration* versteht man das Eindringen von Schmelze in oberflächennahe Schichten des Formstoffs.

2.4.1 Fließ- und Formfüllungsvermögen

Das Fließvermögen einer Schmelze kann als deren Lauflänge in einem beliebig geformten Ka-

Tabelle 2-17. Gießbarkeit: Gießeigenschaften und davon abgeleitete typische Gußfehler.

Gießbarkeit	
Gießeigenschaften	Gußfehler
Fließ- und Formfüllungsvermögen	Nichtauslaufen, Kaltschweißen, Lunker
Schwindung, Schrumpfung	Lunker, Kaltrisse, nicht maßhaltig
Warmrißneigung	Warmrisse, Lunker
Gasaufnahme	Gasporosität, Schwammgefüge
Penetrationen	Rauhigkeiten, Schülpen, „Rattenschwänze"
Seigerungen	nicht maßhaltig bearbeitbar, Korrosion

nal gekennzeichnet und gemessen werden. Man hat verschiedene Probeformen vorgeschlagen, die sich durch

– konstante Laufquerschnitte oder
– variable Laufquerschnitte wie Keil oder Meniskusspitzen, Gitter-, Bogen- oder Harfenprofile

unterscheiden. Formen mit konstantem Laufquerschnitt sind als *Gießspirale* aufgerollt mit Mitteleinguß oder mit Außeneinguß als Maskenform hergestellt worden. Genauere Messungen sind in *Stabkokillen* möglich. Der konstante Laufquerschnitt in Gießspiralen oder Stabkokillen kann nach Bild 2-47 so ausgebildet werden, daß man auch die Wiedergabe von Konturen und Kanten, also die fehlerfreie Formfüllung prüfen und messen kann. Bei komplizierten Gußstücken ist diese Eigenschaft von Schmelzen, das Formfüllungsvermögen, oft wichtiger als das Fließvermögen. Die Gießspirale mit Mitteleinguß nach *Sipp* zeigt Bild 2-48. Die Schmelze wird über einen Siebkern (1) mit konstanter Druckhöhe eingegossen. Die Auslauflänge ist ein Maß für das Fließvermögen. Die Anzahl von konturenscharf abgebildeten Warzen (2) ist ein Maß für das Formfüllungsvermögen und wird in % der Auslauflänge angegeben.

Untersuchungen mit der Gießspirale haben gezeigt, daß das Fließ- und Formfüllungsvermögen von zahlreichen legierungsspezifischen Einflüssen bestimmt wird, hauptsächlich von

– der Gießtemperatur,
– der Kristallisationswärme,
– dem Wärmeinhalt der Schmelze,
– der Zusammensetzung der Schmelze,
– dem Erstarrungstyp und -intervall,
– den Strömungsverhältnissen und der Druckhöhe,
– der Wärmeleitfähigkeit der Form und von
– der Benetzbarkeit der Form.

Untersuchungen über den Einfluß von Temperatur und Legierungselementen auf das Formfüllungsvermögen von *Gußeisen mit Lamellengraphit* zeigen, daß das Formfüllungsvermögen verbessert wird mit

– steigender Überhitzung,
– zunehmendem C-Gehalt,
– zunehmendem P-Gehalt- und mit
– kleinerem Erstarrungsintervall.

Neuere Untersuchungen an *Aluminium-Silicium-Legierungen* mit dem scharfkantigen Spe-

zialprofil nach Bild 2-47 sind in Bild 2-49 zusammengestellt. Für das Zweistoffsystem Al-Si sind die Spirallänge als Maß des Fließvermögens und das Formfüllungsvermögen für Siliciumgehalte bis 25% gemessen worden. Das gute Gießverhalten der naheutektischen Legierungen ist deutlich erkennbar. Das geringere

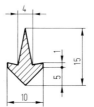

Bild 2-47. Profil der Gießspirale zur Messung des Formfüllungsvermögens (nach Patterson und Brand).

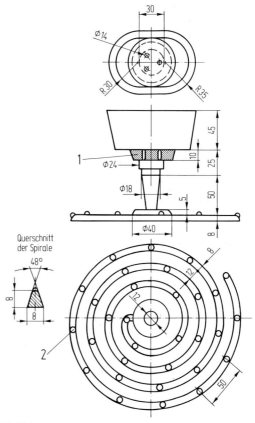

Bild 2-48. Spiralprobe nach Sipp zur Bestimmung des Formfüllungsvermögens; Einlaufsieb 1 aus Kernsand mit drei Öffnungen von 6 mm Dmr.; 30 Warzen 2 im Abstand von 50 mm.

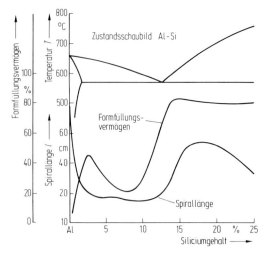

Bild 2-49. *Fließ- und Formfüllungsvermögen von Aluminium-Silicium-Legierungen (nach Patterson und Brand).*

Fließ- und Formfüllungsvermögen im größer werdenden Erstarrungsintervall wird durch dendritische Kristallisation verursacht, die das ungehinderte Nachfließen der Schmelze stört.

Messungen an mit Natrium veredelten Legierungen zeigen bis 14% Silicium schlechteres Fließvermögen gegenüber den nichtbehandelten Schmelzen (s. a. Abschn. 2.2.3.2 und 2.3.2.1).

In den Gießereibetrieben werden Fließ- und Formfüllungsvermögen nicht an Proben ermittelt. Man benutzt dazu bei Seriengießverfahren zweckmäßiger die Erfahrungen an der laufenden Gußproduktion. Durch Verändern von

– Gießtemperatur,
– Formtemperatur,
– Formstoffsystem und
– Anschnittsystem

wird ein optimales Formfüllungsvermögen erfahrungsmäßig eingestellt. *Kaltgußzonen* und *Kaltschweißstellen* an Gußteilen führen zu Ausschuß. Eine Beeinflussung des Fließvermögens durch Legierungselemente ist in der Regel nicht möglich, da die Gebrauchseigenschaften der Gußstücke und die Zusammensetzung mit der Rohteilzeichnung vorgegeben sind.

2.4.2 Schwindung (Schrumpfung)

Beim Übergang vom flüssigen in den festen Zustand ändern sich viele Eigenschaften der Le-

gierungen sprunghaft. Das spezifische Volumen zahlreicher Gußwerkstoffe verkleinert sich beim Abkühlen von der Gießtemperatur ϑ_G auf die Raumtemperatur ϑ_R schrittweise gemäß Bild 2-50, zunächst im flüssigen Zustand. Der Volumensprung während der Erstarrung im Erstarrungsintervall $\Delta\vartheta_S$ ist besonders groß. Bei eutektischen Legierungen und reinen Metallen erfolgt diese *Kontraktion* bei konstanter Erstarrungstemperatur ϑ_S. Auch das Volumen des festen Gußstücks nimmt bis zum Erkalten auf ϑ_R weiter ab; es schrumpft.

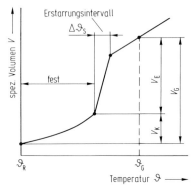

Bild 2-50. *Abhängigkeit des spezifischen Volumens von Gußwerkstoffen von der Temperatur; Lunkerung V_G als Summe von kubischer Schwindung V_K und flüssiger und Erstarrungsschwindung V_E, schematisch.*

Es bedeuten

V_E flüssige Schwindung und Erstarrungsschwindung,

V_K kubische Schwindung oder Schrumpfung,

$V_G = V_E + V_K$ gesamte Volumenkontraktion.

Die Größe V_G wird als *Lunkerung* bezeichnet. Die gesamte Volumenkontraktion in Prozent vom Formvolumen beträgt z. B. bei

– Aluminium-Silicium-Legierungen etwa 9%,
– Messing-Legierungen etwa 13% und bei
– Stahlguß etwa 13%.

Von besonderer Bedeutung für den Gießereibetrieb ist die Verteilung der verschiedenen Schwindungsanteile, die technische Volumenkontraktion im Gußstück. Sie kann durch Lunkerproben ermittelt werden. Eine anschauliche *Lunkerprobe* ist die Quaderprobe gemäß Bild 2-51. Bei Gießtemperatur ϑ_G ist der Formenhohlraum vollständig mit Schmelze gefüllt.

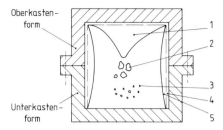

Bild 2-51. Lunkerarten an Quaderproben: 1 Außenlunker, 2 Innenlunker, 3 Mikrolunker, 4 kubische
Schwindung und 5 Einfallstellen.

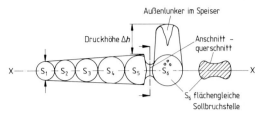

Bild 2-52. Gelenkte Erstarrung am Keil: Der Speiser
gleicht das Volumendefizit durch einen Außenlunker
aus und stellt die Druckhöhe Δh zum Nachspeisen zur
Verfügung.

Durch den Füllvorgang hat sich die Deckelfläche infolge der Wärmestrahlung stärker erwärmt. Die Erstarrung beginnt zuerst unten
und an den Seiten. Hierbei kann zunächst
Schmelze von oben nachfließen und bildet den
Außenlunker (1). Wenn die Erstarrungsfronten
weiter zur Mitte vorgedrungen sind und keine
Schmelze von oben nachfließen kann, werden
Innenlunker (2) gebildet. Besonders kleine Innenlunker bei exogenem Erstarrungstyp heißen
Mikrolunker (3). Die feste Randschale beginnt
ebenfalls zu schrumpfen und löst sich dabei von
der Formoberfläche: Es tritt die *kubische
Schwindung* (4) ein. Glatte ebene Flächen, kon-
vex nach innen gezogen, werden *Einfallstellen*
(5) genannt.

Gußstücke mit Lunkern sind Ausschuß, da
diese

– Die Festigkeit vermindern sowie einen
– nicht maßhaltigen und
– nicht druckdichten Guß

ergeben. Deshalb sollten Konstrukteure und
Gießer zusammenarbeiten und eine Lösung finden, um die Volumenkontraktion zu vermeiden. Der Ausgleich im flüssigen Zustand erfolgt
durch Füllkörper, die *Speiser, Steiger* oder
Druckmasseln genannt werden und den Anteil
der flüssigen Schwindung und der Erstarrungsschwindung V_E durch kommunizierende Röhren dem Gußstück nachspeisen.

Der Anteil der kubischen Schwindung im festen
Zustand wird durch Aufmaße am Modell, den
sog. *Schwindmaßen*, ausgeglichen.

Die *gelenkte Erstarrung* eines Keils durch einen
Speiser ist in Bild 2-52 dargestellt. Der Speiser
hat die Aufgabe, das Nachspeisen des Gußstücks zu ermöglichen. Dazu muß er richtig bemessen und angeordnet werden. Er darf erst
erstarren, wenn das Gußstück bereits fest ist,

d. h., er soll am dicksten Querschnitt, nach
Möglichkeit in der Formteilung, sitzen.

Eine einfache Wanddicken- und Speiserbemessung ist als *Heuverssche Kreismethode* bekannt.
Ausgehend von der geringsten Wanddicke bei
S_1 (Bild 2-52) werden sich berührende Kreise in
den Wandquerschnitt eingezeichnet, deren
Durchmesser um einen konstanten Faktor k_H
bis zum Speiser S_6 vergrößert werden. Tabelle
2-18 gibt die für Naß- und Sandguß zum Dichtspeisen bewährten *Heuversfaktoren* k_H für Eisengußwerkstoffe an. Man erkennt, daß mit
größer werdendem Faktor der Aufwand zum
Dichtspeisen zunimmt, oder, anders ausgedrückt, die wirksame Speisungslänge abnimmt.

Die Verbindung zwischen Speiser und Gußstück, der *Anschnittquerschnitt,* muß so ausgebildet sein, daß der Speiser durch Abschlagen,
Sägen, Trennen oder Brennschneiden einfach
zu entfernen ist. Ein wirksamer Speiser zeigt
nach dem Guß einen tiefen Außenlunker und
Einfallstellen. In der Speiserhöhe muß eine ausreichende Druckhöhe Δh zum Gußstück als
treibende Kraft zum Speisen zur Verfügung stehen.

Nicht zweckmäßig ist das Eingießen der
Schmelze direkt in den Speiser. Größere und

Tabelle 2-18. Heuversfaktoren k_H von Eisengußwerkstoffen für Naß- und Sandguß.

Eisengußwerkstoff		Heuversfaktor k_H
Gußeisen	GG	1,0 bis 1,1
Gußeisen	GGG	1,1 bis 1,2
Temperguß	GTS	1,2 bis 1,3
Temperguß	GTW	1,2 bis 1,3
Stahlguß	GS	1,3 bis 1,5

komplizierte Gußstücke haben meist mehrere Speiser, die von einem zentralen Einguß über Stangen gespeist werden. Bild 2-53 faßt die Elemente des Anschnittsystems für Sandguß in Formkästen zusammen. Da Gießzapfen und Stangen nur wenig verkleinert werden können, versucht man, das wirksame Speiservolumen durch verzögerte Erstarrung im Speiser zu erhöhen. Nach der Formel von *Chworinoff* ist die Erstarrungszeit *t* eines Gußstücks in der Form proportional den Quadrat seines Erstarrungsmoduls *M*:

$$t = k_C M^2 = k_C \left(\frac{\text{Volumen}}{\text{Oberfläche}} \right)^2 \text{in min.}$$

Der *Erstarrungsmodul M* in cm ist das Verhältnis von Gußstückvolumen in cm³ zu wärmeabführender Gußoberfläche in cm². Bild 2-54 zeigt die Berechnung des Erstarrungsmoduls am Würfel mit der Kantenlänge 1 cm. Zum Dichtspeisen dieses Würfels wird ein Speiservolumen mit einer größeren Erstarrungszeit *t* benötigt. Die *Chworinoffsche Konstante* k_C ist werkstoff-, temperatur- und formstoffabhängig.

Somit ist die einfache Heuverssche Kreismethode eine grobe Näherung der Chworinoffschen Formel für ebene Erstarrungsprobleme. Die *Modultheorie* erlaubt eine verfeinerte mathematische Berechnung des Erstarrungsver-

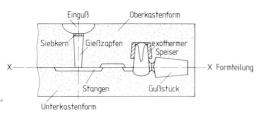

Bild 2-53. *Anschnittsystem, bestehend aus Einguß mit Siebkern und Gießzapfen, Stangen und exothermem Speiser für eine horizontal geteilte Sandgußform.*

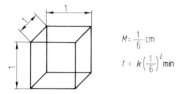

Bild 2-54. *Erstarrungsmodul M und Erstarrungszeit t am Würfel mit der Kantenlänge 1 cm (nach Wlodawer).*

Tabelle 2-19. Lineare Schwindmaße in % für verschiedene Gußwerkstoffe (nach DIN 1511).

Werkstoff	lineares Schwindmaß in %		
GS	1,5 bis 2,5		
GTS	0 bis 1,0		
GG	0,7 bis 1,3		
GGG	0,8 bis 1,6		
Al	1,5 bis 2,0		
	Sand	Kokille	Druckguß
AlSi	0,9 bis 1,1	0,6 bis 0,8	0,5 bis 0,7
AlMg	1,0 bis 1,5	0,5 bis 0,9	0,6 bis 1,0
Mg-Legierungen	1,0 bis 1,4	0,8 bis 1,2	0,8 bis 1,2
Cu	1,8 bis 2,2	1,5 bis 1,9	
CuSn	1,2 bis 1,8	1,0 bis 1,4	
CuZn	0,8 bis 1,6	0,8 bis 1,2	0,7 bis 1,2
CuAl	1,8 bis 2,2	1,4 bis 2,0	
Zn	1,0 bis 1,5	0,6 bis 1,0	0,4 bis 0,6

haltens und der Speiserbemessung von Gußstücken. Sie wurde besonders von *Wlodawer* an Stahlguß entwickelt.

Durch exotherme, also wärmeabgebende Stoffe kann die Erstarrungszeit des Speisers in Bild 2-53 verlängert werden, ohne seinen Modul und das Ausbringen zu verschlechtern. Mit der Goldschmidtschen Thermitreaktion

$$\dot{F}e_2O_3 + 2\,Al \rightarrow 2\,Fe + Al_2O_3 - 760\,kJ$$

läßt sich ein kleinerer Speiser durch die Reaktionswärme aufheizen und kann dadurch länger nachspeisen.

Die kubische Schwindung oder Schrumpfung an Gußstücken muß durch ein Aufmaß am Modell – dieses entspricht dem *linearen Schwindmaß* – ausgeglichen werden. In Tabelle 2-19 sind die Schwindmaße nach DIN 1511 für einige Gußwerkstoffe zusammengestellt. Sie können nur als Anhaltswerte dienen; denn Schwindmaße sind keine Werkstoffkonstanten, sondern sie sind abhängig von

– dem Modul des Gußstücks,
– der Wärmeleitfähigkeit des Formstoffs,
– dem Wärmeinhalt des Gußwerkstoffs

und vielen anderen Faktoren. Bei Serienguß werden Schwindmaße durch *Probeabgüsse* ermittelt. Anschließend wird danach das Modell geändert. Bei Großguß und Einzelfertigung müssen Erfahrungen mit ähnlichen Stücken berücksichtigt werden. Der Erstarrungsablauf und das Entstehen unzulässiger Eigenspannungen und Verformungen in Gußstücken lassen sich durch Computersimulation berechnen. Softwarepakete zur *Erstarrungssimulation* von Gußstücken nach verschiedenen Gießverfahren und mit üblichen Gußwerkstoffen sind einsatzbereit.

Wie schwierig das Problem Schwindung zu lösen ist, soll an verschiedenen Gußeisensorten gezeigt werden. Gußeisen unterscheidet sich von anderen Gußwerkstoffen besonders dadurch, daß während des Erstarrens Kohlenstoff als Lamellen- oder Kugelgraphit ausgeschieden wird. Infolgedessen mißt man bei diesen Legierungen je nach ausgeschiedener Graphitmenge keine oder nur eine geringe Schwindung. Manche Gußeisensorten dehnen sich beim Erstarren sogar aus. Man sagt, *Gußeisen ist selbstspeisend,* und beschreibt damit die Möglichkeit, Gußstücke ohne Speiser mit hohem Ausbringen lunkerfrei zu gießen. In Bild 2-55 sind Schwindungsmeßwerte von Gußeisensorten mit verschiedenem Sättigungsgrad S_C (Abschn. 2.3.1.1) über der Erstarrungszeit aufgetragen. Da sich das Volumen mancher Gußeisensorten beim Erstarren kaum verringert, können die für das Nachfließen der Schmelze erforderlichen Speiser kleiner und ihre Anzahl geringer sein. GGG mit $S_C = 1,14$ und ferritisches Gußeisen GG treiben in der Form, d. h. erstarren unter Ausdehnung. Die perlitischen Sorten besitzen geringe Schwindung. Der graphitfreie *Hartguß,* das weiße Gußeisen, schwindet in großem Maß.

2.4.3 Warmrißneigung

Risse, die zwischen der Liquidus- und der Solidustemperatur auftreten, werden *Warmrisse* genannt. Sie bilden sich kurz vor dem Ende der Erstarrung. Der Unterschied zu den Kaltrissen kann bei frischer Bruchfläche an ihrem Aussehen erkannt werden:

– Warmrisse: intrakristallin, Dendriten, Anlauffarben, Zunder;
– Kaltrisse: interkristallin, feinkörnig, blank.

Beim Erstarren des Gußwerkstoffs in der Form wird bereits die erste kristalline Randschale durch die Erstarrungsschwindung und die Schrumpfung beansprucht. Wenn das Gußstück sehr unterschiedliche Wanddicken mit unzweckmäßig gestalteten Übergängen aufweist, oder wenn Form und Kerne das freie Schwinden des Gußstücks behindern, können diese Spannungen die *niedrige Warmstreckgrenze* des Gußwerkstoffs überschreiten und so

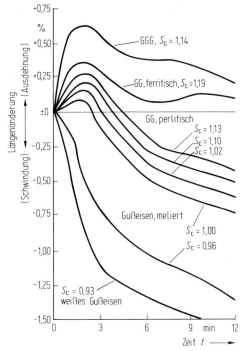

Bild 2-55. Freie lineare Schwindung von Gußeisen mit Lamellengraphit GG und Gußeisen mit Kugelgraphit GGG in Abhängigkeit vom Sättigungsgrad S_C (nach Vondrak).

zu Werkstofftrennungen führen. Die noch vorhandene geringe Menge Restschmelze umgibt die primär erstarrten Körner mit einem dünnen Film, der bei geringsten Beanspruchungen „reißt". *Korngrenzenfilme* können auch niedrigschmelzende Verbindungen sein, z. B. Eisensulfid (FeS) bei Stahlguß.

Die Warmrißneigung wird grundsätzlich mit zunehmendem Erstarrungsintervall größer.

Die Gußwerkstoffe sind unterschiedlich warmrißempfindlich. Bekannt ist die schwierige rißfreie Primärerstarrung von Stahlguß. Auch Eisenwerkstoffe, die überwiegend graphitfrei und ledeburitisch erstarren als *Temperhartguß* (GTS und GTW) oder als *Kokillengußeisen* (GG oder GGG), sind warmrißempfindlich.

Auch die naheutektischen Druck- und Kokillengußlegierungen des Aluminiums, Magnesiums und des Kupfers neigen zur Warmrißbildung.

Die Formstoffe beeinflussen durch ihre Wärmeableitung und ihre Festigkeit erheblich die

Warmrißbildung. Bei den Dauerformverfahren können während der Erstarrung besonders

- Druckgießformen und
- Voll- und Gemischtkokillen

den durch das Schwinden und Schrumpfen des Gußwerkstoffs verursachten Spannungen nur elastisch ausweichen. Eine möglichst gleichbleibende Temperatur in der Dauerform und ein möglichst frühes Entformen sind bewährte Vorbeugungsmaßnahmen gegen Warmrisse.

Die Warmrißneigung von Gußwerkstoffen kann mit verschiedenen Proben wie Rippenkreuzen, Spannungsgitter u. a. festgestellt werden. Bild 2-56 zeigt einen Schnitt durch ein *Rippenkreuz*. Unter der Wirkung der Schwindungskräfte treten Warmrisse besonders an Querschnittsübergängen auf, die hier nicht gespeist werden. Infolge des Wärmestaus in den Sandkanten erstarren die Knotenpunkte zuletzt unter Lunkerbildung. Lage und Form der hier entstehenden Lunker erleichtern die Warmrißbildung. Tritt bei der Warmrißbildung ein Lunker auf, so kann der Luftdruck den Warmriß aufweiten, da im Lunker ein *Vakuum* herrscht.

Die Warmrißbildung an einem ausgesteiften Deckel oder einer Platte zeigt Bild 2-57. Wenn die Rippendicke überdimensioniert ist und die Erstarrungsfront stengelförmig entgegen dem Wärmefluß zur thermischen Mitte hin wächst, können leicht Warmrisse durch den Schwindwiderstand des Formstoffs in den Rundungen entstehen. Durch Umgestaltung der Rippen nach Bild 2-58 unter Anwendung der *Heuversschen Kreismethode* kann man die Warmrißneigung vermindern.

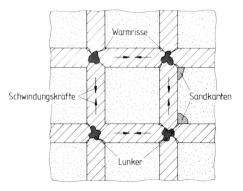

Bild 2-56. *Warmrisse und Lunker am Rippenkreuz: Schwindungskräfte beanspruchen geschwächte Knotenpunkte, die durch den Sandkanteneffekt langsamer als die Stege abkühlen.*

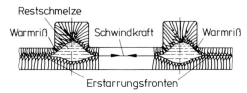

Bild 2-57. *Warmrißbildung bei Stengelkristallisation unter dem Einfluß von Schwindkräften.*

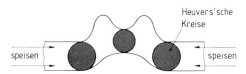

Bild 2-58. *Gießgerechte Verrippung, von außen nachspeisbar.*

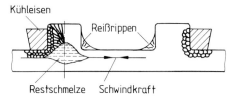

Bild 2-59. *Anordnung von Reißrippen, Federn und Kühleisen.*

In Serienfertigungen werden zwecks Verhinderung der Warmrißneigung *Kühleisen* als örtlich begrenzte Kokillen mit eingeformt, wie dies Bild 2-59 zeigt. Das Angießen von *Reißrippen*, sog. Federn, die statt des Gußstücks die Warmrisse aufnehmen, ist teuer, weil dies mit hohen Putzkosten verbunden ist. Bei einigen dünnwandigen Gehäusen, z. B. bei Pkw-Hinterachsgehäusen, können die Federn am bearbeiteten, einbaufertigen Gußstück verbleiben.

Die Reißrippen bewirken eine Vergrößerung der Oberfläche beim Wärmeübergang und werden deshalb auch als Kühlrippen bezeichnet.

Eine Kühlrippe ist eine dünne Platte mit sehr kurzer Erstarrungszeit, die als Teil am Gußstück angegossen oder, wie neuere Versuche an Aluminiumlegierungen zeigen, auch nur als Kokille angelegt werden kann.

Nach *Wlodawer* soll der Modul der Kühlrippe M_K kleiner als ein Viertel des Gußstückmoduls M_g sein:

$$M_K < 0,25\ M_g$$

2.4.4 Gasaufnahme

Gußwerkstoffe nehmen beim Schmelzen, Warmhalten, Vergießen, Erstarren und Glühen Gase auf. Die *Löslichkeit* der zweiatomigen Gase, die in der Luft enthalten sind, sowie die des Wasserstoffs, Chlors und Kohlenoxids (O_2, N_2, H_2, Cl_2, CO) ist sehr temperatur- und druckabhängig. Bild 2-60 zeigt schematisch die Abhängigkeit der *Gaslöslichkeit* metallischer Werkstoffe von der Temperatur. Schmelzen bei der Gießtemperatur ϑ_G können große Gasmengen gelöst enthalten. Bei der Abkühlung aus dem flüssigen Zustand nimmt die Gaslöslichkeit nach Unterschreiten der Liquidus- (ϑ_L) und der Solidustemperatur (ϑ_S) sprunghaft ab. Auch im festen Zustand verringert sich die Gaslöslichkeit meßbar.

Die in Gußstücken ausgeschiedenen Gase führen zur Bildung von Gußfehlern in Form von *Gasblasen* und *Gaslunkern*. Im Speiser kann nur ein Teil ΔV_{Sp} der in der Schmelze gelösten Gasmenge ΔV_{ges} ausgeschieden werden (Bild 2-60). Kleine Gasblasen, die nicht oder nur langsam in der erstarrenden Schmelze aufsteigen können, werden in der Erstarrungsfront eingeschlossen und verursachen die unerwünschten Mikroporen. Man nennt Gußgefüge mit Mikroporositäten auch *Schwammlunker*. Dieser Fehler ist schwer feststellbar. Er führt zu Ausschuß, wenn das Gußstück druckdicht sein muß.

Bei Dauerformverfahren ist die Erstarrungszeit oft so kurz, daß sich größere Gasmengen nicht ausscheiden können. Allgemein gilt, daß die Gasausscheidung in der Form nicht nur wegen der Gasblasen schädlich ist, sondern weil zusätzlich das Nachspeisen der Erstarrungsfronten vom Speiser aus behindert wird.

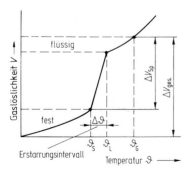

Bild 2-60. Gaslöslichkeit in Abhängigkeit von der Temperatur, schematisch.

Der Einfluß des Drucks p auf die im Metall gelöste Gasmenge V für zweiatomige Gase definiert *Sieverts* gemäß

$$V = K_s\sqrt{p}$$

mit V als der Gaslöslichkeit, p als dem Druck des Gases im Metall und K_s als von der Gasart und der Legierung abhängige Konstante.

Nach dieser Beziehung kann die Gasausscheidung durch Anwendung niedrigster Drücke vor dem Vergießen (Vakuumbehandlung) wirksam verstärkt werden.

Beispiel: Eine Schmelze wird bei Gießtemperatur unter Normaldruck vergossen. Eine zweite Schmelze gleicher Zusammensetzung wird vorher der *Vakuumentgasung* bei 0,04 bar unterzogen. In welchem Verhältnis stehen die Gasmengen in den Schmelzen zueinander?

$$V_1 : V_2 = \sqrt{1} : \sqrt{0{,}04} = 1 : 0{,}2.$$

Durch *Vakuumgießen* läßt sich die im Erstarrungsintervall freiwerdende Hauptgasmenge entfernen. Dieses Verfahren konnte sich bei Massengußstücken in verlorenen Formen oder Dauerformen noch nicht durchsetzen. Bei Druckguß in Dauerformen aus Stahl lasten große hydraulische Drücke auf den erstarrenden Schmelzen und verhindern die Bildung größerer, aufsteigender Gasblasen.

Die unterdrückte Gasausscheidung beim Druckgießen wird durch thermische Nachbehandlungsverfahren wie Glühen, Aushärten, galvanische Oberflächenbehandlungen u.a. aufgehoben und führt zu charakteristischen Fehlererscheinungen. Schmelzschweißen an Druckguß ist nicht porenfrei möglich.

Die Maßnahmen zum Verhindern von Gaslunkern in Gußstücken lassen sich wie folgt gliedern:

– Vorbeugende Maßnahmen gegen Gasaufnahme während des Schmelzens, Warmhaltens und Vergießens, wie z.B.
  – Schutzabdeckungen durch Schlacken, Salze,
  – Schutzgase,
  – Vakuumschmelzen, Vakuumentgasen, Vakuumgießen.
– Maßnahmen zum Entfernen von Gasen aus der Schmelze vor dem Vergießen durch chemische Reaktionen, wie z.B.
  – Sauerstoffentzug durch Desoxidation mit Al oder Si,

– Wasserstoffentzug durch Spülen mit chlor-
abspaltenden Verbindungen.
– Maßnahmen während der Erstarrung, z. B.
– Druckgießen, Schleudergießen.

2.4.5 Penetrationen

Penetrieren heißt Eindringen der Gußwerkstoffe in oberflächennahe Formstoffpartien.

Diese Erscheinung wird bei Formverfahren mit
verlorenen Formen durch bestimmte Fachaus-
drücke gekennzeichnet, z. B.

– rauhe Oberflächen,
– Vererzungen, Anbrennungen,
– Rattenschwänze,
– Schülpen.

Da sich gute Formstoffe von metallischen
Schmelzen nicht benetzen lassen, kann durch
Bestimmen des Randwinkels Θ gemäß Bild
2-61 die Eignung eines Formstoffs für gießtechnische Zwecke ermittelt werden. *Randwinkel*
von annähernd 180° haben z. B. Sand, Quarz,
Zirconiumsand, Lehm, Ton, Graphit.

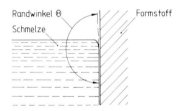

Bild 2-61. Idealer Formstoff und Randwinkel.

Thermisch besonders hoch beanspruchte
Formstoffpartien müssen zusätzlich mit Über-
zügen – *Schlichten* – gegen Benetzen durch den
Gußwerkstoff geschützt werden. Schlichten bestehen aus nicht benetzbaren Stoffen, wie z. B.
Graphit, Ruß, Quarz- oder Zirconiummehl, die
in Wasser, Alkohol oder anderen Flüssigkeiten
fein verteilt sind.

Eine alkoholische Schlichte kann flüssig – z. B.
durch Tauchen oder Sprühen – auf der Form-
oder Kernpartie verteilt werden; die Form ist
nach dem Abflammen sofort gießfertig.

Rauhe Oberflächen sind Vorstufen für ange-
brannte oder vererzte Gußstücke, bei denen
Formstoff und eingedrungene Schmelze an der
Oberfläche verschweißt sind.

Auch mit guten Putzmaschinen gelingt es nicht,
die Fehler restlos zu entfernen. Die Gußstücke
sind außerdem auch nicht maßhaltig.

An Formstoffen und Kernen, die beim Gießen
von der einfließenden oder aufsteigenden
Schmelze aufgeheizt oder angestrahlt wurden,
entstehen *Quarzausdehnungsfehler* in Form von
Rissen oder flächigen Abplatzungen. Wegen
der nicht geraden Rißform und des schuppigen
Aussehens nennt man sie *Rattenschwänze*.
Schülpen oder *Warzen* heißen die flächenartigen
Fehlererscheinungen.

Auch bei den Dauerformverfahren (Kokillen-,
Druck- oder Schleuderguß) können Oberflächenfehler an Gußstücken entstehen. *Brandrisse* breiten sich netzförmig an den thermisch
und mechanisch hoch beanspruchten Teilen der
Kokille aus, bilden sich auf den Gußstücken ab
und erschweren das Entformen. Kleine Risse in
den Kokillen können zunächst durch Zuhäm-
mern oder Verstemmen nachgearbeitet werden.
Durch Einbringen von Schlichten wird die Rißgefahr herabgesetzt oder bereits vorhandene
kleinere Risse „zugeschlichtet".

2.4.6 Seigerungen

Seigerungen sind Entmischungen der Legierungselemente im Gußstück mit vom Gußwerkstoff und vom Gießverfahren abhängigen,
typischen Konzentrationsunterschieden. Sie
entstehen bei der Erstarrung durch beschleu-
nigtes Abkühlen, d. h. beim Abweichen vom
Gleichgewichtszustand.

Von der *Kristallseigerung* ist die *Blockseigerung*
zu unterscheiden, die den gesamten Querschnitt
erfaßt. Im Kristall verteilen sich Legierungselemente unterschiedlich. Verunreinigungen oder
unerwünschte Verbindungen reichern sich in
der Restschmelze an. Großgußstücke aus le-
giertem Stahlguß und NE-Metallguß verlieren
dadurch z. B. die *Korrosionsbeständigkeit* und
lassen sich schlechter bearbeiten. Die Fehler-
scheinung wird durch große Erstarrungsinter-
valle, hohe Gießtemperaturen, große Wanddicken und damit geringe Abkühlgeschwindigkeiten begünstigt, z. B. bei Trockenguß.

Ein Homogenisieren von Kristallseigerungen
und Zonenmischkristallen ist durch Diffusions-
glühen möglich. Die hohen Glühtemperaturen
und langen Haltezeiten führen in der betrieblichen Praxis meist zum *Verzug* der Gußstücke
und zur *Grobkornbildung*.

Durch Dichteunterschiede der erstarrenden
Kristallarten wird eine weitere Seigerungsform,

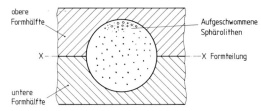

Bild 2-62. *Seigerungen infolge Schwerkraft bei dick-wandigem Gußeisen GGG.*

die *Schwereseigerung*, verursacht. Dieser Fehler tritt bei übereutektischem Gußeisen mit Lamellen- und Kugelgraphit auf. Die primär erstarrenden Graphitkristalle – als Garschaumgraphit oder als Sphärolithen – schwimmen in der eutektischen Restschmelze z. T. auf. Bild 2-62 zeigt ein liegend gegossenes, geschnittenes Kurbelwellenhauptlager, das durch die aufgeschwommenen Sphärolithen bei der späteren spanenden Bearbeitung infolge schwankender Schnittkräfte, bedingt durch unterschiedliche Oberflächenhärten, nicht rund wird.

2.4.7 Fehlerzusammenstellung bei Sandguß

Die bei Sandguß häufig vorkommenden und an der Oberfläche sichtbaren Gußfehler sind in Bild 2-63 lagerichtig gekennzeichnet.

Loser *Sand* und *Schlacke* sind leichter als Gußeisen und befinden sich deshalb bevorzugt an dickeren Wänden in der Oberkastenformhälfte

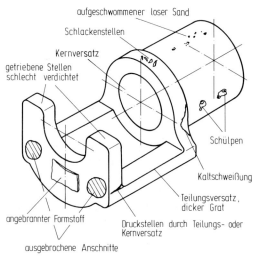

Bild 2-63. *Sandgußfehler an typischen Stellen einer Festsattelbremsklaue aus GGG-40.*

des Gußstücks. Ungleiche Wanddicken von Bohrungen, die durch einen Kern vorgegossen werden, entstehen durch *Kernversatz*. Ein dicker *Teilungsgrat* wird durch Teilungsversatz verursacht. Zu diesem Zusammenhang entstehen meist auch *Druckstellen*. Die Form wird beim Zulegen bevorzugt in der Teilung auch durch den Kern eingedrückt.

Weit in die Formhälfte hineinragende Wände sind „*getrieben*", weil der Formstoff dort nicht ausreichend stark verdichtet wurde. Durch zu schwach gekerbte Anschnittquerschnitte brechen beim Abschlagen der Speiser Teile des Gußstücks mit heraus. An weit von den Angüssen entfernten Stellen können Metallströme soweit abgekühlt sein, daß sie beim Aufeinanderstoßen nicht mehr verschweißen und rinnenartige Vertiefungen auf der Oberfläche, d. h. *Kaltschweißungen* bilden. *Schülpen* können an allen Oberflächenpartien außen und innen am Gußstück vorkommen. Angebrannter Formstoff sitzt bevorzugt an den heißesten Stellen des Gußteils fest, z. B. dicht neben den Anschnitten.

2.5 Form- und Gießverfahren

Fertigungsverfahren, die Werkstücke verlustarm, in einem Arbeitsgang und in der sog. ersten Hitze herstellen können, werden als Urformverfahren bezeichnet, weil diese Verfahren den kürzesten Weg von den Urstoffen zu fertigen Werkstücken haben. Zu ihnen gehören die *Form-* und *Gießverfahren* und das *Sintern* (Abschn. 2.7).

Seit langem sind Entwicklung und Forschung bei den Urformverfahren darauf gerichtet, die Werkstücke noch

– verlustärmer,
– maßgenauer und
– massengleicher

zu fertigen.

Bei der Weiterentwicklung der Urformverfahren wird die Herstellung von Werkstücken, die nur an wenigen Funktionsflächen meist geringfügig spanend oder umformend bearbeitet werden, angestrebt.

Noch nicht eingeführt ist bei den Form- und Gießverfahren der kostengünstige *Genauguß* – im angelsächsischen *Präzisionsguß* genannt –, der Funktionsflächen ermöglicht, die nicht mehr bearbeitet werden. Großverbraucher von Massenteilen hätten dann Preisvorteile, weil man auf einen Teil der teuren spanenden Fertigung verzichten würde.

Genauguß mit verlorenen Formen und Modellen als *Feinguß* (Abschn. 2.5.2.1) für alle denkbaren Gußwerkstoffe ist als billiger Massenguß bisher nicht konkurrenzfähig.

Bei den Dauerformverfahren ist für Leichtmetall- und Zinkdruckguß durch Überwachen des Kokillenverschleißes eine Annäherung an Genauguß möglich. Nach den bisherigen Erfahrungen geht dadurch aber die Anzahl der möglichen Abgüsse beträchtlich zurück, so daß auch bei den Dauerformverfahren Genauguß bisher nicht wirtschaftlich erscheint.

2.5.1 Formverfahren mit verlorenen Formen

Alle Einzelgußstücke und der größere Teil der Seriengußstücke werden nach Form- und Gießverfahren mit verlorenen Formen gefertigt.

Da die Form nach jedem Abguß verloren ist, besteht die Möglichkeit, aus dem wieder aufbereiteten Formstoff eine *wiederholbar, gleiche, neue Form* herzustellen. Das Abformen des Formstoffs am Modell und der dabei auftretende Modellverschleiß ist eine verhältnismäßig geringe Beanspruchung, da nur der Formstoff und nicht die Schmelze das Modell berührt.

Bei den Dauerformverfahren ist jedoch die metallische Dauerform, die Kokille, Modell und Formstoff zugleich. Mit jedem Abguß wird die Form durch die Schmelze maximal beansprucht. Deshalb wird sie an ihrer Formoberfläche durch nicht benetzbare Überzüge, die *Schlichten,* gegen den Kontakt mit der Schmelze geschützt. Schlichten lassen sich nur schwierig mit wiederholbar gleichmäßiger Schichtdicke auf einer nicht ebenen Kokillenoberfläche auftragen. Durch jeden weiteren Abguß verschleißt die Kokillenoberfläche; die Gußstücke werden zunehmend ungenauer.

Vergleicht man schematisch die beiden Möglichkeiten

Modell → verlorene Form   → Gußstück,
Kokille → verschleißende Form → Gußstück,

die zur Massenfertigung von *wiederholbar maß- und massengleichen* Gußstücken führen sollen, so fällt die günstige Ausgangslage der Formver-

fahren mit verlorenen Formen auf. Modelle und Kokillen sind mit genügender Genauigkeit herstellbar. Am Beispiel der tongebundenen Naßgußformstoffe ist in Abschn. 2.5.1.1 erläutert, warum der kostensparende Genauguß noch aussteht.

Für verlorene Form- und Gießverfahren verwendet man im allgemeinen Formstoffe, die aus einer körnigen Grundmasse – diese ist meist Sand mit einem Bindemittel – bestehen. Das wichtigste Bindemittel für Modellsand ist der *Bindeton.* Kernsande werden vorteilhafter mit verschiedenen *organischen Bindern* wie Kunstharzen, Abfallzucker, Ölen oder Sulfitablauge gebunden.

Die besonderen Eigenschaften des jeweiligen Formstoffsystems sind in den entsprechenden nachfolgenden Abschnitten erläutert.

Tabelle 2-20 zeigt eine Übersicht der Verfahren zur Form- und Kernherstellung mit verlorenen Formen je nach Art der Bindung des Formstoffgemisches, die mechanischer, chemischer oder physikalischer Natur sein kann. Die *mechanische* Bindung wird bei den Naßguß- und Trockengußformstoffen durch Verdichten, z. B. durch Stampfen, Rütteln oder Pressen erreicht. Die gebundenen Formen oder Kerne kann man je nach Art der zahlreichen Bindemittel unterscheiden. Die Werkzeugkosten sind sehr abhängig von einer Unterteilung nach *kalthärtenden* oder *heißhärtenden* Bindemitteln. Bei zwei Verfahren sind Vorrichtungen erforderlich, um Reaktionsgase zuzuführen. Es ist besonders wirtschaftlich, wenn der Formstoff *rieselfähig* dem Formwerkzeug zugeführt werden kann. Dies ist jedoch nur bei dem *Croning-Verfahren* und den beiden neueren Entwicklungen, dem *Magnetformverfahren* und dem *Vakuumformverfahren* der Fall.

Wegen der stark gestiegenen Deponiekosten für kunstharzgebundene Gießereialtsande hat das Interesse an billigen, anorganischen, selbsthärtenden Bindemitteln für Formen und Kerne zugenommen. Zement, polymere Phosphate, kaustische Magnesia und Gips können aber – abhängig vom Gußwerkstoff – nur bedingt an Stelle organischer Binder eingesetzt werden.

Tabelle 2-21 zeigt, abgegrenzt gegenüber den Dauerformverfahren, die wichtigsten Form- und Gießverfahren mit verlorenen Formen. Sie werden in dieser Reihenfolge beginnend mit dem Handformen in Abschn. 2.5.1.1 erläutert.

Tabelle 2-20. Verfahren zur Form- und Kernherstellung, geordnet und ausgewählt nach der Bindung des Formstoffsystems im formbaren Zustand.

mechanische Verfahren	chemische Verfahren zur Form- und Kernherstellung				physikalische Verfahren
Zuführen von Verdichtungsarbeit	kalthärtend in der Form oder Kernbüchse		heißhärtend in der Form oder Kernbüchse		Magnetfeld, Vakuum
formgerecht, feucht	formgerecht, feucht	formgerecht, feucht und begasen	trocken und rieselfähig	formgerecht, feucht	trocken und rieselfähig
synthetischer Bentonitsand, Natursand, Schamotte, Ton, Lehm, Mergel	Zementsand, Polyphosphat, Magnesia, Gips und Sand	Wasserglas-Verfahren, Cold-Box-Verfahren	Croning-Verfahren	Hot-Box-Verfahren	Magnetform-Verfahren, Vakuumform-Verfahren

Tabelle 2-21. Die wichtigsten Form- und Gießverfahren für verlorene Formen mit Dauermodellen und verlorenen Modellen, abgegrenzt gegenüber den Dauerformverfahren.

Form- und Gießverfahren		
verlorene Formen		Dauerformen
Dauermodelle	verlorene Modelle	ohne Modelle
Handformen, Herdformen, Schablonenformen	Feingießen	Druckgießen: Warmkammer-Verfahren Kaltkammer-Verfahren
Maschinenformen, Kastenformen, kastenloses Formen	Feingießen	Kokillengießen: Voll-, Halb-, Gemischtkokillen
Maskenformen, Croning-Verfahren	Vollformgießen	Schleudergießen: horizontal
Verbundgießen	Vollformgießen	Verbundgießen

Das *Verbundgießen* ist sowohl mit verlorenen Formen als auch mit Dauerformen möglich und hat bei einigen Serienteilen des Fahrzeugbaues erhebliche Bedeutung erlangt. Beispiele sind die gußeisernen Bremstrommeln mit Stahlblechboden als Kastenformteile und die mit Stahl verstärkten Radnaben als Aluminiumgußteile bei den Dauerformverfahren.

2.5.1.1 Tongebundene Formstoffe

Zum Abformen der Außenkonturen von Gußstücken haben sich *Formsande* bestens bewährt, die aus der feinkörnigen Grundmasse Quarzsand und dem Bindemittel Ton bestehen. Weil dieser Formstoff unmittelbar am Modell anliegt, nennt man ihn *Modellsand*.

Quarzsand, der Hauptbestandteil der Formsande, besteht zu mehr als 99% aus Siliciumdioxid, SiO_2.

Kornform, Korngröße und *Kornverteilung* des Sandes beeinflussen wichtige Eigenschaften des Formstoffsystems, wie z. B.

– den Verbrauch an Bindemittel,
– die Verdichtbarkeit,
– die Rauheit der Gußoberfläche,
– die Gasdurchlässigkeit und
– die Feuerfestigkeit.

Für Formsande sind annähernd kugelförmige Quarzkörner am besten geeignet, weil die Kugel die kleinste Oberfläche je Körpervolumen hat.

In den natürlichen Sandlagerstätten versucht man, durch gleichmäßigen Abbau und eine

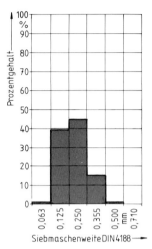

Bild 2-64. *Kornverteilung von Quarzsand der Grube Haltern; mittlere Korngröße etwa 0,27 mm.*

Aufbereitung, die aus Mischen, Schlämmen und Sieben besteht, die Kornverteilung konstant zu halten. Aus dem Balkendiagramm der fünf Siebstufen gemäß Bild 2-64 kann als Kennwert des Sandes die mittlere Korngröße berechnet werden. Sie beträgt in diesem Fall etwa 0,27 mm.

Bei gleicher Verdichtungsarbeit läßt sich ein gröberer Sand stärker verdichten als ein feinerer. Durch die mit zunehmender Feinheit sich sehr vergrößernde spezifische Oberfläche wird der Reibungswiderstand gegen das Verdichten erhöht. Gröbere Körner können in der Kastenformerei (Bild 2-69) zu so harten Formen verdichtet werden, daß die Quarzausdehnung nach dem Gießen nur durch *Warmrisse* im Gußstück ausgeglichen wird. Mit feineren Sanden verbessert man das konturenscharfe Abformen des Modells und damit die Wiedergabe feinster Oberflächen und Kanten. Für thermisch hochbeanspruchte *Kernsande* wählt man meist eine mittlere Korngröße über 0,27 mm.

In der betrieblichen Praxis ist die *Gasdurchlässigkeit* des bei formgerechtem Wassergehalt verdichteten Formsands ein Maß für die optimale Sandkörnung; denn bereits durch Verringern der mittleren Korngröße von etwa 0,3 mm auf 0,2 mm halbiert sich der Wert für die Gasdurchlässigkeit von tongebundenen Naßgußsanden.

Geringe Gehalte an Feinkorn unter 0,063 mm, Schlämmstoff und Staub vermindern die Gas-

durchlässigkeit beträchtlich. Die Gußstückoberfläche wird rauher, weil der Feinanteil mit der Schmelze leichter verschlackt. Die *Feuerfestigkeit* des Formstoffs nimmt ab.

Kennzeichen eines guten Formsands ist ferner ein möglichst geringer Gehalt an Calciumcarbonat ($CaCO_3$). Beim Abguß zerfällt das Carbonat, und es bildet sich Kohlendioxid. Der zurückbleibende gebrannte Kalk (CaO) setzt sich im feuchten Formstoff zu Kalkhydrat um und vermindert die Feuerbeständigkeit.

Für den mittleren und schweren Stahlguß reicht die Feuerbeständigkeit von Quarzsand (etwa 1760 °C bis 1790 °C nach DIN 51 063) nicht aus. Als feuerfeste Grundmasse ist *Schamottesand* geeignet, den man aus gebranntem Ton durch Zerkleinern und Absieben gewinnt. Der Formstoff aus Schamottesand und Binderton wird durch Aufbereiten mit Wasser in den bildsamen Zustand gebracht, die fertige Form vor dem Abguß gebrannt und geschlichtet.

Gute Formsandlagerstätten sind selten. Beim *Natursand* bilden die tonigen Binder bereits in der Lagerstätte mit dem Sand ein natürliches Gemenge.

Synthetischer Formsand entsteht durch Mischen von gewaschenem und gesiebtem Sand und Bindeton als Reinsubstanz in der Sandaufbereitung der Gießerei.

Ein Formsand ist nur dann ein guter Formstoff, wenn die Sandkörnung zur Menge und Qualität des tonigen Binders in vorgegebenen engen Grenzen liegt. Durch Zugabe von 2,5% bis 3,5% Wasser (Massengehalt) wird der für das Verdichten nötige bildsame Zustand eingestellt. Der Formsand bildet dabei eine krümelige Masse. Formsande enthalten werkstoffabhängig meist noch geringe Mengen an Zusätzen, wie z. B. Kohlenstaub, Perlpech, Sulfitablauge, Schwefelpulver und Borsäure.

Bentonite sind hochbindefähige Tone aus wasserhaltigen Aluminiumsilicaten nicht einheitlicher Zusammensetzung (etwa ein Teil Al_2O_3 auf vier Teile SiO_2), die als kolloidale, geschichtete Teilchen unter 2 µm Schichtdicke vorliegen. Die wichtigste Eigenschaft der Bentonite ist die Fähigkeit, im Kristallgitter Wasser unter 6- bis 8facher Volumenvergrößerung sowie Metallionen einzulagern. Sie gehen auf Grund dessen in den plastisch formbaren, gequollenen Zustand über.

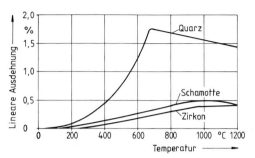

Bild 2-65. *Ausdehnungsverhalten verschiedener Form-sande, die mit 5% Betonit gebunden sind (nach Hofmann).*

Chemisch verhalten sich Bentonite wie Ionen-austauscher; sie können z. B. ihre Calciumionen gegen Natriumionen austauschen:

$$Ca^{2+} \leftrightarrow 2\,Na^+$$

Weil die Wasseraufnahme im Kristallgitter und an der Oberfläche mit der Anzahl der eingela-gerten Metallionen größer wird, ist ein Na-triumbentonit hochquellfähig, ein Calciumben-tonit dagegen nicht. Das Umwandeln der in der Natur vorhandenen Calciumbentonite mittels Soda (Na_2CO_3) in Natriumbentonite wird als *Aktivieren* bezeichnet. Dadurch werden zahl-reiche Eigenschaften des Formstoffs beeinflußt: die Quellfähigkeit z. B. nimmt zu und damit die Bindefähigkeit des Bentonits, während sich die Feuerbeständigkeit verringert.

Von großer praktischer Bedeutung ist das Tem-peraturverhalten des Bentonits. Die Wirkung als reversibler Ionenaustauscher ist oberhalb von etwa 700 °C nicht mehr gegeben. Das Kri-stallwasser verdampft und sprengt den Bento-nitkristall. Der Ton wird *totgebrannt*. Im Form-stoffkreislauf muß man durch möglichst frühes Entformen verhindern, daß größere Mengen des tongebundenen Formstoffs länger als nötig erhitzt werden, da der totgebrannte Tonanteil (etwa 2%) durch Zugabe von neuem aktivier-tem Bentonit ausgeglichen werden muß.

Weil Ton und Bentonit im Gegensatz zu allen anderen Formstoffbindern durch die Formher-stellung und den Abguß nur teilweise unwirk-sam – totgebrannt – werden, kommt den Ver-fahren mit tongebundenen Formstoffen auch aus Umweltschutzgründen steigende Bedeu-tung zu. Der wesentliche Grund für die Wirt-schaftlichkeit besteht darin, daß fast der gesamte Altsand als *Umlaufsand* wieder ver-

wendet werden kann. Das Aufbereiten besteht nur aus den Schritten Entstauben, Kühlen und Ausgleichen der totgebrannten Bentonitmenge und des verdampften Wassers beim Mischen.

Bei den anderen bekannten Bindemitteln laufen irreversible chemische Umwandlungen beim Aushärten der Formen oder der Kerne und beim Abguß ab.

In *Naßgußformen* aus tongebundenem feuch-tem Quarzsand werden bis auf den schweren Stahlguß alle Gußwerkstoffe vergossen, haupt-sächlich

– Gußeisen und Temperguß,
– Stahlguß mit Massen unter 25 kg,
– Schwer- und Leichtmetalle.

Infolge des direkten Kontakts mit der Schmelze und auf Grund der Wärmestrahlung dehnen sich alle Formstoffe aus. Das nachteilige Aus-dehnungsverhalten von Quarzsand zeigt Bild 2-65. Ein Verändern der Körnung und des Bin-demittels kann die lineare Ausdehnung nicht wesentlich verringern. Im Vergleich zu Scha-motte- und *Zirconiumsand* dehnt sich Quarz-sand mehr als dreimal stärker aus. Im tonge-bundenen Quarzsand tritt das Maximum bei etwa 630 °C auf. Sandausdehnungsfehler – die *Schülpen* gemäß Bild 2-63 und *Rattenschwänze* – lassen sich darauf zurückführen.

Handformen

Handformen ist ein Formverfahren für kleinere bis größte Gußstücke in kleineren Serien. Die Formfüllung erfolgt bei allen Gußwerkstoffen durch die Schwerkraft steigend oder fallend.

Für den offenen oder den gedeckten Herdguß ist ein ungeteiltes Modell erforderlich, das in mit dem Formstoff gefüllten Gießgruben, den Herden, abgeformt wird. Beim *offenen Herd-guß,* z. B. von dekorativen Kamin- oder Ofen-platten, kann die Oberseite der Form in Bild 2-66 offen bleiben und das Gießen über eine schmale Rinne vom Einguß aus erfolgen. Das *ungeteilte* Modell wird zunächst im Modell-sandbett ausgerichtet. Das Verdichten des Formstoffs erfolgt je nach Modellgröße durch einfaches Eindrücken, Einpressen oder Stamp-fen von Hand mit Preßluft oder Handstamp-fern. Zum Ziehen des Modells lassen sich auf der Rückseite *Zieheisen* einschrauben, die bei Großmodellen ein Abheben mit dem Hallen-kran ermöglichen.

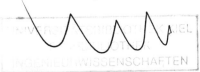

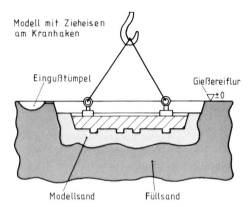

Bild 2-66. *Modellziehen beim offenen Herdguß.*

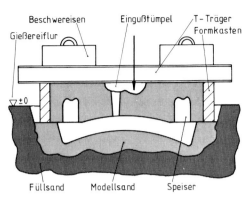

Bild 2-67. *Gedeckte Herdgußform mit aufgesetztem und beschwertem Formkasten vor dem Gießen.*

Der *gedeckte Herdguß* ist mit ungeteilten oder geteilten Modellen möglich. Die Modelloberseite in Bild 2-67 wird an einem aufgesetzten, mit Formstoff gefüllten, stabilen Formkasten abgebildet, der meist auch den Einlauf und den Eingußtrichter enthält. Eine Spezialität des gedeckten Herdgusses sind stark verrippte *Werkzeugmaschinenbetten* bis zu den größten Abmessungen. Die großvolumigen Kerne lassen sich meist seitlich nicht ausreichend in Kernlagern abstützen. Sie werden durch *Kerneisen* vom aufgesetzten Oberkasten aus in ihrer Lage gehalten, ähnlich wie in Bild 2-68 rechts der an Kerneisen und *Schoren* hängende Ballenkern.

Ein spezielles Verfahren zum Herstellen rotationssymmetrischer Gußstücke ist das *Schablonenformen* (Bild 2-68). Man arbeitet hierbei mit einfachen Dreh- oder Ziehschablonen. Die Modellkosten sind daher gering. Die Außenkontur der Schlackenpfanne formt man im Herd mit einer Holzschablone (links in Bild 2-68). Der Formstoff wird segmentweise zugegeben und durch Drehen oder Ziehen der Schablone verdichtet. Man baut die Innenkontur der Pfanne mit einer zweiten, kleineren Schablone auf dem zunächst gewendeten Formkasten auf und versteift sie mit Kerneisen, die an den Schoren im Kasten eingehängt sind. Nur drei Schablonen, je eine für die Außenkontur, die Innenkontur und für den Boden, sind außer der Drehvorrichtung, die auch für weitere Gußstücke eingesetzt werden kann, nötig.

Das Schablonenformen wird auch örtlich mit dem Handformen nach Modellen kombiniert, wenn dadurch die Modell- oder Kernkastenkosten verringert werden können.

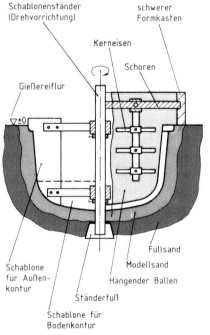

Bild 2-68. *Schablonenformen einer Schlackenpfanne im Teilbild links; zum Gießen fertige Form rechts.*

Die Formstoffe für das Handformen reichen vom tongebundenen Naßgußsand über die *Lehmform*, den *Zementsand* bis zu den schnellhärtenden, kunstharzgebundenen *Kaltharzsanden*. Durch Mischen von Sand mit Harz und Härtern in fahrbaren Durchlaufmischern wird der Formstoff meist direkt an der Gießgrube hergestellt und sofort in die Form oder den Kernkasten eingeleitet. Auf das Preßluftstampfen kann verzichtet werden, wenn sich das Formstoffsystem durch gutes Fließvermögen unter der Wirkung der Schwerkraft oder mit Vibratoren am Form- oder Kernkasten vor der chemischen Reaktion wie ein *Fließsand* selbst verdichtet.

Die Gußtoleranzen bei den Handformverfahren sind werkstoffabhängig den Nennmaßbereichen zugeordnet und werden meist von dem Besteller und der Gießerei vereinbart (Abschn. 2.6.1).

Maschinenformen mit Kästen

Das wichtigste Verfahren für die Gußstückfertigung in mittleren Serien bis millionenfachen Stückzahlen nach verlorenen Formen ist die

Kastenformerei. Die Modelle aus Holz, Kunststoff oder Metall sind geteilt und werden nach Möglichkeit zur Hälfte auf je einer Modellplatte für den Unterkasten und den Oberkasten fest verschraubt. Die Anordnungen in Bild 2-69 a) bis i) verdeutlichen das Verfahren. Die Arbeitsgänge in der Kastenformerei erfolgen in der Reihenfolge.

- Verdichten des Formstoffs im Unterkasten,
- Abheben und Wenden des Unterkastens,
- Verdichten des Formstoffs im Oberkasten,
- Abheben des Oberkastens,
- Kerneinlegen von Hand in den Unterkasten,
- Zulegen, Beschweren und Abgießen,
- Abkühlen der Gußstücke,
- Auspacken.

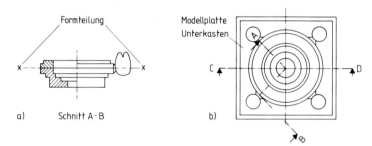

Bild 2-69. Maschinenformen mit Kästen: a) Modell links und Gußtraube rechts, b) Draufsicht: Modellplatte Unterkasten.

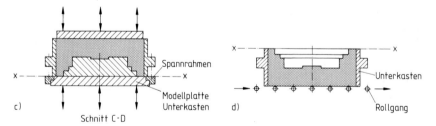

Bild 2-69 c). Verdichten des Formstoffs im Unterkasten, d) Unterkasten gewendet auf dem Rollgang.

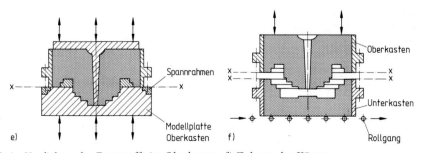

Bild 2-69 e). Verdichten des Formstoffs im Oberkasten, f) Zulegen der Kästen.

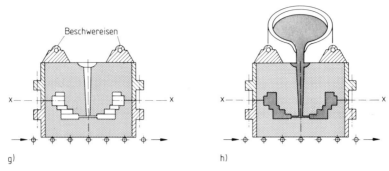

Bild 2-69 g). Beschweren, h) Gießen.

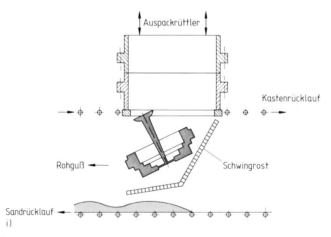

Bild 2-69 i). Auspacken.

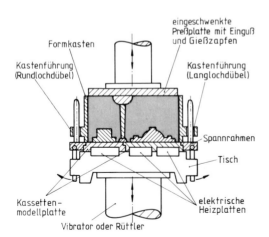

Bild 2-70. Rüttel-Preß-Formmaschine in Position Ende Verdichten des Formstoffs im Oberkasten.

Das Verdichten des Formstoffs in den Kästen gemäß Bild 2-69c) und 2-69e) erfolgt gleichzeitig. Die glockenförmige Schwungscheibe ist kernlos mit hängendem Ballen geformt. Zum maschinellen Verdichten des Formstoffs wird die *Rüttel-Preß-Abhebeformmaschine,* etwa wie in Bild 2-70 dargestellt, verwendet. Auf dem massiven Formmaschinentisch wird die Modellplatte für den Oberkasten von dem Spannrahmen gehalten.

Mittels elektrischer Heizplatten an der Unterseite werden die Modelle auf etwa 40 °C bis 70 °C beheizt, damit man diese konturenscharf abheben kann.

Führungselemente des Formkastens sind die im Spannrahmen fest verschraubten Dübel, links als Rundloch- und rechts als Langlochdübel ausgebildet, um ein Klemmen der Kästen beim

Auflegen und Abheben zu verhindern. Der Formsand wird bei ausgeschwenkter Preßplatte von oben aus dem Sandbunker mit einer Dosiervorrichtung (z. B. mittels Fischmaul oder Jalousie) locker in den Formkasten gefüllt.

Das Verdichten beginnt meist zweistufig zunächst mit dem *Vorrütteln* oder *Vibrieren* und endet bei eingeschwenkter Preßplatte mit dem *Pressen*. Weil bei unterschiedlichen Modellhöhen im Formkasten die Sanddichte nicht homogen ist, kann das Pressen mit *Vielfachstempeln*, die einzeln druckbeaufschlagt werden, zu einer angenähert homogen verdichteten Kastenform führen.

Das Maschinenformen kann mit unterschiedlichem Mechanisierungsgrad bis zur vollautomatischen *Form- und Gießanlage* ausgebaut werden. Nur das Kerneinlegen erfolgt zweckmäßig von Hand, weil bei kernintensiven Formen mit wechselnden *Kassettenmodellplatten*, etwa gemäß Bild 2-71, ein Mechanisieren bisher zu aufwendig ist. Das Auflösen der Modellplatte in Kassettenelemente erlaubt den Gießereien, Losgrößenschwankungen auszugleichen und die Anzahl der Platten im Modellager zu verringern.

Zum Kastenformen verwendet man hauptsächlich tongebundenen synthetischen Formsand, der innerhalb von Sekunden hoch verdichtbar ist. Natursande und Wasserglas-Sande sind speziellen Gußstücken vorbehalten, aber ebenfalls gut verdichtbar.

Die Formfläche liegt nur bei wenigen Großanlagen über 1 m²; hierbei werden rechteckige Kastenformate gegenüber quadratischen bevorzugt. Durch die zunehmende Fertigung von Motorenblöcken und Kurbelwellen auf Kastenformanlagen hat sich die mittlere Stückmasse der Eisengußwerkstoffe bis auf etwa 25 kg erhöht.

Die Sandgußlegierungen der Leichtmetalle werden erst dann in der Kastenformerei gefertigt, wenn folgende Einschränkungen und Bedingungen gegeben sind:

– große Stückmassen bis 1000 kg,
– großes Verhältnis Oberfläche/Volumen,
– schwierige Innen- und Außenkerne,
– Änderungsmöglichkeit des Modells,
– kurze Lieferzeiten.

Meist werden Serien- und Einzelteile vergossen, deren Formkosten gegenüber Druck- und Ko-

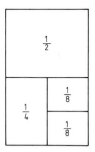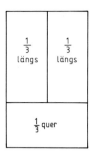

Bild 2-71. *Rechteckige Modellplatte mit verschiedenen Kassettenformaten.*

killenguß erheblich niedriger sind. Deshalb werden z. B. Neuteile für Druck- und Kokillenguß zunächst als *Nullserie* in Sandguß gefertigt. Erst nach dem Abschluß der Entwicklungs- und Änderungsarbeiten stellt man auf ein Dauerformverfahren um.

Bild 2-72 zeigt ein Sandgußstück aus dem Werkstoff G-AlSi 10 Mg mit großen Außenabmessungen, mittlerer Masse, Innen- und Außenkernen sowie unterschiedlichen Wanddicken. Das Lagergehäuse ist für elektrische Bahnsysteme bestimmt.

Die Sandform (*verlorene Form*) wird durch den Abguß zwar zerstört und ist verloren, nicht aber der Sand. Dieser läuft im Kreislauf um und wird mit *Grünton* (Bentonit) und Wasser zu neuem Formsand aufbereitet. Für die Außenkontur verwendet man bevorzugt den *Naßgußsand*. Die Innen- und Außenkerne werden mit wasserfreien Bindemitteln aus trockenem, gewaschenem Quarzsand hergestellt. Wegen des

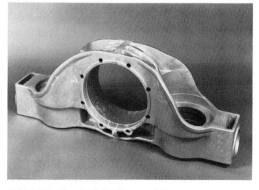

Bild 2-72. *Sandguß-Radlagergehäuse aus G-AlSi 10 Mg.*
Werkphoto Georg Fischer AG

Zerfalls der Kerne nach dem Abguß wird dem Kreislaufsand dadurch stetig Neusand zugeführt. Der gemischte Formaufbau, d. h.

– außen Naßsand und
– innen Trockenkerne,

bringt Vorteile für die von außen nach innen gerichtete Erstarrung sowie für das Speisen der Gußstücke und die Nachgiebigkeit der gesamten Form. Der Wassergehalt des Naßgußsands bewirkt eine große Abkühlgeschwindigkeit und feinkörniges, dichtes Gefüge. Längenänderungen der Kerne beim Gießen der Wände und beim Erstarren können durch Nachgeben aufgefangen werden. Deshalb sind im Sandguß Konturen und Legierungen gießbar, die wegen ihrer *Warmrißneigung* nicht nach Dauerformverfahren vergossen werden können.

Mit automatisierten Formanlagen kann die in DIN 1688 festgelegte Genauigkeit von Sandgußstücken unterboten werden, da das Trennen der Form vom Modell und das Zulegen wiederholbar genau erfolgen. Damit lassen sich im Sandguß diejenigen Kokillengußstücke, deren Innenpartien von Sandkernen abgebildet werden, z. T. kostengünstiger fertigen. Das Umstellen der Zylinderkopffertigung von Gemischtkokillen auf automatisch geformten Sandguß zeigt diese Entwicklungsrichtung.

Bei den naheutektischen Aluminium-Silicium-Legierungen können dichtere Gußgefüge und damit bessere Gebrauchseigenschaften durch *Veredeln* der Schmelzen erreicht werden. Durch Zufügen von wenigen Gramm Natrium, eingewickelt in Aluminiumfolie, direkt in das Gießgefäß oder in den Ofen wird die Unterkühlung der Schmelze beträchtlich erhöht. Die in der Schmelze bereits vorhandenen Keime sind daher unwirksam. Deshalb wird das Verfahren auch als Keimvergiftung bezeichnet. Die Veredlung von Schmelzen wird nur bei größeren Wanddicken durchgeführt, da die Gießbarkeit negativ beeinflußt wird (Abschn. 2.4.1).

Ein bisher ungelöstes Problem bei der Kastenformerei ist der *Gußversatz*. Die verschiedenen Versatzmöglichkeiten des Oberkastens zum Unterkasten zeigt Bild 2-73. Als Koordinatenmittelpunkt wird willkürlich die Mitte der linken Führungsbüchse (Rundloch) des Unterkastens angenommen. Dabei liegt der Unterkasten auf dem Transportwagen, der in *y*-Richtung stetig fördert. Der Oberkasten kann gegen

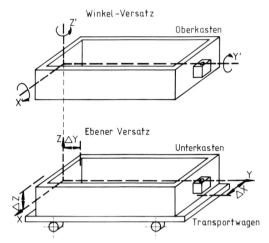

Bild 2-73. *Versatzmöglichkeiten zweier Formkästen, bezogen auf die Rundlochführung im Unterkasten.*

den Unterkasten in *x*- oder *y*-Richtung versetzt oder in jeder Drehrichtung verkantet sein. Beim Zulegen (Bild 2-69f) wird der Oberkasten in verlängerten Rundloch- und Langlochdübeln gehalten und langsam entlang der *z*-Achse abgesenkt.

Nach dem Zulegen liegt der Oberkasten auf dem Unterkasten planparallel auf und kann einen Versatz in *x*- und *y*-Richtung und durch Verdrehen um die Vertikale aufweisen. Außerdem können beim Zulegen noch leicht Druckstellen, besonders an Kernmarken, erzeugt werden (Bild 2-63).

Ein noch so genaues Zulegen nach diesem Prinzip kann auch nicht den Versatz ausgleichen, der bereits durch die Positionier- und Fertigungsungenauigkeiten zwischen Modellplatte, Spannrahmen, Zentrierdübel und Führungen in die Kastenformhälfte übertragen wird.

Als Grenze der Genauigkeit von Kastenformanlagen wird von Praktikern für ein Nennmaß von etwa 500 mm eine Toleranz von $\pm 0,3$ mm angesehen, obwohl das Modell auf der Modellplatte mit einer Toleranz von kleiner als $\pm 0,1$ mm angefertigt wurde. Ziel der Weiterentwicklung von Kastenformanlagen ist das Verkleinern der Gußtoleranzen durch *modellgenaues* Positionieren und Zulegen.

Eine neue Variante der Kastenformerei stellt das in Japan entwickelte *Vakuum-Formverfahren* dar. Als Formstoff wird binderfreier, reiner Quarzsand, der hervorragend fließfähig ist, in die Kästen eingefüllt und durch Unterdruck bei leichtem Vibrieren verdichtet. Das Abdichten der Kästen in der Teilungsebene und auf den Kastenrückseiten erfolgt durch 0,1 mm dicke *Kunststoffolien*. Die Formherstellung beginnt mit dem Auflegen der zugeschnittenen Folie auf die mit Luftschlitzen versehene Modellplatte bei aufgesetztem Kasten. Infolge einer Flächenbeheizung und eines geringen Unterdrucks von etwa 0,5 bar legt sich die Folie konturenscharf an das Modell. Das Vakuum wird beim Abheben, Kerneinlegen, Zulegen und Gießen über Schlauchverbindungen des Formkastens mit der Vakuumpumpe aufrecht erhalten und darf erst nach dem Erstarren aufgehoben werden. Diesem verfahrenstechnischen Nachteil stehen Vorteile durch Wegfall des Binders und der Formstoffaufbereitung sowie durch Verminderung der Putzkosten gegenüber.

In Europa werden Lkw-Gußteile in Vakuumkästen mit bis zu 4 m^2 Formfläche vergossen.

Kastenloses Formen

Auch für das kastenlose Formen wird mindestens ein Formkasten oder Maschinenrahmen benötigt, aus dem der verdichtete Formstoff als *Formstoffballen* herausgedrückt wird, wie es Bild 2-74 zeigt. Modellplatte und Spannrahmen sind mit dem Preßzylinder verbunden, der gegen den von der Formmaschine gehaltenen Rahmen nach oben verdichtet und nach unten

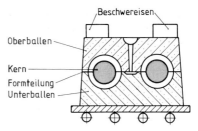

Bild 2-75. *Kastenlose, waagrecht geteilte Form für zwei Büchsen vor dem Abguß.*

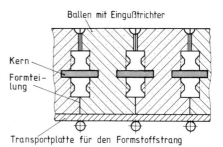

Bild 2-76. *Kastenlose, senkrecht geteilte Formen.*

abhebt. Beim Ausdrücken wird der Eingußtrichter vom Ausdrückrahmen im Oberballen geformt.

Die kastenlose Form kann waagerecht oder senkrecht geteilt hergestellt werden mit einer nutzbaren Formfläche von meist kleiner als 0,6 m^2. Für Formen mit vielen Kernen wird die waagerechte Formteilung entsprechend Bild 2-75 bevorzugt, da die Kerne von Hand sorgfältig eingelegt werden können.

Die senkrechte Formteilung gemäß Bild 2-76 führt zu besonders geringem Formstoffumlauf, weil der Ballen auf der Vorder- und Rückseite die doppelte Formfläche abbildet. Das Aneinanderreihen der Ballen zu einem theoretisch endlosen *Formstoffstrang* macht das Beschweren der Formen überflüssig, da sich die Ballen gegenseitig abstützen und direkt auf dem Transportrost abgegossen werden können.

Bei den Seriengußstücken der Beschlagindustrie ist das kastenlose Formen mit senkrechter Formteilung weit verbreitet.

2.5.1.2 Kohlensäure-Erstarrungsverfahren (CO$_2$-Verfahren)

Naßgußformen aus tongebundenen Formstoffen trocknen rasch aus, sind nicht lagerfähig

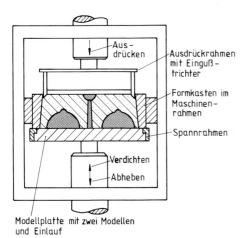

Bild 2-74. *Kastenlose Formmaschine mit dem Oberballen in der Position Ende Verdichten.*

und müssen deshalb bald abgegossen werden. Das kann von Nachteil sein, wenn das personalaufwendige Formen einschichtig und das mechanisierbare Gießen, Erstarren und Auspacken kontinuierlich sowie das Putzen zwei- oder dreischichtig erfolgen sollen.

Mit dem 1952 entwickelten CO_2-*Verfahren* können Kastenformen, kastenlose Formen und besonders Kerne gefertigt werden, die, da chemisch gebunden, fast unbegrenzt lagerfähig sind.

Als Bindemittel für den Quarzsand dient *Wasserglas* $Na_2O \cdot x\,SiO_2 \cdot y\,H_2O$ mit einem Massenverhältnis, dem Modul $M = SiO_2/Na_2O$, von 2,3 bis 2,6. Im Formstoffmischer wird Sand mit etwa 3% bis 4% Wasserglas gemischt und anschließend zu Formen oder Kernen verdichtet. Da der Formstoff gut gasdurchlässig ist, erfolgt das Aushärten durch Begasen mit Kohlendioxid. Wasserglas und Kohlensäuregas reagieren sekundenschnell und härten die Form durch feinverteiltes *Kieselsäuregel* nach der Summenformel

$$\underbrace{Na_2O \cdot x\,SiO_2 \cdot y\,H_2O}_{\text{flüssig}} + \underbrace{CO_2}_{\text{gasförmig}} \rightarrow$$

$$\rightarrow \underbrace{x\,SiO_2 \cdot y\,H_2O}_{\text{fest}} + \underbrace{Na_2CO_3}_{\text{fest}}$$

Für das CO_2-*Verfahren* wurden Formmaschinen und Kernschießmaschinen entwickelt, die das Verdichten und Begasen nacheinander in der Form am gleichen Ort oder an verschiedenen Stationen vornehmen.

In die Modellplatte mit dem Kurbelwellenmodell in Bild 2-77 sind Schlitzdüsen eingelassen, die nach dem Verdichten der Mischung auf einer normalen Rüttel-Preß-Formmaschine vor dem Abheben des Formkastens den Sand begasen. Die Formen werden nach dem Zulegen verklammert und in senkrechter Lage abgegossen. In Frankreich wird der größere Teil der Pkw-Kurbelwellen nach diesem Verfahren in Kastenformen vergossen.

Für die Kernherstellung gemäß Bild 2-78 wird das Verdichten vom Begasen getrennt, um kürzere Fertigungszeiten zu erreichen. Den Formstoff verdichtet man durch Einschießen mit Druckluft von etwa 7 bar in der Kernbüchse, und in einer zweiten Station wird durch Einstechen einer CO_2-*Sonde* oder Anlegen einer CO_2-*Dusche* ausgehärtet.

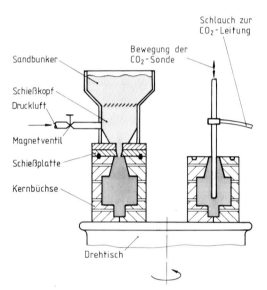

Bild 2-78. *Rundtischkernschießmaschine mit den Stationen Kernschießen links, Kern begasen und aushärten rechts (Kernbüchse öffnen ist nicht sichtbar; schematisch).*

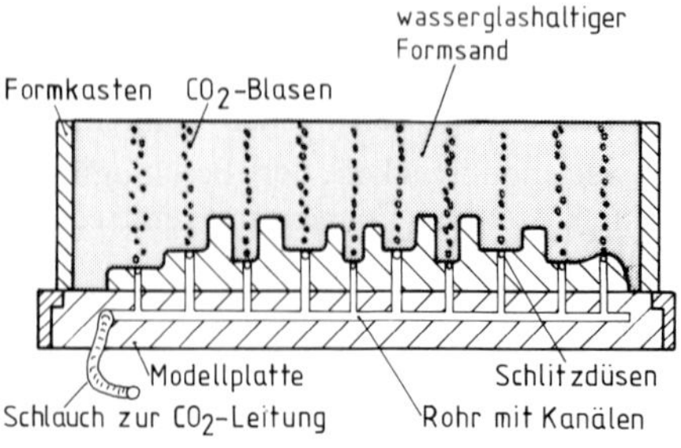

Das Kohlensäure-Erstarrungsverfahren ist besonders kostengünstig, wenn das Kohlendioxidgas für das Begasen der Formen als Nebenprodukt der Schutzgaserzeugung von Gasglühöfen nahezu kostenlos anfällt. Die Gießereien erzeugen den Stickstoff für ihre Gasglühöfen durch vollständigen Sauerstoffentzug der Luft, d. h. durch Verbrennen von Gas oder Öl in einer *Schutzgasanlage*. Das dabei kontinuierlich anfallende Kohlendioxid kann direkt der Formerei oder Kernmacherei zugeleitet werden.

Bild 2-77. *Kastenform mit verdichtetem, wasserglashaltigem Sand beim Begasen mit Kohlendioxid.*

2.5.1.3 Maskenformverfahren

Aushärtbare Kunstharze als Sandbinder ergeben so große Formstoffestigkeiten, daß man statt kompakter Formen und Kerne leichte, nur wenige Millimeter dicke *Formschalen*, sogenannte *Masken* und *Hohlkerne* mit sehr guter Abbildbarkeit herstellen kann. Das erste Patent erhielt 1944 *Johannes Croning* für Formstoffmischungen aus Quarzsand und feingemahlenen Phenol-Kresol-Kunstharzpulvern.

Das rieselfähige Formstoffgemisch wird entsprechend Bild 2-79 a) auf die etwa 250 °C warme Metallmodellplatte geschüttet, die außer den Modellen und dem Anschnittsystem auch die Zentrierflächen für die zweite Halbschale abbildet.

Der Phenol-Kresol-Harzanteil (nur 4% bis 6% vom Gesamtformstoff wegen der Kosten) beginnt oberhalb von 100 °C zu schmelzen. Je nach Maskendicke erweicht in etwa 6 bis 12 s eine Harz-Sand-Schicht von 5 mm bis 8 mm durch die höhere Modellplattentemperatur. Der überschüssige Formstoff wird durch Wenden um 180° und Abkippen zur Weiterverarbeitung entfernt, wie Bild 2-79 b) zeigt.

Die Phenol-Kresol-Kunstharze lassen sich mit pulverförmigem Hexamethylentetramin in der Wärme rasch aushärten. Die Modellplatte mit dem in Maskendicke aufgebackenen Formstoff setzt man zu diesem Zweck für etwa 30 bis 40 s unter eine Heizhaube, so daß der Formstoff bei Temperaturen um 450 °C aushärtet. Diesen Vorgang verdeutlicht Bild 2-79 c).

Die fertige noch warme Maskenhälfte wird nun durch Abhebestifte in der Modellplatte angehoben und mit der zweiten Hälfte von Hand nach dem Kerneinlegen gemäß Bild 2-79 d) zugelegt und verklebt (s. a. Bild 2-8). Zum Abgießen wird die Maske in einem oben und unten offenen Blechrahmen mit Stahlkies hinterfüllt.

Das klassische *Croning-Verfahren* mit pulverförmigem Phenol-Kresol-Harz und Hexamethylentetramin als Härter ist kaum noch in Gebrauch, da der erforderliche teure Harzanteil zu hoch ist.

Das **Maskenschüttverfahren**, bei dem der Formstoff von oben auf die Modellplatte geschüttet wird, ist die wichtigste Verfahrensvariante.

Vier Varianten mit veränderten *Phenolharzbindersystemen* zeigt Tabelle 2-22 für Serienteile der Automobilgießereien.

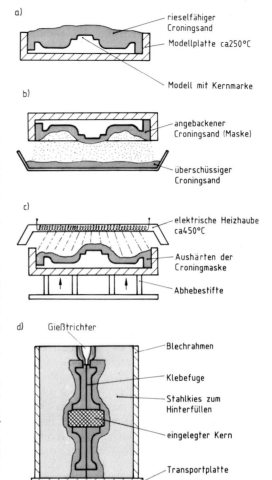

Bild 2-79. *Maskenformverfahren: a) Schütten und Aufbacken von Croningsand, b) Wenden der Modellplatt, c) Aushärten und Abheben, d) Fertige Form zum Gießen.*

Für das Croning-Maskenformverfahren werden verschiedene harzumhüllte Sande hergestellt. Dabei werden zunächst flüssige Resolharze in meist alkoholischen Lösungsmitteln, sog. *Novolake,* als dünner Lackfilm mit oder ohne Härter auf der einzelnen Sandkornoberfläche verteilt.

Je nach der Temperatur im Sandmischer unterscheidet man kalt-, warm- oder heißumhüllten *Croningsand.* Durch sorgfältiges Mischen, Sieben und Verdunsten des Lösungsmittels wird ein wirtschaftlicher Harzanteil von unter 3% in der Formstoffmischung dann erreicht, wenn je-

Tabelle 2-22. Phenolharzgebundene Form- und Kernherstellverfahren im Fahrzeugbau (Daten geschätzt nach *Gardziella* und *Müller* 1987).

Verfahren	Croning-Maskenformen	Hot-Box	Cold-Box	Kaltharz (No-Bake)
Anteil in %	35%	20%	30%	15%
Harz-Härter-System bestehend aus	Novolake und Hexamethylen-tetramin	flüssige Resole und saure Härter	modifizierte Novolake, Resole, Diisocyanate, Begasen mit Aminen	Phenolresole und aromatische Sulfonsäuren
Sandtemperatur bei der Verarbeitung	250 °C bis 300 °C	200 °C bis 250 °C	Raumtemperatur	Raumtemperatur
Sand-Binder-Zustand	trocken, rieselfähig	formgerecht, feucht	formgerecht, feucht	feucht, fließend
Anwendung des Verfahrens für	Formmasken und Hohlkerne	Kerne und Hohlkerne	Formen und Kerne	Formen und Kerne
typische Beispiele	Kurbelwellen, Nockenwellen, Zylinderköpfe, Gehäuse	Wassermantel, Gehäusekerne, Auslaßkrümmerkerne	kleinere Kerne für Naben, Lagerdeckel, Differentialgehäuse	Motorblöcke für den Lkw-Bereich

des einzelne Sandkorn gerade ausreichend mit einem dünnen Lackfilm umhüllt ist. Der harzumhüllte, trockene und rieselfähige Croningsand wird von den Großverbrauchern von Masken- und Kernsanden in eigenen Anlagen erzeugt oder zugekauft.

Das **Hot-Box-Verfahren** dient hauptsächlich zur sehr genauen Fertigung von Kernen für Zylinderköpfe, Motoren, Getriebe- und Lenkgehäuse. Der flüssige Resolharzbinder wird mit sauren Härtern – dies sind wäßrige Ammoniumsalze starker Säuren – und mit Kernsand gemischt. Das Verdichten in der 200 °C bis 250 °C warmen, geteilten Metallkernbüchse erfolgt durch Druckluft bis 7 bar. *Hot-Box-Sand* ist preisgünstiger als harzumhüllter Croningsand und läßt sich als feuchter, nicht rieselfähiger Formstoff auch in komplizierten und kleinen Kernbüchsen verdichten. Das Aushärten wird durch thermisches Spalten der Ammoniumsalze spontan eingeleitet und durch die dabei entstehende Säure noch außerhalb der warmen Kernbüchse fortgesetzt, z. B.

$$(NH_4)_2SO_4 \xrightarrow[\text{200 °C bis 250 °C}]{\text{Zerfall bei}} H_2SO_4 + 2\,NH_3 \uparrow$$

Ammoniumsulfat zerfällt zu Ammoniak und Schwefelsäure.

Das Hot-Box-Verfahren erlaubt kürzere Taktzeiten als das Croning-Verfahren. Den Kernsanden werden oft noch geringe Mengen *Stärke*

oder *Melasse* zugemischt, um den Kernzerfall nach dem Abguß zu erleichtern und die Putzarbeit zu verringern. Der stechende Ammoniakgeruch deutet schon aus größerer Entfernung auf dieses Fertigungsverfahren hin.

Mit dem **Cold-Box-Verfahren** nach *Ashland* werden meist Kerne für Seriengußstücke, aber auch Formmasken gefertigt. Der Ablauf bei der Kernfertigung ist vergleichbar mit den Arbeitsschritten beim CO_2-Verfahren (Abschn. 2.5.1.2, Bild 2-78). Das organische Zweikomponentenbindersystem wird als formgerechter, nicht rieselfähiger Formstoff bei Raumtemperatur durch den gasförmigen Katalysator in Sekunden im Kernkasten ausgehärtet.

Der besondere Verfahrensvorteil liegt in der kalten Kernbüchse – *Cold-Box* – oder Modellplatte, die damit aus Modellholz oder Kunststoff sein kann und bei – in bezug auf Metall – gleicher Genauigkeit preiswerter ist.

Eine weitere wichtige Variante des Bindersystems mit Phenol-Kresol-Harzen ist das *No-Bake-Verfahren* oder *Cold-Set-Verfahren*, das im deutschen Sprachraum **Kaltharzverfahren** genannt wird. Der Formstoff wird in der häufig fahrbaren *Füll-Mischmaschine* formgerecht selbstfließend eingestellt und direkt in den Kernkasten die Kasten- oder Herdform gefüllt. Der Härter besteht aus einer wäßrigen aromatischen Sulfonsäure, z. B. Benzolsulfonsäure, und kann so eingestellt werden, daß die Mischung bis zu 4 h formbar bleibt. Das Verdichten wird meist nur durch Vibrieren der Kernkästen erreicht. Dieses Verfahren ist bei größeren Kernen und Formen für Werkzeugmaschinenguß und beim Guß von Lkw-Motorenblöcken verbreitet. Bisher nicht üblich wegen des verhältnismäßig langen Aushärtens sind Formmasken aus *Kaltharzsand*.

Zusammenfassend läßt sich die Maskenform mit Phenolharzbindern im Vergleich zur tongebundenen Kastenform oder zur kastenlosen Form abgrenzen durch

– Gußmassen kleiner als 100 kg,
– Wanddicken kleiner als 60 mm,
– fast halbiertes Toleranzfeld,
– Gußrauheit zwischen 25 µm und 160 µm.

Die größten Maskenformanlagen in Europa haben nutzbare Formflächen von etwa 1 m² und werden überwiegend zum stehenden Gießen von Pkw-Kurbelwellen aus Gußeisen mit Kugelgraphit eingesetzt.

Die Einhaltung der MAK-Werte z. B. für Phenol und Formaldehyd bei der Kern- und Formherstellung sowie in der Abluft einschl. der kanzerogenen Pyrolyseprodukte wie Benzol und Benzpyren macht Absaugsysteme an jeder Maschine und die Kapselung der abgegossenen Formen erforderlich.

Der Rücklauf der gebrauchten Sande ist bisher nur teilweise möglich und verursacht stark steigende Deponiekosten. Die Deponierbarkeit von Altsanden wird z. Z. nach der Trinkwasserverordnung beurteilt. Gemessen werden als Summenwert die Konzentrationen von sechs verschiedenen polyzyklischen aromatischen Kohlenwasserstoffen im Altsand selbst und in dessen wäßrigem Auszug.

Jährlich müssen etwa 2 Mill. t *Gießereialtsande*, die nicht deponiefähig sind, gießereiintern oder -extern regeneriert werden. Der Harzanteil im Altsand wird in einer Aufbereitungsanlage bei hohen Temperaturen im Drehrohr abgebrannt. Dabei entstehen ca. 90% Kernsand, den die Gießerei zurücknimmt und ca. 10% Feinstaub, der in der Bauindustrie als Rohstoff eingesetzt wird.

Der Altsand von Monoformstoffsystemen, z. B. einer Maskenformanlage, läßt sich einfacher regenerieren als ein bentonithaltiger Mischsand einer Kastenformanlage mit z. B. vier verschiedenen Kernbindersystemen in variablen Mengen. Die Verträglichkeit der Bindersysteme im geschlossenen Formstoffkreislauf ist Gegenstand weiterer Untersuchungen.

2.5.2 Formverfahren mit verlorenen Formen nach verlorenen Modellen

Aus der römischen Kaiserzeit vor etwa 2000 Jahren sind Kleinbronzen und bronzene Reiterstandbilder erhalten, die ohne Formteilung nach dem damals aus dem Orient bekannten *Wachsausschmelzverfahren* gegossen wurden.

Im Mittelalter wurden von den Glockengießern außer der Glockenschablone *Wachsmodellplatten* für Inschriften und Verzierungen verwendet. An den ältesten gußeisernen Geschützen und Steinbüchsen, die im 14. Jahrhundert aufkamen, wurden schwierige Formteile, wie Ösen, Ring und schmückende Verzierungen mit Schriften durch *Wachs* oder *Tierfette,* wie z. B. Talg und Unschlitt, ausgeformt.

Als Seriengießverfahren führte man ein Wachsausschmelzverfahren, beginnend etwa 1930 in New York, unter dem Namen *Präzisionsguß* zum Fertigen von chirurgischen Instrumenten aus Kobaltlegierungen ein. Der Durchbruch gelang vor und während des Zweiten Weltkrieges, als Präzisionsgußteile ohne spanende Nacharbeit in Serien gefertigt wurden.

Die genormte Bezeichnung *Feinguß* wurde eingeführt, um von der durch mechanische Verfahren möglichen Präzision beim unzulässigen Vergleich mit spanenden oder spanlosen Bearbeitungsverfahren abzugrenzen, Bild 1-2.

2.5.2.1 Feingießverfahren

Das hochentwickelte Feingießverfahren gestattet die Herstellung von Gußteilen mit gegenüber anderen Gießverfahren höherer Maßgenauigkeit und geringerer Oberflächenrauheit. Die einteilige keramische Form und das Modell gehen dabei stets verloren. Alle Gußwerkstoffe sind nach diesem Verfahren gießbar. Die Feingußstücke haben keine Formteilung und sind gratfrei. Feinguß ist ein Seriengießverfahren mit Stückmassen zwischen etwa 2 g und 9 kg. Die große Freiheit bei der konstruktiven Gestaltung wird durch den einteiligen Formenaufbau erreicht.

Der erste Verfahrensschritt beginnt mit dem Fertigen des teuren *Ur-* oder *Muttermodells* in Stahl oder Aluminium auf Werkzeugmaschi-

a) Modellherstellung

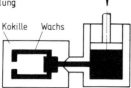

Kokille   Wachs

b) Montieren von Hand

c) Tauchen

d) Besanden

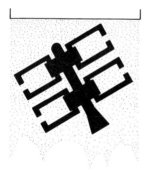

e) Schalenbildung
durch mehr-
maliges Tau-
chen und
Besanden

f) Ausschmelzen
und
Brennen

Wachs

g) Gießen

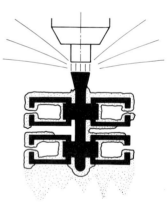

h) Ausklopfen

i) Trennen

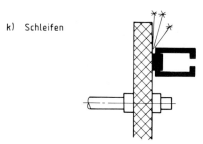

k) Schleifen

Bild 2-80. Fertigungsschritte für Feinguß nach dem Schalenformverfahren, Fachausschuß Feinguß im VDG und ZfG: a) Modellherstellung, b) Montieren von Hand.
Bild 2-80c). Tauchen, d) Besanden.
Bild 2-80e). Schalenbildung durch mehrmaliges Tauchen und Besanden, f) Wachs ausschmelzen und Form brennen.
Bild 2-80g). Gießen, h) Ausklopfen.
Bild 2-80i). Trennen, k) Schleifen des Gußteils.

nen. Das Muttermodell ist geteilt und berücksichtigt die beim Formen und Gießen auftretenden Volumenänderungen, die werkstoff- und geometrieabhängig sind und an Hand meist mehrerer Probeabgüsse ermittelt werden.

Vom Muttermodell formt man die geteilten Kokillen für die *Wachsmodelle*. Die Teilung ist nötig, damit das Wachsmodell entnommen werden kann. Die beiden Kokillenhälften werden in einem Stützrahmen aus Stahl oder Gußeisen durch niedrigschmelzende, naheutektische Blei-Zinn-Wismut-Legierungen schwindungsfrei vervielfältigt. Das Urmodell wird mit der Acetylenflamme geschwärzt oder mit einer vorgespannten etwa 5 µm dicken Gummifolie vom *Weißmetall* getrennt, weil flüssige Trennmittel sich in den feinsten Konturen leicht festsetzen. Bohrungen, Kerne und Hinterschneidungen können durch Schieber und Abzugsteile ausgeführt werden.

Das Herstellen der Wachsmodelle ist der Spritzgießtechnik der Kunststoffe entlehnt. Die Beanspruchungen beim Füllen unter der Wachspresse sind so gering, daß Weißmetall ausreichend verschleißbeständig ist und die Wärme schnell genug ableitet.

Modellwachse sind Gemische aus verschiedenen natürlichen und synthetischen Wachsen mit Zusätzen. Der Schmelzbereich liegt bei den niedrigschmelzenden Typen zwischen 60 °C und 65 °C, bei den höher schmelzenden zwischen 65 °C und 90 °C. Sie sollen im festen Zustand bei Raumtemperatur genügend hart und fest, aber nicht zu spröde sein, damit beim Entformen aus der Wachskokille und beim Befestigen an der *Modelltraube* keine Deformationen oder Brüche auftreten. Bild 2-80a) und b) zeigen die ersten Verfahrensschritte. Modellwachs soll rückstandsfrei verdampfen und verbrennen. Die Schwindung im festen Zustand soll gering sein, ebenso die Volumenzunahme beim Übergang vom festen in den flüssigen Zustand, um die luftgetrocknete Formschale beim *Ausschmelzen* gemäß Bild 2-80f) nicht zum Reißen zu bringen.

Mischen und Verarbeiten der Kreislaufwachse und das Fertigen mit wiederholbar gleicher Genauigkeit sind außer dem Aufbringen der Formschalen nach Bild 2-80e) die Präzisionsarbeiten in der Feingießerei.

Durch Handarbeit werden die Modelle mit dem Trichter, den Verteilerstangen und den Läufen zu *Modelltrauben* oder *Modellbäumen* montiert. Dazu wird das Modell am Anguß mit dem erwärmten Spatel örtlich angeschmolzen und gegen den Gießlauf gedrückt, wie es Bild 2-80b) verdeutlicht. Die Wachsmodelle werden so montiert, daß sie nach dem Gießen noch gut durch Schleifscheiben oder Bandsägen vom Angußsystem entsprechend Bild 2-80i) abtrennbar sind.

Durch Tauchen in eine breiige, feinkeramische Masse gemäß Bild 2-80c) erhält die Modelltraube den hochtemperaturbeständigen Überzug, die sog. *Feinschicht*. Sie wird beim Gießen unmittelbar mit der Schmelze in Berührung kommen und entscheidend die Oberflächengüte des Gußstücks beeinflussen.

Die Feinschicht besteht aus feingemahlenen feuerfesten Stoffen, wie z. B. Quarz, Zirconiumoxid, Korund oder Mullit mit Korngrößen kleiner 40 µm, sowie aus dem Bindemittel Tetraethylsilicat – $Si(OC_2H_5)_4$ – einem Ester der Orthokieselsäure.

Tetraethylsilicat ist unlöslich in Wasser, in Methanol-Ethanolgemischen aber gut löslich. Durch Hydrolyse in mit Wasser verdünnten Alkoholen wird das Bindemittel aufgespalten nach der Gleichung

$$Si(OC_2H_5)_4 + 4 H_2O \rightarrow Si(OH)_4 + 4 C_2H_5OH$$

Tetraethylsilicat + Wasser → Kieselgel + Ethanol

Als Ergebnis der Reaktion entsteht das Bindemittel Kieselgel und der leicht zu verdunstende Alkohol.

Die Modelltraube, dünn mit der Feinschicht überzogen, wird nach dem Abtropfen und Vortrocknen zunächst besandet. Durch sechs- bis zehnmaliges Tauchen und Besanden werden die Schichten aufgebackt, bis man bei einer Schalendicke von 5 mm bis 8 mm eine nach der Erfahrung ausreichende Festigkeit der Formschale erreicht.

Die Modelltraube wird danach für 8 bis 10 h zum Trocknen bei Raumtemperatur aufgehängt; hierbei verdunstet der durch Hydrolyse gebildete Alkohol.

Beim Brennen der Formen wird das Wachs bei Temperaturen um 120 °C flüssig und fließt aus der Form, wie in Bild 2-80 f) angedeutet. Es kann zum größten Teil aufgefangen werden.

Bei Brenntemperaturen zwischen 650 °C und 1000 °C wird das Hydratwasser der Kieselsäure ausgetrieben:

$$Si(OH)_4 + Wärme \rightarrow SiO_2 + 2\,H_2O\,.$$

Die Formschale ist damit *keramisch* gebunden. Sie wird noch warm, freistehend ohne Hinterfüllen gemäß Bild 2-80 g) abgegossen.

Die Genauigkeit beim Feingießen erreicht man durch die aufwendige Modell- und Formherstellung. Die Feingußtoleranzen, wiedergegeben in Tabelle 2-23, unterscheiden die *Genauigkeitsgrade* D_1 bis D_3. Es gelten

– D_1 für Maße ohne Toleranzangaben,
– D_2 für allgemeine Genauigkeiten,
– D_3 für erhöhte Genauigkeiten.

Den Nennmaßbereichen bis 500 mm ist der Genauigkeitsgrad D_1 als *Allgemeintoleranz* zugeordnet. Im Genauigkeitsgrad D_2 kann bis zu dem Größtmaß 100 mm das *Toleranzfeld* 1,06 ohne Einschränkung angewendet werden.

Der erhöhte Genauigkeitsgrad D_3 ist den Großserien vorbehalten und entspricht ungefähr der Streuung, die gleiche Feingußstücke verschiedener Serien untereinander aufweisen. Die riefenfreie Gußoberfläche hat eine *Rauhtiefe* $R_Z = 5,9$ bis $32\,\mu m$.

Um komplizierte Werkstücke nach dem Feingießverfahren wirtschaftlich herstellen zu können, müssen mehrere der folgenden Voraussetzungen in Kombination gegeben sein:

– Das Gußstück wird als Serienteil benötigt.
– Der Fertigungsaufwand muß gering sein, eine mechanische Bearbeitung sollte nicht

mehr erfolgen. Der Werkstoff läßt sich nur unter hohem Aufwand bearbeiten.
– Nichtebene Funktionsflächen und Durchbrüche mit hoher Maßgenauigkeit erschweren oder verhindern eine Bearbeitung.
– Legierungen mit besonderen Eigenschaften, z. B. niedriglegierte oder hochlegierte Stähle mit geringen Wanddicken, sind zwingend erforderlich.

Das im Detail nicht einfach lösbare Kombinationsproblem zeigt der bisher geringe Feingußanteil in der Pkw-Fertigung: Zum Beispiel werden Wirbelkammern für Dieselmotoren im Gewicht von ca. 53 g aus dem warmfesten Stahl G-X20CrCoMoV 122 gegossen. Der martensitische Gußzustand erlaubt keine Bearbeitung der Wirbelkammerinnenkontur. Die Einbaumaße in den Zylinderkopf werden durch Außenrundschleifen eingestellt.

Hauptanwendungen für Feinguß sind maßgenaue Serienteile mit glatten Oberflächen sowie mit einbaufertigen Funktionsflächen bei geringstem Bearbeitungsaufwand. Es handelt sich meist um Sonderwerkstoffe.

Die zunehmende Verwendung von Feinguß liegt beim allgemeinen Maschinenbau, bei Werkzeugen und Armaturen, bei Strömungsmaschinen und Pumpen, in Chemieanlagen, in der Feinwerktechnik und Medizintechnik.

2.5.2.2 Vollformgießverfahren

Das Gießen der Schmelze in eine ungeteilte Form, in der sich noch ein *Schaumstoffmodell* befindet, wird *Vollformgießen* genannt. Der Modellwerkstoff, als geschäumtes *Polystyrol* (bekannt als Verpackungs- und Wärmedämmmaterial), wird in der Modelltischlerei durch Sägen oder mit dem Heizdraht zugeschnitten. Modell und Angußsystem aus Schaumstoff werden nach dem Handformverfahren (Abschn. 2.5.1.1), z. B. mit Kaltharzsand oder Zementsand, eingeformt. Nach dem Abbinden des Formstoffs verbrennt man, soweit von außen möglich, einen Teil des Schaumstoffs mit der Gasflamme. Beim vorsichtigen Eingießen der Schmelze vergast und verbrennt der Rest vollständig und rückstandsfrei. Die Form muß zunächst so langsam gefüllt werden, daß die kohlenwasserstoffhaltigen Zersetzungsgase explosionsfrei in oder außerhalb der Form verbrennen.

Tabelle 2-23. Maßtoleranzen nach VDG-Merkblatt P 690 für Längen, Breiten, Höhen und Mittenabstände in Millimeter für Feinguß.

Nenn- bzw. Grenzmaßbereich		Länge, Breite, Höhe						Mittenabstand	
		Genauigkeitsgrad							
		D_1		D_2		D_3		D_1	D_3
Über	Bis	Abmaß	Feld	Abmaß	Feld	Abmaß	Feld	Abmaß	Abmaß
	6	±0,10	0,20	±0,08	0,16	±0,06	0,12	±0,25	±0,16
6	10	±0,12	0,24	±0,10	0,20				
10	14	±0,15	0,30	±0,12	0,24	±0,09	0,18		
14	18	±0,20	0,40	±0,14	0,28				
18	24	±0,25	0,50	±0,17	0,34	±0,12	0,23	±0,32	±0,20
24	30	±0,30	0,60	±0,20	0,40	±0,14	0,27		
30	40	±0,37	0,74	±0,25	0,50	±0,17	0,33	±0,50	±0,30
40	50	±0,44	0,88	±0,30	0,60	±0,20	0,39		
50	65	±0,52	1,04	±0,38	0,76	±0,23	0,46	±0,71	±0,45
65	80	±0,60	1,20	±0,46	0,92	±0,27	0,53		
80	100	±0,68	1,36	±0,53	1,06	±0,30	0,60	±0,90	±0,60
100	120	±0,76	1,52	±0,60	1,20	±0,33	0,66		
120	140	±0,84	1,68	±0,65	1,30	±0,36	0,71	±1,15	±0,85
140	160	±0,92	1,84	±0,72	1,44	±0,38	0,76		
160	180	±1,02	2,04	±0,80	1,60	±0,42	0,81		
180	200	±1,12	2,24	±0,88	1,76	±0,43	0,86	±1,80	±1,00
200	225	±1,28	2,56	±0,95	1,90	±0,47	0,93		
225	250	±1,44	2,88	±1,05	2,10	±0,51	1,02		
250	280	±1,64	3,28	±1,15	2,30	±0,56	1,12	±2,20	±1,25
280	315	±1,84	3,68	±1,25	2,50	±0,63	1,26		
315	355	±2,10	4,20	±1,40	2,80	±0,71	1,42	±2,60	±1,60
355	400	±2,40	4,80	±1,60	3,20	±0,80	1,60		
400	450	±2,70	5,40	±1,80	3,60	±0,90	1,80	±3,10	±2,00
450	500	±3,00	6,00	±2,00	4,00	±1,00	2,00		
500		sind bei Bedarf mit dem Feingießer abzustimmen							

Vollformgießen bietet Kostenvorteile bei mittleren bis größten Gußstücken in der Einzelfertigung, bei kleinen Serien und bei Versuchsteilen, da Formarbeit und Modellkosten eingespart werden können. Der Käfigläufer gemäß Bild 2-81 kann z. B. nach dem Schablonenformverfahren mit Kernen im Herd eingeformt werden. Für die Alternative, die Vollform, werden Schaumstoffblöcke ringförmig zugeschnitten, aneinander geklebt und an den Durchbrüchen ausgeschnitten. Kerne sind nicht erforderlich.

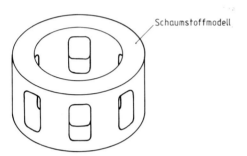

Schaumstoffmodell

Bild 2-81. *Schaumstoffmodell eines Käfigläufers; die Durchbrüche werden mit Kaltharzsand kernlos geformt.*

Das Gußstück ist *gratfrei* und hat keine *Formschrägen.* Es wird überwiegend Gußeisen, aber auch Stahlguß nach dem Vollformverfahren vergossen.

Man hat versucht, das Einsatzgebiet des Vollformgießverfahrens zu den dünnwandigen, kleineren Seriengußstücken hin auszuweiten und ein mechanisierbares, neues Formverfahren durch Kombinieren mit der Kastenformerei (Abschn. 2.5.1.1) zu entwickeln.

Das 1968 bekannt gewordene *Magnetformverfahren* formt eine geschäumte Modelltraube mit Angußsystem in rieselfähigem, feinkörnigem Eisenpulver als Formstoff (Teilchendurchmesser 0,1 mm bis etwa 0,5 mm) mittels eines Magnetfelds von etwa 1000 Gauß in dem oben offenen Formkasten ein. Das Magnetfeld verdichtet den Formstoff um den geschlichteten Schaumstoff herum und wird erst nach dem Erstarren der Form abgeschaltet.

Aus dem wieder rieselfähigen Eisenpulver wird die noch rotwarme Gußtraube entnommen. Der Formstoff gelangt nach dem Kühlen und Reinigen wieder in den Kreislauf. Hergestellt werden kleine, meist kernlose Seriengußstücke.

Beim *Unterdruck-Vollformgießen* wird die geschlichtete Modelltraube in binderfreiem Quarzsand wie beim *Vakuumformen* (Abschn. 2.5.1.1), behandelt.

Die Wirtschaftlichkeit der Verfahren läßt sich nur schwierig beurteilen und muß im Einzelfall am Seriengußstück im Vergleich zu konkurrierenden Formverfahren nachgeprüft werden.

2.5.3 Formverfahren mit Dauerformen

Die wichtigsten Dauerformverfahren, besonders der Druckguß, aber auch der Kokillenguß sind *werkstoffspezifische* Form- und Gießverfahren für wenige ausgewählte Legierungen in größeren Serien. Die Verfahren lassen sich meist zweckmäßiger zusammen mit den speziellen Gußwerkstoffen darstellen (Abschn. 2.3.2.1 Druckgußlegierungen und Abschn. 2.3.2.2 Zinkdruckguß-Legierungen). Allgemeine Angaben über *Kokillenwerkstoffe* und deren Beanspruchungen enthält Abschn. 2.1.1.3.

2.5.3.1 Druckgießverfahren

Man unterscheidet das Warmkammer- und das Kaltkammerverfahren. Beim *Warmkammerverfahren* entsprechend Bild 2-82 ist der Ofen zum Warmhalten der Schmelze mit darin eingetauchter Kolbenpumpe Hauptbestandteil der *Druckgießmaschine.* Nur wenige Zinklegierungen (Abschn. 2.3.2.2) und Magnesiumlegierungen (Abschn. 2.3.2.1) können außer Zinn- und Bleiwerkstoffen nach dem Warmkammerver-

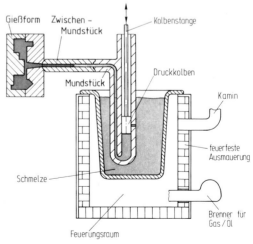

Gießform   Zwischen-Mundstück   Kolbenstange
Druckkolben
Mundstück
Kamin
feuerfeste Ausmauerung
Schmelze
Brenner für Gas/Öl
Feuerungsraum

Bild 2-82. *Warmkammergießmaschine, schematisch.*

fahren vergossen werden, denn einige Schmelzen jener Legierungen greifen die Eisenwerkstoffe der Pumpe und des Warmhalteofens an.

Nach dem *Kaltkammerverfahren* werden hauptsächlich Aluminium- und wenige Magnesiumliegerungen vergossen. Die Druckgießmaschine und der Warmhalteofen mit dem Schöpftiegel als Dosiergefäß sind stets getrennt, wie Bild 2-83 zeigt. Beim Druckgießen preßt man die flüssige oder teigige Druckgußlegierung unter hohem Druck rasch in metallische Dauerformen. Der Arbeitsdruck wird durch einen unmittelbar wirkenden Kolben auf den Gußwerkstoff übertragen. Dabei werden auf die Schmelzen Drücke zwischen 70 bar und etwa 1000 bar ausgeübt.

Von den teuren Dauerformen werden lange Haltbarkeit, hohe Maßgenauigkeit und Oberflächengüte verlangt. Sie werden deshalb aus niedrig- oder hochlegierten dreidimensional durchgeschmiedeten Warmarbeitsstählen gefertigt, die folgende Eigenschaften besitzen sollen:

- gut bearbeitbar,
- anlaßbeständig,
- warmfest,
- verschleißbeständig (Erosion),
- nicht warmrißanfällig.

Die Lebensdauer einer *Druckgießform* von 50 000 Abgüssen und mehr kann man durch Oberflächenbehandlungsverfahren, wie z. B.

- Feinschleifen und Läppen,
- Hartverchromen und
- Nitrieren

weiter verbessern. Wichtig ist vor allem bei Leichtmetallen das Vorwärmen der Formen auf 200 °C bis 260 °C und ein Halten der Form beim Gießtakt auf möglichst hoher Temperatur aber kleinem Temperaturintervall durch Verwenden geeigneter *Kühlsysteme*.

Für Aluminiumlegierungen und Magnesiumgußwerkstoffe ist die *Kaltkammer-Druckgießmaschine* (Bild 2-83) besonders geeignet, da der Gußwerkstoff während der kurzen Verweilzeit in der nicht beheizten Kammer am wenigsten Gelegenheit zur schädlichen, qualitätsmindernden Eisenaufnahme hat.

Bild 2-83 zeigt die Bauart mit waagerecht liegender nichtbeheizter *Kaltkammer* und senkrecht geteilter Druckgußform. Der Kolben drückt das flüssige Metall durch das *Anschnittsystem* in den Formhohlraum. Die eingeschlos-

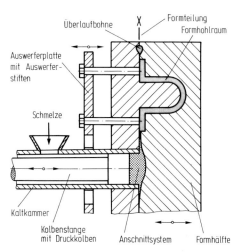

Bild 2-83. Waagerechte Kaltkammer-Druckgießmaschine, schematisch.

sene Luft kann über Kanäle, z. B. an den *Auswerferstiften* entweichen. Der erste Teil der Schmelze, der mit der Luft und den Schmiermitteldämpfen Oxide und Schlieren gebildet hat, wird über das Gußstück hinaus in einer *Überlaufbohne* aufgefangen. Durch Verschieben der Auswerferplatte werden Gußstück und Anschnittsystem nach dem Erstarren aus der geöffneten Druckgießform entfernt. Nach dem Abkühlen auf Raumtemperatur soll sich das Anschnittsystem mit den Überlaufbohnen möglichst durch einfaches Abbrechen entfernen lassen, so daß nur der Gießgrat in der Formteilung und die Bruchstellen durch Putzen oder Schleifen geglättet werden müssen.

Druckgießmaschinen werden mit in der Formteilung wirksamen *Schließkräften* zwischen 0,3 MN und 15 MN automatisch und programmgesteuert betrieben. Der Gießtakt läuft dabei wie folgt ab:

- Form schließen,
- Kerne einfahren,
- Lüften oder Vakuum,
- Schießen,
- Halten und Nachdrücken,
- Kerne ausfahren,
- Form öffnen,
- Gußstück auswerfen.

Der bei geringen Wanddicken bereits im Anschnittsystem erstarrende Gußwerkstoff wird durch den hohen Gießdruck in 1/100 s bis 1/1000 s z. T. im teigigen Zustand mit Geschwindigkeiten bis zu 100 m/s im Anschnitt-querschnitt in die Form gepreßt. Dabei werden unter Wirbelbildung erhebliche Gasgehalte aus den sich zersetzenden Trennmitteln und dem Kolbenfett im Gußstück eingeschlossen. Die Formfüllung einer Aluminiumlegierung auf einer Kaltkammermaschine konnte von *Hansen* über ein eingebautes Fenster aufgezeichnet werden. Gefilmt wurden Füllvorgänge mit Kolbengeschwindigkeiten bis 50 m/s durch eine Hochgeschwindigkeitskamera bei 1500 Bildern/s.

Danach kann die Formfüllung beim Druckgießen mit einem Spray-Prozeß verglichen werden. Ein verdüster Strahl aus flüssigen und festen Werkstoffpartikeln mit Luft wird durch die Expansion der eingeschlossenen Gase in der Form explosionsartig auseinandergetrieben. Besonders bei hohen Kolbengeschwindigkeiten entsteht der Eindruck einer ganz anderen Fertigungstechnik, nämlich: Pulverherstellung–Pressen–Sintern, wie in Abschn. 2.7 als Pulvermetallurgie dargestellt.

Nach *Ruge* und *Lutze* ist durch Fertigungs- oder Verbindungsschweißen mit Schutzgasschweißverfahren eine porenfreie Naht nicht erreichbar, weil die eingeschlossenen und zwangsgelösten Gase beim Fügen wieder frei werden. Die Taktzeiten müssen für jedes Gußstück durch sinnvolles Probieren („Einfahren der Form") ermittelt werden.

Druckgießen ist das wirtschaftlichste gießtechnische Urformverfahren für Großserien von Gußteilen mit kleinsten bis mittleren Abmessungen bei Stückmassen unter 40 kg. Allerdings kommt es sehr darauf an, Druckgußteile form- und gießgerecht zu konstruieren. Die Freizügigkeit der Gestaltung ist begrenzt, denn es sind folgende Bedingungen einzuhalten:

– Stückmassen < 40 kg,
– mittlere Abmessungen: 100 cm² bis 1800 cm² Sprengfläche in der Teilungsebene,
– Wanddicken von 1 mm bis 25 mm gleichmäßig,
– geometrisch einfache Grundkörper,
– keine Hinterschneidungen oder Schieber.

Da Sandkerne die großen Gießdrücke nicht aushalten, sind Hinterschneidungen nur durch das Ändern der Formteilung möglich. Losteile und Kernschieber verteuern die Form und machen sie störanfälliger. Auch bei dünnwandigen Druckgußstücken ist in der Formteilung eine

Dichtfläche von 20 mm bis etwa 25 mm Randabstand nötig.

Feinkörnige Gußgefüge erzielt man durch Überhitzen der Schmelze auf etwa 900 °C und Einstellen auf eine möglichst niedrige Gießtemperatur (630 °C bis 650 °C). Die daraus resultierende Temperaturdifferenz fördert die homogene Keimbildung. Infolge der geringen Löslichkeit für Eisen ist es möglich, im *Gießofen* in einem Eisentiegel unter Schutzgas, d. h. in einem Schwefelhexafluorid-Kohlendioxid-Luftgemisch zu schmelzen und mit einer Genauigkeit von ± 7 °C zu vergießen.

Die Oberflächen der Gußstücke sind nicht korrosionsbeständig und oxidieren. Durch eine Nachbehandlung, wie z. B.

– Beizen mit Salpetersäure,
– Bichromatisieren mit Kaliumdichromat,
– Anstreichen mit Dispersionen oder
– Beschichten mit Kunststoffen

werden die Oberflächen chemisch beständiger. Viele Druckgußstücke neigen zur *Selbstaushärtung*. Darunter versteht man die meist unerwünschte Änderung der Bauteileigenschaften Festigkeit, Härte, Zähigkeit und Maßbeständigkeit mit der Auslagerungszeit.

Ein noch zu lösendes Druckgußproblem ist die Serienherstellung öldichter, dünnwandiger Getriebegehäuse. Bei der spanenden Bearbeitung werden Einschlüsse, Lunkerzonen, poröse und schwammige Stellen unter der Gußhaut angeschnitten. Jedes Gehäuse wird mehrfach im Fertigungsprozeß abgedrückt oder durch Vakuumimprägnierverfahren mit Reaktionsharzen nachgedichtet.

Die Gießeigenschaften der Magnesium-Aluminium-Legierungen lassen sich aus dem Zustandsschaubild, Bild 2-84, abschätzen. Die Schmelzen erstarren in einem breiten Temperaturintervall und bilden magnesiumreiche δ-Mischkristalle. Wegen des auf das gleiche Volumen bezogenen und gegenüber Al-Legierungen nur halb so großen Wärmeinhalts der Magnesiumlegierungen werden die Gießformen thermisch geringer belastet. Die *Standzeiten* sind deshalb länger als bei Aluminiumlegierungen. Magnesium-Druckguß ist gekennzeichnet durch

– eine größere Lunkerneigung,
– eine größere Schwindung und hohe Auswerfertemperatur,

– einen größeren Speisungsaufwand und große Gießgeschwindigkeit,
– zunehmende Warmrißneigung.

Auch bei Druckguß sind z. B. Festigkeit, Härte und Zähigkeit wanddickenabhängig. Die oberen Grenzwerte in Tabelle 2-12 und 2-13 werden bei mittleren, gleichmäßigen Wanddicken von 3 mm bis 5 mm erreicht. Dünne und dickere Wände haben, bedingt durch das Herstellverfahren, ein unregelmäßigeres Werkstoffgefüge mit Luftblasen, Oxideinschlüssen und Schlieren. Wegen der freiwerdenden Blasen kann man Druckgußstücke im allgemeinen nicht schweißen, aushärten oder dekorativ oberflächenbehandeln.

Die Weiterentwicklung der Druckgießtechnik wird bei Gußteilen mit mittleren bis dickeren Wänden vorangetrieben durch

– *Nachdrückverfahren:* Die unter dem Druck des Hauptkolbens stehende Schmelze wird mittels eines Nebenkolbens nachverdichtet;
– *thermische Analyse* von Druckgießformen: Die Bestimmung der Temperaturverteilung in einer Form ermöglicht – in Verbindung mit Wanddickenänderungen – eine gerichtete Erstarrung bei gleichmäßigerem Gefüge.

Die bisherige Entwicklung des Druckgießens in bezug auf überwiegend strömungsmechanisch-hydraulischen Erkenntnissen scheint zu einem vorläufigen Abschluß gekommen zu sein.

Besonders wirtschaftliche Druckgußserien mit bis zu 1 000 000 Abgüssen je Form lassen sich mit *Zinklegierungen* auf Warm- oder Kaltkammermaschinen herstellen (Abschn. 2.3.2.2).

Etwa 50% der Zinkdruckgußstücke werden in Fahrzeuge eingebaut.

Der Aluminiumgehalt der Legierungen ermöglicht das Vergießen auf *Warmkammergießmaschinen.* Denn abweichend von der Kaltkammertechnik (Bild 2-83) bilden beim Warmkammerverfahren (Bild 2-82) Gießvorratsgefäß und Druckkolben aus Eisenwerkstoffen mit der Zinkschmelze eine Baueinheit. Der Aluminiumgehalt der Schmelze begrenzt die Eisenaufnahme auf kleiner als 0,05% Fe. (Bekanntlich verbindet sich Eisen beim *Feuerverzinken* begierig mit Zink zu Mischkristallen.)

Die Warmkammertechnik erlaubt ein feinfühliges Regeln der Gießtemperatur. Sie ist notwendig, weil durch eine Schmelzüberhitzung von etwa 30 °C bereits riß- und lunkerhaltige Gußstücke entstehen können. Günstige mechanische Eigenschaften erzielt man mit einer Schmelzüberhitzung von etwa 20 °C bei möglichst hohen Formtemperaturen.

In Tabelle 2-24 sind Gießtemperaturen und Wärmeinhalte der Druckgußlegierungen GD-AlSi, GD-MgAl und Z 410 der möglichen Anzahl der Abgüsse je Form gegenübergestellt.

Man erkennt, daß die *Formhaltbarkeit* und damit die Wirtschaftlichkeit des Druckgießens in erster Linie von der Wärmemenge abhängig ist, die die Form abzuführen hat. Die Einflüsse der Strömungsmechanik durch den Formenaufbau stehen erst an zweiter Stelle.

Für die werkstoffgerechte Konstruktion von Druckgußteilen aus Zinklegierungen sind die ausgezeichnete Gießbarkeit und der niedrige Schmelzpunkt (<419 °C) bestimmend. Es werden vier übliche *Wanddickenbereiche* unterschieden, die sich hauptsächlich aus Größe, Gestalt, Formschrägen und Radien des Gußstücks ergeben:

	Wanddickenbereich
Kleinstteile	0,3 mm bis 0,6 mm
Kleinteile	0,6 mm bis 1,0 mm
Mittelteile	1,0 mm bis 1,5 mm
Großteile	1,5 mm bis 2,5 mm.

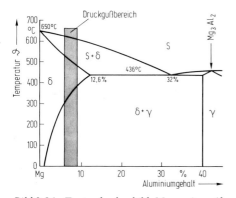

Bild 2-84. Zustandsschaubild Magnesium-Aluminium mit dem für Druckguß vorteilhaften Konzentrationsbereich.

Für Druckgußteile gibt es im VDG-Merkblatt P 680 den Begriff der *einhaltbaren Toleranzen.* Tabelle 2-25 ist ein Auszug dieser Richtlinie für Zinkdruckguß. Vier Bereichen von Raumdiagonalen sind 16 Nennmaßbereiche zugeordnet.

Tabelle 2-24. Mögliche Anzahl der Abgüsse von Druckgießformen für Aluminium-, Magnesium- und Zinklegierungen (nach *Schmidt*).

Druckgußlegierungen		GD-AlSi	GD-MgAl	Z 410
Gießtemperatur	°C	650 bis 700	650 bis 700	390 bis 420
Formtemperatur	°C	200 bis 280	250 bis 380	150 bis 180
Wärmeinhalt im Bereich von Form- bis Gießtemperatur	kJ/kg	1062	1162	268
	kJ/10³ cm³	2759	2090	1764
Anzahl der Abgüsse je Form		50 000 bis 120 000	80 000 bis 200 000	200 000 bis 1 000 000

Tabelle 2-25. Auszug aus dem VDG-Merkblatt P 680; Toleranzen in μm für Zink-Druckguß-legierungen.

Bereich der Raumdiagonale in mm	Tole-ranz-gruppe	Nennmaß in mm														
		bis 6	über 6 bis 10	über 10 bis 18	über 18 bis 30	über 30 bis 50	über 50 bis 80	über 80 bis 120	über 120 bis 180	über 180 bis 250	über 250 bis 315	über 315 bis 400	über 400 bis 500	über 500 bis 630	über 630 bis 800	über 800 bis 1000	über 1000 bis 1250
bis 50	a	50	60	70	85	100											
	b	120	150	180	210	250											
50 bis 180	a	60	75	90	105	125	150	175	200								
	b	150	180	215	260	310	370	435	500								
180 bis 500	a	75	90	110	130	160	190	220	250	290	320	360	400				
	b	180	220	270	330	390	460	540	630	720	810	890	970				
über 500	a	90	110	135	165	195	230	270	315	360	405	445	485	550	625	700	825
	b	240	290	350	420	500	600	700	800	925	1050	1150	1250	1400	1600	1800	2100

Für jede mögliche Kombination werden die Toleranzgruppen a und b unterschieden:

– a für formgebundene Maße in einer Formhälfte,
– b für nicht formgebundene Maße, Formteilung überschreitend.

Die Zuordnung eines Nennmaßes zu den Toleranzgruppen kann aus Bild 2-85 ermittelt werden. Zur Gruppe a gehören alle Maße, die in einer Formhälfte liegen, zur Gruppe b alle Maße, die von der Form- oder Kernteilung durchschnitten werden.

Beispiel: Eine runde schmale Abdeckblende mit einer Raumdiagonalen von 68 mm kann ein toleriertes Nennmaß von $25 \pm 0,1$ mm in der Gruppe a oder von $25 \pm 0,26$ mm in der Gruppe b besitzen.

Die Massen von Zinkdruckgußteilen betragen etwa zwischen 1 g und 3000 g. Auch dickwandige, kompakte Gußstücke können bei längeren Gießtakten hergestellt werden. Der Hauptvorteil des Zinkdruckgusses gegenüber dem Leichtmetalldruckguß sind die verschiedenen

Möglichkeiten der *dekorativen Oberflächenbehandlung*. Zinkdruckguß kann

– entfettet und gebeizt,
– glanzverkupfert und vermessingt,
– vernickelt und verchromt,
– versilbert und vergoldet

werden. Dekorative Effekte in abgestuften Brauntönen werden durch Phosphatieren, Patinieren und Teilbürsten erreicht, Farbanstriche, Hammerschlaglacke und Beschichtungen mit Kunststoffen lassen sich einbrennen. Die große Menge der dekorativen Massenteile, wie z. B.

– Bau- und Möbelbeschläge,
– Fahrzeugteile und
– Spielzeug

sind vorzugsweise aus Zinkdruckguß. Die Gußstücke sind auf den ersten Blick meist nur vom Fachmann zu erkennen. Zum Beispiel sind die mattverchromten Schermesserträger aus GD-ZnAl 4 Cu 1 mit Wanddicken von 0,9 mm bis 2,9 mm für bestimmte Trockenrasierer und die

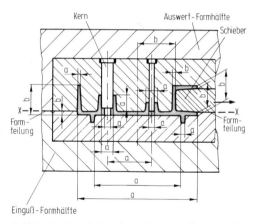

Bild 2-85. Einzuhaltende Toleranzen für Zinkdruckguß nach VDG-Merkblatt P 680.

durch verschiedenste Verfahren dekorativ aufgemachten Spielzeugautos typische Seriengußstücke.

2.5.3.2 Kokillengießverfahren

Beim *Kokillenguß* werden Schmelzen unter dem Einfluß der Schwerkraft oder geringer Drücke in Dauerformen steigend oder fallend vergossen. Die Dauerformen bestehen aus dem perlitischen lamellaren Gußeisen, dem *Hämatit*. Sie sollen mehr als 10 000 Abgüsse aushalten. Durch Chrom- und Molybdänzusätze sowie niedrige Phosphor- und Schwefelgehalte werden *Temperaturwechselbeständigkeit* und *Formstabilität* erreicht. Nur für Verschleißteile der Form werden an thermisch hoch beanspruchten Eingüssen oder Kernen warmfeste Stähle verwendet. Kokillenguß wird vergossen in

– Vollkokillen
– Gemischtkokillen oder
– Halbkokillen.

Alle Teile der Form bestehen bei *Vollkokillen* aus Gußeisen oder Stahl. *Gemischtkokillen* bieten die Möglichkeit, durch Sandkerne die Gestaltungsfreiheit zu vergrößern. *Halbkokillen* bilden eine Formhälfte an der Dauerform, die andere, meist um Warmrisse zu vermeiden, an einer Sandform ab. Das Kokillengießen ist ein Seriengießverfahren, dessen Entwicklung zu

– höheren Stückmassen (< 100 kg),
– druckdichten Gußgefügen,
– glatten Oberflächen (Galvanik) und
– hohen Gießleistungen (Mechanisierung)

geführt hat. Das Füllen der Kokillen kann durch *Schwerkraftgießen, Niveauverschiebung* der Schmelze wie in kommunizierenden Röhren oder durch geringen *Gasdruck* auf die Schmelze erfolgen.

Beim mechanisierten Schwerkraftgießen werden meist mehrere Kokillen zu einem *Gießkarussell* vereinigt und aus einem Vorrats- und Gießgefäß im Takt mit Schmelze gefüllt. Das Gießgefäß in Bild 2-86 kann auch als *Warmhalteofen* mit einer zeit-, massen- oder füllstandgesteuerten Gießvorrichtung ausgerüstet werden. Für jedes Kokillengußteil stimmt man durch sinnvolles Probieren („Einfahren") Gieß- und Kokillentemperatur sowie die Erstarrungszeit aufeinander ab.

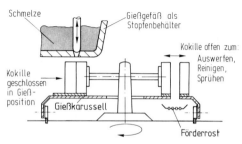

Bild 2-86. Mechanisiertes Schwerkraftkokillengießen auf dem Karussell.

Beim *Kipptiegelgießen* erfolgt die Formfüllung durch Niveauverschiebung der Kokille. Die Form ist mit dem Gießgefäß entsprechend Bild 2-87, das gleichzeitig Vorratsbehälter und *Gießofen* ist, fest verschraubt. In der Stellung 2 wird die Kokille mit Schmelze gefüllt. Der Einguß in die Kokille ist so bemessen, daß die gesamte Schmelze als Speiser wirksam wird. Während der Stellung 1 erstarrt das Gußstück. Die Schmelze im Anschnitt ist noch flüssig und fließt in den Gießofen zurück.

Das Kokillengießen nach dem Kipptiegelverfahren ermöglicht ein hohes *Ausbringen*. Darunter versteht man das Verhältnis von Gußstückmasse zur Gesamtmasse; diese ist die Gußstückmasse einschl. der zum Gießen erforderlichen Speiser, Stangen, Grate und Aufmaße. Es gilt

$$\text{Ausbringen} = \frac{\text{Gußstückmasse}}{\text{Gesamtgußmasse}} \cdot 100\%$$

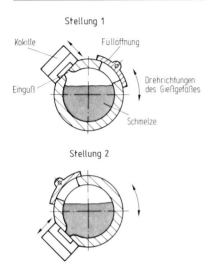

Bild 2-87. *Kipptiegelverfahren in Position Entformen (Stellung 1) und in Position Gießen (Stellung 2).*

Das Ausbringen und der mögliche Grad der Mechanisierung bestimmen weitgehend die Wirtschaftlichkeit eines Gießverfahrens. Einfacher Aluminium-Kokillenguß kann ein Ausbringen bis zu 95% erreichen, Gußeisen bei komplizierter Gestalt des Gußteils nur knapp 70%.

Beim *Niederdruck-Kokillengußverfahren* – Bild 2-88 zeigt schematisch das Gießen einer Pkw-Felge – erfolgt die Formfüllung durch einen geringen Überdruck von 0,2 bar bis 0,4 bar auf die Schmelze. Die Kokille ist mit dem Gießofen durch ein Steigrohr direkt mit der Schmelze verbunden. Die Form wird langsam steigend ohne Turbulenz gefüllt. So entsteht ein Gußge-

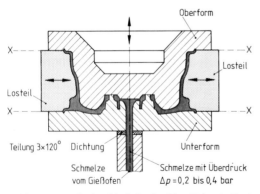

Bild 2-88. *Niederdruckkokille für Pkw-Felge in Position Gießen, schematisch.*

füge mit ausgezeichneten Gebrauchseigenschaften. Die Erstarrung ist dabei von oben nach unten gerichtet, damit der Ofen gleichzeitig die Funktion eines zentralen, unendlich großen Speisers übernimmt. Das Ausbringen liegt dann meist über 95%. Der Anguß wird durch einen Fräser entfernt. Die Bohrungen für die Radmuttern lassen sich gleich mitgießen. Bild 2-89 zeigt ein Beispiel für die Möglichkeit, das Werkstück durch *Verrippungen* dekorativ zu gestalten.

Bild 2-89. *Felgen mit dekorativer Verrippung aus dem dauerveredelten Niederdruck-Kokillenwerkstoff GK-AlSi12 Mg dv.*

Wegen der vorteilhaften Art der Formfüllung und Wärmeabfuhr in Kokillen – im einzelnen seien angeführt

– turbulenzarmes Gießen,
– steigend oder fallend,
– hohe Kokillentemperaturen 250 °C bis 350 °C,
– Wanddicken 1 mm bis 25 mm,
– Sandkerne und Losteile –

lassen sich feinkörnige, blasen- und lunkerfreie Gußgefüge erzielen, die druck- und vakuumdicht sind.

Bewährte Niederdruck-Kokillengußteile sind Felgen, Saugkrümmer und Kurbelgehäuse mit sechs und acht Zylindern. Für Erstausrüstungen werden in Europa mehr als 10 Mill. Felgen je Jahr gegossen. Etwa 5% günstigere Herstellkosten entstehen, wenn die Gießerei im Flüssigverbund mit einem Elektrolysewerk arbeitet.

Bei den Eisengußwerkstoffen sind die Teile für die *Fahrzeughydraulik*, besonders Bremszylinder, Bremssattel oder -klaue, typische Kokillengußteile für das Schwerkraftgießen im Karussell. Der *Armaturenguß*, besonders in Messing und in großen Serien in Form von Schwermetallkokillengußstücken, ist weit verbreitet.

2.5.3.3 Schleudergießverfahren

Beim *Schleudergießen* gießt man die Schmelze in eine um die Mittelachse drehende rohr- oder ringförmige Kokille. Der Gußwerkstoff wird durch die drehzahlabhängige Zentrifugalkraft gegen die Kokillenwand gepreßt und nimmt beim Erstarren außen deren innere Form an, die auch profiliert sein kann. Im Inneren bildet sich symmetrisch zur Drehachse ein zylindrischer Hohlkörper. Die Wanddicke des Hohlzylinders kann durch genaues Abmessen oder Abwiegen der Schmelze verkleinert oder vergrößert werden. Die Drehachse kann horizontal, vertikal oder auch geneigt sein.

Die ersten horizontalen Schleudergießmaschinen wurden in Deutschland ab 1926 für gußeiserne Druckrohre mit wassergekühlter Kokille nach *de Lavaud* gebaut. heute werden in *de Lavaud-Kokillen*, aber auch in *Heißkokillen* hauptsächlich 6 m lange Muffenrohre aus duktilem Gußeisen GGG-40 geschleudert, außerdem *Zylinderlaufbüchsen* und *Kolbenringe* aus Sondergußeisen. Der Vorteil der Heißkokille liegt im Wegfall der Zerfallsglühung.

Die möglichen Durchmesser liegen zwischen etwa 65 mm und 600 mm bei Wanddicken von etwa 5 mm bis 50 mm.

Bei den horizontalen Schleudergießmaschinen ist zum Überwinden des Schwerefelds der Erde gegenüber anderen Winkellagen die geringste Mindestdrehzahl *n* erforderlich. Den Zusammenhang zwischen *n*, der Dichte ϱ des Gußwerkstoffs und dem Außendurchmesser *D* des Hohlzylinders nach der Faustformel von *Hurst* zeigt Bild 2-90.

Die theoretisch-kritische Drehzahl beträgt

$$n \approx \frac{7200}{\varrho \sqrt{D}}.$$

Beispiel: Für einen Hohlzylinder mit dem Volumen $V = \pi h (R^2 - r^2) = \frac{\pi h}{4}(D^2 - d^2)$ aus Gußeisen mit der Dichte $\varrho \approx 7\ \text{g/cm}^3$ und dem Außendurchmesser $D = 100$ mm ermittelt man aus Bild 2-90 eine theoretisch-kritische Drehzahl *n* von etwa $1300\ \text{min}^{-1}$.

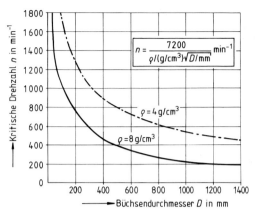

Bild 2-90. *Kritische Drehzahl n in Abhängigkeit vom Büchsendurchmesser D für verschiedene Dichten ϱ (nach Hurst).*

Bei gleichem Außendurchmesser *D* vermindert sich die kritische Drehzahl mit zunehmender Wandung $(R-r)$ und abnehmender Länge *h* des Hohlzylinders. Aus gießtechnischen Gründen (Lunker-, Schlackenfreiheit und Verdichtung) arbeitet man mit Drehzahlen bis zu $4000\ \text{min}^{-1}$. Die Zentrifugalkraft erzeugt den Gießdruck *p*, der nach der Formel von *Väth* für horizontalen Schleuderguß gemäß Bild 2-91 näherungsweise berechnet wird:

$$p \approx \frac{\varrho\,\omega^2}{3000\,g}\left(R^2 - \frac{r^2}{R}\right).$$

Es bedeuten

p Gießdruck in bar,
ϱ Dichte des Gußwerkstoffs in g/cm^3,
ω Winkelgeschwindigkeit in rad/s,
g Erdbeschleunigung $981\ \text{cm/s}^2$,
R, r Radien in cm.

Der Gießdruck kann bei konstantem Außendurchmesser drehzahlabhängig auf Werte bis zu 50 bar ansteigen und ermöglicht im Vergleich zu Sandguß dichtere, lunker- und einschlußfreie Gußgefüge.

Für die Güte von Schleuderguß ist das Verhalten von unerwünschten, kleinen Sand- und Schlackenteilchen unter dem Einfluß der Fliehkraft von besonderem Interesse. Diese spezifisch leichteren, sehr festigkeitsmindernden Bestandteile der Schmelze können sich unter der Wirkung der Zentrifugalkraft nur an der inneren Oberfläche des Hohlkörpers abscheiden und sind nicht wie bei allen anderen Gießverfahren im Gußstück regellos verteilt.

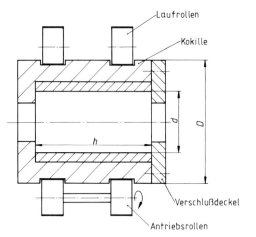

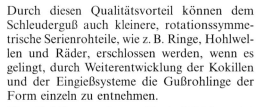

Bild 2-91. *Heißkokille für Zylinderlaufbüchsen mit direktem Laufrollenantrieb, schematisch.*

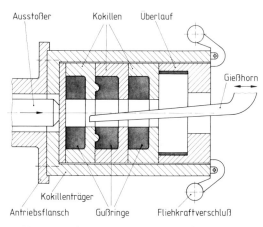

Bild 2-92. *Kokillensatz zum Vereinzeln von Rädern beim Schleudergießen (nach Jaeger).*

Durch diesen Qualitätsvorteil können dem Schleuderguß auch kleinere, rotationssymmetrische Serienrohteile, wie z. B. Ringe, Hohlwellen und Räder, erschlossen werden, wenn es gelingt, durch Weiterentwicklung der Kokillen und der Eingießsysteme die Gußrohlinge der Form einzeln zu entnehmen.

Eine Kokillenanordnung für drei Räder zeigt Bild 2-92. Der *Kokillenträger* ist mit dem Antriebsflansch einer Schleuderspindel fest verbunden, die auch den Ausstoßer enthält. Die vordosierte Schmelze wird über das verschiebbare *Gießhorn* in die sich bereits drehende Kokillenanordnung eingegossen. Sobald die erste Kokille gefüllt ist, wird die Schmelze durch das Gießhorn in Axialrichtung verschoben und füllt zunächst die zweite und dann die dritte Kokille.

Die Restschmelze wird vom *Überlauf* aufgenommen und erstarrt als schmaler Ring. Schon während der Erstarrung wird das Gießhorn zurückgezogen. Nach dem Abbremsen des Kokillenträgers und dem Öffnen der Fliehkraftverschlüsse schiebt der Ausstoßer die rotwarmen vier Kokillen mit den drei Rädern und dem schmalen Überlaufring auf einen Schwingrost. Dabei zerbricht der dünne Grat zwischen den Gußstücken. Ein vormontierter weiterer *Kokillensatz* kann in den Träger eingeschoben und abgegossen werden, während die gebrauchten Kokillen gereinigt, geschlichtet und temperiert für den nächsten Abguß zusammengesetzt werden.

2.6 Gestaltung von Gußteilen

2.6.1 Allgemeines

Die Gestaltung eines Gußstücks steht im engen Zusammenhang mit dem Gießverfahren und dem entsprechenden Arbeitsaufwand. Daher beeinflussen auch gießtechnische Überlegungen die Formgebung. Vom Entwurf eines Gußstücks hängen ab

- die Herstellung des Modells,
- die anzuwendende Formmethode,
- die erforderlichen Kerne,
- die Methode des Anschnitts und des Speisens des Gußstücks,
- das Putzen,
- die Prüfbarkeit und
- die mechanische Bearbeitung.

Die von der Gießerei zu treffenden Entscheidungen über das Einformen werden weitgehend an Hand der Konstruktionsunterlagen vorgenommen. Daher muß der Konstrukteur wissen, welche Maßnahme diese oder jene Ausbildung eines Gußstücks erfordert, um das Werkstück für das einfachste Einformen und Abgießen gestalten zu können.

2.6.2 Gestaltungsregeln

- Das Gußstück sollte aus geometrisch einfachen Grundkörpern zusammengesetzt sein (z. B. Zylinder, Kegel, Kubus, Kugel).
- Ebene Flächen sind zu bevorzugen.

– Los- und Ansteckteile sollten nach Möglich-
keit vermieden werden.
– Man achte auf eine Spannmöglichkeit für die
Bearbeitung.
– Zu bearbeitende Flächen müssen gut zugäng-
lich sein (Werkzeugauslauf nach DIN 507
vorsehen).
– Man wähle die beste Form hinsichtlich der
Beanspruchung (z. B. bei GG Zugbeanspru-
chungen vermeiden, s. Abschn. 2.6.4).
– Bei schlag- oder stoßartigen Beanspruchun-
gen sollte kein GG verwendet werden.
– Kerne bei Dauerformverfahren sollte man
nach Möglichkeit vermeiden.
– Kerne sollten einfach gestaltet und sorgfältig
gelagert werden.
– Gußstücke aus Gußeisen und Druckguß ver-
sehe man nach Möglichkeit mit gleichen
Wanddicken.
– Bei Wanddickenänderungen sorge man für

allmähliche Übergänge (Heuverssche Kreis-
methode, Bilder 2-52 und 2-96).
– Scharfe Kanten, Kerbungen und Materialan-
häufungen sollte man vermeiden.
– Die Rippendicke s_r wähle man kleiner als die
Wanddicke s_w ($s_r \approx 0,6\ s_w$ bis $s_r \approx 0,8\ s_w$).
– Auf Abrundungen ($R \approx \frac{1}{3}\ s_w$ bis $R \approx \frac{1}{4}\ s_w$)
und Formschrägen ist zu achten (DIN 250,
DIN 1511).
– Eingezogene Formen (Unterschneidungen),
Ansteckteile am Modell und geschlossene
Hohlräume sollte man nach Möglichkeit ver-
meiden.
– Abweichungen für Maße ohne Toleranzan-
gabe (Allgemeintoleranzen) sind zu beachten
(GS: DIN 1683, GT: DIN 1684, GGG:
DIN 1685, GG: DIN 1686, Schwermetalle:
DIN 1687, Leichtmetalle: DIN 1688).
– Bei komplizierten Teilen wende man Guß-
Verbundschweißung an (Bild 2-40).

2.6.3 Gießgerechte Gestaltung

Gestaltung

unzweckmäßig   zweckmäßig

Bild 2-93 und 2-94
Infolge unterschiedlicher Abkühlungsgeschwindigkeit erstarrt der flüssige Werkstoff im
Inneren einer örtlichen Materialanhäufung
später als in den anschließenden dünneren Partien. Da das Volumen der Gußwerkstoffe im
flüssigen Zustand größer ist als im erstarrten,
bilden sich in Werkstoffanhäufungen Lunker.
Gießtechnische Maßnahmen, wie z. B. das
Anbringen von Kühlplatten, zusätzlichen Steigern oder Kernen, verteuern das Gußstück.

Durch einfache Gestaltungsänderungen lassen
sich solche Materialanhäufungen in vielen Fällen ohne Mehraufwand schon während der
Konstruktion vermeiden.

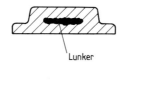

Lunker

Bild 2-93

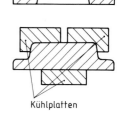

Kühlplatten

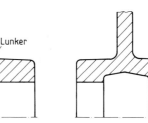

Lunker

Bild 2-94

Gestaltung

unzweckmäßig   zweckmäßig

Bild 2-95
Auch an Übergangsstellen, die zu große Abrundungen aufweisen, entstehen Werkstoffanhäufungen (Lunkergefahr). Außerdem verteuern
große Abrundungen die Herstellung des Modells. Die Rundungshalbmesser sollen ein Drittel bis ein Viertel der Wanddicke betragen.

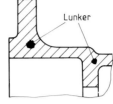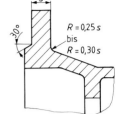

Bild 2-95

Bild 2-96
Ein einfaches Hilfsmittel zur Kontrolle von
Materialanhäufungen ist die Heuverssche
Kreismethode. Bei einer gießgerechten Kon-
struktion soll das Verhältnis der einbeschriebe-
nen Kreisquerschnitte nahe bei eins liegen
(Tabelle 2-18).

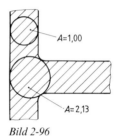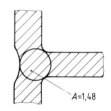

Bild 2-96

Bild 2-97
Um Gußstücke aus Werkstoffen mit großer Er-
starrungskontraktion (z. B. GS) dicht speisen
zu können, sind die Wanddicken besonders
sorgfältig auszulegen. Auch in diesen Fällen
kommen die Heuversschen Kontrollkreise zur
Anwendung. Bei einer gießgerechten Konstruktion müssen die Flächen der Kreise zum Speiser
hin größer werden.

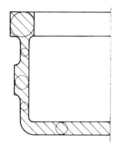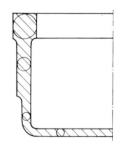

Bild 2-97

Bild 2-98
Bei Übergängen von einer dünnen Wand in eine
dickere besteht bei zu kleiner Ausrundung Rißgefahr, bei zu großer Rundung Gefahr der Lunkerbildung. In diesem Fall ist ein allmählicher
Übergang mit einer Steigung von etwa 1:5 vorzusehen.

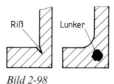

Bild 2-98

Bild 2-99
Bei Übergängen mit Rundungen zwischen
ungleichen Wanddicken sollten folgende
Werte angestrebt werden: $R_i = (s_1 + s_2)/2$ und
$R_a = s_1 + s_2$.

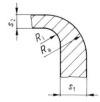

Bild 2-99

Gestaltung

unzweckmäßig   zweckmäßig

Bild 2-100
Bei Übergängen mit Rundungen zwischen gleichen Wanddicken sollte der R_i-Wert 0,5 s bis 1,0 s und der R_a-Wert $R_i + s$ betragen.

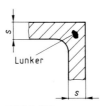

Bild 2-100

Bild 2-101
Werkstoffanhäufungen kann man häufig auch durch Aussparung und Verrippung vermeiden.

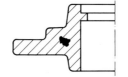
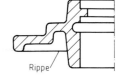

Bild 2-101

Bild 2-102
Rippen zwischen Wand und Nabe vermindern die Rißgefahr.

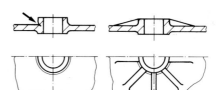

Bild 2-102

Bild 2-103
Zur Vermeidung von Luftblasenbildung – und somit einer unansehnlichen Oberfläche – können Scheibenflächen schräg angeordnet werden.

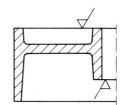
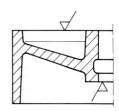

Bild 2-103

Bild 2-104
Rippen sollen zur Herabsetzung der Gußspannung stets dünner als die Wanddicke ausgeführt werden. Die Rippendicke sollte das 0,8fache der Wanddicke s betragen. Bei beiderseits angeordneten Rippen ist zur Verringerung der Werkstoffanhäufung ein Versatz erforderlich.

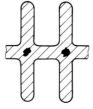
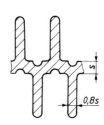

Bild 2-104

Gestaltung

unzweckmäßig   zweckmäßig

Bild 2-105
Versteifung in einem Gußfundament. Materialanhäufung wird durch Auseinanderlegen
zweier Rippenanschlüsse und Durchbruch der
Rippe in der Gehäuse-Ecke vermieden.

Schnitt A–B

Schnitt C–D

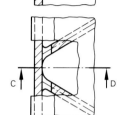

Bild 2-105

Bild 2-106
Knotenpunkte, in denen Rippen oder Wände
aufeinander treffen, bilden Werkstoffanhäufungen, die man durch besondere Gestaltung,
durch das Einlegen von Kernen oder durch
Speisung auflösen kann.

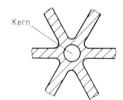
Kern

Bild 2-106

Bild 2-107
Komplizierte Gußstücke erfordern mehrere
Teilungsebenen oder zusätzliche Kerne. Durch
bessere Gestaltung kann man Teilungsebenen
und Kerne einsparen.

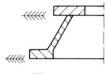
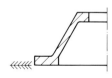

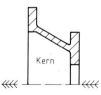
Kern

Teilungsebene

Bild 2-107

Gestaltung

unzweckmäßig   zweckmäßig

Bild 2-108
Teilungsebenen sollten so gelegt werden, daß
Flächen, die unbearbeitet bleiben und maßhaltig sein sollen, nicht durch die Formteilung getrennt werden. Man vermeidet dadurch außerdem einen möglichen Versatz.

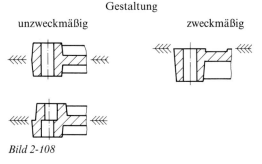

Bild 2-108

Bild 2-109
Für die Wahl der Lage der Teilungsebene ist zu
berücksichtigen, daß das Werkstück entgratet
werden muß. Liegt die Formteilung unzweckmäßig, so wird das Entgraten erschwert und
verteuert.

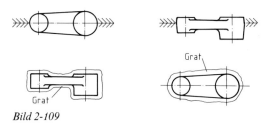

Bild 2-109

Bild 2-110
Beim Ventilgehäuse in konventioneller Ausführung (links im Bild) sind die Grate zwischen den
beiden Flanschen nur schwierig zu entfernen;
mit Hilfe von Rippen (rechts im Bild) werden
die Grate nach außen gelegt und können problemlos entfernt werden.

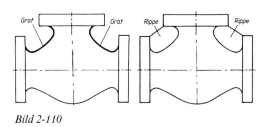

Bild 2-110

Bild 2-111
Gebrochene Formteilungsebenen sind möglichst zu vermeiden und durch gerade Teilungsebenen zu ersetzen.

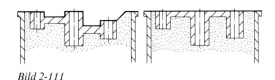

Bild 2-111

Bild 2-112
Ist die Formteilungsebene festgelegt, dann ist
darauf zu achten, daß die Außenflächen in Aus-
heberichtung schräg liegen. Sonst lassen sich
die Modelle nicht aus der Form heben, ohne
daß diese beschädigt wird.

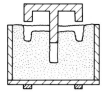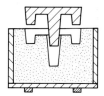

Bild 2-112

Gestaltung

unzweckmäßig   zweckmäßig

Bild 2-113
Nach DIN 1511 sind die Formschrägen in der
Zeichnung in Winkelgraden anzugeben. Bei
fehlenden Innenschrägen benötigt man Innen-
kerne.

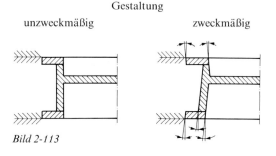

Bild 2-113

Bild 2-114
Auch Querrippen und Augen sind so zu gestalten, daß sich die Modelle leicht aus der Form
heben lassen (Hinterschneidungen vermeiden,
da sie Ansteckteile erfordern).

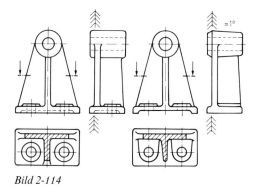

Bild 2-114

Bild 2-115
Kerne sind teuer und erschweren das Einfor-
men. Sie sollten nach Möglichkeit vermieden
werden. Anzustreben sind offene Querschnitte.
Notwendige Öffnungen sind so zu legen, daß
Kerne nicht erforderlich sind.

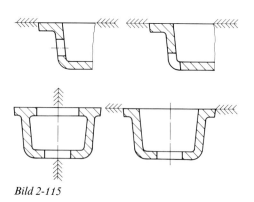

Bild 2-115

Bild 2-116
Kerne möglichst einfach gestalten, um den Aufwand bei der Kernherstellung gering zu halten.

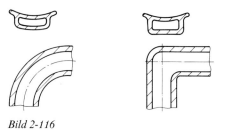

Bild 2-116

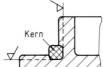

Gestaltung

unzweckmäßig   zweckmäßig

Bild 2-117
Bearbeitungsleisten werden häufig so gestaltet,
daß Kerne eingelegt werden müssen. In vielen
Fällen kann auf die Arbeitsleisten verzichtet
und ins Volle gearbeitet werden.

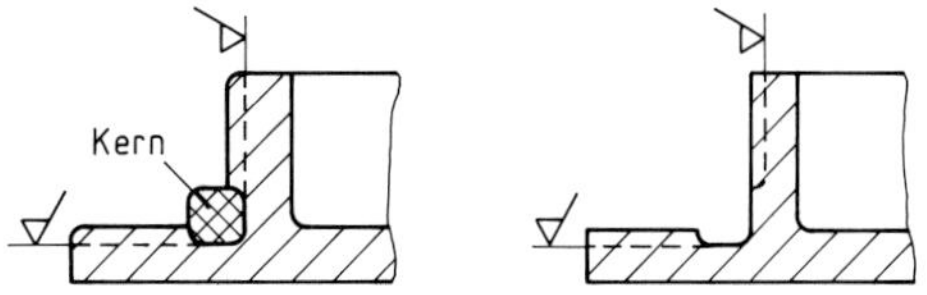

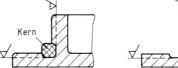

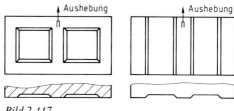

Bild 2-117

Bild 2-118
Sind Kerne notwendig, so müssen sie sorgfältig
gelagert werden, da sie durch das flüssige Metall einen großen Auftrieb erhalten. Einseitige
Kernlagerungen sind zu vermeiden, da die in
diesem Fall notwendigen Kernstützen zur Bildung von Poren und Fehlstellen beitragen. Deshalb ist eine zweiseitige Kernlagerung oder eine
seitliche Abstützung anzustreben.

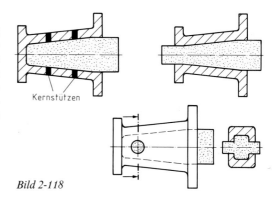

Bild 2-118

Bild 2-119
Kerne müssen nach dem Abguß entfernt werden. Hierfür sind ausreichende und genügend
große Putzöffnungen vorzusehen, die auch zur
Kernlagerung (Kernmarken) dienen. Dadurch
werden Kernstützen und damit undichte Stellen im Guß vermieden. Öffnungen mit einem
Durchmesser $d < 30$ mm sind für Putzarbeiten
unzureichend. Sie können mit Kernstopfen
nach DIN 907 wieder verschlossen werden.

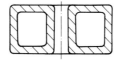

Bild 2-119

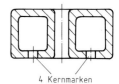

Gestaltung

unzweckmäßig   zweckmäßig

Bild 2-120 und 2-121
Scharfe Kanten sind zu vermeiden, da sie gießtechnisch schwer zu verwirklichen sind und zu
Rissen führen. Die Rundungshalbmesser *R*
sollten ein Drittel bis ein Viertel der Wanddicke
betragen. Nur bearbeitete Flächen bilden mit
der rohen Gußwand scharfe Kanten.

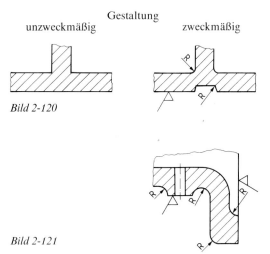

Bild 2-120

Bild 2-121

2.6.4 Beanspruchungsgerechte Gestaltung

Bei der Konstruktion von Gußteilen müssen die
im Betrieb und bei der Bearbeitung auftretenden Beanspruchungen zugrunde gelegt werden. Zug- und Biegebeanspruchungen sollten –
besonders bei GG – zugunsten von Druckbean-
spruchungen vermieden werden.

Gestaltung

unzweckmäßig   zweckmäßig

Bild 2-122
Für die Aufnahme von Biegemomenten, wie
z. B. bei einem Wandlagerarm, soll die neutrale
Faser so gelegt werden, daß der auf Zug beanspruchte Querschnitt größer ist als der auf
Druck beanspruchte, damit die Zugspannungen (besonders bei GGL) gering gehalten werden.

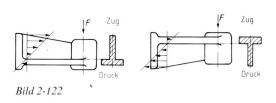

Bild 2-122

Bild 2-123
Durch richtige Formgebung kann die in einem
Zylinderdeckel durch den Innendruck bewirkte
Zugspannung in eine Druckspannung umge-
wandelt werden.

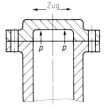
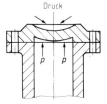

Bild 2-123

Gestaltung
unzweckmäßig   zweckmäßig

Bild 2-124
Auch die im Fuß des Lagerbocks auftretende
Biegespannung kann durch richtige Gestaltung
umgewandelt werden.

Biegung   Druck

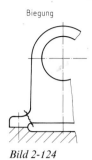

Bild 2-124

Bild 2-125
Die Beanspruchung eines offenen Profils auf
Torsion ist wenig sinnvoll, da man zur Aufnahme der Verdrehkräfte große Querschnitte
benötigt. Trotz der teureren Kernarbeit ist in
diesem Fall ein Hohlprofil vorteilhafter.

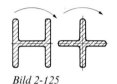

Bild 2-125

Bild 2-126 und 2-127
Lagerböcke und Hebel werden in der Regel
nicht auf Torsion beansprucht. Deshalb ist hierfür eine offene Rippenbauweise zur Aufnahme
der Zug- und Druckkräfte ausreichend.

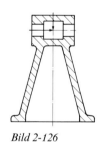
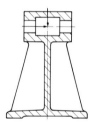

Bild 2-126

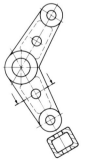
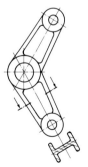

Bild 2-127

Gestaltung
unzweckmäßig   zweckmäßig

Bild 2-128
Rippen mit konisch auslaufender und abgerundeter Form sind bei biegewechselnder Beanspruchung anrißgefährdet.
An Durchbrüchen entstehen hohe Randspannungen.
Zur Verminderung der Randspannungen an Rippenenden und Durchbrüchen werden Wülste vorgesehen. Die Wulsthöhe h, der Wulstradius R_w und der Ausrundungsradius R werden durch folgende Werte berücksichtigt:
$h = (0,5 \cdots 0,6)\,s$; $R_w = 0,5\,s$; $R = (0,25 \cdots 0,35)\,s$.

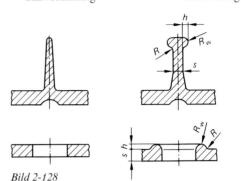

Bild 2-128

2.6.5 Fertigungsgerechte Gestaltung

Bild 2-129
Wichtige Voraussetzung für die nachfolgende spanende Fertigung ist ein gutes und sicheres Spannen des Werkstücks. Gußstücke müssen häufig auf zum Spannen ungeeigneten Flächen aufliegen. In solchen Fällen sind Stützen anzugießen, die man nach dem Bearbeiten leicht abtrennen kann.

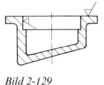
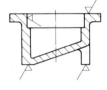

Bild 2-129

Bild 2-130
Um Bearbeitungszeit zu sparen, sollten Standflächen von Maschinen so unterteilt werden, daß nur schmale Leisten oder Füße spanend zu bearbeiten sind. Spart man die Fläche nur aus, so wird die Bearbeitungszeit oft nicht verringert, da das Werkzeug auch in diesem Fall die gesamte Fläche mit der Vorschubgeschwindigkeit durchlaufen muß.

Bild 2-130

Bild 2-131
Befestigungsschrauben benötigen einen ausreichenden Abstand a von den Wänden, damit sie mit Schraubenschlüsseln angezogen werden können und nicht von den Gußrundungen R behindert werden.

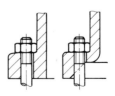
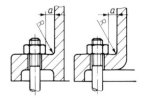

Bild 2-131

Gestaltung

unzweckmäßig   zweckmäßig

Bild 2-132
Befestigungsschrauben dürfen nicht an unzugänglichen Stellen, z. B. zwischen Rippen, sondern nur auf freiliegenden Augen oder Flanschen angeordnet werden.

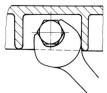
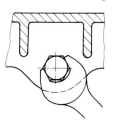

Bild 2-132

Bild 2-133
Rippen sollten möglichst niedriger als die Wandung ausgeführt werden, um die Bearbeitung ihrer Stirnflächen zu sparen.

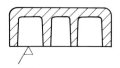
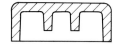

Bild 2-133

Bild 2-134
Bei zu bearbeitenden Flächen ist auf einen ausreichenden Auslauf für das verwendete Werkzeug zu achten. Die Flächen sollen gut zugänglich sein, damit das Werkzeug diese auch erreicht. So kann in der gezeigten zweckmäßigen Ausführung sowohl mit dem Umfangs- als auch mit dem Stirnfräser gearbeitet werden.

Wälzfräser

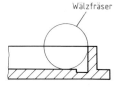
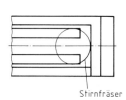
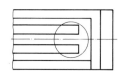

Stirnfräser

Bild 2-134

Bild 2-135
Bei Drehkörpern muß der Drehmeißel auch bei unrund ausgefallenen Gußstücken (z. B. durch Kernversatz) auslaufen können. Die Bearbeitungsflächen sind daher ausreichend von den unbearbeiteten Flächen abzusetzen, damit das Maß *a* nicht zu klein wird (Allgmeintoleranzen beachten).

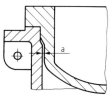
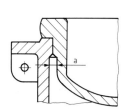

Bild 2-135

Gestaltung

unzweckmäßig   zweckmäßig

Bild 2-136
Bei Werkstücken mit langer Bohrung sollte der Kern so gestaltet werden, daß eine durchgehende Bearbeitung des Innendurchmessers nicht nötig ist. Bei der Bemessung des Kerns sind die jeweiligen Allgemeintoleranzen (Kernversatz) zu berücksichtigen.

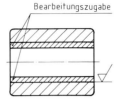
Bearbeitungszugabe
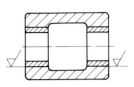

Bild 2-136

Bild 2-137
Dicht nebeneinanderliegende Flächen sollte man zu einer zusammenfassen, um weitere Anschnittmöglichkeiten zu schaffen.

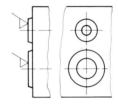
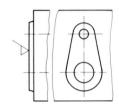

Bild 2-137

Bild 2-138
Wenn die Funktion es zuläßt, sollten mehrere Bearbeitungsflächen auf einer Höhe liegen, um die Bearbeitung zu vereinfachen. Beim Einsatz von NC-Maschinen kann man darauf verzichten.

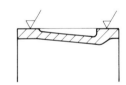

Bild 2-138

Bild 2-139
Schräg liegende Bearbeitungsflächen sind zu vermeiden, da die Werkstücke schwieriger zu spannen sind und deshalb häufig Sondervorrichtungen benötigt werden. Bearbeitungsflächen ordne man daher möglichst rechtwinklig zueinander an.

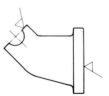
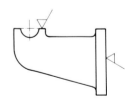

Bild 2-139

Bild 2-140
Müssen Flächen schräg angebohrt werden, so brechen die Werkzeuge leicht oder verlaufen. Dem kann durch Umgestaltung der Wände oder durch Anbringen von Augen abgeholfen werden.

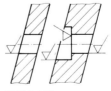
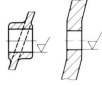

Bild 2-140

2.6.6 Normung von Erzeugnissen aus Gußeisen

Im folgenden sind die wichtigsten DIN-Normen für Erzeugnisse aus Gußeisen wiedergegeben.

DIN	Benennung
	Flansche
2500	Flansche, Übersicht
2501	Flansche, Anschlußmaße
2505	Berechnung von Flanschverbindungen
2530	GG-Flansche, Nenndruck 2,5
2531	GG-Flansche, Nenndruck 6
2532	GG-Flansche, Nenndruck 10
2533	GG-Flansche, Nenndruck 16
2534	GG-Flansche, Nenndruck 25
2535	GG-Flansche, Nenndruck 40
	Handräder
390	Handräder, gekröpft, Nabenloch gerader Vierkant
950	Handräder, gekröpft, Nabenloch rund
951	Handräder, gekröpft, Nabenloch gerader Vierkant
3220	Handräder, flach, Nabenloch verjüngter Vierkant
3319	Handräder, gekröpft, Nabenloch verjüngter Vierkant
	Kupplungen
115	Schalenkupplungen, Maße
116	Scheibenkupplungen, Maße
	Lager
118	Steh-Gleitlager für allg. Maschinenbau
189	Sohlplatten, Hauptmaße
502	Flanschlager, Befestigung mit 2 Schrauben
503	Flanschlager, Befestigung mit 4 Schrauben
504	Augenlager
505	Deckellager Befestigung mit 2 Schrauben
506	Deckellager, Befestigung mit 4 Schrauben
736	Stehlagergehäuse für Wälzlager der Durchmesserreihe 2 mit kegeliger Bohrung und Spannhülse, Hauptmaße
737	Stehlagergehäuse für Wälzlager der Durchmesserreihe 3 mit kegeliger Bohrung und Spannhülse, Hauptmaße
738	Stehlagergehäuse für Wälzlager der Durchmesserreihe 2 mit zylindrischer Bohrung, Hauptmaße
739	Stehlagergehäuse für Wälzlager der Durchmesserreihe 3 mit zylindrischer Bohrung, Hauptmaße
31690	Gehäusegleitlager
	Rohre
2410	Rohre, Übersicht über Normen für Rohre aus duktilem Gußeisen
	Transmissionen
111	Flachriemenscheiben, Maße
	Ventile
3354	Klappen
3356	Ventile
7120	Säurefestes Siliciumgußeisen, Schrägsitz-Durchgangventile
86251	Absperrventile aus GG, mit Flanschen
86252	Rückschlagventile, absperrbar, aus GG, mit Flanschen
86253	Rückschlagventile, nicht absperrbar, aus GG, mit Flanschen

2.6.7 Normung von Erzeugnissen aus Stahlguß

Für Stahlguß sind folgende DIN-Normen die wichtigsten:

DIN	Benennung
	Flansche
2543	Stahlgußflansche, Nenndruck 16
2544	Stahlgußflansche, Nenndruck 25
2545	Stahlgußflansche, Nenndruck 40
2546	Stahlgußflansche, Nenndruck 64
2547	Stahlgußflansche, Nenndruck 100
2548	Stahlgußflansche, Nenndruck 160
2549	Stahlgußflansche, Nenndruck 250
2550	Stahlgußflansche, Nenndruck 320
2551	Stahlgußflansche, Nenndruck 400
	Formstücke
2842	Stahlguß-Formstücke, T-Stücke, Nenndruck 160
2843	Stahlguß-Formstücke, T-Stücke, Nenndruck 250
2844	Stahlguß-Formstücke, T-Stücke, Nenndruck 320
2852	Stahlguß-Formstücke, Bogen 90°, Nenndruck 160

DIN	Benennung
2853	Stahlguß-Formstücke, Bogen 90°, Nenndruck 250
2854	Stahlguß-Formstücke, Bogen 90°, Nenndruck 320
	Handräder
950	Handräder, gekröpft, Nabenloch rund
951	Handräder, gekröpft, Nabenloch gerader Vierkant
	Ventile
3160	Durchgang-Absperrventile für Kältemittelkreislauf, Nenndruck 25
3161	Eck-Absperrventile für Kältemittelkreislauf, Nenndruck 25
3163	Durchgang-Regelventile für Kältemittelkreislauf, Nenndruck 25
3354	Klappen
3356	Ventile
3790	Nichtrostende Stahlgußarmaturen, Schrägsitz-Durchgangventile mit Bügelaufsatz
3791	Nichtrostende Stahlgußarmaturen, Durchgangventile, Eckventile mit Bügelaufsatz

2.7 Urformen durch Sintern (Pulvermetallurgie)

Die Entwicklung der *Pulvermetallurgie* begann am Anfang unseres Jahrhunderts mit Sonderwerkstoffen aus den hochschmelzenden Metallen Wolfram und Molybdän, die schmelzmetallurgisch nicht herzustellen waren. Die daraus entwickelte Fertigungstechnik wurde zunächst vor etwa 40 Jahren auf im flüssigen Zustand nicht mischbare Legierungen wie *Gleitlager* aus Kupfer-Zinn-Blei, *Kontaktwerkstoffe* aus Kupfer-Graphit und *Schneidstoffe* aus Wolframcarbid-Cobalt übertragen. Werkstücke mit einer definiert porigen Struktur für *Dichtungen, Filter* und wartungsfreie *Tränklager* wurden durch unterschiedlich starkes Verdichten der Pulver entwickelt.

Heute bieten pulvermetallurgisch hergestellte Sinterteile gegenüber den konkurrierenden Urform- und Umformverfahren wie

– Feinguß und Druckguß,
– gratfreies Schmieden und
– Warm- und Kaltfließpressen

eine Reihe von Vorteilen:

– Der weitgehend mechanisierte Fertigungsablauf führt zu maßhaltigen *Sinterfertigteilen,* die meist nicht weiter bearbeitet werden.
– Der eingesetzte Pulverwerkstoff wird fast 100%ig ausgenutzt, da Anschnitte, Speiser, Grate und Zugaben fehlen.
– Beim Sintern entsteht keine Schlacke. Das Sinterteil ist deshalb reiner als Guß- oder Schmiedestücke. Tiegel oder Zuschläge wie in der Schmelzmetallurgie werden nicht benötigt.
– Das sorgfältige Mischen verschiedener Metallpulver führt zu Werkstoffen, die sonst wegen einer Mischungslücke im flüssigen Zustand nicht herzustellen sind.
– Die Erzeugung von *Verbundwerkstoffen* und nicht legierbaren sog. Pseudolegierungen aus Metallen und Nichtmetallen ist möglich.
– In Sinterwerkstoffen werden keine Seigerungen beobachtet.
– Bei Sinterformteilen sind Energieeinsparungen von etwa 50% gegenüber spanend hergestellten Teilen aus Profilen, Schmiede- oder Gußstücken möglich.

Diesen Vorteilen stehen allerdings auch heute noch einige Nachteile gegenüber:

– Die Pulver und Pulvergemische sind verhältnismäßig teuer.
– Man benötigt beim Pressen große Kräfte, große Pressen und hochwertige Preßwerkzeuge. Sintern ist also nur für Serien wirtschaftlich.
– Nur einfache Grundkörper (Prismen, Kegel, Quader) ohne Hinterschneidungen und mit möglichst geringem *Höhen/Durchmesser-Verhältnis* sind gut preßbar.
– Mit bestimmten Pulvern oder Pulvermischungen lassen sich porenfreie und schwindungsarme Sinterteile bisher nicht herstellen.

Der Einteilung der Fertigungsverfahren in DIN 8580 entsprechend ist die Pulvermetallurgie der Teil der Metallurgie, der sich auf die Herstellung von Metallpulvern oder Gegenständen durch Formgebungs- und Sinterprozesse bezieht. Die dafür erforderliche Fertigungstechnik, auch *Sintertechnik* genannt, umfaßt mindestens drei Verfahrensstufen:

– die Pulvererzeugung,
– die Preßtechnik und
– das Sintern.

2.7.1 Pulvermetallurgische Grundbegriffe

Der Hersteller von Sinterteilen, der meist nicht Pulvererzeuger ist, benötigt möglichst reine Pulver einer vorgegebenen Zusammensetzung. Die Verarbeitungseigenschaften des Pulvers, hauptsächlich die *Preßbarkeit,* das *Sinterverhalten* und die *Schwindung* müssen gleichbleibend sein.

Für eine Serienfertigung von Sinterteilen muß für die Presseneinstellung zunächst der *Füllfaktor* ermittelt werden. Dieser ist der Rauminhalt des lose eingeschütteten Pulvers, bezogen auf das Volumen des fertigen Preßlings. Für den Füllfaktor in einem Werkzeug gilt

$$\text{Füllfaktor} = \frac{\text{Füllhöhe}}{\text{Fertighöhe}} \, .$$

Bild 2-141 verdeutlicht den Zusammenhang. Füllfaktoren zwischen 1,9 und 2,5 sind z. B. bei Eisenpulver mit einem spezifischen *Füllvolumen* von etwa 40 cm³ je 100 g und einer Einfülldichte, der *Scheindichte,* von 2,5 g je cm³ zu erreichen. Für den automatisierten Preßvorgang ist das *Fließverhalten* der Pulver eine wichtige Verarbeitungseigenschaft. Die Pulvermischung soll den Preßwerkzeugen aus einem meist erhöhten Zwischenbehälter möglichst ohne *Entmischung* zufließen.

Die *Raumerfüllung* des Pulvers und die Fließ- und Preßeigenschaften sind hauptsächlich von der Teilchengrößenverteilung des Pulvers, der sog. *Sieblinie,* und von der Teilchenform abhängig. Modellversuche mit Glaskugeln gleicher Größe haben gezeigt, daß die dichteste Kugelpackung gemäß Bild 2-142 a), die maximal mögliche Raumerfüllung, bei losem Einfüllen in ein Gefäß oder Werkzeug nicht von selbst erfolgt. Die Hohlräume und die zu brückenartigen Anordnungen abgestützten Teilchen – angedeutet in Bild 2-142 b) – müssen zunächst durch Klopfen, Rütteln oder Stampfen beseitigt werden. Aus dem dadurch entstehenden *Klopfvolumen* ergibt sich eine größere Dichte, die *Klopfdichte.*

Pulver mit unterschiedlicher Korngröße füllen i. a. einen Raum besser aus, wie Bild 2-143 zeigt, als Pulver mit etwa gleicher Teilchengröße. Von der Kugelform sehr abweichende Teilchenformen wie *eckig, spratzig* oder *flitterförmig* zeigen keine lineare Beziehung zwischen Sieblinie und Raumerfüllung.

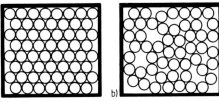

Bild 2-142. Glaskugelmodell: a) Dichteste Kugelpackung, b) Brückenbildung.

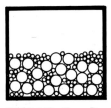

Bild 2-143. Zum Begriff Raumerfüllung: Glaskugeln verschiedenen Durchmessers als Modell.

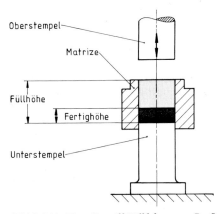

Bild 2-141. Zum Begriff Füllfaktor am Preßwerkzeug zum einseitigen Pressen.

Das Fließverhalten mißt man als Ausflußzeit in Sekunden von z. B. 50 g Pulver aus einem Trichter mit 60° Kegelwinkel und einer Ablaufbohrung von 5 mm Dmr. Im Auffangbehälter kann das spezifische Füllvolumen gemessen werden.

Für Tränklager sind Eisenteilchengrößen von etwa 150 µm nötig, um gleichbleibend 25% Porenraum für das Schmiermittel (Volumengehalt etwa 22% Öl) zu schaffen.

Gesinterte Bronzezahnräder und -ritzel haben als Hauptsiebfraktion Teilchen mit einer Größe von etwa 50 µm. Feinstpulvermischungen aus Hartstoffen wie Wolframcarbid oder Bornitrid und Sondermetallen wie Cobalt oder Nickel mit

Teilchengrößen unter 5 µm sind nur mit Preßhilfsmitteln – dies sind Stearate der Metalle Lithium und Zink sowie synthetisches Mikrowachs – verarbeitbar. Ohne Hilfsstoffe klemmen sie im Werkzeugsatz.

Allgemein werden Haufwerke von Teilchen nach ihrem ungefähren Durchmesser in DIN 30 900 wie folgt bezeichnet:

- Granulate, größer 1 mm Dmr.,
- Pulver, kleiner 1 mm Dmr.,
- Kolloide, kleiner 1 µm Dmr.

2.7.2 Pulvererzeugung

Durch den Werkstoff, die Art der Herstellung besonders aber durch die Teilchenform und -größe, wird die Verdichtung des Pulvers zu *Preßlingen* stark beeinflußt. Die unterschiedlichen Verfahren der Pulverherstellung erzeugen ein typisches Kornspektrum. Mittels *Sieben* oder bei Feinstpulver mittels *Schlämmen* teilt man das Korngemenge in Fraktionen auf. Durch sorgfältiges Mischen bestimmter Kornfraktionen wird ein synthetisches Teilchengemisch eingestellt, das sich in vorausgegangenen Preßversuchen als gut verdichtbar erwiesen hat.

Die wichtigsten Verfahren zur Pulvererzeugung können grob in mechanische Verfahren und physikalisch-chemische Verfahren eingeteilt werden:

Mechanisches Zerkleinern von Metallen und Verbindungen in *Mühlen* mit Hämmern, Kugeln oder Stampfern ergibt ein Gemenge mit einem Teilchendurchmesser von 50 µm bis herab zum Feinststaub (5 µm Dmr.). Es lassen sich spröde Verbindungen, Carbide, Nitride, Boride, aber auch zähe Metalle, Eisen und Stahl, Aluminium, Bronze sowie Folienabfälle mahlen bzw. zerkleinern. Es wird trocken, unter Schutzgas, oder auch naß gemahlen.

Das *Zerstäuben* einer Metallschmelze durch Preßluft, Druckwasser oder inerte Gase unter Druck wird als *Granulieren,* Zerstäuben, *Verspritzen* oder auch *Verdüsen* bezeichnet. Pulver aus Stahl, Eisen, Chrom-Nickel-Stahl, Magnesium und Nichteisenlegierungen lassen sich auf

diese Weise schnell und wirtschaftlich herstellen.

Eine wichtige Variante zum Erzeugen von fast sauerstoff- und kohlenstofffreiem Reineisenpulver ist das Roheisen-Zunder-Verfahren, *RZ-Verfahren* genannt. Gußeisen, aus reinem Stahlschrott und Koks im Kupolofen erschmolzen, wird mit Preßluft über Wasser zerstäubt. Ein Teil des Gußstaubs aus Zementit (Fe_3C) bildet mit der Luft Zunder (Fe_3O_4). Durch eine Wärmebehandlung bei etwa 1000 °C – wie beim historischen Erztempern – wird der Zunder durch den Zementitanteil reduziert. Es entstehen Reineisenschwamm und ein Gasgemisch aus Kohlenmonoxid und Kohlendioxid. Das poröse *RZ-Pulver* läßt sich sehr gut pressen.

Hochreine Eisen- und Nickelpulver mit gleichmäßigen, kugeligen Teilchen von etwa 0,5 µm bis 10 µm Dmr. werden chemisch nach dem *Carbonylverfahren* erzeugt. Bei etwa 200 °C bildet Kohlenmonoxidgas unter Druck mit Eisen und Nickel die flüssigen Carbonyle $Fe(CO)_5$ und $Ni(CO)_4$. Unter Normaldruck zerfallen die Verbindungen zu Carbonyleisen, Carbonylnickel und Kohlenmonoxid. Da die Begleitelemente des Eisens und Nickels keine Carbonyle bilden, sind die Pulver hochrein, aber teuer. Magnetwerkstoffe und hochwarmfeste Nickellegierungen für Gasturbinen werden aus *Carbonylpulvern* hergestellt.

Nach dem *Reduktionsverfahren* werden hauptsächlich die Pulver von Wolfram, Molybdän und auch ein bedeutender Teil der Eisenpulver erzeugt. Ausgehend von den festen, reinen Oxiden WO_3, MoO_3, Fe_3O_4 und Fe_2O_3 wird das Oxidpulver im Wasserstoffstrom bei 900 °C reduziert. Die Reduktionspulver sind schwammig und lassen sich gut pressen.

Die elektrolytische Gewinnung von Metallpulvern als poröse, an einer Kathode lose anhaftende Niederschläge hat für Edelmetalle, Kupfer aber auch für Eisen Bedeutung. Aus wäßrigen Kupfersalzlösungen wird bei großer Stromdichte Kupfer elektrolytisch an der Kathode abgeschieden. Der bei dieser großen Stromdichte gleichzeitig entstehende Wasserstoff lockert den Niederschlag auf und macht ihn porös schwammartig. Die Kathoden zerkleinert man in Feinmühlen, und das Pulver stellt man auf die gewünschte Sieblinie ein. Die durch das Mahlen erzeugte Kaltverfestigung wird in einer kurzen Rekristallisationsglühung in Anwesenheit von Wasserstoff beseitigt.

Elektrolytische Kupferpulver sind rein und haben sehr gute Preß- und Sintereigenschaften. Das elektrolytisch gewonnene Eisenpulver ist billiger als das Carbonyleisenpulver.

2.7.3 Preßtechnik

Sinterteile aus Metallpulvern werden nach verschiedenen Verfahren gefertigt. Das einfachste Vorgehen besteht darin, das Pulver in eine Form aus Graphit oder Stahl lose einzufüllen, durch Klopfen oder Vibrieren zu verdichten und die gefüllte Form in einem Ofen zu sintern. Durch *Schüttsintern* lassen sich unterschiedliche Formteile herstellen. Die einfache Formgebung erlaubt es, z. B. hohe Zylinder und Töpfe gemäß Bild 2-144a), auch mit Gewinden, durch einfaches Schütten und Sintern zu fertigen. Die Größe der Bronzeteilchen kann so eingestellt werden, daß Filterfeinheiten zwischen 200 μm und 8 μm Dmr., je nach gewünschtem Filtrierstoff, entstehen, wie Bild 2-144b) zeigt.

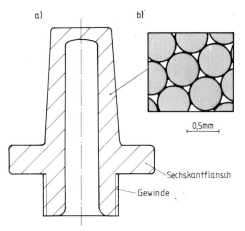

a)   b)

0,5mm

Sechskantflansch

Gewinde

Bild 2-144. a) Bronzefilter mit Sechskantflansch und Gewinde für Ölbrennerdüsen und b) durch Schüttsintern erzeugtes Porenvolumen für Filter.

Das wichtigste Verfahren ist das Pressen von Pulvern zu sog. *Preßlingen* oder *Grünlingen,* die anschließend gesintert werden.

In Pulvern gilt nicht wie in der Flüssigkeitsmechanik das Gesetz der gleichmäßigen Druckfortpflanzung. Pulver sind ganz unterschiedlich verpreßbar. Die *Preßbarkeit* ist der Quotient aus der Scheindichte ϱ' (Gründichte) und dem Preßdruck p und ein einfach zu bestimmender Vergleichswert:

$$\text{Preßbarkeit} = \frac{\text{Scheindichte } \varrho'}{\text{Preßdruck } p}.$$

Dieser Zusammenhang ist in Bild 2-145 für drei verschiedene Preßbedingungen dargestellt. Die Preßbarkeit kann z. B. bei einem konstanten Preßdruck von 60 kN/cm² (Kurve 1) bei mechanisch erzeugtem Eisenpulver durch Glühen unter Wasserstoff verbessert werden. Durch mechanisches Zerkleinern werden die Teilchen kaltverfestigt. Nach einer Rekristallisationsglühung (Kurve 2) werden sie bei gleichem Preßdruck stärker verdichtet. Zusätze von 0,5% Lithiumstearat als Gleitmittel wirken noch stärker (Kurve 3).

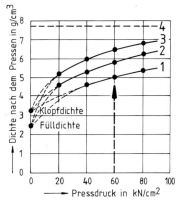

Bild 2-145. Preßverfahren von Eisenpulver mit Korngrößen kleiner als 0,3 mm (nach Eisenkolb).
1: ungeglüht ohne Zusatz
2: geglüht
3: mit 0,5% Lithiumstearat
4: Dichte des porenfreien Eisens

Bezieht man die erreichte Gründichte (Scheindichte) auf die theoretisch mögliche Dichte (Linie 4), erhält man den Begriff *Raumerfüllung.* Für den Preßdruck von 60 kN/cm² ergibt sich als Quotient der Schnittpunkte von 3 und 4 eine Raumerfüllung von ca. 83%, ausgehend von einer Fülldichte von etwa 2,5 g/cm³ und einer Klopfdichte von etwa 3,2 g/cm². Als Faustformel gilt, daß die Höhe der Preßlinge den Durchmesser nicht wesentlich überschreiten soll.

Durch Verdichten bei Raumtemperatur, das *Kaltpressen,* soll der Preßling i. a. bei niedriger Preßkraft eine große Dichte erreichen. Angestrebt wird eine möglichst gleichmäßige, homogene Verdichtung. Durch eine einseitig wirkende Preßkraft wie in Bild 2-141 wird selbst bei hohen Drücken eine gleichmäßige Raumerfüllung nicht erreicht. Die meisten Werkzeuge arbeiten deshalb mit gegenläufig wirkendem Ober- und Unterstempel, wie Bild 2-146 zeigt. Das Pulver wird bei abgehobenem Oberstempel in die Matrize eingefüllt, durch Vibrieren vorverdichtet und durch gleichzeitigen Druck auf Ober- und Unterstempel beidseitig gegenläufig nach dem Matrizenabzugsverfahren verdichtet.

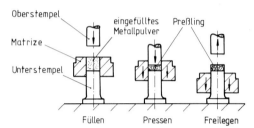

Bild 2-146. *Koaxiales Pressen mit feststehendem Unterstempel nach dem Matrizenabzugsverfahren, schematisch.*

Nach Erreichen der Höchstkraft, die nur 1 s bis 1,5 s gehalten wird, fährt zunächst der Oberstempel zurück, während die Matrize durch eine kleine Hubbewegung den Grünling freilegt. Der Werkzeugaufbau ist auch mit profiliertem Ober- und Unterstempel und mit Lochdorn möglich. Für eine Serienfertigung kann die Taktzeit verkürzt werden, wenn durch einen vom Hauptantrieb unabhängigen Hubantrieb der Matrize mit etwa 5% bis 25% der Hauptkraft das Freilegen erfolgt. Üblich sind Preßkräfte bis 300 kN auf mechanischen und bis 4000 kN auf hydraulischen Pressen. Nur mit großen Preßdrücken bis 100 kN/cm² gelingt es beim koaxialen Kaltpressen, ein Porenvolumen von unter 5% zu erhalten.

Für Serienfertigungen gelten Preßdrücke von 60 kN/cm² als Grenze der Wirtschaftlichkeit. Die Haltbarkeit der Werkzeuge nimmt bei höheren Drücken sehr ab. Zur Verbesserung der Maßgenauigkeit, der Oberfläche und der Werkstoffeigenschaften kann nach dem Sintern in einem weiteren Werkzeug koaxial nachgepreßt werden. Beim Freilegen erfolgt je nach Dichte und Pulvermischung eine elastische *Rückfederung,* also eine Volumenvergrößerung der Preßlinge.

Zusammen mit der *Sinterschwindung,* d.h. der Volumenverminderung beim Sintern, werden Maßabweichungen bis zu ±1,5% gemessen.

Durch *Kalibrieren* in einem speziellen Kalibrierwerkzeug beseitigt man mittels Nachpressen diese Volumenänderungen. Die dabei verbesserten Oberflächen und die durch Kaltverformung erhöhte Festigkeit sind i.a. erwünscht.

Durch *Heißpressen* bei erhöhter Temperatur werden Pulversorten verdichtet, die sich wegen ihrer Sprödigkeit kalt nicht pressen lassen, oder die eine große Dichte erreichen müssen. Es werden auch Kaltpreßlinge oder fertige Sinterteile warm nachgepreßt (Sinterschmieden), um eine größere Festigkeit und Dichte zu erzielen.

Größere Bedeutung hat das Heißpressen von Aluminiumpulver. Hochsiliciumhaltige Aluminiumpulver mit bis zu 30% Silicium und Zusätzen von Aluminiumoxid Al_2O_3 sind gut warm preßbar. Gegenüber den Guß- und Knetwerkstoffen sind sie verschleißfester und dispersionshärtbar.

Bei Aluminiumlegierungen kann beim Heißpressen ohne Schutzgas gearbeitet werden.

Eine besonders wirksame, aber verhältnismäßig teure Verdichtung ist das *isostatische Pressen* von Pulver. Der Formling wird in einer elastischen Kunststoffhaut allseitig und gleichmäßig isostatisch mittels einer Ölemulsion verdichtet. Nach diesem Verfahren wird Halbzeug aus Sondermetallen hergestellt, das nach dem Sintern durch Spanen seine Form erhält. Hochwarmfeste Nickellegierungen, deren Anwendung im Gußzustand durch die große Sprödigkeit begrenzt ist, lassen sich pulvermetallurgisch z.B. zu Feinstfilterbauteilen mit ausgezeichneter Zähigkeit verarbeiten.

Das Pulver wird unter Vakuum in einen dünnwandigen Feinblechbehälter z.B. in der Gestalt einer einfachen Lochscheibe gefüllt. Nach dem Klopfverdichten wird der Blechbehälter vakuumdicht verschweißt und in einem Autoklaven unter hohem Gasdruck *isostatisch heißgepreßt.* Der Preßling ist homogen verdichtet, praktisch porenfrei und wird dem verformten Behälter entnommen. Das teure Schmiedegesenk bei kleinen Stückzahlen entfällt auf diese Weise. Das Rohteil z.B. für einen Gasturbinenläufer, ist gegenüber dem Schmiedestück maßgenauer und spart Zerspanungsaufwand.

2.7.4 Sintern

Durch mechanisches Verklammern der Pulverteilchen beim Pressen wird durch *Adhäsion* die Grünfestigkeit erreicht. Sie kann durch Sintern erheblich erhöht werden. Beim Glühen unterhalb der Schmelztemperatur T_s in Kelvin wird ein Zusammenwachsen der Pulverteilchen durch Diffusionsprozesse ermöglicht. Die Sintertemperatur beträgt

$$T_{sint} \approx \frac{2}{3} T_s \text{ bis } T_{sint} \approx \frac{3}{4} T_s .$$

In Pulvergemischen liegt sie unterhalb des Schmelzpunktes der am höchsten schmelzenden Komponente. In Eisenpulver erfolgt beim Aufheizen zunächst ein *Fließen,* dann eine *Oberflächendiffusion* an den Berührungsstellen, die bei Sintertemperaturen zwischen 1000 °C und 1250 °C in die *Gitterdiffusion* übergeht, d. h. auch im Inneren der Pulverteilchen erfolgen Platzwechselvorgänge, es bilden sich neue Kristalle. Eine flüssige Phase entsteht jedoch nicht.

In Zwei- oder Mehrstoffsystemen, z. B. Wolframcarbid und Cobalt, kann die Sintertemperatur so liegen, daß ein Stoff schmilzt und unter schneller *Legierungsbildung* aufgezehrt wird. Dadurch wird das noch vorhandene Restporenvolumen meist stark vermindert.

Allgemein wird beim Sintern reiner Pulver oder Pulvermischungen eine geringe *Volumenabnahme* (Schwindung) bis zu 1,5% beobachtet. Das Ziel der Fertigungstechnik in der Pulvermetallurgie ist das Herstellen maßgenauer Sinterteile in Serien. Das Schwinden beim Sintern ist hauptsächlich abhängig

- vom Pulverwerkstoff,
- von der Dichte des Preßlings und von
- Sintertemperatur und Sinterzeit.

Nur hoch und gleichmäßig verdichtete Preßlinge sind beim Sintern *volumenkonstant.* Durch Zusätze von 0,5% bis 2,0% Kupfer kann bei Eisenpulvern das Schwinden verhindert werden. Notfalls muß der Grünling mit einem Aufmaß gepreßt werden.

In Grenzen sind Sinterzeit und Sintertemperatur veränderbar. Eine wirtschaftlich kurze Sinterzeit von etwa 30 min läßt sich z. B. bei Aluminiumpulver mit einem Porenraum von 5% durch eine höhere Sintertemperatur von 540 °C bis 580 °C erreichen.

Die Atmosphäre im Sinterofen wird durch *Schutzgase* neutral oder reduzierend eingestellt. Verwendet werden meist Wasserstoff, Stickstoff, Ammoniak und Spaltgas aus Ammoniak. Die großen inneren Oberflächen der Grünlinge sind empfindlich gegen Oxidation, die auch unter Schutzgas durch die Feuchte nach der Reaktion

$$H_2O \text{ (aus der Feuchte)} \xrightarrow{T_{sint}} H_2 + \frac{1}{2} O_2$$

möglich wird. Hochwertige Sinterteile wie Schnellstahl werden deshalb in *Vakuumöfen* bei einem Gasdruck von 0,05 bar gesintert.

Die mathematische Beschreibung von Sintervorgängen ist noch unbefriedigend, weil Transportvorgänge, Geometrieänderungen und Atmosphäre während des Sinterns von vereinfachten Betrachtungen an Modellen, z. B. den Glas- oder Kupferkugelmodellen, nicht genügend erfaßt werden können.

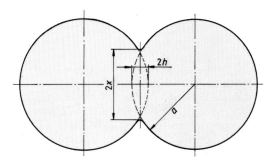

Bild 2-147. Zweiteilchenmodell zur mathematischen Beschreibung von Sintervorgängen.

Im *Zweiteilchenmodell* gemäß Bild 2-147 sind die wichtigsten Größen zum Beschreiben des Sinterverlaufs die Zentrumsannäherung $2h$ als Maß für das Schwinden und der Halsradius x als Maß für den Transportquerschnitt und die Festigkeit der Bindung. Die Abweichungen der besten Näherungsbeziehung zwischen diesen Größen

$$\frac{h}{a} = \frac{x^2}{4 a^2}$$

liegen unter 20% der theoretisch errechneten Werte. Für gepreßte Teilchen gibt es nach *Exner* keinen einfachen Zusammenhang zwischen dem Halsradius und der Zentrumsannäherung.

2.7.5 Arbeitsverfahren zur Verbesserung der Werkstoffeigenschaften

Die verdichteten und gesinterten Formteile werden häufig nach verschiedenen Verfahren weiterverarbeitet, um die Werkstoffeigenschaften der Sinterteile zu verbessern. Beim *Aufkohlen* von Sintereisen zu Sinterstahl wird der Kohlenstoffgehalt im Sinterteil mittels Aufkohlungsmittel erhöht. Zur Verfügung stehen

- als Gase Kohlenmonoxid und Methan,
- fester Kohlenstoff in Form von Graphit und Ruß,
- als Salze Alkali- und Erdalkalicyanide.

Die Salzschmelzen für das flüssige Aufkohlen haben sich bei Sinterteilen nicht bewährt, da Salzreste in den Poren verbleiben und später eine Korrosion des Metalls herbeiführen.

Das *Aufkohlen* zielt entweder auf ein bestimmtes Ferrit-Perlit-Verhältnis im Sinterstahl oder kann bis zur Bildung von Sekundärzementit in perlitischer Grundmasse geführt werden. Verschleißfeste und harte Funktionsflächen kann man durch eine nachfolgende Martensithärtung erzeugen, z. B. bei Einstellplatten für Ventile.

Beim Herstellen von *Sinterlegierungen* kann die Legierungsarbeit durch Diffusion oder Schmelzen eines Bestandteils der Pulvermischung erfolgen. Wichtigstes Beispiel ist die *Hartmetallfertigung* aus Wolframcarbid WC und Cobalt Co. Im vereinfachten Zustandsdiagramm gemäß Bild 2-148 ist das System WC–Co im Temperaturbereich von 800 °C bis 2000 °C dargestellt. Die Feinstpulverpreßlinge aus 94 % Wolframcarbid und 6 % Cobalt werden bei

etwa 1400 °C gesintert und gleichzeitig legiert. Dabei wird zunächst durch Diffusion bis zur Sättigung im Punkt a etwa 3 % Wolframcarbid in das Cobaltgitter aufgenommen. Dann bildet sich im Punkt d eine Schmelze aus etwa 80 % Co und 20 % WC, die sich bis zum Punkt b mit bis zu 38 % WC anreichert. Dadurch wird alles Cobalt aufgebraucht und das im Überschuß vorhandene Wolframcarbidpulver porenfrei benetzt.

Nach dem gesteuerten Abkühlen auf Raumtemperatur besteht das Gefüge aus scharfkantigen Wolframcarbidkristallen, eingebettet in Cobalt, da unterhalb von etwa 800 °C beide Stoffe nicht mischbar sind.

Durch den Sinterprozeß und die Legierungsarbeit werden die für Hartmetallwerkzeuge wichtigsten Werkstoffeigenschaften erzielt:

- Warmhärte und hoher Verschleißwiderstand,
- große Zähigkeit und Schlagfestigkeit.

Aus Pulvermischungen von Metallen mit Nichtmetallen werden Sinterkörper mit sehr unterschiedlichen Eigenschaften hergestellt.

Für *Brems-* und *Kupplungsbeläge* z. B. preßt und sintert man Eisenpulver mit Glasfasern, Graphit und weiteren Zusätzen zu Formteilen.

Die Gebrauchseigenschaften der Sinterformteile lassen sich erheblich verbessern, wenn der Porenraum, das typische Kennzeichen der nicht heiß nachgepreßten Sinterteile, durch Tränken mit Flüssigkeiten oder Metallschmelzen gefüllt wird. Untersuchungen haben ergeben, daß bis zu einer Raumerfüllung von etwa 90 % ein labyrinthartig verbundenes Porennetz in Sinterkörpern vorliegt.

Durch *Tränken* mit Öl oder Fett als flüssige Gleitmittel werden die selbstschmierenden, wartungsfreien Gleitlager mit meist 15 % bis 25 % gefülltem Porenraum erzeugt. Die geringe Festigkeit des Sinterkörpers aus Reineisen oder Aluminiumbronze ermöglicht durch anschließendes *Kalibrieren* eine große Maßgenauigkeit.

Durch Tränken mit Kunststoffen, wie z. B. von Epoxidharzen, die bei dem Aushärten eine geringe Volumenzunahme zeigen, kann der Porenraum von Sinterteilen vollständig ausgefüllt werden. Hydraulikteile sind bis etwa 200 bar druckdicht und lassen sich nach dem Beizen oder Strahlen galvanisch beschichten, so daß später durch die von innen nachfließende Elektrolytlösung keine Korrosion auftritt.

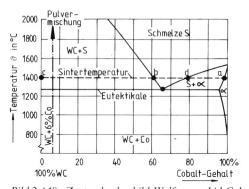

Bild 2-148. Zustandsschaubild Wolframcarbid-Cobalt (nach Takeda).

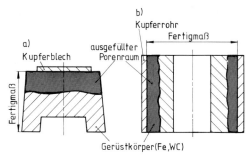

Bild 2-149. Fertigung von Tränkkörpern: a) Kontakt-schiene mit aufgelegtem Kupferblech, nach Wärmebe-handlung getränkt, b) gas- und öldichter Rotor mit aufgezogenem Kupferrohr, nach Wärmebehandlung getränkt.

Tränkkörper aus hochschmelzenden Gerüst-werkstoffen wie Eisen, Wolfram oder Carbide lassen sich auch mit Metallschmelzen füllen. Der *Tränkwerkstoff*, wie z. B. Silber, Kupfer oder Bronze, wird auf dem vorgesinterten Ge-rüstkörper im festen Zustand durch einfaches Auflegen oder bei Rohren durch Aufziehen be-festigt, wie Bild 2-149 zeigt.

Bei der nachfolgenden Wärmebehandlung schmilzt der Tränkwerkstoff und wird von den Kapillarkräften je nach Menge örtlich oder durchgreifend im Porenraum verteilt. Die Fer-tigung von Tränkkörpern mit Metallschmelzen hat für Kontaktwerkstoffe sowie für öl- und gasdichte Sinterteile Bedeutung.

Der Gerüstwerkstoff kann neuerdings auch mit besonderen *Tränklegierungen* in einem Arbeits-gang – d. h. Sintern und Tränken zugleich – während der Wärmebehandlung ausgefüllt werden.

Ein einfacher, für viele Sinterteile aus Ei-senpulver ausreichender *Korrosionsschutz* be-steht in der Behandlung durch überhitzten Wasserdampf in einem Druckgefäß. Eisen bil-det bei Temperaturen über 450 °C genügend schnell (in Anwesenheit von Wasserdampf) eine festsitzende und verschleißfeste Magnetit-schicht Fe_3O_4. Besonders in der Randzone der Werkstücke werden dadurch die Dichte und die Härte erhöht.

2.7.6 Anwendungen

Gemessen am Gesamtverbrauch von metal-lischen Formstücken ist die erzeugte Menge von Sinterformteilen verhältnismäßig gering. Durch die bei pulvermetallurgischen Formge-bungsverfahren möglichen Einsparungen von bis zu 60% beim Rohstoffverbrauch und bis zu 40% beim Energieverbrauch – bezogen auf die spanende Fertigung des Werkstücks aus Halb-zeugen, Schmiedestücken oder Gußteilen – er-wartet man künftig erhebliche Steigerungen.

Die wichtigsten Sinterwerkstoffe sind in Tabelle 2-26 an Hand ausgewählter Beispiele den Hauptanwendungen zugeordnet. Die *Hartme-talle* sind die mengenmäßig bedeutendste Gruppe der Sinterwerkstoffe. Weltweit wurden 1985 bereits 250 000 t Eisenpulver verpreßt. Alle übrigen Sinterwerkstoffgruppen zusam-men erreichen nicht diese Größenordnung.

Für die Werkstoffauswahl stehen verschiedene Pulver zur Verfügung, die einem Zugfestigkeits-bereich von 80 N/mm² bis ca. 1700 N/mm² entsprechen. Die wichtigsten mechanischen Ei-genschaften wie Zugfestigkeit, Bruchdehnung und Kerbschlagzähigkeit werden stark von der

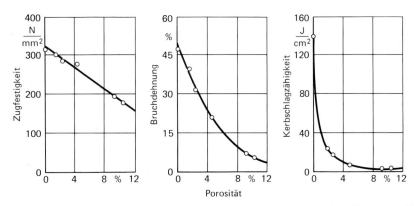

Bild 2-150. Mechanische Eigenschaften von Sinterstahl (nach DIN 30910 V Werkstoff-Leistungsblätter).

Tabelle 2-26. Sinterteile, nach Werkstoffgruppen mit typischen Beispielen geordnet.

Werkstoffgruppe	Anwendungsgebiet	Beispiele
Hartmetalle und Hartstoffe, Carbide von W, Ta, Ti mit Co	Zerspanung auf Werkzeug-maschinen, Werkzeugbau	Schneid- und Wendeplatten, Gewindebohrer, Schneideisen, Meßbügel
Sintereisen und Sinterstahl: unlegiert, niedriglegiert, hoch-legiert	Fahrzeug- und Maschinenbau, Waffen- und Haushaltstechnik, Werkzeugbau, Elektrotechnik, Feinmechanik und Optik	Stoßdämpferkolben, Zahnriemen-räder, Einspritzpumpenkeile, Schnecken, Pumpenräder, Ventil-führungen, Lehren, Führungsleisten, Rändelmuttern und -schrauben
Reibwerkstoffe aus Eisenpulver mit nichtmetallischen Zusätzen, wie z. B. Asbest, Glas, Graphit	Motorräder und Fahrzeuge, allgemeiner Maschinenbau	Bremsbeläge, Bremsklötze, Kupplungsscheiben, Synchronringe
poröse Sinterteile aus Eisen- und NE-Pulvern ohne oder mit Gleitmittel, wie z. B. Öl und Graphit	Maschinenbau, Fahrzeugbau, Haushaltstechnik, chemischer Apparatebau	Gleitlager, Führungsringe, Stoß-dämpferkolben, Filter, Düsen, Sinterelektroden, Kolbenringe
Metallkohlen-Magnetwerkstoffe für Dauermagnete und Weich-eisenteile	Elektrotechnik und Elektro-maschinenbau, Feinwerktechnik	Schleifkontakte, Polschuhe, Meßgeräte, Kleindynamos, Anker, Spulenkerne
hochschmelzende Reinmetalle, wie z. B. W, Ta, Mo, Co und Ni, Kontaktwerkstoffe Ag, Cu	elektronische Bauteile, all-gemeine Elektrotechnik, Textil-technik und Vakuumtechnik	Lampendrähte, Elektronen-röhren, Schleif- und Gleit-kontakte, Schalterteile, Spinn-düsen, Kondensatoren
Sinteraluminium und Aluminium-Silicium-Pulver mit und ohne Zusatz von Aluminiumoxid	Maschinen- und Fahrzeugbau, Hochleistungsmotorenteile, Luft- und Raumfahrt	Gleitlager und Getriebeteile, warmfeste und aushärtbare Pleuelstangen und Kolben

relativen Dichte, der Porosität beeinflußt, Bild 2-150.

2.8 Gestaltung von Sinterteilen

2.8.1 Allgemeines

Die Formgebung von Sinterteilen erfolgt über-wiegend durch Kaltpressen in verschleißfesten Werkzeugen (Gesenken). Bei der Gestaltung der Preßteile ist darauf zu achten, daß die Werkzeugkosten möglichst gering gehalten werden. Die Berührung von Ober- und Unter-stempel muß vermieden werden (Bild 2-151), eine Mindestwanddicke von $s = 2$ mm sollte eingehalten werden (Bild 2-152). Die Ferti-gungsgenauigkeit entspricht (ohne Kalibrie-rung) mindestens der Qualität „mittel" nach DIN 7168.

2.8.2 Gestaltungsregeln

– Das Preßteil möglichst im Untergesenk un-terbringen.
– Schräglaufende Kanten vermeiden.
– Scharfe Kanten durch Fasen o. ä. ersetzen.
– Hinterschneidungen vermeiden.
– Verzahnungen mit ausreichend großem Mo-dul ($m > 0,5$ mm) versehen.
– Bohrungen mit $d < 2$ mm nachträglich spa-nend herstellen.
– Extrem unterschiedliche Querschnitte sowie kontinuierliche Querschnittsübergänge ver-meiden, d.h., Kegel- und Kugelformen durch zylindrische Formen ersetzen.

2.8.3 Werkstoff- und werkzeuggerechte Gestaltung

Gestaltung
unzweckmäßig   zweckmäßig

Bild 2-151
Eine Berührung zwischen Ober- und Unterstempel soll vermieden werden. Daher ist in Preßrichtung eine Mantelfläche geringer Höhe ($h > 0,3$ mm) erforderlich. Das Preßteil ist möglichst nur im Untergesenk unterzubringen.

 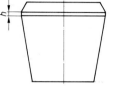

Bild 2-151

Bild 2-152 bis 2-154
Um ein Aufeinanderschlagen der Gesenkhälften zu vermeiden, muß eine Wanddicke von mindestens $s = 2$ mm eingehalten werden. Querschnittsübergänge sind mit ausreichenden Rundungen zu versehen, extreme Querschnittsübergänge zu vermeiden.

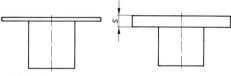

Bild 2-152

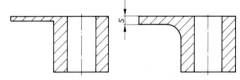

Bild 2-153

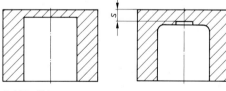

Bild 2-154

Bild 2-155
Schräglaufende Formen sind möglichst zu vermeiden, da die Stempelherstellung hierfür schwierig ist.

 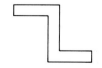

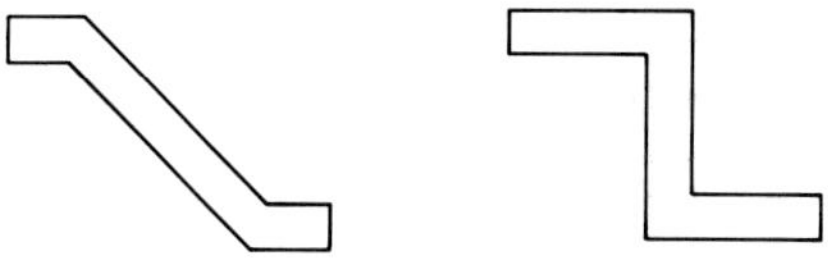

Bild 2-155

Gestaltung

unzweckmäßig   zweckmäßig

Bild 2-156 und 2-157
Um kräftige Preßstempel zu erhalten, dürfen keine messerscharfen Kanten vorgesehen werden. Außenkanten scharfkantig oder mit Fasen ausführen. Innenliegende Kanten ausrunden.

Bild 2-156

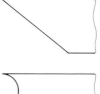

Bild 2-157

Bild 2-158
Für ausreichende Werkstoffdicke ist zu sorgen. Dünnwandige Stellen sind zu vermeiden.

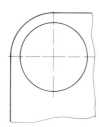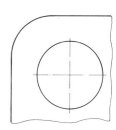

Bild 2-158

Bild 2-159 bis 2-161
Hinterschneidungen und Zwischenflansche sind zu vermeiden, da sie sehr aufwendig in der Herstellung oder überhaupt nicht möglich sind. Einfache Körper sind wirtschaftlicher herzustellen. Erforderliche Nuten, Freistiche u.ä. müssen spanend gefertigt werden.

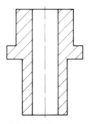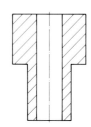

Bild 2-159

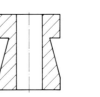

Bild 2-160

Gestaltung

unzweckmäßig   zweckmäßig

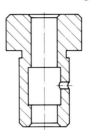 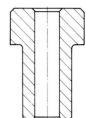

2.8.4 Fertigungs- und fügegerechte Gestaltung

Bild 2-161

Bild 2-162
Um bei waagerecht gepreßten Sinterstäben eine gleichmäßige Dichte zu erhalten, sind runde Querschnitte ungünstig und durch Profile mit ebenen Flächen in Preßrichtung zu ersetzen.

Preßrichtung

Bild 2-162

Bild 2-163 bis 2-165
Kegel- und Kugelformen ergeben kontinuierliche Übergänge, die schwer herzustellen sind. Sie sind besser durch zylindrische Formen oder Fasen zu ersetzen.

Bild 2-163

Bild 2-164

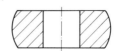 

Bild 2-165

Gestaltung

unzweckmäßig   zweckmäßig

Bild 2-166
Abschrägungen in Preßrichtung sind besser
herstellbar bei gedrehter Lage im Gesenk.

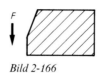

Bild 2-166

Bild 2-167 bis 2-170
Kleine Absätze ($d_2 \approx d_1$) sind zu vermeiden. Ke-
gelvertiefungen lassen sich schwer herstellen.
Besser sind stumpf auslaufende Grundlöcher.
Buchsen mit Grundloch lassen sich leichter her-
stellen, wenn Boden und Flansch auf derselben
Seite liegen.

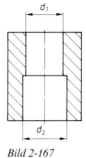
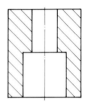

Bild 2-167

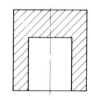

Bild 2-168

Bild 2-169

Bild 2-170

Gestaltung

unzweckmäßig   zweckmäßig

Bild 2-171
Hohe, dünnwandige Preßteile mit extremen
Querschnittsverhältnissen sind schwer herstellbar. Günstigere Querschnittsverhältnisse sind
anzustreben.

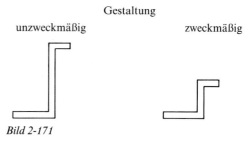

Bild 2-171

Bild 2-172
Abgerundete Ausläufe bei abgesetzten Formteilen sind zu vermeiden und durch kantige An-
schlüsse zu ersetzen (kostengünstigere Werkzeuge).

 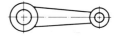

Bild 2-172

Bild 2-173
Bei Drehknöpfen und ähnlichen Bedienteilen
sind einfache Außenkonturen anzustreben und
Kreuzrändelung zu vermeiden. Längsriffelung
ist einfacher herzustellen.

 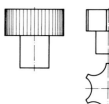

Bild 2-173

Bild 2-174 und 2-175
Bei Verzahnungen ist der Modul $m > 0,5$ zu
wählen. Verzahnungsausläufe sind nicht bis auf
den Buchsengrund zu führen. Riffelungen sollen einen Öffnungswinkel $> 60°$ aufweisen.

Bild 2-174

 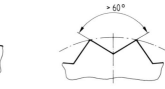

Bild 2-175

Bild 2-176
Bei gesinterten Buchsen muß die Freimachung
für den Anschlag im Aufnahmeteil liegen.

Bild 2-176

Gestaltung

unzweckmäßig   zweckmäßig

Bild 2-177
Selbstschmierende Lagerbuchsen sollen kurz
sein ($l < 2d$). Bei großer Führungslänge sind
zwei Buchsen vorzusehen. Die Wanddicke der
Buchsen ist mit $s > 0,2d$ auszuführen, um einen
genügenden Ölvorrat aufnehmen zu können
und eine definierte Passung für die Lagerung zu
erhalten.

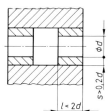

Bild 2-177

Bild 2-178
Bei Grundlöchern ist das Verhältnis von
Durchmesser zu Länge maximal 1 : 2 zu wählen.
Bohrungen mit $d < 2$ mm sollten spanend gefer-
tigt werden.

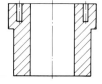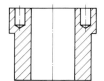

Bild 2-178

Ergänzendes und weiterführendes Schrifttum

Brunhuber, E. (Hrsg.): Gießerei-Lexikon. Berlin: Fachverl. Schiele u. Schön 1988.

Eisenkolb, F.: Einführung in die Werkstoffkunde, Band V: Pulvermetallurgie. Berlin:
Verl. Technik 1967.

Fachverband Pulvermetallurgie: Sinterwerkstoffe, Werkstoff-Leistungsblätter und technische Lieferbedingungen. Berlin, Köln:
Beuth-Vertrieb 1986.

Roll, F. (Hrsg.): Handbuch der Gießerei-Tech-
nik, Berlin, Göttingen, Heidelberg: Springer-
Verl. 1963.

Schatt, W. (Hrsg.): Pulvermetallurgie, Sinter-
und Verbundwerkstoffe. Leipzig: VEB Deutscher Verl. für Grundstoffindustrie 1979.

Taschenbuch der Gießerei-Praxis. Berlin: Fachverl. Schiele u. Schön (erscheint jährlich).

VDG und VDI (Hrsg.): Konstruieren mit Gußwerkstoffen. Düsseldorf: Gießerei-Verl. 1966.

VDG, DGV, GDM (Hrsg.): Taschenbuch der
Gießerei-Industrie. Düsseldorf: Gießerei-
Verl. (erscheint jährlich).

Zentrale für Gußverwendung (Hrsg.): Konstruieren und Gießen. Düsseldorf: VDI-Verl.
1983 bis 1992.

3 Fügen

3.1 Schweißen

Die Fertigungsverfahren sind nach DIN 8580 in sechs Hauptgruppen eingeteilt, wie dies Bild 1-1 zeigt. Die vierte Hauptgruppe betrifft das *Fügen,* oft auch Verbinden genannt. Wegen der besonderen Bedeutung für den Maschinen-, Fahrzeug- und Apparatebau werden in diesem Buch nur die wichtigsten Schweiß-, Löt- und Klebverfahren beschrieben. Fügen ist das Zusammenbringen von zwei oder mehr Werkstücken geometrisch bestimmter fester Form oder von ebensolchen Werkstücken mit formlosem Stoff. Dabei wird jeweils der Zusammenhalt örtlich geschaffen und im ganzen vermehrt (DIN 1910).

3.1.1 Bedeutung der Schweißtechnik heute und morgen

Die moderne Schweißtechnik begann mit der Einführung des Gas- und Lichtbogenschweißens in der Industrie um 1900. Seit dieser Zeit hat die Bedeutung des Fügeverfahrens Schweißen erheblich zugenommen. Die Anzahl der Schweißverfahren nimmt ständig zu, wie Bild 3-1 zeigt.

Technisch zuverlässige und wirtschaftliche Bauteile lassen sich häufig nur als Schweißkonstruktionen herstellen. Der Anteil der durch Schweißen und Löten hergestellten Metallverbindungen beläuft sich auf etwa 50% bis 60%. Mechanische Verbindungen (Nieten, Schrauben) werden wegen gravierender Nachteile (geringere Wertigkeit der Verbindung durch ungünstigen Kraftfluß, größeres Gewicht infolge

Überlappungen, Laschen) immer seltener verwendet.

Die Fortschritte im Gasturbinenbau, in der Reaktortechnik, im chemischen Apparatebau, bei Hochgeschwindigkeitsflugkörpern, aber auch auf dem Gebiet der Mikroelektronik wären ohne die moderne Schweißtechnik nicht möglich geworden. Neu hinzukommende Werkstoffe mit besonderen Eigenschaften (Korrosions-, Hochtemperatur-, Festigkeitseigenschaften) stellen erhöhte Anforderungen an die Schweißverfahren und die Fertigungstechnologie. Dabei werden leicht mechanisierbare Verfahren mit hoher Reproduzierbarkeit an Bedeutung gewinnen (z. B. WIG-, Elektronenstrahl-, Laserschweißen).

Die Kosten von Produkten und Hilfsmitteln zum Schweißen (Stromquellen, Vorrichtungen, Zusatz- und Hilfsstoffe) werden sich von gegenwärtig etwa 25,– DM je Tonne Stahl auf mehr als 30,– DM erhöhen. Die künftige Entwicklung in der Schweißtechnik wird gekennzeichnet sein durch den Zwang zur *Kostensenkung* (Rationalisierung, z. B. Mechanisierung oder Automatisierung), *erweiterte Anwendung* (z. B. neue Werkstoffe, neue Füge- und Trennmethoden) und *Verfahrenssubstitution* (z. B. Einsatz hoch mechanisierbarer Verfahren).

Der Trend zur Mechanisierung der Schweißverfahren ist unübersehbar: Der Mechanisierungsgrad [1]) liegt z. Z. bei etwa 35% (im Schienenfahrzeugbau bei 70%, im Schiffbau bei 12%), für die neunziger Jahre wird mit 55% bis 65% gerechnet. Dies bedeutet, daß außer der Anwendung geeigneter Verfahren (z. B. Schutzgas-, UP-Verfahren) auch eine große Zunahme von Ein- und Mehrzweckvorrichtungen notwendig sein wird.

3.1.2 Das Fertigungsverfahren Schweißen; Abgrenzung und Definitionen

Schweißverbindungen sind *stoffschlüssige* Verbindungen, die durch die Wirkung von Adhäsions- oder Kohäsionskräften zwischen den Fügeteilen entstehen. Die Verbindung ist unlösbar, die Fügeteile werden beim Lösen zerstört. Die Niet- und Schraubverbindungen sind *kraft-*

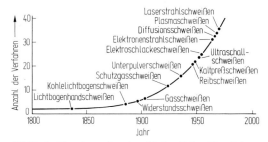

Bild 3-1. Zunahme der Anzahl der Schweißverfahren im Laufe der vergangenen Jahrzehnte.

---

[1]) Dies ist das Verhältnis des durch mechanische Schweißverfahren abgeschmolzenen Schweißguts zur gesamten Schweißgutmenge.

schlüssig, also lösbar, d. h., die Fügeteile werden beim Lösen nicht zerstört.

Die Stoffschlüssigkeit geschweißter Verbindungen, die beim Schweißen entstehenden Gefügeänderungen, sowie die oft erheblichen mehrachsigen Spannungszustände erfordern eine dem Fertigungsverfahren angepaßte Konstruktion. Die *schweißgerechte Konstruktion* ist nicht einfach eine nachgeahmte Guß- oder eine Nietkonstruktion, bei der die Nieten weggelassen werden und dafür an „geeigneten" Stellen geschweißt wird. Wirtschaftlich und technisch optimale Schweißkonstruktionen können nur unter Beachtung der spezifischen Konstruktionsprinzipien hergestellt werden. Insbesondere wird vielfach übersehen, daß ausreichende Zähigkeitswerte der zu fügenden Werkstoffe ausschlaggebend für die Sicherheit geschweißter Bauteile sind. Bei Nietverbindungen spielt die Zähigkeit dagegen nur eine geringere Rolle.

Bild 3-2 zeigt, daß durch geeignetere Werkstoffe, bessere Werkstoffausnutzung und eine dem Schweißen angepaßte Konstruktionstechnik, wie z. B. im Brückenbau, immer größere Beanspruchungen zugelassen werden können.

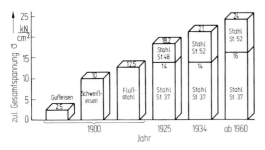

Bild 3-2. Anstieg der zulässigen Gesamtspannung geschweißter Bauteile im Brückenbau seit dem Jahr 1900 (nach Kallen).

Verglichen mit der Gußkonstruktion sind geschweißte Bauteile gegenüber Schlagbeanspruchung durch Schlag weniger empfindlich. Dagegen sind kleinere Bauteile in größeren Stückzahlen nach dem Gießverfahren im allgemeinen wirtschaftlicher herzustellen. Bei größeren Konstruktionen wird durch Schweißen häufig

- Material eingespart,
- die konstruktive Freizügigkeit größer,
- die Gefahr des Ausschusses geringer und
- das Ausbessern erleichtert.

Maschinenrahmen, Pressenständer, große Zahnräder, Rippenwellen, große Getriebegehäuse sind Beispiele für Konstruktionen, die seit langem mit großem Erfolg geschweißt werden.

3.1.3 Einteilung der Schweißverfahren

Schweißen ist das Vereinigen von Werkstoffen unter Anwendung von Wärme und (oder) Kraft ohne oder mit Schweißzusatz. Es kann durch Schweißhilfsstoffe, z. B. Pasten, Pulver oder Gase erleichtert werden. Das Vereinigen erfolgt gemäß Bild 3-3 vorzugsweise im flüssigen oder plastischen Zustand der Schweißzone (DIN 1910). Die Verbindung ist *stoffschlüssig;* sie beruht auf der Wirkung zwischenatomarer und zwischenmolekularer Kräfte.

Nach Bild 3-3 unterscheidet man

- **Schmelzschweißen**
  Dies ist ein Schweißen bei örtlich begrenztem Schmelzfluß ohne Anwendung von Kraft mit oder ohne Schweißzusatzwerkstoffen;
- **Preßschweißen**
  Es handelt sich um ein Schweißen unter Anwendung von Kraft ohne oder mit Schweißzusatz. Örtlich begrenztes Erwärmen, u. U. bis zum Schmelzen, ermöglicht oder erleichtert das Schweißen;
- **Kaltpreßschweißen**
  Hierbei wird nur Kraft (Verformungsarbeit) aufgewendet; die Verbindung entsteht im festen (plastischen) Zustand.

Die in der Schweißtechnik verwendeten Wärmequellen und ihre Zuordnung zu den Schweißverfahren zeigt Tabelle 3-1. Nach dem Zweck des Schweißens unterscheidet man

- **Verbindungsschweißen** (Bild 3-4) und
- **Auftragschweißen.** In diesem Fall erfolgt das Beschichten eines Werkstücks durch Schweißen. Das Werkstück vergrößert sich hierbei. Abgenutzte Werkstücke werden ergänzt, bei neuen die Verschleiß- und Korrosionseigenschaften verbessert. Die Auftragschicht kann artgleich (Werkstoff wird ergänzt) oder artfremd (Werkstoff mit besonderen Eigenschaften wird aufgetragen) sein. In diesem Fall unterscheidet man

  - *Auftragschweißen von Panzerungen (Schweißpanzern):* Die Auftragung ist gegenüber dem Grundwerkstoff vorzugsweise verschleißfest;

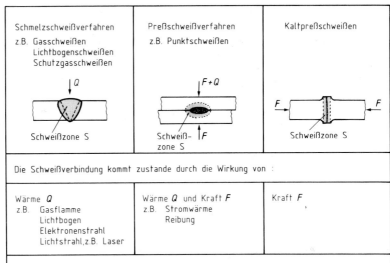

Bild 3-3.
Zur Deutung wichtiger Vorgänge beim (Verbindungs-) Schweißen.

Tabelle 3-1. Die wichtigsten Energiequellen der verschiedenen Schweißverfahren.

Energiequelle bzw. Energieträger (Energieform)	Schmelzschweißverfahren	Preßschweißverfahren
Reibung, Schockwellen, Ultraschall (mechanische Energie)	–	Kaltpreßschweißen, Ultraschallschweißen, Reibschweißen
Brenngas-Sauerstoff-Flamme (Reaktionswärme)	Gießschmelzschweißen	Gießpreßschweißen
elektrischer Widerstand (elektrische Energie $Q = J^2Rt$)	Widerstandsschmelz-schweißen	Widerstandspreß-schweißen
Lichtbogen (elektrische und elektromechanische Energie)	Metall-Lichtbogenschweißen, Schutzgasschweißen, UP-Schweißen	Lichtbogen-preßschweißen
Elektronenstrahl (kinetische Energie der Korpuskular-strahlung)	Elektronenstrahlschweißen	

– *Auftragschweißen von Plattierungen (Schweißplattieren):* Die Auftragung ist gegenüber dem Grundwerkstoff vorzugsweise chemisch beständig;

– *Auftragschweißen von Pufferschichten (Puffern):* Mit der Pufferschicht kann zwischen nicht artgleichen Werkstoffen eine beanspruchungsgerechte Bindung erzielt werden. Von besonderer Bedeutung ist eine ausreichende Verformbarkeit (Zähigkeit) der Pufferschicht.

Der *Aufschmelz*grad A_s gemäß Bild 3-4 sollte in diesen Fällen möglichst klein sein. Er ist das in Prozent ausgedrückte Verhältnis der Flächen- oder Mengenanteile a_G von aufgeschmolzenem Grundwerkstoff zum gesamten Schweißgut $a_G + a_s$, d.h. zum aufgeschmolzenen Grund- und Zusatzwerkstoff (s.a. Abschn. 3.2.4.3):

$$A_s = \frac{a_G}{a_G + a_s} \, 100\% .$$

Nach der Art der Fertigung, d.h., im wesentli-

Zweck des Schweißens	metallurgische und fertigungstechnische Hinweise
Verbindungsschweißen 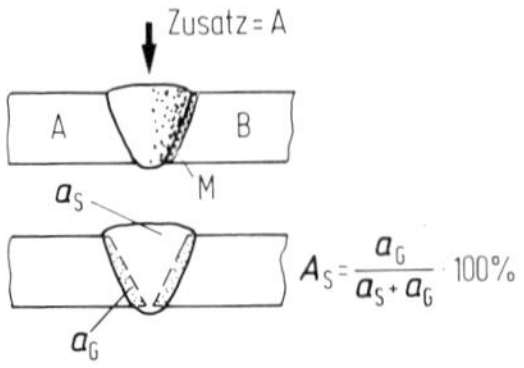 Zusatz = A A B a_S M $A_S = \dfrac{a_G}{a_S \cdot a_G} \cdot 100\%$ a_G	Die Verbindbarkeit ist i. a. vorhanden, wenn sich keine intermediären Verbindungen A_mB_n bilden, bzw. wenn deren Menge hinreichend gering ist. Dafür ist es von Vorteil, den Grundwerkstoff (A oder B) möglichst wenig aufzuschmelzen, d. h. den Aufschmelzgrad A_S klein zu halten. Dies ist erreichbar durch geeignete Schweißverfahren oder durch Auftragen von Pufferlagen. Metallurgische Mängel, spröde, rißanfällige Bereiche und verringerte Korrosionsbeständigkeit wären sonst die Folge.
Auftragschweißen (Zusatz „artgleich") 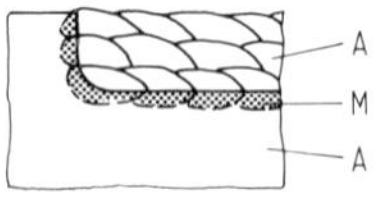 A M A	Die Eigenschaften der Auftragung weichen nicht wesentlich von denen des Grundwerkstoffes A ab: artgleiches Schweißgut. Größe des Aufschmelzgrades ist daher von geringerer Bedeutung. Die Eigenschaften des Gefüges der Mischzone M entsprechen etwa denen von A.
Auftragschweißen von Panzerungen Plattierungen (Zusatz nicht „artgleich") 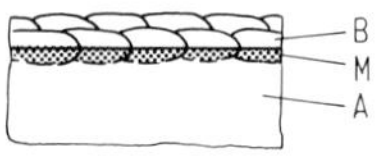 B M A	B ist i. a. hochlegiert (verschleißfest bzw. chemisch beständig), A meist un- oder niedriglegiert. M besteht daher häufig aus sprödem, rißanfälligem Martensit und(oder) teilweise aus intermediären Verbindungen. Der Aufschmelzgrad, d. h., die Menge von M muß gering gehalten werden. Dies ist möglich z. B. durch UP-Bandplattieren.
Auftragschweißen von Pufferschichten (Zusatz nicht „artgleich") 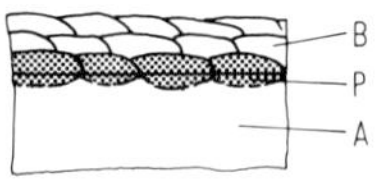 B P A	Der Pufferwerkstoff muß zwischen nicht artgleichen Werkstoffen A und B eine beanspruchungsgerechte Bindung erzeugen. Häufig wird mit Ni oder Ni-haltigem Zusatz gearbeitet. Wichtigste Eigenschaft ist eine möglichst große Zähigkeit. Die verformbare Zwischenschicht kann Schweißspannungen abbauen und somit Rißbildung verhindern.

Bild 3-4. Metallurgische Vorgänge beim Schmelzschweißen unterschiedlicher Werkstoffe, schematisch.

chen nach dem Grad der Mechanisierbarkeit unterscheidet man entsprechend Bild 3-5:
- Das *Handschweißen* (manuelles Schweißen, Kurzzeichen *m*). Sämtliche den Verlauf des Schweißens kennzeichnenden Vorgänge werden von Hand ausgeführt.
- Das *teilmechanische Schweißen* (Kurzzeichen *t*). Einige den Ablauf des Schweißens kennzeichnende Vorgänge laufen mechanisch ab.
- Das *vollmechanische Schweißen* (Kurzzeichen *v*). Sämtliche den Ablauf des Schweißens kennzeichnenden Vorgänge laufen mechanisch ab.
- Das *automatische Schweißen* (Kurzzeichen *a*). Sämtliche den Ablauf des Schweißens kenn-

zeichnenden Vorgänge einschl. aller Nebentätigkeit (Werkstückwechsel, -zufuhr und -ablauf) laufen selbsttätig ab.

Bei fast allen Schweißverfahren ist für die einwandfreie Bindung eine möglichst große *Sauberkeit* (Freiheit von Rost, Fett, Öl, Farben, Feuchtigkeit) der Fügeteile im Schweißbereich einschl. evtl. verwendeter Zusatzwerkstoffe erforderlich. Durch die sehr großen Aufheiz- und Abkühlgeschwindigkeiten bleibt das Schmelzbad nur in der Größenordnung von einigen Sekunden flüssig. Die aus den Verunreinigungen entstehenden Gase können nicht vollständig entweichen (Abschn. 3.2.2). Die Folgen sind Poren und metallurgische Mängel (z. B. Ab-

Benennung Kurzeichen	Beispiele Schutzgasschweißen: WIG	Beispiele Schutzgasschweißen: MSG	Bewegungsvorgänge: Brennerführung	Bewegungsvorgänge: Zusatzvorschub	Bewegungsvorgänge: Ablaufarten, Nebentätigkeit, Nebennutzung
Handschweißen (manuelles Schweißen) m	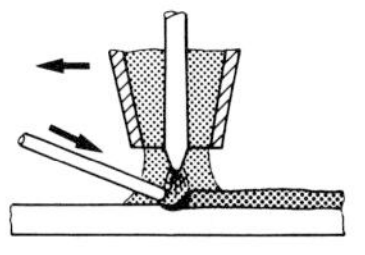 mWIG	—	von Hand	von Hand	von Hand
teilmechanisches Schweißen t	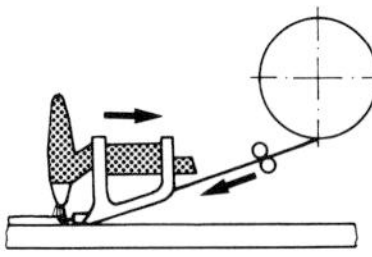 tWIG	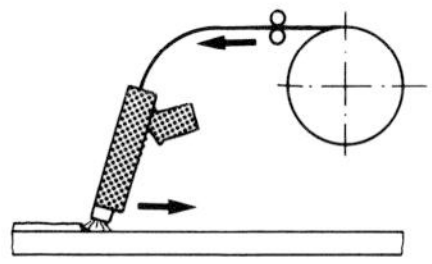 tMSG	von Hand	mechanisch	von Hand
vollmechanisches Schweißen v	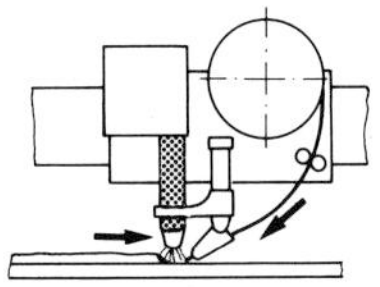 vWIG	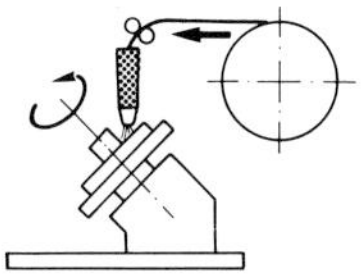 vMSG	mechanisch	mechanisch	von Hand
automatisches Schweißen a	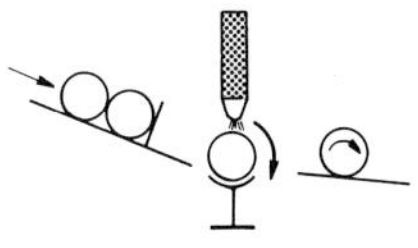 aWIG	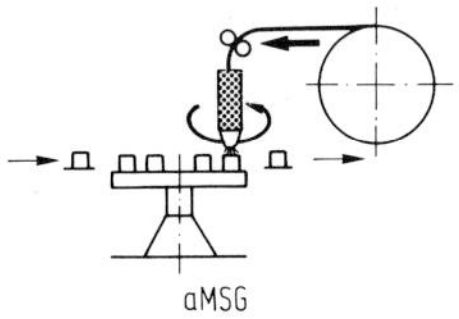 aMSG	mechanisch	mechanisch	mechanisch

Bild 3-5. Einteilung der Schweißverfahren nach der Art der Fertigung (Beispiele aus DIN 1910).

brand der Legierungselemente, Zähigkeitsverlust durch gelöste Gase).

Der stark schädigende Einfluß atmosphärischer Gase (Wasserstoff, Stickstoff, Sauerstoff) erfordert besonders bei den Schmelzschweißverfahren einen wirksamen Schutz des Schweißbads vor Luftzutritt. Je zuverlässiger und wirksamer dieser Schutz ist, desto besser ist die metallurgische Qualität des Schweißguts, d. h., die Sicherheit des Bauteils gegen Versagen ist größer. Dieser Gesichtspunkt muß bei der Wahl des Schweißverfahrens für das Fügen metallurgisch empfindlicher Werkstoffe, die z. B. eine große Affinität zu Sauerstoff haben (Legierungsabbrand z. B. bei Chrom und Aluminium), oder bei einer Gasaufnahme leicht verspröden (z. B. Titan, Molybdän und Zirconium), besonders beachtet werden.

3.1.4 Hinweise zur Wahl des Schweißverfahrens

Die Wahl des „optimalen" Schweißverfahrens hängt u. a. ab von

- der Art der Bauteile,
- der Stückzahl,
- dem Werkstoff,
- der Werkstückdicke sowie von
- den betrieblichen Gegebenheiten

ab und ist häufig nur nach sorgfältiger Analyse aller Einflußgrößen zufriedenstellend zu treffen.

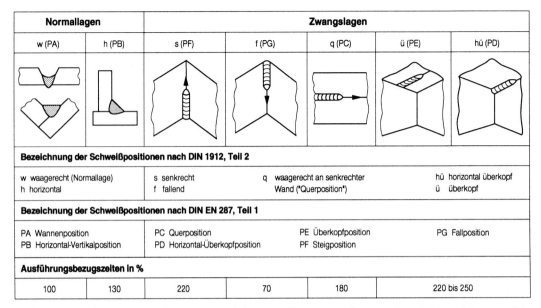

Normallagen		Zwangslagen				
w (PA)	h (PB)	s (PF)	f (PG)	q (PC)	ü (PE)	hü (PD)

Bezeichnung der Schweißpositionen nach DIN 1912, Teil 2

w waagerecht (Normallage) h horizontal	s senkrecht f fallend	q waagerecht an senkrechter Wand ("Querposition")	hü horizontal überkopf ü überkopf

Bezeichnung der Schweißpositionen nach DIN EN 287, Teil 1

PA Wannenposition PB Horizontal-Vertikalposition	PC Querposition PD Horizontal-Überkopfposition	PE Überkopfposition PF Steigposition	PG Fallposition

Ausführungsbezugszeiten in %

| 100 | 130 | 220 | 70 | 180 | 220 bis 250 | |

Bild 3-6. Die wichtigsten Schweißpositionen nach der Bezeichnungsweise der DIN 1912, Teil 2, und der DIN 287, Teil 1. Die zum Schweißen in den verschiedenen Positionen erforderlichen Ausführungszeiten sind bezogen auf die Wannenposition.

Art der Bauteile

Wesentlich ist die Größe der Konstruktion und die Zugänglichkeit der zu fügenden Teile. Die Zugänglichkeit bestimmt die Schweißzeit und damit in hohem Maße die Kosten. Der Konstrukteur sollte darauf achten, daß Schweißarbeiten möglichst nur in einer der beiden *Normallagen* gemäß Bild 3-6 ausgeführt werden. Durch einfache Dreh- und (oder) Wendevorrichtungen lassen sich *Zwangslagen* oft in Normallagen „umwandeln". Außerdem muß bedacht werden, daß Zwangslagen in den meisten Fällen nur mit teureren Handschweißverfahren (Gasschweißen, Lichtbogenhandschweißen) hergestellt werden können und nicht mit den wirtschaftlicheren teil- oder vollmechanischen Verfahren (WSG-, MSG-, UP-, Plasmaschweißen).

Die für ein Bauteil in Zwangslage erforderliche Schweißzeit ist etwa um den Faktor 2 bis 3 größer als die zum Schweißen in Normallage erforderliche (Bild 3-6). Für Arbeiten in Zwangslage sind wegen den erheblichen manuellen Anforderungen nur ausgesuchte, hochqualifizierte Schweißer einzusetzen. Die größere Fehlerwahrscheinlichkeit zwangslagengeschweißter Verbindungen führt außerdem zu einem bemerkenswert großen Prüfaufwand (s. a. Abschn. 4.5.2).

Stückzahl

Bei geringen Stückzahlen sind zunächst viele Schweißverfahren geeignet. Häufig wird die Wahl durch die betrieblichen Gegebenheiten bestimmt. Große Stückzahlen erfordern schon aus wirtschaftlichen Gründen hochmechanisierte Schweißverfahren. Der Einsatz von (Einzweck-)Vorrichtungen ist unerläßlich.

Werkstoff

Unabhängig von allen anderen Einflußgrößen bestimmt der Werkstoff in den meisten Fällen die Wahl des Verfahrens. In erster Linie sind folgende werkstoffliche Besonderheiten zu beachten

– die *Gaslöslichkeit* (Porenbildung, Gefahr der Versprödung), z. B. bei Ti, Al, Mo, Stahl,
– der *Abbrand von Legierungselementen* (Zähigkeitsverlust, Einschlüsse), z. B. bei höherlegierten Stählen und NE-Metallen,
– die festhaftende *Oxidhaut,* z. B. bei Al, Mg, Ti und deren Legierungen. Die Beseitigung der Oxide ist nur mit sehr aggressiven Flußmitteln oder besser mit speziellen Verfahren möglich (WIG-MIG-Verfahren).

Das Gasschweißen wird für metallurgisch empfindliche Stähle praktisch nicht angewendet, da bei Sauerstoffüberschuß leicht Abbrand, bei

Acetylenüberschuß Aufkohlung auftreten kann (Abschn. 3.3.2).

Werkstückdicke
Verbindungsschweißungen an Fügeteilen mit einer Werkstückdicke unter etwa 1 mm erfordern mechanisierbare Verfahren und einen Badschutz, der das Durchfallen des flüssigen Schweißguts verhindert und die Schweißwärme abführt. Das Schweißen von Hand kann nur von qualifizierten Schweißern ausgeführt werden und birgt außerdem die Gefahr, daß bei ungleichmäßiger Schweißgeschwindigkeit das Schweißbad durch den Luftspalt fällt oder die Kanten der Nahtflanken nicht erfaßt werden. Mit zunehmender Werkstückdicke werden schon aus wirtschaftlichen Gründen bevorzugt Verfahren mit großer Wärmezufuhr, d. h. großer Abschmelzleistung verwendet. Aus metallurgischen Gründen darf aber die Energiezufuhr nie bestimmte, von der Werkstückdicke und der Vorwärmtemperatur abhängige Grenzwerte überschreiten. Großvolumige, überhitzte (Abbrand) und warmrißanfällige Schweißgüter mit unerwünschtem Stengelgefüge wären die Folgen (Abschn. 3.2.4.2).

Zum Schweißen dickwandiger Bauteile eignet sich nur eine begrenzte Anzahl von Verfahren, nämlich UP-, Elektroschlacke- und Elektronenstrahlschweißen.

Betriebliche Gegebenheiten
In vielen Fällen müssen wohlbegründete Überlegungen mit den betrieblichen Gegebenheiten bzw. Möglichkeiten im Einklang stehen. Aus wirtschaftlichen Gründen – wenn z. B. das Konkurrenzfabrikat preiswerter ist – kann die Wahl eines nicht optimalen, aber ausreichenden und preiswerteren Schweißverfahrens erforderlich werden. Sind auch notwendige Einrichtungen (z. B. Glühofen, Vorrichtungen, Krananlagen) nicht verfügbar, dann muß man fachgerecht improvisieren.

3.2 Werkstoffliche Grundlagen für das Schweißen

Beim Herstellen von Schweiß- und in geringerem Umfang auch Lötverbindungen, die alle notwendigen technischen und wirtschaftlichen Anforderungen erfüllen sollen, sind eingehende Kenntnisse der beim Schweißen ablaufenden Gefüge- und Eigenschaftsänderungen nötig.

3.2.1 Wirkung der Wärmequelle auf die Werkstoffeigenschaften

Bei den Schweißverfahren werden Wärmequellen verwendet, die eine oder mehrere Aufgaben zu erfüllen haben:

– *Schmelzen des Grund- und Zusatzwerkstoffes.* Wegen der i. a. großen Werkstückmasse und der großen thermischen Leitfähigkeit sind meistens Verfahren mit hoher Leistungsdichte erforderlich: *Schmelzschweißverfahren.*

– *Erhöhen der Verformbarkeit der Fügeteile.* Ausreichende Duktilität ist z. B. bei Verfahren bedeutsam, bei denen kein Fügeteil aufgeschmolzen wird: *Reibschweißen, Kaltpreßschweißen.* Die größere Verformbarkeit und die geringere Festigkeit erleichtern den Bindevorgang.

– *Verbessern der „Reaktionsfähigkeit" der Fügeteile.* Eine erhöhte Temperatur der Fügeteile erleichtert den Bindevorgang, weil Diffusionsvorgänge, metallurgische oder chemische Reaktionen und die Rekristallisation beschleunigt ablaufen können: z. B. Lötverfahren, tieferer Einbrand bei „heißeren" Schweißverfahren (MIG/MAG-, UP-Verfahren). In manchen Fällen müssen störende Oberflächenschichten (z. B. Oxidfilme) meistens mit Hilfe chemisch aktiver Substanzen (Flußmittel) metallurgisch unwirksam gemacht werden. Dazu sind hinreichend hohe Temperaturen notwendig.

Außer diesen für den Bindemechanismus erforderlichen Vorgängen bewirkt die Wärmequelle andere – meistens negative – Eigenschaftsänderungen (Abschn. 3.2.3).

Der *thermisch beeinflußte Bereich* der Verbindung ist klein, wenn Verfahren mit großer Leistungsdichte [2]) verwendet werden. Durch die Wahl geeigneter auf den zu schweißenden

---

[2]) Der Begriff „Leistungsdichte", angegeben z. B. in W/cm^2, kennzeichnet die Fähigkeit der Wärmequelle, wieviel Energie sie in jeden Quadratzentimeter der Oberfläche übertragen kann. Davon zu unterscheiden ist die in der Schweißtechnik häufiger verwendete Kenngröße, die „Energiezufuhr" oder „Streckenenergie" Q genannt wird. Sie gibt die Wärmemenge an (z. B. in Joule), die jedem Zentimeter der Schweißnahtlänge von der Wärmequelle zur Verfügung gestellt wird. Die Größe Q kann bei Lichtbogenschweißverfahren einfach aus den Einstellwerten Lichtbogenspannung $U(V)$, Schweißstrom $I(A)$ und der Vorschubgeschwindigkeit $v(cm/s)$ berechnet werden: $Q = U \cdot I/v$ [J/cm].

Werkstoff angepaßter Verfahren können die geschilderten metallurgischen Schwierigkeiten merklich verringert werden.

Daraus folgt:

Der Werkstoff diktiert die Schweißbedingungen.
Die Schweißverfahren, die Einstellwerte (z. B. Strom, Spannung und Vorschubgeschwindigkeit) und die davon abhängigen Temperaturfelder müssen in Abhängigkeit vom Werkstoff gewählt werden. Von großer Bedeutung ist demnach die Einsicht, daß die Intensität der Wärmequelle kontrolliert werden muß, um unzulässige Werkstoffänderungen durch den Schweißprozeß auszuschließen bzw. klein zu halten.

3.2.2 Physikalische Eigenschaften der Werkstoffe

Die physikalischen Eigenschaften beeinflussen maßgebend
- das Verhalten der Werkstoffe beim Schweißen (Schweißeignung, Abschn. 3.2.4.4) und demzufolge die mechanischen Gütewerte und die Sicherheit der Schweißverbindungen sowie
- die Eignung und Wirksamkeit des Schweißverfahrens.

Der **elektrische Widerstand** R der Werkstoffe (spezifischer Widerstand ϱ bzw. Leitfähigkeit $\varkappa$) ist für die einwandfreie Funktion verschiedener Schweißverfahren von großer Bedeutung. Beim Widerstandsschweißen (Abschn. 3.8.1) beträgt die zwischen den zu schweißenden Werkstücken entwickelte Wärmemenge

$$Q = I^2 \, R \, t.$$

Sie ist z. B. beim Kupfer wegen des geringen spezifischen Widerstands sehr gering. Dieser Werkstoff ist daher sehr schlecht widerstandsschweißgeeignet.

Mit zunehmender **Wärmeleitfähigkeit** λ der Werkstoffe sind i. a. Schweißverfahren mit großer Leistungsdichte erforderlich, um den während des Schweißens entstehenden Wärmeverlust auszugleichen. In der Praxis werden die Fügeteile aus gut wärmeleitenden Werkstoffen (Cu, Al) meistens zusätzlich vorgewärmt. Die sehr hohen Abkühlgeschwindigkeiten bei Verfahren mit großer Leistungsdichte führen sonst zu rißbegünstigenden thermischen Spannungen. Reine Metalle besitzen die größte Wärmeleitfähigkeit. Durch Legierungselemente wird sie z. T. stark herabgesetzt.

Der **Ausdehnungskoeffizient** α bestimmt den Umfang der beim Schweißen entstehenden Änderungen der Bauteilabmessungen (Verzug, Verwerfen, Schrumpfen). Bei unzureichender Verformbarkeit des Werkstoffs besteht die Gefahr der Rißbildung. Geschweißte Bauteile aus Werkstoffen mit großen Ausdehnungskoeffizienten (Mg, Al, Cu) erfordern daher aufwendige Richtarbeiten, wenn Abmessungen mit kleinen Toleranzen vorgeschrieben sind.

In Tabelle 3-2 sind einige physikalische Eigenschaften ausgewählter Metalle angegeben. Bild 3-7 zeigt sehr vereinfacht den Einfluß wichtiger physikalischer Eigenschaften der Werkstoffe auf das zu erwartende Schweißverhalten bzw. auf die Wahl der Schweißverfahren.

Die **Gaslöslichkeit** der Metalle verursacht beim Schweißen folgende Schwierigkeiten:
- Vorausgesetzt, das Gas ist im Metall unlöslich: *Porenbildung, Gaseinschlüsse.*
- Vorausgesetzt, das Gas ist im Metall löslich. Dann bilden sich praktisch immer Einlagerungsmischkristalle. Die Bildung von *Einlagerungsmischkristallen* (das Gas wirkt ähnlich wie ein Legierungselement!) ist häufig mit einer großen Abnahme der Zähigkeit verbunden. In vielen Fällen muß mit Rißbildung gerechnet werden. Ein typisches Beispiel für die gefährliche Wirkung von Gasen ist die durch Wasserstoff hervorgerufene Kaltrißbildung bei den hochfesten vergüteten Feinkornbaustählen.
- Vorausgesetzt, das Gas bildet Verbindungen (z. B. Fe_2N, Fe_4N). Je nach Temperatur und Abkühlbedingungen kann die Verbindung im Grundwerkstoff gelöst oder nicht gelöst sein. Nach dem Abkühlen befindet sich das Gas entweder *gelöst* im Gitter, oder es liegt als *Verbindung* vor. In diesem Fall werden die Gütewerte der Schweißverbindung durch Einschlüsse verschlechtert.

Tabelle 3-3 zeigt das Verhalten der wichtigen Gase Wasserstoff, Stickstoff und Sauerstoff in Metallschmelzen beim Schmelzpunkt.

3.2.3 Einfluß des Temperaturfelds

Die fachgerechte, wirtschaftliche und sinnvolle Auswahl eines Schweißverfahrens ist ohne Kenntnis der durch die Schweißwärme erzeugten Eigenschaftsänderungen des Grundwerkstoffs nur in den wenigsten Fällen möglich. Der

Tabelle 3-2. Physikalische Eigenschaften wichtiger metallischer Werkstoffe.

Werkstoff	Schmelzpunkt ϑ_S bzw. Schmelz- bereich	spezifischer Widerstand ρ	Wärme- leitfähigkeit λ	Ausdehnungs- koeffizient α
	°C	Ω m	W/(mK)	10^{-6} /K
Aluminium	660	$2,6 \cdot 10^{-8}$	238,6	23,9
Kupfer	1080	$1,7 \cdot 10^{-8}$	389	17,7
CuZn 10	1050	$13,5 \cdot 10^{-8}$	75,4	16,4
Eisen	1530	$10 \cdot 10^{-8}$	75,4	
niedriglegierter Stahl	1430 bis 1500	$12 \cdot 10^{-8}$ bis $20 \cdot 10^{-8}$	33,5 bis 50,2	11,4
austenitischer Stahl	1390 bis 1470	$75 \cdot 10^{-8}$	15	18,3
Magnesium	650	$4,5 \cdot 10^{-8}$	155	26,1
Molybdän	2610	$5,2 \cdot 10^{-8}$	142,4	5,0
Nickel	1450	$7 \cdot 10^{-8}$	92	13,3
NiCu	1350	$48 \cdot 10^{-8}$	25	14
Titanlegierungen	1550 bis 1650	$50 \cdot 10^{-8}$ bis $160 \cdot 10^{-8}$	79,5 bis 180	5,0 bis 7,0

Tabelle 3-3. Löslichkeit der Gase (Wasserstoff, Stickstoff und Sauerstoff) in Metallschmelzen beim Schmelzpunkt.

Zustandsform	Löslichkeit	Gas		
		Wasserstoff	Stickstoff	Sauerstoff
Gas bildet keine Verbindung	löslich	Al, Co, Cr, Cu, Fe, Mn, Mo, Ni, W, Zn	Fe	Fe, Ag
	unlöslich	Au	Cu, Ag, Au, Platin-Metalle	Au, Platin-Metalle
Gas bildet Verbindung	Verbindung stark löslich	Ti, Zr, Th, V, Nb, Ta	Ti, Zr, Th, V, Nb, Ta	Ti, Zr, Th, V, Nb, Ta
	Verbindung mäßig löslich	Li, Na, K, Cs, Cu	Co, Cr, Fe, Mn, Mo, W	Cu, Co, Cr, Fe, Mn, Mo, Ni
	Verbindung unlöslich	–	Li, Na, K	Al, Mg, Be, Zn

Werkstoff wird an der Schweißstelle durch meistens punktförmig wirkende, also sehr konzentrierte Wärmequellen örtlich aufgeschmolzen. Die Folgen sind extrem große Aufheizgeschwindigkeiten (bis 1000 K/s) und Abkühlgeschwindigkeiten (einige 100 K/s). Die Verweilzeit bei der jeweiligen Höchsttemperatur beträgt dabei nur einige Sekunden, wie Bild 3-8 a) erkennen läßt.

Die „Wärmebehandlung" beim Schweißen unterscheidet sich wesentlich von technischen Wärmebehandlungen (z. B. Normalglühen oder Härten). Sie ist Ursache für eine Reihe meistens nachteiliger metallurgischer Änderungen des Werkstoffs:

– **Die Aufheizgeschwindigkeiten** sind sehr groß. Gefügeumwandlungen (z. B. bei Stahl α-Fe $\rightarrow$ γ-Fe) erfolgen nicht vollständig, weil die Haltezeiten (z. B. Austenitisierungszeit t_H in Bild 3-8 a)) zu gering sind. Carbide, Nitride, Gefügeinhomogenitäten (z. B. Kristallseigerungen) können daher nicht vollständig beseitigt werden. Große Temperaturgradienten, etwa gemäß Bild 3-8 b), führen zu größeren Spannungen und geringerem Verzug.

– Die **Maximaltemperaturen** in der Nähe der

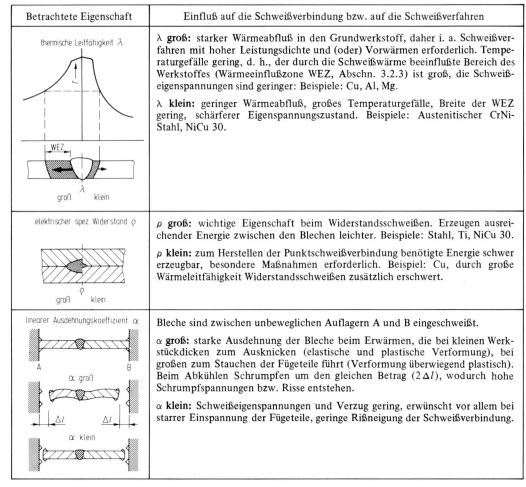

Betrachtete Eigenschaft	Einfluß auf die Schweißverbindung bzw. auf die Schweißverfahren
thermische Leitfähigkeit λ WEZ λ groß klein	**λ groß:** starker Wärmeabfluß in den Grundwerkstoff, daher i. a. Schweißverfahren mit hoher Leistungsdichte und (oder) Vorwärmen erforderlich. Temperaturgefälle gering, d. h., der durch die Schweißwärme beeinflußte Bereich des Werkstoffes (Wärmeeinflußzone WEZ, Abschn. 3.2.3) ist groß, die Schweißeigenspannungen sind geringer: Beispiele: Cu, Al, Mg. **λ klein:** geringer Wärmeabfluß, großes Temperaturgefälle, Breite der WEZ gering, schärferer Eigenspannungszustand. Beispiele: Austenitischer CrNi-Stahl, NiCu 30.
elektrischer spez. Widerstand ρ ρ groß klein	**ρ groß:** wichtige Eigenschaft beim Widerstandsschweißen. Erzeugen ausreichender Energie zwischen den Blechen leichter. Beispiele: Stahl, Ti, NiCu 30. **ρ klein:** zum Herstellen der Punktschweißverbindung benötigte Energie schwer erzeugbar, besondere Maßnahmen erforderlich. Beispiel: Cu, durch große Wärmeleitfähigkeit Widerstandsschweißen zusätzlich erschwert.
linearer Ausdehnungskoeffizient α A B α groß Δl Δl α klein	Bleche sind zwischen unbeweglichen Auflagern A und B eingeschweißt. **α groß:** starke Ausdehnung der Bleche beim Erwärmen, die bei kleinen Werkstückdicken zum Ausknicken (elastische und plastische Verformung), bei großen zum Stauchen der Fügeteile führt (Verformung überwiegend plastisch). Beim Abkühlen Schrumpfen um den gleichen Betrag $(2\,\Delta l)$, wodurch hohe Schrumpfspannungen bzw. Risse entstehen. **α klein:** Schweißeigenspannungen und Verzug gering, erwünscht vor allem bei starrer Einspannung der Fügeteile, geringe Rißneigung der Schweißverbindung.

Bild 3-7. Einfluß wichtiger physikalischer Eigenschaften der Werkstoffe auf ihr Schweißverhalten.

Schmelzgrenze sind sehr hoch (Bild 3-8 a)). Trotz der kurzen zeitlichen Einwirkung ist die Wirkung erheblich: *Kornwachstum (Grobkorn)* und (oder) Lösung von Ausscheidungen sind die Folge.

– Infolge der großen **Abkühlgeschwindigkeiten** in der Nähe der Schmelzgrenze wird bei der Werkstoffgruppe wärmebehandelbarer „Stähle" die Bildung aufgehärteter (d. h. martensitischer) rißanfälliger Bereiche begünstigt, wie Bild 3-9 zeigt. Hierfür ist es notwendig, daß die werkstoffabhängige **kritische Abkühlgeschwindigkeit** v_{ok} überschritten wird. Je größer die Leistungsdichte des Verfahrens ist, desto größer ist die Abkühlgeschwindigkeit (Bild 3-8 a, Kurve 1 und 2): für aufhärtungs-

freudige Stähle und andere empfindliche Werkstoffe sind daher derartige Verfahren nicht besonders gut geeignet. In jedem Fall sind hohe Vorwärmtemperaturen erforderlich. Eine möglichst langsame Abkühlung ist anzustreben. Auch diese Maßnahmen gehören zur fachgerechten Auswahl der Schweißverfahren.

Man bezeichnet den Bereich der Schweißverbindungen, in dem durch die Schweißwärme Gefügeumwandlungen oder in weiterem Sinne Gefügeänderungen entstanden sind, als **Wärmeeinflußzone (WEZ),** Bild 3-9. Bei Stahl reicht sie z. B. von der Schmelzgrenze bis zu der von der Aufheizgeschwindigkeit und der chemischen Zusammensetzung abhängigen Ac_1-Tem-

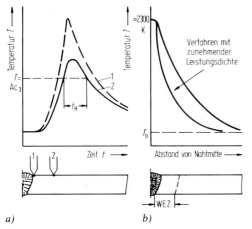

a)   *b)*

Bild 3-8. Temperaturverlauf in der Wärmeeinflußzone (WEZ) einer geschweißten Verbindung aus Stahl (schematisch):
a) zeitlicher Verlauf an zwei „Punkten" der WEZ (Thermoelemente 1 und 2),
b) Verlauf in Abhängigkeit vom Abstand von der Schweißnahtmitte für zwei Verfahren mit unterschiedlicher Leistungsdichte.

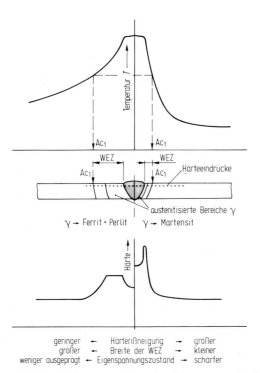

Bild 3-9. Wirkung von Schweißverfahren unterschiedlicher Leistungsdichte auf die Temperatur- und Härteverteilung in einer Schweißverbindung aus Stahl, der zum Aufhärten neigt (schematisch).

peratur. Die in der WEZ auftretenden Eigenschaftsänderungen bestimmen zusammen mit den Gütewerten des Schweißguts die Bauteilsicherheit.

Bild 3-9 zeigt, daß bei Stahlschweißungen eine geringe (große) Leistungsdichte eine geringe (große) Härte, aber eine breite (schmale) WEZ erzeugt. Abhängig davon, welche Eigenschaft (große Härte, breite WEZ) für die Bauteilsicherheit nachteiliger ist, muß das Schweißverfahren u. a. nach der Leistungsdichte ausgewählt werden.

3.2.4 Werkstoffbedingte Besonderheiten und Schwierigkeiten beim Schweißen

3.2.4.1 Probleme während des Erwärmens

Umfang und Art der Schwierigkeiten hängen entscheidend von der *Aufheizgeschwindigkeit*, d. h. unter anderem von der Menge der zugeführten Energie ab. Sie sind also stark verfahrensabhängig.

Die zugeführte Energie wird bei den Lichtbogenschweißverfahren anschaulich und einfach durch die **Streckenenergie** Q beschrieben. Das ist die pro Zentimeter Schweißnaht in der Sekunde von der Wärmequelle des Schweißverfahrens zur Verfügung gestellte elektrische Leistung (s. a. Fußnote 2):

$$Q = U \cdot I/v \; [\text{J/cm}]$$

$U \cdot I$ elektrische Leistung im Schweißstromkreis in J · s,
v Schweißgeschwindigkeit in cm/s.

Q wird in der Schweißpraxis als Maßstab für die thermische Beeinflussung des Werkstoffs weitgehend angewendet.

Die beim Aufheizen entstehenden großen **thermischen Spannungen** können bei wenig verformbaren Werkstoffen bzw. bei größeren Werkstückdicken zu Rissen führen. Je kleiner der Temperaturgradient im Werkstück ist, desto geringer ist die Rißgefahr. Das kann durch Vorwärmen und (oder) Schweißverfahren mit geringer Leistungsdichte erreicht werden.

Die sehr große **Gaslöslichkeit** des schmelzflüssigen Schweißguts ist eines der Hauptprobleme der Schweißtechnik. Die Gase – besonders Stickstoff, Wasserstoff und Sauerstoff – können sich beim folgenden raschen Erstarren nur unvollständig ausscheiden und verursachen *Porenbildung* und *Zähigkeitsverlust* (Abschn.

3.2.2). Die atmosphärischen Gase müssen daher von der Schweißschmelze ferngehalten werden. Das geschieht bei den einzelnen Verfahren durch sehr verschiedenartige Maßnahmen,

- Umhüllung bei der Stabelektrode (Lichtbogenhandschweißen);
- geeignete extern zugeführte Schutzgase (WIG-, MIG-, MAG-Verfahren);
- eine den Lichtbogen abdeckende Pulverschicht (UP-Verfahren);
- völliges Ausschalten der Atmosphäre (Elektronenstrahlschweißen arbeitet mit Vakuum, oder die „natürliche" Atmosphäre wird durch ein Schutzgas vollständig ausgetauscht, z. B. Schweißen unter einer Argonatmosphäre).

3.2.4.2 Probleme während des Erstarrens

Wegen der großen Abkühlgeschwindigkeiten und der erheblichen Turbulenzen im Schmelzbad sind Entmischungen der Legierungselemente über größere Bereiche weniger ausgeprägt. Dagegen ist die **Kristallseigerung,** also die Entmischung innerhalb der Körner praktisch unvermeidlich. Diese Erscheinung ist bei unlegierten Stählen von untergeordneter Bedeutung, bei hochlegierten Stählen und NE-Metallen (z. B. Bronzen, CuNi-Legierungen) können jedoch große Nachteile wie verminderte Korrosionsbeständigkeit oder sogar Rißbildung entstehen.

Das größte Problem beim Abkühlen der Schweißverbindung ist das Entstehen von Rissen. Je nach ihrer Entstehungstemperatur werden sie in **Heißrisse** und **Kaltrisse** eingeteilt.

Ähnlich wie bei Gußwerkstoffen neigt auch das erstarrende Schweißgut unter bestimmten Bedingungen zur Bildung von Heißrissen. Diese entstehen im Temperaturbereich zwischen Liquidus- und Solidustemperatur kurz vor dem Ende der Erstarrung. Die die Primärkristalle umgebende filmartige Restschmelze wird durch die beim Abkühlen der Schweißnaht entstehenden Schrumpfkräfte getrennt. Die Rißbildung erfolgt **interkristallin,** also entlang der Korngrenzen.

Da die wesentlichste Ursache des Heißrisses die Temperaturdifferenz zwischen der Solidus- und der Liquidustemperatur ist, sind die bei konstanter Temperatur erstarrenden reinen Metalle und eutektischen Legierungen praktisch heißrißfrei.

Bild 3-10 zeigt die Primärkristallisation einer in einer Lage hergestellten Schweißverbindung (s. a. Abschn. 3.2.4.3). Das Schweißgut erstarrt – beginnend von den Schmelzgrenzen – in Form länglicher Kristalle (Dendriten). Die Kristallisationsfronten schieben die Restschmelze vor sich her, bis sie sich in Nahtmitte treffen. Da der Gehalt an Verunreinigungen in der Restschmelze am größten ist (z. B. in Form niedrigschmelzender Verbindungen wie etwa FeS), muß bei großvolumigen Schmelzbädern mit ausgeprägter Heißrißneigung im Schweißgut und evtl. in der WEZ (*Wiederaufschmelzrisse*) gerechnet werden. Die Schwierigkeiten nehmen zu mit

- der Größe des Schmelzbadvolumens,
- zunehmendem Gehalt an Verunreinigungen im Grundwerkstoff,
- zunehmender Streckenenergie beim Schweißen (Gasschweißen, u. U. UP-Schweißen) und
- zunehmendem Erstarrungsintervall der Legierung.

Daher ist die zunächst wirtschaftlich verlockend erscheinende Möglichkeit, dickwandige Bauteile in einer Lage oder in wenigen Lagen zu schweißen, technisch meistens nicht sinnvoll. Vielmehr wird die **Pendellagentechnik** (oft auch *Mehrlagentechnik* genannt) gemäß Bild 3-10 gewählt. Die Streckenenergie jeder Lage ist ausreichend, um die jeweils darunter liegende Lage z. T.

- *aufzuschmelzen:* Die Verunreinigungen werden neu und gleichmäßiger verteilt, und
- *umzukörnen:* Bei der wichtigen Werkstoffgruppe „Stahl" entsteht ein „Normalisierungseffekt", der das nachteilige Gußgefüge z. T. beseitigt.

Die Pendellagentechnik darf nicht mit der **Zugraupentechnik** (oft auch *Strichraupentechnik* genannt) verwechselt werden. Der Aufbau der Naht erfolgt in Form dünner und ohne Pendelbewegungen schnell gezogener Raupen. Der Raupenquerschnitt und damit auch die mitgeführte Wärme ist so klein, daß keine wirksame Umkörnung der unteren Lagen stattfinden kann. Das dendritische Gußgefüge bleibt weitgehend erhalten, d. h., eine Gefügeverbesserung wie bei der Pendellagentechnik ist nicht möglich. Trotzdem muß diese Methode des Lagenaufbaus bei allen Schweißarbeiten verwendet werden, bei denen nur geringe Schweißgutvolu-

Art des Nahtaufbaus		
Einlagentechnik	**Mehrlagentechnik**	
	Pendellagentechnik	**Zugraupentechnik**
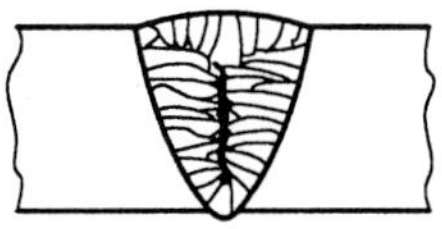 Der gesamte Nahtquerschnitt wird mit **einer** Lage gefüllt. Das Schweißgutgefüge zeigt guß-ähnliche Eigenschaften. Es besteht aus langen **Stengelkristallen**. Das Gefüge ist anisotrop. Die im Schweißgut vorhandenen Verunreinigungen werden in Naht-mitte angehäuft und begünstigen stark die **Heißrißbildung**. Die mechanischen Gütewerte sind mäßig. Für sehr saubere Werkstoffe bis zu Wanddicken von etwa 10 mm anwendbar.	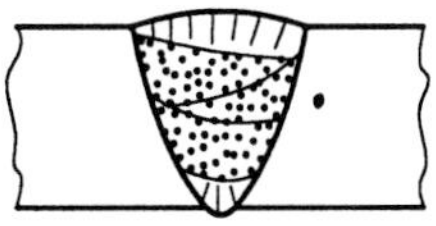 Die durch jede Lage zugeführte Energie erwärmt große Bereiche der darunter liegenden Lagen über Ac₃. Das Gefüge wird also umgekörnt ("Normalisierungseffekt"): anisotrope Stengelkristalle verschwinden, und das Gefüge wird wesentlich feinkörniger. Gütewerte (insbesondere die Zähigkeit!) sind merklich besser als bei einlagig geschweißten Verbindungen.	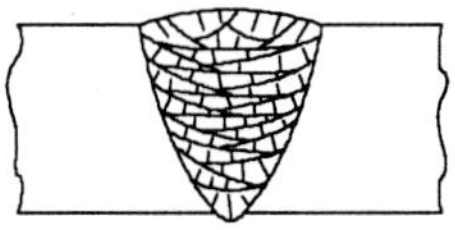 Die einzelnen Lagen führen den darunter liegenden Lagen nur so wenig Energie zu, daß ein Umkörnen nicht erfolgen kann. Das Gußgefüge bleibt weitgehend erhalten. Das Schweißgut und die WEZ sind durch die großen Eigenspannungen der vielen schnell abkühlenden kleinvolumigen Lagen härter und spröder. Die Technik wird bei Schweißarbeiten in Zwangslage angewendet. Die langen Schweißzeiten machen das Verfahren unwirtschaftlich, und die erreichbaren Eigenschaften eine allgemeine Anwendung technisch nicht sinnvoll.

Bild 3-10. Erstarrungsvorgänge (Primärkristallisation) in Abhängigkeit von der Art des Nahtaufbaus in einlagig und mehrlagig hergestellten Verbindungen.

mina zulässig sind. Das gilt vor allem für das Schweißen in Zwangslagen. In Bild 3-10 ist die unterschiedliche Gefüge-Ausbildung der beiden Mehrlagentechniken schematisch dargestellt.

Bei hohem Einschlußgehalt, z. B. bei den qualitativ hochwertigen, besonders beruhigten Stählen, können auch in der Wärmeeinflußzone Heißrisse entstehen, wie Bild 3-11 a) zeigt.

Die schmelzenden Einschlüsse treiben den Werkstoff an der Schmelzgrenze rißartig auseinander. Sind die Einschlüsse zeilenförmig angeordnet, dann kann eine Werkstofftrennung allein durch die Wirkung hoher Schrumpfspannungen ausgelöst werden. Dies verdeutlicht Bild 3-11 b).

Die Ursachen der meist transkristallin verlaufenden **Kaltrisse** sind komplexer und schwerer überschaubar. Sie entstehen bei niedrigeren Temperaturen meist durch die Wirkung mehre-

rer untereinander wechselwirkender Ursachen:
- Aufhärtung in der Wärmeeinflußzone (Bild 3-9),
- Belastungs- und (oder) Eigenspannungen,
- Versprödung z. B. durch Gasaufnahme (Wasserstoff, Sauerstoff, Stickstoff) oder durch niedrige Betriebstemperaturen (Sprödbruch).

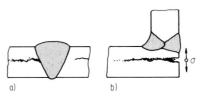

Bild 3-11. Entstehung von Werkstofftrennungen in Stählen mit hohem Einschlußgehalt:
a) Schmelzende Einschlüsse „spalten" das Blech,
b) große Schrumpfspannungen führen bei Einschlußzeilen zur Rißbildung (schematisch).

Risse infolge Aufhärtung sind bei den schlecht härtbaren niedriggekohlten (gut schweißgeeigneten) Stählen (C ≤ 0,2%) unwahrscheinlich. Fertigungstechnisch kann eine zu große Abkühlgeschwindigkeit außerdem durch **Vorwärmen** (100 °C bis 250 °C) oder durch Schweißverfahren verringert werden, die mit großer Wärmezufuhr arbeiten (z. B. UP-Verfahren).

Die Wirkung der großen Abkühlgeschwindigkeit macht sich auch unangenehm bemerkbar bei **Zündstellen** (Lichtbogenansatzstellen): Eine Zündstelle ist ein kleiner über Schmelztemperatur erwärmter Werkstoffbereich, der durch einen auf der Werkstückoberfläche gezündeten und sofort rasch weiterbewegten Lichtbogen (z. B. beim WIG-Schweißen) erzeugt wird. Die folgende schnelle Abkühlung führt in vielen Fällen zu Schrumpfrissen, etwa entsprechend Bild 3-12. Bei Stählen entstehen wegen der Martensitbildung fast immer Risse. Der Lichtbogen darf daher nur im Bereich der Schweißnaht gezündet werden.

Besonders bei martensitischen Gefügen entstehen durch Wasserstoff leicht Risse, die wegen ihrer Lage in der Schweißverbindung **Unternahtrisse** genannt werden. Sie entstehen unmittelbar an der Schmelzgrenze in der aufgehärteten WEZ. Ein solcher Fehler ist in Bild 3-13 zu erkennen. Sie entstehen dicht unterhalb der Schmelzgrenze in der Wärmeeinflußzone. Bei hochfesten Stählen (mit martensitischem Gefüge) können schon geringste Mengen (etwa 1 ml H_2/100 g Fe) den gefährlichen wasserstoffinduzierten Kaltriß[3]) auslösen. Außer vakuumerschmolzenen Grund- und Zusatzwerkstoffen sind in diesem Fall extrem sorgfältige Fertigungsbedingungen erforderlich.

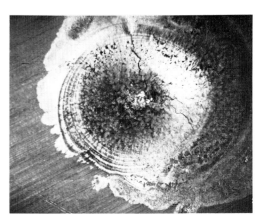

Bild 3-12. Risse in einer Ansatzstelle beim Schweißen („Zündstelle"); Werkstoff Al Mg 4,5 Zn 1; Vergrößerung etwa 5 : 1.

Bild 3-13. Riß in der Wärmeeinflußzone einer Schweißverbindung aus Stahl C 45 unmittelbar neben der Schmelzgrenze („Unternahtriß"); Vergrößerung etwa 200 : 1.

3.2.4.3 Verbindungs- und Auftragschweißen unterschiedlicher Werkstoffe

Beim Verbinden zweier unterschiedlicher Werkstoffe durch Schmelzschweißverfahren entsteht wenigstens örtlich eine Zone, in der sich beide Werkstoffe im schmelzflüssigen Zustand gemischt haben. Der Umfang des Vermischens wird durch den Aufschmelzgrad A_s ausgedrückt (Abschn. 3.1.3 und Bild 3-4). Die Eigenschaften der Verbindung bzw. Auftragung werden weitgehend von denen der „Mischzone" bzw. ihrem Gefüge bestimmt. Sie hängen sehr ab vom Grad der Löslichkeit der beteiligten Elemente ineinander und der Menge (und Art) entstehender spröder Gefügebestandteile:

– **Völlige Unlöslichkeit (Eutektikum).** Die Güte der Verbindung hängt entscheidend von den Eigenschaften der Komponenten ab. Durch das schnelle Abkühlen entsteht i. a. ein sehr feines, hartes eutektisches Gefüge. Niedrigschmelzende Bestandteile (z. B. FeS bei Stahl, NiS bei Nickelwerkstoffen) können zur Heißrißbildung führen.

– **Völlige Löslichkeit (lückenlose Mischkristallreihe).** Das gesamte Schweißgut besteht aus

---

3) Der Unternahtriß ist lediglich eine andere in der Schweißpraxis oft verwendete Bezeichnung für wasserstoffinduzierten Kaltriß.

zähen, wenig rißanfälligen, aber meistens kristallgeseigerten Mischkristallen. Es entstehen Schweißverbindungen mit guten metallurgischen und mechanischen Eigenschaften.

– **Spröde Gefügebestandteile.** Bilden sich **intermediäre Verbindungen,** dann führen selbst geringste Mengen dieser spröden Bestandteile in den meisten Fällen zum Versprödern der Schweißverbindung. Das gilt vor allem dann, wenn sich diese Phase filmartig an den Korngrenzen ausscheidet. Bei entsprechenden Mischungsverhältnissen entsteht z. B.

- bei Cu-Zn-Legierungen (Messinge) mit Zn-Gehalten über 50% die Phase Cu_5Zn_8,
- bei Cu-Sn-Legierungen (Bronzen) $Cu_{31}Sn_8$ und bei
- Al-Fe-Legierungen Al_3Fe oder Al_5Fe_2.

Durch Mischen der Legierungselemente der zu verbindenden Werkstoffe kann spröder, rißanfälliger Martensit entstehen. Diese vor allem beim Panzern (Bild 3-4) zu beobachtende Erscheinung erfordert sorgfältigste Wahl des Panzerwerkstoffs und des Schweißverfahrens. Von besonderer Wichtigkeit in diesem Fall ist, daß der Anteil des aufgeschmolzenen Grundwerkstoffs so klein wie möglich bleibt, d. h., die Streckenenergie beim Schweißen muß ausreichend klein gewählt werden. Mit geeigneten Schweißverfahren (z. B. Gasschweißen, MAG-Schweißen mit Kaltdrahtzufuhr, UP-Schweißen mit Bandelektroden, Flammspritzen, Plasmaauftragschweißen) wird dieses Ziel erreicht. In Bild 3-14 sind die Vorgänge, die die Verbindbarkeit zweier Werkstoffe bestimmen, schematisch an Hand typischer Zustandsschaubilder dargestellt.

3.2.4.4 Schweißbarkeit metallischer Werkstoffe

Die Schweißbarkeit eines Bauteils ist vorhanden, wenn der Stoffschluß durch Schweißen mit einem gegebenen Schweißverfahren bei Beachtung eines geeigneten Fertigungsablaufs erreicht werden kann (nach DIN 8526). Die geschweißten Verbindungen müssen die an sie gestellten Anforderungen (z. B. mechanische Beanspruchung, hohe bzw. tiefe Betriebstemperatur, Korrosionseinwirkung) erfüllen (Bewährung).

Dazu ist in erster Linie ein ausreichendes Verformungsvermögen der durch die Schweißwärme beeinflußten Bereiche der Verbindung

und des Schweißgutes erforderlich, um Trennbrüche (Sprödbrüche) auszuschließen.

Die Schweißbarkeit hängt ab von

– dem *Werkstoff* (Teileigenschaft Schweißeignung),
– der *Konstruktion* (Teileigenschaft Schweißsicherheit) und
– der *Fertigung* (Teileigenschaft Schweißmöglichkeit).

Das Schema Bild 3-15 zeigt die Zusammenhänge.

Die **Schweißeignung** eines Werkstoffs ist vorhanden, wenn bei der Fertigung auf Grund der chemischen, metallurgischen und physikalischen Eigenschaften des Werkstoffs eine den jeweils gestellten Anforderungen entsprechende Schweißung hergestellt werden kann. Die Schweißeignung wird in der Hauptsache von folgenden Faktoren bestimmt:

– *Chemische Zusammensetzung.* Sie ist bestimmend für die Sprödbruchneigung, Alterungsneigung, Aufhärtung, Heißrißneigung.
– *Metallurgische Eigenschaften* (Erschmelzungs- und Desoxidationsart, Warm-Kaltformgebung, Wärmebehandlung). Sie sind bestimmend für Seigerungen, Einschlüsse, Korngröße, Gefügeausbildung.
– *Physikalische Eigenschaften.* Die Wärmeleitfähigkeit und das Ausdehnungsverhalten (z. B. bei ferritischen oder austenitischen hochlegierten Stählen) müssen in Sonderfällen berücksichtigt werden.

Die **Schweißsicherheit** einer Konstruktion ist vorhanden, wenn das Bauteil auf Grund seiner konstruktiven Gestaltung unter den vorgesehenen Betriebsbedingungen funktionsfähig bleibt. Auf diese Eigenschaft hat also der Stahlhersteller keinen Einfluß. Sie wird vielmehr von einer Reihe von Faktoren bestimmt, die ausschließlich vom Stahlverarbeiter abhängen:

– *konstruktive Gestaltung:* Kraftfluß, Anordnung der Schweißnähte, Werkstückdicke, Kerbwirkung,
– *Beanspruchungszustand:* statische, dynamische, schlagartige Beanspruchung
– *Fertigungsbedingungen:* Temperatur, bei der geschweißt wird (oberhalb 5 °C Außentemperatur sollten z. B. aus unlegiertem Stahl bestehende Fügeteile auf Handwärme angewärmt werden), Lage der Seigerungszonen beachten, Schweißbedingungen an Eigenheiten des zu schweißenden Werkstoffs anpassen.

Nr.	Zustandsschaubild	Gefüge des Schweißguts, Einlagen-Technik (sehr vereinfacht)	zu erwartende Eigenschaften der Schweißverbindung
1	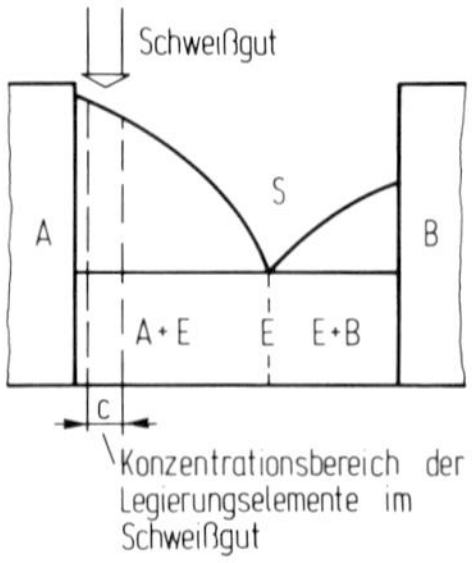 Schweißgut · S · A · B · A+E · E · E+B · c · Konzentrationsbereich der Legierungselemente im Schweißgut	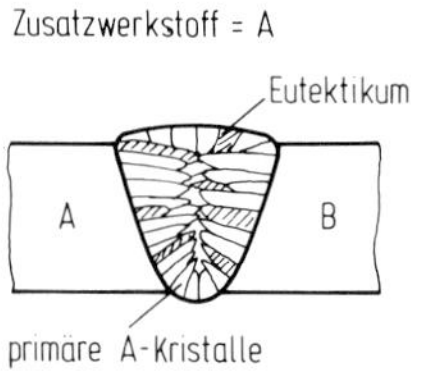 Zusatzwerkstoff = A · Eutektikum · A · B · primäre A-Kristalle	1. Wenn A und B gegenseitig völlig unlöslich sind, ist u. U. überhaupt keine Bindung möglich (z. B. Fe-Pb), nur indirekt über ein drittes Metall C, wenn A + C und B + C legierbar sind. 2. Gütewerte der Verbindung sind praktisch nur von den Eigenschaften des Eutektikums und von A bzw. B abhängig. Das Schweißgut besteht überwiegend aus dem Zusatzwerkstoff A und E bzw. dem Zusatzwerkstoff B und E. 3. Niedrigschmelzende Eutektika können zum Heißriß führen.
2	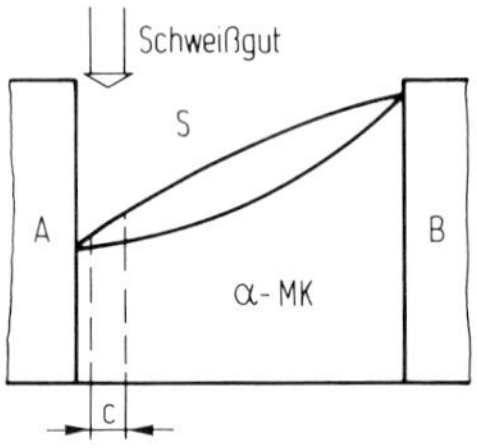 Schweißgut · S · A · B · α-MK · c	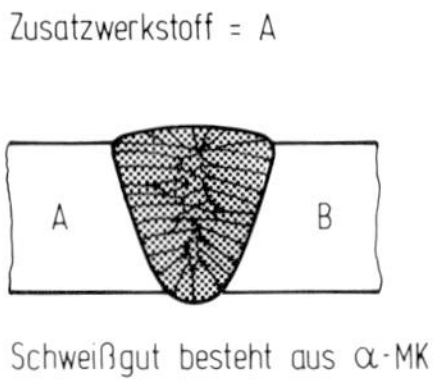 Zusatzwerkstoff = A · A · B · Schweißgut besteht aus α-MK	1. Das Schweißgut besteht nur aus zähen, wenig rißanfälligen Mischkristallen. 2. Die Schweißverbindung hat optimale metallurgische und mechanische Eigenschaften, aber meistens Kristallseigerungen. Häufig wird Ni oder Ni-haltiger Zusatzwerkstoff gewählt: Ni bildet mit vielen Elementen lückenlose MK-Reihen oder ausgedehnte MK-Bereiche und ist extrem zäh und rißsicher.
3	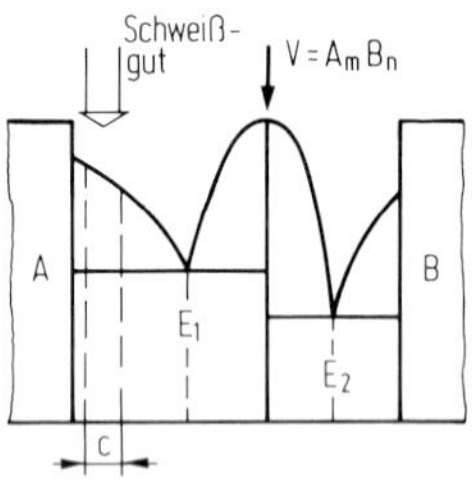 Schweiß-gut · $V = A_m B_n$ · A · B · E_1 · E_2 · c	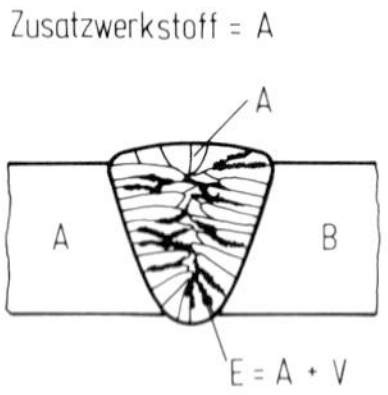 Zusatzwerkstoff = A · A · A · B · $E = A \cdot V$	1. Das Schweißgut enthält eine spröde intermediäre Verbindung V. Geringe Mengen führen meist zur vollständigen Versprödung der Verbindung. 2. Abhilfe: a) Verfahren wählen, mit dem möglichst geringe Aufschmelzgrade erreichbar sind, dadurch wird der Gehalt an V gering. b) Flanke mit C (z. B. Ni) puffern, so daß weder A + C und C + B intermediäre Verbindungen bilden.

Bild 3-14. *Metallurgische Vorgänge beim Schweißen unterschiedlicher Werkstoffe A und B, schematisch.*

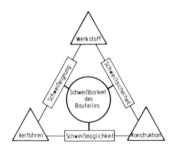

Bild 3-15. *Die Schweißbarkeit eines Bauteils ist abhängig von der Schweißeignung, Schweißsicherheit und Schweißmöglichkeit (nach DIN 8528).*

Die **Schweißmöglichkeit** ist vorhanden, wenn die vorgesehenen Schweißungen bei den gewählten Fertigungsbedingungen fachgerecht hergestellt werden können. Sie wird u. a. bestimmt von

- der *Vorbereitung zum Schweißen:* Verfahren, Zusatzwerkstoffe, Hilfsstoffe, Stoßart, Vorwärmung und von
- der *Ausführung der Schweißarbeiten:* Wärmeführung, Wärmeeinbringen, Wärmevor- bzw. -nachbehandlung.

3.3 Gasschweißen

3.3.1 Verfahrensprinzip

Der Schmelzfluß entsteht durch unmittelbares, örtlich begrenztes Einwirken einer Brenngas-Sauerstoff-Flamme. Wärme und Schweißzusatzwerkstoff werden getrennt zugeführt (DIN 1910). Als Brenngas wird fast ausschließlich **Acetylen** verwendet. Die bei den Reaktionen des Sauerstoffs mit dem Brenngas (Abschn. 3.3.2) freiwerdende Wärme wird durch Konvektion und Strahlung auf die Schweißteile übertragen. Da der Brenner, d. h. die Wärmequelle und der Zusatzwerkstoff von Hand geführt werden, läßt sich das Energieangebot leicht verändern. Dadurch werden Schweißarbeiten an Dünnblechen erleichtert, und beim Auftragschweißen sind Aufschmelzgrade unter 5 % erreichbar (Abschn. 3.1.3 und 3.2.4.3).

Im Vergleich zu den Lichtbogenschweißverfahren besitzt die Wärmequelle „Flamme" eine wesentlich geringere Energiedichte, und der Wärmeübergang auf die Schweißteile ist merklich schlechter. Daraus ergeben sich technische und wirtschaftliche Grenzen der Anwendbarkeit dieses Verfahrens (Abschn. 3.3.6).

3.3.2 Die Acetylen-Sauerstoff-Flamme

Das aus dem Brennermundstück strömende Gas-Sauerstoffgemisch – üblicherweise im Verhältnis 1 : 1 – bleibt zunächst unverändert, Position 1 in Bild 3-16. In dem leuchtenden Kern zerfällt das Acetylen unter erheblicher Wärmeentwicklung, Position 2:

$$C_2H_2 \rightarrow 2\,C + H_2 - Q_1.$$

In der ersten Verbrennungsstufe wird der beim Schweißen zugeführte Sauerstoff für eine unvollständige Verbrennung verbraucht:

$$2\,C + H_2 + O_2 \rightarrow 2\,CO + H_2 - Q_2.$$

Wegen der in dieser Zone vorhandenen reduzierenden Gase (CO und H_2) und der hier herrschenden höchsten Flammentemperatur (etwa 3400 K) wird in diesem Bereich geschweißt. Vorhandene oder beim Schweißen neu gebildete Oxide können wenigstens z. T. beseitigt werden. Die Wirkung der Gase entspricht damit der der Schutzgase beim Schutzgasschweißen.

Wird dieser helleuchtende Kegel versehentlich in das Schmelzbad getaucht, dann nimmt dieses Kohlenstoff, Wasserstoff und (oder) Sauerstoff auf: Die Schmelze wird aufgekohlt (hart und spröde), oder Legierungselemente brennen ab. 1 m³ Acetylen[4]) benötigt zum vollständigen Verbrennen 2,5 m³ Sauerstoff. Daher reagieren die noch nicht vollständig verbrannten Gase (CO, H_2) in der zweiten Verbrennungsstufe mit dem Luftsauerstoff, der der Umgebung entzogen wird. Sauerstoffmangel bzw. CO-Überschuß können die Folge sein:

$$4\,CO + 2\,H_2 + 3\,O_2 \rightarrow 4\,CO_2 + 2\,H_2O - Q_3.$$

Für die Wärmeintensität ist nicht der gesamte Heizwert entscheidend, sondern nur die Summe aus Bildungsenthalpie des Acetylens und dem auf die erste Verbrennungsstufe entfallenden Heizwertanteil. Der Heizwert der zweiten Verbrennungsstufe ist größer, er kann aber nicht genutzt werden, da aus den bekannten Gründen mit der heißen, reduzierenden Primärflamme geschweißt werden muß.

Je nach dem Mischungsverhältnis Acetylen: Sauerstoff = M unterscheidet man drei Flammeneinstellungen:

- Die **neutrale Flamme** ($M = 1 : 1$) wird überwiegend zum Schweißen angewendet. Im Schweißbereich (Bild 3-16) herrscht die größte Temperatur. Die Flammgase (CO, H_2) wirken reduzierend.
- Die **oxidierende Flamme** (Sauerstoffüberschuß $M < 1$) wird für die Stahlschweißung nicht verwendet, da der überschüssige (freie) Sauerstoff in der Primärflamme zu einem starken Abbrand führt. Lediglich beim Schweißen von Messing wird mit Sauerstoffüberschuß gearbeitet. Dadurch kann die Zinkverdampfung vermieden werden.

---

[4]) Alle Volumenangaben im folgenden sind Normvolumen nach DIN 1343.

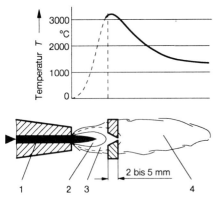

1 kaltes C_2H_2-Gemisch
2 Acetylenzerfall: $2C_2H_2 \rightarrow 4C + 2H_2O$
3 1. Verbrennungsstufe (Schweißbereich) besteht in der
   Hauptsache aus reduzierenden Flammgasen CO und H:
   $2C + H_2 + O_2 \rightarrow 2CO + H_2$
4 2. Verbrennungsstufe ("Streuflamme"):
   $4CO + 2H_2 + 3O_2 \rightarrow 4CO_2 + H_2O$

Bild 3-16. Temperaturverteilung und Verbrennungsvorgänge in der neutralen Acetylen-Sauerstoff-Flamme.

– Die **aufkohlende Flamme** (Acetylenüberschuß, $M > 1$) wird praktisch nur zum Schweißen von Gußeisen verwendet. Dadurch bleibt der hohe Kohlenstoffgehalt dieses Werkstoffs erhalten.

3.3.3 Betriebsstoffe: Acetylen, Sauerstoff

Das wichtigste Brenngas für das Gasschweißen ist **Acetylen.** Der Heizwert der ersten Verbrennungsstufe und die Zündgeschwindigkeit sind groß. Daher ist es zum Schweißen besonders gut geeignet.

Acetylen wird in *Entwickler* genannten Einrichtungen aus Calciumcarbid (CaC) und Wasser hergestellt:

$$CaC_2 + 2H_2O \rightarrow Ca(OH)_2 + C_2H_2 - Q.$$

Die (praktische) Ausbeute liegt zwischen 250 l und 300 l Acetylen je kg Calciumcarbid. Es wird entweder in Leitungen weitergeführt oder in Stahlflaschen bei Überdruck abgefüllt.

Der Umgang mit Acetylen ist durch dessen extreme Druck- und Temperaturempfindlichkeit sehr erschwert und gefährlich. Bei Drücken über etwa 1,5 bar zerfällt es chemisch unter Wärmeabgabe explosionsartig (*Acetylenzerfall*). Das gleiche geschieht bei Temperaturen über 300 °C

bei einem Verhältnis $C_2H_2 : O_2 = 1 : 1$. Daher darf der Betriebsdruck in acetylenführenden Leitungen nie 1,5 bar übersteigen. Eine weitere Gefahrenquelle ist die Explosionsneigung von Acetylen-Luft bzw. -Sauerstoffgemischen. Bei Acetylenanteilen von 2,8% bis 93% (Rest Sauerstoff) entstehen explosionsartige Gasgemische, d.h., die Explosionsgefahr besteht bei praktisch jedem Mischungsverhältnis. Sorgsamstes Arbeiten und Beachten der einschlägigen Unfallschutzbestimmungen sind im Umgang mit Acetylen unbedingt erforderlich.

Das Speichern des Acetylens in Stahlflaschen (Kennfarbe gelb) ist daher nur auf Umwegen möglich. Man macht sich dabei die Erfahrung zunutze, daß in kleinsten Hohlräumen (Kapillaren) der Acetylenzerfall verhindert wird. Außerdem wird die große Lösungsfähigkeit des Acetlyens in Aceton genutzt. In die vollständig mit einer porösen Masse „gefüllte" Stahlflasche – die Masse nimmt nur etwa 10% des Flaschenvolumens ein, das restliche Volumen besteht aus „kapillaren Räumen" – werden 13 l Aceton eingebracht. Der Fülldruck des Acetylens beträgt 19 bar. Da 1 l Aceton etwa 25 l Acetylen löst, enthält die Flasche $13 \cdot 25 \cdot 19 \, l \approx 6000 \, l$ Acetylen. Die Acetylenentnahme darf 1000 l/h nicht überschreiten, da sonst Aceton in größeren Mengen mitgerissen, die Schweißnaht hierdurch verdorben wird und die Armaturen verschmutzen.

Für den Umgang mit der Acetylenflasche sind folgende Vorschriften und Empfehlungen zu beachten:

– Die Flasche nie der prallen Sonne aussetzen (Baustellen!) oder neben Heizquellen aufstellen (da sonst unzulässiger Druckanstieg).
– Acetylenentnahme soll dauernd 600 l/h, kurzzeitig 1000 l/h nicht überschreiten (Aceton wird mitgerissen).
– Die Flasche nicht werfen (in poröser Masse können sich größere Hohlräume mit hochverdichtetem Acetylen bilden; Gefahr des Acetylenzerfalls).

Der hohe Flaschendruck wird durch ein *Druckminderventil* auf den erforderlichen Gebrauchsdruck herabgesetzt. Es wird direkt an der Flasche angeschlossen.

Der **Sauerstoff** wird durch fraktionierte Destillation der flüssigen Luft hergestellt und dem Verbraucher flüssig oder – weitaus häufiger – gasförmig in Stahlflaschen (Kennfarbe blau) geliefert. Bei einem Rauminhalt von 40 l (bzw. 50 l bei Leichtstahlflaschen) und einem Fülldruck von 150 bar enthalten sie bei dem Umgebungsdruck $p = 1$ bar nach dem Gesetz von *Boyle-Mariotte* 6000 l Sauerstoff:

$$p_1 v_1 = p_2 v_2 = \text{konst} =$$
$$= 150 \text{ bar} \cdot 40 \text{ l} = 1 \text{ bar} \cdot 6000 \text{ l}.$$

Auch der Umgang mit Sauerstoff erfordert besondere Vorsicht. Schon ein geringfügig erhöhter Sauerstoffgehalt der Luft (etwa 25%) führt zu einer stark erhöhten Verbrennungsgeschwindigkeit und einer erheblich geringeren Zündtemperatur. Dadurch sind Löschversuche häufig ohne Erfolg, oder sie kommen zu spät. Folgende Maßnahmen und Vorschriften sind daher im Umgang mit Sauerstoff unbedingt zu beachten:

– Das Gewinde am Flaschenventil muß frei von Fett und Öl sein (Feuergefahr).
– Das Flaschenventil darf man nur eine halbe bis eine Umdrehung öffnen. (Dann ist schnelles Schließen im Gefahrenfall möglich.)
– Nie funkenschlagende Werkzeuge benutzen (Funkengefahr).
– Die Flasche muß gegen Umfallen gesichert sein. (Ein beschädigtes oder abgebrochenes Flaschenventil kann aus der Sauerstoffflasche eine Rakete machen.)
– Man darf nie mit Sauerstoff einen Raum belüften (sträflicher, weil oft tödlicher Leichtsinn).

Wegen des großen Flaschendrucks benutzt man für Sauerstoff zweistufige Druckminderer.

3.3.4 Der Schweißbrenner

Im Schweißbrenner werden die Gase gemischt. Das Mischungsverhältnis muß dabei auch über eine längere Schweißzeit möglichst konstant bleiben. Die bevorzugte Bauart ist der *Saugbrenner* (*Injektor-* oder *Niederdruckbrenner*), wie er in Bild 3-17 dargestellt ist. Der Sauerstoff wird dem Brenner mit einem Druck von etwa 2 bar bis 3 bar zugeführt und strömt mit großer Geschwindigkeit durch den Injektor.

Durch den entstehenden großen Unterdruck (Bernoullisches Gesetz) wird das Acetylen angesaugt. In der Mischdüse erfolgt die Mischung der Gase im vorgesehenen Mischungsverhältnis.

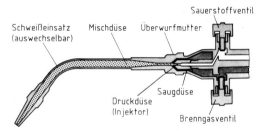

Auswechselbare Schweißeinsätze:

0,3 bis 0,5mm	2 bis 4mm
0,5 bis 1mm	4 bis 6mm
1 bis 2mm	6 bis 9mm

Die Zahlen bedeuten die Werkstückdicke des Halbzeuges, die mit dem Schweißeinsatz geschweißt werden kann.

Bild 3-17. Schnitt durch den Injektorbrenner mit auswechselbaren Schneideinsätzen.

Für die verschiedenen zu schweißenden Werkstückdicken sind unterschiedliche Heizleistungen erforderlich. Diese werden über den Gasdurchsatz, d. h. über die Größe der Injektorbohrung, also durch die Größe des auswechselbaren Schweißeinsatzes bestimmt. Eine sorgfältige Behandlung des Brenners ist notwendig. Dichtet der Schweißeinsatz am Griffstück nicht einwandfrei, oder ist das Mundstück verstopft, dringt Sauerstoff in die Acetylenkanäle. Bei einem *Flammenrückschlag* (die Flamme schlägt in den Brenner zurück, weil die Zündgeschwindigkeit kleiner als die Ausströmgeschwindigkeit ist) – könnte der Schlauch explodieren. Um eine Explosion der Acetylenflasche mit Sicherheit auszuschließen, wird sie durch eine Vorrichtung (*Sicherheitsvorlage*) geschützt, die den Flammenrückschlag unwirksam macht.

3.3.5 Arbeitsweisen beim Gasschweißen

Eine wichtige Voraussetzung zum Herstellen einwandfreier Schweißverbindungen ist das vollständige Aufschmelzen der Fugenflanken der Fügeteile. Der Grundwerkstoff und der von Hand zugesetzte Schweißstab werden gleichzeitig von der Flamme aufgeschmolzen.

Je nach Haltung des Schweißbrenners und des Schweißstabs beim Schweißen unterscheidet man folgende Arbeitstechniken:

– **Nachlinksschweißen:** Der Schweißstab wird in Schweißrichtung vor der Flamme geführt, wie es Bild 3-18 a) zeigt. Der Brenner weist nicht direkt auf das Schmelzbad. Dadurch geht ein wesentlicher Teil der Wärmeenergie für den Schweißprozeß verloren. Der Schutz der Schmelze durch die Streuflamme ist daher mäßig. Die Injektorwirkung der Flamme (Bild 3-18 a)) kann Luft in die Schmelze reißen. Die metallurgische Qualität der Schweißverbindung ist aus diesen Gründen oft nicht ausreichend. Wegen der geringen eingebrachten Wärme und der leichten Handhabung wird das Nachlinksschweißen nur für dünne Bleche ($s \leq 3$ mm) verwendet.

– **Nachrechtsschweißen:** Die Flamme ist entsprechend Bild 3-18 b) direkt auf das Schmelzbad gerichtet. Der Schutz des Bads ist wesentlich besser und die auf das Schmelzbad übertragene Wärme erheblich größer als beim Nachlinksschweißen. Die Flamme erfaßt zuverlässig die Wurzelkanten. Die Ausbildung der typischen birnenförmigen Öffnung (*Schweißöse*) zeigt an, daß die Wurzelkanten zuverlässig erfaßt, also vollständig aufgeschmolzen wurden. Diese Methode wird zum Schweißen dickerer Bleche ($s \geq 3$ mm) fast ausschließlich verwendet.

3.3.6 Zusatzwerkstoffe; Schweißstäbe

Als Zusatzwerkstoffe werden Schweißstäbe mit einer Regellänge von 1000 mm verwendet. Sie sollten beim Schweißen leicht und gleichmäßig fließend eine leichtflüssige, einfach entfernbare Schlacke bilden und nicht zur Poren- und Spritzerbildung neigen. Die chemische Zusammensetzung der immer beruhigt vergossenen Gasschweißstäbe entspricht i. a. weitgehend der des Grundwerkstoffes. Die Oberfläche der Stäbe muß sauber sein, d. h. frei von Rost, Fett, Öl, Farbe, Verunreinigungen und groben Oberflächenfehlern.

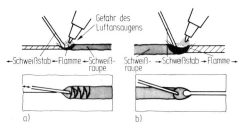

Bild 3-18. Arbeitstechniken beim Gasschweißen:
a) Nachlinksschweißen,
b) Nachrechtsschweißen.

Die Gasschweißstäbe sind in DIN 8554, Teil 1, genormt. Sie werden in sieben *Schweißstabklassen* unterteilt, die den verschiedenen Stahlsorten zugeordnet sind (Tabelle 3-4).

Die Mindestwerte für die Streckgrenze und die Zugfestigkeit der zu schweißenden Werkstoffe auch in der Schweißverbindung und für alle Schweißpositionen müssen für die den Schweißstabklassen nach Tabelle 3-4 zugeordneten Grundwerkstoffe erreicht werden. Wegen der Besonderheiten des Gasschweißverfahrens wird i. a. auf die Angabe von Kerbschlagwerten des Schweißguts verzichtet, da die Zähigkeitswerte des Schweißguts nicht mit denen der Schweißverbindung vergleichbar ist. Außerdem können in dem für das Gasschweißen üblichen Werkstückdickenbereich (≤ 10 mm) nur ISO-V-*ähnliche* Proben verwendet werden. Die Vergleichbarkeit der Ergebnisse mit denen von ISO-V-Proben ist daher nur bedingt möglich.

3.3.7 Anwendung und Anwendungsgrenzen

Die Bedeutung des Gasschweißens hat in den letzten Jahren deutlich abgenommen. Durch die geringe Leistungsdichte der Flamme und die verhältnismäßig schlechte Übertragung der Wärme auf das Schweißteil sollten nur Bleche bis maximal 8 mm Dicke gasgeschweißt werden. Bei größeren Werkstückdicken sind die elektrischen Schweißverfahren wesentlich wirtschaftlicher. Außerdem wird die Breite der wärmebeeinflußten Zone geringer und die Korngröße in der Grobkornzone kleiner. Das Gasschweißen höher- und hochlegierter Stähle ist nicht zu empfehlen, weil bei Mischungsverhältnissen, die von $M = 1$ abweichen, leicht Aufkohlen der Schmelze und (oder) Abbrand der Legierungselemente auftreten können.

Ein wesentlicher Anwendungsbereich des Gasschweißens sind Schweißarbeiten an Rohren (Rohrleitungs-, Kessel- und Apparatebau), vor allem dann, wenn in Zwangslage oder bei schlechter Zugänglichkeit der Nähte geschweißt werden muß.

Auch für Werkstoffe, die z. B. wegen ihrer großen Wärmeleitfähigkeit zum Schweißen vorgewärmt werden müssen (z. B. Kupfer), eignet sich das Gasschweißen vorzüglich: Durch die geringe Leistungsdichte der Flamme werden die Fügeteile während des Schweißens ständig vorgewärmt.

Tabelle 3-4. Eignung der Schweißstabklassen für ausgewählte Stahlsorten nach DIN 8554, Teil 1 (Auszug).

Stahlart	Stahlsorte	geeignete Schweißstabklasse					
		GI	GII	GIII	GIV	GV	GVI
allgemeine Baustähle (DIN 17100)	St 33	•	•	•	•		
	St 37-2						
	USt 37-2						
	RSt 37		•	•	•		
	St 44-2						
	St 37-3						
	St 44-3			•	•		
	St 52-3						
nahtlose kreisförmige Rohre für besonders hohe Anforderung (DIN 1630)	St 37.4						
	St 44.4			•	•		
	St 52.4						
Rohre nach DIN 17175	St 35.8			•	•		
	St 45.8						
Bleche und Bänder aus warmfesten Stählen (DIN 17155)	H I			•	•		
	H II						
Bleche und Bänder aus warmfesten Stählen (DIN 17155, DIN 17175)	15 Mo 3				•		
	13 CrMo 44					•	
	10 CrMo 9 10						•

Ein anderer wichtiger Anwendungsbereich ist das Auftragschweißen. Durch die Möglichkeit, Wärme und Schweißstab getrennt dem Werkstoff von Hand feinfühlig zuzuführen, sind sehr geringe Aufschmelzgrade erreichbar (Abschn. 3.1.3). Aus dem gleichen Grunde eignet sich das Verfahren auch hervorragend für Wurzelschweißungen, selbst dann, wenn die Passung ungenau und der Spaltabstand nicht konstant ist (Baustellenbedingungen!). Geringe Investitionskosten und die ortsunabhängige Wärmequelle sind weitere positive Besonderheiten des Gasschweißens.

dichte des Lichtbogens ist wesentlich größer als die der Gasflamme. Der Schutz des Schweißbads vor den atmosphärischen Gasen (Sauerstoff und Stickstoff) wird durch einen Schutzgasmantel erreicht, der aus der **Elektrodenumhüllung** gebildet wird. Aus diesem Grund werden nackte – also nicht umhüllte – Stabelektroden praktisch nicht mehr verwendet.

Der Werkstoffübergang erfolgt je nach Art der Elektrodenumhüllung und Umhüllungsdicke in Form mehr oder weniger feiner Tropfen. Die übergehenden metallischen Tröpfchen sind von

3.4 Metall-Lichtbogenschweißen (Lichtbogenhandschweißen)

3.4.1 Verfahrensprinzip und Schweißanlage

Als Energiequelle dient ein zwischen der abschmelzenden *Stabelektrode* und dem Grundwerkstoff gezogener *Lichtbogen*. In Bild 3-19 sind die Einzelheiten zu erkennen. An den Ansatzpunkten des Lichtbogens entstehen Temperaturen von 4500 K bis 5000 K. Die Leistungs-

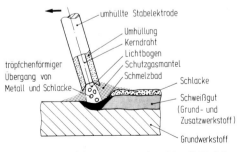

Bild 3-19. *Verfahrensprinzip des Metall-Lichtbogenschweißens mit umhüllten Stabelektroden.*

einem Schlackenfilm umgeben. Diese bewirkt (außer dem gebildeten Schutzgas) einen zusätzlichen Schutz der Tröpfchen und ermöglicht vor allem die notwendigen chemischen Reaktionen (z. B. Desoxidation, Legierungsvorgänge).

Die Qualität der Schweißverbindung wird wie bei allen manuellen Verfahren entscheidend vom Schweißer bestimmt. Er muß den Schweißvorgang kontinuierlich durch Beobachtung überwachen und vor allem das Schmelzbad in geeigneter Weise „führen".

Bild 3-20 zeigt schematisch die wenig aufwendige, nur aus einigen Teilen aufgebaute Schweißanlage.

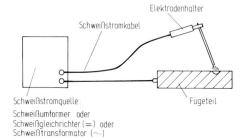

Bild 3-20. Schweißanlage für das Metall-Lichtbogenschweißen mit umhüllten Stabelektroden.

3.4.2 Vorgänge im Lichtbogen

Der Lichtbogen ist ein Stück stromdurchflossener Leiter. Er kann also nur existieren, wenn Ladungsträger vorhanden sind. Das zunächst zwischen den elektrischen Polen vorhandene elektrisch neutrale Gas (Luft, Argon, durch die Elektrodenumhüllung entwickeltes Schutzgas) muß daher leitfähig gemacht, d. h. ionisiert werden. Den positiven Pol nennt man **Anode,** den negativen **Kathode.** Somit ist der Lichtbogen eine besondere Form der Gasentladung, in der Energie- und Massentransporte (von der Elektrode übergehende Werkstofftröpfchen und Ionen) stattfinden.

Der Lichtbogen wird üblicherweise gezündet, indem die Elektrode, meistens der negative Pol, das Werkstück „streichend" oder „tupfend" berührt. Durch den hohen Kurzschlußstrom wird die Elektrodenspitze aufgeschmolzen. Ein Teil des Werkstoffs verdampft, so daß aus der Elektrode (Kathode) sehr leicht Elektronen austreten können (die Elektronenemission ist praktisch nur von der Temperatur abhängig).

Diese negativ geladenen Teilchen bewegen sich durch die Wirkung der Potentialdifferenz (= Lichtbogenspannung) zwischen Anode und Kathode und erzeugen durch *Stoßionisation* neue Ladungsträger: Neutralen Gasmolekülen bzw. Atomen werden durch Stoß Elektronen aus den äußeren Elektronenschalen herausgeschlagen. Die entstehenden positiven Ladungsträger (*Ionen*) bewegen sich zur Kathode und erwärmen diese durch Abgabe ihrer kinetischen Energie auf etwa 4500 K. Dadurch wird eine ständige Elektronenemission aus der Kathode ermöglicht. Die Temperatur der Anode ist einige hundert Grad höher, da die kinetische Energie ($\sim m\,v^2$) der massearmen, sehr schnellen Elektronen größer ist als die der schweren, aber langsameren Ionen. Hinzu kommt, daß die Elektronenemission aus der Kathode Arbeit erfordert, die dieser entzogen wird und der Anode beim Auftreffen der Elektronen wieder zugeführt wird.

Im Lichtbogenkern befinden sich positive und negative Ladungsträger in ständiger Bewegung. Diesen Zustand bezeichnet man als **Plasma.** Beim Plasmaschweißen und -schneiden können durch geeignete Einrichtungen (Abschn. 3.6) Leistungsdichten von 10^5 bis 10^6 W/cm^2 erreicht werden. In diesem Fall sind die Temperaturen im Plasma extrem groß. Sie betragen etwa 20 000 K.

Im Lichtbogen werden dort hohe Temperaturen erreicht, wo die kinetische Energie der Ladungsträger in potentielle umgewandelt wird bzw. wo Geschwindigkeitsänderungen der Ladungsträger erzwungen werden, d. h. an der

- Anode,
- Kathode und in der
- Lichtbogensäule (Teilchenzusammenstoß).

Normalerweise ist die an den Lichtbogenansatzpunkten (Anode, Kathode) entstehende Energie größer als in der Lichtbogensäule. Die Größe des umgesetzten Energieanteils an den Polen hängt ab von dem Elektrodenwerkstoff und dem Grundwerkstoff sowie von den Einstellwerten (Strom, Spannung), mit denen der Lichtbogen betrieben wird. Die in der Lichtbogensäule erzeugte Energie bestimmt auch die Abschmelzleistung und die Einbrandtiefe beim Schutzgasschweißen mit abschmelzender Elektrode (Abschn. 3.5.4).

Die Energieverteilung in den drei Bereichen Anode, Kathode und Lichtbogensäule ist also nicht gleichmäßig, sondern hängt im wesentlichen vom dort vorhandenen Spannungsgefälle ab.

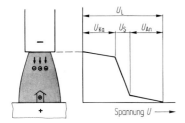

Bild 3-21. Spannungsverteilung im Lichtbogen.

Bild 3-21 zeigt den nicht-ohmschen Spannungsabfall im Lichtbogen. Man unterscheidet den *Kathodenfall*, U_{Ka}, den *Anodenfall* U_{An} und den i. a. wesentlich geringeren Spannungsabfall in der *Lichtbogensäule* U_s. Die Fallgebiete haben nur eine sehr geringe Ausdehnung (etwa 10^{-4} mm) und entstehen durch positive (negative) Ladungsträgeranhäufung unmittelbar vor der Kathode (Anode).

Die Wahl der Elektrodenpolung wird hauptsächlich bestimmt durch

– die Art der Elektroden,
– das Schweißverfahren und die
– gewünschte Nahtgeometrie, besonders die Einbrandtiefe.

Dabei ist zu beachten, daß unabhängig von den genannten Punkten in erster Linie ein stabil brennender Lichtbogen erzeugt werden muß.

Beim Lichtbogenschweißen wird die Stabelektrode meist negativ, die Drahtelektrode bei den MSG-Verfahren (Abschn. 3.5.4) vorwiegend positiv gepolt. (Zum Auftragschweißen wird u. U. auch negativ gepolt.) Beim WIG-Schweißen wird fast ausschließlich mit negativ gepolter Wolframelektrode bzw. mit Wechselstrom (Leichtmetalle) gearbeitet.

Weiterhin ist zu beachten, daß die positiven Ladungsträger (Ionen) Werkstoffeigenschaften haben, Elektronen dagegen nicht. Daher ist es zweckmäßig, die Elektrode positiv zu polen, wenn die Ionen in das Schmelzbad übergehen sollen (z. B. Legierungselemente, d. h. beim Schweißen legierter Stähle). Dagegen polt man die Elektrode negativ, wenn die Ionen in der Schmelze unerwünscht sind, denn sonst würde beim Schweißen mit dem Kohlelichtbogen das Schmelzbad stark aufkohlen.

Diese Vorgänge dürfen nicht mit dem *Werkstoffübergang* verwechselt werden. Die Tropfen gehen grundsätzlich von der Elektrode zum Werkstück über. Die Form des Werkstoffübergangs ist von der Schutzgasatmosphäre, der

chemischen Charakteristik der Elektrodenumhüllung (Abschn. 3.4.4.2) und der Stromdichte abhängig. Er kann *kurzschlußfrei* (kleine „heiße" Tropfen) oder mit *Kurzschlüssen durchsetzt* sein (große „kältere" Tropfen, die gleichzeitig Elektrodenspitze und Schmelzbad berühren können).

Der Mechanismus des Werkstoffübergangs ist verhältnismäßig kompliziert und unübersichtlich. Der wichtigste Teilvorgang ist zweifellos der *Pinch-Effekt*[5]. Danach ziehen sich parallel angeordnete in gleicher Richtung vom Strom durchflossene Leiter an. Eine auf sie radial einwirkende Kraft preßt sie gleichsam zusammen. Den metallischen Kernstab der Elektrode kann man sich als eine Anordnung vorstellen, die aus vielen parallel nebeneinander liegenden „Einzelleitern" besteht. Die Wirkung der radial auf die erhitzte Elektrodenspitze angreifenden magnetischen Kraft wird dann verständlich: der Tropfen wird durch sie ähnlich wie mit der Kneifzange „abgekniffen".

Bemerkenswert ist die Tatsache, daß unberuhigter Kernstabwerkstoff den *Tropfenübergang* sehr begünstigt. Die beim Aufschmelzen der Elektrodenspitze wieder einsetzende CO-Bildung beschleunigt den Tropfen immer in axialer Richtung, d. h. weg von der Elektrodenspitze auf das Werkstück. Kernstäbe von Elektroden zum Schweißen legierter Stähle müssen wegen der sonst vorhandenen starken Seigerung der Elemente aus beruhigtem Werkstoff bestehen. Es ist bekannt, daß sie für Zwangslagenschweißungen nicht besonders gut geeignet sind: die entscheidende von der Elektrodenspitze axial wegführende Kraft ist zu gering, der Tropfen bewegt sich dann vorwiegend in Richtung des Schwerefelds.

Eine wesentliche Voraussetzung für die *Lichtbogenstabilität* ist eine ausreichende Anzahl von Ladungsträgern im Lichtbogenraum. Daher sind in der Elektrodenumhüllung Stoffe enthalten, die leicht Elektronen abgeben. Somit wird auch verständlich, daß der Wechselstromlichtbogen, bei dem sich Spannung und Stromfluß 50mal in der Sekunde umkehren, wesentlich weniger stabil brennt als der Gleichstromlichtbogen. Da die Ladungsträger überwiegend durch die Umhüllung geliefert werden, sind nicht umhüllte, also die nicht mehr hergestell-

---

[5] englisch: to pinch; abquetschen, abkneifen.

ten „nackten" Stabelektroden nicht mit einem Wechselstromlichtbogen verschweißbar.

Zu beachten ist, daß der im wesentlichen aus Ladungsträgern bestehende Lichtbogen durch äußere Magnetfelder leicht abgelenkt wird. Diese Blaswirkung (Abschn. 3.4.5.3) genannte Erscheinung muß beim Schweißen berücksichtigt werden, sonst sind fehlerhafte Schweißungen die Folge.

Für das Verständnis des Schweißvorgangs ist die Kenntnis der **Lichtbogenkennlinie** gemäß Bild 3-22 notwendig. Sie gibt an, welche Spannung erforderlich ist, um einen bestimmten Strom durch den Lichtbogen zu treiben. Mit zunehmender Lichtbogenlänge werden der Widerstand des Lichtbogens und der Spannungsabfall an ihm größer, d.h., die Lichtbogenspannung nimmt zu (Bild 3-22). Wird die Lichtbogenlänge von l_1 auf l_3 vergrößert, nimmt die Lichtbogenspannung von U_1 auf U_3 zu.

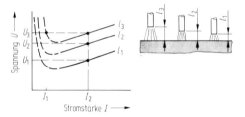

Bild 3-22. Verlauf der Lichtbogenkennlinie in Abhängigkeit von der Lichtbogenlänge l.

Betrachtet man z. B. die Einstellwerte U_3 und I_1, so würde eine Stromerhöhung einen Spannungsüberschuß bewirken ($U_3 > U_{\text{Lichtbogen}}$) und die Stromstärke bis zur stabilen Lage im Schnittpunkt (U_3, I_2) treiben. Ein Verringern der Stromstärke erfordert eine über das Verfügbare hinausgehende Spannung des Bogens; die Stromstärke sinkt, bis der Bogen erlischt.

3.4.3 Schweißstromquellen

Schweißlichtbögen können mit Gleichstrom und Wechselstrom erzeugt werden. Schweißumformer und Schweißgleichrichter liefern Gleichstrom, Schweißtransformatoren Wechselstrom.

Der Werkstoffübergang erfolgt in Tropfenform häufig durchsetzt mit Kurzschlüssen; hierdurch werden extreme Änderungen der Spannung und Stromstärke erzwungen. Wegen dieser und

anderer Besonderheiten des Schweißvorgangs müssen die Schweißstromquellen bestimmte Anforderungen erfüllen:

– Der *Kurzschlußstrom* I_K muß begrenzt werden, weil beim Zünden des Lichtbogens und beim Schweißen die Kurzschlußströme die Stromquelle zerstören bzw. thermisch überlasten würden.

– Die *Leerlaufspannung* U_0 darf aus Sicherheitsgründen bei Gleichstrom nicht größer als 100 V, bei Wechselstrom nicht größer als 80 V sein. Besteht eine erhöhte elektrische Gefährdung[6], dann dürfen nur Umformer, Gleichrichter[7] bzw. Schweißtransformatoren in Sonderbauweise mit einer maximalen Leerlaufspannung von 42 V verwendet werden. Andererseits sollte zum leichten Zünden und Wiederzünden des Lichtbogens die Leerlaufspannung möglichst hoch sein. Für bestimmte Elektrodentypen (z. B. B-Elektroden) sind sehr hohe Werte erforderlich (60 V bis 80 V).

– Die unvermeidlichen Änderungen der Lichtbogenlänge, d. h. der *Lichtbogenspannung* U_A während des Schweißens, sollten nur zu einer geringen Änderung der *Stromstärke* I_A führen. Eine gleichmäßige Schweißnaht mit gleichbleibender Nahtgeometrie ist nur mit annähernd konstanter Lichtbogenleistung $U_A\,I_A$ erreichbar.

– Nach einem Kurzschluß muß möglichst schnell eine ausreichende Lichtbogenspannung zur Verfügung stehen. Der im Augenblick des Kurzschlusses entstehende dynamische Kurzschlußstrom (Stoßkurzschlußstrom I_{KSt}) sollte geringer als der Dauerkurzschlußstrom I_{KD} sein. Die sich von der Elektrodenspitze ablösenden Werkstofftröpfchen würden sonst unter der Wirkung der großen Stromstärke verdampfen bzw. verspritzen. Der Schweißvorgang wäre „*hart*", die Spritzerneigung groß. Diese dynamischen Eigenschaften lassen sich nur mit besonderen In-

---

[6] Bedingungen mit erhöter elektrischer Gefährdung liegen z. B. bei beengten Verhältnissen vor, insbesondere dann, wenn die Wandung aus elektrisch leitfähigem Material besteht (meistens ist die Wandung dann auch noch die elektrische „Erde", z. B. Schweißarbeiten innerhalb eines Kessels mit Einstieg durch Mannlochöffnung) oder in nassen oder heißen Arbeitsräumen.

[7] Bei Schweißgleichrichtern darf bei Wicklungsschäden auf der Sekundärseite keine höhere Wechselspannung als 42 V vorhanden sein. Geräte mit dieser Eigenschaft tragen das Kennzeichen K.

strumenten nachweisen (z. B. Oszilloskop) und sollten zusätzlich mit praktischen Schweißversuchen abgeschätzt werden.

– Ein nicht zu unterschätzender Gesichtspunkt ist die Wirtschaftlichkeit der Schweißstromquelle. Neben anderen leicht als wichtig erkennbaren Faktoren (z. B. Anschaffungskosten, Reparatur- und Wartungskosten, Kapitaldienst) werden oft der *Wirkungsgrad* und vor allem die *Leerlaufverluste* nicht genügend beachtet. Bei modernen Schweißstromquellen liegen die Leerlaufverluste zwischen 250 W und etwa 700 W, sie können bei älteren Geräten aber leicht 1000 W und mehr betragen. Es kann z. B. angenommen werden, daß während eines Arbeitstags (8 h) eine Stromquelle etwa 3 h im Leerlauf betrieben wird. Bei einem mittleren Preis von 0,50 DM für 1 kWh ergibt sich ein täglicher „Leerlaufverlust" von DM 0,75 (bei 250 W) und DM 1,50 (bei 1000 W).

Die Schweißeigenschaften werden von den *dynamischen* und den *statischen* Eigenschaften der Schweißstromquelle bestimmt. Die sich im Beharrungszustand bzw. bei langsamen Änderungen von Stromstärke und Spannung in der Stromquelle einstellenden elektrischen Werte sind durch die **statische Kennlinie** vorgegeben. Bild 3-23 zeigt die minimal und maximal einstellbaren Kennlinien einer Schweißstromquelle. Sie sind fallend und begrenzen dadurch den Kurzschlußstrom ($I_{KD, min}$ und $I_{KD, max}$) in der erforderlichen Weise. Im allgemeinen lassen sich zwischen ihnen beliebig viele weitere Kennlinien einstellen; es entsteht so ein lückenloses *Kennlinienfeld*.

Der *Arbeitspunkt* A beim Schweißen ist der Schnittpunkt der Lichtbogenkennlinie mit der statischen Kennlinie. Durch die sich beim Schweißen ständig ändernde Lichtbogenlänge (LB) ändert auch der Arbeitspunkt ständig seine Lage ($A_1 \leftrightarrow A_2$).

Diese Änderungen der Lichtbogenlänge verursachen bei genügender Steilheit der Kennlinie nur eine geringe Stromstärkeänderung ΔI. Stromquellen mit fallender Kennlinie begrenzen also bei Spannungsänderungen ΔU wirksam Stromstärkeänderungen ΔI. Sie sind daher für das Lichtbogenhandschweißen erforderlich.

Nicht alle U,I-Wertepaare der Kennlinien sind schweißtechnisch nutzbar. Die in unterschiedlicher Dicke und Umhüllung verwendeten Stab-

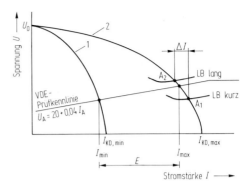

Bild 3-23. *Fallende statische Kennlinien von Schweißstromquellen.*

1, 2   minimal, maximal einstellbare statische Kennlinien der Schweißstromquelle,

$A_1 A_2$ *Arbeitspunkte bei kurzem und langem Lichtbogen.*

E *Einstellbereich der Schweißstromquelle, festgelegt durch die VDE-Prüfkennlinie $U_A = 20 + 0,04 I_A$.*

Schweißstromquellen mit fallenden Kennlinien werden für das Lichtbogenhandschweißen, das WIG- und UP-Verfahren (nur bei dicken Drahtelektroden) verwendet.

elektroden haben einen Einstellwertbereich, der durch die VDE-Prüfkennlinie (Bild 3-23) näherungsweise festgelegt ist:

$$U_A = 20 + 0,04 \, I_A.$$

U_A Lichtbogenspannung in V.

I_A Stromstärke bei U_A (gilt bis $I = 600$ A; für $I > 600$ A ist $U_A = 44$ V $=$ konst).

Der Arbeitsbereich (Einstellbereich E) der Schweißstromquelle läßt sich damit einfach und praktisch sinnvoll festlegen. Er beginnt am Schnittpunkt der minimalen statischen Kennlinie mit der VDE-Prüfkennlinie (I_{min}) und reicht bis zum Schnittpunkt der maximalen statischen Kennlinie mit dieser Geraden (I_{max}), wie Bild 3-23 zeigt. Mit den in diesem Bereich liegenden Wertepaaren U und I kann verfahrensabhängig (d. h. abhängig z. B. von dem Durchmesser der Stabelektrode) geschweißt werden.

Schweißverfahren, bei denen sich die Lichtbogenlänge nach dem Prinzip der inneren Regelung (Abschn. 3.5.4.3) einstellt, benötigen Schweißstromquellen mit **Konstantspannungscharakteristik**[8]). Die statische Kennlinie hat

---

[8]) Sie wird auch als CP-Charakteristik (Constant Potential) bezeichnet.

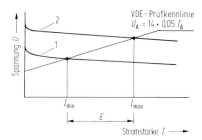

Bild 3-24. *Statische Grenzkennlinien einer Konstant-spannungs-Schweißstromquelle (Constant Potential, CP).*

1, 2 minimal, maximal einstellbare statische Kennlinie der Schweißstromquelle,

E   Einstellbereich der Schweißstromquelle, festgelegt durch die VDE-Prüfkennlinie

$$U_A = 14 + 0.05 \, I_A.$$

Schweißstromquellen mit CP-Charakteristik werden für die MSG-Verfahren und das UP-Verfahren (vorwiegend für dünnere Drahtelektroden) verwendet.

nur eine sehr geringe Neigung (einige Volt je 100 A), wie aus Bild 3-24 hervorgeht. Der Einstellbereich E dieser Stromquellen wird nach der VDE-Prüfkennlinie festgelegt:

$$U_A = 14 + 0.05 \, I_A.$$

Diese Beziehung gilt bis $I = 600$ A; für $I > 600$ A ist $U_A = 44$ V = konst.

Eine wichtige Kenngröße der Schweißstromquellen ist die **Einschaltdauer (ED)**. Sie ist ein praxisnaher Maßstab für die Belastbarkeit der Stromquelle, abhängig von der Dauer ihrer Belastung. Sie ist das prozentuale Verhältnis der Lichtbogenbrennzeit zu der genormten Spielzeit von 5 min. Danach unterscheidet man den *Dauerschweißbetrieb (DB)* mit einer ED = 100%, den *Nennhandschweißbetrieb (Nenn-HSB),* mit ED = 60% und den *Handschweißbetrieb (HSB)* mit ED = 35%. Die für diese genormten Schweißbetriebsarten von der Schweißstromquelle ohne Gefahr lieferbaren Ströme sind auf dem Leistungsschild der Schweißstromquelle angegeben.

Im folgenden werden nicht nur die zum Lichtbogenhandschweißen verwendeten Schweißstromquellen besprochen, sondern auch grundsätzliche Informationen über die zum WIG- (Abschn. 3.5.3) und MSG-Schweißen (Abschn. 3.5.4.6) verwendeten gegeben, an die z. T. stark abweichende und komplexe Anforderungen gestellt werden.

Der **Schweißumformer** besteht aus einem Antriebsmotor (Elektro- oder Verbrennungsmotor) und einem Schweißgenerator. Das Gerät kann daher auch netzunabhängig betrieben werden; man bezeichnet es dann als **Aggregat.** Wegen der schweren, rotierenden Massen wirken sich Änderungen der Netzspannungen nur geringfügig auf Änderungen der Schweißspannung aus. Die Geräuschentwicklung ist beträchtlich. Der Wartungsaufwand ist groß, und die Anschaffungskosten sind gegenüber den anderen Stromquellen am größten.

Der **Schweißtransformator** ist sehr einfach im Aufbau und nahezu wartungsfrei. Lediglich die Wicklungen sollten wegen der notwendigen Wärmeabfuhr mit Luft (nicht Sauerstoff) ausgeblasen werden.

Polaritätsgebundene Elektroden (z. B. der B-Typ) und nackte Elektroden können nicht verschweißt werden. Er wird einphasig angeschlossen, wodurch sich eine ungünstige, unsymmetrische Netzbelastung ergibt. Wegen des sich ständig ändernden magnetischen und elektrischen Felds ist die Blaswirkung merklich geringer als bei Gleichstrom. Da die elektrisch wirksamen Teile des Transformators „Spulen" sind, ist der durch ihn erzeugte Blindstromanteil recht hoch, d. h., der Leistungsfaktor cos φ [9]) verhältnismäßig schlecht.

Die erforderliche fallende Kennlinie kann mit einfachen Mitteln erzeugt werden. Weit verbreitet ist die Änderung des induktiven Widerstandes mit einem verstellbaren *Streukern* („Streujoch"), Bild 3-25. Bei ausgefahrenem Streukern ist der magnetische Nebenschluß am kleinsten, der Schweißstrom also am größten: es ergibt sich die maximal einstellbare Kennlinie (s. Bild 3-23). Ein Nachteil dieser einfachen robusten Bauart ist die aufwendige Realisation einer Fernverstellung.

___

[9]) In einem Wechselstromkreis ist

die Scheinleistung $P_S = UI$,

die Wirkleistung $P_W = UI \cos \varphi$ und

die Blindleistung $P_B = UI \sin \varphi$.

Nur die (ohmsche) Wirkleistung kann in Energie umgesetzt werden. Die Blindleistung wird nur zum Aufbau der elektrischen und magnetischen Felder in den Schweißstromquellen gebraucht. Sie führt zu einer unnötigen Belastung des Netzes. Deshalb wird man schon aus wirtschaftlichen Gründen dafür sorgen, daß sie möglichst klein, d. h. der cos φ möglichst groß ist, z. B. durch Kompensation mit Kondensatoren. Der Leistungsfaktor wird seit kurzem mit λ bezeichnet, da in vielen Fällen der Stromverlauf nicht mehr sinusförmig ist.

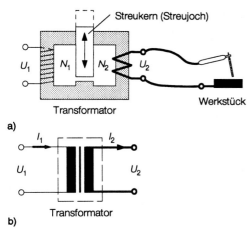

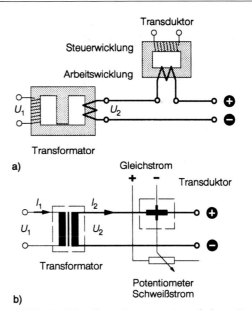

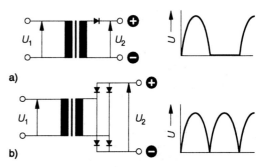

Bild 3-25. Kennlinieneinstellung bei Schweißtransformatoren mit Hilfe eines Streukerns (Streujoch). a) Bildliche Darstellung, b) Schaltplan.

Bild 3-26. Schweißtransformator mit stufenloser Kennlinienverstellung mittels Transduktor. a) Bildliche Darstellung, b) Schaltplan

Bild 3-27. Schaltung und Stromverlauf einphasig angeschlossener Schweißgleichrichter, a) Einwegschaltung, b) Brückenschaltung.

Mit einem *Transduktor* läßt sich die fallende Kennlinie weitaus eleganter erzeugen (Bild 3-26). Dieses auch als gleichstromvormagnetisierbare Drossel bezeichnete Bauteil besteht aus einem Eisenkern, der *Arbeitswicklung* (für den Schweißstrom) und der *Steuerwicklung* (für den Steuerstrom = Gleichstrom). Fließt kein Steuerstrom, dann hat die Arbeitswicklung den höchsten induktiven Widerstand, und der Schweißstrom ist am geringsten. Mit steigender Gleichstrommagnetisierung wird der Eisenkern zunehmend magnetisch gesättigt, d.h., der induktive Widerstand nimmt ab, und der Schweißstrom ist am größten. Diese Bauart erlaubt eine stufenlose fernbedienbare Verstellung des Schweißstroms.

Transduktoren werden häufig als Stellglied für Stromquellen zum Lichtbogenhand- und WIG-Schweißen eingesetzt. Der große induktive Widerstand des Transduktors ist die Ursache für seine nur mäßigen dynamischen Eigenschaften. Der Strom- bzw. Spannungsanstieg bei steilflankigen Impulsen erfolgt also stark verzögert. Diese relativ große „Grundinduktivität" verhindert auch bei den MSG-Schweißverfahren (Abschn. 3.5.4) das Einstellen *großer* Tropfenfrequenzen.

Der **Schweißgleichrichter** besteht aus einem Drehstromtransformator und einem Gleichrichtersatz (überwiegend Silicium). Der Netzanschluß kann einphasig (Einweg- oder meistens Brückenschaltung, Bild 3-27) sein, ist aber aus technischen Gründen meistens dreiphasig

(*Dreiphasentransformator*, s. Bild 3-28), weil die Netzbelastung dann gleichmäßig ist und Gleichstrom mit einer geringen Welligkeit erzeugt wird. Diese kann durch *Drosseln* („Glättungsdrossel") im Schweißstromkreis noch weiter verringert werden. Der Dreiphasengleichrichter wird für das Lichtbogenhandschweißen und die MSG-Verfahren sehr häufig eingesetzt. Einphasengleichrichter erzeugen Gleichstrom mit deutlicher Welligkeit, daher werden diese Stromquellen in der industriellen Praxis kaum verwendet.

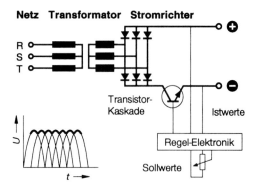

Netz Transformator Stromrichter

Bild 3-28. Schweißgleichrichter (Dreiwegegleichrichtung mit Transistorregelung) nach Oerlikon.

Mit den bisher besprochenen Schweißstromquellen können die Einstellwerte nur *eingestellt*, nicht aber *geregelt* werden. Der „Regelkreis" besteht aus dem Schweißer, der den Istzustand erfaßt, die für ihn erkennbare Qualität der Schweißnaht mit der geforderten vergleicht (Sollzustand) und evtl. Abweichungen manuell an der Stellgröße ausgleicht.

Eine hinreichend genaue, d.h. sinnvolle Regelung erfordert ausreichend kleine Regelzeiten, die man nur mit *elektronischen* Einrichtungen erreicht. Als elektronische Stellglieder werden

– Thyristoren und
– Transistoren

verwendet.

Thyristoren sind Gleichrichter, deren Stromdurchgang sich durch negative (oder positive) Steuerspannungen regeln läßt. Bei Wechselstrom kann kein Strom während der negativen Halbwelle fließen, während der positiven nur, wenn ein Steuerstrom fließt. Der Thyristor wird vom Steuerstrom für den Durchlaß des Arbeitsstroms „gezündet". Je nach Phasenlage des Steuerstroms lassen sich die Halbperioden des gleichgerichteten Stroms „anschneiden". Sein Effektivwert kann also stufenlos und nahezu verlustfrei gesteuert werden (*Phasenanschnittsteuerung*). Die Regelzeiten der Thyristoren liegen bei einigen Millisekunden.

Transistoren sind Halbleiterelemente, die elektrische Leistungen mit sehr geringen Strömen extrem schnell[10]) steuern und verstärken. Da

selbst moderne Leistungstransistoren maximal nur etwa mit 30 A bis 40 A belastbar sind, müssen in Schweißstromquellen ausreichend viele in Transistorkaskaden parallelgeschaltet werden.

Bild 3-28 zeigt das Schaltbild einer transistorgeregelten Schweißstromquelle. Die kurzen Reaktionszeiten ermöglichen die praktisch *sofortige* Regelung bei Störungen im Schweißstromkreis (z. B. durch Ändern der Lichtbogenlänge) bzw. das Erzeugen beliebiger Stromverläufe z. B.:

– Impulse gewünschter Form: z. B. Anstieg der Impulsflanken und Impulsbreitenänderung,
– bestimmter Verlauf der Stromkurve: z. B. die für die Schutzgasschweißverfahren günstige „Square-Wave"-Form. Die Erzeugung der Rechteckimpulse stellt höchste Anforderungen an die Schaltgeschwindigkeit des Stellglieds.

Der Nachteil dieser Bauart besteht darin, daß die Transistoren als schnell arbeitende Widerstände auf der Sekundärseite arbeiten, d. h., ein großer Teil der aufgenommenen Leistung wird als Verlustwärme abgeführt.

Der Wartungsaufwand der Schweißgleichrichter ist deutlich geringer als beim Umformer, aber größer als beim Schweißtransformator. Die anfängliche erhebliche Störanfälligkeit der Elektronik ist behoben. Die Geräte gelten als sehr betriebssicher. Wegen der guten Schweißeigenschaften, Regel- und Kontrollmöglichkeiten werden sie in der Praxis zunehmend auf Kosten des teureren Umformers verwendet.

Inverterschweißstromquellen: Bei dieser relativ neuen Technik wird der dem Netz entnommene Wechselstrom durch einen Stromrichter gleichgerichtet und anschließend durch einen thyristor- oder meistens transistorgesteuerten als Schalter wirkenden *Inverter* in positive und negative Stromimpulse umgewandelt (Bild 3-29). Die so erzeugte sehr hochfrequente rechteckförmige Wechselspannung (20 kHz und höher) wird in einem Transformator auf die zum Schweißen erforderlichen Werte umgespannt, danach gleichgerichtet und bei Bedarf „geglättet". Bei diesen *primär getakteten* Stromquellen wird der Schweißstrom durch Verändern der Öffnungszeit eingestellt, Bild 3-29 b). Es ist möglich, für verschiedene Grundwerkstoffe, Schutzgase und Drahtdurchmesser optimierte Programme herzustellen, die i. a. mit Speicherbausteinen realisiert werden. Eine Umrüstung

---

[10]) Die Regelzeiten liegen im Bereich einiger Mikrosekunden.

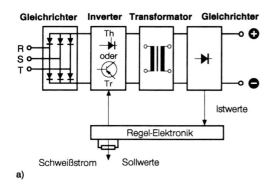

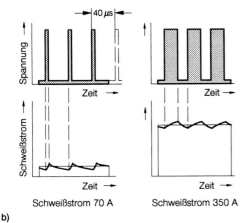

a)

b)

Bild 3-29. Schematische Darstellung einer Inverterschweißstromquelle.
a) Schaltplan.
b) Regeln des Schweißstroms mittels Impulsweitenmodulation durch Ändern der Öffnungsphase.

auf neue Programme ist damit relativ einfach und preiswert möglich.

Mit den Inverterstromquellen ist eine Regelung des Schweißablaufs möglich, die mit keiner anderen Stromquelle erreichbar ist:

– die Schweißarbeiten werden mit geringen Strömen begonnen, um das Durchfallen der Schmelze zu verhindern.
– Der Strom steigt anschließend bei gleichzeitigem Pulsbetrieb an.
– Der Strom wird gegen Ende der Schweißarbeiten abgesenkt (Prinzip der Kraterfülleinrichtung, Abschn. 3.5.3.2).

Damit ist ein optimales Anpassen der Einstellwerte und der thermischen Erfordernisse auch für schlecht schweißgeeignete Werkstoffe möglich.

Ein weiterer entscheidender Vorteil ist die mit zunehmender Wechselstromfrequenz mögliche Verringerung der „Eisenmasse", d. h. des Gewichts des Transformators. Daher sind Inverterschweißstromquellen besonders geeignet für Montage- und Baustellenbetrieb. Tabelle 3-5 zeigt die wichtigsten Eigenschaften der Schweißstromquellen im Vergleich.

3.4.4 Zusatzwerkstoffe; Stabelektroden

Aus verfahrenstechnischen Gründen (leichteres Zünden, stabiler Lichtbogen) und wegen metallurgischer Eigenschaften (wesentlich bessere Gütewerte) werden heute zum Lichtbogenhandschweißen überwiegend *umhüllte Stabelektroden* verwendet. Die Umhüllung wird

Tabelle 3-5. Wichtige Eigenschaften der Schweißstromquellen.

Merkmal	Schweißumformer	Schweißgleichrichter	Schweißtransformator
VDE-Bestimmungen	0540	0542	0541 und 0543
Stromart	Gleichstrom	Gleichstrom	Wechselstrom
Netzanschluß	netzunabhängig	erforderlich	erforderlich
Netzbelastung	symmetrisch	symmetrisch	unsymmetrisch
Wirkungsgrad	45% bis 60%	60% bis 80%	80% bis 90%
Leistungsfaktor (cos φ)	0,85 bis 0,9	0,6 *) bis 0,8 **)	0,4 *) bis 0,8 **)
zulässige Leerlaufspannung	100 V	100 V	80 V
Zünden des Lichtbogens	sehr leicht	sehr leicht	befriedigend
Blaswirkung	groß	groß	gering
Wartungsaufwand	groß	mittel/gering	gering
Anschaffungskosten	100%	80%	50%
Anwendung	unbeschränkt	unbeschränkt	ungeeignet für polaritätsgebundene Elektroden

*) ohne Kompensation;   **) mit Kompensation

ausschließlich um den Kernstab gepreßt (Preß-
mantelelektroden). Wegen der großen Gefahr,
die durch dissoziierte bzw. ionisierte Feuchtigkeit im Lichtbogenraum entsteht, werden die
Elektroden vor dem Verpacken bei unterschiedlichen Temperaturen getrocknet[11]).

3.4.4.1 Aufgaben der Elektrodenumhüllung

Die Stabelektroden werden in der Praxis überwiegend nach der Art der *Umhüllung* (Abschn.
3.4.4.3), dem *Anwendungsgebiet* (z. B. Elektroden für das Verbindungs- und Auftragschweißen) und der *Umhüllungsdicke* eingeteilt.
In der Normung wurden bisher drei Umhül-
lungsdicken unterschieden:
- *dünnumhüllt* (**d**) bis zur Gesamtdicke von
  120%,
- *mitteldickumhüllt* (**m**) über 120% bis 155%
  und
- *dickumhüllt* (**s**) über 155%,

bezogen auf den Kernstabdurchmesser.

In Entwurf der DIN 1913 vom Mai 1991 (s.
Abschn. 3.4.4.5) wird die Umhüllungsdicke
nicht mehr explizit angegeben, sondern indirekt
über die *Ausbringung A* der Stabelektrode. Darunter versteht man das prozentuale Verhältnis
der abgeschmolzenen Masse der Stabelektrode
(abzüglich Schlacke und Spritzer) bezogen auf
die Kernstabmasse. In DIN 1913 unterscheidet
man Stabelektroden mit vier Stufen der Ausbringung, d. h. mit vier unterschiedlichen Um-
hüllungsdicken:
- $A < 105$,
- $105 < A < 125$,
- $125 < A < 160$,
- $160 < A$.

Mit der Umhüllungsdicke ändern sich die
Schweißeigenschaften und die Gütewerte des
Schweißguts erheblich. Mit zunehmender
Menge an Umhüllungsbestandteilen laufen die
metallurgischen Reaktionen, wie z. B. Auflegieren, Desoxidieren und Entschwefeln, vollständiger ab, d. h., die Gütewerte, besonders die
Zähigkeit, nehmen zu. Der Gasschutz ist wegen
der großen Menge der entwickelten Gase sehr
gut. Die Viskosität der Schmelze nimmt wegen
der zunehmenden Wärmemenge aus den exo-
thermen Verbrennungsvorgängen der Desoxi-

dationsmittel Mn und Si (evtl. auch der Legierungselemente) ab.

Die Elektrode besteht aus einem metallischen
Kern, dem *Kernstab,* und der umpreßten *Umhüllung.* Sie besteht aus Erzen, sauren sowie basischen und organischen Stoffen. Die Umhüllung bestimmt das Verhalten des Schweißguts
bzw. der Elektrode (z. B. das „*Verschweißbar-
keitsverhalten": Spaltüberbrückbarkeit, Zwangslagenverschweißbarkeit*) und die mechanischen
Gütewerte der Schweißverbindung.

Die Umhüllung hat folgende Aufgaben zu erfüllen:
- *Stabilisieren des Lichtbogens.* Durch Stoffe,
  die eine geringe Elektronenaustrittsarbeit haben (z. B. Salze der Alkalien Na, K und Erd-
  alkalien Ca, Ba), wird die Ladungsträgeranz-
  zahl im Lichtbogen wesentlich erhöht, d. h.
  die Leitfähigkeit der Lichtbogenstrecke verbessert. Der Bogen zündet besser und brennt
  stabiler.
- *Bilden eines Schutzgasstroms.* Das Schmelzbad und der Lichtbogenraum müssen zuverlässig vor Luftzutritt geschützt werden, da
  sonst ein starker Abbrand an Legierungselementen und die Aufnahme von Stickstoff
  und anderen Gasen, verbunden mit einer entscheidenden Verschlechterung der mechanischen Gütewerte, die Folge wären. Durch
  Schmelzen und Verdampfen der Umhüllung
  entsteht die Gasatmosphäre. Sehr wirksam
  ist das aus Carbonaten, wie z. B. aus Calciumcarbonat entstehende Kohlendioxid:
  $CaCO_3 \rightarrow CaO + CO_2$. Die Umhüllung praktisch aller Elektroden enthält in unterschiedlichen Mengen Wasser[12]) (H_2O), das im
  Lichtbogen in H und O aufgespalten wird.
- *Bilden einer metallurgisch wirksamen Schla-
  ke.* Die den Lichtbogenraum durchlaufen-
  den Werkstofftröpfchen sind von einem
  Schlackenfilm umgeben, der den schmelzflüssigen Werkstoff vor Luftzutritt schützt.
  Da Legierungselemente dem Schweißgut
  meistens über die Umhüllung in Form fein-
  verteilter Vorlegierungen zugeführt werden,
  erfolgt auch das Auflegieren bzw. Desoxidieren über den Schlackenfilm. Ähnlich wie bei
  der Stahlherstellung muß das Schweißgut

---

[11]) Saure und rutilsaure werden bei etwa 100 °C, basische bei
etwa 350 °C getrocknet.

[12]) Zum Verringern der Reibung an der Preßdüsenwand
werden jedem Stabelektrodentyp Gleitmittel zugesetzt.
In der Hauptsache wird dafür wasserhaltiges Natron-
oder Kaliwasserglas (Na_2SiO_3 bzw. K_2SiO_3) verwendet.

„gereinigt", d.h., Sauerstoff-, Schwefel-, Phosphor-, Stickstoff- und andere Verunreinigungen müssen auf Werte begrenzt werden, die sich nicht mehr schädlich auswirken. Auch diese metallurgischen Aufgaben übernimmt die Schlacke. Das *Entgasen* und das *Entschlacken* der Schmelze werden durch die flüssige, schlecht wärmeleitende Schlacke erleichtert. Der Sauerstoffgehalt der Schlacke bestimmt in großem Umfang die Schmelzenviskosität, d.h. die Tropfengröße und Tropfenzahl. Die gleichzeitige Abnahme der Abkühlgeschwindigkeit begrenzt die Härtespitzen in der Wärmeeinflußzone. Schließlich formt und stützt die Schlackendecke die Schweißnaht.

3.4.4.2 Metallurgische Grundlagen

Die erforderlichen Legierungs- und Desoxidationselemente werden dem Schmelzbad aus der Umhüllung und (oder) dem Kernstab zugeführt. Eine der wichtigsten Forderungen ist das Erzeugen eines in bestimmter Weise zusammengesetzten Schweißguts. Die *Desoxidation* und das *Auflegieren* sind Diffusionsvorgänge, die im wesentlichen an der Phasengrenze Schlacke – flüssiges Metalltröpfchen stattfinden. Der Hauptort der metallurgischen Reaktionen ist die Elektrodenspitze wegen der hier herrschenden sehr hohen Temperatur. Bild 3-30 verdeutlicht die chemischen Vorgänge. Ein Teil der dem Schmelzbad zugeführten Legierungselemente geht aber durch Oxidation, Verdampfen und Spritzerbildung im Lichtbogenraum verloren.

Die Oxidationsvorgänge laufen im wesentlichen über den den Metalltropfen einhüllenden Schlackenfilm nach folgenden Reaktionsgleichungen ab (Bild 3-30):

$$Fe + O_2 \rightarrow 2\,FeO \qquad \text{Oxidation durch}$$
$$Mn + O_2 \rightarrow 2\,MnO \qquad \text{freien Sauerstoff.}$$

Die Oxidation durch oxidische Schlacke findet an der Phasengrenze Metall–Schlacke statt:

$$Fe_2O_3 + Fe \rightarrow 3\,FeO \qquad \text{Oxidation durch}$$
$$SiO_2 + 2\,Cr \rightarrow 2\,CrO + Si \qquad \text{oxidische Schlacken.}$$

Das FeO geht in die Schlacke und die Metallschmelze über. Durch oxidische Schlacken (und freien Sauerstoff) werden große Mengen von Legierungselementen verschlackt ($Cr \rightarrow CrO$).

Der Sauerstoff ist im Grunde der einzige von der Umhüllung gelieferte Bestandteil mit schädlichen Auswirkungen. Das Schweißgut muß daher desoxidiert werden.

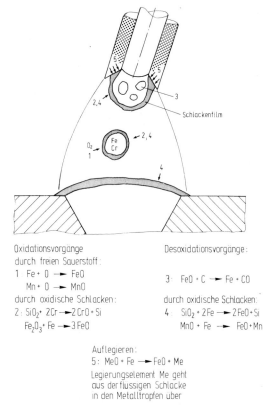

Oxidationsvorgänge durch freien Sauerstoff:

1: $Fe + O \rightarrow FeO$
$Mn + O \rightarrow MnO$

durch oxidische Schlacken:

2: $SiO_2 + 2\,Cr \rightarrow 2\,CrO + Si$
$Fe_2O_3 + Fe \rightarrow 3\,FeO$

Desoxidationsvorgänge:

3: $FeO + C \rightarrow Fe + CO$

durch oxidische Schlacken:

4: $SiO_2 + 2\,Fe \rightarrow 2\,FeO + Si$
$MnO + Fe \rightarrow FeO + Mn$

Auflegieren:

5: $MeO + Fe \rightarrow FeO + Me$

Legierungselement Me geht aus der flüssigen Schlacke in den Metalltropfen über

Bild 3-30. Metallurgische Vorgänge beim Schweißen mit umhüllten Stabelektroden (stark vereinfacht).

Die Desoxidation der Schmelze erfolgt mit Elementen, die eine größere Affinität zum Sauerstoff haben als Eisen. Die Reaktionsprodukte können gasförmig (CO) oder fest sein (MnO, SiO_2), d.h., sie bilden Poren oder Einschlüsse.

Der schmelzflüssige Tropfen wird mit Kohlenstoff vordesoxidiert (Bild 3-30):

$$FeO + C \rightarrow Fe + CO.$$

Das entstandene Gas (CO) begünstigt die Tropfenablösung. Die weitere Desoxidation geschieht über das SiO_2 in der den Tropfen umhüllenden Schlacke:

$$SiO_2 + 2\,Fe \rightarrow 2\,FeO + Si.$$

Das FeO bleibt jetzt vorwiegend in der Schlacke, Si wandert in den Metalltropfen und desoxidiert die Schmelze beim Abkühlen:

$$2\,FeO + Si \rightarrow SiO_2 + Fe.$$

Wegen der kurzen Erstarrungszeit ist es schwierig, den Gehalt an festen Reaktionsprodukten, wie z.B. SiO_2 und MnO, zu begrenzen.

Der Legierungseffekt (Übergang der Legierungselemente von der Umhüllung in das Schweißbad) wird weitgehend von der Oxidationsneigung der Elemente bestimmt, d. h. von deren Sauerstoffaffinität. Die Reaktionsgleichung für das Auflegieren lautet allgemein

$$MeO + Fe \rightarrow FeO + Me.$$

Hierbei liegt das Legierungselement Me in Oxidform als MeO in der flüssigen Schlacke vor.

Die Schlacken – also die geschmolzenen Elektrodenumhüllungen – verhalten sich je nach Zusammensetzung *sauer, neutral* oder *basisch.* Die chemisch sauren Verbindungen des Schwefels und Phosphors können daher nur mit einer basischen Schlacke aus der Schmelze entfernt werden. Dies ist u. a. die Ursache für die hervorragenden mechanischen Gütewerte des mit der basisch umhüllten Elektrode hergestellten sehr gering verunreinigten Schweißguts.

Die Umhüllungsbestandteile werden nach ihrer chemischen Wirksamkeit eingeteilt in

– saure,
– basische,
– oxidierende (sauerstoffabgebende) und
– reduzierende (sauerstoffbindende) Stoffe.

Einige wichtige Bestandteile sind in Tabelle 3-6 aufgeführt. Hiernach verhalten sich Nichtmetalloxide vorwiegend sauer, Metalloxide niedriger Oxidationsstufen vorwiegend basisch. Überwiegt ein saures, ein neutrales oder basisches chemisches Verhalten der aus der Umhüllung entstandenen Schweißschlacke, dann spricht man von *sauerumhüllten, rutilumhüllten* (neutraler Typ) oder *basischumhüllten* Elektroden.

Oxidierende Bestandteile spalten im Lichtbogen Sauerstoff ab, der zum Abbrand der Desoxidations- und Legierungselemente führt. Die mechanischen Gütewerte werden mit zunehmendem Sauerstoffgehalt schlechter, die Viskosität der Schmelze und ihre Oberflächenspannung nehmen ab. Dadurch wird ein Werkstoffübergang in Form feinster Tröpfchen begünstigt. Das Sauerstoffangebot ist bei den sauren Elektroden am größten, bei den basischen am kleinsten.

3.4.4.3 Die wichtigsten Stabelektrodentypen

Die **sauerumhüllten, rutilumhüllten, zelluloseumhüllten** und **basischumhüllten** Elektroden sind die wichtigsten Typen. Ihr Verhalten und die Eigenschaften werden bestimmt durch

– das metallurgische Verhalten der Schweißschlacke: *sauer, neutral, basisch,*
– den chemischen Charakter der Lichtbogenatmosphäre (Bild 3-31): oxidierend, desoxidierend (reduzierend).

Sauerumhüllte Stabelektroden – sie haben das Kennzeichen A [13]) – enthalten in der Umhüllung große Anteile Schwermetalloxide (oxidische Eisen- und Manganerze, Fe_2O_3, Fe_3O_4, SiO_2). Der dadurch in der Lichtbogenatmosphäre vorhandene hohe Gehalt an freiem Sauerstoff und oxidischen Schlacken verursacht einen starken Abbrand an Legierungselementen. Daher sind saure Elektroden zum Schweißen legierter Stähle ungeeignet. Der Sauerstoffge-

---

[13]) englisch: acid; sauer, Säure.

Tabelle 3-6. Wichtige Umhüllungsbestandteile von Stabelektroden, eingeteilt nach ihrer metallurgischen Wirksamkeit.

basisch	sauer	oxidierend	reduzierend (desoxidierend)
$BaCO_3$ [a]) K_2CO_3 [a]) CaO [d]) $CaCO_3$ [d]) MgO $MgCO_3$ [a]), MnO CaF_2 [f])	SiO_2 [b]) TiO_2 [e]) ZrO_2 Verbindungen der Eisenbegleitelemente P und S	Fe_2O_3 [c]) Fe_3O_4 [c]) MnO_2 TiO_2 [e])	Al Mn Si Ti C

[a]) Schutzgas und Schlackebildner,
[b]) erhöht Strombelastbarkeit, dient als Schlackenverdünner,
[c]) feinerer Tropfenübergang, lichtbogenstabilisierend,
[d]) wie [a]), erniedrigt Lichtbogenspannung,
[e]) erleichtert Wiederzünden des Lichtbogens und den Schlackenabgang,
[f]) verdünnt Schlacke bei basischen Elektroden.

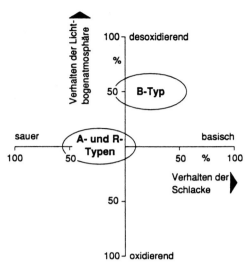

Bild 3-31. Verhalten der Lichtbogenatmosphäre und der Schlacke bei den wichtigsten Stabelektrodentypen, schematisch.

halt im Schweißgut ist mit etwa 0,1% extrem groß und die wichtigste Ursache für die verhältnismäßig schlechten Gütewerte des Schweißguts.

Auf Grund der bei der Verbrennung der Legierungselemente (hauptsächlich Mn) freiwerdenden Wärmemenge (stark exothermer Vorgang) und der sauerstoffhaltigen Lichtbogenatmosphäre (geringe Viskosität der Metallschmelze) ergeben sich

– ein sprühregenartiger, *feintropfiger* Werkstoffübergang,
– eine dünnflüssige, heiße Schmelze (man spricht von einer „*heißgehenden Elektrode*") und damit verbunden
– eine schlechte *Spaltüberbrückbarkeit* (diese Eigenschaft ist vor allem beim Schweißen der Wurzellagen von Stumpf-Schweißverbindungen wichtig; hierfür sind entweder ein ausreichend zähflüssiges Schweißgut oder geeignete Badsicherungen erforderlich, Bild 3-32) und
– eine *eingeschränkte Zwangslagenverschweißbarkeit* der sauerumhüllten Elektrode (Bild 3-6).

Die dünnflüssige Schmelze formt sehr glatte Nahtoberflächen. Die „schöne" Nahtzeichnung darf aber nicht darüber hinweg täuschen, daß die Gütewerte der Schweißverbindung ver-

hältnismäßig schlecht sind. Der Anwendungsbereich dieser Elektroden ist daher begrenzt und nimmt ständig weiter ab auf Kosten der rutil- und basischumhüllten Elektroden. Beim Schweißen stärker verunreinigter Stähle (durch Phosphor, Schwefel oder durch Seigerungen) oder höhergekohlter Stähle (C > 0,25%) entstehen leicht Heißrisse, Poren oder infolge der geringen Verformbarkeit des Schweißguts Kaltrisse (Härterisse) in der Wärmeeinflußzone (Abschn. 3.2.3). Die saurumhüllten Stabelektroden können dünn- oder meistens dickumhüllt sein (s. Abschn. 3.4.4.4).

Hauptbestandteil der **rutilumhüllten Stabelektroden** ist Titandioxid TiO_2 mit dem Kennzeichen R [14]), das im Lichtbogen wesentlich schwächer oxidierend wirkt als Fe_2O_3, Fe_3O_4 oder MnO_2. Die annähernd neutrale Lichtbogenatmosphäre vermindert den Legierungsabbrand erheblich. Die Schweißschlacke ist aber sauer.

Die R-Elektroden werden in zahlreichen Mischtypen hergestellt. Deren Umhüllungscharakteristik kann in Richtung sauerumhüllt (Kennzeichen AR) bzw. basischumhüllt (Kennzeichen B(R) oder RR(B)) verschoben sein. Entsprechend groß ist der Bereich der erzielbaren Schweißeigenschaften und Gütewerte. Die R-Elektrode ist daher der am häufigsten verwendete Umhüllungstyp. Der rutilsaure Elektrodentyp RA hat sich im Laufe der Zeit wegen seiner günstigen Kombination der Verschweiß-

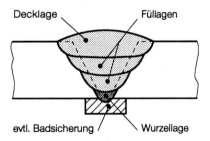

Zum Schweißen der Wurzellage (offener Spalt!) sind ein hinreichend zähflüssiges Schweißgut oder geeignete Badsicherungen erforderlich

Bild 3-32. Typischer Aufbau einer schmelzgeschweißten Stumpfnaht.

---

[14]) Diese Bezeichnung leitet sich von Rutil (TiO_2), dem wichtigsten titanhaltigen Erz ab.

barkeitseigenschaften und der erreichbaren mechanischen Gütewerte zu einem weiteren Grundtyp entwickelt.

Bei mitteldick umhüllten R-Elektroden ist die Spaltüberbrückbarkeit und die Zwangslagenverschweißbarkeit sehr gut, die Heißrißempfindlichkeit gering. Sie ist vor allem zum Schweißen der Wurzellagen geeignet, wenn die damit erzielbaren Gütewerte ausreichend sind.

Das mit dick umhüllten R-Elektroden hergestellte Schweißgut besitzt gute bis sehr gute mechanische Gütewerte. Ihre (Wieder-)Zündfähigkeit ist wegen der guten elektrischen Leitfähigkeit der Schlacke ausgezeichnet und besser als bei allen anderen Elektrodentypen.

Die Umhüllung **basischumhüllter Stabelektroden** mit dem Kennzeichen B [15]) enthält etwa 80% Calciumoxid (CaO) und Calciumfluorid (CaF$_2$), also basische Bestandteile (Tabelle 3-6), die kaum Sauerstoff in der Lichtbogenatmosphäre abspalten. Diese ist neutral bis reduzierend (Bild 3-31) und weitgehend frei von Wasserstoff und Stickstoff. Die gebildete Schlacke verhält sich basisch. Der Abbrand an Legierungselementen ist daher gering, und das Schweißgut ist sehr arm an Verunreinigungen. Die mechanischen Gütewerte sind hervorragend, ebenso die Sicherheit gegen Heiß- und Kaltrisse sowie gegen Trennbrüche. Wegen ihrer guten Legierungsausbeute werden sie zum Schweißen legierter Stähle überwiegend verwendet. Sie sind dick umhüllt und haben einen mittel- bis großtropfigen Werkstoffübergang („kaltgehend"). Sie sind in jeder Position verschweißbar, einige von ihnen auch mäßig gut in der Fallnahtposition (von oben nach unten, Bild 3-6). Demnach ergibt sich folgender Anwendungsbereich:

– *Verunreinigte Stähle:* Z. B. Thomasstahl, Seigerungszonen von unberuhigten Stählen, Automatenstähle mit ihrem hohen Schwefelgehalt; grundsätzlich für alle nicht bzw. schlecht schweißgeeigneten Stähle geeignet.

– *Höhergekohlte* und (oder) *legierte Stähle:* Bei erhöhtem Kohlenstoffgehalt (C > 0,25%) des Stahls kann das Schweißgut wegen seiner hohen Verformbarkeit die rißbegünstigenden Eigenspannungen durch plastische Verformung abbauen.

– *Dickwandige* und (oder) *stark verspannte Konstruktionen:* Die erforderliche Kaltzähigkeit (niedrige Übergangstemperatur der Kerbschlagzähigkeit und ein extrem geringer Wasserstoffgehalt im Schweißgut) wird nur mit basischumhüllten Elektroden erreicht.

Die beschriebenen Vorteile sind aber nur dann vollständig nutzbar, wenn einige Besonderheiten im Umgang mit der B-Elektrode beachtet werden. Wegen der reduzierenden Lichtbogenatmosphäre wird vorhandener Wasserdampf zu Wasserstoff reduziert, der in das Schweißgut gelangt und dieses versprödet. Daher müssen selbst Spuren von Feuchtigkeit in der Umhüllung beseitigt werden. Ein einstündiges Trocknen bei 250 °C vor dem Schweißen beseitigt nicht nur das *adsorptive Wasser* (aus der Umgebung von der Umhüllung aufgenommenes Wasser), sondern auch das in den Umhüllungsbestandteilen chemisch gebundene Wasser (*Konstitutionswasser*, z. B. in Kaolin: Al$_2$O$_3$ · 2 SiO$_2$ · 2 H$_2$O). Daraus ergeben sich bestimmte Konsequenzen im Hinblick auf das Verschweißen dieser Elektroden. Der Lichtbogen muß möglichst kurz gehalten werden, ein Pendeln ist möglichst zu vermeiden, andernfalls besteht die Gefahr, daß Feuchtigkeit aufgenommen wird und es z. B. zur Porenbildung kommt. Das Ausgasen des sehr zähflüssigen Schweißguts ist prinzipiell erschwert. Durch größere Schmelzbäder können die Entgasungsbedingungen aber deutlich verbessert werden.

Die Umhüllung enthält große Anteile Calciumfluorid (CaF$_2$), das Elektronen bindet, also den Elektronenstrom in Richtung Anode schwächt und so die Ionisation behindert. Rein basische Elektroden sind daher nicht mit Wechselstrom, sondern nur mit Gleichstrom am Pluspol [16]) verschweißbar. Diese Polung ist notwendig, weil durch die Schwächung des Elektronenstroms der Minuspol wärmer als der Pluspol ist. Jeder andere Elektrodentyp wird am Minuspol (kälterer Pol) verschweißt und kann i. a. auch mit Wechselstrom verarbeitet werden.

Zelluloseumhüllte Stabelektroden mit dem Kennzeichen C [17]) enthalten einen hohen Gehalt an verbrennbaren Substanzen (Cellulose). Sie sind für alle Positionen, besonders aber für

---

[15]) englisch: basic; basisch.

[16]) Die zelluloseumhüllten Elektroden werden ebenfalls am Pluspol verschweißt.

[17]) englisch: cellulose; Cellulose.

das Schweißen in der Fallnahtposition geeignet. Hierfür muß die Elektrode bestimmte Anforderungen erfüllen:

- Die Menge der entstehenden Schlacke muß gering sein, weil die in Schweißrichtung vorlaufende Schlacke den Schweißprozeß empfindlich stören würde.
- Der Einbrand sollte möglichst tief sein. Wegen der großen Schweißgeschwindigkeit müssen die Blechkanten sicher aufgeschmolzen werden, um Wurzelfehler zu vermeiden.

Als Folge der erreichbaren großen Schweißgeschwindigkeit ergeben sich wesentliche wirtschaftliche Vorteile. Das Verarbeiten dieser stark spritzenden, große Mengen Qualm und Rauch entwickelnden Elektroden ist aber lästig und unbequem. Außerdem muß der Schweißer zum Erlernen der schwierigen manuellen Technik besonders geschult werden. Die C-Elektroden werden vorzugsweise im Rohrleitungsbau, vor allem beim Verlegen von Pipelines eingesetzt.

3.4.4.4 Bedeutung des Wasserstoffs

Der Wasserstoff beeinträchtigt die Kerbschlagzähigkeit sehr stark. Insbesondere bei den vergüteten Feinkornbaustählen führt Wasserstoff zu den gefürchteten *wasserstoffinduzierten Kaltrissen*. Für die basischumhüllten Stabelektroden garantieren die Hersteller einen Wasserstoffgehalt < 5 ml/100 g Schweißgut. Das Merkblatt DVS 0504 (April 1988) vereinheitlicht und regelt das Verschweißen und Trocknen der basischumhüllten Stabelektroden.

Die wichtigsten Wasserstoffquellen beim Schweißen sind

- Wasserstoffverbindungen in der Umhüllung, die bei der Fertigungstrocknung nicht entfernt werden können. In erster Linie ist das Bindemittel *Wasserglas* zu nennen. Nach Merkblatt DVS 0504 ist die Ausgangsfeuchtigkeit der Stabelektrode der Wassergehalt der Umhüllung unmittelbar vor ihrer Verpackung.
- die von dem Wasserstoffpartialdruck, d. h. von der relativen Feuchte und der Temperatur der umgebenden Luft abhängige *Umgebungsfeuchtigkeit*. Sie wird abhängig von der Beschaffenheit der Umhüllung zeitabhängig in die Umhüllung aufgenommen und kann durch mangelnde Handfertigkeit des Schwei-

ßers auch in den Lichtbogenraum eindringen.
- die Gesamtfeuchtigkeit, sie ist die Summe aus Ausgangsfeuchtigkeit und Umgebungsfeuchtigkeit.

Für die basischumhüllten Elektroden erweist es sich als sinnvoll und notwendig, die Neigung der Umhüllung zu definieren, während der Lagerung Feuchtigkeit aufzunehmen. Diese Eigenschaft wird *Feuchteresistenz* genannt. Sie könnte z. B. durch die Zeit bestimmt werden, innerhalb der die Elektrode während der Lagerung in definierten Befeuchtungsräumen den maximalen Wasserstoffgehalt von 5 ml/100 g Schweißgut nicht überschreitet. Je größer diese Zeitspanne ist, desto unkritischer verhält sich diese Elektrode bei einer nicht vorschriftsmäßigen Lagerung bzw. Trocknung durch den Verarbeiter.

Auf Grund neuer Entwicklungen auf dem Gebiet der Stahltechnik besteht der Wunsch, Stabelektroden mit Wasserstoffgehalten < 3 ml/100 g Schweißgut zur Verfügung zu haben.

Diese Vorteile dieser extrem wasserstoffarmen Elektroden sind:

- Auf ein Vorwärmen kann verzichtet bzw. die Vorwärmtemperatur merklich reduziert werden.
- Feuchteresistente Elektroden können Feuchtigkeit aus der Atmosphäre nur langsam aufnehmen. Dann entfällt die Notwendigkeit, für die rückgetrockneten Elektroden beheizte Köcher zur Verfügung stellen zu müssen.

Bei gleicher Umhüllungsfeuchtigkeit (Gesamtfeuchtigkeit) hat die Ausgangsfeuchtigkeit einen größeren Einfluß auf den Wasserstoffgehalt des Schweißguts als die durch kapillare Kräfte aufgenommene. Diese ist wesentlich weniger fest an die Umhüllung gebunden als die chemisch gebundene Ausgangsfeuchtigkeit und wird z. T. während des Schweißens durch Widerstandserwärmung aus der Umhüllung ausgetrieben. Die über den Lichtbogen praktisch immer eindringende Feuchtigkeit ist stark von der Lichtbogenlänge, also der Schweißspannung abhängig.

Die qualitätsbestimmenden Eigenschaften basischumhüllter Stabelektroden hinsichtlich des Wasserstoffs sind:

- der Gehalt an diffusiblem Wasserstoff im Schweißgut. Er wird nach DIN 8572 bzw. Euronorm bestimmt,

– die Feuchteresistenz der Umhüllung. Die Vorschriften zu ihrer Ermittlung werden z. Z. vorbereitet.

Bei der Entwicklung der extrem wasserstoffarmen Elektroden sind einige physikalische Gesetzmäßigkeiten zu beachten. In erster Linie ist zu berücksichtigen, daß die Bedeutung der Umgebungsfeuchtigkeit um so größer ist, je niedriger der zu messende Wasserstoffgehalt im Schweißgut ist. Die Messung des aufgenommenen Wasserstoffs für ein „Normklima" ist daher nicht ausreichend. Für Schweißarbeiten unter anderen klimatischen Bedingungen müssen die von der Luftfeuchte abhängigen meistens größeren Wasserstoffgehalte bekannt sein. Schweißungen z. B. an Konstruktionen im Offshorebereich oder in anderen Gebieten mit hoher Luftfeuchtigkeit sind Beispiele für extreme klimatische Bedingungen.

Häufig wird die Bedeutung des Taupunkts unterschätzt. Vor allem unter Baustellenbedingungen ist zu beachten, daß ein Unterschreiten dieses von der Umgebungstemperatur abhängigen Wertes zur Kondensatbildung auf der Werkstückoberfläche führt.

3.4.4.5 Normung der umhüllten Stabelektroden

Die bisher verbindliche Norm DIN 1913 wurde durch die in wesentlichen Punkten geänderte Euronorm ersetzt. Sie legt die Anforderungen für die Einteilung umhüllter Stabelektroden im Schweißzustand für das Lichtbogenschweißen unlegierter und mikrolegierter Stähle mit einer Mindeststreckgrenze bis zu $500 \, \text{N/mm}^2$ fest. Mit ihrer Hilfe wird die Auswahl und Anwendung erleichtert und ein rationelles Abschätzen der Güte und Wirtschaftlichkeit der Schweißverbindung ermöglicht.

Die ausgewiesenen mechanischen Gütewerte werden an *reinem Schweißgut* im nicht wärmebehandelten Zustand ermittelt. Die Gütewerte des Schweißguts sollen denen des unbeeinflußten Grundwerkstoffs entsprechen. Selbst dann ist ein Versagen des Bauteils nicht auszuschließen, weil:

– keine Aussagen über die Eigenschaften der Wärmeeinflußzone möglich sind;
– die für die Bauteilsicherheit entscheidenden Zähigkeitseigenschaften keine Werkstoffkonstanten sind, sondern von der Werkstückdichte und dem davon abhängigen Eigenspannungszustand beeinflußt werden.

Die unübersichtliche Einteilung der Stabelektroden nach der bisherigen DIN 1913 in *Klassen* entfällt. Die Normbezeichnung ist deutlich aussagefähiger und anwenderfreundlicher. Sie besteht aus den folgenden Teilen:

– Kurzzeichen für den Schweißprozeß (**E** Elektrohandschweißen),
– Kennziffer für die Festigkeit und Dehnung des Schweißguts, gemäß Tabelle 3-7;
– Kennziffer für die Kerbschlagarbeit des Schweißguts, gemäß Tabelle 3-8, Kennziffer für die Kerbschlagarbeit des Schweißguts.
– Kurzzeichen für die chemische Zusammensetzung des Schweißguts, gemäß Tabelle 3-9.
– Kurzzeichen für die Art der Umhüllung, die durch folgende z. T. schon bekannte (Abschn. 4.2.1.1) Buchstaben bzw. Buchstabengruppen gebildet werden:
  A   sauerumhüllt
  C   zelluloseumhüllt

Tabelle 3-7. Kennzeichen für Streckgrenze, Festigkeit und Dehnung des reinen Schweißguts nach DIN 1913.

Kenn-ziffer	Mindest-streck-grenze*) in N/mm^2	Zugfestigkeit in N/mm^2 **)	Mindest-dehnung**) in %
35	355	440 bis 570	22
38	380	470 bis 600	20
42	420	500 bis 640	20
46	460	530 bis 680	20
50	500	560 bis 720	18

*) Es gilt die untere Streckgrenze (R_{el}). Bei nicht ausgeprägter Streckgrenze ist die 0,2%-Dehngrenze ($R_{p\,0,2}$) anzusetzen.
**) $L_0 = 5 \, \text{d}$.

Tabelle 3-8. Kennzeichen der Kerbschlageigenschaften des Schweißguts nach DIN 1913.

Kennbuchstabe/ Kennziffer	Mindest-Kerbschlagarbeit 47 J °C
Z	keine Anforderungen
A	$+20$
0	± 0
2	-20
3	-30
4	-40
5	-50
6	-60

Tabelle 3-9. Kurzzeichen für die chemische Zusammensetzung des Schweißguts mit Mindeststreckgrenzen bis zu 500 N/mm² nach DIN 1913.

Legierungskurzzeichen	chemische Zusammensetzung in %		
	Mn	Mo	Ni
kein	2,0	–	–
Mo	1,4	0,3 bis 0,6	–
MnMo	>1,4 bis 2,0	0,3 bis 0,6	–
1 Ni	1,4	–	0,6 bis 1,2
2 Ni	1,4	–	1,8 bis 2,6
3 Ni	1,4	–	2,6 bis 3,8
Mn 1 Ni	>1,4 bis 2,0	–	0,6 bis 1,2
1 NiMo	1,4	0,3 bis 0,6	0,6 bis 1,2
Z	jede andere vereinbarte Zusammensetzung		

R   rutilumhüllt
RR   rutilumhüllt (dick)
RC   rutilzellulose-umhüllt
RA   rutilsauer-umhüllt
RB   rutilbasisch-umhüllt
B   basischumhüllt.
– Kennziffer für die durch die Umhüllung bestimmte Ausbringung und die Stromart,
– Kennziffer für die Schweißposition, die für eine Stabelektrode empfohlen wird. Sie wird wie folgt angegeben:
  1 alle Positionen,
  2 alle Positionen, außer Fallposition,
  3 Stumpfnaht, Wannenposition; Kehlnaht, Wannen-, Horizontal-, Steigposition,
  4 Stumpfnaht, Wannenposition,
  5 wie 3, für Fallposition empfohlen.
– Kennzeichen für wasserstoffkontrollierte Stabelektroden. Damit die Wasserstoffgehalte eingehalten werden können, muß der Hersteller die empfohlene Stromart und die Trocknungsbedingungen bekanntgeben.

Die *Ausbringung* und die *Abschmelzleistung* sind Kenngrößen, mit denen die Wirtschaftlichkeit der Stabelektrode beurteilt werden kann:
– *Abschmelzleistung* $S = m_S/t_S$ in kg/h,
– *Ausbringung* $A = m_S/m_K \, 100$ in %;
  darin bedeuten:
  m_S abgeschmolzene Masse der Stabelektrode (abzüglich Schlacke und Spritzer),
  m_K Kernstabmasse,
  t_S reine Schweißzeit.

Beispiel: Bezeichnung einer basischumhüllten Stabelektrode für das Lichtbogenhandschweißen, deren Schweißgut eine Mindeststreck-

grenze von 460 N/mm² (**46**) aufweist und für das eine Mindestkerbschlagarbeit von 47 J bei −30 °C (**3**) erreicht wird und eine chemische Zusammensetzung von 1,1% Mn und 0,7% Ni (**1 Ni**) aufweist. Die Stabelektrode kann mit Wechsel- und Gleichstrom (**5**) für Stumpfnähte und Kehlnähte in Wannenposition (**4**) geschweißt werden und ist dickumhüllt mit einer Ausbringung von 140% (**5**). Der Wasserstoff darf 5 cm³/100 g im Schweißgut nicht überschreiten (**H5**). Für diese Stabelektrode lautet der verbindliche Teil der Normbezeichnung: **E 46 3 1 Ni B**, der nicht verbindliche: **54 H5**. Die vollständige Bezeichnung, die auf Verpackungen und in den technischen Unterlagen (Datenblätter) des Herstellers angegeben ist, lautet: **E 46 3 1 Ni B 54 H5.**

3.4.5 Ausführung und Arbeitstechnik

Die *Wirtschaftlichkeit* der schweißtechnischen Fertigung und die *technische* und *metallurgische Qualität* der Schweißverbindung werden außer anderen Einflüssen durch die *Fugenform* und die *Nahtarten* bestimmt. Wichtige vorbereitende Maßnahmen praktischer Art sind ferner das Beseitigen von Verunreinigungen in der Nähe der Schweißstelle, wie z. B. Rost, Fett, Öl und Farbe. Wesentlich – aber leider oft nicht genügend beachtet – ist der Einsatz *geprüfter Schweißer.* Sie bestimmen entscheidend die Fertigungsgüte und wirken darüber hinaus als „Konstrukteure", da sie, abhängig von ihrem handwerklichen Können, die Naht formen (Nahtüberhöhung, Einbrandkerben, Wurzeldurchgang) und ihre Qualität bestimmen (Einschlüsse, Poren, Bindefehler).

Stoßart	geometrische Anordnung der Fügeteile	Symbol
Stumpfstoß	Teile liegen in einer Ebene.	
Überlappstoß	Teile überlappen sich und liegen flächig aufeinander.	
T-Stoß	Zwei Teile stoßen rechtwinklig aufeinander.	
Eckstoß	Zwei Teile stoßen mit ihren Enden unter beliebigem Winkel aufeinander.	

Bild 3-33. Die wichtigsten Stoßarten nach DIN 1912 (Auszug).

3.4.5.1 Stoßart; Nahtart; Fugenform

Die zu schweißenden Teile werden am *Schweiß-stoß* durch *Schweißnähte* zu einem *Schweißteil* vereinigt. Bild 3-33 zeigt die wichtigsten Stoß-arten. Die Fuge ist die Stelle, an der die Teile am Schweißstoß durch Schweißen vereinigt werden sollen. Sie kann sich ohne Bearbeitung ergeben (z. B. I- oder Kehl-Fuge), oder sie kann bearbeitet sein (z. B. V-, U- oder Y-Fuge, s. DIN 1912). Sie soll möglichst einfach herstellbar sein (z. B. durch Brennschneiden oder Scherenschnitt), sich aber zuverlässig und fehlerfrei mit Schweiß-gut fügen lassen. Dazu gehört, daß der Schwei-ßer die Fugenflanken mit dem Lichtbogen voll-ständig aufschmelzen kann.

Nahtart	Benennung	Symbol	Darstellung
Stumpfnähte	I-Naht	$=$	
	V-Naht	$>$	
	Y-Naht	$\succ$	
	X-Naht	$\times$	
Stirnnaht	Stirnflachnaht	III	
Kehlnähte	Kehlnaht	$\triangleright$	
	Überlappnaht	$\triangle$	
	Ecknaht	$\triangle$	

Bild 3-34. Die wichtigsten Nahtarten nach DIN 1912 (Auszug).

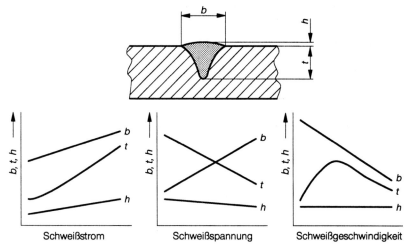

Bild 3-35. Einfluß der Schweißparameter Spannung U, Strom I und Vorschubgeschwindigkeit v auf die Nahtform,
d.h. auf die sie bestimmenden Größen t, b und h.

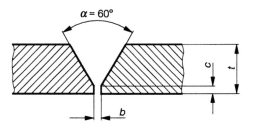

Bild 3-36. Nahtvorbereitung für eine Stumpfnaht. Der
Öffnungswinkel α und der Stegabstand b bestimmen in
hohem Maße die Schweißgutmenge (Schweißzeit,
Wirtschaftlichkeit) und den Verzug der Schweißverbindung.

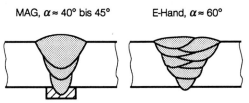

Bild 3-37. Einfluß des Schweißverfahrens auf die
Größe des erforderlichen Öffnungswinkels α, d.h. der
Schweißzeit (Wirtschaftlichkeit).

Die wichtigsten Nahtarten sind

– Stumpfnähte,
– Stirnnähte und
– Kehlnähte.

Sie sind in Bild 3-34 mit den zugehörigen auf
Konstruktionszeichnungen anzugebenden Sinn-
bildern nach DIN 1912 aufgeführt.

Die gewählte *Fugenform* hängt hauptsächlich
ab von

– dem Werkstück und der Werkstückdicke,
– den Sicherheitsanforderungen an die Konstruktion,
– der Art der Beanspruchung (statisch, dynamisch, schlagartig, bei hoher/tiefer Temperatur) und
– den Schweißpositionen.

Die die Schweißnahtgeometrie – und somit die
zu wählende Fugenform – bestimmenden
Größen sind

– Einbrandtiefe t,
– Nahtbreite b und
– Schweißnahtüberhöhung h,

die vom Schweißverfahren und den Einstellwerten (Stromstärke, Spannung, Vorschubgeschwindigkeit) abhängen. Bild 3-35 zeigt den
prinzpiellen Einfluß der Parameter Schweißspannung U, Schweißstrom I und Vorschubgeschwindigkeit v auf die Nahtform, d. h. auf die
sie bestimmenden Größen t, b und h.

Bei großer Einbrandtiefe kann eine Fuge mit
geringerem Volumen, d. h. mit kleinerem Öffnungswinkel α und größerer Steghöhe c gemäß
Bild 3-36 gewählt werden. Je nach der Einbrandtiefe des verwendeten Schweißverfahrens

Wanddicke s mm	Ausführungsart	Benennung	Symbol	Fugenform	Maße α, β Grad	b mm	c mm	f mm	Bemerkungen
< 3	einseitig	I-Naht	$\\parallel$		—	0 bis 2	—	—	Fuge durch sauberen Scheren- bzw. Brennschnitt erzeugt: billig. Aufmischung sehr groß: Vorsicht bei verunreinigtem Werkstoff. Dickere Bleche kann Metall-Lichtbogen nicht mehr aufschmelzen, aber MSG- und UP-Verfahren.
2 bis 5	beidseitig				—	1 bis 3	—	—	
3 bis 15	einseitig	V-Naht	$\\vee$		≈ 60	2 bis 3	0 bis 2	—	Fuge noch einfach herstellbar. Bei beidseitigem Schweißen Wurzel ausarbeiten (Schleifen, Fugenhobeln o. ä.) und Lage gegenschweißen (Kapplage). Wie bei allen unsymmetrischen Fugenformen Gefahr der Winkelschrumpfung. Bei einseitigem Schweißen ist Schmelzbadsicherung häufig vorteilhafter.
	beidseitig				≈ 60	0 bis 2	*)	—	
< 12	einseitig	Steil-flanken-naht	$\\curlyvee$	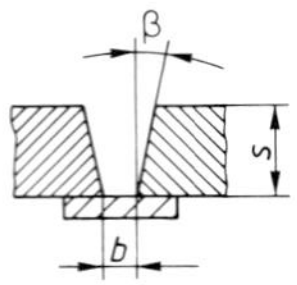	8 bis 12	4 bis 8	*)	—	Fuge nahezu symmetrisch. Einzubringendes Schweißgutvolumen geringer als bei V-Naht. Badsicherung erforderlich (Blechstreifen), der erhebliche Kerbwirkung erzeugt. Daher nur sinnvoll, wenn Unterlage belassen werden kann, d. h. bei vorwiegend statischer Beanspruchung.
12 bis 30	beidseitig	X-Naht 2/3-X-Naht	$\\times$	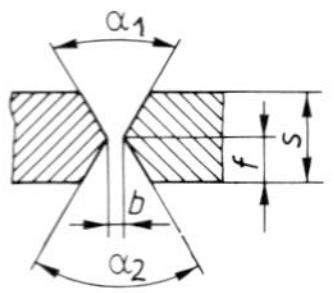	$\alpha_{1,2}$ ≈ 60 α_1 ≈ 60 α_2 ≈ 40 bis 60	1 bis 3 1 bis 3	0 bis 2 0 bis 2	3/2	Fuge symmetrisch, bei wechselseitigem Schweißen kaum Winkelschrumpfung. Fugenquerschnitt geringer als bei V-Naht. Herstellung teurer.
> 16	beidseitig	U-Naht	$\\curlyvee$	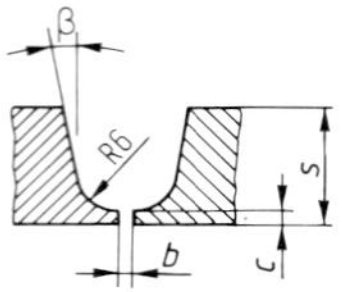	≈ 8	0 bis 2	2 bis 4	—	Sehr teuer in der Herstellung, geringerer Fugenquerschnitt als bei der X-Naht. Geringe Winkelschrumpfung. Vorwiegend für nur einseitig zugängliche oder (und) hochwertige Verbindungen, z. B. im Kessel- und Apparatebau.

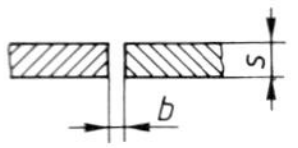

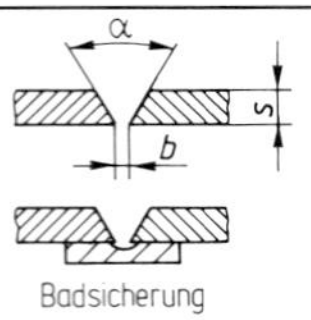

Bild 3-38. Hinweise zur Wahl der Fugenform für Stumpfnähte.

*) Ist die Steghöhe c = 0, werden meistens die Kanten trotzdem gebrochen.

ergeben sich erhebliche Unterschiede im Schweißgutgewicht auf Grund der unterschiedlich großen erforderlichen Öffnungswinkel. Bild 3-37 zeigt beispielsweise die Verhältnisse für das MAG- und das E-Handschweißen. Grundsätzlich sind mit einer geringeren Schweißgutmenge folgende Vorteile verbunden:

- erhöhte Wirtschaftlichkeit,
- geringere Lagenzahl,
- geringere Schweißzeit,
- geringerer Bauteil-Verzug.

Bild 3-38 enthält eine Auswahl von Fugenformen für Stumpfnähte. Die Wahl der Fugenform wird durch wirtschaftliche und technische Überlegungen bestimmt:

- Sie sollte einen möglichst *geringen Querschnitt* haben: Geringeres Schweißgutvolumen bedeutet geringeren Verzug und kürzere Schweißzeiten.
- Sie sollte *symmetrisch* sein: Die Winkelschrumpfung α gemäß Bild 3-39 ist bei beidseitigem Schweißen sehr gering.

3.4.5.2 Einfluß der Schweißposition

Die Wirtschaftlichkeit der Fertigung und die Güte der Schweißverbindung werden außer von den schon besprochenen Einflüssen maßgeblich von der Schweißposition bestimmt. Grundsätzlich sollten die w- und h-Positionen, also die Normallagen (Bild 3-6) gewählt werden, denn

- Schweißarbeiten in Zwangslagen erfordern z.T. erheblich längere Schweißzeiten;
- wegen der erforderlichen größeren Handfertigkeit des Schweißers ist die Fehlerhäufigkeit in zwangslagengeschweißten Verbindungen meist größer, d.h. die Schweißnahtqualität geringer. Im überkopfgeschweißten Schweißgut ist der Gehalt an nichtmetallischen Einschlüssen daher prinzipiell höher als bei jeder anderen Position; wegen dieser Tatsache ist auch der Prüfaufwand (Prüfkosten) wesentlich größer als bei Bauteilen, die in Normallage(n) geschweißt wurden.
- Als Folge der Schwerkraft können in den Zwangslagen nur verhältnismäßig kleine Schmelzbäder erzeugt werden. Die zweckmäßige Pendellagentechnik (Abschn. 3.2.4.2 und Bild 3-10) kann daher nicht angewendet werden, sondern nur die sehr zeitaufwendige Zugraupentechnik. Zum Füllen des Fugenquerschnitts sind wesentlich mehr Raupen

erforderlich, wodurch der Verzug und die Eigenspannungen größer werden.

Außer diesen wirtschaftlichen Vorteilen zeichnet sich die Pendellagentechnik noch durch bemerkenswerte metallurgische Vorzüge aus. Das ungünstige dendritische Gußgefüge des Schweißguts und der WEZ wird durch die Energiezufuhr der einzelnen Lagen umgekörnt (s.a. Abschn. 3.2.4.2 und Bild 3-10).

Der Konstrukteur sollte diese wichtigen Zusammenhänge kennen, da sie nicht nur die Wirtschaftlichkeit, sondern auch die Güte der Konstruktion beeinflussen. Häufig lassen sich schon durch einfachste Vorrichtungen Zwangslagenschweißungen vermeiden.

3.4.5.3 Magnetische Blaswirkung

Der Lichtbogen – ein beweglicher stromdurchflossener Leiter – wird durch die um jeden stromdurchflossenen Leiter aufgebauten magnetischen Felder abgelenkt. Die Ursache sind Dichteunterschiede der magnetischen Kraftlinien bei gekrümmten Strombahnen. Bild 3-40 zeigt die Blaswirkung des Lichtbogens bei nichtmagnetisierbaren Werkstoffen.

Bei ferromagnetischen Werkstoffen ist die Blasrichtung umgekehrt, wie Bild 3-41 verdeutlicht, weil wegen ihrer gegenüber Luft wesentlich besseren magnetischen Leitfähigkeit das Kraftlinienfeld an den Kanten verdichtet wird. Es entsteht immer eine ins Blechinnere gerichtete Kraft bzw. Blaswirkung. Der Lichtbogen wird stets

- in Richtung der größeren Werkstoffmasse geblasen,
- weg vom Stromanschluß,
- bei Wurzellagen (Spalt) stärker als bei Decklagen.

Das magnetische Feld kann insbesondere an Kanten (Schweißstoß!) so groß werden, daß ein ordnungsgemäßer Schweißablauf nicht mehr gewährleistet ist. Die Blaswirkung macht sich vor allem bei Gleichstrom unangenehm bemerkbar. Der Lichtbogen brennt unruhig und kann sogar erlöschen. Diese Erscheinung wird z.B. durch eine entsprechende Elektrodenhaltung (Bild 3-41, Stellung a) und die Verwendung von Wechselstrom wesentlich gemindert. Weitere in der Praxis verwendete Methoden sind das *Entmagnetisieren* mit kontinuierlich abnehmendem Wechselstrom oder das Erzeugen eines *magnetischen "Gegenfelds"*. Die letzte, bei Rohren öfter praktizierte Maßnahme, läßt sich durch um die Rohrenden gewickeltes Schweißkabel realisieren. Drei bis sechs Windungen sind i.a. ausreichend. Die Höhe des Stroms und der Wicklungssinn sind so lange auszuprobieren, bis das resultierende Feld und damit die Blaswirkung minimal werden.

Die Blaswirkung macht sich vor allem bei Gleichstrom unangenehm bemerkbar. Der Lichtbogen brennt unruhig und kann sogar er-

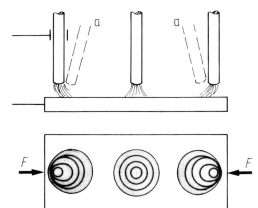

Bild 3-41. Blaswirkung beim Schweißen eines ferromagnetischen Werkstoffs. Das wesentlich stärkere magnetische Feld wird an den Kanten verdichtet ("Kantenwirkung"). Es entsteht immer eine ins Blechinnere gerichtete Kraft F. Die häufig starke Blaswirkung wird u.a. durch eine besondere Elektrodenhaltung a gemindert.

löschen. Diese Erscheinung kann z.B. durch eine entsprechende Elektrodenhaltung wesentlich gemindert werden (Bild 3-41, Stellung a).

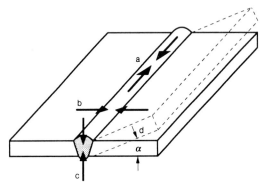

Bild 3-39. Richtungen der Schrumpfvorgänge in einer Schweißverbindung. a Längsschrumpfung, b Querschrumpfung, c Dickenschrumpfung, d Winkelschrumpfung α.

3.4.6 Anwendung und Anwendungsgrenzen

Das Lichtbogenschweißen ist eines der universellsten Verfahren und wird z.Z. am meisten angewendet. Es kann netzunabhängig (ein Verbrennungsmotor treibt den Generator an) betrieben werden und ist daher hervorragend unter Baustellenbedingungen aller Art einsetzbar. Hinzu kommt, daß die Schweißarbeiten mit den entsprechenden Elektroden in jeder Position ausgeführt werden können. Die zahlreichen Möglichkeiten, das Schweißgut metallurgisch zu beeinflussen, machen es zum Schweißen der meisten metallischen Werkstoffe gut geeignet. Mit B-Elektroden lassen sich Schweißverbindungen mit mechanischen Gütewerten herstellen, die nur von wenigen anderen Verfahren erreicht werden.

Der Anwendungsbereich des Verfahrens ist nur in folgenden Fällen begrenzt möglich bzw. nicht zu empfehlen:

– Bei Werkstückdicken unter 2 mm ist der Einsatz des Kurzlichtbogen-, des WIG- und u.U. des Gasschweißverfahrens zweckmäßiger, da hierbei die Gefahr des Durchfallens der Schmelze geringer ist.

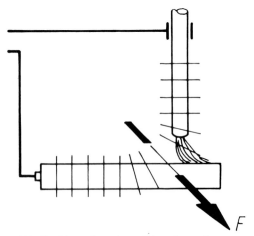

Bild 3-40. Blaswirkung beim Schweißen nichtmagnetisierbarer Werkstoffe. Der Lichtbogen wird in Richtung der Kraft F abgelenkt, die durch die unterschiedliche Dichte der magnetischen Kraftlinien im Bereich des Lichtbogens entsteht.

– Bei Werkstückdicken über 20 mm bis 25 mm werden häufig aus wirtschaftlichen Gründen Hochleistungsverfahren mit ihrer wesentlich größeren Abschmelzleistung verwendet (z. B. UP).

– Einige Werkstoffe wie Aluminium und Aluminium-Legierungen, Kupfer und die hochreaktiven Werkstoffe (z. B. Ti, Ta, Zr, Be, Mo) können mit anderen Verfahren wesentlich besser geschweißt werden.

3.5 Schutzgasschweißen (SG)

3.5.1 Verfahrensprinzip

Der Lichtbogen brennt zwischen einer abschmelzenden Drahtelektrode oder einer nicht abschmelzenden Elektrode (Wolfram) und dem Werkstück. Das Schutzgas wird von außen zugeführt, um

– das Schmelzbad,
– den übergehenden Zusatzwerkstoff bzw. die Elektrodenspitze und die
– hocherhitzten Bereiche der Schweißnaht

vor der Atmosphäre (Sauerstoff, Stickstoff, Wasserstoff) zu schützen, wie Bild 3-42 erläutert. Damit es die vorgesehenen Aufgaben erfüllen kann, muß es in ausreichender Reinheit und Menge zur Verfügung stehen. Sind Reaktionen einzelner (aktiver) Gaskomponenten mit dem flüssigen Schweißgut möglich, dann kann man mittels geeigneter Legierungselemente im Zusatzwerkstoff metallurgisch nachteilige Reaktionen vermeiden.

3.5.2 Wirkung und Eigenschaften der Schutzgase

Den wirksamsten Schutz des Schmelzbads vor der Atmosphäre bieten Schutzgase, die im flüssigen Metall vollständig *unlöslich* sind (es entstehen somit keine Poren) und keinerlei *Reaktionen* (z. B. Abbrand von Legierungselementen und Desoxidationsmitteln durch Sauerstoff) mit der Schmelze eingehen. Dies trifft nur auf die einatomigen Edelgase zu, die chemisch träge (*inert*) sind, d. h., sie gehen keine chemischen Verbindungen mit der Schmelze ein. Aus Kostengründen werden hauptsächlich Argon und in wesentlich geringerem Umfang Helium bzw. Argon-Helium-Gemische verwendet.

Schutzgas schützt Elektrodenspitze, Schmelzbad und hocherwärmten Bereich der Schweißnaht vor Zutritt der Atmosphäre.

Mit der Geschwindigkeit v_{Dr} abschmelzende Drahtelektrode: **MSG-Verfahren**

nicht abschmelzende Wolframelektrode: **WIG-Verfahren**

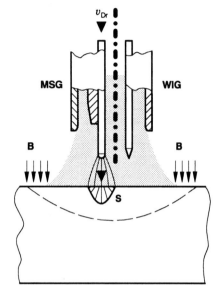

Schmelzbad (S) kann große Mengen atmosphärischer Gase lösen: die Folgen können Gasaufnahme, Poren, Abbrand, Versprödung sein

hocherwärmter Bereich (B): hier können durch Luftzutritt bei hochreaktiven Metallen metallurgische Mängel entstehen: Versprödung durch Gasaufnahme und Korrosionsgefahr

Bild 3-42. Verfahrensprinzip der Schutzgasschweißverfahren.

Die wichtigsten Verfahren, bei denen man inerte Gase verwendet, sind

– das **Wolfram-Inertgas-Schweißen (WIG,** Abschn. 3.5.3) und
– das **Metall-Inertgas-Schweißen (MIG,** Abschn. 3.5.4).

Abgesehen von der metallurgischen Wirkung beeinflussen die Schutzgase auf Grund ihrer physikalischen Eigenschaften die Lichtbogencharakteristik und damit in weiten Grenzen die *Nahtform,* die *Einbrandtiefe,* die *Einbrandform,* die Art des *Werkstoffübergangs* und die zulässige *Schweißgeschwindigkeit.* Die Art des Werkstoffübergangs ist bei den Schutzgas-Schweißverfahren, die mit stromführendem Zusatz-

Tabelle 3-10. Physikalische Eigenschaften einiger für das Schutzgasschweißen verwendeter Schutzgase im Vergleich zu Luft.

Gas	Dichte ϱ *) kg/m³	Wärmeleitfähigkeit λ **) W/(m K)	Reinheit Volumenanteil in % bei 20 °C	Taupunkt bei 1 bar
Ar	1,669	0,018	99,99	−50
He	0,167	0,15	99,99	−50
H₂	0,085	0,14	99,5	−50
CO₂	1,949	0,016	99,7	−35
Luft	1,29	0,026		

werkstoff (Abschn. 3.5.4) arbeiten, für die Qualität der Verbindung und den Verfahrensablauf von großer Bedeutung.

Die wichtigsten Eigenschaften einiger Schutzgase (im Vergleich zu Luft) sind in Tabelle 3-10 zusammengestellt. Die hier angegebenen Reinheiten sind Mindestwerte, die Taupunkte sind Höchstwerte. Der Taupunkt ist eine leicht zu bestimmende Kenngröße, mit der der Feuchtigkeitsgehalt von Gasen angegeben wird. Unterhalb des Taupunkts scheidet sich Feuchtigkeit in Form von kondensierten Wassertröpfchen (Tau) aus dem Gas aus. Das Schutzgas ist um so feuchtigkeitsärmer (hochwertiger!), je niedriger der Taupunkt ist.

Dichte ϱ: Das dichtere Gas bedeckt zuverlässig die Schweißstelle und wird durch Luftzug, z. B. bei Montageschweißungen, nicht so leicht weggedrückt. Die Schutzwirkung des Argons ist daher gegenüber dem Helium deutlich besser. Der Verbrauch an Helium, das wegen seiner geringen Dichte außerdem zu Turbulenzen neigt, ist merklich größer. Das sehr leichte Helium muß z. B. auf die Schweißstelle „gedrückt" werden, Argon „fällt".

Ionisierungsspannung U_1 [18]), **Lichtbogenspannung** U_L: Der Lichtbogen unter Argon brennt bei erheblich niedrigeren Spannungen als unter Helium. Die Ursache ist die geringe Ionisierungsspannung des Argons. Der Lichtbogen läßt sich daher leicht zünden, der Schweißvorgang verläuft weich und ohne wesentliche Geräusche. Außerdem ist der Spannungsabfall in der Lichtbogensäule U_S (Abschn. 3.4.2) unter Argon deutlich geringer (Bild 3-21). Diese Eigenschaft macht Argon besonders geeignet für Handschweißverfahren und zum Schweißen

dünner Bleche, denn ein unbeabsichtigtes Ändern der Lichtbogenlänge führt nur zu einer geringen Änderung der Lichtbogenspannung. Die erzeugte Energie, d. h. das aufgeschmolzene Werkstoffvolumen bleibt nahezu konstant.

Die Lichtbogenspannung U_L und der Spannungsabfall in der Lichtbogensäule U_S sind bei Helium wesentlich größer als bei Argon, d. h., die erzeugte Energie ist größer (tiefer Einbrand). Der höhere Spannungsabfall ist beim mechanischen WIG-Verfahren nützlich, weil die Lichtbogenlänge bequem durch Variieren der Spannung verändert werden kann.

Die Ionisierungsarbeit wird dem Energievorrat des Lichtbogens entnommen, die wieder frei wird, wenn die Ionen auf dem verhältnismäßig kalten Werkstück auftreffen. Je größer die Ionisierungsspannung des Gases ist, desto tiefer wird daher i. a. der Einbrand. Aus diesem Grund ist der Einbrand unter Helium größer als unter Argon.

Wärmeleitfähigkeit λ: Die Wärmeleitfähigkeit von Argon ist etwa $^1/_{10}$ derjenigen von Helium. Die Stromdichte im Kern ist wesentlich höher als am Rand. Die typische Einbrandform des Argon-Lichtbogens beruht auf dieser Erscheinung: Es entsteht ein tiefer, fingerförmiger Einbrand im Zentrum, der am Rand flacher wird, wie Bild 3-43 zeigt.

Die große Stromdichte im Argon-Lichtbogenkern und die große Masse der Argon-Ionen

Bild 3-43. Einbrandformen beim WIG-Schweißverfahren mit unterschiedlichen Gasen.

---

[18]) Dies ist die Spannung, mit der man ein Elektron beschleunigen muß, damit es ein Atom ionisiert.

sind für die **Reinigungswirkung** des WIG- bzw. MIG-Verfahrens beim Schweißen der Leichtmetalle Aluminium, Magnesium, Titan und deren Legierungen verantwortlich. Die hochschmelzenden, zähen und festen Oxidhäute, die sich auf diesen Werkstoffen spontan bilden, müssen vor dem Schweißen beseitigt werden. Andernfalls sind gütemindernde Einschlüsse im Schweißgut die Folge. Dies kann mit chemisch aggressiven *Flußmitteln* geschehen oder sauberer, wirtschaftlicher und ohne Rückstände mit dem *Edelgaslichtbogen.* Bei positiv gepolter Elektrode „schlagen" die Argon-Ionen auf die negativ gepolte Werkstückoberfläche und zerstören die Oxidhaut, unterstützt durch thermische Dissoziation. Diese Erscheinung wird als Reinigungswirkung bezeichnet. Ein gleichartiger Prozeß findet auch bei dem viel leichteren Edelgas Helium statt. Der Vorgang wird hier offenbar durch die sehr viel größere Lichtbogenspannung (Feldstärke) ermöglicht, die die Teilchen wesentlich höher beschleunigen kann. Ihre kinetische Energie, d.h. ihre „Durchschlagskraft", ist also vergleichbar mit der des Argon-Ionenstroms. Helium wird z. Z. nur für mechanische Schweißverfahren verwendet, weil die erforderliche kleine Lichtbogenlänge von einem Handschweißer nicht zuverlässig eingehalten werden kann.

Bei den Schutzgasschweißverfahren mit abschmelzender Drahtelektrode (Abschn. 3.5.4) werden außer den Edelgasen bzw. Edelgasmischungen häufig Gase verwendet, die chemisch aktiv sind. Die aktiven Bestandteile sind meistens Sauerstoff (O_2) und Kohlendioxid (CO_2). Die Zugabe kontrollierter Mengen aktiver Gase verändert den *Lichtbogentyp* (Sprühlichtbogen, Langlichtbogen, Kurzlichtbogen, Abschn. 3.5.4.4), macht den Lichtbogen stabiler, beeinflußt den *Werkstoffübergang,* die *Nahtform* und die *Spritzerneigung.* Die in der Schweißpraxis verwendeten Schutzgase sind in der DIN 32 526 genormt. Tabelle 3-12 zeigt die Art ihrer Einteilung, ihr chemisches Verhalten (inert, oxidierend, reduzierend) und die Bezeichnungsweise (s.a. Abschn. 3.5.4.5).

Von großer Bedeutung für die Qualität der Verbindung und den gewünschten Verfahrensablauf sind

– die Art des Werkstoffübergangs und
– die Menge und Art der aktiven Gasbestandteile.

3.5.3 Wolfram-Inertgas-Schweißen (WIG)

3.5.3.1 Verfahrensprinzip

Der Lichtbogen brennt zwischen der nicht abschmelzenden Wolframelektrode und dem Werkstück unter Edelgasschutz, Bild 3-44. Für das WIG-Verfahren können nur Edelgase bzw. Edelgasgemische höchster Reinheit (99,99% bei Argon) verwendet werden. Geringste Sauerstoffgehalte führen zu starkem Abbrand der hocherhitzten, teuren Wolframelektrode, d.h. zu deren rascher Zerstörung. Außerdem sind Wolframeinschlüsse im Schweißgut, entstanden durch Abschmelzen der Elektrode, Ursache für schlechte mechanische Gütewerte.

Der Schutz der Schmelze unter inerten Gasen ist vollkommen, die metallurgische Qualität des Schweißguts und die mechanischen Gütewerte hervorragend, weil der Edelgaslichtbogen eine „reine" Wärmequelle ohne Schlacken, Dämpfe, Verbrennungsgase und sonstigen Verunreinigungen ist. Das gilt aber nur dann, wenn alle Verunreinigungen (Rost, Farbe, Öl) im Schweißbereich vollständig beseitigt wurden, d.h. unerwünschte Reaktionen jeder Art dann nicht möglich sind. Ein geeigneter Zusatzwerkstoff und eine fachgerechte Ausführung sind natürlich vorausgesetzt. Außerordentliche Sauberkeit ist in diesem Fall besonders wichtig, weil während des Schweißens keine Reini-

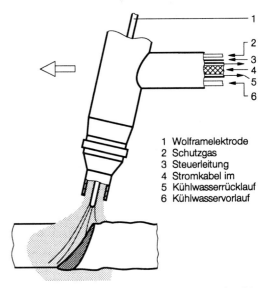

1 Wolframelektrode
2 Schutzgas
3 Steuerleitung
4 Stromkabel im
5 Kühlwasserrücklauf
6 Kühlwasservorlauf

Bild 3-44. Verfahrensprinzip des WIG-Schweißverfahrens.

gungsvorgänge (Entschwefeln, Denitrieren, Desoxidieren) ablaufen können, wie z. B. beim Gasschweißen (reduzierende Zone), Lichtbogenhandschweißen (Reaktionen der Umhüllungsbestandteile) oder UP-Schweißen. Das „Reinigen" der Schmelze muß also mit Hilfe der in dem massiven Schweißstab untergebrachten Desoxidationsmittel (z. B. Mn, Si) zuverlässig erfolgen können.

3.5.3.2 Schweißanlage und Zubehör

Das Schema einer WIG-Anlage zeigt Bild 3-45. Die wichtigsten Bestandteile sind
- Schweißstromquelle,
- Schweißbrenner mit Wolframelektrode und Schlauchpaket,
- Schaltschrank mit Zündgerät (Impulsgenerator) bei Wechselstrombetrieb,
- Sieb-(Filter-)Kondensator für das Schweißen von Leichtmetallen,
- Kraterfülleinrichtung und
- Schutzgasflasche.

Schweißstromquellen. Verwendet werden Gleich- und Wechselstromquellen mit fallender statischer Kennlinie. Die Gleichrichter sind meistens transduktor- oder bei höheren technologischen Anforderungen (z. B. Wahl verschiedener Stromprogramme) thyristorgesteuert (s. Abschn. 3.4.3). Da i. a. beide Hände des Schweißers beschäftigt sind, werden die Stromquellen sehr oft

mit einem fußbedienbaren Fernsteller zum feinfühligen Ändern des Schweißstroms ausgerüstet.

Schweißbrenner. Bis zu Stromstärken von etwa 150 A sind sie luftgekühlt, darüber wassergekühlt. Spannhülsen dienen zur Aufnahme der in der Regel 175 mm langen Wolframelektroden. Deren Standzeit beträgt trotz der hohen Lichtbogentemperatur (bei einer Schmelztemperatur des Wolframs von 3390 °C) etwa 40 Stunden.

Wolframelektrode

Im allgemeinen wird sie am Minuspol angeschlossen. Die Erwärmung ist dann am geringsten (Abschn. 3.4.2) und die Strombelastbarkeit der Elektrode am größten. Die Pluspolung wird wegen der extrem großen thermischen Belastung der Elektrode praktisch nicht verwendet. Aluminium, Magnesium und deren Legierungen schweißt man wegen der „oxidauflösenden" (Abschn. 3.5.2) Wirkung (Reinigungswirkung) mit Wechselstrom: Während der positiven Halbwellen wird die Oxidhaut zerstört, während der negativen kühlt die Elektrode ab. Zum Verbessern der Elektronenemission und der Zündfreudigkeit enthält die Elektrode häufig Oxide, die die Elektronenaustrittsarbeit erheblich verringern. Die in der DIN 32 528 genormten Elektroden enthalten Zusätze von Thoriumoxid, ThO_2, Zirconium, ZrO_2, und Lanthanoxid, LaO_2 (Tabelle 3-11).

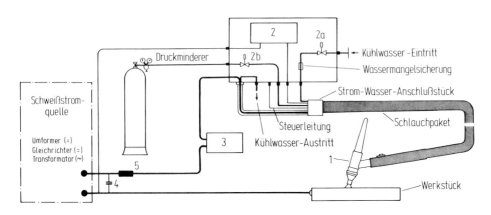

1   Schweißbrenner
2   Hochfrequenz-Zündgerät oder Impulsgenerator
2a Magnetventil (Kühlwasser)
2b Magnetventil (Schutzgas)

3   Siebkondensator (nur für Wechselstrom)
4   Schutzkondensator (zum Abschirmen der HF)
5   Schutzdrossel (zum Abschirmen der HF)

Bild 3-45. Wassergekühlte WIG-Schweißanlage (schematisch).

Tabelle 3-11. Chemische Zusammensetzung von Wolframelektroden nach DIN 32 528.

Kurzzeichen	Farbkennzeichnung	Oxidzusätze Massegehalt in %	Eigenschaften
W	grün	–	weichere Lichtbogen, geringe Strombelastbarkeit, geringe Standzeit
WT 10	gelb	0,90 bis 1,20 ThO_2	leichtes Zünden, stabiler Lichtbogen, lange Standzeit
WT 20	rot	1,80 bis 2,20 ThO_2	harter Lichtbogen, teurer als oxidfreie Elektroden,
WT 30	lila	2,80 bis 3,20 ThO_2	Schleifstäube schwach radioaktiv
WT 40	orange	3,80 bis 4,20 ThO_2	
WZ 4	braun	0,30 bis 0,50 ZrO_2	besonders geeignet für Schweißarbeiten an Kern-Kraftwerks-
WZ 8	weiß	0,70 bis 0,90 ZrO_2	komponenten
WL 10	schwarz	0,90 bis 1,20 LaO_2	für Mikroplasmaschweißen und Plasmaschmelzschneiden

Die Stabilität des Lichtbogens, d.h., letztlich das Schweißergebnis hängt weitgehend von der richtigen Form der Elektrodenspitze ab. Bild 3-46 gibt hierzu Hinweise. Allgemein gilt: Je geringer die Stromstärke ist, um so spitzer muß die Elektrode sein. Andernfalls bildet sich nicht der für die Lichtbogenstabilität erforderliche flüssige Oberflächenfilm an der Elektrodenspitze. Beim Schweißen mit Gleichstrom wird die gewünschte Spitzenform mit speziellen Schleifscheiben hergestellt, beim Schweißen mit Wechselstrom wird empfohlen, einen etwa halbkugelförmigen Tropfen durch kurzzeitiges Warmbrennen z.B. auf einem Kupferblech zu erzeugen.

Stromart	Form der Elektrodenspitze	
Wechselstrom und Gleichstrom, Elektrode plusgepolt	 ■▷ Strombelastung richtig ■ Strombelastung zu hoch Die Elektrode wird nach dem Zünden z.B. auf Cu-Blech „warmgebrannt", dabei ergibt sich die gewünschte halbkugelförmige Form der Wolfram-Elektrodenspitze	
Gleichstrom, Elektrode minusgepolt	■▶ Für kleinste Schweißstromstärken, Kegel 1:6 bis 1:3, Spitze nicht verrunden. ■▶ Für normale Schweißstromstärken, Kegel <1:3, Spitze verrunden. ■▶ Für mechanische Schweißverfahren, Kegel 1:1 bis 1:2, Spitze nicht verrunden.	

Bild 3-46. Formen der Wolframelektrodenspitze beim WIG-Schweißen.

Zündhilfen

Diese Hilfsmittel erlauben ein *berührungsloses* Zünden des Lichtbogens, wodurch Wolframeinschlüsse und vorzeitiger Verschleiß der Elektrode sicher vermieden werden. Beim Schweißen mit Wechselstrom muß eine Zündhilfe vorhanden sein, weil sonst nach jedem Nulldurchgang der Spannung der Lichtbogen verlöschen würde. Die Rekombination der Ladungsträger erfolgt so schnell, daß bei Wiederanstieg der Spannung nach dem Nulldurchgang auf den Betrag der Lichtbogenzündspannung keine Ladungsträger mehr vorhanden sind. Ein Lichtbogen kann also nicht gezündet werden.

Ein Wiederzünden des Lichtbogens wird durch *Hochfrequenzspannungen* (einige Megahertz) erreicht, die der Schweißspannung überlagert werden oder besser durch *Impulszündgeräte* (Hochspannungs-Impulszündgeräte). Die nur im Nulldurchgang der Spannung abgegebenen Spannungsimpulse (einige 1000 V) verursachen wesentlich geringere Störungen des Rundfunk- und Fernsehempfangs als die schwer beherrschbare Hochfrequenz.

Sieb- (Filter-)Kondensator

Das Schweißen der Leichtmetalle (Al, Mg) erfolgt wegen der Reinigungswirkung und im Hinblick auf eine möglichst lange Standzeit der Elektroden mit Wechselstrom. Die Elektronenemission ist bei negativ gepolter Elektrode wegen ihrer im Vergleich zum Werkstück geringen Masse deutlich stärker als bei einem negativ gepolten Werkstück. Der Elektronenaustritt wird durch die verhältnismäßig kalte Schmelzbadoberfläche erheblich erschwert. Die Folge dieser sehr unterschiedlichen Elektronenemission ist ein *Gleichrichtungseffekt:* Die Amplitude der positiven Stromhalbwelle, die die Reinigungswirkung erzeugt, ist merklich geringer als die negative. Die Fähigkeit, Oxide zu zerstören nimmt ab, der Lichtbogen wird „härter" und die thermische Belastung des Transformators durch den Gleichstromanteil größer. Außerdem würde durch diese Gleichstromvormagnetisierung die Leistungsfähigkeit des Transformators abnehmen, da nach dem Induktionsgesetz nur Fluß*änderungen* Spannungen induzieren: Ein Teil des gesamten sich zeitlich ändernden Flusses wird durch den Gleichstrom kompensiert und steht damit für eine Spannungserzeugung auf der Sekundärseite nicht mehr zur Verfügung. Daher wird in den meisten Fällen der Gleichstromanteil I_{gl} durch Kondensatoren „ausgesiebt". Dies bewirkt der im Schweißstromkreis in Reihenschaltung angeordnete *Sieb- oder Filterkondensator* gemäß Bild 3-47.

Kraterfülleinrichtung

Der Endkraterbereich von Schweißnähten weist eine Reihe metallurgischer Mängel auf: Das Nachströmen der Schmelze ist plötzlich beendet (Gefahr von Erstarrungsrissen oder Endkraterlunkern), und die Abkühlgeschwindigkeit ist sehr groß, weil die Wärmezufuhr schlagartig beendet wird (Spannungsrisse). Aus diesem Grunde ist der Einsatz von Kraterfülleinrichtungen, besonders für heißrißanfällige

und thermisch empfindliche Werkstoffe, sehr zweckmäßig. Durch stufenweises oder kontinuierliches Abschalten des Stroms kühlt der rißanfällige Endkrater langsam ab und kann noch mit Zusatzwerkstoff aufgefüllt werden.

3.5.3.3 Hinweise zur praktischen Ausführung

Die zu verbindenden Teile sollten möglichst metallisch blank sein. Dies kann durch Bürsten, Schleifen oder vor allem bei Al, Mg und deren Legierungen sehr wirksam durch Beizen erreicht werden. Aus Gründen der Korrosionsbeständigkeit dürfen zum Säubern von NE-Metallen nur Bürsten aus Chrom-Nickelstahl verwendet werden. In manchen Fällen, wie z. B. bei Messing, Kupfer oder Bronzen, müssen die sich beim Schweißen erneut bildenden Oxide bzw. Schlacken durch Flußmittel gelöst werden.

Der Lichtbogen wird i. a. durch Berühren des Werkstücks mit der Elektrode gezündet. Diese Methode ist aber nicht empfehlenswert. Wenn keine Zündhilfe verwendet wird, sollte der Lichtbogen grundsätzlich auf einem Stück Kupfer gezündet werden. Andernfalls würde durch das Auflegieren die Elektrodenspitze merklich schneller abschmelzen. Außerdem sind Wolframeinschlüsse in der Schweißnaht die Folge.

Es kann mit oder ohne Zusatzwerkstoff geschweißt werden. Der Schweißstab wird unter einem Winkel von 10° bis 30° gegen die Werkstückoberfläche geneigt und tropfenweise im Schmelzbad abgesetzt. Für Verbindungsschweißungen wird i. a. das von der Gasschweißung bekannte Nachlinksschweißen bevorzugt (Abschn. 3.3.5). Nach Abschalten des Schweißstroms muß das Schutzgas noch einige Sekunden auf das Schmelzbad strömen, um zu verhindern, daß dieses und die Wolframelektrode vor einer merklichen Abkühlung mit der Luft in Berührung kommen. In den meisten Fällen ist ein Schweißen ohne Zusatzwerkstoff nicht empfehlenswert, weil das fast nur aus Grundwerkstoff bestehende Schweißgut unzureichende Mengen an Desoxidationsmitteln enthält. Ausgeprägte Porenbildung ist i. a. die Folge.

Bei Metallen, die in großem Maß zur Gasaufnahme neigen (z. B. Ti, Mo, Zr), oder für die Herstellung hochwertiger schlacke- und anlauffarbenfreier Nähte (z. B. Wurzelnähte in hochbeanspruchten Druckrohren) muß auch die

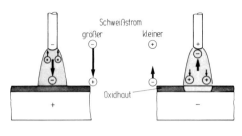

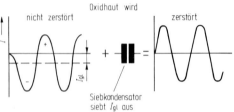

Bild 3-47. Gleichrichterwirkung beim WIG-Schweißverfahren bei Anwendung von Wechselstrom.

Wurzelseite geschützt werden. Das geschieht am häufigsten mit einem Gas (z. B. Argon oder Formiergas, s. Tabelle 3-12) oder mit genuteten Unterlegschienen aus Kupfer oder (hochlegiertem) Stahl.

Bis zu einer Werkstückdicke von 3 mm bis 4 mm kann wegen der konzentrierten Wärmequelle i. a. ohne Nahtvorbereitung gearbeitet werden.

3.5.3.4 WIG-Impulslichtbogenschweißen

Eine neuere Entwicklung ist die *Impulstechnik*, verdeutlicht in Bild 3-48. Hierbei wird zum Schweißen ein Grundstrom I_g verwendet, dem ein Impulsstrom I_m bestimmter Amplitude und Frequenz überlagert ist. Der Grundstrom wird so bemessen, daß der Lichtbogen in der Pausenzeit stabil bleibt und die Spitze des Schweißstabs ausreichend erwärmt wird. Der Impulsstrom dient dazu, den Tropfen vom Zusatzwerkstoff zu lösen und den Grundwerkstoff aufzuschmelzen. Damit eine dichte Schweißnaht entsteht, müssen die Einstellwerte (Grund-, Impulsstrom, Impulszeit und Schweißgeschwindigkeit) aufeinander abgestimmt werden. Daher wird dieses Verfahren zweckmäßig mechanisiert eingesetzt. Durch die verringerte, gut kontrollierbare Wärmezufuhr ist es vorzugsweise für Dünnbleche, für die Wurzelschweißung sowie zum Schweißen wärme- und gasempfindlicher Werkstoffe (Al-, Ti-Werk-

stoffe, hochlegierte Stähle) geeignet. Schweißarbeiten in Zwangslagen sind einfacher ausführbar, da das Schmelzbad besser beherrschbar und durch Wahl geeigneter Impulsparameter dickflüssiger gemacht werden kann. Die Gefahr des Wurzeldurchfalls ist geringer.

3.5.3.5 Anwendung und Grenzen

Das Verfahren eignet sich zum Schweißen aller Metalle, die nicht im Lichtbogen verdampfen, wie z. B. Blei oder Zinn, oder beim Schweißen zur extremen Rißbildung neigen. Es wird vor allem für Werkstückdicken bis zu etwa 10 mm und zum Schweißen hochwertigster Wurzellagen angewendet.

Andererseits gelingen Schweißverbindungen noch bei Werkstückdicken von 0,1 mm (Faltenbälge), wenn geeignete Wolframelektroden, Spannvorrichtungen und Schweißstromquellen verwendet werden, die noch bei einigen Ampere Schweißstrom stabil sind.

Von überragender Bedeutung ist das vorgenannte Verfahren für das Schweißen der *Leichtmetalle*. Da die hochschmelzenden Oxide (Al_2O_3, MgO) nicht durch chemisch äußerst aktive Flußmittel beseitigt werden müssen, ist das Schweißgut von hoher metallurgischer Qualität und die Verbindung wegen nicht vorhandener Flußmittelrückstände korrosionssicher. Bei Werkstückdicken ab 5 mm ist bei Aluminium Vorwärmen der Schweißteile auf 150 °C bis 250 °C zu empfehlen.

Zum Schweißen der *hochlegierten rost-, säure-* und *hitzebeständigen* Stähle eignet sich das Verfahren ausgezeichnet.

Das Schweißgut der austenitischen Stähle neigt zur Heißrißbildung. Durch metallurgische und verfahrenstechnische Maßnahmen (geringe Streckenenergie, schnell schweißen) kann dem begegnet werden. Auf der erwärmten Werkstoffoberfläche bilden sich bei diesen Stählen Oxide (Anlauffarben), die nicht nur das Aussehen beeinträchtigen, sondern auch die Korrosionsbeständigkeit verringern. Das Bespülen dieser Bereiche mit zusätzlichem „Schutzgas" (z. B. Argon oder Formiergas) während des Schweißens oder das Beizen der geschweißten Teile nach dem Schweißen schaffen Abhilfe.

Die *hochreaktiven Werkstoffe*, wie z. B. Titan, Tantal, Molybdän und Zirconium, nehmen schon bei geringfügig erhöhten Temperaturen

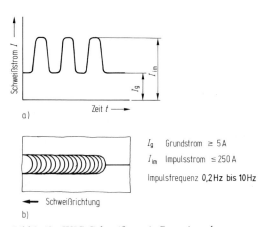

I_g Grundstrom $\geq 5\,A$

I_{im} Impulsstrom $\leq 250\,A$

Impulsfrequenz 0,2 Hz bis 10 Hz

Bild 3-48. WIG-Schweißen mit Stromimpulsen:
a) Verlauf des Schweißstroms,
b) impulsgeschweißte Naht; jeder „Schweißpunkt" wird durch einen Impuls erzeugt.

($\geq 200\,^\circ$C) Gase wie Stickstoff, Sauerstoff und Wasserstoff auf. Die Folge sind Eigenschaftsänderungen, die bis zur völligen Unbrauchbarkeit der geschweißten Verbindung (Versprödung) führen. Durch entsprechende Maßnahmen, wie z. B. Schweißen mit brauseähnlichen Vorrichtungen, die den erwärmten Werkstoff ständig mit Gas bespülen, Schweißen in einer Schutzgaskammer oder unter Vakuum, lassen sich mit dem WIG-Verfahren zähe, korrosionsbeständige Verbindungen herstellen.

Aus wirtschaftlichen Gründen (niedrige Schweißgeschwindigkeit und verhältnismäßig kleine Abschmelzleistung) wird das Verfahren bei größeren Werkstückdicken ($s \geq 10$ mm) nicht mehr angewendet. Die metallurgische Qualität der Schweißverbindung und die nahezu universelle Anwendbarkeit des WIG-Verfahrens wird von kaum einem anderen Verfahren erreicht.

3.5.4 Metall-Schutzgas-Schweißen (MSG)

3.5.4.1 Verfahrensprinzip

Der Lichtbogen brennt zwischen der i. a. positiv gepolten abschmelzenden Drahtelektrode und dem Werkstück innerhalb eines von Schutzgas ausgefüllten Raums (Schutzgasglocke) gemäß Bild 3-49. Je nach der chemischen Charakteristik der Schutzgase unterscheidet man

– **Metall-Inertgas-Schweißen (MIG):** Es werden inerte Gase, wie z. B. Ar und He, oder deren Gemische verwendet.
– **Metall-Aktivgas-Schweißen (MAG):** Es werden chemisch aktive Gase verwendet: Die aktiven Bestandteile sind reiner Sauerstoff (O_2) oder sauerstoffhaltige Gase (CO_2). Das mit diesen Gasmischungen arbeitende Verfahren ist das **Mischgas-Schweißen,** Kurzzeichen **MAGM.** Wählt man als Schutzgas ausschließlich CO_2, dann wird das Verfahren als **CO_2-Schweißen,** Kurzzeichen **MAGC** bezeichnet.

Wichtiges Kennzeichen dieser Verfahren ist die kleine *freie Drahtlänge f.* Dies ist die Länge des stromdurchflossenen Drahtendes. Sie ist u. a. abhängig vom Durchmesser D der Drahtelektrode und beträgt etwa 10 mm bis 30 mm [19]). Somit ist eine wesentlich höhere Strombelastbarkeit der Drahtelektrode möglich ($i \approx 100$ A/

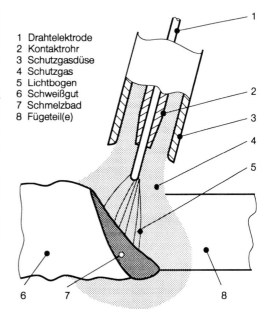

1 Drahtelektrode
2 Kontaktrohr
3 Schutzgasdüse
4 Schutzgas
5 Lichtbogen
6 Schweißgut
7 Schmelzbad
8 Fügeteil(e)

Bild 3-49. Verfahrensprinzip des MSG-Schweißverfahrens.

mm² bis $i \approx 200$ A/mm²), ohne daß die Gefahr einer unzulässigen Erwärmung der Elektrode besteht (joulesche Wärme $Q \sim I^2 R$). Beim Metall-Lichtbogen-Schweißen würden derartige Stromdichten zu einem Erweichen der Elektrode und zum Abplatzen der Umhüllung führen [20]).

Die Nahtgeometrie hängt in der Hauptsache ab von

– den Einstellwerten: Schweißstrom, Schweißspannung, Vorschubgeschwindigkeit des Lichtbogens,
– der Art des Schutzgases (Tabelle 3-12) und
– den physikalischen Eigenschaften des Grundwerkstoffs, z. B. Schmelzpunkt, Wärmeleitfähigkeit, Wärmeausdehnungskoeffizient (Abschn. 3.2.2).

Man schweißt nur mit Gleichstrom, hierbei ist abgesehen von Sonderfällen, die Drahtelektrode positiv gepolt. Wegen der ausgezeichneten Reinigungswirkung (Abschn. 3.4.2) eignet sich das MIG-Verfahren hervorragend zum Schweißen der Leichtmetalle.

---

[19]) Mit genügender Genauigkeit gilt $f \sim 10\,D$ bis $f \sim 15\,D$.

[20]) Eine Stabelektrode mit einem (Kernstab-)Durchmesser von 4 mm besitzt einen metallischen Querschnitt von ca. 12,6 mm². Bei einer mittleren Stromstärke von 170 A ergibt sich eine Stromdichte von nur 15 A/mm².

3.5.4.2 Schweißanlage, Zubehör

Bild 3-50 zeigt das Schema einer MSG-Schweißanlage. Sie besteht aus

– der Stromquelle,
– dem Schweißbrenner mit Schlauchpaket,
– der Drahtvorschubeinrichtung und
– der Gasflasche mit dem Druckminderer und dem Gasmengenmesser.

Unabhängig von der Art des verwendeten Schutzgases wird immer die gleiche Anlage benutzt. Man verwendet ausschließlich Schweißstromquellen mit **Konstantspannungscharakteristik,** die für einen störungsfreien Vorschub der Drahtelektrode erforderlich sind (Abschn. 3.5.4.3).

Schweißbrenner und Schlauchpaket. Die Schweißbrenner sind luft- und bei höheren Schweißströmen (oberhalb 200 A bis 250 A) wassergekühlt. Die *Drahtführungsdüse (Kontaktdüse)* und die Gasdüse werden thermisch stark beansprucht. Sie sind die Hauptverschleißteile.

Die Drahtelektrode wird im Schlauchpaket durch einen Führungsschlauch am seitlichen Ausknicken gehindert. Bei Stahlwerkstoffen ist der Führungseinsatz eine *Drahtspirale,* bei den weicheren Aluminiumwerkstoffen ein *Kunststoffschlauch.* Drahtelektroden werden nach DIN 8559 mit Durchmessern von (0,6 mm) 0,8 mm, 0,9 mm, 1,0 mm, 1,2 mm, 1,6 mm (bis 3,2 mm) geliefert. Sie sind verkupfert, sollen gleichmäßig rund und frei von Herstellungsfehlern (Oberflächenfehler) sein, um einen störungsfreien Drahtvorschub zu gewährleisten.

Die **Drahtvorschubeinrichtung** sorgt für den gleichmäßigen Drahttransport. Sie besteht aus einem Motor, den Förder- und Druckrollen und der Drahtrichteinrichtung. Die stufenlose Einstellung der Drahtvorschubgeschwindigkeit kann mit einem Motor (konstante Drehzahl) mit Getriebe oder eleganter nur mit einem drehzahlveränderbaren Motor (Gleichstrom-Nebenschlußmotor) erfolgen. In den meisten Fällen erfolgt der Drahtvorschub mit einem Vierrollen-Antrieb, der im Vergleich zum Zweirollen-Antrieb, d.h. die Gleichmäßigkeit des Drahttransports im wesentlichen nicht beeinträchtigt.

3.5.4.3 Die innere Regelung

Der Schweißvorgang ist stabil, wenn die Drahtvorschubgeschwindigkeit v_{Dr} gleich der Drahtabschmelzgeschwindigkeit v_{ab} ist. Anderenfalls würde die Drahtelektrode die Kontaktdüse verschmoren ($v_{Dr} < v_{ab}$) oder in das Schmelzbad stoßen ($v_{Dr} > v_{ab}$). Die Geschwindigkeit v_{Dr} wird stufenlos auf einen für die jeweilige Schweißaufgabe konstanten Wert eingestellt, d.h., je größer v_{Dr} gewählt wird, desto größer muß v_{ab} sein. Der Schweißstrom ist also unmittelbar von der Drahtvorschubgeschwindigkeit abhängig. Er wird nicht direkt, sondern indirekt über v_{Dr} eingestellt.

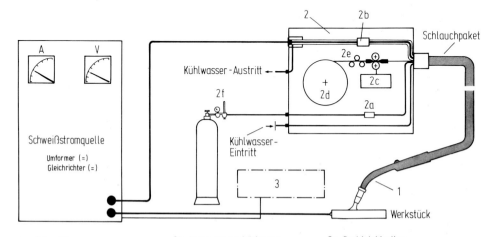

1 Schweißbrenner	2b Wassermangelsicherung	2e Drahtrichtrollen
2 Drahtvorschubgerät	2c Antrieb für Drahtvorschubrollen	2f Druckminderer mit Gasmengenmesser
2a Magnetventil für Schutzgas	2d Drahtelektrode auf Rolle	3 Vorschubeinrichtung

Bild 3-50. Wassergekühlte MSG-Schweißanlage (schematisch).

Die Einstellwerte, d.h., Schweißstrom I_A und Arbeitsspannung U_A ergeben sich aus dem Schnittpunkt der eingestellten statischen Kennlinie mit der Lichtbogenkennlinie: Dies ist der Arbeitspunkt A in Bild 3-51. Die jeweilige Lichtbogenlinie hängt ausschließlich von v_{Dr} ab.

Während des Schweißvorgangs muß der Arbeitspunkt möglichst konstant bleiben, damit sich die Abmessungen der Naht, die Schmelzbadgröße und die Einbrandtiefe möglichst wenig ändern. Dies geschieht beim MSG-Schweißen mit Stromquellen, die eine Konstantspannungscharakteristik (Abschn. 3.4.3) und eine während des Schweißens gleichbleibende Drahtvorschubgeschwindigkeit haben. Darauf beruht die **innere Regelung,** die einen sehr geringen konstruktiven Aufwand erfordert. Ihre Wirkungsweise ist in Bild 3-52 zu erkennen. Unbeabsichtigte Änderungen der Lichtbogenlänge führen zu Änderungen des Lichtbogenwiderstands R_{LB}. Da die Spannung der Stromquelle nahezu konstant bleibt, ändert sich die Arbeitsspannung U_A während des Schweißens kaum. Es gilt

$$U_A = R_{LB}\, I_A \approx \text{konst.}$$

mit I_A als dem Schweißstrom. Eine Widerstandsänderung ruft daher eine gegensinnige Änderung des Schweißstroms ΔI hervor:

Der Lichtbogen wird länger (Bild 3-52a): R_{LB} wird größer, I_A um ΔI kleiner. Die Drahtabschmelzgeschwindigkeit v_{Dr} wird wie gewünscht so lange kleiner, bis der ursprüngliche Arbeitspunkt A, d.h. die ursprüngliche Lichtbogenlänge wieder erreicht ist.

Der Lichtbogen wird kürzer (Bild 3-52b): R_{LB} wird kleiner, I_A um ΔI größer. v_{Dr} wird wie gewünscht so lange größer, bis der ursprüngliche Arbeitspunkt A wieder erreicht ist.

Der Regeleffekt der inneren Regelung beruht auf Abschmelzverzögerungen bzw. Abschmelzbeschleunigungen, die durch genügend schnelle und große Änderungen des Schweißstroms entstehen. Daher wird diese Regelung auch als ΔI-*Regelung* bezeichnet.

3.5.4.4 Lichtbogenformen und Werkstoffübergang

Von großer Bedeutung für die Qualität der Verbindung und den gewünschten Verfahrensablauf sind die

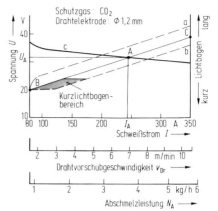

Bild 3-51. *Lichtbogenkennlinienbereich, in dem noch sicheres Schweißen möglich ist. Die Gerade $B-A-C$ ist eine der möglichen Lichtbogenkennlinien.*
Linie a: *Kennlinie, die dem längsten ausziehbaren Lichtbogen entspricht (sonst Abreißen des Lichtbogens);*
Linie b: *Kennlinie, die dem kürzesten Lichtbogen entspricht (sonst Verlöschen des Lichtbogens im Kurzschluß);*
Linie c: *eingestellte statische Kennlinie der Schweißstromquelle.*

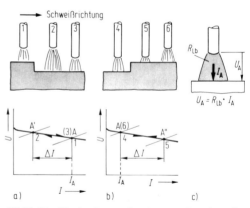

Bild 3-52. *Mechanismus der inneren Regelung beim MSG-Schweißen:*
a) *Lichtbogen (LB) wird plötzlich länger: R_{LB} steigt, und I_A wird sofort um ΔI geringer. Der Arbeitspunkt ist nach A' gewandert. Die Drahtabschmelzgeschwindigkeit v_{Dr} wird so lange kleiner, bis der ursprüngliche Arbeitspunkt A wieder erreicht ist.*
b) *LB wird plötzlich kürzer: R_{LB} nimmt ab, und I_K nimmt um ΔI zu; A wandert nach A''. v_{Dr} wird so lange größer, bis A wieder erreicht ist.*
c) *Spannung der Stromquelle ist nahezu konstant. Arbeitsspannung U_A während des Schweißens ebenso: $U_A = R_{LB}\, I_A \approx \text{konst.}$*

Tabelle 3-12. Einteilung der Schutzgase nach DIN 32526.

Gruppe	Kennzahl	Komponenten in Volumengehalt in %					Verfahren nach DIN 1910
		oxidierend		inert		reduzierend	
		CO_2	O_2	Ar	He	H_2	
R	1	–	–	–	–	100	WHG, WIG, WP
	2	–	–	Rest*)	–	1 bis 15	
I	1	–	–	100	–	–	WIG, MIG, WP
	2	–	–	–	100	–	Wurzelschutz
	3	–	–	Rest*)	25 bis 75	–	
M1	1	–	1 bis 3	Rest*)	–	–	MAGM
	2	2 bis 5	–	Rest*)	–	–	
	3	6 bis 14	–	Rest*)	–	–	
M2	1	15 bis 25	–	Rest*)	–	–	MAGM
	2	5 bis 15	1 bis 3	Rest*)	–	–	
	3	–	4 bis 8	Rest*)	–	–	
M3	1	26 bis 40	–	Rest*)	–	–	MAGM
	2	5 bis 20	4 bis 6	Rest*)	–	–	
	3	–	9 bis 12	Rest*)	–	–	
C	1	100	–	–	–	–	MAGC
F	1	–	–	Rest*)	–	1 bis 30	Wurzelschutz
	2	–	–	–	–	1 bis 30 Rest N_2	

*) Argon darf teilweise durch Helium ersetzt werden.
Beispiel: Die Bezeichnung eines Schutzgases der Gruppe M2 mit 5% bis 15% Volumengehalt von CO_2 und 1% bis 3% Volumengehalt von O_2 (Rest Argon), Kennzahl 2: Schutzgas DIN 32526 – M 22.

– Art des Werkstoffübergangs und
– Zusammensetzung des Schutzgases, d. h. Art und Menge der inerten bzw. aktiven Bestandteile (Tabelle 3-12).

Abhängig von der Art des Schutzgases (und der Stromdichte) ergeben sich unterschiedliche Lichtbogenformen, die eine sehr unterschiedliche Form des Werkstoffübergangs von der Drahtelektrodenspitze auf das Werkstück zur Folge haben (Bild 3-53 und 3-54):

– Als sehr kleine, axial gerichtete Tröpfchen; der konzentrierte Tropfenstrom erzeugt den typischen tiefen Einbrand dieser Verfahren. Der Lichtbogen ist stabil und brennt ruhig. Der Werkstoffübergang ist kurzschlußfrei und damit praktisch spritzerfrei. Diesen Lichtbogentyp bezeichnet man als **Sprühlichtbogen.** Er entsteht in der Hauptsache bei den inerten Gasen und den argonreichen Mischgasen, wenn eine kritische Stromdichte überschritten wird (Bild 3-53 und 3-54). Bei geringeren Stromdichten ergeben sich grö-

ßere Tropfen, ein unstabiler Lichtbogen und ein weniger konzentrierter Tropfenstrom. Die Spritzerneigung ist größer. Der Werkstoffübergang ist unter Helium etwas großtropfiger und weniger gerichtet.

– Als größere Tropfen, die häufig um die Elektrodenspitze rotieren. Der Werkstoffüber-

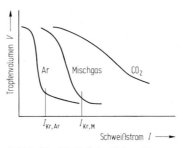

Bild 3-53. Einfluß des Schweißstroms auf das Tropfenvolumen des im Lichtbogen übergehenden Werkstoffs in Abhängigkeit vom Schutzgas bei konstantem Drahtelektrodendurchmesser (stark vereinfacht).

Art des Werkstoff-übergangs	Bemerkungen
Ar Einbrand-kerbe	**Ar:** stark gerichteter Tropfenstrom, kurzschlußfreier, feinsttropfiger Werkstoffübergang, typischer fingerförmiger Einbrand, daher schlecht für Wurzellagen geeignet (Schmelzbad kann „durchfallen"!), daher bei höherer Schweißgeschwindigkeit Neigung zu Einbrandkerben, weil Bereiche am Decklagenauslauf nicht mehr mit Schmelze aufgefüllt werden können. Beste „Reinigungswirkung", stabiler Lichtbogen, geringer Spannungsabfall in der Lichtbogensäule, daher gut geeignet für Handschweißverfahren.
He	**He:** schwach gerichteter Tropfenstrom, heißer Lichtbogen, Einbrand breiter und flacher als bei Ar. Einbrandkerben entstehen erst bei um ca. 40% höherer Schweißgeschwindigkeit im Vergleich zu Ar. Geeignet für mechanische Schweißverfahren und größere Werkstückdicken. Gute Reinigungswirkung. **Lichtbogenform Sprühlichtbogen:** feinsttropfiger, kurzschlußfreier Werkstoffübergang durch überwiegenden Einfluß des Pinch-Effekts.
Mischgase $Ar + CO_2 + O_2$ 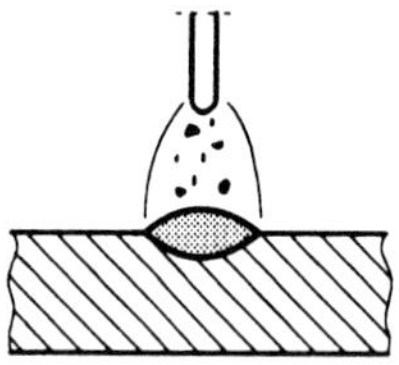	noch feintropfiger, kurzschlußfreier Werkstoffübergang, günstige Einbrandform, gut geeignet zum Schweißen un- und niedriglegierter Stähle. Aktive Bestandteile (CO_2, O_2) im Lichtbogenraum bewirken Legierungsabbrand. Drahtelektroden müssen daher entsprechend legiert und desoxidiert sein (Abschn. 5.4.5). Nicht geeignet zum Schweißen hochlegierter Stähle und NE-Metalle (Sauerstoff). **Lichtbogenform Sprühlichtbogen**
CO_2 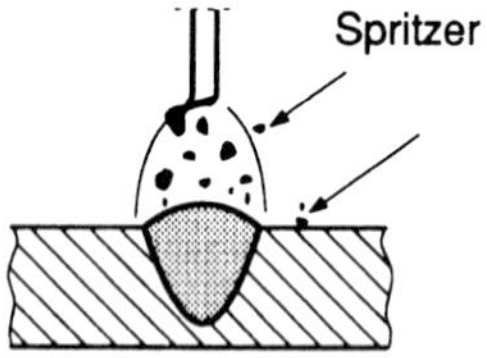 Spritzer	wenig gerichteter, großtropfiger Werkstoffübergang durch überwiegende Wirkung der Schwerkraft, relativ tiefer Einbrand, deutliche Spritzerbildung und merklicher Abbrand von Legierungselementen. Daher nur für unlegierte und bestimmte niedriglegierte Stähle zu empfehlen. Hoch desoxidierte Drahtelektroden (z. B. SG 2, SG 3) erforderlich. Billiges Schutzgas. Für Kurzlichtbogenvariante (Abschn. 5.4.6.2) besonders geeignet. **Lichtbogenform Langlichtbogen:** grobe, um die Elektrodenspitze häufig rotierende Tröpfchen mit gelegentlichen Kurzschlüssen.
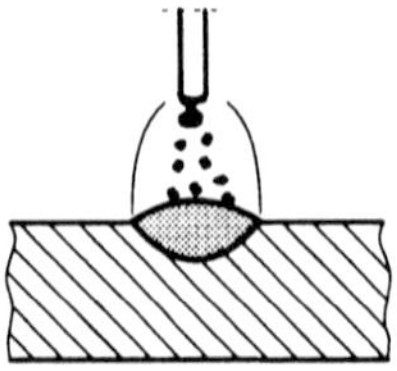 Inerte und hochargon-haltige Gase	Durch Überlagern eines Grundstromes mit Stromimpulsen (Frequenz und Amplitude vom Anwender „frei" einstellbar) kann praktisch jede gewünschte Tropfengröße, Tropfenzahl und Viskosität der übergehenden Tropfen unabhängig von der Art des Schutzgases erzeugt werden. Nur unter inerten und hochargonhaltigen Schutzgasen möglich, weil Pinch-Effekt erforderlich (Abschn. 4.2). **Lichtbogenform Impulslichtbogen**

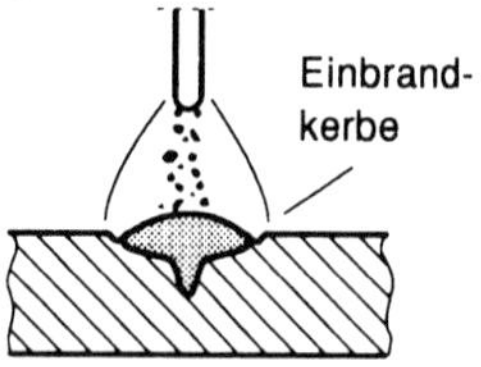

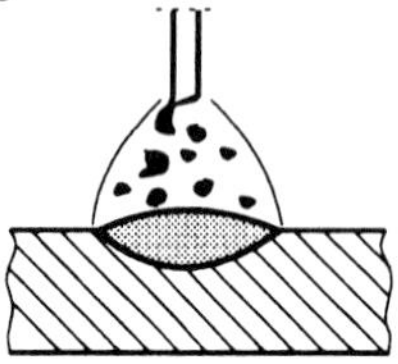

Bild 3-54. Werkstoffübergang und Lichtbogenformen beim MSG-Schweißen in Abhängigkeit von der Art der Schutzgase (schematisch).

gang ist mit Kurzschlüssen durchsetzt, die Spritzerneigung ist deutlich größer als bei dem Sprühlichtbogen. Diese Lichtbogenform wird **Langlichtbogen** genannt und ist typisch für CO_2 und hoch CO_2-haltige Schutzgase.

- Als größere Tropfen, die mit Hilfe bestimmter verfahrenstechnischer Maßnahmen nicht mehr kurzschlußfrei, sondern durch „gesteuerte" Kurzschlüsse auf das Werkstück übergehen. Dieser Lichtbogentyp ist nur unter CO_2 und Gasen mit hohem CO_2-Anteil realisierbar; er wird als **Kurzlichtbogen** bezeichnet (Abschn. 3.5.4.6).

3.5.4.5 Auswahl der Schutzgase und Drahtelektroden

Die Art (inert/aktiv) und die Zusammensetzung (Art und Menge der Gasbestandteile) der Schutzgase bestimmen ihr *metallurgisches* (Abbrand) und *metallphysikalisches* (Tropfengröße, Tropfenzahl, Lichtbogenform) Verhalten. Diese Zusammenhänge müssen bei der Wahl des Schutzgases zum Schweißen der verschiedenen Werkstoffe beachtet werden.

Im folgenden werden einige Besonderheiten besprochen. Beim Schweißen von Eisen-Werkstoffen unter inerten Gasen ergibt sich ein unruhiger, zur Spritzerbildung neigender Lichtbogen. Die Oberflächenspannung des Schweißguts ist sehr groß und die Benetzungsfähigkeit gering. Es entsteht ein dickflüssiges, poröses, völlig unbrauchbares Schweißgut. Ein geringer Sauerstoffzusatz (1% bis 5%) und/oder CO_2-Zusatz (bis 20%) stabilisieren den Lichtbogen und verringern die Schmelzenviskosität so weit, daß jeder unlegierte Stahl ohne Schwierigkeiten geschweißt werden kann. Bei hochlegierten Stählen lassen sich die Oberflächenspannung, die Schmelzenviskosität und die Größe der übergehenden Werkstoff-Tröpfchen wirksamer mit der Impulslichtbogentechnik beeinflussen.

Der Zusatz aktiver Gase (O_2, CO_2) führt zu einem Abbrand vor allem der sauerstoffaffinen Legierungselemente (Cr, Al, V, Mn, Si):

$$2\,Me + O_2 \rightarrow 2\,MeO.$$

Mit zunehmendem Gehalt aktiver Gase wird der Abbrandverlust und die Menge an Reaktionsprodukten (MeO) im Schweißgut größer. Ein Teil dieser (Mikro-)Schlacken bleibt im Schweißgut zurück und verringert besonders

die Zähigkeit. Gasförmige Reaktionsprodukte können außerdem Poren erzeugen. Der negativen Wirkung des Sauerstoffs muß daher durch ausreichende Zugaben von Desoxidationsmitteln (Mn, Si) begegnet werden. Daraus folgt, daß mit zunehmendem Legierungsgehalt der zu schweißenden Werkstoffe die Menge der aktiven Bestandteile im Schutzgas abnehmen muß.

Es kann also nicht jeder Werkstoff unter jedem Schutzgas geschweißt werden, ohne daß metallurgische Mängel bzw. unzureichende mechanische Gütewerte die Folge wären.

CO_2 ist das einzige aktive Schutzgas, das in reiner Form, also nicht gemischt mit anderen Gasen oder Edelgasen, verwendet wird. Im Lichtbogen wird es dissoziiert. Die hierfür erforderliche Energie (Q) wird dem Lichtbogen entnommen:

$$CO_2 \rightarrow CO + \tfrac{1}{2} O_2 - Q.$$

Q wird bei der Rekombination an der verhältnismäßig kalten Werkstückoberfläche wieder frei. Diese zusätzliche Wärme ist die Ursache für den typischen schmaleren, tiefen Einbrand beim Schutzgas CO_2. Die Tropfen sind groß und gehen verhältnismäßig wenig gerichtet auf das Werkstück über. Die Folge ist eine merkliche Spritzerneigung. Der große Sauerstoffanteil erfordert stark desoxidierte Zusatzwerkstoffe.

Die hohen Lichtbogentemperaturen führen zu einer weiteren Dissoziation des sauerstoffhaltigen CO, gemäß

$$CO \rightarrow C + O.$$

Diese Reaktion ist temperaturabhängig und befindet sich in Abhängigkeit von der Temperatur in einem (dynamischen) Gleichgewicht. Enthält das metallurgische System (Schweißgut + C + CO) z. B. wenig Kohlenstoff, dann verläuft die Reaktion nach rechts, d. h., durch „Zerfall" weiterer CO-Moleküle wird das Schweißgut aufgekohlt. Dieser Vorgang ist vor allem bei den hochlegierten CrNi-Stählen von Bedeutung. Ihre Korrosionsbeständigkeit nimmt sehr stark mit zunehmendem Kohlenstoffgehalt im Schweißgut ab. Schon geringste Mengen CO_2 im Schutzgas ($\geq 2\%$) führen zu einem erheblichen Anstieg des C-Gehalts im Schweißgut. Daher ist das MAG-Schweißen dieser Werkstoffe mit CO_2 oder Schutzgasen mit CO_2-Anteilen, zumindest bei hoher Korrosionsbeanspruchung, nicht zu empfehlen.

Tabelle 3-13. Anwendungsbereiche der wichtigsten Schutzgase beim MSG-Schweißen. Klammerwerte entsprechen den Bezeichnungen der Schutzgase nach DIN 32526 (s. Tabelle 3-12).

Schutzgas	chemisches Verhalten	Anwendung
Ar (Ti nur I1) (I1, I2, I3)	inert	Al, Mg, Cu, Ti, Ni und Legierungen sowie andere stark oxidierende Metalle.
Ar-He 20/80 bis 50/50 (I1, I2, I3)	inert	Al, Mg, Cu, Ni und Legierungen; He erhöht Temperatur, Einbrand, erlaubt höhere Schweißgeschwindigkeiten.
Ar-O_2 1% bis 5% O_2 (M1.1, M2.3, M3.3)	oxidierend	1% bis 5% O_2 für Sprühlichtbogen-Schweißen von Stahl; 1% bis 3% O_2 für legierte und hochlegierte Stähle. O_2 vermindert die Oberflächenspannung, der Schmelze und erzeugt einen günstigeren Tropfenübergang.
Ar-CO_2 (M1.2, M1.3)	oxidierend	$\geq 5\%$ CO_2 erforderlich für Kurzlichtbogen, für unlegierte Stähle mit 10% bis 25% CO_2, Standardgemisch mit 18% CO_2; in bestimmten Fällen für hochlegierte Stähle anwendbar, aber nicht empfehlenswert.
Ar-CO_2-O_2 (M2.2, M3.2)	oxidierend	mit CO_2-Anteilen bis 15% und O_2-Anteilen bis 6% für un- und niedriglegierte Stähle, auch Feinkornbaustähle; in bestimmten Fällen für hochlegierte Stähle anwendbar.
CO_2 (C)	oxidierend	für unlegierte und bestimmte niedriglegierte Stähle, auch Feinkornbaustähle, z.B. nach DIN EN 10 013 und DIN EN 10 028-3.

Die in der Schweißtechnik verwendeten Schutzgase sind in der DIN 32526 genormt. Sie werden nach ihrem chemischen Verhalten (inert/aktiv) und ihrer Zusammensetzung eingeteilt (Tabelle 3-12). Die wichtigsten Anwendungsbereiche der verschiedenen Schutzgase sind in Tabelle 3-13 zusammengestellt. Die grundsätzlichen Überlegungen für die Wahl des „richtigen" Schutzgases sind:

– Mit zunehmendem Legierungsgehalt muß die Aktivität des Schutzgases abnehmen.
– Für sauerstoffaffine Werkstoffe (NE-Metalle!) müssen inerte Schutzgase verwendet werden.
– Das preiswerteste (nicht billigste!) Schutzgas ist das beste, wenn es die schweißtechnischen, metallurgischen und technischen Bedingungen erfüllen kann.

Bei der Wahl der Drahtelektroden ist zu beachten:

– An den Grundwerkstoff anpassen, d.h. artgleiche oder artähnliche Drahtelektroden wählen.
– Mit zunehmender Aktivität des Schutzgases (Sauerstoff und CO_2), muß der Legierungsbzw. Desoxidationsmittelgehalt der Drahtelektrode zunehmen.

Die Drahtelektrode muß also in Abhängigkeit von dem Abbrandverhalten des verwendeten Schutzgases ausgewählt werden. Die Gütewerte des reinen Schweißguts werden von der Elektrode und dem Schutzgas bestimmt. In Tabelle 3-14 sind einige wichtige Drahtelektroden zum MSG-Schweißen von Stahl zusammengestellt.

Fülldrahtelektroden

Außer den massiven Elektroden werden in zunehmendem Maße Fülldrahtelektroden verwendet, die unter CO_2 oder Mischgas verschweißt werden. Sie bestehen aus einem verschiedenartig geformten Stahlmantel (Röhrchendraht oder gefalzter Draht) und einer Rutilfüllung (SG R1) oder einer basischen Füllung (SB B1). Die Füllstoffe ermöglichen umfangreiche metallurgische Reaktionen und erzeugen eine große Lichtbogenstabilität. Die Schlackendecke schützt die Schweißnaht und verbessert ihre Oberfläche. Sie bieten folgende Vorteile:

– Über das Pulver können dem Schmelzbad größere Mengen verschiedener Legierungselemente zugeführt werden.
– Wegen der im Vergleich zu Massivdrähten wesentlich höheren Stromdichte – der Strom fließt nur im Stahlmantel, nicht im schlecht

Tabelle 3-14. Chemische Zusammensetzung (Mittelwerte) ausgewählter Drahtelektroden zum MSG-Schweißen von Stahl.

Kurzzeichen	chemische Zusammensetzung (Massengehalt in %)						Anwendung
	C	Mn	Si	Cr	Mo	Ni	
SG 1	≈0,1	≈1,15	≈0,6				un- und niedriglegierte Stähle
SG 2	≈0,1	≈1,45	≈0,85				(DIN 8559)
SG 3	≈0,1	≈1,75	≈1,0				
Bei Fülldrahtelektroden ist die Zusammensetzung des reinen Schweißguts genormt mit Rutilfüllung (R), mit basischer Füllung (B)							un- und niedriglegierte Stähle (DIN 8559)
SG R1	≈0,07	≈1,0	≈0,4				
SG B1 wie SG R1, aber erniedrigter Si-Gehalt (0,15 bis 0,45)							
SG NiMo 1	≈0,1	≈1,3	≈0,7	≈0,5	≈1,0		Feinkornbaustähle, normal-
SG NiCrMo 1	≈0,1	≈1,3	≈0,7	≈0,5	≈0,5	≈1,0	geglüht/vergütet, kaltzähe Stähle
SG NiCrMo 2,5	≈0,1	≈1,3	≈0,7	≈0,7	≈0,5	≈2,5	
SG X 5 CrNiNb 19 9	≤0,07	≈1,0	≈0,6	≥18		≥9	nichtrostende Stähle

stromleitenden Pulverkern – ist die Abschmelzleistung größer.
– Bei hohem basischen Pulveranteil können qualitativ hochwertige Schweißverbindungen auch an schlecht schweißgeeigneten Werkstoffen erzielt werden.

Durch die Schlacke und das zusätzlich gebildete Schutzgas ist der Schutz der Schweißnaht vor Zugluft wesentlich besser. Mäßige Luftbewegungen können den Schutzgasmantel nicht mehr aufreißen. Für Baustellenbedingungen nur bedingt geeignet.

3.5.4.6 MSG-Verfahrensvarianten

3.5.4.6.1 MIG-Schweißen

Beim **MIG-Schweißen** wird Argon, Helium oder deren Gemische verwendet. Der Werkstoffübergang ist bei Ar feintropfig, stark gerichtet und kurzschlußfrei, bei He nicht ganz so feintropfig und weniger stark gerichtet, wie aus Bild 3-53 und 3-54 hervorgeht.

Die sehr ungleiche Energieverteilung im Argon-Lichtbogen verursacht die bei hohen Schweißgeschwindigkeiten auftretenden Einbrandkerben (Bild 3-54). Das gilt vor allem für die MSG-Verfahren, die verfahrensbedingt mit großen Schweißgeschwindigkeiten betrieben werden können (s. Abschn. 3.5.4.4): Die geringe Menge flüssigen Schweißguts, die wegen des flachen Einbrands an die Schmelzränder fließt, kann die Kerben nicht mehr auffüllen, wie in Bild 3-54 näher erläutert ist.

Es entsteht der für das MIG-Verfahren typische **Sprühlichtbogen.** Die Spritzerverluste sind gering, und die Nahtoberfläche ist meistens glatt und kerbenfrei. Die mit hoher Geschwindigkeit auf das Schmelzbad auftreffenden Tröpfchen verursachen den typischen tiefen Einbrand.

Das Verfahren ist für das Verbindungsschweißen der sehr sauerstoffaffinen NE-Metalle wie z.B. Aluminium, Kupfer und deren Legierungen hervorragend geeignet. Bei nicht fachgerechter Handhabung besteht die Gefahr, daß die Nahtflanken nicht vollständig aufgeschmolzen werden. Diese Bindefehler oder Kaltstellen genannten Defekte, die für das Verfahren charakteristisch sind, vermindern die Bauteilsicherheit entscheidend, da sie in ihrer Wirkung Rissen gleichzusetzen sind.

Impulslichtbogenschweißen

Eine für hochlegierte Stähle, Aluminium, Kupfer und deren Legierungen wichtige Verfahrensvariante ist Schweißen mit dem Impulslichtbogen. In den meisten Fällen ist die hierfür erforderliche spezielle Stromquelle eine parallelgeschaltete Einheit, bestehend aus einem Gleichrichter (Grundstrom) und einem transistorgeregelten, d.h. steuerbaren Gleichrichter (Impulsstrom), s. Abschn. 3.4.3. Mit diesen Stromquellen können stufenlos von der Netzfrequenz unabhängige Impulsfrequenzen (zwischen null und einigen hundert Hertz) und nahezu beliebige Impulsbreiten eingestellt werden.

Der Grundstrom erwärmt die Elektrodenspitze so weit, daß die ihn überlagernden Stromimpulse eine mechanische Tropfenablösung durch den Pinch-Effekt bewirken (s. Abschn. 4.2), wie Bild 3-55 zeigt. Durch die erheblichen elektromagnetischen Kräfte (Lorentz-Kraft) werden die Tropfen mit großer Geschwindigkeit axial auf das Schmelzbad bewegt. Die Größe des Grundstroms ist nur vom Werkstoff und der Werkstückdicke abhängig, die Wahl der Einstellwerte wird also nicht mehr von der gewünschten Tropfenform und -größe bestimmt, sondern nur vom Stromimpuls. Die Wärmezufuhr ist daher grundsätzlich geringer als bei den herkömmlichen MSG-Verfahrensvarianten.

Der Tropfenübergang erfolgt synchron mit der einstellbaren Frequenz der Stromimpulse. Die Anzahl und Größe der übergehenden Tropfen werden also durch die Größe und Frequenz der Impulse bestimmt. Die unkontrollierte Bildung von Großtropfen, die zum Spritzen führt, wird vermieden. Anders als beim Kurzlichtbogenschweißen kommt es in diesem Fall nie zu Kurzschlüssen, d.h., der Schweißvorgang ist weitgehend spritzerfrei.

Mit dieser nur unter Argon und hocharongonhaltigen Schutzgasen möglichen Verfahrensvariante wird schon bei geringeren Stromdichten als beim Sprühlichtbogen der gewünschte Tropfenübergang erzwungen. An Stelle der dünneren, teureren und knickanfälligen Drahtelektroden (0,8 mm bis 1,2 mm) können dickere (1,6 mm) verwendet werden, daher lassen sich auch die sehr weichen Aluminium-Drahtelektroden störungsfrei verschweißen. Ein weiterer wichtiger technischer Vorteil dieser Verfahrensvariante ist ihre hervorragende Eignung für Zwangslagenschweißungen, denn Größe und Viskosität der übergehenden Tröpfchen können nahezu frei gewählt werden.

Bild 3-56a) zeigt das Makrogefüge einer mit ArS1 geschweißten Stumpfnaht aus hochlegiertem Stahl. Man erkennt die durch die immer noch große Oberflächenspannung der Schmel-

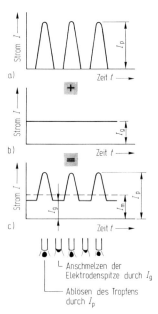

Bild 3-55. *Stromverlauf beim MSG-Impulslichtbogenschweißen:*
a) Stromimpulse I_p;
b) Grundstrom (Gleichstrom) I_g;
c) Verfahren arbeitet mit einem Strommittelwert I_m, der unterhalb des kritischen Wertes I_{kr} (Bild 3-53) liegt. Der Stromimpuls erzwingt trotzdem den gewünschten Tropfenübergang.

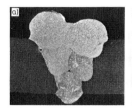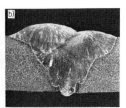

Bild 3-56. *Makrogefüge einer MSG-geschweißten Stumpfnaht unter Ar S1 (Vergrößerung 3 : 1):*
a) übliche Technik,
b) Impulstechnik (Impulsfrequenz 100 Hz).

ze verursachten typischen Schweißfehler: Bindefehler zwischen den Raupen und Nahtflanken und übermäßige Nahtüberhöhung. Die Impulstechnik führt durch den erzwungenen feintropfigen Werkstoffübergang zu einem merklich dünnflüssigeren Schmelzbad gemäß Bild 3-56b). Die genannten Fehler und Nachteile werden sicher vermieden. Daher werden in bestimmten Fällen für hochlegierte Stähle die stärker oxidierenden Schutzgase auf der Basis Ar−CO$_2$ bzw. Ar−CO$_2$−O$_2$ verwendet (Tabelle 3-13). Der Abbrand an Legierungselementen ist zwar deutlich größer und die Korrosionsbeständigkeit wegen des Kohlenstoffzubrands und der damit zusammenhängenden Chromcarbidbildung etwas geringer (Abschn. 3.5.4.4), das Schweißverhalten aber wesentlich besser.

3.5.4.6.2 MAG-Verfahrensvarianten

Beim **MAG-Schweißen** werden aktive Schutzgase verwendet (Tabelle 3-12 und 3-13). Es ist zu beachten, daß mit zunehmender Aktivität des Schutzgases, d. h. mit zunehmendem Sauerstoffgehalt der Abbrand erhöht wird. Außer bei CO_2 und bei Schutzgasen mit einem CO_2-Anteil unter 15% überwiegt der kurzschlußfreie, sprühregenartige Werkstoffübergang.

Beim **CO_2-Schweißen** ist mit praxisgerechten Stromdichten kein kurzschlußfreier, feintropfiger Werkstoffübergang möglich (Bild 3-53). Die kritische Stromdichte liegt in diesem Fall bei 350 A/mm^2 bis 400 A/mm^2. Sie ist damit so groß, daß sie technisch nicht mehr nutzbar ist[21]. Die Spritzerleistung ist unter CO_2 merklich und die Nahtoberfläche verhältnismäßig schuppig. Der **Langlichtbogen** ist die für das Schutzgas CO_2 typische Lichtbogenform.

Die für die Bildung des Sprühlichtbogens (Ar und Mischgase mit $\geq 80\%$ Ar) bzw. Langlichtbogens (CO_2) erforderlichen verhältnismäßig großen Stromdichten führen zu dem bei diesen Verfahrensvarianten typischen tiefen Einbrand. Damit scheiden diese Verfahren für alle Schweißaufgaben aus, die einen flachen Einbrand und (oder) eine zähflüssige, vom Schweißer gut modellierbare Schmelze erfordern, wie z. B.

– Wurzelschweißungen,
– Schweißen in Zwangslage,
– Schweißen von Dünn- und Feinblechen.
– Auftragschweißen.

Kurzlichtbogentechnik

Diese Verfahrensvariante erschließt den MSG-Verfahren auch diese Anwendungsgebiete. Der Name deutet bereits an, daß mit kurzem Lichtbogen – also geringer Schweißspannung – und mit Schweißströmen im unteren Bereich der Lichtbogenkennlinie gearbeitet wird (Bild 3-51). Die Leistung des Lichtbogens wird außerdem durch Verkürzen der *Lichtbogenbrenndauer* verringert. Dies geschieht durch erzwungene periodische Kurzschlüsse. Die hierbei entstehenden großen Kurzschlußströme müssen durch *Dros-*

seln (Induktivitäten) soweit begrenzt werden, daß das Zerplatzen der übergehenden flüssigen Tropfen ausgeschlossen ist (starke Spritzerbildung). Andererseits muß der Strom groß genug sein, um die Tropfen zuverlässig von der Drahtspitze zu lösen und um eine hinreichend dünnflüssige Schmelze zu erzeugen, sonst besteht die Gefahr, daß sich Kaltstellen bilden.

Das dynamische Verhalten der Stromquelle muß dem ständigen Wechsel Kurzschluß – Leerlauf bzw. Lichtbogenbrennphase angepaßt sein. Insbesondere muß die Lichtbogenspannung nach einem Kurzschluß wieder ausreichend schnell zur Verfügung stehen. In Bild 3-57 ist der Werkstoffübergang beim Kurzlichtbogen schematisch dargestellt.

Außer CO_2 können auch Mischgase (Ar, CO_2, O_2) verwendet werden, die den Vorteil haben, daß sie einen geringeren Einbrand und eine bessere *Spaltüberbrückbarkeit* bieten. Diese Eigenschaften sind besonders für die Wurzelschweißung vorteilhaft.

3.5.4.7 Praktische Hinweise; Anwendung und Möglichkeiten

Für eine fachgerechte Durchführung der Schweißarbeiten und der notwendigen Gütesi-

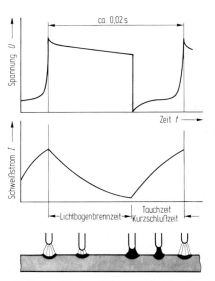

Bild 3-57. Werkstoffübergang bei der Kurzlichtbogentechnik (schematisch). Die während der Kurzschlußzeit wirksame elektrische Leistung UI ist wesentlich geringer als die in der Lichtbogenbrennzeit.

---

[21] Die Stromdichte ist so groß, daß extreme Überhitzungserscheinungen in der Schmelze beobachtet werden (Verlust an Legierungselementen und Desoxidationsmitteln). Außerdem können diese „Hochstromverfahren" wegen der großen Abschmelzmenge nur maschinell betrieben werden.

cherung sind folgende Voraussetzungen zu erfüllen:

– Werkstückoberflächen müssen frei von Verunreinigungen (z. B. Rost, Fett, Öl, Farben) sein.
– Wegen der begrenzten Wirksamkeit und Vielfalt der metallurgischen Reaktionen (Abschn. 3.5.4.5) eignen sich übliche MSG-Verfahren (außer Fülldrahtelektroden) nur bedingt zum Schweißen stärker verunreinigter Stähle.
– Schweißarbeiten außerhalb der Werkstatt sind wegen der Gefahr der Schutzgasverwehung durch Luftbewegungen problematisch. Man muß geeignete Abdeckungen vorsehen. Sicherer ist es, ein weniger empfindliches Verfahren für Schweißarbeiten auf Baustellen zu wählen.

Anders als z. B. beim Lichtbogenhandschweißen ist der Bereich der Einstellwerte (I_A, U_A) erheblich größer (Bild 3-51). Die Drahtelektrode mit einem Durchmesser von 1,2 mm kann z. B. für Schweißarbeiten an Dünnblech mit 80 A bis 100 A, für das Schweißen einer Kehlnaht aber auch mit 250 A bis 350 A belastet werden. Die entsprechende Änderung der Abschmelzleistung ist bedeutend. Je nach Schweißaufgabe sind also geeignete Einstellwerte zu wählen, die sowohl vom technischen (z. B. in bezug auf die fertigungsgerechte Bauteilherstellung) als auch von wirtschaftlichen Überlegungen (z. B. in bezug auf eine ausreichend große Abschmelzleistung) bestimmt werden. Außer durch die Einstellwerte werden die Nahtabmessungen in großem Umfang durch die Brennerhaltung beeinflußt. Je nach der Brennerneigung unterscheidet man das *ziehende* (manchmal auch als „Nachrechtsschweißen" bezeichnet) und das *stechende* („Nachlinksschweißen") Schweißen. In Bild 3-58 sind die beiden Arbeitstechniken erläutert.

Die MSG-Verfahren sind einfach *mechanisierbar*. Durch Wahl geeigneter Einstelldaten und Schutzgase lassen sie sich als Hochleistungsverfahren (hohe Abschmelzleistung mit Sprüh- oder Langlichtbogen) oder als Kurzlichtbogen verwenden. Zusammen mit den entsprechenden Schutzgasen können die Verfahren deshalb den unterschiedlichsten Werkstoffen und *Werkstückdicken* angepaßt werden.

Die kleinste noch gut schweißbare Werkstückdicke liegt bei 0,6 mm, bei geringeren Dicken

werden die manuellen und fertigungstechnischen Schwierigkeiten extrem groß. Für Schweißarbeiten im *Dünnblechbereich* ist das Kurzlichtbogenverfahren nahezu konkurrenzlos. Bei größeren Werkstückdicken macht sich die große Einbrandtiefe positiv bemerkbar. Bei dem tief einbrennenden CO_2-Verfahren ist für Stumpfnähte i. a. nur ein Öffnungswinkel von ca. 40° bis 45° erforderlich, beim Lichtbogenhandschweißen z. B. wegen des wesentlich geringeren Einbrands aber ein Winkel von ca. 60°. Außerdem ist die Lagenzahl und damit die Schweißzeit erheblich größer, wie Bild 3-37 zeigt. Allerdings erzeugt der tiefe Einbrand einen großen *Aufschmelzgrad* (Abschn. 3.1.3 und Bild 3-4), der bei unsauberen, d. h. weniger gut schweißgeeigneten Stählen zu Schwierigkeiten führen kann.

3.6 Plasmaschweißen (WP)

3.6.1 Physikalische Grundlagen

Das *thermische Plasma* ist eine besondere Erscheinungsform der Materie. Es ist ein dissoziiertes, hochionisiertes elektrisch leitendes Gas. Es besteht somit überwiegend aus Ladungsträgern, also aus Elektronen und Ionen. Dieser Zustand wird durch Energiezufuhr des Gases erreicht. Infolge der Geschwindigkeitszunahme der Gasteilchen werden sie beim Zusammenstoß dissoziiert (z. B. $H_2 \rightarrow H + H - Q_1$) bzw. ionisiert (z. B. $H \rightarrow H^+ + e - Q_2$).

Der Plasmazustand kann einfach durch einen elektrischen Lichtbogen erzeugt werden, der nicht frei brennt wie bei den üblichen Lichtbogenschweißverfahren (Abschn. 3.4.2), sondern durch geeignete Einrichtungen, wie z. B. wassergekühlte Kupferdüsen, stark eingeschnürt wird. Bild 3-59 zeigt die Arbeitsweise des Verfahrens. Im Plasmakern werden Temperaturen bis 30 000 K mit entsprechenden Leistungsdichten von 10^5 W/cm^2 bis 10^6 W/cm^2 erreicht.

3.6.2 Verfahrensgrundlagen

Die Geschwindigkeit der Ladungsträger ist in weiten Grenzen einstellbar. Sie hängt in der Hauptsache von der Menge und der Geschwindigkeit des zugeführten Gases und der im Plasma herrschenden Stromstärke, genauer von der zugeführten elektrischen Energie, ab. Bei geringer kinetischer Energie des Plasmas

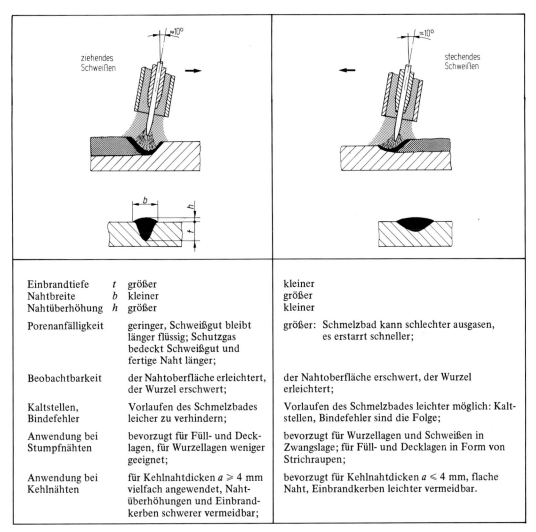

Einbrandtiefe	t	größer	kleiner
Nahtbreite	b	kleiner	größer
Nahtüberhöhung	h	größer	kleiner

Porenanfälligkeit	geringer, Schweißgut bleibt länger flüssig; Schutzgas bedeckt Schweißgut und fertige Naht länger;	größer: Schmelzbad kann schlechter ausgasen, es erstarrt schneller;
Beobachtbarkeit	der Nahtoberfläche erleichtert, der Wurzel erschwert;	der Nahtoberfläche erschwert, der Wurzel erleichtert;
Kaltstellen, Bindefehler	Vorlaufen des Schmelzbades leicher zu verhindern;	Vorlaufen des Schmelzbades leichter möglich: Kaltstellen, Bindefehler sind die Folge;
Anwendung bei Stumpfnähten	bevorzugt für Füll- und Decklagen, für Wurzellagen weniger geeignet;	bevorzugt für Wurzellagen und Schweißen in Zwangslage; für Füll- und Decklagen in Form von Strichraupen;
Anwendung bei Kehlnähten	für Kehlnahtdicken $a \geqslant 4$ mm vielfach angewendet, Nahtüberhöhungen und Einbrandkerben schwerer vermeidbar;	bevorzugt für Kehlnahtdicken $a \leqslant 4$ mm, flache Naht, Einbrandkerben leichter vermeidbar.

Bild 3-58. Arbeitstechniken beim MSG-Schweißen.

wird der flüssige Werkstoff *nicht* weggeblasen, d. h., diese Verfahrensbedingungen sind zum *Schweißen* geeignet. Mit zunehmendem Energiegehalt des Plasmas wird dessen mechanische Wirkung größer und der verflüssigte Werkstoff wird durch die kinetische Energie des Plasmastrahls aus der Fuge geblasen. Der Werkstoff wird getrennt, er wird *plasmageschnitten*.

Das Plasmaschweißen ist eine Weiterentwicklung des WIG-Verfahrens. Es ist hervorragend für folgende Arbeiten geeignet:

– Verbindungsschweißen an Werkstückdicken ab 0,01 mm mit dem Mikroplasmaschweißen,

– Verbindungsschweißen *hochlegierter CrNi-Stähle* bis etwa 10 mm Dicke (I-Stoß!) mit Hilfe des „Schlüsselloch-Effekts" mit im Vergleich zum WIG-Schweißen etwa doppelter Schweißgeschwindigkeit sowie

– Auftragschweißen vor allem von Hartmetallen, Legierungen auf Eisen-, Nickel- und Kobaltbasis mit sehr geringem Aufschmelzgrad (Abschn. 3.1.3 und Bild 3-4).

Je nach der Art der Erzeugung des eingeschnürten Lichtbogens (Plasma) unterscheidet man folgende Formen, die unterschiedliche Plasmabrenner-Bauarten und Einstellwerte erfordern (Bild 3-59):

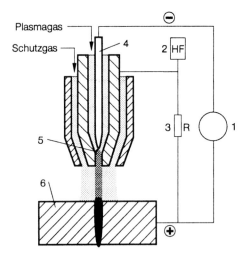

1 Schweißstromquelle, Gleichrichter
2 HF-Zündgerät

a)

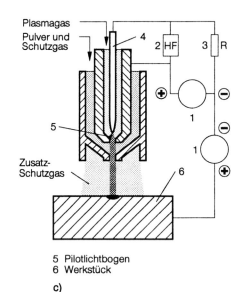

5 Pilotlichtbogen
6 Werkstück

c)

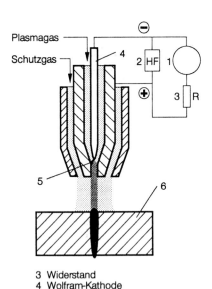

3 Widerstand
4 Wolfram-Kathode

b)

Bild 3-59. Mögliche Lichtbogenvarianten der Plasmatechnik:
a) übertragener Lichtbogen,
b) nicht übertragener Lichtbogen,
c) übertragener und nicht übertragener Lichtbogen.

– Plasmalichtbogenschweißen (WPL) mit übertragenem Lichtbogen,
– Plasmastrahlschweißen (WPS) mit nicht übertragenem Lichtbogen,
– Plasmastrahl-Plasmalichtbogenschweißen (WPSL) mit übertragenem und nicht übertragenem Lichtbogen.

Bei dem **übertragenen Lichtbogen** dient das Werkstück als Anode (Pluspol), die Wolframelektrode als Kathode (Minuspol). Als Plasmagas („Zentrumsgas") wird hauptsächlich das Edelgas Argon verwendet, das geringe Mengen Wasserstoff (5% bis 10% zum Schweißen der hochlegierten CrNi-Stähle) oder Helium (Schweißen von Ti und Zr) enthalten kann. Argon ist leicht ionisierbar und ermöglicht daher ein leichtes Zünden des Lichtbogens. Der Schutz der hocherhitzten Wolframelektrode vor einer Oxidation ist dadurch ähnlich gut wie beim WIG-Schweißen (Abschn. 3.5.3).

Der (Haupt-)Lichtbogen muß bei allen Plasmavarianten mit externen Hilfsmitteln gezündet werden. Bei mechanisierten Schweiß- und Schneidanlagen erfolgt die Zündung mit Hochfrequenzstrom, 2 in Bild 3-59a). Dabei entsteht zwischen der Elektrode und der Düse ein Hilfslichtbogen 5 (*Pilotlichtbogen*), der das Plasmagas ionisiert. Zum thermischen Schutz (Aufschmelzen!) der wassergekühlten Düse begrenzt ein Widerstand im Pilotstromkreis 3 den Strom.

Der Hauptlichtbogen kann dann auf das Werkstück 6 überspringen. Nach einer maschinenintern vorgebbaren Zeit erlischt dann der Pilotlichtbogen. Ein zusätzlicher Schutzgasmantel umgibt konzentrisch den als Plasmastrahl brennenden Lichtbogen und schützt das flüssige Schweißgut vor der umgebenden Atmosphäre (Oxidation). Der Plasmastrahl hat nach dem Austreten aus der Düse die Neigung, sich zu verbreitern, wodurch seine Leistungsdichte verringert wird. Durch schwer ionisierbare *Fokussiergase,* wie Ar-He- oder Ar-H$_2$-Gemische, wird das Plasma zusätzlich gestützt und eingeengt. Das Fokussiergas wird dem Lichtbogen durch einen ringförmigen Schlitzkanal (zwischen dem Plasma- und dem Schutzgaskanal liegend) konzentrisch zugeführt. Diese Verfahrensweise wird sowohl für das **Plasmaschweißen (Plasmalichtbogenschweißen)** als auch für das **Plasmaschneiden** verwendet.

Durch die Zugabe molekularer Gase wie H$_2$ oder N$_2$ zum Plasmagas wird der Wärmeinhalt dieser Gase wesentlich größer als der des Argons bei gleicher Temperatur. Die Dissoziations- und Ionisationswärme wird beim Auftreffen des heißen Gases auf das kalte Werkstück durch Rekombination der Gasatome bzw. -Ionen wieder frei. Dadurch wird der Einbrand wesentlich erhöht (Abschn. 3.5.2), der Plasmabogen stabilisiert und der Wärmeübergang zum Werkstück verbessert.

Der **nicht übertragene Lichtbogen** brennt zwischen der Elektrode und der positiv gepolten Düse innerhalb des Brenners (Bild 3-59 b)). Es tritt also nur das Plasma aus dem Brenner aus.

Mit beiden Verfahrensvarianten können elektrisch leitende Werkstoffe (übertragener/nicht übertragener Lichtbogen) und nicht leitende (nicht übertragener Lichtbogen) geschweißt und thermisch getrennt werden (Abschn. 3.10).

Die Kombination von übertragenem und nicht übertragenem Lichtbogen (Verfahrensbezeichnung WPSL) in einer Anlage führt zu einem für das Auftragschweißen (Plasma-Pulverauftragschweißen) sehr geeigneten Verfahren (Bild 3-59 c)). Grundsätzlich ist das Plasmaschweißen im gegenwärtigen Entwicklungsstand nur zum Schweißen hochlegierter CrNi-Stähle besonders gut geeignet.

3.6.3 Verfahrensvarianten

Abhängig von dem Zweck des Verfahrens unterscheidet man das:

- Mikroplasmaschweißen,
- Plasma-Dickblechschweißen oder auch Hochstrom-Plasmaschweißen für Werkstückdicken ab 2,5 mm bis 3 mm mit Hilfe des „Schlüssellocheffekts" (auch Stichlochtechnik genannt),
- Plasma-Pulverauftragschweißen.

Das **Mikroplasmaschweißen** kann bei Werkstückdicken ab 0,05 mm angewendet werden. Es wird mit übertragenem Lichtbogen mit Schweißströmen im Bereich von 0,01 A bis etwa 25 A betrieben. Vorzugsweise werden Bleche, Folien, Drähte, Siebe und vor allem Membranteller ($s \approx 0,2$ mm) und Streckmetallrohre ($s \approx 0,8$ mm) geschweißt. Bei Schweißströmen bis zu etwa 20 A ergibt sich ein stabil brennender, nadelförmiger Lichtbogen. In diesem Bereich ist das Verfahren nahezu konkurrenzlos, da mit keinem anderen Verfahren stabile Lichtbögen bei derartig kleinen Schweißströmen erzeugt werden können. Nachteilig ist die erforderliche sehr genaue Stoßkantenvorbereitung, das zuverlässige Spannen der Bleche und die absolute Notwendigkeit einer maschinellen Schweißung.

Beim **Plasma-Dickblechschweißen** wird für Werkstückdicken über 3 mm der sog. *Schlüsselloch-Effekt* ausgenutzt. Dabei durchsticht der Plasmastrahl den Grundwerkstoff und bildet eine Öffnung eines sich nach unten verjüngenden Kegelstumpfes (Öse). Hinter der in Schweißrichtung entstehenden Öse fließt der flüssige Werkstoff zusammen und erstarrt. Die Wärme wird dabei nicht nur von der Oberfläche aus in das Blechinnere, sondern über die gesamte Werkstückdicke übertragen. Auf diese Weise können z. Z. bis etwa 10 mm dicke Bleche ohne jede Nahtvorbereitung stumpf in einer Lage geschweißt werden. Die sehr dickflüssige Schmelze hochlegierter Stähle verhindert zuverlässig ihr frühzeitiges Zusammenfließen hinter dem sich vorwärts bewegenden „Plasmazylinder". Diese Werkstoffgruppe eignet sich daher besonders gut zum Plasmaschweißen.

Die Vorteile des leicht mechanisierbaren Plasma-Dickblechschweißens sind:

- Die Nahtvorbereitung (I-Stoß) ist einfach und wirtschaftlich. Die geringe Spaltbreite

(ca. 1 mm) erfordert nur sehr wenig Schweißgut.

– Ein Badschutz ist nicht erforderlich.
– Die sehr wirtschaftliche Einseitentechnik ist
  einfach realisierbar, dadurch entfallen die
  aufwendigen Wendeoperationen der geschweißten Teile;
– Einsparen von Zusatzwerkstoffen.

Beim mechanisierten Schweißen wird meistens
mit Kaltdrahtzufuhr gearbeitet, um die erforderliche Nahtüberhöhung und das evtl. durch
eine fehlerhafte Nahtvorbereitung fehlende
Nahtvolumen zu erzeugen.

Beim **Plasma-Pulverauftragschweißen** wird
gleichzeitig mit einem übertragenen und einem
nicht übertragenen Lichtbogen gearbeitet (Bild
3-59c). Der Auftragwerkstoff, z.B. Hartmetalle, Cr, Fe-Legierungen, wird pulverförmig in
einem Schutzgasstrom dem Pilotlichtbogen zugeführt. Der besondere Vorteil des Verfahrens
beruht auf der Möglichkeit, den Aufschmelzgrad (Hauptlichtbogen) und das Vorwärmen
bzw. teilweise Anschmelzen des Auftragpulvers
durch den Pilotlichtbogen in weiten Grenzen
einstellen zu können. Aufschmelzgrade von
$\leq 5\%$ sind dadurch sicher erreichbar.

Das Verfahren bietet gegenüber dem verwand-
ten WIG-Verfahren eine Reihe bemerkenswer-
ter Vorteile:

– deutlich höhere Schweißgeschwindigkeiten,
– größerer Einbrand verbunden mit geringerer
  Werkstoffbeeinflussung der WEZ durch den
  Schweißprozeß,
– sehr stabiler, nadelförmiger Lichtbogen, der
  durch äußere Einflüsse (z.B. Kanten, Werkstoffmassen) nur wenig ablenkbar ist (sehr
  geringe Blaswirkung),
– Brennerabstand ist wegen des zylindrischen,
  konzentrierten Lichtbogens weniger kritisch:
  nur geringe Änderung der Energie, d.h. der
  Einbrandtiefe.

3.7 Unterpulverschweißen (UP)

3.7.1 Verfahrensprinzip; Schweißanlage

Der Lichtbogen brennt, wie in Bild 3-60 zu erkennen ist, unter einer Schicht körnigen *Pulvers*
zwischen der abschmelzenden Drahtelektrode
und dem Werkstück, in einem mit Gasen und
Dämpfen erfüllten Hohlraum, der *Schweißka-
verne*. Er ist also für das Auge unsichtbar. Das

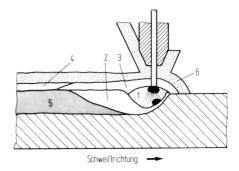

Schweißrichtung ⟶

1 Kaverne	4 feste Schlacke
2 flüssige Schmelze (Metall)	5 Schweißnaht, erstarrt
3 flüssige Schlacke	6 aufgeschüttetes Pulver

Bild 3-60. Verfahrensprinzip des UP-Schweißens.

UP-Schweißen ist ein verdecktes Lichtbogenschweißen; das Verfahrensschema gibt Bild
3-61 wieder. Die bei vielen anderen Schweißverfahren entstehenden Spritzer treten nicht auf.
Die Kontrolle des Schweißvorgangs ist aber erschwert, sie kann nur mit elektrischen Meß-
instrumenten (z.B. Volt- und Amperemeter)
erfolgen. Eine genaue Parallelführung des
Schweißkopfes zur Schweißnaht und die genaue Einstellung aller Richt- und Führungseinrichtungen ist erforderlich, sonst sind Fehl-
schweißungen unvermeidlich.

Das Pulver, genauer die daraus entstandene
Schlacke, schützt die Schmelze und die übergehenden Tropfen vor dem schädlichen Einfluß
der umgebenden Atmosphäre, verhindert eine
zu rasche Abkühlung, formt die Naht, erleichtert das Ausgasen der Schmelze und bestimmt

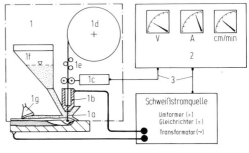

1 Schweißkopf	1e Drahtrichtrollen
1a Drahtelektrode	1f Pulvertrichter
1b Schweißstromzuführung	1g Pulverabsaugvorrichtung
1c Antrieb für Drahtvorschubrollen	2 Steuereinheit
1d Drahtelektrode auf Rolle	3 Steuerleitung

Bild 3-61. UP-Schweißanlage (schematisch).

zusammen mit der Drahtelektrode und dem Grundwerkstoff die chemische Zusammensetzung des Schweißguts. Art und Umfang der metallurgischen Reaktionen und damit die mechanischen Gütewerte der Schweißverbindung werden im wesentlichen durch die Wahl der *Draht-Pulver-Kombination* bestimmt. Der Zusatzwerkstoff (Drahtelektrode) kann als *Draht* (Massiv- oder Fülldraht) oder *Band* vorliegen. Zum Erzielen eines besseren Stromübergangs und Verringern der Reibungswiderstände in den Draht-Förder- und Führungseinrichtungen werden die Drähte verkupfert. Ein merklicher Korrosionsschutz ist damit allerdings nicht erreichbar.

Die geringe freie Drahtlänge (Abschn. 3.5.4.1) und das erst kurz vor dem Aufschmelzen zugeführte Pulver ermöglichen eine große *Strombelastbarkeit* der Drahtelektrode. Mit diesem Hochleistungsverfahren können daher große Abschmelzleistungen und ein tiefer Einbrand erreicht werden. Der große Variationsbereich der Einstellwerte macht das Verfahren zum Schweißen unterschiedlicher Wanddicken und Konstruktionen geeignet. Folgende Grenzwerte für die Einstellwerte können z.Z. angegeben werden:

– Schweißstrom *I*: 100 A bis 2000 A,
– Schweißspannung *U*: 20 V bis 50 V,
– Schweißgeschwindigkeit *v*:
       10 cm/min bis 500 cm/min,
– Stromdichte *i*: 20 A/mm^2 bis 200 A/mm^2.

Die für das Verfahren typischen großen *Schmelzbäder* gestatten i.a. nur das Schweißen in waagerechter Position und erfordern eine Badsicherung beim Schweißen der Wurzellagen. Die Nahtfuge muß sorgfältig vorbereitet werden, die zulässigen Toleranzen insbesondere der Spaltbreiten und Steghöhen sind deutlich geringer als z.B. beim Lichtbogenhandschweißen. Die Nahtvorbereitung erfolgt daher meistens mit dem maschinellen Brennschneiden oder sogar durch spangebende Verfahren.

Da beim Erstarren großer Schweißbäder häufig Heißrisse entstehen (Abschn. 3.2.4.2 und Bild 3-10), gilt für die Entwicklung des UP-Verfahrens:

– Die *Pendellagentechnik* (*Mehrlagentechnik*) wird der *Einlagentechnik* eindeutig vorgezogen. Durch das „Umkörnen" der unteren Lagen wird das ungünstige primäre Gußgefüge beseitigt und die in Nahtmitte konzen-

trierten Verunreinigungen werden neu und gleichmäßiger verteilt.
– *Dünnere Drahtelektroden,* die mit höheren Stromdichten belastet werden, führen bei höheren Schweißgeschwindigkeiten zu den gewünschten kleineren Schmelzbädern.

Wegen der geringen Strahlungsverluste und der größeren Schweißgeschwindigkeit, die die Gesamtverluste an die Umgebung vermindert, ist der thermische Wirkungsgrad des UP-Verfahrens groß. Bild 3-62 zeigt die Wärmebilanzen für das Lichtbogenhand- und das UP-Schweißen. Die unmittelbar zum Schweißen erforderliche Energie (Aufschmelzen des Grund- und Zusatzwerkstoffs) beträgt beim Schweißen mit der Stabelektrode 25%, aber 68% beim UP-Schweißen. Die bessere Ausnutzung der zugeführten Energie erhöht nicht nur die Abschmelzleistung, sondern auch den Anteil des aufgeschmolzenen Grundwerkstoffs. Das Volumenverhältnis von aufgeschmolzenem Zusatz- zum Grundwerkstoff beträgt bei stumpfgeschweißten UP-Nähten etwa 1 : 2. Die metallurgische Qualität der Schweißnaht wird daher wesentlich von der Qualität des Grundwerkstoffs bestimmt.

Der Mechanisierungsgrad dieses vollmechanisch betriebenen Verfahrens (Bild 3-5) kann sehr groß sein. Zur vollständigen Nutzung der wirtschaftlichen und technischen Möglichkeiten sind daher fast immer Vorrichtungen erforderlich.

3.7.2 Verfahrensvarianten

Die zahlreichen Verfahrensvarianten des UP-Schweißens haben große technische Bedeutung.

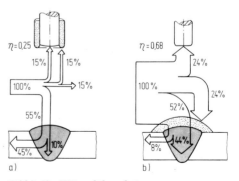

Bild 3-62. *Wärmebilanz beim*
a) Lichtbogenschweißen η = 25% (15% + 10%) *und*
b) Unterpulverschweißen η = 68% (24% + 44%).

Mit ihnen können die

– Abschmelzleistung erhöht,
– neue Anwendungsbereiche erschlossen oder besondere
– technologische und fertigungstechnische Vorteile (höhere Schweißgeschwindigkeit, Verringerung der Blaswirkung und der Porenneigung)

erzielt werden.

Die Nahtgeometrie wird außer von den Einstelldaten wesentlich von der Stromart und der Polung bestimmt. Daher ist die Wahl der „richtigen" Stromquelle bei vielen Verfahrensvarianten, vor allem bei denen, die mit mehreren Drahtelektroden arbeiten, besonders wichtig.

Im allgemeinen wird die Drahtelektrode positiv gepolt, weil

– der Lichtbogen besser zündet,
– die Naht besser geformt wird,
– der Lichtbogen komplizierten Konturen bei hohen Schweißgeschwindigkeiten ohne Schwierigkeiten folgt,
– der Einbrand sehr groß ist.

Das Schweißen mit Wechselstrom verringert ganz erheblich die   Blaswirkung (Abschn. 3.4.5.3) und ganz erheblich die Einbrandtiefe.

Die wichtigsten Verfahrensvarianten sind

– das *Doppeldraht-Verfahren* (ein Schmelzbad, ein Schweißkopf, eine Schweißstromquelle),
– das *Mehrdraht-Verfahren* (zwei oder mehrere selbständige Lichtbögen und Schweißköpfe, oft getrennte Schweißstromquellen) und
– das Schweißen mit *Bandelektroden*.

Doppeldraht-Verfahren

In manchen Fällen ist der Einbrand des normalen Eindrahtverfahrens zu tief und das Schmelzbad zu groß. Großvolumige Schmelzbäder neigen zur Heißrißbildung und zu einer unvorteilhaften Erstarrungsform (Abschn. 3.2.4.2 und Bild 3-10). Bei dieser Variante werden zwei dünnere Drahtelektroden verwendet, die in einem Schmelzbad niedergeschmolzen werden. Die Drähte werden gemäß Bild 3-63 in einem Abstand von etwa 5 mm bis 10 mm zugeführt. Sie können in Schweißrichtung hintereinander (*Tandem*) oder senkrecht (*Paralleldraht*) angeordnet werden. Die Tandem-Methode gemäß Bild 3-64a) bietet folgende Vorteile:

– Die Schweißgeschwindigkeit ist größer, d. h., die Wirtschaftlichkeit wird erhöht;
– größere Riß- und Porensicherheit durch besseres Ausgasen des „langen" Schmelzbads. Die Folge sind bessere Gütewerte der Schweißverbindung.

Die *Paralleldrahttechnik* entsprechend Bild 3-64b) ist durch folgende Besonderheiten gekennzeichnet:

– Die *Einbrandtiefe* kann leicht verringert werden: Der Lichtbogen ist auf die Werkstückkanten gerichtet, nicht auf den Luftspalt.
– Die Gefahr eines *Schmelzbaddurchbruchs* ist daher geringer.
– Die zulässigen *Luftspalttoleranzen* sind größer als bei der Eindrahttechnik.
– Das *Auftragen großer Flächen* (z. B. Walzen) wird erleichtert.

Ein grundsätzlicher Vorteil der Mehrdrahttechnik besteht darin, daß die große Abschmelzleistung mit mehreren Drahtelektroden erzielt

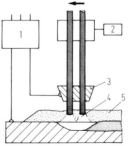

1 Schweißstromquelle
2 Drahtvorschubeinrichtung
3 Schweißstromzuführung
4 Schweißlichtbogen
5 Schweißpulver

Bild 3-63. *Verfahrensprinzip des Doppeldraht-Verfahrens.*

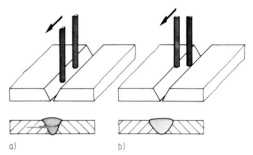

a)   b)

Bild 3-64. *Anordnung der Drahtelektroden und typische Einbrandverhältnisse beim Mehrdrahtverfahren:*
a) Tandemverfahren,
b) Paralleldrahtverfahren.

wird, die ebenso wie das Pulver deutlich niedriger strombelastet werden. Eine geringere Strombelastung des Pulvers erhöht i. a. die metallurgische Qualität des Schweißguts.

Mehrdrahtverfahren

Zwei oder mehr Drahtelektroden – meistens hintereinander angeordnet – werden mittels getrennter Schweißstromquellen gespeist. Die Lichtbögen können durch eine eigene Steuerung beeinflußt werden. Je nach dem Abstand der Drahtelektroden ergibt sich ein gemeinsames Schmelzbad bzw. zwei oder mehrere getrennte Schmelzbäder. Bei der Variante mit getrennten Schmelzbädern wird die in Schweißrichtung vorlaufende Drahtelektrode mit Gleichstrom, die nachfolgende mit Wechselstrom gespeist, wie das Schema, Bild 3-65 zeigt.

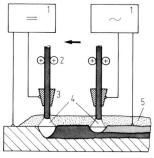

Bild 3-65. Verfahrensprinzip des Mehrdrahtverfahrens: zwei Schmelzbäder, zwei Schweißstromquellen, Tandem-Anordnung (Bezeichnungen s. Bild 3-63).

Der Gleichstromlichtbogen erzeugt den (oft) gewünschten tiefen Einbrand; der Wechselstromlichtbogen verbreitert das Schmelzbad und schmilzt die z. T. schon erstarrte Naht bis zu zwei Drittel wieder auf. Dadurch werden günstige Erstarrungsverhältnisse für die Schweißnaht geschaffen (Abschn. 3.7.3). Mit Wechselstrom wird außerdem die gegenseitige Beeinflussung der Lichtbögen – die Blaswirkung – wesentlich verringert (Abschn. 3.4.5.3). Der Abstand der Drahtelektroden darf höchstens so groß sein, daß der nachlaufende Draht in die noch flüssige Schlacke des vorlaufenden Drahts eintaucht. Eine bereits erstarrte Schlacke wird nicht wieder vollständig aufgeschmolzen und metallurgische Fehler, z. B. Schlackeneinschlüsse, sind dann unvermeid-

lich. Die Vorteile dieser Verfahren sind

– *vollständigeres Ausgasen* (Schmelze bleibt länger flüssig), dadurch ergibt sich eine geringere Porenneigung;
– *Günstigere Kristallisation* der Schweißnaht durch gezieltes Verändern der Nahtform. Gefahr der Heißrißbildung ist geringer, die mechanischen Gütewerte sind besser.
– Die *Schweißgeschwindigkeit* wird erheblich gesteigert.

Auftragschweißen mit Bandelektroden

Mit bandförmigen Zusatzwerkstoffen[22]) wird der Einbrand in den Grundwerkstoff so weit verringert, daß Aufschmelzgrade (Abschn. 3.1.3) von etwa 5% erreichbar sind. Daher eignet sich das Verfahren hervorragend zum Auftragen nicht artgleicher Werkstoffe, wie z. B. korrosionsbeständiger oder verschleißbeständiger Plattierungen. Der unregelmäßig an der Bandkante entlang pendelnde Lichtbogen erzeugt eine Raupenbreite, die etwa der Breite der Bandelektrode entspricht. Das Verfahren ist daher sehr wirtschaftlich.

3.7.3 Aufbau und Eigenschaften der Schweißnaht

Die häufig großvolumigen Schmelzbäder erstarren in charakteristischer Form (Abschn. 3.2.4.2). Die Kristallisation beginnt an den Schmelzgrenzen. Es entstehen längliche Kristalle (*Stengelkristalle*), die vor ihren Erstarrungsformen die bei niedrigeren Temperaturen kristallisierende Restschmelze herschieben. Deren Gehalt ist in Nahtmitte – hier stoßen die Kristallisationsfronten zusammen, wie Bild 3-66 zeigt – am größten. Die Folgen sind eine ausgeprägte *Heißrißneigung* und (oder) unzureichende Zähigkeitseigenschaften. Daher ist die Anwendung der *Eindrahttechnik* (große Drahtelektrodendurchmesser, hohe Schweißströme) aus technischen Gründen begrenzt, ob-

---

[22]) Die Standardabmessungen der Drahtelektroden betragen 60 mm × 0,5 mm. In der Praxis werden bereits Elektroden mit 120 mm × 0,5 mm verwendet. Bei noch breiteren Bandelektroden unterbleibt die hin- und hergehende Lichtbogenbewegung an der Bandkante, das ist der für den Abschmelzprozeß entscheidende Vorgang. Ursache ist das starke Eigenmagnetfeld, entstanden durch die hohe erforderliche Schweißstromstärke. Überlagerte Gegen-Magnetfelder können Abhilfe schaffen.

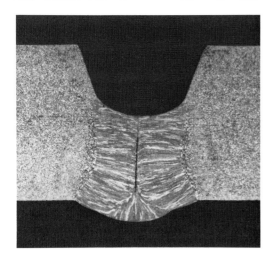

Bild 3-66. *Heißrißbildung in der Wurzel einer UP-geschweißten Wurzel.*

wohl sie zunächst große wirtschaftliche Vorteile versprach.

Die Kristallisationsform wird entscheidend durch die *Nahtform* bestimmt, d. h. im wesentlichen durch die Art der Nahtvorbereitung, die Schweißbedingungen und die Einstellwerte beim Schweißen. Der große Einfluß des *Nahtformverhältnisses* $\varphi = b/t$ ist aus Bild 3-67 zu ersehen. Die Nahtform gemäß Bild 3-67 b) ist anzustreben; sie gewährleistet Warmrißsicherheit und ein weitgehendes Ausgasen des Schmelzbads.

Es ist zu beachten, daß in der bisherigen Darstellung von Einlagenschweißungen die Rede war (Bild 3-67), deren Schweißgut etwa aus ²⁄₃

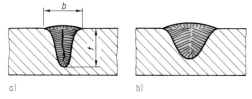

Bild 3-67. *Kennzeichnung der Nahtform durch das Nahtform-Verhältnis (Einlagenschweißung):* $\varphi = b/t$.
a) $\varphi < 1$: *nahezu parallele Schmelzgrenzen, Heißrißgefahr, niedrige Kerbschlagzähigkeit;*
b) $\varphi > 1$: *Heißrißbegünstigende niedrigschmelzende Verunreinigungen werden an die Nahtoberfläche gedrängt; gute mechanische Eigenschaften sind die Folge.*

Grundwerkstoff und ⅓ Zusatzwerkstoff besteht. Als Folge des hohen Grundwerkstoffanteils werden daher prinzipiell *Draht-Pulver-Kombinationen* gewählt (Abschn. 3.7.4), die im Schweißgut einen Mangangehalt von etwa 0,8% bis 1,3% ergeben, da Mangan als Schwefelbinder Sicherheit gegen Heißrisse bietet.

Ein weiterer Nachteil der Einlagentechnik ist das grobstengelige Gußgefüge. Außerdem führt die verhältnismäßig niedrige Abkühlgeschwindigkeit großvolumiger Schmelzbäder bei unlegiertem Schweißgut zu einem grobkörnigen Primärgefüge, das den voreutektoiden Ferrit nicht in der wünschenswerten nadeligen, sondern in körniger Form enthält. Rasches Abkühlen ist demnach vorteilhaft, allerdings sind die nach einem zu schnellen Abkühlen bei Stahl entstehenden härteren und spröderen Umwandlungsgefüge nicht erwünscht. Die Abkühlung der Schweißnaht muß daher der Härteneigung des Werkstoffs angepaßt sein.

Mit mehrlagig geschweißten Verbindungen lassen sich die genannten Nachteile (Heißrißgefahr, grobstengeliges Gefüge, körniger Ferrit) weitgehend vermeiden. Voraussetzung sind aber geeignete Einstellwerte und die Wahl einer auf den Grundwerkstoff abgestimmten Draht-Pulver-Kombination.

3.7.4 Zusatzstoffe

Anders als beim Handschweißen müssen das der Elektrodenumhüllung entsprechende *Schweißpulver* **und** die dem Kernstab entsprechende *Drahtelektrode* für eine Schweißaufgabe ausgewählt werden. Die Zusammensetzung und damit die Gütewerte des Schweißguts werden durch folgende Faktoren bestimmt:

- Die metallurgische Wirksamkeit der gewählten *Drahtelektroden-Pulverkombination,* von der die Legierungs-, Desoxidations-, Oxidationsvorgänge, sowie das Entschwefeln und die Porenfreiheit abhängen;
- der Anteil an aufgeschmolzenem *Grundwerkstoff,* der bei Verbindungsschweißungen etwa 60% bis 70% betragen kann und durch seinen mehr oder weniger großen Gehalt an Verunreinigungen besonders die Zähigkeit des Schweißguts beeinflußt;
- die *Abkühlbedingungen,* die vom Nahtaufbau, den Einstellwerten, der Werkstückdicke und -temperatur abhängen.

3.7.4.1 Zusatzwerkstoffe

Zusatzwerkstoffe sind unlegierte, niedrig- und hochlegierte *Runddrähte* oder *Flachbänder* sowie spezielle *Füllmaterialien,* wie aus dem Schema Bild 3-68 hervorgeht. Im allgemeinen entspricht die chemische Zusammensetzung weitgehend der der zu schweißenden Stahlsorten; sie sind *artgleich* oder *artähnlich.* Die Drahtelektroden sind in DIN 8557 für das UP-Schweißen un- und niedriglegierter Stähle genormt. Die Sicherung des UP-Schweißens gegen Heißrisse ist von großer Bedeutung und eine der wichtigsten Forderungen an eine „sichere" Schweißverbindung. Daher ist es naheliegend, die Einteilung der Drahtelektroden zum Schweißen unlegierter und niedrig legierter Stähle nach dem Mangangehalt vorzunehmen. Man unterscheidet folgende Qualitäten:

$$- \text{S1} - \text{S2} - \text{S3} - \text{S4} - \text{S6}.$$

Der ungefähre Mangangehalt ergibt sich durch Division der nach dem Symbol „S" stehenden

z.B.: Massivdraht   Massiv-Band   Heiß-oder Kaltdraht
       Fülldraht   Drahtkorn

Bild 3-68. Zusatzwerkstoffe für das UP-Schweißen.

Ziffer durch 2. Der mittlere Mangangehalt der Drahtelektrode S3 beträgt danach

$$3 : 2 \approx 1,5\% \text{ Mangan.}$$

Für warmfeste Stähle und zum Verbessern der Sicherheit gegen Heißrisse werden molybdänlegierte Drahtelektroden verwendet, deren Mo-Gehalt immer bei 0,5% liegt:

$$\text{S2Mo} - \text{S3Mo} - \text{S4Mo.}$$

Abhängig von der Art des verwendeten Schweißpulvers kann u. U. ein beträchtlicher Siliciumzubrand erfolgen. Der Siliciumgehalt muß aber in den meisten Fällen sehr gering sein, da andernfalls besonders die Kerbschlagzähigkeit verringert wird. Ein leicht erhöhter Si-Gehalt in der Drahtelektrode (S1Si, S2Si) zum Verbessern der Porensicherheit wird lediglich zum Schweißen stark verrosteter oder geseigerter Stähle empfohlen. Tabelle 3-15 enthält einige wichtige Drahtelektroden. Die verkupferten müssen sorgfältig aufgespult (sonst Gefahr eines unregelmäßigen Drahttransports), sollen kreisrund und fettfrei sein (Stromübergang wird andernfalls beeinträchtigt) und müssen beim Lagern vor Feuchtigkeit geschützt werden (sonst Gefahr des Anrostens, d. h. Gasaufnahme beim späteren Verschweißen).

3.7.4.2 Schweißpulver

Ähnlich wie die Elektrodenumhüllung soll das Schweißpulver das Schmelzbad vor dem Ein-

Tabelle 3-15. Chemische Zusammensetzung und Kennzeichen von Schweißpulvern zum Unterpulverschweißen nach der zu erwartenden Euronorm.

Kenn-zeichen	chemische Zusammensetzung in Massengehalt in % (Hauptbestandteile)	Pulvertyp
MS	$MnO + SiO_2$ (mindestens 50%), CaO (maximal 15%)	Mangan-Silicat
CS	$CaO + MgO + SiO_2$ (mindestens 60%), SiO_2 (mindestens 15%)	Calcium-Silicat
ZS	$ZrO_2 + SiO_2 + MnO$ (mindestens 45%), ZrO_2 (mindestens 15%)	Zirconium-Silicat
RS	$TiO_2 + SiO_2$ (mindestens 50%), TiO_2 (mindestens 20%)	Rutil-Silicat
AR	$Al_2O_3 + TiO_2$ (mindestens 40%)	Aluminat-Rutil
AB	$Al_2O_3 + CaO + MgO$ (mindestens 40%), Al_2O_3 (mindestens 20%), CaF_2 (maximal 22%)	aluminatbasisch
AS	$Al_2O_3 + SiO_2 + ZrO_2$ (mindestens 40%), $CaF_2 + MgO$ (mindestens 30%), ZrO_2 (mindestens 5%)	aluminat-silicatbasisch
AF	$Al_2O_3 + CaF_2$ (mindestens 70%)	aluminat-fluoridbasisch
FB	$CaO + MgO + MnO + CaF_2$ (mindestens 50%) SiO_2 (mindestens 20%) CaF_2 (mindestens 15%)	fluoridbasisch
Z	andere Zusammensetzungen	spezial

fluß der Atmosphäre schützen. Von großer Bedeutung für die mechanischen Gütewerte ist die Schweißgutzusammenstellung, die durch die Art der Schweißpulver und deren metallurgische Reaktionen in den übergehenden Tropfen in der Lichtbogenzone bestimmt werden. Die Badreaktion mit der Schlacke ist bei den meisten Schweißpulvern zu vernachlässigen.

Bedingt durch den hohen Aufschmelzgrad wird bei Einlagenschweißungen die Zusammensetzung des Schweißguts überwiegend vom aufgeschmolzenen Grundwerkstoff bestimmt. Bei Mehrlagenschweißungen wird sie – und damit die Eigenschaften der Verbindung – praktisch ausschließlich von der Draht-Pulver-Kombination und den Einstellwerten beim Schweißen bestimmt. Die mechanischen Gütewerte mehrlagig geschweißter Verbindungen sind damit weitestgehend mit denen des reinen Schweißguts identisch.

Bild 3-69 zeigt den typischen Legierungsverlauf von Mangan im Schweißgut einer Mehrlagenschweißung. Man erkennt, daß sich die Legierungsvorgänge (Zu-Abbrand) bereits nach der vierten Lage dem metallurgischen Gleichgewicht nähern. Jede Draht-Pulver-Kombination ergibt abhängig von den gewählten Einstellwerten ein charakteristisches Gleichgewichtsniveau der Legierungselemente, das nach unterschiedlicher Lagenzahl erreicht wird.

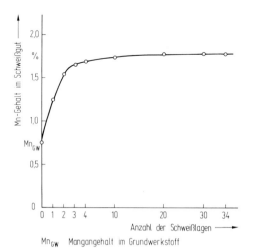

Bild 3-69. *Einfluß der Lagenanzahl auf den Mn-Gehalt im Schweißgut, hergestellt mit einer bestimmten Draht-Pulver-Kombination. Jede Kombination ergibt im Schweißgut einen charakteristischen „Endgehalt" der Legierungselemente.*

Das Herstellungsverfahren ist ein bedeutsames Kennzeichen eines Schweißpulvers. Nach DIN 32 522 unterscheidet man je nach Herstellungsart die Kennzeichen

F (fused) für erschmolzenes Schweißpulver,
B (bonded) für agglomeriertes Schweißpulver,
M (mixed) für Mischpulver, die vom Hersteller aus zwei oder mehreren Pulvertypen gemischt werden.

Eine für das metallurgische Verhalten wichtige Einteilung der Schweißpulver berücksichtigt ihren mineralogischen Aufbau. Hierbei werden nur die Hauptbestandteile genannt. Die Herstellungsart (F, B oder M) muß zusätzlich angegeben werden. Eine Übersicht vermittelt Tabelle 3-15.

Schmelzpulver

Herstellung: Die Bestandteile – vorwiegend Oxide der Elemente Al, Ba, Ca, K, Mn, Na, Zr – werden zerkleinert und in speziellen Öfen bei 1500 °C bis 1600 °C geschmolzen. Die Schmelze wird anschließend durch *Wassergranulieren* „körnig" gemacht. Ein gleichzeitiges Einblasen von Luft während des Granulierens (*Schäumen*) ergibt die feinporösen, sehr leichten geschäumten Schmelzpulver. Die Teilchen werden gemahlen und auf die gewünschte Körnung ausgesiebt.

Schmelzpulver sind homogene, glasartige Substanzen, deren einzelne Bestandteile nicht mehr einzeln reagieren können, weil sie ein Vielstoffsystem gebildet haben. Da die Ofentemperatur größer sein muß als die Schmelztemperatur des am höchsten schmelzenden Bestandteils, geht beim Herstellprozeß bereits ein Teil der Reaktionsfähigkeit des Pulvers verloren. Temperaturempfindliche Stoffe, also fast alle Legierungselemente, können Schmelzpulvern daher nicht zugegeben werden. Sie eignen sich deshalb nicht zum Schweißen legierter Stähle. Vorteile der Schmelzpulver sind

– die geringe Neigung zur *Feuchtigkeitsaufnahme,* die auf der glasartigen Struktur beruht, und
– die besonders *abriebfesten Körner,* die die Ursache für ihre geringe Entmischungsneigung sind.

Die Pulver sind ähnlich wie die basischen Elektroden (Abschn. 3.4.4.3) vor dem Gebrauch nach Herstellerangaben zu trocknen. Als erste Schätzung für die Trocknungstemperaturen können folgende Werte angesehen werden:

– Schmelzpulver 200 °C ± 50 °C,
– geschäumte Schmelzpulver 400 °C ± 100 °C.

Agglomerierte Pulver

Herstellung: Die feinstgemahlenen Bestandteile werden mit einem Bindemittel verdickt und durch Mischen zu größeren Körnern vereinigt (Agglomeration). Während des anschließenden Trocknens bei Temperaturen von 500 °C bis 900 °C, die niedriger sind als die geringste Reaktionstemperatur (Schmelztemperatur) der Gemengebestandteile, wird die Feuchtigkeit ausgetrieben.

Agglomerierte Pulver sind heterogene Substanzen, bei denen die einzelnen Bestandteile ihren ursprünglichen Zustand behalten haben. Ihre Reaktionsfähigkeit ist im Gegensatz zu den Schmelzpulvern vollständig erhalten, d.h., die metallurgischen Reaktionen sind sehr intensiv. Wegen der niedrigen Herstelltemperatur können temperaturempfindliche Stoffe (Desoxidationsmittel und Legierungselemente) zugegeben werden. Sie eignen sich daher bevorzugt zum Schweißen legierter Stähle. Die wesentlichsten Nachteile sind ihre starke Neigung zur Feuchtigkeitsaufnahme – Trocknen ist daher immer erforderlich – und ihre geringe Abriebfestigkeit. Vor dem Gebrauch müssen sie bei etwa 300 °C ± 50 °C getrocknet werden.

Schweißpulver-Kennwerte

Eine wichtige Eigenschaft der Schweißpulver ist ihre **Strombelastbarkeit.** Dies ist die Stromstärke, oberhalb der die Schlacke örtlich zu „kochen" beginnt. Die hoch kieselsäurehaltigen (die sauren Mangan-Silicat-Typen MS) Pulver sind am höchsten (etwa 2000 A), die basischen am niedrigsten (etwa 1000 A) strombelastbar.

Die Schmelzpulver werden in **Körnungen** verschiedener Größe, die agglomerierten in einer Korngröße hergestellt. Mit feinkörnigem Pulver werden besonders saubere und glatte Nahtoberflächen erzeugt und die Abkühlung der Schweißnaht durch starkes Behindern der Wärmestrahlung vermindert. Grobkörniges Pulver erleichtert das Ausgasen des Schmelzbads; es wird daher häufig bei höheren Schweißgeschwindigkeiten und zum Schweißen verschmutzter Werkstücke verwendet.

Metallurgisches Verhalten der Draht-Pulver-Kombination

Die genaue Kenntnis der *Zu-* und *Abbrandverhältnisse,* also der metallurgischen Wirksamkeit der Draht-Pulver-Kombination ist für eine Abschätzung der Schweißnahteigenschaften unerläßlich. Die Methoden zum Bestimmen des metallurgischen Verhaltens des Schweißpulvers müssen berücksichtigen, daß die Zusammensetzung des Schweißguts bestimmt wird durch

– das Schweißpulver,
– den Grundwerkstoff,
– die Drahtelektrode,
– die Einstellwerte beim Schweißen und
– die Anzahl der geschweißten Lagen.

Die chemische Charakteristik der *Umhüllung* der Stabelektroden beschreibt das metallurgische Verhalten des Schweißguts (Abschn. 3.4.4.3) sehr genau. Beim UP-Verfahren ist dagegen die metallurgische Wirksamkeit in weiten Grenzen durch die Möglichkeit einstellbar, die Kombination Drahtelektrode und Schweißpulver „frei" wählen zu können. Die chemische Charakteristik des Schweißpulvers wird i. a. mit dem Basizitätsgrad beschrieben, der oft mit der Formel nach *Boniszewski* berechnet wird:

$$B = \frac{CaO + MgO + BaO + Na_2O + K_2O + Li_2O + CaF_2 + 0.5\,(MnO + FeO)}{SiO_2 + 0.5\,(Al_2O_3 + TiO_2 + ZrO_2)}$$

Die Summe der basisch wirkenden Bestandteile wird durch die Summe der sauer wirkenden dividiert. Ähnlich wie bei den Stabelektroden ergibt sich folgende auf der chemischen Wirksamkeit beruhende Einteilung der Pulver:

– $B \geq 1$ basische,
– $B = 1$ neutrale,
– $B \leq 1$ saure Pulver.

Ein einfaches und genaues Verfahren zum Ermitteln des metallurgischen Verhaltens der Draht-Pulver-Kombination ist der *Auftragschweißversuch.* Die Zusammensetzung des Schweißguts wird an Proben ermittelt, die aus der obersten Lage der achtlagigen Schweißung (je zwei nebeneinanderliegende Lagen) entnommen werden. Diese Versuchstechnik stellt sicher, daß reines, nicht mit Grundwerkstoff vermischtes Schweißgut vorliegt. Der Einfluß unterschiedlicher Werkstoffe und unterschiedlicher Aufschmelzgrade wird dadurch beseitigt. Das Ergebnis dieser Versuche wird in Schaubildern (Bild 3-69) dargestellt. Der Zu- und Abbrand – dies ist die Differenz zwischen dem Gehalt des jeweiligen Legierungselements im Schweißgut und der Drahtelektrode – wird in Abhängigkeit vom Legierungsgehalt der Drahtelektrode graphisch dargestellt. In vielen Fällen schneiden die „Legierungsgeraden" die Abszisse. Diese Schnittpunkte werden *neutrale Punkte* genannt, weil in diesen Fällen für eine gegebene Draht-Pulver-Kombination weder Zu- noch Abbrand erfolgt. Das metallurgische Verhalten ist also von der gewählten Drahtelektrode abhängig, d. h., ein neutrales Schweißgut gibt es nicht.

Mit Hilfe dieser Diagramme können über das metallurgische Verhalten des Schweißguts bestimmte Aussagen gemacht werden. Dies sei an Hand von Bild 3-70 erläutert:

– Beispiel a: Mit welchem Zubrand (bzw. Abbrand) ist zu rechnen, wenn eine bestimmte Draht-(S_1)-Pulver-(P_2)-Kombination verwendet wird?
Man ermittelt $\Delta Mn \approx 0,6\%$.

– Beispiel b: Mit welcher Drahtelektrode wird bei dem gewählten Pulver (P_4) ein gewünschter Legierungsgehalt von z. B. 0,9% Mn im Schweißgut erreicht?
Mit der Drahtelektrode S_3 ($\approx 1,5\%$ Mn) erhält man $\Delta Mn \approx -0,6\%$ (also Abbrand), d. h., der Mangangehalt im Schweißgut beträgt $1,5\% - 0,6\% = 0,9\%$.

– Beispiel c: Feststellen des neutralen Punkts. Mit der Drahtelektrode S_2 verhält sich das

Schweißpulver P_3 bei den Schweißbedingungen der Prüfung neutral.

3.7.5 Hinweise zur praktischen Ausführung

Es sind besondere Maßnahmen erforderlich, um das Durchbrechen des verhältnismäßig großvolumigen, heißen, also dünnflüssigen Schweißguts zu verhindern. In Bild 3-71 sind einige Möglichkeiten der **Schmelzbadsicherung** dargestellt.

– a) Eine üblicherweise genutete Kupferschiene führt die Wärme des Schmelzbads ab, ohne selbst aufgeschmolzen zu werden.

– b) Ein unter die Schweißteile gelegter Flachstahl (Mindestdicke ≥ 10 mm) wird angeschmolzen, bleibt also in der Regel mit der Schweißnaht verbunden. Wegen der erheblichen Kerbwirkung ist diese Badsicherung nicht für dynamisch beanspruchte Konstruktionen zu empfehlen.

– c) Die geometrische Anordnung der Fügeteile verhindert das Durchbrechen der Schmelze, z. B. Y-Nahtvorbereitung oder Überlappstoß mit Sicke (vorwiegend bei kleinen Behältern, z. B. Propanflaschen).

– d) Kupferschienen mit Schweißpulverauflagen („Pulverkissen") leiten intensiv die Wärme ab. Das geschmolzene Pulver stützt und formt die Wurzelunterseite.

– e) Schweißen von Handlagen.

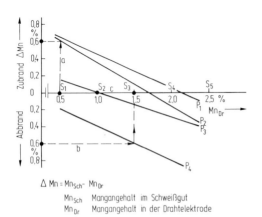

$$\Delta Mn = Mn_{Sch} - Mn_{Dr}$$

Mn_{Sch} Mangangehalt im Schweißgut
Mn_{Dr} Mangangehalt in der Drahtelektrode

Bild 3-70. Zu und Abbrandverhältnisse von Mangan bei verschiedenen Schweißpulvern (P_1, P_2, P_3, P_4) in Abhängigkeit vom Mangangehalt der verwendeten Drahtelektroden (S_1, S_2, S_3, S_4, S_5).

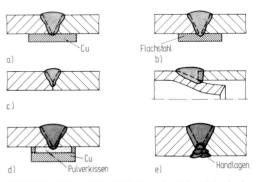

Bild 3-71. Einige Möglichkeiten der Schmelzbadsicherung beim UP-Schweißen:
a) genutete Cu-Schiene,
b) Flachstahl-Unterlage,
c) geeignete Anordnung der Fügeteile,
d) Pulverkissen auf Cu-Schiene,
e) Vorlegen von Handlagen.

Kupferschienen eignen sich normalerweise nur zum Schweißen dünnerer Bleche. Bei großen Stromstärken besteht die Gefahr, daß Kupfer aufgeschmolzen wird und so in das Schweißbad gelangt. In dieser Hinsicht verhalten sich Pulverkissen (Bild 3-71 d)) erheblich vorteilhafter.

Die Schweißnahtvorbereitung für das UP-Schweißen muß wesentlich genauer erfolgen als beim Handschweißen, weil bei größeren Toleranzen der Nahtabmessungen die Gefahr besteht, daß die dünnflüssige, heiße Schmelze durchbricht. Die Fugenflanken werden daher i. a. durch spanende Bearbeitung oder durch maschinelles Brennschneiden erzeugt.

3.7.6 Anwendung und Anwendungsgrenzen

Das UP-Verfahren eignet sich besonders zum Schweißen langer gerader Nähte, d. h. Längs- und Rohrrundnähte. Für gekrümmte Nähte sind entsprechende Führungseinrichtungen des Schweißkopfs oder des Werkstücks erforderlich, die die Kosten und die Störanfälligkeit des Verfahrens erhöhen. Die große Abschmelzleistung und Schweißgeschwindigkeit (bis 4 m/min), die größere Poren- und Rißsicherheit sind die herausragenden Merkmale des Verfahrens. In den meisten Fällen ist es wirtschaftlicher und technisch zweckmäßiger, eine große Schweißgeschwindigkeit (Schweißzeit, d. h., die Herstellzeit wird geringer) zu wählen als eine große Abschmelzleistung (d. h. großes Schmelzbad, ungünstige Kristallisationsformen, Heißrißgefahr). Das Verfahren wird bevorzugt eingesetzt

- im Kessel- und Apparatebau (Rund-, Längs-, Innen-, Außen- und Spiralrohr-Schweißungen),
- im Tankbau,
- auf Werften (Paneele, Rippen, Sektionen, Deck, Außenhaut),
- im Fahrzeugbau,
- im Maschinenbau (Ständer, Gehäuse),
- im Stahlbau, Brückenbau (z. B. Träger).

Das Schweißen von Stumpfstößen bei Werkstückdicken unter 4 mm ist wegen des tiefen Einbrands problematisch und unsicher und erfordert in jedem Fall geeignete Schmelzbadsicherungen und Vorrichtungen.

Die Wirtschaftlichkeit, die metallurgische Qualität der Auftragschweißungen, hergestellt mit Bandelektroden, kann durch andere Verfahren kaum erreicht werden.

3.8 Widerstandsschweißen

Die stoffschlüssige Verbindung der Fügeteile beim Widerstandsschweißen wird durch Stromfluß über den **elektrischen Widerstand** der Schweißzone erzeugt (Widerstandswärme, joulesche Wärme). Geschweißt wird mit oder ohne Kraft und in den meisten Fällen ohne Schweißzusatz.

Je nach der Art der Stromübertragung und dem Ablauf des Schweißens unterscheidet man zwei große Verfahrensgruppen:

- **Widerstandspreßschweißen:** der Strom für die Widerstanderwärmung wird konduktiv über Elektroden zugeführt oder induktiv durch Induktoren übertragen (DIN 1910, Teil 5)
- **Widerstandsschmelzschweißen:** durch Widerstanderwärmen werden die Stoßflächen aufgeschmolzen, und etwaiger Schweißzusatz wird verflüssigt.

Die wichtigsten Widerstandspreßschweißverfahren sind

- Punktschweißen,
- Rollennahtschweißen,
- Buckelschweißen,
- Preßstumpfschweißen und
- Abbrennstumpfschweißen.

Der Anwendungsbereich der Verfahren erstreckt sich von Folienschweißungen bis zu Verbindungen mit einer Gesamtwerkstückdicke von etwa 40 mm. Bei Schweißströmen von einigen 1000 A bis über 100 000 A liegen die Schweißspannungen unter 20 V. Die erforderliche, erhebliche, elektrische Leistung wird in dem Sekundärkreis geeigneter Transformatoren erzeugt. Bild 3-72 verdeutlicht das Verfahren.

3.8.1 Prinzip und verfahrenstechnische Grundlagen

Das Verfahrensprinzip der Widerstandspreßschweißverfahren – außer dem Widerstandsstumpfschweißen – sowie die grundsätzlichen verfahrenstechnischen Besonderheiten sollen an Hand des Punktschweißens (Bild 3-72) erläutert werden.

Durchfließt ein elektrischer Strom I den ohmschen Widerstand R während einer bestimmten Zeit t, dann wird in ihm eine Wärmemenge, z. B. in der Einheit J, erzeugt, die nach dem

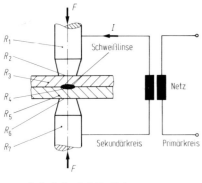

R_1, R_3, R_5, R_7 Stoffwiderstände
R_2, R_4, R_6 Kontaktwiderstände
F Elektrodenkraft

Bild 3-72. Verfahrensprinzip des Widerstandsschweißens.

Jouleschen Gesetz berechnet werden kann:

$$Q = I^2 \, R \, t.$$

Hierbei ist $R = \Sigma R_i = R_1 + R_2 + \cdots + R_7$, d. h., es ist der Gesamtwiderstand im Sekundärkreis, der in der Hauptsache aus

– *Stoffwiderständen:* Elektroden (R_1, R_7), Werkstücken (R_3, R_5) und
– *Kontaktwiderständen:* Elektrode–Werkstück (R_2, R_6), Werkstück–Werkstück (R_4) besteht.

Die Stoffwiderstände sind im wesentlichen als unveränderlich anzusehen. Die Kontaktwiderstände können abhängig vom Oberflächenzustand der Werkstücke und der Elektrodenspitzen erheblich schwanken.

Die Schweiß- und Fertigungsbedingungen sind so zu steuern, daß im Widerstand R_4, der gewünschten Verbindungsstelle zwischen den Werkstücken, die größte Wärmemenge erzeugt wird. Die Erwärmung aller anderen Teilwiderstände sollte möglichst gering sein. Dies wird durch eine „richtige" Wahl der Schweißbedingungen Schweißstrom I, Schweißzeit t und Elektrodenkraft F erreicht. Die Kontaktwiderstände R_2, R_4, R_6 sind dabei für die Güte der Verbindung von wesentlicher Bedeutung (Abschn. 3.8.1.1).

Bild 3-73 zeigt schematisch die typische Temperaturverteilung beim Punktschweißen. Die Temperatur an der Schweißstelle (R_4) überschreitet i. a. die Schmelztemperatur T_s der Grundwerkstoffe. Der Bereich des flüssig ge-

wordenen Werkstoffs wird nach dem Erstarren als Schweißlinse bezeichnet (Abschn. 3.8.2).

Die Erwärmung an den Kontaktstellen Elektrode–Werkstück (R_2, R_6) sollte möglichst gering sein. Dies wird erreicht durch gut wärmeleitende Elektroden und weitgehend von Oberflächenschichten (z. B. Rost, Farbe) freien Werkstückoberflächen. Unterschiedliche Kontaktwiderstände führen zu unterschiedlich großen Wärmemengen Q, zu Elektrodenverschleiß, Markierungen auf dem Werkstück und stark schwankenden Festigkeitseigenschaften der „Verbindung".

3.8.1.1 Wärmeerzeugung an der Schweißstelle

Die zwischen den Werkstücken für den Schweißprozeß erforderliche Wärmemenge ist nicht nur gemäß dem Jouleschen Gesetz von I, R und t abhängig, sondern auch von einer Reihe verfahrenstechnischer Besonderheiten und Erfordernissen sowie von den Eigenschaften des zu schweißenden Werkstoffs.

Die erzeugte Wärmemenge bei gegebenem Schweißstrom innerhalb einer bestimmten Schweißzeit ist abhängig von

– der *Wärmeleitfähigkeit* des Werkstoffs und des Elektrodenwerkstoffs und von
– den *Kontaktwiderständen*, d. h. vom Oberflächenzustand von Elektrode und Werkstück.

Wichtigste Voraussetzung für die Herstellung der Schweißverbindung ist, daß die Differenz aus erzeugter Wärmemenge je Zeiteinheit und die durch Leitung (und Strahlung) abgeführten zum Herstellen der Schweißverbindung ausreicht. Die extrem große Leitfähigkeit des Kupfers ist z. B. die wichtigste Ursache für die

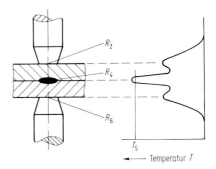

Bild 3-73. Typische Temperaturverteilung beim Punktschweißen.

außerordentlich schlechte Schweißeignung dieses Werkstoffs für das Widerstandsschweißen. Große Abkühlgeschwindigkeiten als Folge einer großen Wärmeleitfähigkeit führen außerdem bei Werkstoffen wie Stahl zu Aufhärtungserscheinungen und damit zur Rißneigung. Eine große Wärmeleitfähigkeit oder wassergekühlte Elektroden sind dagegen sehr erwünscht, da die an den Kontaktstellen Elektrode – Werkstück entstehende Wärmemenge möglichst gering sein soll, um ein „Kleben" (Anlegieren) der Elektroden auf dem Werkstück zu vermeiden.

Der Kontaktwiderstand wird durch die Oberflächenrauhigkeit und die Art und Menge nicht- bzw. schlechtleitender Oberflächenschichten, wie z. B. Oxide, Öl oder Farbe, bestimmt.

Die Oberflächenrauhigkeit ist die Ursache dafür, daß zu Beginn der Schweißung nicht die gesamte Kontaktfläche stromleitend ist, sondern nur ein bestimmter Anteil, nämlich die wahre Kontaktfläche. Mit zunehmender Elektrodenkraft wird diese durch plastische Verformung größer und damit der Kontaktwiderstand geringer, wie Bild 3-74 zeigt. Bemerkenswert ist der bei geringen Elektrodenkräften sehr große Streubereich der Kontaktwiderstände. Die Folgen sind unterschiedliche Schweißströme, d. h. unterschiedliche Festigkeitseigenschaften der einzelnen Schweißpunkte.

Ähnlich problematisch verhalten sich die Oberflächenschichten, wie z. B. Oxide. Durch genügend große Elektrodenkräfte können zwar

dünne Oberflächenschichten bei geeigneten Formen der Elektrodenspitze – z. B. leicht ballig (Abschn. 3.8.2) – zerquetscht werden, die Werkstückoberfläche weist aber dann häufig Markierungen auf, und der Verschleiß der Elektrode ist i. a. wesentlich größer. In vielen Fällen müssen daher die Oberflächenschichten beseitigt werden. Dies kann durch

- mechanische Verfahren (Bürsten, Schleifen, Schaben),
- physikalisch-chemische Verfahren (z. B. Glühen in reduzierender Atmosphäre)

erreicht werden.

Gemäß dem Jouleschen Gesetz $Q = I^2 R t$ ist der Einfluß des Schweißstroms I auf die zu erzeugende Wärmemenge Q am größten. Der Strom in einem *Wechselstromkreis* beträgt bei der Sekundärspannung U

$$ I = \frac{U}{\sqrt{R^2 + \omega^2 L^2}} $$

Hierin bedeuten:

R gesamter ohmscher Widerstand im Sekundärkreis einschließlich aller Kontaktwiderstände,

ω Kreisfrequenz $2 \pi f$ (f als Netzfrequenz),

L Gesamtinduktivität.

Bei konstanter Sekundärspannung nimmt der Schweißstrom mit zunehmendem Widerstand und zunehmender Induktivität ab. Je nach Größe der „Sekundärschleife" (Fensteröffnung, Abschn. 3.8.2.3) und der Menge des sich in ihr befindlichen magnetisierbaren Werkstoffs kann die Induktivität erhebliche Werte annehmen. Der für die Qualität der Schweißverbindungen wichtige möglichst konstante Schweißstrom läßt sich also nur durch (kleine) möglichst konstante Widerstände und Induktivitäten erreichen.

Den grundsätzlichen Einfluß des Schweißstroms auf die *Scherzugfestigkeit*[23]) der Verbindung zeigt Bild 3-75. Unterhalb bestimmter Werte ist die erzeugte Wärmeenergie geringer als die abgeführte, eine Verbindung kommt daher nicht zustande. Zu große Schweißströme führen zu teilweisem Spritzen des verflüssigten

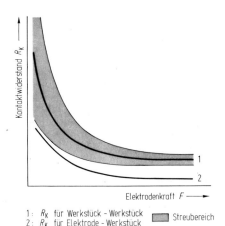

Bild 3-74. *Einfluß der Elektrodenkraft auf den Kontaktwiderstand beim Punktschweißen.*

---

[23]) Die Scherzugfestigkeit wird vielfach als Kennwert für die erreichten Festigkeitseigenschaften von Punktschweißverbindungen verwendet. Die Probenform und die Versuchsdurchführung sind in Bild 3-75 schematisch angegeben.

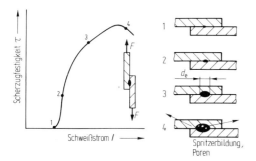

Einstellwerte, z.B. zum Schweißen von niedriggekohltem Stahl

Werkstückdicke	: 2x0,5mm	2x2mm
Schweißstrom I	: 6,5kA	11,5kA
Schweißzeit t	: 7 Perioden	25 Perioden
Elektrodenkraft F	: 1000N	4000N

Bild 3-75. Einfluß des Schweißstroms auf die Größe der Scherzugfestigkeit von Punktschweißverbindungen.

Werkstoffs, zur Lunker-, Poren- und Rißbildung und zu einer Abnahme der Scherzugfestigkeit.

Wegen der i. a. sehr raschen Wärmeableitung ist es zweckmäßiger, die erforderliche Wärmemenge in Form kurzzeitig wirkender großer Leistungen ($U^2 R$) zu erzeugen, als durch geringe Leistungen und längere Zeiten. Die *Schweißzeiten* – genauer die Stromzeiten, also die Zeiten, während der der Schweißstrom fließt – betragen einige Perioden bei dünnen und höchstens einige Sekunden bei dickeren Werkstücken[24]).

Mit zunehmenden Schweißzeiten vergrößert sich die Menge an verflüssigtem Werkstoff an der Schweißstelle, die wärmebeeinflußte Zone wird größer und der erweichte Grundwerkstoffanteil nimmt zu. Dadurch können Spritzerbildung, Porenbildung sowie eine unzulässige Verformung der Werkstückoberfläche durch die eindringenden Elektrodenspitzen entstehen.

Zum Verbinden dicker Werkstücke ($s \geq 3$ mm) ist es zweckmäßiger, mit kurzzeitigen Impulsen (sog. Phasenanschnittechnik) zu arbeiten als mit einer kontinuierlich wirkenden Schweißzeit. Hierdurch wird überwiegend die Temperatur in der Schweißstelle (Bild 3-73) erhöht, weniger die an den Kontaktstellen Werkstück – Elektrode, weil die wassergekühlte, gut wärmeleitende Elektrode die Wärme an diesen Orten

rascher abführt als die Schweißlinse und der sie umgebende hoch erwärmte Bereich.

3.8.2. Widerstandspreßschweißen

3.8.2.1 Widerstandspunktschweißen

Beim Punktschweißen wird die Wärme infolge der Wirkung des elektrischen Stroms, hauptsächlich auf Grund des Widerstands der Werkstücke – vorzugsweise des Kontaktwiderstands R_4 Werkstück – Werkstück gemäß Bild 3-72 – erzeugt. Der Strom wird über Punktschweißelektroden zugeführt, die gleichzeitig die flächigen Teile zusammenpressen. Daher muß der Querschnitt der Elektroden ausreichend groß sein; der Elektrodenwerkstoff soll eine möglichst große Wärmeleitfähigkeit haben.

Das Ergebnis der Schweißung ist ein linsenförmig ausgebildeter Schweißpunkt, die **Schweißlinse** (Bild 3-72). Diese ist der durch den Schweißvorgang in seinem Gefüge veränderte, aus dem flüssig gewordenen Grundwerkstoff bestehende Bereich, der die Werkstücke miteinander verbindet. Die Güte der Schweißpunkte wird in erster Linie durch folgende Faktoren bestimmt:

- Richtige Wahl der an der Schweißmaschine einstellbaren Einflußgrößen: Schweißstrom, Stromzeit, Elektrodenkraft, Durchmesser der Elektrodenkontaktfläche (Abschn. 3.8.2.2);
- Zustand der Werkstückoberfläche (Abschn. 3.8.1.1) und der Elektrodenspitzen (Abschn. 3.8.2.2);
- symmetrische Ausbildung der Punkte, d. h., die verflüssigten Anteile der beiden Werkstücke sollten im Idealfall gleich sein (Abschn. 3.8.3.3).

3.8.2.1.1 Verfahrensvarianten

Aus konstruktiven, fertigungstechnischen und werkstofflichen Gründen werden außer dem *direkten Punktschweißen* (Bild 3-72) eine Reihe von Verfahrensvarianten verwendet, die besondere Vorteile und Möglichkeiten bieten.

Beim direkten Punktschweißen gemäß Bild 3-76 wirken die einer Transformatorwicklung zugeordneten Elektroden auf beiden Seiten der Werkstücke. Beim *Doppelpunktschweißen* ist es häufig bei kleinen Punktabständen schwierig, an beiden Schweißstellen gleiche Elektrodenkräfte zu erzeugen. In diesen Fällen ist dann

---

[24]) Zum Beispiel drei Perioden bei 0,8 mm Stahlblech und 0,3 s bei 4 mm Stahlblech.

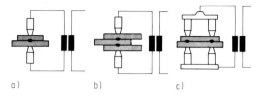

Bild 3-76. Verfahrensvarianten des direkten Punktschweißens:
a) übliche (Zweiblech-)Variante,
b) Dreiblech-Punktschweißen,
c) Doppelpunktschweißen.

das Buckelschweißen oft geeigneter (Abschn. 3.8.4).

Bild 3-77 zeigt zwei Varianten des *indirekten Punktschweißens,* bei denen die der Sekundärwicklung eines Transformators zugeordneten Elektroden auf einer Seite der Werkstücke wirken. Diese Verfahren können bei schlechter Zugänglichkeit bzw. bei großen, sperrigen Teilen Vorteile bieten. Das Punktschweißen einseitig mit Kunststoff beschichteter Bleche ist nur mit dieser Verfahrensvariante möglich, da die Kunststoffschicht einen Stromfluß unmöglich macht.

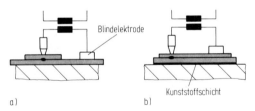

Bild 3-77. Verfahrensvarianten des indirekten Punktschweißens:
a) Punktschweißen mit Blindelektroden,
b) Punktschweißen kunststoffbeschichteter Bleche.

3.8.2.1.2 Punktschweiß-Elektroden

Elektroden sind Verschleißteile und deshalb auswechselbar. An sie werden folgende Anforderungen gestellt:

– Gute elektrische und thermische Leitfähigkeit,
– große Warmhärte,
– hohe Anlaßbeständigkeit,
– geringe Neigung zum Anlegieren mit dem Werkstück („Kleben"), z. B. bei verzinkten Blechen,
– sichere Kühlung der Elektrodenspitze.

Wegen der geringen Festigkeit wird reines Kupfer sehr selten verwendet. Kupfer legiert mit Chrom, Silber, Beryllium, Molybdän und anderen Metallen. Eine solche Legierung eignet sich wegen der wesentlich größeren Festigkeit auch bei höheren Temperaturen sehr viel besser als Elektrodenwerkstoff.

Form und Abmessungen der Elektroden bestimmen weitgehend die Wärmeleitung, Stromdichte, Kontaktwiderstände und Größe der Schweißlinse. Der größte Durchmesser der Elektrode d_1 gemäß Bild 3-78 a) ist so zu wählen, daß er für die Übertragung des Schweißstroms und der Elektrodenkraft ausreicht. Der Durchmesser der Kontaktfläche d_2 (Bild 3-78 a) und b)) hängt von der Werkstückdicke s der zu schweißenden Teile ab:

$$4 s \leq d_2 \leq 10 s.$$

Der Punktdurchmesser d_e (Linsendurchmesser, Bild 3-81) beträgt üblicherweise

$$0,7\, d_2 \leq d_e \leq 0,8\, d_2.$$

Die plane Elektrode wird vorzugsweise für Schweißteile mit blanken Oberflächen verwendet (Bild 3-78 a)). Zweckmäßiger ist die ballige Form, da dünne Oxidschichten zerquetscht werden und wegen der anfänglichen Punktberührung die gewünschten großen Stromdichten entstehen (Bild 3-78 b)).

Um die Standzeit zu verlängern, werden die Elektroden grundsätzlich wassergekühlt. Der Verschleiß der Elektrodenspitze führt zwangsläufig zu einer größeren Kontaktfläche, d. h. zu einer geringeren Stromdichte. Dieser „schleichende Fehler" muß durch sorgfältige Kontrolle, besonders bei der Massenfertigung, er-

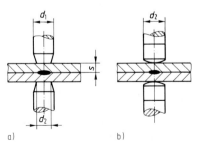

Bild 3-78. Geometrie üblicher Punktschweiß-Elektroden:
a) Elektrode plan,
b) Elektrode ballig ($d_2 \approx 4 s$ bis $d_2 \approx 10 s$).

kannt und behoben werden. Die Oberfläche der Elektrodenspitze ist durch vorsichtiges Schmirgeln und Polieren am sichersten durch Drehen – auf keinen Fall Feilen – metallisch blank und in Form zu halten, damit die Kontaktwiderstände möglichst klein bleiben.

3.8.2.1.3 Technologische Besonderheiten

Elektrodeneindrücke. In manchen Fällen ist es notwendig, daß die Eindrücke der **Elektrode** auf der Werkstückoberfläche nicht erscheinen. Dies gelingt mit Elektroden mit einer großflächigen äquidistanten, möglichst glatten Arbeitsfläche, die an der zu schützenden Oberfläche gemäß Bild 3-79 angeordnet werden. Diese Maßnahme ist nur geeignet, wenn der Eindruck nur auf einer Seite vermieden werden soll, da wegen der erforderlichen hohen Stromdichte eine Stirnfläche der Elektroden klein genug sein muß.

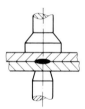

Bild 3-79. *Ausbildung der Elektrode (großflächig, plan), wenn Eindrücke auf einer Blechoberfläche vermieden werden müssen.*

Stromnebenschluß. Stromnebenschlüsse können u. a. infolge nicht punktschweißgerechter Konstruktionen und wegen zu kleiner Punktabstände entstehen. Diese Zusammenhänge verdeutlicht Bild 3-80. Die Folgen sind geringere Schweißströme, die wegen der dann entstehenden kleineren Linsendurchmesser d_e zu kleineren Scherzugfestigkeiten der Punkte führen. Als Anhaltswert für Stahl kann ein Mindestpunktabstand l_{min} von etwa $4\,d_e$ bis $5\,d_e$, für gut leitende Werkstoffe wie Aluminium ein solcher von $8\,d_e$ bis $10\,d_e$ angenommen werden.

Thermisches Gleichgewicht. Symmetrische Schweißlinsen sind eine wichtige Voraussetzung für die Herstellung hochwertiger Schweißpunkte. Sie können nur erreicht werden, wenn in den zu verbindenden Teilen die gleiche Wärmemenge erzeugt wird.

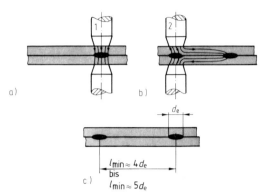

Bild 3-80. *Stromnebenschlüsse in Punktschweißverbindungen:*
a) Stromverlauf ohne Nebenschluß,
b) Nebenschluß durch zu dicht nebeneinander liegende Schweißpunkte;
c) mit $l_{min} \approx 4\,d_e$ bis $l_{min} \approx 5\,d_e$ lassen sich Nebenschlüsse vermeiden.

Das thermische Gleichgewicht wird beeinflußt von der thermischen und elektrischen Leitfähigkeit der Werkstücke und von ihren Abmessungen. Bild 3-81 a) zeigt die unsymmetrische Ausbildung der Schweißpunkte bei unterschiedlicher Wanddicke und Leitfähigkeit der Fügeteile. Durch Anbringen von Elektroden mit großen Arbeitsflächen am Werkstück mit dem größeren Widerstand bzw. der geringeren Wärmeleitfähigkeit ergeben sich die gewünschten symmetrischen Schweißpunkte gemäß Bild 3-81 b).

Sekundärfensteröffnung. Diese ist eine Fläche und wird gebildet aus Armabstand A und Ausladung L entsprechend Bild 3-82. Je größer sie ist, und je mehr magnetisierbarer Werkstoff in sie eintaucht oder sich in ihrer unmittelbaren Nähe befindet, um so größer wird der induktive Widerstand ωL. Die Folge ist eine Abnahme des wirksamen Schweißstroms. Mit zunehmender Frequenz ω werden auch die induktiven Verluste größer. Bei Gleichstrom-Schweißmaschinen können daher induktive Ströme (Blindströme) nur noch beim Einschalten entstehen. Der Konstrukteur hat darauf zu achten, daß die Fügeteile in möglichst geringem Umfang in die Fensteröffnung eintauchen.

Strom- und Kraftprogramme. Die weitgehende Verwendung elektrischer und elektronischer Steuer- und Regelsysteme in modernen Punktschweißmaschinen erlaubt die beliebige Ab-

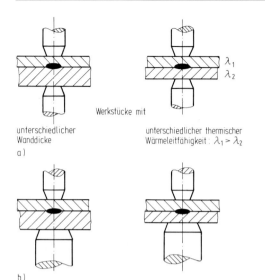

Bild 3-81. Zum thermischen Gleichgewicht beim Punktschweißen:

a) unsymmetrische Schweißlinsen durch unterschiedliche Wanddicken bzw. unterschiedliche thermische Wärmeleitfähigkeit der Fügeteile;

b) Elektroden mit großflächigen Arbeitsflächen auf dem stärker zu erwärmenden Fügeteil (größere Wanddicke, geringere Wärmeleitfähigkeit) symmetrieren die Schweißlinsen.

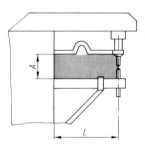

Bild 3-82. Zur Definition der Sekundärfensteröffnung $S = AL$.

Bild 3-83. Beispiel für ein Elektrodenkraft- und Schweißstromprogramm beim Punktschweißen.

folge der wichtigsten Einstellgrößen Schweißstrom und Elektrodenkraft, wie es Bild 3-83 zeigt. Diese Strom- und Kraftprogramme werden angewendet für

– schlecht schweißgeeignete Stähle, die aufhärtungsempfindlich sind (C > 0,2%), d. h. zur Rißbildung neigen,
– thermisch und metallurgisch empfindliche Werkstoffe, wie z. B. Al-Legierungen und aushärtbare Werkstoffe, z. B. AlSiMg-Typen,
– dickwandige Werkstoffe ($s > 4$ mm) oder für
– höchste Qualitätsansprüche, z. B. in der Luftfahrttechnik.

Der Ablauf und die schweißtechnischen Vorteile eines derartigen Programms lassen sich wie folgt beschreiben:

– *Vorwärmen.* Der Vorwärmstrom erzeugt eine Wärmeenergie, die zum Schweißen unzureichend ist, die Abkühlgeschwindigkeit aber entsprechend verringert. Die hohe Vorpreßkraft sorgt für ein sattes Anliegen der Fügeteile.
– *Schweißen.* Während des eigentlichen Schweißvorgangs wird die Preßkraft herabgesetzt (R und damit I^2R nehmen zu), und der Schweißstrom wird erhöht. Dieser kann in Form eines Impulses oder mehrerer Impulse wirken. Den Schweißstrom wählt man bei sehr empfindlichen Werkstoffen (z. B. aushärtbaren Legierungen) in einigen Fällen kontinuierlich ansteigend oder abfallend.
– *Nachwärmen.* Mit dieser Wärmebehandlung wird in erster Linie die metallurgische Qualität der Verbindung verbessert. Anlaßeffekte und das Verringern der Abkühlgeschwindigkeit (Stromabfall) sind die wichtigsten Ziele dieser Behandlung.

3.8.2.1.4 Anwendung und Anwendungsgrenzen

Die meisten in der Technik verwendeten metallischen Werkstoffe lassen sich punktschweißen. Lediglich Kupfer, Molybdän, Tantal und Wolfram sind schlecht oder nicht punktschweißgeeignet. Alle gut wärmeleitenden Metalle (Cu, Al) müssen wegen der raschen Wärmeableitung mit hohen Strömen (bis 10^5 A) und extrem kurzen Zeiten (Bruchteile einer Periode) geschweißt werden. Besonders bei den verhältnismäßig weichen Al-Legierungen müssen zusätzlich bestimmte apparative Voraussetzungen erfüllt werden: Die Elektrode muß dem nachgebenden Werkstoff möglichst verzögerungsfrei folgen können, damit der Kontakt zwischen ihr und dem Werkstück aufrecht erhalten bleibt.

Das Verfahren wird hauptsächlich in der blechverarbeitenden Industrie angewendet. Wichtige Einsatzgebiete sind der Haushaltsgerätebau, die Automobilfertigung, der Stahlbau, die Feinwerktechnik und eine Vielzahl von Massenbedarfsartikeln.

Die verarbeiteten Werkstückdicken liegen hauptsächlich etwa zwischen 0,2 mm und 2,5 mm; die maximal in der Praxis angewandte Werkstückdicke beträgt ungefähr 5 mm. Im Luftfahrzeugbau werden Al-Legierungen und Titan im großen Umfang punktgeschweißt.

Lassen sich die Werkstücke einfach transportieren, dann wird in der Regel mit stationären Maschinen gearbeitet. Im anderen Fall kann die Maschine in Form leicht beweglicher *Punktschweißzangen* an die Werkstücke herangeführt werden, wie dies z. B. weitgehend in der Automobilfertigung geschieht. In einem solchen großen Fertigungsbereich wird der Arbeitsablauf durch Industrieroboter bestimmt. Diese können als Träger der Punktschweißzangen dienen oder als Zubringer- oder Übergabeeinrichtungen arbeiten, die die Punktschweißmaschine mit den Fügeteilen beschicken und die fertigen Teile entnehmen und weiterleiten. Die universelle Verwendbarkeit der frei programmierbaren Industrieroboter erspart in vielen Fällen die teuren Sonderanlagen (Transferstraßen).

3.8.2.2 Rollennahtschweißen

Beim Punktschweißen können je nach Wahl des Punktabstands *Heftnähte, Festnähte* oder bei sich überlappenden Punkten *Dichtnähte* entstehen. Besonders hohe Punktfolgen, wie sie für Dichtnähte erforderlich sind, verursachen einen erheblichen Elektrodenverschleiß. Durch die Verwendung von Rollenelektroden gemäß Bild 3-84, die

- den Schweißstrom zuführen,
- die Elektrodenkraft ausüben und
- den Transport der Werkstücke übernehmen,

werden diese Schwierigkeiten vermieden.

Im Gegensatz zum Punktschweißen heben die Rollenelektroden beim Vorschub, der in den meisten Fällen auch durch die Elektroden erfolgt, nicht ab. Zum Schweißen von Stahl wird

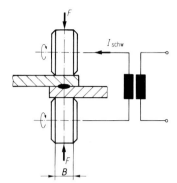

Bild 3-84. Verfahrensprinzip des Widerstands-Rollennaht-Schweißverfahrens. Eine der beiden Rollen wird angetrieben.

meistens nur eine, bei Leichtmetallen werden wegen der größeren Gefahr des Rutschens beide Rollenelektroden angetrieben. Wie auch beim Punktschweißen muß für den Schweißprozeß eine für das Aufschmelzen ausreichende Wärmemenge erzeugt werden. Die Geschwindigkeit der Rollenelektroden darf nur so groß sein, daß diese das Schweißgut so lange unter Druck setzen, bis eine ausreichende Bindung, d. h. die Kristallisation der Schmelze, erreicht ist. Daraus und wegen der unvermeidbaren Nebenschlußwirkung ergibt sich im Vergleich zum Punktschweißen eine deutlich geringere maximal schweißbare Werkstückdicke. Sie beträgt bei Stahl etwa 2 mm × 5 mm. Die Wirkung der Nebenschlüsse ist aber deutlich geringer als beim Punktschweißen, da der elektrische Widerstand des gerade erzeugten Schweißpunkts wegen seiner hohen Temperatur groß ist.

Die *Dicht-* und *Rollenpunktnähte* lassen sich entsprechend Bild 3-85 a) und b) mit kontinuierlicher oder intermittierender Elektrodendrehbewegung gemäß Bild 3-85 c) abhängig von der Schweißaufgabe durch *Dauerwechselstrom* oder durch *Stromimpulse* herstellen.

Beim Schweißen mit Dauerwechselstrom hängt der Punktabstand von der Schweißgeschwindigkeit und der Schweißstromfrequenz ab. Diese Verfahrensvariante wird bevorzugt zum Schweißen dünner, blanker Bleche bis zu etwa 1,5 mm Dicke angewendet, wenn der Verzug vernachlässigbar ist. Der Verzug geschweißter Teile läßt sich praktisch nur mit Strom- und Kraftprogrammen verringern (Abschn. 3.8.2.3), die eine bessere Temperaturverteilung im Werk-

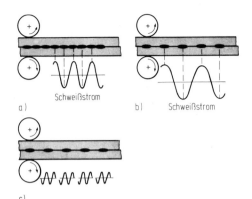

Bild 3-85. Herstellung verschiedener Nahtformen beim Rollennahtschweißen:
a) Dichtnaht, hergestellt mit Dauerwechselstrom;
b) Rollenpunktnaht, hergestellt mit Dauerwechselstrom;
c) Rollenpunktnaht, hergestellt mit unterbrochenem Strom (Gleich- oder Wechselstrom).

stück ermöglichen. Das Schweißen mit Stromimpulsen erlaubt es auch, dickere oder schweißempfindlichere Werkstoffe sicherer zu verarbeiten.

Mit den üblichen Schweißmaschinen ($f = 50$ Hz) kann je Stromhalbwelle eine Schweißlinse erzeugt werden, wenn man ohne Stromprogramm arbeitet. Für Dichtnähte sind etwa $p = 4$ Punkte je cm Schweißnahtlänge erforderlich. Damit ergibt sich die maximal mögliche Schweißgeschwindigkeit

$$v_{max} = \frac{2 \cdot 60}{100} \frac{f}{p} \approx 15 \frac{m}{min},$$

die nur bei sehr dünnen Blechen annähernd erreicht werden kann. Der Punktabstand $e = 1/p$ beim Rollenpunktschweißen ergibt sich bei gegebener Schweißgeschwindigkeit demnach zu

$$e \approx 0.8 \frac{v}{f} \text{ cm} .$$

Die Abmessungen der Rollenelektroden (Breite B in Bild 3-84 in mm) werden von der Konstruktion, vor allem von der Werkstückdicke s bestimmt. Bei blanken Stahlblechen werden Elektroden mit flacher, bei verunreinigten oder metallisch beschichteten Werkstoffen solche mit balliger Arbeitsfläche verwendet. Abhängig von der Schweißnahtbreite b soll die Kontaktflächenbreite B der flachen Elektrode

$$B = b + 1 \text{ mm}$$

betragen. Für die Schweißnahtbreite gilt der Anhaltswert

$$b \approx 2\,s + 2 \text{ mm}.$$

Das Elektrodenprofil sollte möglichst lange unverändert erhalten bleiben, da es weitgehend das Aussehen und die Qualität der geschweißten Verbindung bestimmt. Die Auswahl der Elektrodenwerkstoffe wird nach den gleichen Überlegungen getroffen wie beim Punktschweißen.

Die *Überlappnaht* gemäß Bild 3-86 a) ist sehr sicher herzustellen. Sie wird daher am häufigsten angewendet. Die Breite der Überlappung wird etwa gleich der dreifachen Einzelblechdicke gewählt. Unsaubere Bleche und Paßungenauigkeiten – z. B. Einschweißen von Böden in zylindrischen Behältern – führen zum Spritzen, Durchbrennen der Bleche und zu starkem Verschleiß der Elektroden. Blanke und glatte Bleche sind daher für das Rollennahtschweißen unabdingbar.

Bei der *Quetschnaht* entsprechend Bild 3-86 b) verschwindet die Überlappung nach dem Schweißen vollständig, d. h., die Bleche liegen bündig nebeneinander. Da diese die Neigung haben, sich beim Schweißen zu verziehen, muß man mit entsprechenden Vorrichtungen arbeiten.

Die Schweißnahtqualität hängt in großem Maß von der Gleichmäßigkeit der Überlappung ab. Größere Abweichungen als $\pm 10\%$ vom eingestellten Maß, bezogen auf die Einzelblechdicke, sind i. a. nicht zulässig.

Es werden Elektroden mit breiter, flacher Arbeitsfläche verwendet. Wegen der linienförmi-

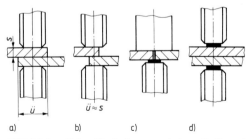

Bild 3-86.   Schweißnahtformen   beim   Rollennahtschweißen:
a) Überlappnaht ($ü \approx 3\,s$),
b) Quetschnaht ($ü \leq s$),
c) Folienstumpfnaht ($ü = 0$),
d) Folienüberlappnaht.

gen Berührung an den Blechkanten ist der Verschleiß der Elektroden verhältnismäßig groß (Riefenbildung). Sie müssen daher aus hochfestem Stahl bestehen.

Beim *Foliennahtschweißen* gemäß Bild 3-86 c) und d wird ein Metallfolienband zwischen den Elektroden und dem Werkstück ein- oder beidseitig eingeführt. Die Folien verhindern die Wärmeabfuhr an die wassergekühlten Elektroden so erheblich, daß die Stoßflächen die zum Schweißen notwendige Temperatur über die gesamte Fugenhöhe erreichen. Dadurch lassen sich hochwertige Oberflächen erzeugen, die praktisch frei von Eindrücken sind. Voraussetzung ist die Verwendung breiter Elektroden auf der zu schützenden Werkstückoberfläche (Bild 3-86 c)). Dieses Verfahren wird vorzugsweise für das Verbinden beschichteter Bleche verwendet, weil die Elektrode nicht direkt mit dem niedrigschmelzenden Beschichtungswerkstoff in Berührung kommt.

Die *Folienüberlappnaht* (Bild 3-86 d)) bietet nur bei metallisch beschichteten Stahlblechen (z. B. verzinkt) Vorteile, weil die Deckschicht vor dem Schweißen nicht entfernt werden muß. Die Standzeit der Rollenelektroden ist groß, da kein unmittelbarer Kontakt zum Werkstück besteht.

Grundsätzlich können alle Werkstoffe mit diesem Verfahren geschweißt werden, die auch punktschweißgeeignet sind. Die elektrische Leitfähigkeit, die Wärmeleitfähigkeit, die unvermeidbare Nebenschlußwirkung und besonders der Oberflächenzustand der Werkstoffe sind aber von größerer Bedeutung als beim Punktschweißen.

Mit dem Verfahren können z. B. aus meist dünnwandigen Werkstoffen Bauteile hergestellt werden, die aus einem Stück nur unwirtschaftlich zu fertigen sind. Diese Methode wird praktisch in der gesamten blechverarbeitenden Industrie (Flugzeugbau, Automobilbau, Waggonbau) und vor allem für Massenbedarfsgüter (Haushaltsgeräte, Gehäuse, Stahlradiatoren) erfolgreich eingesetzt.

3.8.2.3 Buckelschweißen

Eines der Fügeteile (sehr selten beide) ist mit einem oder mehreren Schweißbuckeln versehen. Der Strom wird durch großflächige Elektroden zugeführt und fließt über die Buckel zur gegenüberliegenden Elektrode. Infolge der entstehenden Schweißwärme und der Elektroden-

kraft werden die Buckel zusammengedrückt. Es entstehen punktschweißähnliche Verbindungen entsprechend Bild 3-87, deren Querschnitte nicht durch die Elektroden, sondern durch die Buckel bestimmt werden. Wie beim Punktschweißen geht ein erheblicher Anteil der Schweißwärme infolge Wärmeleitung zu den wassergekühlten Elektroden verloren. Zu klein gewählte Stromstärken können daher durch Verlängern der Schweißzeit nicht ausgeglichen werden.

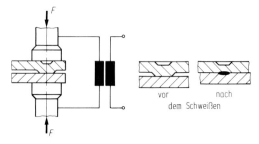

Bild 3-87. Verfahrensprinzip des Buckelschweißens.

Ein wesentlicher wirtschaftlicher Vorteil ist die Möglichkeit, bis etwa 20 Buckel gleichzeitig schweißen zu können. Dies setzt möglichst gleichmäßige Buckelabmessungen voraus – insbesondere sollte die Toleranz der Buckelhöhen ±5% betragen – und erfordert eine gleichmäßige Verteilung der Elektrodenkraft und des Schweißstroms auf jeden Buckel. Eine gleichmäßige Stromverteilung ist wegen der für die einzelnen zu schweißenden Buckel unterschiedlich langen Strompfade schwer zu erreichen. Häufig können daher nicht alle Buckel gleichzeitig geschweißt werden. In vielen Fällen sind Einzelschritte schon wegen der extremen Netzbelastung (bis 1000 kVA) notwendig.

Ein mit der gleichzeitigen Schweißung vieler Buckel verbundener Nachteil ist weiterhin das Wandern („Schwimmen") der Werkstücke durch die Erweichung der Buckel. Die Maßhaltigkeit kann soweit verlorengehen, daß dieses wirtschaftliche Verfahren nur durch aufwendige konstruktive Maßnahmen durchzuführen ist.

Das Verfahren wird mit besonderem Vorteil in der Großserienfertigung verwendet, wenn mehrere Schweißpunkte notwendig sind, z.B. bei der Herstellung von Haushaltsgeräten und Fahrzeugen aller Art. In den meisten Fällen werden die Buckel gleichzeitig mit dem Stanzen oder Pressen der Fügeteile eingeprägt. Die Buckelform wird von der Blechdicke und den konstruktiven Möglichkeiten bestimmt, wie Bild 3-88 zeigt. Der Ringbuckel bietet die größte Steifigkeit und wegen der großen Querschnittsfläche auch die größte Festigkeit.

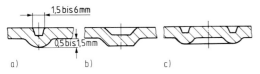

Bild 3-88. Wichtige Buckelformen:
a) Rundbuckel,
b) Langbuckel,
c) Ringbuckel.

3.8.2.4 Preßstumpfschweißen

Wie Bild 3-89 verdeutlicht, werden die Fügeteile von Spannbacken gehalten, die die gleichen Funktionen ausüben wie die Elektroden beim Punkt- und Buckelschweißen. Sie führen den Schweißstrom zu und erzeugen durch ein in Stauchrichtung beweglich angeordnetes Bakkenpaar (Stauchschlitten) die Preßkraft. Die Fügeteile ragen um die Einspannlänge E_1 bzw. E_2 aus den Spannbacken heraus und werden durch die Preßkraft F zusammengedrückt. An der Berührungsstelle K ist der elektrische Widerstand am größten; hier wird also die zum Schweißen erforderliche höchste Temperatur erreicht.

Größe und Form der Berührungsflächen der Fügeteile müssen gleich sein; die notwendige gleichmäßige Erwärmung ist nur mit einer

über den gesamten Querschnitt gleichmäßigen Stromdichte erreichbar. Liegen ungleiche Querschnitte vor, dann müssen sie in Form und Größe angeglichen werden, wie Bild 3-90 zeigt. Zu beachten ist, daß die „*Halslänge*" h mindestens so groß ist wie der beim Stauchen entstehende Längenverlust.

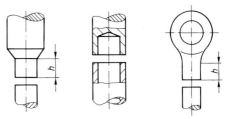

h Halslänge

Bild 3-90. Beispiele für das Vorbereiten von Fügeteilen mit unterschiedlichen Querschnitten für das Widerstandsstumpfschweißen.

Ebenso wichtig für die Güte der Schweißverbindung ist die gleichmäßige Erwärmung der vom Schweißstrom durchflossenen Fügeteile (*Einspannlänge* E_1 bzw. E_2, Bild 3-89). Bei gleichen Werkstoffen, Querschnitten und Einspannlängen ist auch die in den Einspannenden entwickelte Wärmemenge gleich. Bei unterschiedlichen Werkstoffen muß die Einspannlänge des besser leitenden größer sein. Das Verhältnis der Einspannlängen ist etwa gleich dem der Wärmeleitfähigkeiten.

Die Berührungsflächen der zu schweißenden Fügeteile müssen möglichst metallisch blank und planparallel sein. Der Schweißstrom erwärmt die Fügeteile auf die Schweißtemperatur (etwa 1200 °C), und der anschließende Stauchvorgang beendet das Schweißen (Bild 3-89). Danach wird der Schweißstrom abgeschaltet. Es entsteht der für das Schweißen von Stahl typische Stauchwulst gemäß Bild 3-91 a), der auch zu der Bezeichnung *Wulststumpfschweißen* führte.

Die Qualität der Schweißverbindung hängt entscheidend von der Sauberkeit und Parallelität der Kontaktflächen ab, die mit aufwendigen fertigungstechnischen Mitteln zu erreichen ist. Angewendet wird das Verfahren vorwiegend für runde Fügeteile (z. B. Drähte) mit einem maximalen Querschnitt von etwa 150 mm² bis 200 mm². Vorteilhaft sind die einfache Handhabung und der einfache Aufbau der Schweißmaschinen.

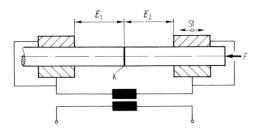

F Stauchkraft, erzeugt durch beweglichen Stauchschlitten St
E_1, E_2 Einspannlängen
K Kontaktstelle, Berührungsfläche der Fügeteile

Bild 3-89. Verfahrensprinzip des Widerstandsstumpfschweißens.

3.8.2.5 Abbrennstumpfschweißen

Je nach Größe und Form der zu verbindenden Querschnitte wird das Abbrennstumpfschweißen ohne Vorwärmen (Abbrennen aus dem Kalten) oder mit Vorwärmen angewendet. Charakteristisches Kennzeichen beider Verfahren ist, daß an den Zustand der Stoßflächen der Fügeteile keine besonderen Anforderungen gestellt werden müssen.

Beim **Abbrennstumpfschweißen ohne Vorwärmung** werden die eingespannten Fügeteile unter geringem Druck zusammengeführt. Die Berührung erfolgt nicht gleichmäßig über die gesamten Kontaktflächen, sondern örtlich über Unebenheiten. Als Folge der geringen Stauchkraft und des hohen Übergangswiderstands entstehen extrem große Stromdichten, die zum schnellen Schmelzen und Verdampfen der Werkstoffbrücken führen. Die explosionsartig herausgeschleuderten Metallpartikel und Metalldämpfe („Funkenregen") befreien die Stoßflächen von jeder Verunreinigung und brennen sie plan (Planbrennen). Der Metalldampf sorgt für eine wirksame „Schutzgasatmosphäre", so daß eine erneute Oxidation vermieden wird. Der Werkstoffverlust beim Abbrennen muß durch einen entsprechenden Vorschub des Stauchschlittens (Bild 3-89) ausgeglichen werden. Die Abbrennphase ist beendet, wenn die Stoßfläche ausreichend gesäubert ist und die Fügeteilenden die Schweißtemperatur erreicht haben. Bemerkenswert ist, daß im Gegensatz zum Preßstumpfschweißen nur die Werkstoffbereiche in unmittelbarer Nähe der Stoßfläche erwärmt werden. Anschließend werden die Fügeteile schlagartig zusammengepreßt. Der Schweißstrom darf erst eine gewisse Zeit nach dem Einsetzen des Stauchvorgangs abgeschaltet werden, damit die noch vorhandenen Verunreinigungen möglichst restlos aus dem Schweißstoß gepreßt werden können.

Der für dieses Verfahren typische scharfzackige Schweißgrat (Bild 3-91 b)) wird meist im warmen Zustand abgearbeitet (Abscheren oder spanende Bearbeitung) bzw. bei Rohren (Bild 3-91 c)) mit einem Dorn ausgestoßen.

Die Maschinenleistung nimmt mit der Größe der zu schweißenden Querschnitte erheblich zu. Außerdem wird es zunehmend schwerer, die gesamte Schweißstoßfläche auf die erforderliche Temperatur zu bringen und den flüssigen Grundwerkstoff einschl. der Verunreinigungen

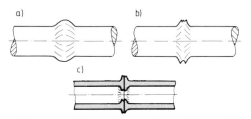

Bild 3-91. *Stoßformen beim Widerstandsstumpfschweißen:*
a) Preßstumpfschweißen (Eisenwerkstoffe),
b) Abbrennstumpfschweißen mit massivem,
c) mit rohrförmigem Querschnitt.

vollständig aus der Stoßfläche herauszudrücken. Fehlerhafte Schweißungen sind dann kaum zu vermeiden. Daher wird in diesen Fällen das **Abbrennstumpfschweißen mit Vorwärmung** angewendet. Das Vorwärmen geschieht induktiv oder häufiger durch Widerstandserwärmung direkt in der Maschine. Die Fügeteile werden zusammengedrückt und nach einer kurzen Zeit wieder getrennt. Die zugeführte Energie reicht nicht für ein Abbrennen, sondern nur zum Vorwärmen der Fügeteilenden. Dieser Vorgang wird einige Male wiederholt (reversierender Betrieb), bis die notwendige Temperatur erreicht ist. Das anschließende Abbrennen kann in der gewünschten Weise erfolgen.

In den modernen Stumpfschweißmaschinen können die geschweißten Teile nach dem Schweißprozeß noch wärmebehandelt werden. Dies ist häufig bei schlecht schweißgeeigneten Werkstoffen (z. B. NE-Metallen) zweckmäßig. Diese Behandlung kann in einem verzögerten Abschalten des Schweißstroms oder in einem *Stoßglühen* bei erhöhter Leistung bestehen. In manchen Fällen wird ein *Maßstauchen* angeschlossen, mit dem die Schweißteile auf ein gewünschtes Endmaß gebracht werden.

Im Vergleich zum Preßstumpfschweißen können in diesem Fall Fügeteile mit großen Querschnitten bis zu 100 000 mm^2 verbunden werden. Weitere Vorteile sind

– höhere Festigkeit der Schweißverbindung,
– Stoßflächen müssen nicht besonders vorbereitet werden;
– geringe Schweißzeit,
– unterschiedliche Werkstoffe, wie z. B. Aluminium und Kupfer, können wesentlich besser verbunden werden. Die Vermischung ist gering, da der flüssige Werkstoff aus der Stoßfläche herausgepreßt wird.

Das Verfahren wird in der Flugzeugindustrie, zum Schweißen von Eisenbahnschienen, in der Automobilfertigung (z. B. bei der Felgen-Herstellung), in der Hausgeräteindustrie und in zahlreichen anderen Industriezweigen angewendet.

3.8.3 Widerstandsschmelzschweißen

Das mechanisch arbeitende sehr wirtschaftliche Schweißverfahren wird sowohl zum Verbindungsschweißen vorwiegend dickwandiger Halbzeuge als auch zum Auftragschweißen verwendet (Bild 3-91). Das Verfahrensprinzip ähnelt dem UP-Schweißen. Zum Schmelzen (Grundwerkstoff, Pulver, Drahtelektrode) wird aber nicht die Energie eines Lichtbogens verwendet, sondern die Widerstandswärme eines 20 mm bis 25 mm hohen vom Schweißstrom durchflossenen Schlackenbads, in das die Drahtelektrode eintaucht. Der zu Beginn des Schweißprozesses vorhandene Lichtbogen erlischt nach dem Aufschmelzen einer ausreichenden Pulvermenge (Schlackenmenge). Der Schweißprozeß geht in das *lichtbogenlose* Elektroschlackeschweißen über. Für den gewünschten Prozeßablauf muß der Schlackenwiderstand also deutlich *unter* dem des (bei den vorhandenen Einstellwerten) Lichtbogens liegen. Nur unter diesen Bedingungen kann der Lichtbogen verlöschen und der Strom über die Schlacke fließen. Daraus ergeben sich bestimmte Anforderungen an die zu verwendenden Pulver. Die Lichtbogenstabilität muß zum schnellen Erreichen des lichtbogenlosen Schweißzustands ausreichend gering und die elektrische Leitfähigkeit (joulesche Wärme der Schlacke!) möglichst groß sein.

Die Nahtform der Stumpfstöße ist meistens die I-Naht mit Spaltbreiten von etwa 30 mm. Sie wird in den meisten Fällen als Einlagenschweißung ausgeführt. Das Schweißgut und die Schlacke werden durch mit der Schweißgeschwindigkeit vorwärts bewegte wassergekühlte kupferne Gleitschuhe gehalten (Bild 3-92).

Die extrem große abgeschmolzene Schweißgutmenge ist das charakteristische Kennzeichen des Verfahrens und die Ursache für nachstehend aufgeführte verfahrensabhängige Besonderheiten:

– *Wirtschaftlich.* Querschnitte bis etwa 2000 mm² können in einer Lage geschweißt werden.

– *Geringe Abkühlgeschwindigkeit.* Martensitische Zonen in der WEZ können in keinem Fall entstehen. Allerdings besteht die Gefahr der Versprödung und des extremen Kornwachstums der WEZ und des Schweißguts. Besonders problematisch ist daher das Erreichen ausreichender Zähigkeitswerte in diesen Bereichen, vor allem in dem durch extreme Dendritenbildung gekennzeichneten Schweißgut. Die Vorteile der geringen Abkühlgeschwindigkeit sind die fast vollständige Porenfreiheit des Schweißguts und der sich dem Gleichgewicht nähernde Ablauf aller metallurgischen Reaktionen.

Das Verfahren eignet sich vor allem zum Schweißen dickwandiger Bauteile aus un- und niedriglegierten Stählen aus den Bereichen Schiffbau (Außenhaut), Behälter- und Großmaschinenbau (Fundamente, Rahmen).

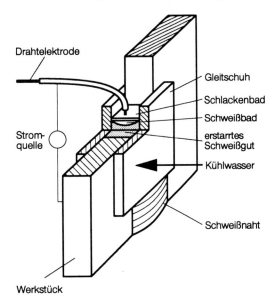

Bild 3-92. *Verfahrensprinzip des Elektroschlackeschweißens.*

3.9 Gestaltung von Schweißverbindungen

3.9.1 Allgemeines

In Schweißkonstruktionen sind die Schweißnähte die verbindenden und kraftübertragenden Elemente. Lage und Form der Nähte haben einen wesentlichen Einfluß auf die Festigkeit und die wirtschaftliche Herstellung der Bauteile. Zu berücksichtigen ist weiterhin die Schweißeignung der Werkstoffe (Abschn. 3.2.4.4).

3.9.2 Gestaltungsregeln

– Die gewählten Grundwerkstoffe sollten ausreichend schweißgeeignet sein;
– keine Guß- oder Nietkonstruktion nachahmen (schweißgerecht konstruieren);
– möglichst gleich dicke Teile zusammenschweißen;
– bei großen Wanddicken auftretende Spannungen beachten (spannungsarm glühen);
– Schweißnähte nicht in Querschnitte legen, in denen große Zugspannungen herrschen;
– einseitige Kehlnähte nach Möglichkeit vermeiden;

– große, ebene Wände vermeiden, da sie zum Ausbeulen neigen, Aussteifungen vorsehen;
– auf gute Zugänglichkeit der Schweißnähte achten;
– möglichst so konstruieren, daß in w- oder h-Position geschweißt werden kann. Arbeiten in Zwangslagen vermeiden, da sie hohe Anforderungen an die Handfertigkeit des Schweißers stellen;
– Reihenfolge des Zusammenschweißens beachten; sie wird im Schweißfolgeplan festgelegt und beeinflußt die Bemaßung in der Zeichnung;
– Allgemeintoleranzen für Schweißkonstruktionen (DIN 8570) beachten;
– bei hoher Maßgenauigkeit des geschweißten Bauteils ist es vielfach unumgänglich, dieses vor der mechanischen Bearbeitung spannungsarm zu glühen;
– die vorgeschriebenen Nahtprüfungen müssen durchführbar sein.

3.9.3 Gestaltung von Schmelzschweißverbindungen

Bild 3-93 bis 3-95
Jede Kraftlinienumlenkung (z. B. in Kehlnähten) oder -häufung verursacht eine Spannungsspitze (Kerbwirkung) und damit eine örtliche, oft gefährliche Überbeanspruchung. Kehlnähte sollten möglichst doppelseitig ausgeführt und Schweißnähte aus Zonen mit ungünstigem Kraftfluß verlagert werden.

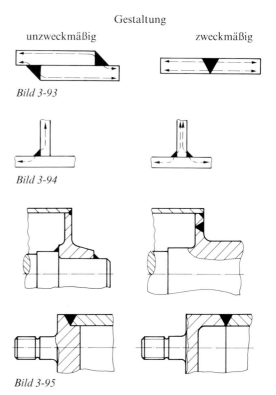

Gestaltung

unzweckmäßig   zweckmäßig

Bild 3-93

Bild 3-94

Bild 3-95

Gestaltung

unzweckmäßig   zweckmäßig

Bild 3-96 und 3-97
Der Anschluß durch Kehlnähte ist manchmal
scheinbar wirtschaftlicher, da die Kosten für die
Nahtvorbereitung entfallen. Kehlnähte lenken
jedoch den Kraftfluß um (Kerbwirkung); zudem sind zwei Nähte statt einer Stumpfnaht
erforderlich.

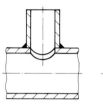

Bild 3-96

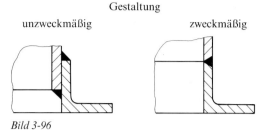

Bild 3-97

Bild 3-98
Die Nahtvorbereitung ist in der Regel am
Flansch einfacher durchzuführen als am Ge-
häuse. Den Flansch durch Kehlnähte mit dem
Gehäuse zu verbinden ist eine wirtschaftliche
Lösung.

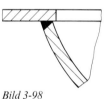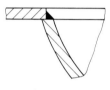

Bild 3-98

Bild 3-99
Bei hoher Oberflächengüte oder geringer Maßtoleranz soll die Funktionsfläche nicht durch
eine Schweißnaht gestört werden.

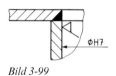

Bild 3-99

Bild 3-100
Schweißnähte soll man so legen, daß die Fügeteile möglichst lange den Schrumpfbewegungen
folgen können, da sonst unerwünschte Reak-
tionsspannungen auftreten.

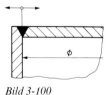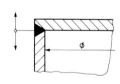

Bild 3-100

Bild 3-101
Der Zusammenbau von Schweißteilen wird erleichtert, wenn eine teilweise Überdeckung als
Anlage dient. Zweckmäßig ist das Verhältnis
3/10 Überdeckung zu 7/10 für die Kehlnaht,
bezogen auf die Blechdicke *s*.

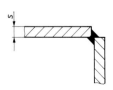

Bild 3-101

Gestaltung

unzweckmäßig   zweckmäßig

Bild 3-102
Fügeteile sollen vor dem Schweißen nicht über-
trieben zentriert werden. Auf die Zugänglichkeit der inneren Schweißnaht ist zu achten.

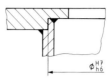
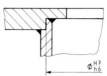

Bild 3-102

Bild 3-103
Bei Schräganschlüssen ist eine scharfkantige
Abschrägung unzweckmäßig (zuviel Schweißgut, Verformungen); diese sollte nur bei dünnen
Blechen angewandt werden. Bei dickeren Blechen ($s > 16$ mm) sollte die Abschrägung maximal $0{,}5\,s$ betragen.

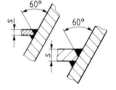

Bild 3-103

Bild 3-104
Beim Schweißen von Ringen, Buchsen, Scheiben, Wellen und ähnlichem soll ein Luftspalt
von mindestens 0,5 mm vorgesehen werden. Er
kann bis 2 mm ohne Schwierigkeiten durch eine
normale Schweißnaht überbrückt werden. Bei
Einzelfertigung ist die rechte Darstellung zu bevorzugen, da für die Ausführung nach dem linken Bild eine Schweißvorrichtung erforderlich
ist.

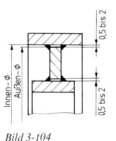
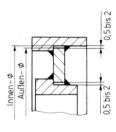

Bild 3-104

Bild 3-105
Die Wurzel einer Schweißnaht sollte nicht in
der zugbeanspruchten Zone liegen. Wenn sich
dies nicht vermeiden läßt, dann ist die Wurzel
nachzuschweißen.

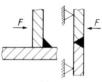
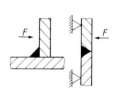

Bild 3-105

Bild 3-106
Infolge einer Bearbeitung verringert sich der
Schweißnahtquerschnitt.

Bild 3-106

Bild 3-107
Beim Aufschweißen von Blechen, die bearbeitet
werden sollen, sind Entlüftungsbohrungen oder
unterbrochene Nähte vorzusehen, da zwischen
den Blechen ein abgeschlossener Luftraum entsteht, der beim nachträglichen Spannungsarm-
glühen zu Verwerfungen und Ausbeulungen
führt.

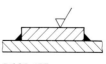
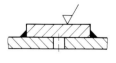

Bild 3-107

Gestaltung

unzweckmäßig   zweckmäßig

Bild 3-108
Bei genuteten Bearbeitungsflächen sind außer den Entlüftungsbohrungen auch Lochschweißungen vorzusehen, um beim Nuten ein Abheben der Flächen zu verhindern.

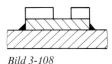 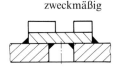

Bild 3-108

Bild 3-109
Schweißnähte in Querschnittsübergängen (Kerbwirkung) sind zu vermeiden.

Bild 3-109

Bild 3-110
Abflachungen und Überstände sind vorzusehen. Der Überstand f muß mindestens das Zweifache der Nahtdicke a betragen, um ein Abbrennen der Kanten zu vermeiden und die gewünschte Dicke a zu erreichen.

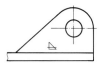 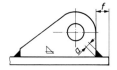

Bild 3-110

Bild 3-111
Schweißnähte sollten möglichst nicht in zu bearbeitende Flächen gelegt werden.

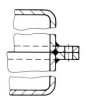 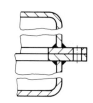

Bild 3-111

Bild 3-112
Bei aufgeschweißten Flanschen ist die Dichtnaht stets nach innen zu legen.

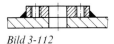 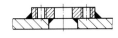

Bild 3-112

Bild 3-113
Rundstäbe parallel an eine ebene Fläche anzuschweißen ist unzweckmäßig, da der Öffnungswinkel für die Schweißnaht zu klein ist und Schlacke in den Spalt fließt. Zweckmäßiger ist es, eine andere Form zu wählen oder den Stab einseitig abzuflachen.

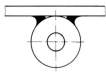 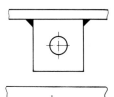

Bild 3-113

Bild 3-114
Auf gute Zugänglichkeit der Schweißnähte ist zu achten. Das dargestellte Auge muß ringsum geschweißt werden können.

Bild 3-114

Gestaltung
unzweckmäßig   zweckmäßig

Bild 3-115
Anhäufungen von Schweißnähten sind zu vermeiden. Es ist auf eine gute Zugänglichkeit zu
den Schweißstellen zu achten.

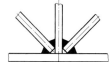 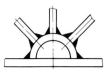

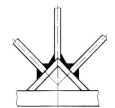

Bild 3-115

Bild 3-116
Bei zu bearbeitenden Teilen mit Bohrung, die
an schrägen Wänden angeschweißt werden, ist
die Bearbeitung in einer Aufspannung sowie ein
gerader Anschnitt zu gewährleisten.

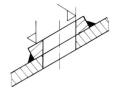 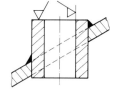

Bild 3-116

Bild 3-117 und 3-118
Anhäufungen von Nähten bzw. Nahtkreuzun-
gen sind zu vermeiden (Bild 3-105). Der Abstand x der Ausklinkung richtet sich nach der
darunter liegenden Naht; er soll aber nicht weniger als 6 mm betragen. Ebenso wird verfahren, wenn Aussteifungen in Halbzeuge aus un-
beruhigtem Stahl eingeschweißt werden: Die
geseigerte Zone in der Hohlkehle sollte nicht
angeschmolzen werden.

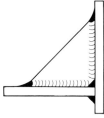 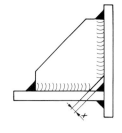

Bild 3-117

Bild 3-118

Bild 3-119
Die Herstellung eines Winkels durch Abkanten
ist billiger als das Zusammenschweißen aus drei
Teilen:

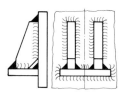 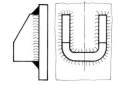

Bild 3-119

Gestaltung

unzweckmäßig   zweckmäßig

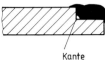 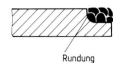

Bild 3-120
Durch Auftragschweißen lassen sich z. B.
Werkzeuge und Verschleißteile wirtschaftlich
herstellen bzw. in Stand setzen. Eine Einlagen-
Auftragschweißung ergibt jedoch nicht die erreichbaren Festigkeitswerte bzw. Eigenschaften, da der Grundwerkstoff mit aufschmilzt
und sich mit dem Schweißgut mischt. Es sind
daher mindestens zwei bis drei Lagen erforderlich.

Bild 3-120

Bild 3-121
Bei der Bemessung der Bearbeitungszugaben
sind die jeweiligen Toleranzen zu beachten. Die
Höhe des Anschweißteils muß so gewählt werden, daß das Nennmaß N bei gegebener Toleranz t erreicht wird, ohne die Schweißnaht zu
zerstören.

Bild 3-121

Bild 3-122
Sollen über einen Rohranschluß große Kräfte
oder Momente übertragen werden, so ist es
zweckmäßig, das Rohr in der Bohrung des
Blechs zu führen.

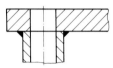 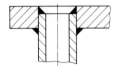

Bild 3-122

Bild 3-123
Durch Bolzenschweißen können Gewindebol-
zen bis M 24 aufgeschweißt werden. Dies kann
wirtschaftlicher sein als die Verwendung von
Stiftschrauben.

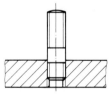 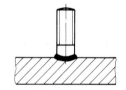

Bild 3-123

3.9.4 Gestaltung
von Punktschweißverbindungen

Bild 3-124
Punktschweißverbindungen sind nach Möglichkeit so anzubringen, daß sie nicht auf Schä-
len, sondern auf Abscheren beansprucht werden. Torsionsbeanspruchung bei Einzelpunk-
ten ist unbedingt zu vermeiden.

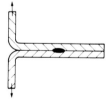

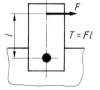

Bild 3-124

Gestaltung

unzweckmäßig   zweckmäßig

Bild 3-125
Ausreichend große, möglichst ebene und parallele Auflageflächen sind für die Elektroden vorzusehen.

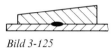 

Bild 3-125

Bild 3-126
Auf gute Zugänglichkeit der Schweißpunkte ist
zu achten, da man sonst Spezialelektroden verwenden muß.

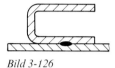 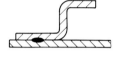

Bild 3-126

Bild 3-127
Mit vielen kleinen Punkten wird meist keine
ausreichende Festigkeit erzielt. Wenige größere
Punkte jedoch ergeben zuverlässige Verbindungen.

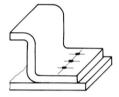 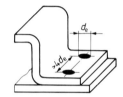

Bild 3-127

Bild 3-128
Es ist auf einen ausreichenden Elektrodenab-
stand zu achten. Bei zu kleinem Maß *a* kann die
Elektrode schlecht angesetzt werden. Bei zu
kleinem Maß *b* kann flüssiger Werkstoff aus der
Trennfuge austreten.

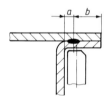 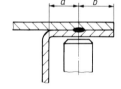

Bild 3-128

Bild 3-129
Größere Werkstücke sind so zu gestalten, daß
mit möglichst kleiner Armausladung *c* und geringem Armabstand *d* geschweißt werden kann.
Große Werkstoffmassen zwischen den Elek-
trodenarmen erhöhen die Induktionsverluste
auf Kosten des Schweißstroms.

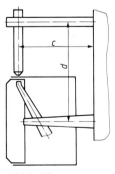 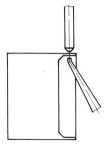

Bild 3-129

3.10 Löten

Löten ist ein thermisches Verfahren zum stoffschlüssigen Fügen und Beschichten von Werkstoffen, wobei eine flüssige Phase durch Schmelzen eines Lots (Schmelzlöten) oder durch Diffusion an den Grenzflächen entsteht. Die Schmelz- bzw. Solidustemperatur des Grundwerkstoffs wird nicht erreicht (DIN 8505, Teil 1).

Das Verfahren wird auf Grund seiner technischen Leistungsfähigkeit und wirtschaftlichen Vorteile zum stoffschlüssigen Verbinden der unterschiedlichsten Werkstoffe in allen Bereichen der Industrie vor allem bei dünnwandigeren Konstruktionen und schlechter Zugänglichkeit der Lötstellen in zunehmendem Maße angewendet. Weitere Vorteile sind:

- relativ einfache Mechanisierbarkeit bzw. Automatisierbarkeit der Fertigung,
- geringe thermische Beeinflussung der Lötteile, vor allem bei Verwendung der niedrigschmelzenden cadmiumhaltigen Universalhartlote (mit ca. 40% Silber): Verzug und Umfang der Gefügeänderungen bleiben gering,
- Wahl der Lote ist praktisch werkstoffunabhängig, da metallurgische Reaktionen nur in einem vernachlässigbaren Umfang auftreten. Diese Tatsache ist ein entscheidender Vorteil im Vergleich zum Schweißen!

3.10.1 Grundlagen des Lötens

Beim Löten werden die festen Grundwerkstoffe durch ein geschmolzenes Lot verbunden. Die hierfür maßgeblichen Vorgänge sind *Grenzflächenreaktionen,* da sie an der Phasengrenze flüssiges Lot/fester Grundwerkstoff stattfinden, und zwar handelt es sich um

- Benetzungs- und Ausbreitungsvorgänge von Lot und Flußmittel sowie
- die Bindung zwischen Lot und Grundwerkstoff durch wechselseitige Diffusion von Lot- und Grundwerkstoffatomen.

Die Vorgänge von **Benetzung** und **Ausbreitung** des flüssigen Lottropfens auf der Oberfläche eines auf die *Arbeitstemperatur* T_A erwärmten Werkstoffes lassen sich mit Hilfe der *Grenzflächenspannungen* γ beschreiben, Bild 3-130:

$$\gamma_{1,3} = \gamma_{1,2} + \gamma_{2,3} \cos \varphi$$
$$\gamma_{1,3} - \gamma_{1,2} = \gamma_{2,3} \cos \varphi = \gamma_H.$$

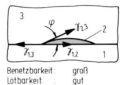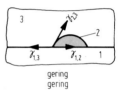

| Benetzbarkeit: | groß | gering |
| Lotbarkeit : | gut | gering |

Bild 3-130 Beziehungen zwischen den Grenzflächenspannungen an den Oberflächen Grundwerkstoff – flüssiges Lot.
1   Grundwerkstoff
2   flüssiges Lot
3   Flußmittel, Schutzgas, Vakuum

Die Grenzflächenspannungen sind die den Benetzungsvorgang bestimmenden Größen. Die Größe des *Benetzungswinkels* φ wird nicht nur vom Grundwerkstoff und dem Lot, sondern auch von der Art des umgebenden Mediums (Atmosphäre, Flußmittel, Vakuum, Schutzgas) bestimmt. Er ist ein Maßstab für den Grad der Benetzung. Bei vollständiger Benetzung ist $\varphi = 0$, d.h., der Tropfen bedeckt als (einmolekulare) dünne Schicht die Oberfläche. Dieser theoretische Zustand ist beim Löten nicht erreichbar, er liegt vor, wenn $\gamma_{1,3} \geq \gamma_{1,2} + \gamma_{2,3}$ wird. Brauchbare Lötverbindungen ergeben sich noch für $\varphi \leq 30°$. Nimmt das flüssige Lot die Gestalt einer Kugel an, dann ist die Lötstelle unbrauchbar, denn das Lot kann den vorgegebenen Spalt nicht ausfüllen.

Das Lot kann die Oberfläche benetzen, sich ausbreiten und am Grundwerkstoff binden, wenn die Oberflächentemperatur an der Lötstelle die *Arbeitstemperatur* T_A erreicht hat [25]. Die tatsächliche Löttemperatur ist i.a. höher als die Arbeitstemperatur, sie darf aber eine höchste Temperatur nicht überschreiten, weil dann Schädigungen des Flußmittels, des Lots oder des Grundwerkstoffs möglich sind.

Eine ausreichende Benetzbarkeit ist eine der wichtigsten Forderungen an die Eigenschaft **Löteignung** (DIN 8514, Teil 1). Benetzen findet statt, wenn Lot und Grundwerkstoff Mischkristalle oder intermediäre Verbindungen bilden können, wobei die Löslichkeit sehr gering sein kann. Nur bei völliger Unlöslichkeit der Metalle (Lot/Grundwerkstoff) werden deren Ober-

---

[25]) Die für die gesamte Löttechnik außerordentlich wichtige Arbeitstemperatur ist die niedrigste Oberflächentemperatur an der Lötstelle, bei der das Lot benetzt oder sich durch Grenzflächenreaktion eine flüssige Phase bildet (nach DIN 8505, Teil 1).

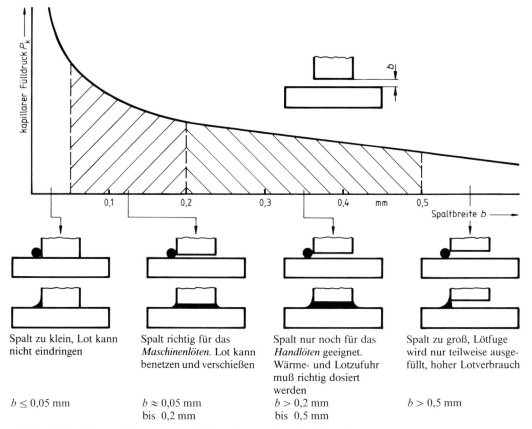

Bild 3-131. *Kapillarer Fülldruck* p_K *in Abhängigkeit von der Spaltbreite b (schematisch).*

flächen nicht benetzt oder das Lot „ent-netzt"[26]). Die meisten Metalle sind wenigstens in geringem Umfang ineinander löslich, die werkstofflichen Anforderungen an eine gute Löteignung sind daher wesentlich geringer als die an eine ausreichende Schweißeignung (Abschn. 3.2.2.4). Technisch wichtige Ausnahmen sind z. B. Silber in Eisen und Blei in Eisen. In diesen Fällen kann also Eisen mit Ag- bzw. Pb-Loten nicht verbunden werden.

Die Haftspannung γ_H ist ein Maßstab für die Fähigkeit der Schmelze, Oberflächen zu benetzen und sich auf ihnen ausbreiten zu können. Die Benetzungsfähigkeit läßt sich damit mit den Merkmalen Ausbreiten des flüssigen Lots

und des Flußmittels und Ausfüllen der i. a. engen Lötspalte („Verschießen") entgegen der Schwerkraft beschreiben. Diese Eigenschaft wird durch den *kapillaren Fülldruck* p_k oder anschaulicher durch die *Steighöhe h* des flüssigen Lots in engen Spalten beschrieben. Für Spalte (bis etwa 0,3 mm Breite) gilt angenähert

$$h \sim p_k \sim \gamma_H/b$$

mit

γ_H Haftspannung,
b Spaltbreite.

Die Steighöhe hängt also nicht nur von der Art des Lots, der Oberflächenbeschaffenheit der Lötteile und der Lötatmosphäre (γ_H) ab, sondern auch ganz erheblich von der Breite b des Lötspalts. Bild 3-131 zeigt diesen Zusammenhang. Bei Spaltbreiten $b > 0,5$ mm ist der Kapillardruck so gering, daß der Lötspalt nicht mehr

---

[26]) Unter Entnetzen versteht man die Erscheinung, daß sich ein bei höheren Temperaturen vorhandener Lottropfen nach dem Abkühlen kugelförmig zusammenzieht. Eine Bindung kann nicht entstehen. Flüssiges Silber entnetzt z. B. auf Stahloberflächen.

ausgefüllt wird. In diesem Bereich ist eine besondere Löttechnik erforderlich, die in ihrer Handhabung dem Gasschweißen ähnelt und die man als *Fugenlöten* bezeichnet. Für das *Handlöten* ergeben sich günstige Verhältnisse bei Spaltbreiten zwischen 0,2 mm und 0,5 mm. Die immer noch geringe Steighöhe verlangt aber Geschick und handwerkliches Können, da Wärme- und Lotzufuhr richtig dosiert werden müssen.

Für die *Massenfertigung* in Lötvorrichtungen und Lötmaschinen ist oft eine sehr große Steighöhe des Lots notwendig. Diese Forderung läßt sich mit Spaltbreiten von 0,05 mm bis 0,2 mm sicher erfüllen. Das flüssige Lot wird weit in den Spalt hineingetrieben; die Verwendung teurer Lötformteile ist nicht erforderlich. Ein preiswerter *außerhalb* der Spalten angeordneter Drahtring reicht aus. Diese Überlegungen sind für den Entwurf lötgerechter Konstruktionen sehr wichtig, Bild 3-132. Bemerkenswert ist die zum Abfluß des Flußmittels erforderliche Bohrung. Andernfalls entstehen Flußmitteleinschlüsse, d.h., die vorgegebene Spaltfläche kann nicht vollständig mit Lot ausgefüllt werden.

Der Bereich, in dem die Bindung Lot/Grundwerkstoff erzeugt wird, ist eine extrem dünne (einige µm dicke) Legierungszone $D_L + D_{GW}$, Bild 3-133 da Platzwechselvorgänge der Atome im festen Grundwerkstoff nur sehr begrenzt möglich sind. Erfahrungsgemäß wird die Sicherheit von Lötverbindungen selbst in Anwesenheit intermediärer Verbindungen (Abschn. 3.4.2.3) kaum beeinträchtigt. Damit sind, im Gegensatz zum Schweißen, metallurgische oder werkstoffliche Überlegungen bei der Auswahl „geeigneter" Lote von untergeordneter Bedeutung. Benetzt das Lot den Werkstoff, dann ist eine Lötung prinzipiell möglich. Die geringen metallurgischen Schwierigkeiten erleichtern das Verbinden „unverträglicher" Werkstoffe außerordentlich, im Gegensatz zu dem „metallurgischen" Prozeß Schweißen. Ein typisches Beispiel ist das wirtschaftliche (und einfache) Verbinden von Formteilen aus Schnellarbeitsstahl mit Schäften aus unlegiertem Stahl durch Löten. Schweißen ist in diesem Fall wegen der entstehenden extrem spröden Gefüge absolut unmöglich.

In einer sehr begrenzten Anzahl von Fällen können beim Löten einiger Werkstoffe metall-

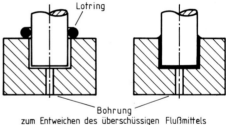

Bild 3-132. „Verschießen" eines außerhalb des Lötspalts angebrachten Lotformteils auch entgegen der Schwerkraft.

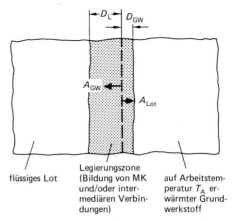

Bild 3-133. Legierungszone $(D_L + D_{GW})$ an der Phasengrenze Grundwerkstoff – flüssiges Lot bei einer Hartlötverbindung.
D_L Diffusionszone im Lot
D_{GW} Diffusionszone im Grundwerkstoff
A_{GW} Grundwerkstoffatome
A_{Lot} Lotatome

urgische Probleme entstehen, die in erster Linie auf die Verwendung „falscher" Lote zurückzuführen sind. Die erwähnten Schwierigkeiten beruhen ausnahmslos auf den Eigenschaften der Legierungszone, was trotz ihrer geringen Ausdehnung bei bestimmten Kombinationen von Lot und Grundwerkstoff zum Versagen der Lötverbindung führen kann. Unabhängig von der Ursache des Problems, wird die Versagenswahrscheinlichkeit um so geringer, je niedriger die Arbeitstemperatur des verwendeten Lots ist. Die Wirksamkeit dieser durch die Praxis vielfach bestätigten Empfehlung beruht darauf, daß mit abnehmender Temperatur die Platzwechselvorgänge zunehmend langsamer verlaufen, d.h., die Breite der Legierungszone (und damit auch ihre Gefährlichkeit) nimmt ab.

In Bild 3-134 sind einige charakteristische Formen der Legierungszone dargestellt. Je nach Arbeitstemperatur der Lote entstehen Legierungszonen mit Breiten zwischen 0,5 µm und rund 20 µm. Lötverbindungen aus kaltverformten Stahlteilen, hergestellt mit kupfer- oder zinkhaltigen Loten, neigen bei Temperaturen oberhalb 900 °C zu der gefährlichen Lötbrüchigkeit. Dabei diffundiert bevorzugt Kupfer oder Zink sehr schnell entlang der Korngrenzen in den Stahl ein. Interkristalline Werkstofftrennungen treten dann solange in dem unter Zugspannungen stehenden Werkstoff auf, wie das Lot flüssig ist. Diese beim Verbindungsschweißen von Kupfer mit Stahl ebenfalls auftretende Schadensform läßt sich durch Wahl von Loten mit möglichst niedriger Arbeitstemperatur sicher vermeiden. Beim Löten von Stahl mit phosphorhaltigen Loten entsteht eine nur einige µm dicke Schicht aus Kupferphosphid, die extrem stoßempfindlich ist. Phosphorhaltige Lote dürfen daher nicht zum Löten von Eisenwerkstoffen verwendet werden.

3.10.2 Einteilung der Lötverfahren

In der DIN 8505, Teil 3, wird als Ordnungsmerkmal für die Einteilung der Lötverfahren die Art des Energieträgers gewählt. Im folgenden werden nur die wichtigsten Lötverfahren, geordnet nach der Art der Wärmequelle, besprochen.

Fester Körper

Beim *Kolbenlöten* erfolgt das Erwärmen der Lötstelle und das Abschmelzen des Lots i. a. mit einem von Hand geführten Lötkolben. Das Flußmittel kann getrennt oder in Form von Röhrenlot mit Flußmittelfüllung zugegeben werden.

Flüssigkeit

Beim *Lötbadlöten* werden die zu lötenden Teile mit Flußmittel benetzt in ein Bad mit flüssigem Lot getaucht, Bild 3-135. Selektives Löten wird durch Aufbringen von Pasten, Lacken oder Papiermasken erreicht. Durch senkrechtes Eintauchen in das *nicht* bewegte Bad können sich leicht Gasblasen und Flußmitteleinschlüsse bilden. Diese Nachteile sind beim *Wellenlöten* nicht vorhanden. Die das Werkstück berührenden Stellen der „Lötwelle" sind oxidfrei, weil das Verfahren mit bewegter Lotoberfläche arbeitet, Bild 3-136. Es wird meist in Verbindung mit einem Flußmittelbad und einer Trockenstrecke (trocknet das Flußmittel) zum Löten bestückter Platinen angewendet.

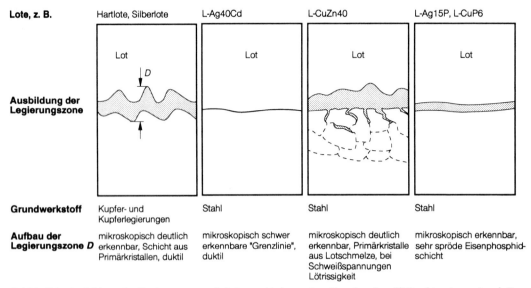

Lote, z. B.	Hartlote, Silberlote	L-Ag40Cd	L-CuZn40	L-Ag15P, L-CuP6
Ausbildung der Legierungszone	Lot	Lot	Lot	Lot
Grundwerkstoff	Kupfer- und Kupferlegierungen	Stahl	Stahl	Stahl
Aufbau der Legierungszone D	mikroskopisch deutlich erkennbar, Schicht aus Primärkristallen, duktil	mikroskopisch schwer erkennbare "Grenzlinie", duktil	mikroskopisch deutlich erkennbar, Primärkristalle aus Lotschmelze, bei Schweißspannungen Lötrissigkeit	mikroskopisch erkennbar, sehr spröde Eisenphosphidschicht

Bild 3-134. Ausbildung der Legierungszone D bei verschiedenen Lot-Grundwerkstoff-Kombinationen (nach Degussa).

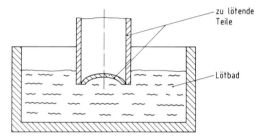

Bild 3-135. Einrichtung zum Lötbadlöten.

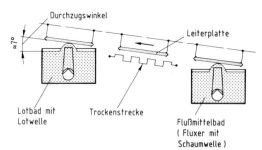

Bild 3-136. Einrichtung zum Wellenlöten
(nach DIN 8505, Teil 3).

Gas

Die Wärmequelle beim *Flammlöten* ist ein gas-betriebener Brenner, dessen Flamme neutral oder leicht reduzierend eingestellt wird. Bei mechanisierten Lötanlagen verwendet man meist Flammfeldbrenner, die im Werkstück ein sehr konstantes Temperaturfeld erzeugen. Anlagen mit Flammerwärmung sind relativ kostengünstig und leicht umrüstbar. Man setzt sie häufig ein, wenn zum Zusammenbau der Teile Halterungen erforderlich sind oder wenn große, sperrige Bauteile gelötet werden.

Das *Ofenlöten* kann mit Flußmitteln, in inerten Schutzgasen oder im Vakuum durchgeführt werden. Die Wärmequelle sind elektrische Heizelemente, die die Teile vorwiegend durch Wärmestrahlung und durch Konvektion der heißen Ofengase erwärmen. Die Vorteile dieser Erwärmungsart sind:

– Durch gleichmäßiges Aufheizen und Abkühlen sind die Lötteile spannungs- und verzugsfrei.

– Löten komplizierter Werkstücke mit vielen Lötstellen wird wirtschaftlich möglich.

– Durch Anwenden geeigneter Schutzgase bleiben die Oberflächen der Lötteile metallisch blank.

Elektrischer Strom

Die Arbeitstemperatur beim *Induktionslöten* wird durch einen in den zu lötenden Teilen induzierten Wechselstrom erzeugt, Bild 3-137. Charakteristisch für dieses Verfahren ist die Entstehung der Wärme *im* Werkstoff durch einen Induktor, der an die Werkstückform angepaßt werden muß. Die gewünschte Temperatur stellt sich sehr rasch ein (in 5 s bis 10 s), wodurch der erwärmte Bereich sehr genau begrenzt ist. Das Ergebnis sind sehr saubere, verzugsarme und hochwertige Lötverbindungen. Man kann mit Flußmitteln oder schutzgasdurchströmten Abdeckhauben arbeiten. Das Flußmittel wird vor dem Fixieren der Teile als Paste aufgetragen oder aufgespritzt. Bedingt durch die hohen Kosten, wird dieses Verfahren nur für die Serienfertigung angewendet.

Ein entscheidender technischer und wirtschaftlicher Vorteil des Lötens stellt die leichte Mechanisierbarkeit dar. Der Lötvorgang ist bei richtiger Wahl des Lots und Flußmittels wenig störanfällig. Der Einsatz qualifizierter Fachkräfte ist kaum erforderlich. Allerdings sind einige Besonderheiten der Serien- bzw. Massenfertigung zu beachten. Der Konstrukteur muß die zu verbindenden Teile so gestalten, daß sich *gleichmäßig* enge, in Fließrichtung des Lots parallelwandige Spalten bilden. Diese Forderung ist besonders wichtig, weil die Korrektur des Lötvorgangs durch einen fachkundigen Handlöter bei der großen Stückzahl nicht möglich und auch nicht erwünscht ist. Die Einzelteile müssen in der richtigen Lage zueinander fixiert und so lange gehalten werden, bis das in

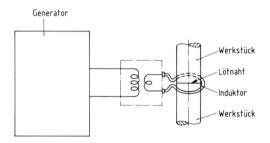

Bild 3-137. Einrichtung zum Induktionslöten
(nach DIN 8505, Teil 3).

den Spalt eingedrungene Lot erstarrt ist. Das Lot (und auch das Flußmittel) lassen sich auf verschiedene Weise aufbringen. Vielfach werden von Hand oder aus Magazinen zugeführte Lotformteile (Draht oder Lotblech) verwendet.

Für das mechanisierte Löten benutzt man häufig die mechanisch wenig aufwendigen Lötvorrichtungen oder Lötmaschinen, die über Einrichtungen zum automatischen Werkstücktransport verfügen. Bild 3-138 zeigt schematisch die zwei wichtigsten Lötmaschinenbauarten mit den Fördereinrichtungen Drehtisch und Förderband, die die Werkstücke kontinuierlich oder intermittierend durch die Erwärmungszone führen.

3.10.3 Flußmittel; Vakuum; Schutzgas

Die Benetzung und Ausbreitung des Lots sowie die Legierungsbildung zwischen Lot und Grundwerkstoff erfordert metallisch blanke Werkstückoberflächen. Oxide, Fremdstoffschichten (Farben, Fette, Schlacken, Beläge al-

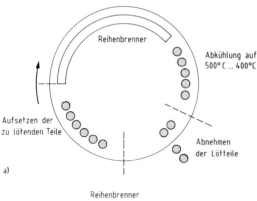

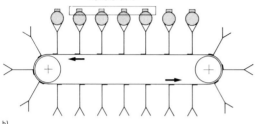

Bild 3-138. Lötmaschinenbauarten für das mechanisierte und automatische Löten (nach Degussa).
a) Karussell-Lötmaschine (intermittierende Bewegung)
b) Förderband-Lötmaschine (kontinuierliche Bewegung).

ler Art) sind daher vor dem Löten durch eine mechanische (z. B. Bürsten) oder chemische Behandlung (z. B. Beizen) sorgfältig zu beseitigen. Die während des Lötens neu gebildeten Oxide werden mit auf die Lötflächen aufgetragenen **Flußmitteln** oder mit Hilfe reduzierender Lötatmosphären (Schutzgase, „Vakuum") gelöst. Die chemisch sehr beständigen Oxide z. B. der Metalle Aluminium, Chrom und Titan müssen mit sehr aggressiven Sonderflußmitteln gelöst werden. Ein vollständiges Beseitigen der Flußmittelrückstände nach dem Löten ist daher zwingend notwendig, andernfalls sind Korrosionserscheinungen am Werkstück unvermeidlich.

Flußmittel sind hauptsächlich *Salzgemische,* die in Pulver-, Pasten-, Gasform oder in flüssiger Form verwendet werden. Der Temperaturbereich, in dem die Flußmittel und Lötatmosphären wirksam sind, ist der *Wirktemperaturbereich.* Die Arbeitstemperatur des verwendeten Lots muß im Wirktemperaturbereich des Flußmittels liegen. Flußmittel und Lot müssen daher aufeinander abgestimmt sein, eine Forderung, die auch von erfahrenen Praktikern manchmal nicht beachtet wird.

Flußmittel können ihre Aufgaben nur dann erfüllen, wenn ihre Schmelztemperatur unter der des verwendeten Lots liegt, da die Lösung der Oxide beginnt, bevor die Arbeitstemperatur (etwa gleich der Schmelztemperatur des Lots) erreicht ist. Das Flußmittel muß außerdem einen gleichmäßigen, dichten Überzug bilden, dessen Wirksamkeit bei der Löttemperatur über die Dauer der Lötzeit erhalten bleibt. Ein möglichst tiefliegender Wirktemperaturbereich und eine hohe Lösungsgeschwindigkeit der Oxide verhindern ein Verzundern des Werkstücks beim Erwärmen. Damit wird die praxiserprobte Regel verständlich, nach der schnell erwärmt (ausreichend rasche und intensive Energiezufuhr) und schnell gelötet werden soll. Die Lötzeit wird begrenzt durch die Erschöpfung des Lösungsvermögens des Flußmittels für Metalloxide. Die Wirkzeit des Flußmittels bei der Löttemperatur beträgt nur etwa 4 min bis 5 min.

Die Lötspalte sind so zu dimensionieren, daß die eindringende Flußmittelmenge zum Lösen der Oxide ausreicht. Sehr enge Spalte werden daher oft nicht vollständig mit Flußmittel (und Lot) ausgefüllt, nicht gelöste Oxidreste, d. h. die

Tabelle 3-16. Flußmittel zum Löten metallischer Werkstoffe (nach Degussa)

Flußmittel-gruppe	Typ	Zusammensetzung (Verhalten der Flußmittelrückstände)	Anwendungsbereich
Hartlöten Schwermetalle	F-SH 1	Borverbindungen und Fluoride (hygroskopisch)	Silberhartlote mit Arbeitstemperaturen bis maximal 800°C
	F-SH 2	Borverbindungen (nicht hygroskopisch)	Hartlote mit Arbeitstemperaturen zwischen 750°C und 1000°C
	F-SH 3	Borverbindungen, Phosphate Silicate (nicht hygroskopisch)	Hartlote mit Arbeitstemperaturen über 1000°C
	F-SH 4	Chloride und Fluoride (hygroskopisch)	Hartlote mit Arbeitstemperaturen zwischen 600°C und 1000°C im Reaktorbau (borfrei)
Weichlöten Schwermetalle	F-SW 11	Zink- und (oder) Ammoniumchlorid und freie Säuren (korrodierend)	chromhaltige Stähle, stark oxidierte Werkstücke
	F-SW 12	Zink- und (oder) Ammoniumchlorid (korrodierend)	chromfreie Stähle und NE-Metalle, wenn Abwaschen der Rückstände möglich
	F-SW 24	Amine, Diamine, Harnstoff (bedingt korrodierend)	chromfreie Stähle und NE-Metalle, wenn Abwaschen der Rückstände nicht möglich
	F-SW 32	Harze mit halogenfreien Zusätzen (nicht korrodierend)	Kupfer
Hartlöten Leichtmetalle	F-LH 1	hygroskopische Chloride und Fluoride (korrodierend)	für Werkstoffe, die gewaschen (auch gebeizt, neutralisiert) werden können
	F-LH 2	nicht hygroskopische Fluoride (nicht korrodierend)	für Werkstoffe, die nicht mit Feuchtigkeit in Berührung kommen dürfen
Weichlöten Leichtmetalle	F-LW 1 F-LW 2	lotbildende Zink- und (oder) Zinnchloride organische Verbindungen (korrodierend)	für Werkstücke, die gewaschen werden können

Gefahr von Fehllötungen, sind dann unvermeidlich (s. a. Abschn. 3.10.5). Grundsätzlich muß bei höherer Arbeitstemperatur die Spaltbreite wegen der dann zunehmenden Oxidfilmdicke größer werden.

Die Flußmittel sind in DIN 8511, Blatt 1 bis 3, genormt. Danach werden unterschieden:

– Flußmittel zum **Hartlöten** von **Schwermetallen** mit der Kennzeichnung: **F-SH 1, F-SH 2, F-SH 3** und **F-SH4.**
Es bedeuten: F Flußmittel,
S Schwermetalle,
H Hartlöten.
Die Ziffern kennzeichnen den Wirktemperaturbereich und geben Hinweise auf die Zusammensetzung des Flußmittels. Die Auswahl erfolgt in erster Linie nach der Arbeitstemperatur des verwendeten Lots. Es werden Universal- und Sonderflußmittel unterschieden, die besondere Eigenschaften haben (z. B. können sie sehr dünnflüssig oder sehr dickflüssig sein).

– Flußmittel zum **Weichlöten** von **Schwermetallen** tragen die Kennzeichnung: **F-SW xx.** Die zweistellige Kennzahl „xx" gibt Hinweise auf Zusammensetzung und Verwendung. Die Wirktemperaturen liegen im Bereich zwischen 200°C und 400°C. Mit steigender Kennzahl nimmt die Aggressivität und damit die universelle Verwendbarkeit ab. Man beachte, daß ein Beseitigen der Flußmittelrückstände mit zunehmender Oxidlöslichkeit wegen ihrer korrosiven Wirkung immer dringlicher wird.

– Flußmittel zum **Hartlöten** und **Weichlöten** von **Leichtmetallen** mit der Kennzeichnung: **F-LH 1** und **F-LH 2** für das Hartlöten bzw. **F-LW 1, F-LW 2, F-LW 3** für das Weichlöten.

In Tabelle 3-16 sind für einige ausgewählte Flußmittel einige wichtige Hinweise auf Zusammensetzung und Anwendungsbeispiele gegeben.

Das Entfernen der Oxide mit Flußmitteln ist mit einer Reihe von Nachteilen verbunden:

– Flußmittel muß auf die Oberflächen aufgebracht werden. Oft ist auch das Beseitigen der Reaktionsprodukte erforderlich. Die zusätzlichen Arbeitsgänge verringern die Wirtschaftlichkeit des Verfahrens.
– Flußmitteleinschlüsse sind kaum vermeidbar, Füllgrade von etwa 80% bis 90% sind schon als gut anzusehen.
– Die Wirksamkeit geht nach relativ kurzen Zeiten (4 min bis 5 min) verloren.

Die genannten Nachteile sind weitestgehend vermeidbar, wenn die Oxidschichten mit (reduzierendem oder inertem) **Schutzgas** oder im **Vakuum** beseitigt werden. Das Löten mit diesen oxidlösenden „Medien" geschieht ausschließlich in teuren Ofenlötanlagen, d.h., es wird überwiegend für Massenartikel verwendet.

Die reduzierende Wirkung der Schutzgase ist abhängig von der Stabilität der Oxide und der Menge und Art der im Schutzgas enthaltenen reduzierenden (z.B. H_2, CO) und nicht reduzierenden Komponenten (z.B. H_2O, CO_2). Mit zunehmender Feuchtigkeitsmenge und zunehmender Bildungsenthalpie der zu lösenden Oxide steigt die Löttemperatur. Sie ist damit nicht nur von der Art des Lots, sondern auch wesentlich von der Art und Güte des verwendeten Schutzgases abhängig. Die Oxide, z.B. des Titans und Aluminiums, lassen sich nicht in reduzierenden Schutzgasatmosphären bei noch beherrschbaren Temperaturen lösen, diese Metalle also auch nicht löten.

Inerte Schutzgase, wie z.B. Argon, werden zum Löten hochlegierter Stähle verwendet. Sie sind im Gegensatz zu wasserstoffhaltigen Schutzgasen explosionssicher, haben aber keine reduzierende Wirkung.

Die Verwendung von „Vakuum" als Oxidlöser bietet den großen Vorteil, daß die Zugabe von Flußmitteln entfällt. Das Verfahren verlangt sehr hohe Investitionskosten (Ofenanlage, Vakuumpumpe). Die mechanischen Gütewerte werden aber von keinem anderen Lötverfahren erreicht. Gelötet wird bei Temperaturen oberhalb 600 °C und Drücken zwischen 10^{-4} bar und 10^{-9} bar. Das Verfahren wird in der Fertigung von Elektronen- und Senderöhren sowie im Turbinenbau mit großem Erfolg angewendet.

Der Wirkmechanismus des „Schutzgases" Vakuum ist nicht genügend genau bekannt. Die Zersetzung des Oxids als Folge des niedrigen Sauerstoffpartialdrucks stellt sicher nicht den entscheidenden Mechanismus dar. Wahrscheinlicher ist das Aufbrechen der Oxide beim Erwärmen und bei ihrer anschließenden Unterwanderung durch das flüssige Lot. Diese Vorgänge sind mit einiger Sicherheit auch für die oxidlösende Wirkung der inerten Schutzgase verantwortlich. Die Qualität des Vakuums wird entscheidend durch die Menge der unerwünschten Gasbestandteile Sauerstoff, Wasserdampf und Kohlendioxid bestimmt.

3.10.4 Lote

Die thermische Beanspruchung des Werkstücks beim Löten ist erheblich geringer als beim Schweißen, der Umfang und die Art werkstofflicher Veränderungen sind i.a. vernachlässigbar. Sie sind abhängig von der Art des Lots, d.h. im wesentlichen von der Arbeitstemperatur. Die Lötdauer liegt zwischen einigen Sekunden (Induktionslöten) und wenigen Minuten.

Lote sind meistens Legierungen, z.T. benutzt man auch reine Metalle. Sie werden in Form von z.B. Drähten, Stäben, Blechen, Pulvern, Pasten und Formteilen verwendet. Je nach der Höhe der Liquidustemperatur T_L der Lote unterscheidet man das **Weichlöten** ($T_L < 450$ °C) und das **Hartlöten** ($T_L > 450$ °C). Das **Hochtemperaturlöten** ist ein *flußmittelfreies* Löten unter Luftabschluß (Schutzgas, Vakuum) mit Loten, deren Liquidustemperatur oberhalb 900 °C liegt.

Weichlöten ist ein thermisches Füge- und Beschichtungsverfahren mit Loten, die überwiegend auf Zinn- und/oder Bleibasis aufgebaut sind. In den meisten Fällen werden Flußmittel verwendet. Das Verfahren bietet Vorteile, wenn dichte und(oder) elektrisch leitende Verbindungen erforderlich sind. Höhere Festigkeiten verlangen bestimmte konstruktive Maßnahmen. Durch die sehr niedrigen Arbeitstemperaturen sind die Erwärmungsvorgänge unkritisch, gut steuerbar und mechanisierbar (nach DIN 8505).

Weichlote (DIN 1707)

Das Verhalten und einige Eigenschaften der technisch wichtigsten Weichlote auf der Basis Blei-Zinn können der Fachliteratur und dem Zustandsschaubild, Bild 3-139, entnommen werden. Schnellfließende, dünnflüssige, für die

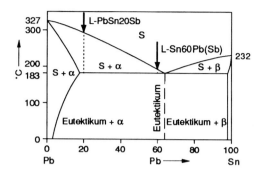

Bild 3-139. Zustandsschaubild Blei-Zinn (Weichlote).

Elektroindustrie geeignete Lote sind eutektische oder naheutektische Legierungen. Der nahezu fehlende Erstarrungsbereich bewirkt, daß die Schmelze bis zum Erstarren flüssig bleibt und nicht durch primär ausgeschiedene Kristalle „teigig" wird. Der Schmelzbereich des nahezu eutektisch zusammengesetzten Lots L-Sn60Pb(Sb) liegt zwischen 183 °C und 190 °C. Lotformteile für Massenlötungen müssen grundsätzlich aus eutektischen Legierungen bestehen. Bei Loten mit größeren Erstarrungsintervallen kann nur die sich *zuerst* bildende Schmelze in den Lötspalt eindringen, die noch festen Kristalle machen ein Verschießen des Lots unmöglich.

Zum Handlöten (Kabellöten, Klempnerarbeiten) ist dagegen eine bestimmte Teigigkeit des flüssigen Lots zweckmäßig, die die Modellierfähigkeit verbessert. In diesen Fällen werden Legierungen mit größerem Erstarrungsbereich verwendet, z. B. das als *Schmierlot* oder *Wischlot* bekannte Lot L-PbSn35Sb oder L-PbSn20Pb (Schmelzbereich zwischen 186 °C und 270 °C). In Tabelle 3-17 sind die Einteilung, der Anwendungsbereich und einige für den Lötprozeß wichtige Eigenschaften zusammengestellt.

Hartlote (DIN 8513)

Nach DIN 8513 werden die Hartlote in folgende Gruppen eingeteilt (Tabelle 3-17):

- **Kupferbasislote:** Die Arbeitstemperaturen liegen zwischen 845 °C und 1040 °C. Sie werden vorzugsweise zum Hartlöten von Eisen- und Nickelwerkstoffen sowie von Kupfer verwendet. Die phosphorhaltigen Lote sind zum Löten der Eisenwerkstoffe nicht geeignet (Abschn. 3.10.1).

- **Silberhaltige Lote** (< 20% Massengehalt Silber: Die Arbeitstemperaturen liegen zwischen 800 °C und 860 °C. Diese Lote werden u. a. für Stähle, Temperguß, Nickel, Kupfer und deren Legierungen verwendet.

- **Silberhaltige Lote** (> 20% Massengehalt Silber): Diese Gruppe enthält die technisch wichtigsten Hartlote. Die cadmiumhaltigen Universalhartlote (DIN 8513, Teil 3) sind niedrigschmelzend und erlauben ein werkstoff- und werkstückschonendes Löten bei kurzen Lötzeiten. Das niedrigstschmelzende Hartlot L-Ag40Cd mit einer Arbeitstemperatur von nur 610 °C wird wegen seines geringen Erstarrungsintervalls bevorzugt zum Handlöten, aber auch zum Löten mit Lotformteilen auf Lötanlagen eingesetzt.

- **Aluminiumbasislote:** Da Aluminium nur mit sehr wenigen Elementen Legierungen bildet, existiert eine sehr kleine Anzahl geeigneter Al-Hartlote. Das wichtigste Lot ist die sehr korrosionsbeständige eutektische Legierung L-AlSi12. Reinaluminium läßt sich gut hartlöten. Mg- und Si-Zusätze erschweren die Benetzbarkeit und senken die Solidustemperatur bis in die Nähe der Arbeitstemperatur der Lote.

- **Nickelbasislote zum Hochtemperaturlöten:** Diese Lote werden zum Hochtemperaturlöten z. B. von Eisen- und Nickelwerkstoffen im Kern- und Reaktorbau verwendet.

- **Vakuumhartlote:** Zum Löten im Vakuum bzw. bestimmter hochreaktiver Werkstoffe wie z. B. Titan, Zirconium und Beryllium sind Sonderhartlote erforderlich, die aus Edelmetallen (Ag, Au, Pt) und Kupfer bestehen. Die Arbeitstemperaturen liegen zwischen 720 °C und 1770 °C (reines Platin).

Der Vorteil der sehr teuren Vakuumhartlote sind die im Vergleich mit anderen Hartloten erzielbaren deutlich besseren mechanischen Gütewerte. Die Verwendung von Flußmitteln ist nicht erforderlich, daher ist der Füllgrad der metallisch blank bleibenden Lötstellen sehr groß. Die wichtigste Anforderung an diese Lote (und an die zu lötenden Grundwerkstoffe) ist ein möglichst hoher Dampfdruck der beteiligten Elemente. Ein „Verdampfen" der Bestandteile muß während des Lötvorgangs und bei der Beanspruchung im Betrieb vermieden werden. Die notwendige Benetzung des flüssigen Lots im Vakuum erfordert extrem verunreinigungsfreie Werkstoffe. Die Lötflächen sind sorgfäl-

Tabelle 3-17. Die wichtigsten Lotgruppen (nach Degussa)

Gruppenbezeichnung	typische Lote nach DIN	Löttemperaturbereich °C	Erstarrungsbereich ΔT °C	Anwendungsbereich
Blei-Zinn-Weichlote, DIN 1707	L-Sn60Pb L-Sn50Pb	185 bis 325	183 bis 190 183 bis 215	Elektroindustrie, Klempnerarbeiten
Sonderweichlote, DIN 1707	L-SnPbCd 18 L-SnAg 5 L-SnSb 5 L-CdAg 5	145 bis 395	145 bis 145 221 bis 240 230 bis 240 340 bis 395	metallisierte Keramik Kupferrohr-Installation für Warm- und Kaltwasser Kältetechnik Elektroindustrie (Magnetwerkstoffe)
niedrigschmelzende cadmiumhaltige Universalhartlote, DIN 8513 T3	L-Ag45Sn L-Ag40Cd	610 bis 800	640 bis 680 595 bis 630	Gas-Wasser-Installation Elektrotechnik Kältetechnik Kfz-Zuliefer-Industrie
cadmiumfreie Universalhartlote, DIN 8513 T1, T3	L-Ag44 L-CuZn40 L-CuNi10Zn42	730 bis 1100	680 bis 740 890 bis 900 890 bis 920	Elektrotechnik verzinkte Stahlrohre, Stahlmöbel Schutzgaslötungen an Massenbauteilen
phosphorhaltige Hartlote für Kupferwerkstoffe, DIN 8513 T2	L-Ag15P L-Ag2P	710 bis 800	650 bis 800 650 bis 810	Elektroindustrie Kupferrohr-Installation für Warm- und Kaltwasser
Hochtemperaturhartlote auf Edelmetallbasis	SCP1 VH950 PN1	810 bis 1700	807 bis 810 950 bis 950 1237 bis 1237	Radio- und Elektronenröhren Turbinen- und Reaktorbau Turbinen- und Reaktorbau
Hochtemperaturhartlote auf Nickelbasis AWS A 5.8-62T (DIN 8513 T5)	B-Ni7 (L-Ni7) B-Ni5 (L-Ni5) B-Ni2 (L-Ni2)	900 bis 1200	890 bis 890 1080 bis 1135 970 bis 1000	Kern- und Reaktorbau Turbinenbau Turbinenbau
Aluminiumhartlot, DIN 8512	L-AlSi12	560 bis 600	575 bis 590	Wärmeaustauscher
Aluminiumweichlot, DIN 8512	L-CdZn20	200 bis 350	270 bis 280	Kühlerbau, Elektrokabel

tigst zu reinigen und nachzubehandeln (spülen und trocknen).

3.10.5 Konstruktive Hinweise zur Gestaltung von Lötverbindungen

Ähnlich wie beim Schweißen wird die Qualität und Funktionssicherheit einer Lötverbindung entscheidend durch eine lötgerechte Konstruktion bestimmt. Der Konstrukteur muß insbesondere sicherstellen, daß das Lot die Lötflächen benetzen und sich auf ihnen ausbreiten kann. Die Fertigung sollte wirtschaftlich möglich sein. Die hier gegebenen Hinweise erleichtern das Verständnis der in Abschn. 3.11 skizzierten Konstruktionsbeispiele. Nachstehend sind die wichtigsten Grundregeln zusammengestellt.

Wahl und Form der Spaltbreite (Abschn. 3.10.1)

Die Spaltbreite ist abhängig von dem angewendeten Lötverfahren (Bild 3-131) und der Art des Lots. Die dünnflüssigen eutektischen Lote erfordern enge Lötspalte. Da ihr kapillarer Fülldruck hoch ist, können sie großflächige Lötfugen ausfüllen. Lote mit großem Erstarrungsintervall sind dickflüssiger, daher müssen die Spaltbreiten größer sein. Die Spaltbreite muß außerdem möglichst konstant bleiben. Eine

Breitenzunahme in der Fließrichtung des Lots
führt zu einer starken Abnahme des kapillaren
Fülldrucks p_k, d. h., die weitere Ausbreitung des
Lots im Spalt ist unmöglich. Ein sich in Fließrichtung verengender Spalt saugt dagegen das
Lot in den Spalt. Die Lage der Lötformteile bei
Massenlötungen ist daher in Abhängigkeit von
der Fließrichtung des Lots festzulegen, Bild
3-140. Plötzliche Querschnittsänderungen des
Spalts sind ebenso nachteilig wie z. B. keil- oder
trichterförmige Spalterweiterungen (Bild 3-154,
3-160). Der Lotverbrauch ist groß, und die Bildung von Schwindungslunkern wahrscheinlich.
Sind derartige Anordnungen konstruktiv oder
fertigungstechnisch nicht möglich, dann müssen geeignete Lotformteile vorgesehen werden
(Bild 3-148, 3-149, 3-155).

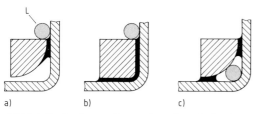

*Bild 3-140. Spaltquerschnitte, die sich in Fließrichtung
des Lots:*
*a) erweitern: sehr ungünstig (Lotfluß bleibt im Spalt
„stecken"),*
b) nicht verändern, d.h. die gleich breit sind: günstig,
*c) verengen: sehr günstig – eingelegter Lötdraht
(nach Degussa).*

Die notwendigen Platzwechselvorgänge innerhalb der Flußmittel-Lot-Kombination laufen
um so unvollständiger ab, je größer die Lötfläche und je länger die Lotflußwege sind. Die
damit verbundenen Probleme der Flußmitteleinschlüsse und einer nicht ausreichenden
Formfüllung der Lötfläche lassen sich konstruktiv durch Verkürzen der Lotflußwege und/
oder durch Vorsehen von Abflußöffnungen für
das Flußmittel beheben (Bild 3-132 und Bild
3-146).

Oberflächenfeingestalt der Lötstellen

Die (mittlere) Rauhtiefe R_z ist wesentlich für
das Vermögen des Lots. Oberflächen zu benet-

zen und sich auf ihnen ausbreiten zu können.
Die Rauhtiefen sollten nicht größer als 80 µm
bis 100 µm sein, optimal im Bereich zwischen
1,6 µm und 25 µm liegen. Die Riefen bei geschruppten Oberflächen (Rauhtiefen 25 µm bis
>100 µm) müssen in Fließrichtung des Lots
angeordnet sein. Andernfalls wird das Verschie
ßen des Lots sehr behindert, die Füllung des
Lötspalts bleibt dann unvollständig, und die
Belastbarkeit der Lötverbindung wird verringert.

3.11 Gestaltung von Lötverbindungen

3.11.1 Allgemeines

Die konstruktive Gestaltung der Lötverbindungen muß sicherstellen, daß

– die physikalischen und chemischen Vorgänge
  stattfinden können,
– die wirtschaftliche Fertigung möglich ist,
– die auftretenden Kräfte übertragen werden
  können.

Voraussetzungen hierfür sind

– die richtige Wahl der Lötspaltbreite und
– die Form der Lötstelle.

3.11.2 Gestaltungsregeln

Die Wahl der Lötspaltbreite ist abhängig von

– dem verwendeten Lot,
– der Art der Zuführung des Lots bzw. der
  Fertigungsart,
– dem verwendeten Schutzmedium und
– der Spaltbreitenänderung bei Erwärmung.

Die Form der Lötstelle soll gewährleisten, daß

– der Lötspalt möglichst gleichmäßig die gesamte Lötfläche umschließt,
– eine Unterbrechung des Lötspalts vermieden
  wird,
– das Flußmittel entweichen kann,
– keine Spannungskonzentration auftritt.

Großflächige Lötstellen sollen möglichst vermieden werden. Beim Löten verschiedener
Werkstoffe sind die unterschiedlichen Ausdehnungskoeffizienten zu beachten.

3.11.3 Gestaltung von Blechverbindungen

Gestaltung
unzweckmäßig   zweckmäßig

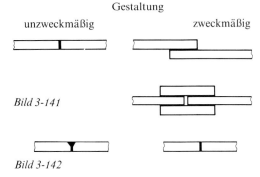

Bild 3-141
Bei Stumpflötungen wird die Festigkeit des Grundwerkstoffes nicht ausgenutzt. Überlapp- und Laschenverbindungen ermöglichen eine größere Lötfläche.

Bild 3-141

Bild 3-142
Eine Keil- oder trichterförmige Ausbildung des Lötspaltes sollte vermieden werden, da sie eine Herabsetzung der Festigkeit, Erhöhung des Lotverbrauchs und Bildung von Fehlstellen (Lunker) zur Folge hat.

Bild 3-142

Bild 3-143
Eckverbindungen sollten stets überlappt ausge- führt werden.

Bild 3-143

Bild 3-144
Bei Dünnblechbehältern neigt die Querüberlap- pung zum Abheben. Bei der Falznaht ist die Lötverbindung teilweise mechanisch entlastet und übernimmt vorwiegend Dichtfunktionen.

Bild 3-144

3.11.4 Gestaltung von Rundverbindungen

Gestaltung

unzweckmäßig   zweckmäßig

Bild 3-145
Beim Verbinden eines Bolzens mit einer Platte ist die Stumpflötung zu vermeiden. Steckverbindungen ermöglichen eine Beanspruchungsentlastung und sind wegen der größeren Nahtfläche fester.

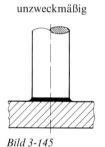
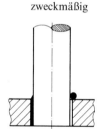

Bild 3-145

Bild 3-146
Beim Einlöten von Bolzen in Grundlöcher muß für eine Entlüftung gesorgt werden, damit das Flußmittel entweichen kann.

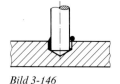
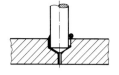

Bild 3-146

Bild 3-147
Eine einwandfreie Lötverbindung zwischen einer Buchse und einem Bolzen kann durch einen Absatz in der Buchse bzw. im Bolzen sichergestellt werden.

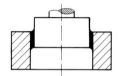
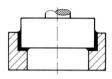

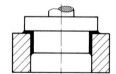

Bild 3-147

Bild 3-148 und 3-149
Die Lötfugen müssen so gestaltet sein, daß das Lot gut einfließen kann (Bild 3-135). Erweiterungen im Lotspalt (Bild 3-136) vermindern die Kapillarwirkung.

Bild 3-148

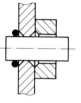
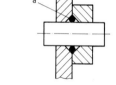

Bild 3-149

Gestaltung

unzweckmäßig   zweckmäßig

Bild 1-150
Verengungen im Lötspalt beeinträchtigen den
Durchfluß des mit Oxiden angereicherten Fluß-
mittels.

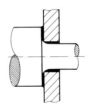
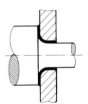

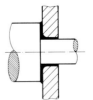

Bild 3-150

Bild 3-151
Durch allmählichen Übergang der Nabe zur
Welle läßt sich – besonders bei dynamisch beanspruchten Verbindungen – eine geringere Kerbwirkung erreichen.

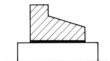

Bild 3-151

Bild 3-152
Durch zweckmäßige Anbringung des Lots
kann der Fließweg verkleinert und die Lagesi-
cherung des Lots gewährleistet werden.

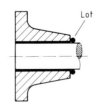
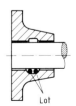

Bild 3-152

3.11.5 Gestaltung von Rohrverbindungen

Gestaltung

unzweckmäßig   zweckmäßig

Bild 3-153
Rohre mit Wanddicken von 1 mm und darüber
lassen sich stumpf aneinander löten (genaues
Ausrichten erforderlich). Muffen- und Steckverbindungen schaffen ausreichend große Lötflächen.

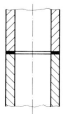
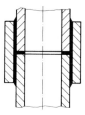
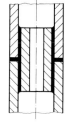
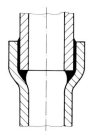

Bild 3-153

Bild 3-154
Beim Ineinanderlöten ist darauf zu achten, daß
das aufnehmende Rohrende möglichst zylindrisch aufgeweitet ist und sich somit parallel
verlaufende Lötspalte ergeben. Kontinuierliche
Erweiterungen, wie zum Vereinfachen der Herstellung oder Montageerleichterung, verbrau-
chen viel Lot, sind damit unwirtschaftlich und
haben schädliche Schwindungslunker zur
Folge.

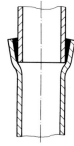
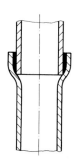

Bild 3-154

Gestaltung

unzweckmäßig   zweckmäßig

Bild 3-155
Der Lötspalt darf nicht unterbrochen werden,
da das Lot die Aufweitung des Spalts nicht
überbrücken kann (Kapillarwirkung).

Bild 3-155

Bild 3-156
Lotanhäufungen vermeiden. Das Einarbeiten
bzw. Anpassen des Rohrs ergibt eine einwandfreie Verbindung.

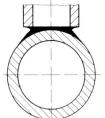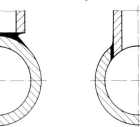

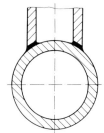

Bild 3-156

Bild 3-157
Zum Anlöten von Flanschen an Rohre ist ein
Absatz zwischen Flansch und Rohr zur Lotauf-
nahme zweckmäßig.

Bild 3-157

Bild 3-158
Der Lotring muß so eingelegt werden, daß das
Lot durch Kapillarwirkung in den Lötspalt ge-
saugt werden kann.

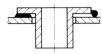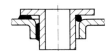

Bild 3-158

3.11.6 Gestaltung von Bodenverbindungen

Gestaltung

unzweckmäßig   zweckmäßig

Bild 3-159
Stumpflötungen von Böden sind zu vermeiden.
Zweckmäßig ist ein Absatz innen oder außen
zwischen Boden und Rohr zur Lotaufnahme.

Bild 3-159

Bild 3-160
Keinen keilförmigen Spalt vorsehen. Die zu fügenden Teile müssen zylindrisch sein, damit
sich parallel verlaufende Lötspalte ergeben.

Bild 3-160

Bild 3-161
Blindflansche nicht stumpf verbinden, sondern
wie rechts dargestellt anlöten.

Bild 3-161

3.12 Metallkleben

Das Verbinden von Metallen untereinander oder mit anderen Werkstoffen wird beim Kleben durch eine dünne Kunstharzschicht (Klebstoff) erreicht. Die Festigkeit der geklebten Verbindung hängt von der Eigenfestigkeit (*Kohäsion*) und den Verformungseigenschaften des Klebstoffs sowie von den Bindekräften zwischen Klebstoffschicht und der Fügeteiloberfläche (*Adhäsion*) ab.

Weitere Einflußgrößen sind die Eigenschaften der Fügeteilwerkstoffe und die Abmessungen. Die Wirksamkeit der Bindekräfte in der Grenzschicht kann durch Vorbehandlung der Klebflächen beeinflußt werden (s. Richtlinie VDI 2229).

Die Festigkeit der Klebstoffe ist im Vergleich zu den Metallen verhältnismäßig gering. Damit die Tragfähigkeit einer Metallklebung und die der geklebten Werkstoffe annähernd gleich sind, müssen genügend große Klebflächen vorgesehen werden.

Die Konstruktion der Klebfuge sollte so ausgebildet werden, daß die zu übertragenden Kräfte möglichst in Richtung der Klebebene angreifen (*Scherkräfte*). Für die Aufnahme von Biege- und Schälkräften sind Klebungen weniger geeignet.

3.12.1 Klebstoffe

Für das konstruktive Kleben von Metallen untereinander und mit anderen Werkstoffen können unterschiedliche Klebsysteme verwendet werden. Die Auswahl von Klebstoffen sollte nach anwendungstechnischen Kriterien vorgenommen werden, wie z. B.

– Auftragverfahren,
– Abbindebedingungen,
– Anforderungen an die Klebung.

Das folgende System der Klebstoffeinteilung nach dem Abbindemechanismus entspricht inhaltlich der Richtlinie VDI 2229 hinsichtlich der Klebstoffauswahl unter konstruktiven, verfahrens- und klebtechnischen Gesichtspunkten.

3.12.1.1 Physikalisch abbindende Klebstoffe

Bei diesen Klebstoffen ist die Entstehung der Klebschicht, das Abbinden, im wesentlichen auf physikalische Prozesse zurückzuführen, wie z. B.

– Ablüften von Lösungsmitteln vor dem Fügen,
– Erstarren einer Schmelze oder
– Gelierung eines zweiphasigen Systems.

Die Klebstoffschichten sind thermoplastisch und haben somit eine stärkere *Kriechneigung* unter Belastung als chemisch vernetzte Systeme. Mit physikalisch abbindenden Klebstoffen werden zumeist gut verformbare Klebfugen mit mittlerer Scherfestigkeit erreicht. Ein Zusatz von reaktiven Substanzen zur Verstärkung der Haftvermittlung bedeutet noch nicht, daß solche Systeme zu den chemisch reagierenden Klebstoffen gezählt werden.

Physikalisch abbindende Klebstoffe besitzen im Vergleich zu den Reaktionsklebstoffen i. a. nur eine geringe Wärme- und Lösungsmittelbeständigkeit.

Kontaktklebstoffe basieren auf gelösten Kautschuken, die durch Harze und Füllstoffe modifiziert sind. Man trägt sie beidseitig auf die Fügeteiloberflächen auf. Nach dem Ablüften der Lösungsmittel werden die Fügeteile unter kurzem starkem Druck zusammengefügt und erreichen sofort eine relativ hohe Anfangsfestigkeit.

Schmelzklebstoffe trägt man in geschmolzenem Zustand auf. Die Mehrzahl der Produkte wird zwischen 150 °C und 190 °C verarbeitet. Unmittelbar nach dem Auftrag müssen die zu verklebenden Teile vor dem Erstarren des Klebstoffs zusammengefügt werden. Die Klebwirkung wird erreicht durch die gute Kohäsion unterhalb des Erweichungspunkts und die Adhäsion auf unterschiedlichen Substraten.

Klebplastisole sind lösungsfreie Klebstoffe, die zum Abbinden eine Wärmeeinwirkung zwischen 140 °C und 200 °C benötigen. Sie bestehen aus einer Dispersion von PVC in Weichmachern mit Füllstoffen und Haftvermittlern. Eine besondere Eigenschaft von PVC-Plastisolen ist das Öl- und Fettaufnahmevermögen des Klebstoffs.

3.12.1.2 Reaktionsklebstoffe

Als Reaktionsklebstoffe werden solche Klebstoffsysteme bezeichnet, die vor dem Abbinden aus noch reaktionsfähigen niedermolekularen Verbindungen bestehen und während des Abbindens in der Klebfuge in hochmolekulare, vernetzte Polymere überführt werden. Man unterscheidet je nach Reaktionstyp zwischen

- Polymerisations-,
- Polyadditions- und
- Polykondensationsklebstoffen.

In den meisten Fällen handelt es sich bei diesen Klebstoffen um flüssige bis pastenförmige oder filmförmige lösungsmittelfreie Systeme. Die Abbindereaktion wird durch einen Härter oder Katalysator ausgelöst, kann aber auch durch Einwirken erhöhter Temperaturen, von Luftfeuchtigkeit oder durch Entzug von Sauerstoff herbeigeführt werden.

Polymerisationsklebstoffe sind als Ein- oder Zweikomponentensysteme verfügbar. In jedem Fall wird die Polymerisation katalytisch ausgelöst. *Zweikomponenten*-Klebstoffe basieren auf Polymethylenacrylaten, ungesättigten Polyestern oder anderen Vinylverbindungen.

Die Geschwindigkeit der Reaktion kann durch die Menge des zugesetzten Katalysators oder durch Temperaturführung gesteuert werden. Neben den vor dem Auftrag zu mischenden Systemen gibt es solche, bei denen Komponente A auf eine Seite des Fügeteils und Komponente B auf die andere Seite aufgetragen werden müssen (Nomix-Verfahren). Das Abbinden bei diesen Systemen setzt erst nach dem Zusammenfügen der Teile ein. Dieses Verfahren wird u.a. zum Aufkleben von Dehnungsmeßstreifen (DMS) auf zu prüfende Bauteile eingesetzt.

Bei den *Einkomponenten*-Polymerisationsklebstoffen auf der Basis von Cyanacrylaten wird die Reaktion durch die auf den Fügeoberflächen vorhandenen polaren Substanzen ausgelöst (Feuchtigkeit). Klebstoffe, die durch Luft stabilisiert werden und erst in der Klebfuge unter Ausschluß der Luft polymerisieren, nennt man abbindend.

Polyadditionsklebstoffe sind dadurch gekennzeichnet, daß mindestens zwei chemisch unterschiedliche Stoffe in einem stöchiometrischen Verhältnis gemischt werden und miteinander reagieren. Die Reaktion beginnt, wenn beide Komponenten in reaktionsfähigem Zustand aufeinandertreffen. Polyadditionsklebstoffe sind sowohl ein- als auch mehrkomponentig verfügbar. Die wesentlichen Eigenschaften solcher Systeme sind die sehr geringe Volumenänderung während des Abbindens und die im Vergleich zu Polymerisationsklebstoffen geringe Abbindegeschwindigkeit.

Als Basis dienen in den meisten Fällen *Epoxidharz* oder reaktives *Polyurethan*. Während die zweikomponentigen Systeme flüssig bis pastös eingestellt sind und schon bei Raumtemparatur abbinden, benötigen die einkomponentigen Klebstoffe (sowohl flüssig, pastenförmig, in fester Form und als Klebefilm lieferbar) erhöhte Temperaturen zum Abbinden.

Polykondensationsklebstoffe reagieren unter Abspaltung flüchtiger Stoffe. Daher ist zu ihrem Abbinden mindestens ein Preßdruck von $40 \, \text{N/cm}^2$ erforderlich. Für konstruktive Metallklebungen kommen im wesentlichen Klebstoffe auf der Basis eines flüssigen Phenol-Formaldehyd-Harzes oder eines festen Polyvinylformaldehyds zum Einsatz, die bei einer Temperatur von $120\,°\text{C}$ bis $160\,°\text{C}$ abbinden. Auf gleicher Basis sind auch filmförmige Klebstoffe erhältlich.

Eine weitere relativ neue Gruppe von Polykondensationsklebstoffen mit besonders hoher Temperaturbeständigkeit basiert auf Polymid oder Polybenzimidazol. Für die Verarbeitung dieser Klebstoffsysteme sind Temperaturen oberhalb von $230\,°\text{C}$ bei einem Druck von $80 \, \text{N/cm}^2$ bis $100 \, \text{N/cm}^2$ zum Abbinden erforderlich.

Das **Lagern** der Klebstoffe und ihrer Komponenten kann nur begrenzte Zeit erfolgen. Die zulässige *Lagerzeit* ist von den Lagerungsbedingungen, vor allem von den Temperaturen, abhängig. Als Richtwert für die Lagerzeit können 3 bis 12 Monate gelten. Die Vorschriften der Hersteller sind genau einzuhalten.

3.12.2 Vorbereiten zum Kleben

Klebungen sollten in staubfreien, gut belüfteten Arbeitsräumen mit einer Raumtemparatur zwischen $18\,°\text{C}$ bis $25\,°\text{C}$ ausgeführt werden. Die relative Luftfeuchtigkeit sollte i.a. nicht mehr als 65% betragen.

Die **Oberflächenbehandlung** der Fügeflächen ist maßgebend für die Festigkeit und vor allem für die Beständigkeit der Klebung gegen schädigende Umwelteinflüsse (speziell das Einwirken von Feuchtigkeit). Deshalb hängen Art und Umfang der jeweils notwendigen Klebflächen-Vorbehandlung auch von den zu erwartenden Beanspruchungen ab. Als Beispiel für die mechanische Beanspruchbarkeit wird hier die Zugscherfestigkeit nach DIN 53 283 gewählt.

Die **Beanspruchbarkeit** läßt sich nach *Brock-mann* in drei Gruppen einteilen:

– niedrige Beanspruchung

Zugscher-
festigkeit: bis 5 N/mm^2,
Umgebung: Klima in geschlossenen
                   Räumen, kein Kontakt mit
                   Wasser,
Einsatzgebiete: Feinmechanik, Elektrotech-
                   nik, Modellbau, Schmuck-
                   industrie, Möbelbau, einfa-
                   che Reparaturen;

– mittlere Beanspruchung

Zugscher-
festigkeit: bis 10 N/mm^2,
Umgebung: gemäßigtes Klima, Öl,
                   Treibstoffe,
Einsatzgebiete: Maschinenbau, Fahrzeug-
                   bau, Reparatur;

– hohe Beanspruchung

Zugscher-
festigkeit: über 10 N/mm^2,
Umgebung: beliebiges Klima, direkte
                   Berührung mit wäßrigen
                   Lösungen, Ölen, Treibstof-
                   fen, Lösungsmitteln (Be-
                   ständigkeit der Klebstoffe
                   beachten),
Einsatzgebiete: Fahrzeugbau, Flugzeug-
                   bau, Schiffbau, Behälter-
                   bau.

Das **Reinigen** und Entfetten muß grundsätzlich für alle Klebflächen vorgesehen werden. Nur bei Plastisolklebstoffen kann mitunter auf das Entfetten verzichtet werden. Auch blank erscheinende Metalloberflächen sind meist nicht frei von Öl oder Fett (Schmiermittel von der Bearbeitung, Korrosionsschutzmittel). Dadurch wird die Benetzung durch den Klebstoff beeinträchtigt, was ungenügende Adhäsion zur Folge hat.

Das Entfetten kann mit organischen Lösungsmitteln im Lösungsmitteldampfbad, im Tauchbad oder behelfsmäßig durch Abspülen vorgenommen werden. Ein *Lösungsmitteldampfbad* besteht aus einem Behälter (z. B. aus verzinktem Eisenblech), auf dessen Boden eine Heizung angebracht ist oder der von außen beheizt wird. Der Behälter soll möglichst schmal gebaut und mit einem Deckel abgeschlossen sein. Im Behälter wird Lösungsmittel beim Beheizen

Tabelle 3-18. Siedepunkt von Lösungsmitteln für Reinigungszwecke.

Lösungsmittel	Siedepunkt
Aceton	+ 56 °C
Methylenchlorid	+ 42 °C
Perchlorethylen	+121 °C
Trichlorethylen	+ 87 °C
1.1.1-Trichlorethan	+ 74 °C

verdampft, Tabelle 3-18, und unterhalb des Behälterrands in einer Kühlzone kondensiert.

Die zu entfettenden Teile werden in die Entfettungszone eingebracht. Der an ihnen kondensierende Dampf tropft als Kondensat mit dem gelösten Fett in den Lösungsmittelsumpf zurück. Die Lösungsmittel sind im Dampfzustand fettfrei, so daß eine gute Entfettung erzielt wird. Der Entfettungsvorgang ist beendet, wenn die zu entfettenden Teile die Temperatur des Dampfes erreicht haben.

Die Entfettung kann auch im *Lösungsmitteltauchbad* durchgeführt werden, dessen Wirksamkeit sich durch zusätzliches Einwirken von Ultraschall wesentlich steigern läßt. Hierbei ist zu beachten, daß sich der Badinhalt mit Fett anreichert, so daß die Teile beim Herausnehmen nicht völlig fettfrei sind. Der Badinhalt muß daher kontrolliert und öfter erneuert werden. Erhöhte Sicherheit beim Tauchbadentfetten bietet ein zusätzliches kurzes Abspülen der Fügeflächen mit reinem Lösungsmittel nach der Entnahme aus dem Bad.

Beim Entfetten mit wäßrigen Reinigungsmitteln werden alkalische, neutrale oder saure Lösungen (z. B. Grisiron oder P3) verwendet. Entfettet wird bei erhöhten Temperaturen oder in einem *Elektrolysebad* (je nach den Verfahrensvorschriften der Lieferfirmen).

Alkalische Entfettungsmittel sind zum Entfernen von Walzölresten auf Blechen besser geeignet als organische Lösungsmittel. Nach dem Entfetten müssen die Fügeteile mit vollentsalztem oder destilliertem Wasser gespült und sofort getrocknet werden.

Nach der Vorbehandlung darf man die Klebflächen nicht mehr mit bloßen Händen berühren. Außerdem muß darauf geachtet werden, daß sich auf der behandelten Oberfläche vor dem Klebstoffauftrag kein Staub oder Öldampf ablagern kann. Eine Möglichkeit dazu besteht darin, die frisch behandelten Oberflächen durch *Primer* zu schützen.

3.12.3 Behandeln zur Steigerung der Haftfähigkeit

Die Haftfähigkeit der Klebflächen läßt sich gegenüber dem alleinigen Entfetten in fast allen Fällen durch nachfolgende mechanische oder chemische Behandlungen verbessern. Dadurch erreicht man nicht nur erhöhte Festigkeitswerte mit geringerer Streuung, sondern auch fast immer eine Erhöhung der *Alterungsbeständigkeit* der Klebung.

Zur mechanischen Behandlung eignen sich harte Bürsten, das Schmirgeln oder Schleifen (ohne Schmiermittel) und das Strahlen mit fettfreiem Strahlmittel und fettfreier Druckluft. Für Schleif- und Strahlmittel werden Korngrößen von 100 bis 150 nach DIN 69 100 empfohlen. Nach dem mechanischen Behandeln sind Staubreste sorgfältig zu entfernen.

Chemische Oberflächen-Vorbehandlungsverfahren eignen sich im wesentlichen für Aluminium- und Titanlegierungen. Hier erbringen sie (gegenüber mechanischer Behandlung) vorzugsweise verbesserte Beständigkeit der Klebungen. Beim Beizen unter erhöhter Temperatur (z. B. Pickling, Chemoxal) verdunstet Wasser. Daher muß über einen Niveauregler die verdunstete Wassermenge laufend ergänzt werden. Die Zusammensetzung der Beizlösungen ändert sich durch reaktive Vorgänge an den Metalloberflächen und ist insbesondere bei längerem Gebrauch der Bäder zu kontrollieren und zu regulieren (Arbeitsanwendungen der Beizmittelhersteller beachten).

Genaue Hinweise zu den **Vorschriften des Umweltschutzes** geben die Gewerbeaufsichtsämter. Verbrauchte Beizlösungen und das Spülwasser dürfen entsprechend den gesetzlichen Vorschriften erst nach durchgeführter Reduktion, Neutralisation und Abtrennung des Chroms (im Falle der Pickling-Beize) in Abwasserleitungen oder Gewässer abgelassen werden.

3.12.4 Nachbehandlung

Nach jedem chemischen Behandlungsschritt der Naßverfahren müssen die Fügeteile mit vollentsalztem Wasser gespült und getrocknet werden. Auf diese Trocknung (z. B. mit erwärmter Luft) kann nur verzichtet werden, wenn der einen Naßbehandlung unmittelbar eine weitere folgt. Die Art der Naßbehandlung ist für die Güte der Klebung von wesentlichem

Einfluß. Durch unsachgemäßes oder unvollständiges Nachbehandeln kann die Wirksamkeit chemischer Oberflächenbehandlungsverfahren wieder aufgehoben oder sogar ins Gegenteil verkehrt werden.

Das Spülen mit Wasser dient dazu, Chemikalienreste zu entfernen. Das *Nachspülen* mit vollentsalztem oder destilliertem Wasser verhindert, daß sich Salze auf der Klebfläche ablagern können. Die einzelnen Spülvorgänge beeinflussen die Oberflächen bezüglich der Haftgrundwirksamkeit sehr unterschiedlich.

Zum *Trocknen* unmittelbar nach dem Spülen kann ein Warmluftofen mit Luftumwälzung benutzt werden. Hierbei ist auf Sauberkeit und Staubfreiheit zu achten. Bei Aluminiumfügeteilen soll die Temperatur im Ofen nicht über 65 °C betragen. Die Teile müssen vollständig trocken sein, wenn der Klebstoff aufgetragen wird. Anderenfalls kommt es zu beträchtlichen Festigkeitseinbußen bei der Klebung.

3.12.5 Herstellen der Klebung

Mischen der Mehrkomponenten-Klebstoffe

Mehrkomponenten-Klebstoffe werden in der Regel vor dem Auftragen gemischt. Die Zeit zwischen dem Mischen und dem Gelieren des Klebstoffs ist die sog. *Topfzeit,* während der die Mischung verarbeitet werden muß (Angaben der Hersteller beachten). Die Topfzeit ist von der Größe des Klebstoffansatzes, von der Menge des Härters und von der Temperatur abhängig.

Das Abbinden läuft als exotherme Reaktion, daher erwärmt sich der Klebstoffansatz. Diese Erwärmung beschleunigt den Vernetzungsprozeß und verkürzt damit die Topfzeit. Bei großen Klebstoffansätzen ist die Wärmeableitung schlechter und damit die Topfzeit kürzer als bei kleineren Mengen. Durch die entstehende Wärme wird die Viskosität der Mischung herabgesetzt, wodurch eine zu lange Topfzeit vorgetäuscht wird. Eine Verlängerung der Topfzeit ist i. a. durch Kühlen der Mischung möglich. Die Probleme der Topfzeit lassen sich durch Einsatz automatischer Mischanlagen umgehen.

Auftragen des Klebstoffs

Der Klebstoff soll möglichst unmittelbar nach der Oberflächenbehandlung auf die Klebflächen aufgetragen werden. Je frühzeitiger dies geschieht, desto größer ist die Sicherheit der Klebung. Viskose Klebstoffe werden mittels Pinsel, Spachtel oder durch Spritzen aufgebracht. Der Klebstoff kann auch mit automatisch arbeitenden Geräten aufgetragen werden. Die jeweilige Menge richtet sich vorwiegend nach der Fugendicke. Wichtig ist, daß die Fuge vollständig mit Klebstoff gefüllt ist. Die optimale Klebstoffdicke ist den Angaben der Klebstoffhersteller zu entnehmen.

Einkomponenten-Klebstoffe in fester Form werden auf den Fügeteiloberflächen aufgeschmolzen. Eine Sondergruppe der Einkomponenten-Klebstoffe sind *Klebfilme*. Sie werden entsprechend den Fügeflächen zugeschnitten und zwischen die zu klebenden Teile gelegt. Sind Klebfilme durch Folien gegen Verunreinigungen geschützt, so sollte man diese erst kurz vor dem Aufbringen abziehen.

Eine Anzahl von Klebstoffen enthält flüchtige Lösungsmittel. Für diese Klebstoffe ist zwischen dem Auftragen und Zusammenfügen der Teile die sog. *Ablüftzeit* erforderlich, während der das Lösungsmittel verdunstet. Die vom Hersteller vorgeschriebene Ablüftzeit ist genau einzuhalten.

Fügen und Fixieren

Nach dem Auftragen des Klebstoffs werden die Fügeteile mit den Klebflächen zusammengelegt (Fügen). Die Fügeteile sind gegen Verschieben zu sichern (Fixieren). Das kann durch Klammern, Klemmleisten, Zwingen, Spannbänder, Fixierrahmen oder sonstige Vorrichtungen geschehen. Die Auswahl der Vorrichtungen hängt vom Klebstoff ab, insbesondere wenn beim Abbinden Wärme erforderlich ist oder Druck auf die Klebeflächen aufgebracht werden muß.

Bei Wärmezufuhr müssen die Massen der Spannvorrichtungen klein gehalten und die Wärmeausdehnungskoeffizienten von Fügeteilen und Vorrichtungen berücksichtigt werden. Ist während des Abbindens ein Druck auf die Klebflächen notwendig, muß die Spannvorrichtung den erforderlichen Druck auch in der Wärme ganzflächig aufbringen und erhalten. Ausnahmen von der Regel sind in erster Linie die *Kontaktklebstoffe,* für die meist einfachere Verarbeitungsbedingungen gelten.

Abbinden unter Druckanwendung

Klebstofftyp, Form und Abmessung des Bauteils bestimmen, ob und wie während des Abbindens Druck anzuwenden ist. Gleichmäßiges Anliegen muß ggf. durch örtliche oder auch über die gesamte Fläche verteilte Druckkräfte erzwungen werden. Dies gilt besonders für Klebflächen größerer Abmessungen und für dünnwandige Fügeteile, z. B. für Bleche.

Klebstoffe, die während des Abbindens einen definierten Druck erfordern, sind in Vorrichtungen zu verarbeiten. Diese müssen den Druck gleichmäßig und zeitlich konstant auf die Klebflächen aufbringen. Dafür kommen hydraulische Pressen, Druckautoklaven, aufblasbare Schläuche, Vakuumvorrichtungen usw. in Frage. Beim Abbinden unter erhöhter Temperatur darf man erst entlasten, wenn unter die für den verwendeten Klebstoff zulässige Temperatur abgekühlt worden ist.

Abbindetemperatur und Abbindezeit

Bei allen Klebstoffen ergibt sich eine gewisse Abhängigkeit zwischen Abbindetemperatur und -zeit. In bestimmten Grenzen läßt sich die Abbindezeit durch erhöhte Temperaturen verringern. Die *Abbindezeit* beginnt, sobald in der Klebfuge die vorgeschriebene Temperatur erreicht ist. Die Wahl der Temperatur-Zeit-Relation richtet sich nach den Eigenschaften der Klebstoffe, den betrieblichen Möglichkeiten und nach dem Verhalten der zu klebenden Werkstoffe. Über die gesamte Klebfläche ist eine gleichmäßige Temperaturverteilung anzustreben. Dies muß z. B. mit Thermoelementen kontrolliert werden. Um nach dem Abbinden ein Verwerfen zu vermeiden (besonders bei dünnwandigen Teilen), ist langsam und gleichmäßig abzukühlen.

Kalthärtende Klebstoffe binden in der Regel bei einer Bauteiltemperatur von +18 °C ab. Die zur Weiterbearbeitung der Teile benötigte Festigkeit wird meist nach ein bis zwei Tagen, teilweise schon nach einigen Stunden erreicht. Das vollständige Abbinden kann aber wesentlich längere Zeiten in Anspruch nehmen.

3.13 Gestaltung von Klebverbindungen

3.13.1 Allgemeines

Für die Haltbarkeit einer Klebverbindung ist deren Gestaltung von besonderer Bedeutung. Es ist auf die Krafteinleitung in den Fügebereich und die sich daraus ergebende Beanspruchung der Klebschicht zu achten. Die Festigkeit einer geklebten Verbindung hängt ab von

– den erreichbaren Haftkräften zwischen Klebstoffschicht und Fügefläche (Adhäsion),

– den Werkstoffeigenschaften der Fügeteile und deren Gestaltung,

– der wählbaren Eigenfestigkeit (Kohäsion) sowie von Verformungseigenschaften des Klebstoffs.

Je nach Krafteinleitung in die Klebfläche wird unterschieden zwischen

– Zug-, Druck- oder Schälkräften, die senkrecht zur Klebfläche wirken,

– Scherkräften, die parallel zur Klebfläche wirken, und

– Kombinationen obengenannter Kräfte.

Es ist anzustreben, Klebverbindungen nur durch Scherkräfte zu beanspruchen.

3.13.2 Gestaltung von Blechverbindungen

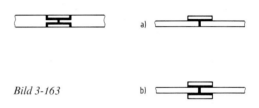

Gestaltung

unzweckmäßig   zweckmäßig

Bild 3-162
Der stumpfe Stoß ist zu vermeiden, da die Klebfläche zu klein ist und der Klebstoff auf Zug beansprucht wird. a) Geschäftete Verbindungen erreichen höhere Festigkeitswerte, können aber nur bei dickeren Fügeteilen ausgeführt werden. b) Mit einfacher Überlappung läßt sich die Klebfläche kostengünstig vergrößern.

c) Zugeschärfte Überlappungen haben eine etwas höhere Festigkeit, erfordern jedoch – wie geschäftete Verbindungen – einen meist nicht zu rechtfertigenden Fertigungsaufwand.

d) Bei abgesetzten Überlappungen ist der Fertigungsaufwand groß und die Tragfähigkeit der Fügeteile sinkt durch die Querschnittsverminderung auf die Hälfte.

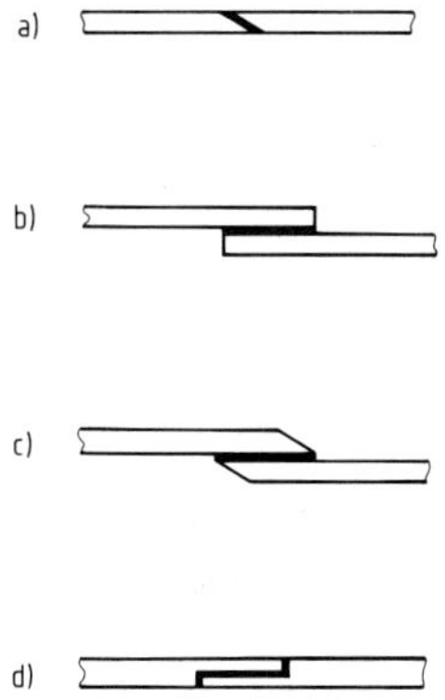

Bild 3-162

a)
b)
c)
d)

Bild 3-163
Abgesetzte Doppellaschenverbindungen sind ungünstig, da der Fertigungsaufwand zu hoch ist und die Tragfähigkeit durch die Querschnittsverminderung sinkt. a) Einfache Laschenverbindungen nur dort anwenden, wo eine Seite der Klebung glatt sein soll. b) Doppellaschenverbindungen haben eine höhere Festigkeit, da der Kraftfluß symmetrisch ist.

Bild 3-163

a)
b)

Bild 3-164
Schälbeanspruchungen können vermieden werden durch Überlappen a), c) oder b) Doppellaschen. Läßt sich eine Schälbeanspruchung nicht vermeiden, so ist die Verbindung zusätzlich durch d) nicht lösbare Verbindungselemente zu sichern.

Bild 3-165
Bei Winkelverbindungen kann das Abschälen vermieden werden durch a), b) Abbiegen, c) Anbringen von Winkelblechen oder durch d) ein genutetes Eckstück.

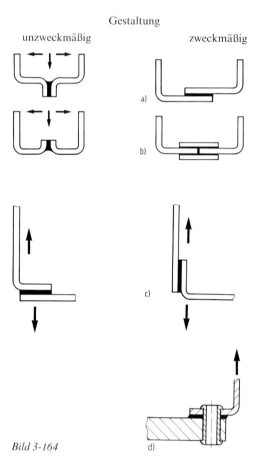

Bild 3-164

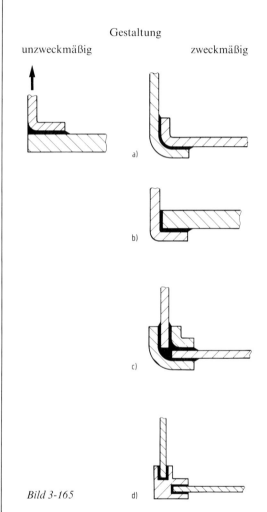

Bild 3-165

3.13.3 Gestaltung von Rohrverbindungen

Gestaltung

unzweckmäßig   zweckmäßig

Bild 3-166
Bei Rohrleitungen kann die Klebfläche vergrößert werden durch a) Schäften, b), c) Stekken oder durch d), e) Muffen.

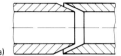

Bei den konstruktiven Lösungen b) bis e) liegt eine rotationssymmetrische Überlappung vor, bei der eine ausreichende Klebfläche durch Verändern der Überlappungslänge $l_ü$ einzustellen ist.

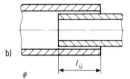

Als Lastart kommen Zug, Druck und Torsion in Betracht. Da bei der Klebung im rotationssymmetrischen Spalt kein Aushärten unter Druckkräften möglich ist, besteht die Gefahr der Hohlraumbildung. Die dadurch bewirkten Spannungsspitzen erfordern bei der Festigkeitsrechnung Sicherheitszuschläge.

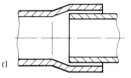

Bei richtiger Anwendung können Rohrsteckverbindungen teure Passungen ersetzen.

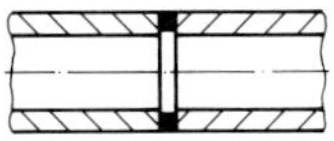

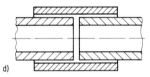

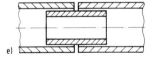

Bild 3-166

3.13.4 Gestaltung von Rundverbindungen

Gestaltung

unzweckmäßig   zweckmäßig

Bild 3-167
Geklebte Bolzen sind zu zentrieren, um ein Verschieben bei der Montage zu vermeiden.

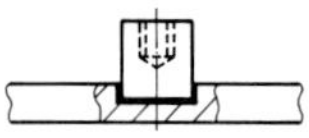

Bild 3-167

Gestaltung
unzweckmäßig   zweckmäßig

Bild 3-168
Aufwendige Welle-Nabe-Verbindungen können
häufig kostengünstiger geklebt hergestellt werden; außerdem ist bei Rundverbindungen die
erwünschte alleinige Scherung vorhanden.

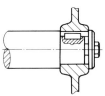 

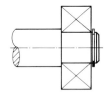 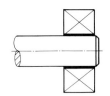

Bild 3-168

Bild 3-169
Bei Rundverbindungen müssen konstruktive
Vorkehrungen getroffen werden, um die zuverlässige Ausfüllung des Klebspalts mit Klebstoff
bei der Montage sicherzustellen. Auch wenn es
sich um dünnflüssigen Klebstoff handelt, ist ein
Abstreifen durch scharfe Kanten zu vermeiden.

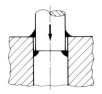 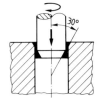

Bild 3-169

Ergänzendes und weiterführendes Schrifttum

Aichele, G.: Schutzgasschweißen. Messer Griesheim Informationsabteilung, Frankfurt
am Main 1982.

Bargel, H.-J., u. *G. Schulze* (Hrsg.): Werkstoffkunde. Düsseldorf: VDI-Verl. 1994.

Beckert, M. (Hrsg.): Grundlagen der Schweißtechnik – Schweißverfahren. Berlin: VEB
Verl. Technik 1977.

Bernard, P., u. *G. Schreiber:* Verfahren der Autogentechnik. Fachbuchreihe Schweißtechnik Bd. 61, DVS, Düsseldorf.

Bohlen, C.: Lehrbuch des Schutzgasschweißens. Essen: Verl. W. Girardet 1976.

Brockmann, W.: Grundlagen und Stand der
Metallklebtechnik. VDI-Taschenbuch 122.
Düsseldorf. VDI-Verl. 1971.

DIN 8505, Teil 1 bis Teil 3.

DIN 8514, Teil 1.

DIN 8511, Teil 1 bis Teil 3.

DIN 8513, Teil 1 bis Teil 5.

Fauner, G., u. *W. Brockmann:* Fügen durch Kle-
ben. In: Handbuch der Fertigungstechnik,
Bd. 5: Fügen, Handhaben, Montieren.
Hrsg. von *Günter Spur* u. *Th. Stöferle.*
München, Wien: Hanser Verlag 1986.

Habenicht, G.: Kleben – Grundlagen, Technologie, Anwendung. Berlin, Heidelberg, N.Y. usw.: Springer-Verl., 1986.

Hahn, O., G. Otto u. *H. Stepanski:* Bedeutung der Biegeteilbeanspruchung für die Dimensionierung einschnittig überlappter Metallverbindungen. Ind.-Anz. 98 (1976) H. 88, S. 1571/1575.

Lenz, E.: Automatisiertes Löten elektronischer Baugruppen. München: Siemens AG 1985.

Müller, P., u. *L. Wolff:* Handbuch des UP-Schweißens. Fachbuchreihe Schweißtechnik Bd. 55, DVS, Düsseldorf 1978.

Munske, H.: Handbuch des Schutzgasschweißens. DVS, Düsseldorf 1975.

Ruge, J.: Handbuch der Schweißtechnik. Springer-Verl. Berlin Bd. I und II, 1980.

Rykalin, N. N.: Die Wärmegrundlagen des Schweißvorganges. Berlin: VEB-Verl. Technik 1952.

Sahmel, P. u. *H.-J. Veit:* Grundlagen der Gestaltung geschweißter Stahlkonstruktionen. Düsseldorf: DVS-Verl., 1989 (Fachbuchreihe Schweißtechnik, Bd. 12).

Schuler, V. (Hrsg.): Schweißtechnisches Konstruieren und Fertigen. Braunschweig; Wiebaden: Vieweg 1992.

Schulze, G., H. Krafka u. *P. Neumann:* Schweißtechnik: Werkstoffe – Konstruieren – Prüfen. Düsseldorf: VDI-Verl., 1992.

Tetelman, A. S., u. *A. J. Mc Evily:* Bruchverhalten technischer Werkstoffe. Düsseldorf: Verl. Stahleisen 1971.

VDI 2229: Metallkleben. Düsseldorf 1979.

Wirtz, H., U. Boese u. *D. Werner:* Das Verhalten der Stähle beim Schweißen. Fachbuchreihe Schweißtechnik, Bd. 44, Teil I, Düsseldorf 1973.

4 Trennen (Zerteilen; Spanen; thermisches Abtragen)

Trennen ist Fertigen durch Ändern der Form eines festen Körpers; dabei wird der Zusammenhalt örtlich aufgehoben, d.h. im ganzen vermindert (z.B. durch Zerteilen, Spanen, Abtragen).

4.1 Allgemeines und Verfahrensübersicht

Im Ordnungssystem der Fertigungsverfahren nach DIN 8580 ist das charakteristische Merkmal der Gruppe 3 *Trennen* das örtliche Aufheben des Stoffzusammenhalts. Bild 4-1 gibt einen Überblick über die Aufteilung der Hauptgruppe 3 mit den entsprechenden DIN-Normen. Nach dem industriellen Einsatz dürfte die Gruppe 3 2 *Spanen mit geometrisch bestimmten Schneiden* (Drehen, Bohren, Fräsen usw.) die wichtigste sein. In der Gruppe 3 3 *Spanen mit geometrisch unbestimmten Schneiden* übernimmt das Schleifen außer dem Fertigungsziel der guten Endqualität in zunehmendem Maße auch die Aufgabe des Werkstoffabtrags, so daß früher vorgeschaltete Verfahren, wie z.B. das Fräsen, entfallen können.

In der Gruppe 3 4 *Abtragen* ist das thermische Abtragen, z.B. beim Zuschneiden von Rohteilen für Schweißkonstruktionen, am weitesten verbreitet, deshalb sei vornehmlich auf dieses Verfahren eingegangen.

In der Gruppe 3 1 *Zerteilen* kann das Scherschneiden hinsichtlich der industriellen Anwendung hervorgehoben werden. Die Bedeutung der übrigen Verfahren, insbesondere Reißen und Brechen, ist demgegenüber gering. Dies liegt im wesentlichen an der schlechten Qualität der durch diese Verfahren erzeugten Trennflächen. Aus diesem Grunde beschränkt sich die Behandlung der Gruppe 3 1 auf das Scherschneiden.

4.2 Scherschneiden

Das Scherschneiden ist das am häufigsten angewandte Verfahren in der Blechbearbeitung. Für jedes herzustellende Teil wird entweder das Rohteil aus Blech durch Schneiden hergestellt, oder das Fertigteil wird nach dem Umformen beschnitten. Schneiden ist ein Verfahren des *Trennens,* es gehört also nicht zu den Umformverfahren. Der Schneidevorgang ist jedoch immer mit einer plastischen Umformung verbunden, ehe der Werkstoff nach Erreichen seiner Trennfestigkeit τ_B in der Scherfläche einreißt.

Das Scherschneiden kann mit parallelen oder schrägen Schneiden erfolgen. Bild 4-2 zeigt hierzu Einzelheiten. Abhängig von der Lage der Schnittfläche zur Werkstückbegrenzung werden dabei die Verfahren Ausschneiden, Lochen, Abschneiden, Ausklinken, Einschneiden und Beschneiden unterschieden.

Ausschneiden und Lochen sind Schneidverfahren mit in sich geschlossener Schnittlinie, wie Bild 4-3 zeigt. Beim *Ausschneiden* ist der vom Stempel durch die Schneidplatte gedrückte Werkstoffteil das Werkstück. Die gesamte Außenform dieses Werkstücks wird in einem Arbeitsgang erzeugt. Der Rest des Rohlings bzw. Bleches bleibt als Rand oder Gitterstreifen als Abfall zurück.

Beim *Lochen* wird eine Innenform am Werkstück erzeugt. Der ausgeschnittene Werkstoff ist meist der Abfall.

Abtrennen ist das Trennen eines Teils vom Rohteil oder vom Halbfertigteil. Die Schnittlinie ist meist offen, sie kreuzt die Werkstückränder. An diesen Stellen wird das Scherwerkzeug schneller abstumpfen.

Ausklinken ist ein Herausschneiden von Werkstoffteilen an einer inneren oder äußeren Umgrenzung. Auch hier ist die Schnittlinie offen. Ausklinken wird verwendet, um Teile der Schnittlinien eines Werkstücks zu schneiden, das auf andere Weise nur schwer herstellbar ist. Beispielsweise werden die quadratischen Ecken einer Blechtafel ausgeklinkt, bevor die dadurch entstehenden Seitenteile hochgeklappt und an diesen Kanten zu einem Kasten verschweißt werden.

Einschneiden ist ein teilweises Trennen des Werkstücks ohne Entfernen von Werkstoff. Es dient meist als Vorbereitung für einen Umformvorgang, z.B. Biegen oder Schränken der durch Einschneiden entstandenen Blechzunge. Die Schnittlinie ist offen.

Beschneiden dient zum Abtrennen von Werkstoff am Werkstück. Bei Gesenkschmiedestücken wird das Beschneiden auch Abgraten ge-

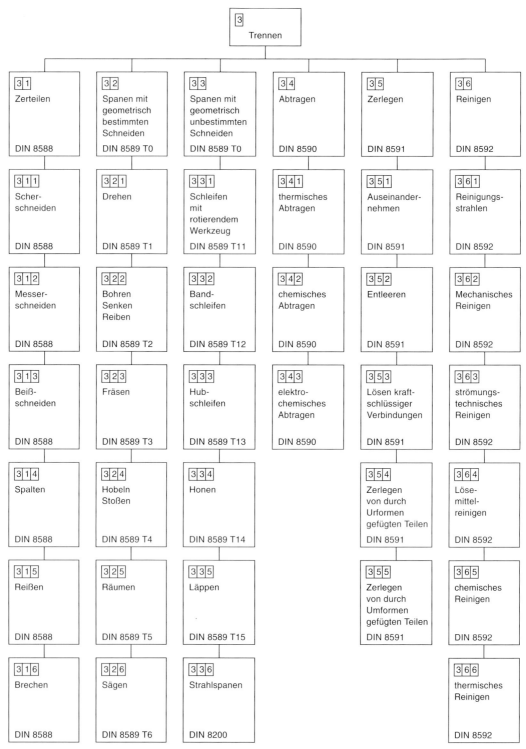

Bild 4-1. TRENNEN und Einteilung der Verfahren (auszugsweise) nach DIN 8580

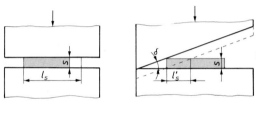

parallele Schneiden   schräge Schneiden

Bild 4-2. Prinzip des Schneidevorgangs.

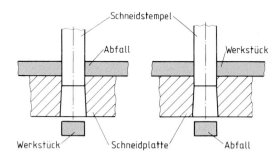

Ausschneiden   Lochen

Bild 4-3. Gegenüberstellung der Schneidverfahren Ausschneiden und Lochen.

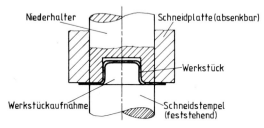

Bild 4-4. Beschneidewerkzeuge für den Flansch von Tiefziehteilen, schematisch.

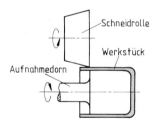

Bild 4-5.
Beschneiden von rotations-symmetrischen Hohlkörpern.

nannt. Die Schnittlinie kann sowohl offen als auch geschlossen sein. Bild 4-4 zeigt das Beschneiden des Flansches eines Tiefziehteiles mit feststehendem Schneidstempel als Stanzschnitt. Das Beschneiden eines Hohlkörpers mittels Schneidrolle auf einem sich drehenden Aufnahmedorn geht aus Bild 4-5 hervor.

4.2.1 Beschreibung des Schneidvorgangs

Die *Schneidkräfte* können nicht unmittelbar an den Schneidkanten angreifen. Sie werden in einem schmalen Bereich entlang der Schneidkanten in das Werkstück eingeleitet. Infolge des Abstandes der resultierenden Kraft von der äußeren Schneidkante entsteht ein Moment, das das Werkstück kippen oder durchbiegen will. Diesem Moment muß ein gleichgroßes Gegenmoment entgegenwirken, das sich aus den Biegespannungen im Werkstück und den durch die Biegung einwirkenden Normalspannungen ergibt. Infolge der Reibung treten sowohl auf den Seitenflächen der Werkzeugelemente als auch an den Werkzeugstirnflächen Reibkräfte auf.

Der Ablauf des Schneidvorgangs und die Ausbildung der Schnittflächen werden von der Werkzeuggeometrie und den Eigenschaften des Werkstoffes beeinflußt. Die mechanischen Gütewerte des Werkstoffes können durch die Blechdicke s, die Festigkeitswerte R_m und τ_B und die Dehnungswerte A_5 und A_{gl} aus dem Zugversuch beschrieben werden. Je nachdem, ob es sich um einen harten oder um einen zähen Werkstoff handelt, wird das Kraft-Weg-Schaubild unterschiedlich ausfallen. Bild 4-6 zeigt diese Unterschiede. Bei harten Werkstoffen, die

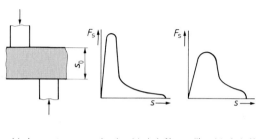

Werkzeug   harter Werkstoff   zäher Werkstoff

Bild 4-6. Kraft-Weg-Schaubild beim Blechschneiden.
s_0 *Blechdicke*
F_s *Schnittkraft*
s *Weg des Schneidstempels*

wenig Dehnung aufweisen, steigt die Schnittkraft F_s steil an und fällt nach dem Erreichen des Maximums steil ab. Ein zäher Werkstoff zeigt kein so hohes Kraftmaximum. Er wandelt die gespeicherte elastische Energie der Schneidemaschine während des Einreißens oder völligen Durchreißens des Blechquerschnittes in Wärme um.

Die *Werkzeuggeometrie* wird in erster Linie durch den Schneidspalt u und die Schneidkantenabstumpfung beschrieben. Die Auswirkungen eines verschieden großen Schneidspaltes zeigt Bild 4-7. Bei extrem kleinem Spalt können bereits beim Anschneiden Risse als Folge der verhältnismäßig großen Querspannungen auftreten (Bild 4-7a)). Die Schnittkraft sowie der Arbeitsbedarf sind hoch. Am Werkstück zeigen die Schnittflächen dann keine geraden Kanten, sondern Anrisse in der Schnittfläche.

In Bild 4-7b) sind die richtig gewählten Verhältnisse des Schneidspaltes dargestellt. Zu Beginn des Vorgangs biegt sich das Blech zunächst elastisch, dann plastisch durch. Diese Biegung zeigt sich in einer bleibenden Durchwölbung der Ausschnitte. Bei weiterem Eindringen des Schneidstempels in das Blech und dem Ausschieben des Schnitteils in die Schneidplatte bildet sich ein Kantenabzug an dem Außenstück und dem Ausschnitt aus. Nach dem Erreichen des Kraftmaximums beginnt die Scherung des Werkstoffs an den Schneidkanten der Werkzeuge. Es entsteht ein glatter Teil als Schnittfläche.

Wird der Schneidspalt extrem groß gewählt, etwa gemäß Bild 4-7c), entstehen Risse unmittelbar nach dem Kraftmaximum. Gleichzeitig fällt die Schneidkraft steil ab. Das Werkstück zeigt rissige Schnittflächen. Als optimaler Schneidspaltbereich wird $u = 0,08\,s_0$ bis $u = 0,10\,s_0$ angegeben. Mit größer werdendem Schneidspalt wird die Schneidkraft kleiner. Allerdings ist zu berücksichtigen, daß gleichzeitig die Maßungenauigkeiten, über die Schnittflächen gemessen, zunehmen.

Der Schneidvorgang bewirkt durch die zwischen Werkzeug und Werkstück auftretenden Relativbewegungen einen unvermeidlichen *Verschleiß* der schneidenden Werkzeugelemente. Dieser tritt an den Druckflächen und an den Freiflächen auf und wird dementsprechend Druckflächenverschleiß und Freiflächenverschleiß genannt. Mit dem Verschleiß ist stets eine Abrundung der Schneidkanten verbunden. Mit zunehmendem Verschleiß wird nun der Stempelweg bis zum Auftreten der Anrisse größer. Infolgedessen nimmt der glatte Anteil in der Schnittfläche zu. Die entstehenden Risse laufen aufeinander zu; im Gegensatz zu scharfen Schneidkanten tritt keine Zipfelbildung mehr ein.

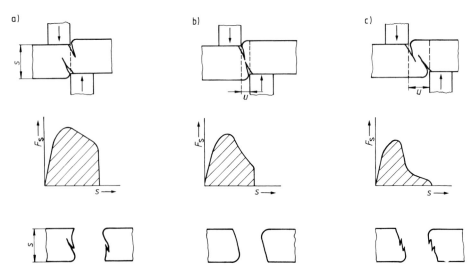

Bild 4-7. Auswirkungen des Schneidspaltes u auf die Schnittkraft F_s und Schnittflächenqualität:
a) Schneidspalt zu klein, b) richtig bemessen ($u \approx 0,1 \cdot s_0$), c) zu groß.

Sind die Werkzeugkanten zu stark verschlissen, gehen die Risse nicht mehr von den Schneidkanten aus, sondern von den Freiflächen. Diese Verschiebung des Rißverlaufs führt zu einer Gratbildung, die mit zunehmender Anzahl der mit einem Werkzeug geschnittenen Teile ansteigt. Die Größe des Grats ist vom Verschleiß und vom Werkstoff abhängig. Grundsätzlich wirkt sich ein Verschleiß der Schneidkanten durch eine Erhöhung von Schneidkraft und Schneidarbeit aus. Die Fehler an den geschnittenen Teilen werden vom Werkstoff, Werkzeug, Arbeitsablauf und Maschinentyp beeinflußt. Die an der Schnittfläche auftretenden *Formfehler* sind gemäß Bild 4-8 der Kantenabzug s_A, die Einrißtiefe t_E und die Grathöhe h_G. Hinzu kommen u. U. Formfehler als Abweichung von der Ebenheit. Diese Formfehler sind besonders die beim Ausschneiden von kleinen Teilen auftretenden *Verwölbungen* und die nach dem Ausschneiden von biegegerichtetem Band durch Freiwerden der Restspannungen bedingten *Durchbiegungen*.

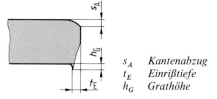

s_A	*Kantenabzug*
t_E	*Einrißtiefe*
h_G	*Grathöhe*

Bild 4-8. Formfehler am Schnitteil.

Der Kantenabzug s_A wird vom Werkstoff, vom Schneidspalt und von der Form der Schneidlinie bestimmt. Nur an kreisrunden Zuschnitten ist der Kantenabzug konstant. An den Schnittflächen von kleinen Löchern und an Einsprüngen der Außenform mit kleinen Radien ist u. U. gar kein Kantenabzug vorhanden. An Vorsprüngen mit kleinen Radien dagegen kann er bis zu 30% der Blechdicke ausmachen.

Die Einrißtiefe t_E wird durch den Werkstoff und den Schneidspalt bestimmt, solange Zipfel in der Schnittfläche auftreten. Sobald der Schneidspalt optimiert ist und keine Zipfelbildung mehr auftritt, ist die Einrißtiefe etwa gleich groß wie der Schneidspalt.

4.2.2 Schneidkraft

Für die Auswahl von Pressen ist die maximale Schneidkraft die wichtigste Kenngröße. Bezo-

gen auf die Fläche A_s, die sich aus der Blechdicke s_0 und der Länge der Schnittlinie l_s ergibt, kann der Schneid- oder Scherwiderstand k_s formuliert werden:

$$k_s = \frac{F_{s\,max}}{A_s} \qquad (4-1).$$

Das Rechnen mit dem Schneidwiderstand k_s hat den Vorteil, daß sich damit verhältnismäßig einfach die Einflüsse von Schneidspalt, Werkzeugverschleiß, Werkstoffeigenschaften, Blechdicke und Schnittlinienform beschreiben lassen. Der Schneidwiderstand k_s nimmt mit zunehmendem Schneidspalt ab. Die Abnahme beträgt in dem angegebenen Schneidspaltbereich $u = 0,01\,s_0$ bis $u = 0,1\,s_0$ bis zu 14%, bezogen auf den Maximalwert. Die maximale Schneidkraft selbst wird für die Praxis genügend genau aus der Beziehung

$$F_{s\,max} = l_s\,s_0\,k_s \qquad (4-2)$$

ermittelt. Näherungsweise kann k_s aus der Zugfestigkeit hergeleitet werden:

$$k_s \approx 0,8\,R_m \qquad (4-3).$$

Eine mögliche Erhöhung der Schneidkraft infolge eines Werkzeugverschleißes kann man durch den empirisch gefundenen Faktor 1,6 in Gl. (4-2) ausgleichen.

Die Schneidkraft kann verringert werden, wenn man die Länge der wirkenden Schneidlinie l_s verkleinert.

Für das Ausschneiden oder Lochen kann außerdem durch Abschrägen der Schneidplatte oder des Stempels die Schneidkraft verringert werden, verdeutlicht in Bild 4-9. Werden in einem Arbeitshub der Presse verschiedene Teile des Umrisses hergestellt, dann kann man durch einen zeitlich verschobenen Eingriff der Schneidkanten die Gesamtkraft F_s verkleinern. Die Höhe H der Abschrägung kann das 1- bis 1,5fache der Blechdicke betragen. Die größte Schneidkraft berechnet sich dann zu

$$F_{s\,max} = 0,67\,l_s\,s_0\,k_s \qquad (4-4).$$

Dieser Ausdruck gilt für scharfe Schneidkanten. Bei Abstumpfung der Kanten müssen die genannten Krafterhöhungen in Kauf genommen werden.

Wegen der Verformungen des Werkstücks sind zwischen Schneidstempel und Außenstück Radialspannungen wirksam, durch die Rückzugs-

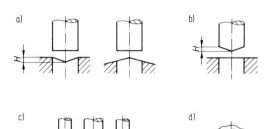

Bild 4-9. *Möglichkeiten zum Verringern der Schneid-kraft:*
a) *Schrägschliff der Schneidplatte,*
b) *Schrägschliff des Stempels,*
c) *unterschiedliche Stempel-Längen,*
d) *Versatz von Ausschneid- und Lochstempel.*

kräfte entstehen. Sie können Werte von 1% bis zu 40% der Schneidkraft annehmen.

4.2.3 Gestaltung von Schneidwerkzeugen

Schneidwerkzeuge werden nach Art ihrer Führung als Frei-, Plattenführungs- und Säulenführungs-Schneidwerkzeug bezeichnet. Ein Beispiel für ein *Freischneidwerkzeug* zeigt Bild 4-10. Die schneidenden Werkzeugelemente sind im Werkzeug nicht gegeneinander geführt. Die Führung wird nur durch die Führungen des Pressenstößels übernommen.

Bei entsprechender Qualität der Stößelführung und der Bauart der Schneidpresse braucht dies kein Nachteil hinsichtlich der Genauigkeit des Werkstücks zu sein. Freischneidwerkzeuge sind wegen ihrer einfachen Bauart bei vielen Anwendungen preiswerter. Sie werden besonders bei kleinen Stückzahlen eingesetzt. Sie haben allerdings den Nachteil, daß es beim Einrichten in

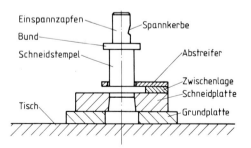

Bild 4-10. *Freischneidwerkzeug zum Stanzen von Blechen, schematisch.*

der Presse schwierig ist, den Spalt zwischen Schneidplatte und Schneidstempel konstant zu halten. Dadurch kann u. U. ein verhältnismäßig großer Verschleiß entstehen, z. B. beim Schneiden von Blechen mit $s \leqq 1$ mm bei einem Schneidspalt von $u = 0,01$ mm.

Plattenführungsschneidwerkzeuge nach Bild 4-11 haben eine Führungsplatte, die meist eine Führungsbuchse enthält. Die beim Einrichten des Werkzeuges möglichen Lagefehler der Werkzeugelemente werden dadurch vermieden. Verschiebelagefehler der schneidenden Werkzeugelemente infolge der Führungsungenauigkeit der Stößelführung sowie eine mögliche Winkelauffederung, die besonders bei C-Gestell-Pressen auftreten kann, werden durch die Stempelführung vermindert. Ein weiterer Vorteil ist, daß die Führungsplatte die Gefahr des Ausknickens bei dünnen Stempeln verringert. Gleichzeitig übernimmt sie die Funktion des Abstreifers.

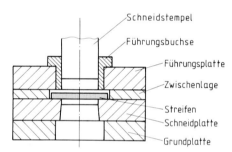

Bild 4-11. *Plattenführungsschneidwerkzeug, schematisch.*

Da ein Werkzeugelement direkt zum Führen verwendet wird, kann durch am Stempel anhaftende Werkstoffteilchen ein starker Verschleiß auftreten.

In *Säulenführungsschneidwerkzeugen* entsprechend Bild 4-12 sind die Funktionen Führen und Schneiden voneinander getrennt. Ein Säulenführungsschneidwerkzeug ist wegen der hohen Genauigkeit bei entsprechendem Einbau jedem anderen Werkzeug vorzuziehen. Man kann mit geringstem Verschleiß der Schneidelemente rechnen. Wegen der Führung der Schneidelemente gegeneinander durch die Säulenführung braucht man während des Einrichtens nicht auf Lagefehler zu achten. Das Einrichten der Werkzeuge in den Pressen ist daher kostengünstig.

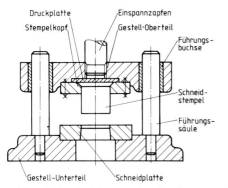

Bild 4-12. *Säulenführungsschneidwerkzeug, schematisch.*

Es ist zu beachten, daß *Säulenführungen* nur als Einrichthilfen und als Herstellungshilfen für genaue Werkstücke anzusehen sind. Verschiebungskräfte bei nichtmittiger Einspannung der Werkzeuge oder Auffederungsfolgen bei C-Gestell-Pressen lassen sich nicht aufnehmen, weil die Führungssäulen meist nicht steif genug sind. Säulenführungsgestelle sind in verschiedenen Ausführungen genormt (DIN 9812, 9814, 9816, 9819, 9822). Als Führungsarten für die Säulen werden Büchsen oder Kugelkäfige verwendet. Führungen mit Büchsen sind unter Lasteinwirkung steifer; Kugelführungen haben eine geringere Reibung und werden deshalb bei schnellaufenden Pressen eingesetzt.

An Werkstücken mit Außen- und Innenform können alle Schnittflächen entweder in einem Arbeitsgang oder in mehreren aufeinanderfolgenden Arbeitsgängen erzeugt werden. Im ersten Fall wird das Werkzeug als *Gesamtschneidwerkzeug* bezeichnet. Werden die Arbeitsgänge in einem Werkzeug in Stufen durchgeführt, nennt man das Werkzeug *Folgeschneidwerkzeug*. Bei Gesamtschneidwerkzeugen sind die Lagefehler der Außenformen zu den Durchbrüchen der Werkstücke nur durch die Herstellgenauigkeit der Werkzeuge gegeben. Bei der Fertigung mit Folgewerkzeugen kommt zur Ungenauigkeit der Werkzeuge diejenige des Streifen- oder Bandvorschubs hinzu. Im Vergleich zum Gesamtschneidwerkzeug wird also bei gleicher Genauigkeit der Werkzeuge die Ungenauigkeit der mit einem Folgeschneidwerkzeug gefertigten Teile größer sein. Im Gesamtschneidwerkzeug müssen die geschnittenen Teile sowie der Lochabfall aus den Schneidplatten ausgeworfen und aus dem geöffneten Werk-

zeug abgeführt werden. Im Folgeschneidwerkzeug kann man die Teile und den Abfall durch die Schneidplatten herausschieben. Auch aus diesem Grund sind Gesamtschneidwerkzeuge teurer und komplizierter in ihrem Aufbau.

4.2.4 Vorschubbegrenzungen

Vorschubbegrenzungen dienen dazu, den Vorschub des Blechstreifens zu unterbrechen und dessen Lage im Werkzeug zu bestimmen. Bei Gesamtschneidwerkzeugen haben die Vorschubbegrenzungen den Zweck, den Abfall gleichmäßig und klein zu halten. In Folgewerkzeugen sollten sie außerdem die richtige Lage des Werkstücks in den einzelnen Arbeitsstufen sichern. Ein Beispiel für die Werkstoffteilung zeigt Bild 4-13. Die Anordnung der Werkzeuge beim Folgeschnitt geht aus Bild 4-14 hervor. Der Streifen wird durch die Vorschubeinrichtung bis zum Anschlag transportiert. Danach fährt der Stempel nach unten und schneidet das Werkstück ab, das von einem federnden Gegenstempel ausgeworfen wird.

Bei den Abschnitten ist die unterschiedliche Gratlage gemäß Bild 4-14b) zu beachten, die mitunter zu Problemen bei der Weiterverarbeitung führt. Als Vorschubbegrenzungen

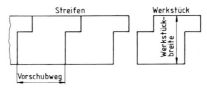

Bild 4-13. *Beispiel für eine Werkstoffteilung (Stanzen vom Blechstreifen).*

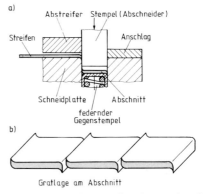

Bild 4-14. *Werkzeugaufbau beim Folgeschnitt (a) und Gratlage am Blechabschnitt (b).*

(Bild 4-15) können im Werkzeug *Einhängestifte* oder *Seitenschneider* verwendet werden. Einhängestifte (Bild 4-15 a) sind die einfachste Vorschubbegrenzung, beim automatischen Vorschub aber meist nicht zu verwenden. Seitenschneider werden zur Begrenzung des Vorschubs bei mechanischen Vorschubeinrichtungen eingesetzt. Sie geben eine genauere Begrenzung des Vorschubs als die Einhängestifte. Die Ausführung von Seitenschneidern und die Anordnung der dazu notwendigen Anschläge für den Streifen sind in DIN 9862 und DIN 9863 genormt. Außerdem können auch Formseitenschneider verwendet werden, die außer der Vorschubbegrenzung auch einen Teil der Schnittlinie herstellen.

Die Länge des Seitenschneiders entspricht immer dem Vorschub. Die Blechdicke ist bei Verwendung von Seitenschneidern auf mindestens 0,1 mm begrenzt. Bei dünneren Blechen reicht die Steifigkeit des Blechstreifens nicht aus. Die obere Blechdickengrenze liegt bei etwa 3 mm.

Bei Seitenschneidern wird eine offene Schnittlinie erzeugt. Dadurch wirken Seitenkräfte auf Streifen und Seitenschneider. Um diese Kräfte aufzunehmen, müssen Seitenschneider häufig auf ihrer Rückseite in der Schneidplatte geführt werden.

Zusätzlich zu diesen zwei Möglichkeiten werden bei der Vorschubbegrenzung oft *Fang-* oder *Pilotstifte* verwendet. Diese greifen mit ihrer konisch oder parabolisch angespitzten Vorderseite in Löcher im auszuschneidenden Werkstück oder im Abfallgitter ein. Der zylindrische Führungsteil der *Fang-, Pilot-* oder *Suchstifte* zentriert die Lage beim Schneiden genauer, Bild 4-15 b). So wird ein geringer Vorschubfehler ausgeglichen und der Blechstreifen zwangsläufig in die richtige Lage gebracht. Da der zylindrische Teil des Stifts die Vorlochränder erreicht haben muß, bevor einer der Schneidstempel auf dem Blech aufsetzt, ist der Fangstift erheblich länger. Falls im Schnitteil bereits Löcher vorhanden sind, können diese als Suchlöcher herangezogen werden. Andernfalls muß man im Abfallgitter besondere Lochungen einbringen.

Wenn ein Seitenschneider lange im Einsatz bleibt, führt die zunehmende Kantenverrundung zu einem Grat am Blechstreifen, der eher am Anschlag ankommt, als die senkrecht zur Vorschubrichtung stehende Blechkante. Dann

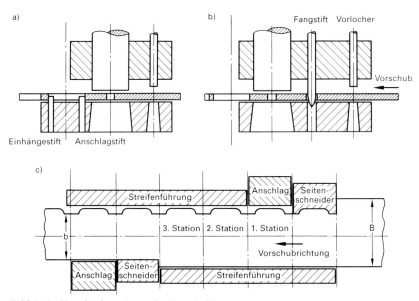

Bild 4.15. *Verschiedene Arten der Vorschubbegrenzung*
a) Einhänge- und Anschlagstift
b) Fang- oder Pilotstift
c) Seitenschneider bzw. Formseitenschneider (im oberen Bildteil)
B Blechstreifenbreite; b nutzbare Breite

wird der Vorschub ungenau, und es besteht die Gefahr, daß sich der Blechstreifen mit dem stehengebliebenen Grat in der Streifenführung verklemmt. Dieser Nachteil kann durch einen Formseitenschneider vermieden werden, der im oberen Teil des Bildes 4-15c) dargestellt ist.

Moderne Schnellschneidpressen mit hohen Hubzahlen (bis zu 1000 Hübe/min) arbeiten mit Geschwindigkeiten bis zu 40 m/min. Bei diesen großen Werten ist es wegen der auftretenden Massenkräfte nicht mehr möglich, eine Vorschubbegrenzung durch Seitenschneider vorzugeben. Es werden deshalb *Walzenvorschubeinrichtungen* mit speziellen Antrieben eingesetzt, die eine Vorschubgenauigkeit bis zu 0,01 mm gewährleisten.

Auf die Gestaltung von Schnitteilen – auch unter Bezug auf Vorschubprobleme – wird in Abschn. 4.8.8 eingegangen.

4.3 Spanen

Unter Spanen versteht man gemäß DIN 8589 einen Trennvorgang, bei dem von einem Werkstück mit Hilfe der Schneiden eines Werkzeugs Werkstoffschichten in Form von Spänen zur Änderung der Werkstückform und (oder) Werkstückoberfläche mechanisch abgetrennt werden.

4.3.1 Einteilung nach DIN 8589

Das Spanen umfaßt im *Ordnungssystem* der Fertigungsverfahren die Verfahren mit geometrisch bestimmten und die Verfahren mit geometrisch unbestimmten Schneiden. Bild 4-16 und 4-17 geben einen Überblick über die einzelnen Verfahrensuntergruppen mit den entsprechenden DIN-Normen.

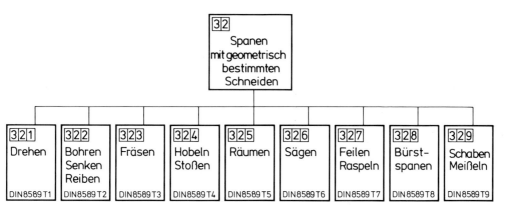

Bild 4-16. Spanen mit geometrisch bestimmten Schneiden; Einteilung nach DIN 8589.

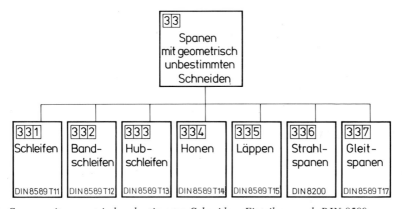

Bild 4-17. Spanen mit geometrisch unbestimmten Schneiden; Einteilung nach DIN 8589.

Zum *Spanen mit geometrisch bestimmten Schneiden* wird ein Werkzeug verwendet, dessen Schneidenanzahl, Geometrie der Schneidkeile und Lage der Schneiden zum Werkstück bestimmt sind. *Spanen mit geometrisch unbestimmten Schneiden* dagegen ist ein Trennen, bei dem ein Werkzeug verwendet wird, dessen Schneidenanzahl, Geometrie der Schneidkeile und Lage der Schneiden zum Werkstück unbestimmt sind.

Im Ordnungssystem nach DIN 8589 werden die spanenden Fertigungsverfahren durch *Ordnungs-* bzw. *Verfahrensnummern* gekennzeichnet. Die jeweiligen Verfahrensuntergruppen sind durch die ersten drei Stellen der Ordnungsnummer bestimmt (z. B. $\boxed{3}\boxed{3}\boxed{1}$ Schleifen, Bild 4-18). Weitere Verfahrensbenennungen ergeben sich aus werkstückbezogenen Verfahrensmerkmalen.

Einheitlich für alle spanenden Fertigungsverfahren unterscheidet man in der vierten Stelle der Ordnungsnummer zwischen *Plan-, Rund-, Schraub-, Profil-* und *Formspanen*.

Weitere mögliche *Ordnungsgesichtspunkte* sind Werkzeugtyp, Kinematik, Art der Werkstück-

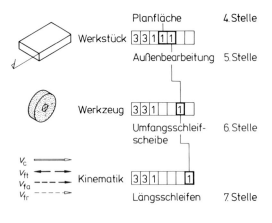

Bild 4-18. Aufbau einer Verfahrensbenennung (Beispiel Schleifen).
v_c *Schnittgeschwindigkeit*
v_{ft} *Vorschubgeschwindigkeit (tangential)*
v_{fa} *Vorschubgeschwindigkeit (axial)*
v_{fr} *Vorschubgeschwindigkeit (radial)*

aufnahme und Werkzeugstoff. Als Beispiel zeigt Bild 4-18 den systematischen Aufbau einer *Verfahrensbenennung* beim Schleifen, die die primären Verfahrensmerkmale Werkstück, Werkzeug und Kinematik in Form einer Zahlenkombination miteinander verbindet.

4.3.2 Technische und wirtschaftliche Bedeutung

Fertigungsverfahren stehen miteinander im Wettbewerb. Trotz zunehmender Konkurrenz, besonders durch umformende Fertigungsverfahren, konnten die spanenden Fertigungsverfahren wegen der erreichbaren hohen Fertigungsgenauigkeit und geometrisch nahezu unbegrenzten Bearbeitungsmöglichkeiten ihre bedeutende Stellung behaupten.

Im Jahre 1987 betrug der wertmäßige Anteil spanender Werkzeugmaschinen nach einer Statistik (VDMA) 71,9% gegenüber einem Anteil von 28,1% bei umformenden Werkzeugmaschinen, gemessen an der Gesamtwerkzeugmaschinenproduktion der Bundesrepublik Deutschland. Steigende Anforderungen an Oberflächengüten, Maß-, Form- und Lagegenauigkeiten sowie die physikalischen und chemischen Eigenschaften von Konstruktionswerkstoffen lassen für spanende Fertigungsverfahren deutliche Wettbewerbsvorteile erwarten.

4.4 Grundbegriffe der Zerspantechnik

Die grundlegenden Begriffe der Zerspantechnik sind nach DIN 6580/81, DIN 6583/84 und international nach ISO 3002 einheitlich für alle spanenden Fertigungsverfahren festgelegt.

4.4.1 Bewegungen und Geometrie von Zerspanvorgängen

Beim Spanen wird die zu erzeugende Werkstückform einmal durch die Geometrie des Werkzeugs und zum anderen durch die Relativbewegungen zwischen Werkstück und Werkzeug (Wirkpaar) bestimmt. Die während der Spanabnahme ausgeführten Relativbewegungen setzen sich gemäß Bild 4-19 aus einer Schnitt- sowie einer oder mehreren Vorschubbewegungen zusammen.

Die *Schnittbewegung* wird gekennzeichnet durch den Vektor der *Schnittgeschwindigkeit* v_c

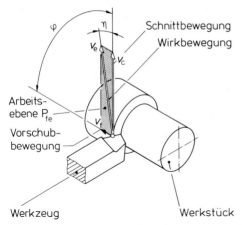

Bild 4-19. Bewegungen, Arbeitsebene P_{fe}, Vorschub-richtungswinkel φ und Wirkrichtungswinkel η beim Drehen (nach DIN 6580).

für einen bestimmten Schneidenpunkt (Kontaktpunkt) zwischen Werkstück und Werkzeug.

Die *Vorschubbewegung* ermöglicht zusammen mit der Schnittbewegung eine Spanabnahme. Sie kann schrittweise oder stetig erfolgen, und sie kann sich auch aus mehreren Komponenten zusammensetzen. Sie wird gekennzeichnet durch den Vektor der *Vorschubgeschwindigkeit* v_f.

Die *Wirkbewegung* ist die resultierende Bewegung aus Schnitt- und Vorschubgeschwindigkeit. Sie wird gekennzeichnet durch den Vektor der *Wirkgeschwindigkeit* v_e.

Für das Wirkpaar Werkstück – Werkzeug und für den Ablauf des Zerspanvorgangs ist es meist belanglos, ob die Bewegungen vom Werkstück oder vom Werkzeug ausgeführt werden. Hingegen ist es von entscheidender Bedeutung für den Aufbau der Werkzeugmaschine, wie die Bewegungen auf Werkstück und Werkzeug aufgeteilt sind.

Weitere Bewegungen sind *Anstell-, Zustell-* und *Nachstellbewegungen*. Diese Bewegungen sind nicht unmittelbar an der Spanentstehung beteiligt.

Die einheitliche Betrachtung der verschiedenen spanenden Fertigungsverfahren erfordert die Einführung der Hilfsgrößen Vorschubrichtungswinkel φ und Wirkrichtungswinkel η (Bild 4-19). Mit diesen lassen sich kinematische Unterschiede zwischen den verschiedenen spanenden Fertigungsverfahren kennzeichnen.

Der *Vorschubrichtungswinkel* φ ist der Winkel zwischen Vorschubrichtung und Schnittrich-

tung. Der *Wirkrichtungswinkel* η ist der Winkel zwischen Wirkrichtung und Schnittrichtung. Allgemein gilt

$$\tan \eta = \frac{\sin \varphi}{v_c/v_f + \cos \varphi} \qquad (4\text{-}5).$$

Der Vorschubrichtungswinkel φ ist verfahrensabhängig und beträgt beispielsweise beim Drehen $\varphi = 90°$, während sich beim Fräsen und Schleifen der Wert des Vorschubrichtungswinkels ändert.

Der Wirkrichtungswinkel η ist abhängig vom jeweiligen Geschwindigkeitsquotienten v_c/v_f und nimmt für viele Zerspanvorgänge, z. B. beim Schleifen, vernachlässigbar kleine Werte an. Beim Schraubdrehen dagegen entspricht der Wirkrichtungswinkel η dem Steigungswinkel der erzeugten Schraubfläche.

Eine wichtige Bezugsebene ist die *Arbeitsebene*. Sie ist eine gedachte Ebene, die durch die Vektoren der Schnittgeschwindigkeit und der Vorschubgeschwindigkeit(en) durch den jeweils betrachteten Schneidenpunkt gelegt wird. In ihr vollziehen sich die Bewegungen, die an der Spanentstehung beteiligt sind.

4.4.2 Eingriffe von Werkzeugen

Zum Kennzeichnen des Eingriffs eines spanenden Werkzeugs benötigt man die Begriffe Vorschub f, Schnittiefe bzw. Schnittbreite a_p und den Arbeitseingriff a_e sowie den Vorschubeingriff a_f entsprechend Bild 4-20 und 4-21.

Der *Vorschub f* ist die Ortsveränderung der Schneide bzw. des Werkzeugs in Richtung der Vorschubbewegung je Umdrehung oder je Hub des Werkzeugs oder Werkstücks, gemessen in der Arbeitsebene. Die *Schnittiefe* bzw. *Schnittbreite* a_p ist die Tiefe bzw. Breite des momentanen Eingriffs eines Werkzeugs, senkrecht zur Arbeitsebene gemessen.

Bei rotierenden Werkzeugen (z. B. Fräser, Schleifscheibe) wird zur Bestimmung des Werkzeugeingriffs zusätzlich der *Arbeitseingriff* a_e benötigt. Diese Eingriffsgröße beschreibt den momentanen Eingriff des Werkzeugs mit dem Werkstück, gemessen in der Arbeitsebene und senkrecht zur Vorschubrichtung.

Der *Vorschubeingriff* a_f bezeichnet die Größe des Eingriffs des Werkzeugs in Vorschubrichtung.

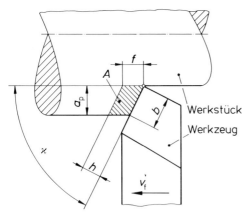

Bild 4-20. *Eingriffs- und Spanungsgrößen beim Längsdrehen.*

a_p *Schnittiefe*
f *Vorschub*
h *Spanungsdicke*
b *Spanungsbreite*
A *Spanungsquerschnitt*
$\varkappa$ *Einstellwinkel*

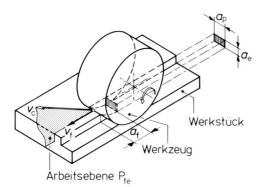

Bild 4-21. *Eingriffsgrößen beim Umfangsfräsen und Umfangsschleifen (nach Saljé).*

a_p *Schnittbreite*
a_e *Arbeitseingriff*
a_f *Vorschubeingriff*

4.4.3 Spanungsgrößen

Während Vorschub und Eingriffsgrößen Maschineneinstellgrößen sind, werden für die Berechnung von Zerspanvorgängen vor allem die aus diesen Größen abgeleiteten Spanungsgrößen benötigt. Diese beschreiben die Abmessungen der vom Werkstück abzuspanenden Schichten und sind nicht identisch mit den Abmessungen der durch den Zerspanvorgang entstehenden Späne (Abschn. 4.5.2).

Der *Spanungsquerschnitt A* (Bild 4-20) ist die senkrecht zur Schnittrichtung projizierte Querschnittsfläche eines abzunehmenden Spans. Für Drehmeißel mit geraden Schneiden und scharfkantigen Schneidenecken gilt

$$A = a_p\,f = b\,h \qquad (4\text{-}6).$$

Die *Spanungsbreite b* gibt die Breite, die *Spanungsdicke h* die Dicke des Spanungsquerschnitts an.

Die geometrischen Zusammenhänge zwischen Vorschub, Eingriffs- und Spanungsgrößen gehen aus Bild 4-20 hervor. Bei vereinfachter Betrachtung gelten die Beziehungen

$$b = \frac{a_p}{\sin \varkappa} \qquad (4\text{-}7),$$

$$h = f \sin \varkappa \qquad (4\text{-}8).$$

Eine wichtige Spanungsgröße, besonders beim Vergleich von spanenden Fertigungsverfahren, ist das *Zeitspanungsvolumen* Q_w. Dieses ist das auf eine Zeiteinheit bezogene vom Werkstück abzuspanende Werkstoffvolumen (Spanungsvolumen).

Für das Zeitspanungsvolumen beim Drehen gilt

$$Q = A\,v_c = d_m\,a_p\,v_f \qquad (4\text{-}9);$$

hierbei ist d_m der mittlere Durchmesser der vom Werkzeug nach einer Zustellung in einem Durchgang vom Werkstück abzuspanenden Werkstoffschicht (Spanungsschicht).

4.4.4 Geometrie am Schneidteil

Wie aus Bild 4-22 hervorgeht, wird der *Schneidteil* eines spanenden Werkzeugs aus Span-, Haupt- und Nebenfreiflächen gebildet. Die *Spanfläche* ist die Fläche, auf der der Span abläuft. Die *Freiflächen* sind den am Werkstück entstehenden Schnittflächen zugekehrt.

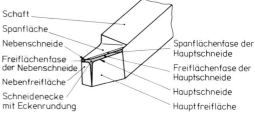

Bild 4-22. *Flächen, Fasen, Schneiden und Schneidenecken am Dreh- oder Hobelmeißel (nach DIN 6581).*

Die Schnittlinien der Span- und Freiflächen bilden die Schneiden des Werkzeugs. Man unterscheidet zwischen *Haupt-* und *Nebenschneiden*. Hauptschneiden weisen bei Betrachtung in der Arbeitsebene in Vorschubrichtung, Nebenschneiden nicht. Die *Schneidenecke* ist diejenige Ecke des Werkzeugs, an der Haupt- und Nebenschneiden mit der Spanfläche zusammentreffen. Sie ist vielfach mit einer Eckenrundung oder Eckenfase versehen.

Die *Werkzeugwinkel* werden durch die Stellung der Flächen am Schneidteil zueinander bestimmt. Zwecks Definition der Winkel am Schneidteil hat man entsprechende Bezugssysteme eingeführt. Man unterscheidet zwischen dem Werkzeug- und dem Wirkbezugssystem. Die im *Werkzeugbezugssystem* gemessenen Werkzeugwinkel kennzeichnen gemäß Bild 4-23 die Geometrie des Schneidteils und sind für die Herstellung und Instandhaltung der Werkzeuge von Bedeutung. Die im *Wirkbezugssystem* gemessenen Wirkwinkel sind für die Darstellung des Zerspanungsvorgangs von Bedeutung.

Die *Bezugssysteme* zum Bestimmen der Winkel am Schneidteil enthalten außer der jeweiligen *Bezugsebene die Schneidenebene* und die *Keilmeßebene*. Die Ebenen stehen jeweils aufeinander senkrecht. Als zusätzliche Ebene wird die Arbeitsebene benötigt.

Bezugsebene für das Werkzeugbezugssystem ist die *Werkzeugbezugsebene*. Sie wird durch den betrachteten Schneidenpunkt möglichst senkrecht zur angenommenen Schnittrichtung gelegt, aber nach einer Ebene, Achse oder Kante des Werkzeugs ausgerichtet. Bei Dreh- und Hobelmeißeln liegt die Werkzeugbezugsebene meist parallel zur Werkzeugauflagefläche.

Bezugsebene für das Wirkbezugssystem ist die senkrecht zur Wirkrichtung stehende *Wirkbezugsebene*. Die Schneidenebene enthält die Schneide und steht senkrecht zur Wirk- bzw. Werkzeugbezugsebene. Die Keilmeßebene ist eine Ebene, die senkrecht zur Wirk- bzw. Werkzeugbezugsebene und senkrecht zur Wirk- bzw. Werkzeugschneidenebene steht.

Die für die Zerspanung wichtigsten Winkel zeigt Bild 4-24. *Spanwinkel γ, Keilwinkel β* und *Freiwinkel α* werden in der Keilmeßebene gemessen ($\alpha + \beta + \gamma = 90°$). Der Spanwinkel γ ist der Winkel zwischen Spanfläche und Werkzeugbezugsebene; der Keilwinkel β ist der Winkel zwischen Span- und Freifläche, und der Freiwinkel α ist der Winkel zwischen Freifläche und Werkzeugschneidenebene.

In der Werkzeugbezugsebene werden der *Werkzeugeinstellwinkel $\varkappa$* und der *Eckenwinkel ε* angegeben. Der Werkzeugeinstellwinkel wird zwischen Werkzeugschneidenebene und Arbeitsebene, der Eckenwinkel zwischen den Schneidenebenen von zusammengehörigen Haupt- und Nebenschneiden gemessen. In der Werkzeugschneidenebene wird der *Neigungswinkel λ* als Winkel zwischen Schneide und Werkzeugbezugsebene definiert.

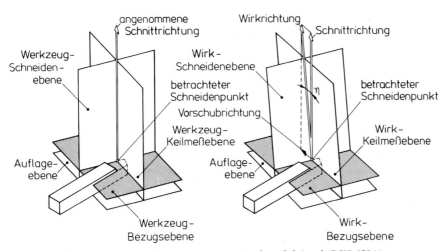

Bild 4-23. Werkzeug- und Wirkbezugssystem am Drehmeißel (nach DIN 6581).

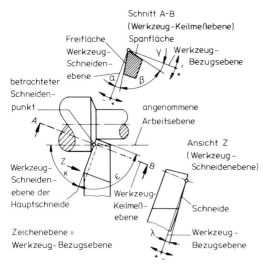

Bild 4-24. Werkzeugwinkel für einen Punkt der Hauptschneide am Drehmeißel (nach DIN 6581).

Das Symbol für den Werkzeugwinkel hat grundsätzlich keinen Index, dagegen erhalten die Symbole für die Wirkwinkel zur Unterscheidung den Index „e" (von effektiv).

4.4.5 Kräfte und Leistungen

Die bei einem Zerspanvorgang auf das Werkstück wirkende *Zerspankraft F* kann in verschiedene Komponenten zerlegt werden, wie Bild 4-25 zeigt. Bezogen auf die Arbeitsebene wird die Zerspankraft in die *Aktivkraft F_a* und die *Passivkraft F_p* zerlegt. Die Aktivkraft ist die

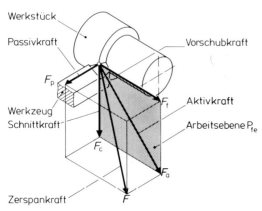

Bild 4-25. Komponenten der Zerspankraft beim Drehen – F_f ist meist wesentlich kleiner als F_c – (nach DIN 6584).

Komponente der Zerspankraft in der Arbeitsebene und, da in der Arbeitsebene die Bewegungen zur Spanentstehung ausgeführt werden, leistungsbestimmend. Die Passivkraft ist die Komponente der Zerspankraft senkrecht zur Arbeitsebene und an den Leistungen beim Zerspanen nicht beteiligt.

Bezogen auf die Schnittrichtung wird die Aktivkraft in die *Schnittkraft F_c*, bezogen auf die Vorschubrichtung in die *Vorschubkraft F_f* und, bezogen auf die Wirkrichtung, in die *Wirkkraft F_e* zerlegt. Es gilt

$$F = \sqrt{F_a^2 + F_p^2} = \sqrt{F_c^2 + F_f^2 + F_p^2} \quad (4\text{-}10).$$

Die Leistungen beim Zerspanen ergeben sich aus dem Produkt der jeweiligen Geschwindigkeitskomponenten und der in ihren Richtungen wirkenden Komponenten der Zerspankraft. Als *Schnittleistung* erhält man

$$P_c = v_c \, F_c \quad (4\text{-}11),$$

als *Vorschubleistung*

$$P_f = v_f \, F_f \quad (4\text{-}12),$$

und als *Wirkleistung*

$$P_e = v_e \, F_e \quad (4\text{-}13).$$

Die Wirkleistung ist auch die Summe aus Schnittleistung P_c und Vorschubleistung P_f.

$$P_e = P_c + P_f \quad (4\text{-}14).$$

4.4.6 Stand- und Verschleißbegriffe

Das *Standvermögen* kennzeichnet die Fähigkeit eines Wirkpaares (Werkstück und Werkzeug), bestimmte Zerspanvorgänge durchzustehen. Es ist abhängig von den *Standbedingungen,* die durch alle am Zerspanvorgang beteiligten Elemente beeinflußt werden, nämlich durch

– das Werkstück (Werkstückform, Werkstückstoff),
– das Werkzeug (z. B. Geometrie am Schneidteil, Werkzeugstoff),
– die Werkzeugmaschine sowie durch weitere
– Randbedingungen (z. B. Kühlschmierung).

Zur Beurteilung des Standvermögens werden *Standkriterien* als Grenzwerte für unerwünschte Veränderungen am Werkzeug, am Werkstück oder am Bearbeitungsverlauf herangezogen. Als Grenzwerte können alle am Werkzeug meßbaren Verschleißgrößen, aber auch die am Werkstück meßbaren Eigenschaften, wie

z. B. Rauheitsveränderungen oder während des Zerspanvorgangs meßbare Änderungen von Zerspankraftkomponenten, sowie die Temperaturen beim Zerspanen dienen.

Standgrößen sind Zeiten, Wege oder Mengen, die bis zum Erreichen eines festgelegten Standkriteriums unter den gewählten Standbedingungen erzielt werden können (z. B. *Standzeiten, Standwege, Standmengen*). Zur eindeutigen Beschreibung des Standvermögens sind die Standgrößen stets in Verbindung mit dem Standkriterium und den zugehörigen Standbedingungen anzugeben.

Beispiel:

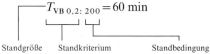

$$T_{\text{VB }0{,}2:\,200} = 60 \text{ min}$$

Standgröße   Standkriterium   Standbedingung

Hierin ist das Standvermögen durch die Angabe der Standzeit T bis zum Erreichen der Verschleißmarkenbreite $VB = 0{,}2$ mm bei einer Schnittgeschwindigkeit $v_c = 200$ m/min bestimmt.

In der Praxis werden häufig *Verschleißgrößen* als Standkriterium herangezogen. Hinsichtlich des Verschleißorts am Schneidteil eines Drehwerkzeugs unterscheidet man die in Bild 4-26 dargestellten Verschleißgrößen. Als Standkriterium sind besonders der *Freiflächenverschleiß* und der *Kolkverschleiß* von Bedeutung.

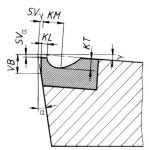

Bild 4-26. *Verschleißgrößen am Schneidteil eines Drehmeißels.*

γ *Spanwinkel*
α *Freiwinkel*
SV_a *Schneidenversatz, in Richtung der Freifläche gemessen*
SV_γ *Schneidenversatz, in Richtung der Spanfläche gemessen*
VB *Verschleißmarkenbreite an der Freifläche*
KM *Kolkmittenabstand*
KT *Kolktiefe*
KL *Kolklippenbreite*

4.5 Grundlagen zum Spanen

Die *Zerspanbarkeit* eines Werkstücks kann nicht, wie es bei vielen physikalischen Vorgängen der Fall ist, durch eine allgemeingültige Gesetzmäßigkeit beschrieben oder beurteilt werden. Wichtige Beurteilungskriterien sind z. B. die Spanbildung, die Schnittkräfte, das Standvermögen und die Oberflächengüte. Diese sind je nach Bearbeitungsaufgabe und Fertigungsverfahren von unterschiedlicher Bedeutung. Zur Klärung der verschiedenen Einflußgrößen und Wirkungen von Zerspanvorgängen werden Modellvorstellungen verwendet, um die einzelnen Abläufe rechnerisch erfassen zu können.

4.5.1 Spanbildung

Die Vorgänge bei der Spanbildung sind am einfachsten zu überblicken, wenn sie auf den sog. *Orthogonalprozeß* bezogen werden. Die Spanbildung wird dabei als zweidimensionaler Vorgang in einer Ebene senkrecht zur Schneide dargestellt. Der Orthogonalprozeß ist beispielsweise beim Plan-Längsdrehen eines Rohrs mit einem Einstellwinkel $\varkappa = 90°$ gemäß Bild 4-27 weitgehend verwirklicht.

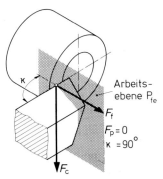

Arbeitsebene P_{fe}

F_f
$F_p = 0$
$\varkappa = 90°$

F_c

Bild 4-27. *Plan-Längsdrehen eines Rohres; Beispiel für einen Orthogonalprozeß.*

Ausgehend vom Orthogonalprozeß entwickelten *Piispanen* und *Merchant* eine sehr vereinfachte *Modellvorstellung der Spanbildung;* Bild 4-28 erläutert dies im einzelnen. Bei diesem Modell stellt man die Ausbildung von Gleitlinien (Linien maximaler Verformung) in den Vordergrund der Betrachtung. Die Spanentstehung wird auf die *Scherebene* bezogen, die mit der Schnittrichtung den *Scherwinkel* Φ einschließt.

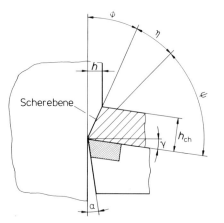

Bild 4-28. Spanbildungsmodell (nach Merchant).
Φ *Scherwinkel*
η *Strukturwinkel*
ψ *Fließwinkel*
h *Spanungsdicke*
h_{ch} *Spandicke*
γ *Spanwinkel*
α *Freiwinkel*

Der Werkstückstoff gleitet lamellenförmig entlang der Scherebene ab. Die im Bereich der Scherebene erfolgte Kristallverformung äußert sich in Strukturlinien, die sich an Hand von Spanwurzelaufnahmen nachweisen lassen. Diese bilden mit der Scherebene den *Strukturwinkel η*. Den Winkel zwischen den Strukturlinien und der Spanfläche bezeichnet man als *Fließwinkel ψ*.

Das Scherebenenmodell ist eine sehr idealisierte Vorstellung von den Vorgängen bei der Spanbildung. Neuere Untersuchungen von *Warnecke* kommen den tatsächlichen Gegebenheiten wesentlich näher. Ausgehend vom Orthogonalschnitt werden die an der Spanentstehung beteiligten Werkstückstoffbereiche in einzelne Zonen aufgeteilt, wie Bild 4-29 zeigt. Die *primäre Scherzone* (Zone 1) wird als unmittelbare *Spanentstehungszone* angenommen. In der *Verformungsvorlaufzone* (Zone 2) entstehen durch den Spanbildungsvorgang Spannungen, die elastische und plastische Verformungen im Werkstück hervorrufen. Durch Reibung zwischen der Werkzeugfreifläche und der gefertigten Fläche bzw. Werkzeugspanfläche und Spanunterseite entstehen Schubspannungen, die zu plastischen Verformungen in den Zonen 3 und 4 führen. Im Bereich der Schneidkante (Zone 5) erfolgt die eigentliche Trennung des Werkstückstoffs. Hohe mechanische und thermische Belastungen in diesen *sekundären Scherzonen* verursachen den Werkzeugverschleiß.

4.5.2 Spanstauchung

Verformungen und Reibungsvorgänge in den vorgenannten Spanbildungszonen bewirken die Spanstauchung, die man als Änderung der *Spangrößen* gegenüber den zugehörigen *Spanungsgrößen* bezeichnet. Entsprechend den Abmessungen des Spans unterscheidet man

Spandickenstauchung

$$\lambda_h = \frac{\text{Spandicke } h_{ch}}{\text{Spanungsdicke } h} > 1 \qquad (4\text{-}15),$$

Spanbreitenstauchung

$$\lambda_b = \frac{\text{Spanbreite } b_{ch}}{\text{Spanungsbreite } b} > 1 \qquad (4\text{-}16).$$

Durch die *Stauchung des Spanquerschnitts*

$$\lambda_A = \lambda_h \, \lambda_b \qquad (4\text{-}17)$$

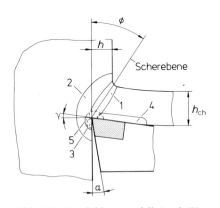

Bild 4-29. Spanbildungsmodell (nach Warnecke).
α *Freiwinkel*
γ *Spanwinkel*
Φ *Scherwinkel*
h *Spanungsdicke*
h_{ch} *Spandicke*
1   primäre Scherzone (Spanentstehungszone)
2   Verformungsvorlaufzone
3; 4 sekundäre Scherzonen (Reibungszone zwischen Werkzeugfreifläche und gefertigter Fläche bzw. Werkzeugspanfläche und Spanunterseite)
5   Trenngebiet

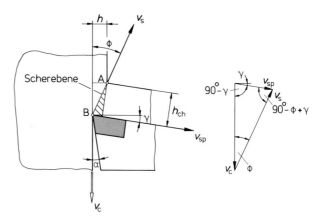

α   *Freiwinkel*
γ   *Spanwinkel*
Φ   *Scherwinkel*
h   *Spanungsdicke*
h_{ch} *Spandicke*
v_c *Schnittgeschwindigkeit*
v_s *Schergeschwindigkeit*
v_{sp} *Spangeschwindigkeit*

Bild 4-30. Geometrie und Geschwindigkeitsverhältnisse in der Spanentstehungszone.

wird bewirkt, daß die Spanlänge kürzer ist als der von der Schneide zurückgelegte Schnittweg. Die Spandickenstauchung λ_h läßt sich auch durch das Verhältnis von Schnittgeschwindigkeit v_c und der *Spangeschwindigkeit* v_{sp} als Komponente in Ablaufrichtung des Spans ausdrücken. Durch vektorielle Zusammensetzung der in der Spanentstehungszone auftretenden Geschwindigkeiten gemäß Bild 4-30 erhält man nach *Kronenberg*

$$\lambda_h = \frac{v_c}{v_{sp}} = \frac{\cos(\Phi - \gamma)}{\sin \Phi} \qquad (4\text{-}18).$$

4.5.3 Scherwinkelgleichungen

Aus der Geometrie der Spanentstehungszone läßt sich ein Zusammenhang zwischen der Spandickenstauchung λ_h, dem Spanwinkel γ und dem Scherwinkel Φ ableiten (Bild 4-30). Es gilt unter der Annahme eines freien, ungebundenen Schnittes (Orthogonalprozeß)

$$\tan \Phi = \frac{\cos \gamma}{\lambda_h - \sin \gamma} \qquad (4\text{-}19).$$

Die Beziehung ist deshalb von besonderer Bedeutung, weil Spanwinkel und Spandickenstauchung verhältnismäßig einfach gemessen werden können und die hieraus errechneten Werte für den Scherwinkel wesentliche Aussagen über den Spanbildungsvorgang ermöglichen. Weitere aus dem Schrifttum bekannte Scherwinkelgleichungen beziehen sich auf Abhängigkeiten zwischen dem Spanwinkel γ und dem Gleitreibungskoeffizienten μ auf der Spanfläche. Mit Hilfe dieser Gleichungen, der Scherfestigkeit

sowie entsprechender geometrischer Zusammenhänge können die Zerspankraft und ihre Komponenten berechnet werden.

4.5.4 Spanarten

Nach ihrer Entstehung unterscheidet man im wesentlichen gemäß Bild 4-31 vier Spanarten:
- *Reiß*- oder *Bröckelspäne*, Bild 4-31 a),
- *Scherspäne*, Bild 4-31 b),
- *Lamellenspäne*, Bild 4-31 c),
- *Fließspäne*, Bild 4-31 d).

Reiß- bzw. Bröckelspäne treten vorwiegend bei spröden Werkstückstoffen auf, z. B. bei Eisengußwerkstoffen und Bronzen, und haben meist sehr schlechte Oberflächen zur Folge.

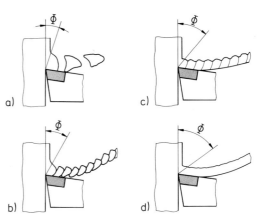

Bild 4-31. Spanarten: a) Reißspan, b) Scherspan, c) Lamellenspan, d) Fließspan.

Beim Drehen mit einer Schnittgeschwindigkeit $v_c < 10$ m/min und negativen Spanwinkeln können Reißspäne z. B. auch bei Baustählen entstehen.

Scherspäne sind je nach Werkstückstoff in einem Schnittgeschwindigkeitsbereich von 20 m/min bis 80 m/min zu erwarten. Die Spanteile werden in der Scherzone vollkommen voneinander getrennt und verschweißen unmittelbar danach wieder.

Fließspäne entstehen beim Drehen von Baustählen etwa bei einer Schnittgeschwindigkeit $v_c > 80$ m/min. Der Werkstoff beginnt im Bereich der Scherzone kontinuierlich zu fließen. Die einzelnen Spanlamellen verschweißen sehr stark untereinander und sind i. a. mit bloßem Auge nicht mehr wahrnehmbar.

Lamellenspäne sind Fließspäne mit ausgeprägten Lamellen, die durch Verfestigung des Werkstückstoffs während des Schervorgangs entstehen. Sie entstehen bei nicht zu zähen Werkstückstoffen mit ungleichmäßigem Gefüge und größeren Spanungsdicken.

Den Einfluß von Scherwinkel Φ, Schnittgeschwindigkeit v_c, Spanwinkel γ und Gleitreibungskoeffizienten μ auf die Spanarten zeigt Bild 4-32. Bei konstantem Reibwert steigt z. B. der Scherwinkel mit dem Spanwinkel an und verschiebt die dargestellten Zusammenhänge in das Gebiet der Fließspanbildung.

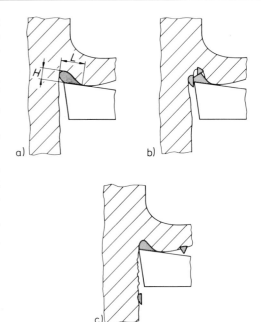

Bild 4-33. Aufbauschneidenbildung.
H Höhe der Aufbauschneide
L Länge der Aufbauschneide

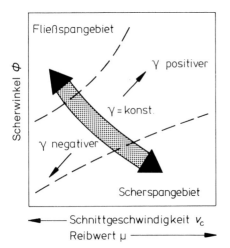

Bild 4-32. Einfluß von Scherwinkel Φ, Schnittgeschwindigkeit v_c, Spanwinkel γ und Gleitreibungskoeffizient μ auf die Spanarten (nach Hucks).

Im Bereich der Scherspanbildung, besonders bei Werkstückstoffen mit hoher Bruchdehnung, kommt es zur Bildung von *Aufbauschneiden*. Dabei werden stark kaltverfestigte harte Schichten aufgestaut, wie dies Bild 4-33 verdeutlicht. Es bilden sich keilförmige Schneidenansätze, die z. T. die Funktion der Schneide übernehmen. Der Bildungsmechanismus kann wie folgt beschrieben werden:

– Kleinste Werkstoffpartikel bleiben zunächst in Schneidennähe haften; es kommt zu Verschweißungen, Bild 4-33 a).
– Durch ständiges Hinzukommen neuer Werkstoffpartikel nimmt die Aufbauschneide kontinuierlich bis zu einer bestimmten Größe zu; hierbei lösen sich Teile der Aufbauschneide durch den Spandruck wieder ab, Bild 4-33 b).
– Die Werkstoffpartikel wandern an der Spanunterseite und der gefertigten Werkstückfläche ab, und es entstehen charakteristische schlechte Oberflächen, Bild 4-33 c).

Bei höheren Schnittgeschwindigkeiten gelangt man an der Wirkstelle in den Bereich der Rekristallisationstemperatur, so daß sich die aufgeschweißten Werkstoffpartikel wieder entfesti-

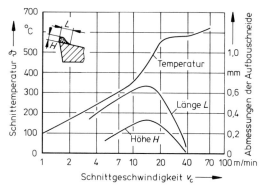

Bild 4-34. *Einfluß von Schnittemperatur ϑ und Schnitt-*
geschwindigkeit v_c auf die Abmessungen von Aufbau-
schneiden (nach Opitz).

Spanform		Spanraum-zahl R	Beurteilung
Bandspäne		$\geqq 90$	ungünstig
Wirrspäne	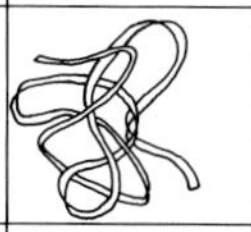		
Wendelspäne	lang 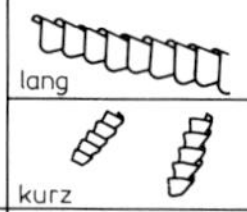	$\geqq 50$	brauchbar
	kurz	$\geqq 25$	gut
Spiralspäne		$\geqq 8$	
Spanbruch-stücke		$\geqq 3$	brauchbar

Bild 4-35. *Spanformen bei der Drehbearbeitung und*
deren Beurteilung.

gen und von der Schneide lösen. Das Diagramm Bild 4-34 läßt die Zusammenhänge erkennen.

4.5.5 Spanformen

Außer den verschiedenen Spanarten läßt sich die Gestalt des Spans durch unterschiedliche Spanformen beschreiben. Die Beherrschung der Spanformbildung gewinnt mit zunehmender Automatisierung der Fertigung und mit gesteigerten Schnittgeschwindigkeiten immer mehr an Bedeutung.

Für das Drehen lassen sich verschiedene Spanformen entsprechend Bild 4-35 klassifizieren. Eine unvorteilhafte Spanbildung ist für den Bedienenden eine Gefahrenquelle. Ungünstige Spanformen beeinflussen die Werkstückqualität und können durch Beschädigungen an dem Werkzeug, der Werkzeugmaschine und an den Späneentsorgungsanlagen erhebliche Störungen im Arbeitsablauf verursachen. Unerwünscht sind besonders Band-, Wirr- und Flachwendelspäne, die im Verhältnis zu ihrem eigentlichen Spanvolumen einen großen Spanraumbedarf beanspruchen. Der Raumbedarf der Späne kann durch die *Spanraumzahl R* ausgedrückt werden, die sich aus dem Verhältnis

$$R = \frac{\text{Raumbedarf der Spanmenge}}{\text{Werkstoffvolumen der gleichen Spanmenge}} \quad (4\text{-}20)$$

ergibt. Band- und Wirrspäne bilden unerwünschte Formen mit Spanraumzahlen $R > 90$.

Vorteilhaft sind z. B. kurze zylindrische Wendelspäne, Spiralwendelspäne und Spiralspäne mit Spanraumzahlen im Bereich $R = 25$ bis $R = 8$. Möglichkeiten zur *Beeinflussung der Spanform* ergeben sich durch

– den Werkstückstoff,
– die kinematische Spanbrechung,
– die Anwendung von Spanformstufen und durch
– das Ändern der Werkzeuggeometrie und der Maschineneinstellbedingungen.

In der Praxis üblich ist die Verwendung von aufgesetzten oder eingesinterten *Spanformstufen* und Werkstückstoffen mit spanformbeeinflussenden Legierungselementen, z. B. Schwefel, Blei, Selen oder Tellur bei Automatenstählen.

Die *Geometrie von Spanformstufen* wird weitgehend durch den zu zerspanenden Werkstückstoff und die Eingriffs- bzw. Spanungsgrößen bestimmt. Zur Beurteilung der Spanformung mittels Spanformstufen werden in der Praxis *Spanformdiagramme,* etwa gemäß Bild 4-36, herangezogen, die in Abhängigkeit von den jeweiligen Eingriffs- bzw. Spanungsgrößen die Bereiche mit guter Spanformung kennzeichnen.

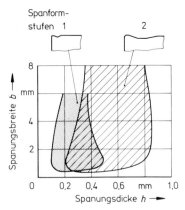

Bild 4-36. *Spanformdiagramm für verschiedene Geometrien von Spanformstufen (Werkstückstoff: C 60, Schneidstoff: mehrlagenbeschichtetes Hartmetall Widalon TK 15, Schnittdaten: $v_c = 200$ m/min, $\varkappa = 95°$).*

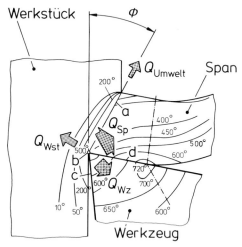

Bild 4-37. *Energieumwandlungsstellen und Temperaturverteilung in Werkstück, Span und Werkzeug beim Zerspanen von Stahl (Schneidstoff: Hartmetall P 20, Werkstückstoff: Stahl $k_f = 850$ N/mm², Schnittgeschwindigkeit $v_c = 60$ m/min, Spanungsdicke $h = 0,32$ mm, Spanwinkel $\gamma = 10°$).*

a   *Scherebene*
b   *Trenngebiet*
c   *Reibungszone Werkzeugfreifläche*
d   *Reibungszone Werkzeugspanfläche*

4.5.6 Energieumwandlung beim Spanen

Die beim Spanen zugeführte mechanische Energie wird durch Verformungs- und Reibungsvorgänge in den an der Spanentstehung beteiligten Zonen nahezu vollständig in Wärme umgewandelt. *Wärme* entsteht in der Scherzone, im Trenngebiet und in den Reibungszonen zwischen Freifläche und gefertigter Werkstückfläche bzw. Spanfläche und Spanunterseite, wie aus Bild 4-37 hervorgeht. 40% bis 75% der zugeführten Energie wird in der Scherzone in Wärme umgesetzt. Auf Grund der komplexen Verformungs- und Reibungsmechanismen in den Spanentstehungszonen ist es bisher nicht möglich, die auf Werkstück, Werkzeug, Span und Umwelt entfallenden Wärmemengen rechnerisch zu erfassen.

Messungen ergaben, daß der weitaus größte Teil der in den einzelnen Umwandlungsstellen entstehenden Wärme mit dem Span abgeführt wird. Die Wärmeaufteilung ist von den jeweiligen Schnittbedingungen abhängig. Bei hohen Schnittgeschwindigkeiten können bis zu 95% der umgesetzten Wärmeenergie vom Span aufgenommen werden.

Bild 4-37 zeigt die Temperaturverteilung im Werkstück, im Span und im Werkzeug beim Zerspanen von Stahl mit einem Hartmetallwerkzeug bei einer Schnittgeschwindigkeit $v_c = 60$ m/min.

4.5.7 Schneidstoffe

Als Schneidstoffe bezeichnet man Werkstoffe, die für den Schneidteil von spanenden Werkzeugen verwendet werden. Die Art der Beanspruchungen der Schneidstoffe ist außerordentlich vielfältig und führt zu einer Reihe von zu fordernden Eigenschaften, wie z. B.

– Härte und Druckfestigkeit,
– Biegefestigkeit und Zähigkeit,
– Kantenfestigkeit,
– innere Bindefestigkeit,
– Warmfestigkeit,
– geringe Oxidations-, Diffusions-, Korrosions- und Klebneigung,
– Abriebfestigkeit.

Diese Forderungen sind teilweise gegensätzlicher Art; sie lassen sich dann bei der Schneidstoffherstellung nicht gleichzeitig verwirklichen. Tabelle 4-1 gibt einen Überblick über Schneidstoffe für das Spanen mit geometrisch bestimmten Schneiden und einige wichtige Eigenschaften.

Tabelle 4-1. Einteilung der Schneidstoffe und einige wichtige Eigenschaften.

Eigenschaften Schneidstoffe	Vickershärte HV 30 N/mm²	Temperatur- beständigkeit °C	Druck- festigkeit N/mm²	Biege- festigkeit N/mm²	Dichte kg/dm³	Elastizitäts- modul 10^3 N/mm²
Werkzeugstähle	7000 bis 9000	200 bis 300	2000 bis 3000	1800 bis 2500	7,85	220
Schnellarbeitsstähle	7500 bis 10000	600 bis 800	2500 bis 3500	2500 bis 3800	8,0 bis 8,8	260 bis 300
Stellite	6700 bis 7850	700 bis 800	2000 bis 2500	2000 bis 2500	8,3 bis 8,8	280 bis 300
Hartmetalle	13000 bis 17000	1100 bis 1200	4000 bis 5900	800 bis 2200	6,0 bis 15,0	430 bis 630
Schneidkeramik	14000 bis 24000	1300 bis 1800	2500 bis 4500	300 bis 700	3,8 bis 7,0	300 bis 400
Bornitrid	45000	1500	4000	600	3,45	680
Diamant	bis 70000	700	3000	300	3,5	900 bis 1000

Die Entwicklung neuer Schneidstoffe hat in den letzten Jahren zu einem sprunghaften Anstieg der Schnittgeschwindigkeiten bei den spanenden Fertigungsverfahren geführt. Bild 4-38 zeigt – ausgehend vom Zeitpunkt der ersten Anwendung verschiedener Schneidstoffe – die bisherigen und zukünftig zu erwartenden Schnittgeschwindigkeitssteigerungen beim Drehen; hierbei kann zwischen bisher gebräuchlichen Schnittgeschwindigkeitsbereichen und dem Bereich des *Hochgeschwindigkeitsdrehens* unterschieden werden.

Der Anwendung in bezug auf die Schnittgeschwindigkeit leistungsfähigerer neuer Schneidstoffe sind in vielen Bearbeitungsfällen, z. B.

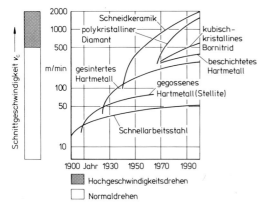

Bild 4-38. Entwicklung der anwendbaren Schnittgeschwindigkeiten beim Drehen mit verschiedenen Schneidstoffen im Lauf der Jahrzehnte.

beim Gewindeschneiden, Reiben und Räumen, technologische und wirtschaftliche Grenzen gesetzt, so daß auch Werkzeugstähle und besonders Schnellarbeitsstähle zahlreiche Anwendungsbereiche finden.

4.5.7.1 Werkzeugstähle

Man unterscheidet je nach ihrer Zusammensetzung unlegierte und legierte Werkzeugstähle. Unlegierte Werkzeugstähle haben einen C-Gehalt von 0,6% bis 1,3%. Legierte Werkzeugstähle enthalten zusätzlich bis zu 5% Cr, W, Mo und V. Durch den Zusatz von carbidbildenden Legierungselementen werden die Verschleißfestigkeit, Anlaßbeständigkeit und Warmfestigkeit erhöht. Für die spanende Metallbearbeitung auf modernen Werkzeugmaschinen haben Werkzeugstähle wegen ihrer vergleichsweise geringen Warmhärte von etwa 200 °C bis 300 °C kaum noch Bedeutung. In der spanenden Fertigung werden Werkzeugstähle heute hauptsächlich noch für im niedrigen Schnittgeschwindigkeitsbereich arbeitende Handwerkzeuge verwendet.

4.5.7.2 Schnellarbeitsstähle

Schnellarbeitsstähle sind hochlegierte Werkzeugstähle. Ihr Grundgefüge besteht aus angelassenem Martensit mit eingelagerten Molybdän-Wolfram-Doppelcarbiden, Chrom- und Vanadiumcarbiden und nicht in Carbiden gebundenen, in der Stoffmatrix gelösten Anteilen der Legierungselemente W, Mo, V und Co.

Härte und Verschleißwiderstand der Schnellarbeitsstähle sind von der Härte des Grundgefüges sowie von der Anzahl und der Verteilung der ungelösten Carbide abhängig, während die gute Anlaßbeständigkeit und Warmhärte (bis etwa 600 °C) hauptsächlich von den in der Stoffmatrix gelösten Legierungsbestandteilen (Carbidbildner) beeinflußt wird.

Tabelle 4-2 zeigt die Zusammensetzung und Verwendung gebräuchlicher Schnellarbeitsstähle. Diese werden mit dem Kennbuchstaben S und der Angabe der prozentualen Anteile der wichtigsten Legierungselemente in der Reihenfolge W-Mo-V-Co bezeichnet. Die Legierungselemente beeinflussen bestimmte Eigenschaften der Schnellarbeitsstähle:

- **Kohlenstoff** ist der Träger der Härte in der Grundmasse und erhöht als Carbidbildner zusätzlich die Verschleißfestigkeit.
- **Chrom** beeinflußt die Durchhärtbarkeit und ist an der Carbidbildung maßgeblich beteiligt.
- **Molybdän** und **Wolfram** steigern die Warmhärte und Anlaßbeständigkeit und erhöhen durch Bildung von Sondercarbiden den Verschleißwiderstand. Molybdän kann Wolfram ersetzen und ist bei gleichem Massengehalt auf Grund der halb so großen Dichte wirksamer. Molybdänhaltige Stähle verfügen über eine besonders große Zähigkeit.
- **Vanadium** verbessert die Verschleißeigenschaften.
- **Cobalt** erhöht die Warmhärte und die Anlaßbeständigkeit.

Die Eigenschaften von Schnellarbeitsstählen werden im wesentlichen von den Legierungselementen Wolfram und Molybdän bestimmt, so daß sich die einzelnen Schnellarbeitsstahlqualitäten nach Legierungsgruppen W-Mo einteilen lassen.

Eine verhältnismäßig neue Entwicklung ist das Beschichten des Werkzeugs mit Hartstoffen auf der Basis von Titancarbid (TiC) und Titannitrid (TiN), um den Verschleißwiderstand von Schnellarbeitsstählen zu erhöhen. Durch *Beschichten* von Schnellarbeitsstahlwerkzeugen nach dem *PVD-Verfahren* (Physical Vapor Deposition, physikalische Abscheidung in der Dampfphase) konnten beispielsweise beim Bohren mit TiN-beschichteten Wendelbohrern beträchtliche Standzeiterhöhungen erzielt werden. Es ist zu erwarten, daß die Beschichtungstechnik auch bei anderen Werkzeugen, wie z. B. Fräsern, Gewinde- und Verzahnwerkzeugen, zunehmend angewendet wird.

4.5.7.3 Hartmetalle

Hartmetalle sind gesinterte Stoffsysteme mit Metallcarbiden als Härteträger und einem die Zähigkeit bestimmenden Bindemetall. Als *Härteträger* haben *Wolframcarbid* (WC), *Titancarbid* (TiC) und *Tantalcarbid* (TaC) sowie *Niobcarbid* (NbC), die im Hartmetall als Mischkristall Ta-(Nb-)-C auftreten, die größte Bedeutung erlangt. Als *Bindemetall* wird neben Cobalt (Co) auch Nickel (Ni) und (oder) Molybdän (Mo) verwendet. Hartmetalle lassen sich einteilen in

- WC-Co-Legierungen,
- WC-TiC-Ta-(Nb)-Co-Legierungen,
- beschichtete Hartmetalle,
- Sonderhartmetalle.

Tabelle 4-2. Zusammensetzung und Anwendung gebräuchlicher Schnellarbeitsstähle.

Werkstoff-Nr. nach DIN 17007	Bezeichnung nach DIN 17006	chemische Zusammensetzung in %						Anwendung
		W	Mo	V	Co	Cr	C	
1.3255 1.3265	S18-0-1 S18-1-2-5 S18-1-2-10	18 18 18	0,5 0,7 0,85	1,0 1,6 1,5	– 4,8 10,0	4,0 4,0 4,0	0,75 0,80 0,75	für große Spanungsquerschnitte bei der Stahl- und Gußbearbeitung
1.3318 1.3202	S12-1-2 S12-1-4-5	12 12	0,85 0,8	2,5 3,8	– 4,8	4,0 4,0	0,85 1,35	für mittlere und kleine Spanungsquerschnitte sowie Verschleißbeanspruchung
1.3343 1.3243 1.3344	S6-5-2 S6-5-2-5 S6-5-3	6,4 6,4 6	5,0 5,0 5,0	1,9 1,9 3,0	– 4,8 –	4,0 4,0 4,0	0,90 0,92 1,2	für mittlere und große Spanungsquerschnitte, besondere Anforderungen an Kantenfestigkeit und Zähigkeit
1.3348	S2-9-1 S2-9-2	2,0 1,7	9 8,6	1 2,0	– –	4,0 3,8	0,8 1,00	

Tabelle 4-3. Zusammensetzung, Eigenschaften und Anwendung verschiedener Hartmetalle.

Anwendungs-gruppe nach ISO	Eigen-schaften	Zusammensetzung WC %	TiC + TaC %	Co %	Vickers-härte HV30 N/mm²	Biege-festigkeit N/mm²	Druck-festigkeit N/mm²	Elastizitäts-modul N/mm²	Anwendung
P02		33	59	8	16 500	800	5100	440 000	z. B. Stahl, Stahlguß, langspanender Temperguß
P10		55	36	9	16 000	1300	5200	530 000	
P20		76	14	10	15 000	1500	5000	540 000	
P30		82	8	10	14 500	1800	4800	560 000	
P40		74	12	14	13 500	1900	4600	560 000	
P50		79,5	6,5	14	13 000	2000	4000	520 000	
M10		84	10	6	17 000	1350	6000	580 000	Mehrzwecksorten, Stahl, GS, Mangan-hartstahl, legierter GG, GGG, GT, austenitische Stähle, Automatenstähle
M15		81	12	7	15 500	1550	5500	570 000	
M20		82	10	8	15 500	1650	5000	560 000	
M40		79	6	15	13 500	2100	4400	540 000	
K03		92	4	4	18 000	1200	6200	630 000	GG, Hartguß, kurz-spanender GT, Stahl gehärtet, NE-Metalle, Kunststoffe
K05		92	2	6	17 500	1350	6000	630 000	
K10		92	2	6	16 500	1500	5800	630 000	
K20		92	2	6	15 500	1700	5500	620 000	
K30		93		7	14 000	2000	4600	600 000	
K40		88		12	13 000	2200	4500	580 000	

(Eigenschaften-Spalte: Verschleißwiderstand in Pfeilrichtung zunehmend ↑ — Zähigkeit in Pfeilrichtung zunehmend ↓)

Nach DIN 4990 bzw. ISO 513 teilt man Hart-metallegierungen in die *Zerspanungsanwen-dungsgruppen P, M* und *K* gemäß Tabelle 4-3 ein. Die WC-TiC-Ta-(Nb)-Co-Legierungen der P-Gruppe haben einen verhältnismäßig hohen Anteil an TiC und TaC. Anwendungsschwer-punkt ist die Bearbeitung langspanender Stähle. Die weitgehend TiC-TaC-freien Legie-rungen aus WC-Co gehören zur Zerspanungs-anwendungsgruppe K und werden vorwiegend für die Zerspanung von Eisen-Gußwerkstoffen, Nichteisenmetallen und Kunststoffen verwen-det. Hartmetalle der M-Gruppe bilden anwen-dungstechnisch – bei mittleren Gehalten an TiC und TaC – den Übergang zwischen den Grup-pen P und K.

Innerhalb jeder Zerspanungshauptgruppe ist durch die Beifügung von Kennziffern eine Aus-sage über Zähigkeit und Verschleißwiderstand möglich. Mit ansteigender Kennziffer nimmt die Zähigkeit des Hartmetalls zu, während der Verschleißwiderstand abnimmt. Die genormten Zerspanungsanwendungsgruppen haben durch das zunehmende Angebot von Hartmetall-Mehrbereichssorten in letzter Zeit etwas an Be-deutung verloren.

Die verschiedenen *Hartmetallkomponenten* be-einflussen wichtige Schneidstoffeigenschaften:

– *Wolframcarbid* erhöht die Abrieb- und Kan-tenfestigkeit: jedoch besteht bei höheren Temperaturen eine zunehmende Diffusions-neigung.
– *Titancarbid* weist eine geringe Diffusionsnei-gung auf und verleiht dem Hartmetall da-durch eine hohe Warmverschleißfestigkeit. Die Abrieb-, Binde- und Kantenfestigkeit so-wie die Zähigkeit werden mit zunehmendem TiC-Gehalt verringert.
– *Tantalcarbid* wirkt kornverfeinernd und ver-bessert die Kantenfestigkeit und Zähigkeit.
– *Cobalt* bestimmt im wesentlichen die Zähig-keitseigenschaften.

Für das Fertigbearbeiten von Stahlwerkstof-fen mit kleinsten Aufmaßen (Near-Net-Shape-Technologie) gewinnen wolframcarbidarme Hartmetalle (Cermets) auf der Basis von Titan-carbonitrid mit Anteilen zwischen 40% bis 60% zunehmend an Bedeutung. Sie besitzen eine relativ hohe Kantenfestigkeit und sind ge-genüber mechanischem Abrieb, Oxidations- und Diffusionsverschleiß beständiger als Hart-metalle auf Wolframcarbid-Basis.

Beschichtetes Hartmetall besteht aus einem ver-gleichsweise zähen Hartmetallgrundkörper mit einer verschleißfesten Hartstoffschicht oder mehreren Schichten. Eine solche Kombination bietet die Möglichkeit, gegensätzliche Schneidstoffeigenschaften wie *Verschleißwiderstand* und *Zähigkeit* besser aufeinander abzustimmen.

Zum Beschichten von Hartmetallen wird großtechnisch hauptsächlich das *CVD-Verfahren* (Chemical Vapor Deposition) angewendet. Dabei werden reaktionsfähige Gase über die heiße Hartmetalloberfläche geleitet; hierbei entstehen aus der Gasphase Hartstoffschichten von 3 μm bis 15 μm Dicke. Beispielsweise erfolgt das Abscheiden von Titancarbid nach der chemischen Reaktion

$$TiCl_4 + CH_4 + n\,H_2 \xrightarrow{1000°} TiC + 4\,HCl + n\,H_2 .$$

Heute gebräuchliche Kombinationen von Hartmetallgrundkörpern und Hartstoffschichten zeigt Bild 4-39.

Durch das Beschichten von Hartmetall mit dünnen Hartstoffschichten wird beim Spanen von Werkstoffen auf Eisenbasis eine deutlich höhere chemische Beständigkeit erreicht, der Widerstand gegenüber Abrasion erhöht und durch die wärmeisolierende Wirkung der Hartstoffschichten die Schneidentemperatur gesenkt.

Die verschleißmindernde Wirkung der Hartstoffschichten bleibt nach *Reiter* auch bestehen, wenn diese durchbrochen sind, wie Bild 4-40 zeigt. Dieser Effekt soll auf der abstützenden Wirkung der Oberflächenschicht gegenüber dem abfließenden Span und der gefertigten Werkstückfläche beruhen. Gleichzeitig könnten durch Abrasion Hartstoffpartikel in die Verschleißzonen gelangen, um damit Diffusionsreaktionen zwischen Span und Kolkmulde zu vermindern.

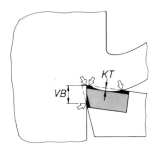

Bild 4-40. Widerstand gegen Verschleiß bei beschichteten Hartmetallen durch abstützende Wirkung (nach Reiter).

4.5.7.4 Schneidkeramik

Als Schneidkeramik bezeichnet man Schneidstoffe aus Aluminiumoxid (Al_2O_3) oder Siliciumnitrid (Si_3N_4) als Basis. Die oxidkeramischen Schneidstoffe werden in der Praxis entsprechend ihrer Zusammensetzung in Reinkeramik- und Mischkeramiksorten unterteilt. *Reinkeramiksorten* haben meist Aluminiumoxidanteile größer als 90% mit geringen Zusätzen von Zirconiumoxid, Magnesiumoxid u. a. Sie zeigen eine weiße, manchmal auch gelbliche oder rosa Färbung. Die *Mischkeramiksorten* enthalten außer einem Aluminiumoxidanteil von weniger als 90% einen großen Anteil an Metallcarbiden und sind schwarzgrau bis schwarz gefärbt.

Gegenüber Hartmetallen, deren Härteträger in einer metallischen Bindemittelphase eingelagert sind, werden oxidkeramische Schneidstoffe ohne Verwendung eines die Warmhärte begrenzenden Bindemittels gesintert. Die anwendbaren Schnittgeschwindigkeiten und die geschwindigkeitsabhängigen Standzeiten liegen deshalb im Vergleich zu anderen Schneidstoffen deutlich höher. Bild 4-41 erläutert dies im einzelnen.

Die verschiedenen *Bestandteile von keramischen Schneidstoffen* beeinflussen folgende Eigenschaften:

– *Aluminiumoxid* als Härteträger verleiht dem Schneidstoff eine hohe Warmhärte und in Verbindung mit der geringen Diffusionsneigung und seiner Oxidationsbeständigkeit gute Verschleißeigenschaften.
– *Titancarbid-/nitridanteile* erhöhen die Härte und die Verschleißfestigkeit und ermöglichen das Zerspanen von Stahlwerkstoffen mit Härten bis zu 64 HRC.

Hartstoff-schicht(en) → / Hartmetall-grundkörper nach ISO 513 ↓	TiC	TiN	TiC Ti(C,N) -TiN	Al₂O₃	TiC Al₂O₃	TiC Ti(C,N) -TiN- Al₂O₃	HfN	Al-O-N
M 15	●		●	●	●	●	●	●
P 25	●	●	●			●		
P 40	●		●					
K 10	●	●	●		●			●

Bild 4-39. Gebräuchliche Kombinationen von Hartmetallgrundkörpern und Hartstoffschichten.

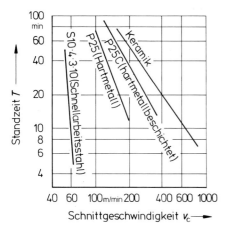

Bild 4-41. *Zusammenhang zwischen Standzeit und Schnittgeschwindigkeit beim Drehen mit verschiedenen Schneidstoffen (Werkstückstoff: Ck 55 N, Standzeitkriterium VB=0,5 mm, Schnittiefe $a_p=2$ mm, Vorschub f=0,5 mm/U), nach VDI 3321, Bl. 1.*

– *Zirconiumoxidanteile* verbessern die Festigkeitseigenschaften.

Wichtige Anwendungsgebiete verschiedener Schneidkeramiksorten beim Drehen zeigt Bild 4-42. Reinkeramiksorten werden angewendet für die Schrupp- und Schlichtzerspanung von Eisengußwerkstoffen bis zu einer Vickershärte von 400 HV sowie von Stählen bis zu einer Rockwellhärte von 48 HRC. Mischkeramiksorten mit einem großen Anteil von Titancarbid-/nitrid eignen sich vor allem für die Drehbearbeitung von Eisengußwerkstoffen und Stählen mit Härten bis zu 750 HV bzw. 65 HRC.

Allgemein werden die durch Schneidkeramik anwendbaren hohen Schnittgeschwindigkeiten besonders vorteilhaft genutzt werden können, wenn möglichst große Schnittwege zu verwirklichen sind, z. B. beim Drehen von Werkstücken mit günstigem Länge/Durchmesserverhältnis l/d.

Schneidstoff – Zusammensetzung			Werkstückstoffe
feinschlichten N6	schlichten N8	schruppen N10	
	$Al_2O_3 > 90\%$ $Zr\,O_2 < 10\%$		Eisen-Gußwerkstoffe: GG-15, GG-20, GG-25, GG-30 GGG-50, GGG-60, GGG-65, GGG-70 GTS-45
$Al_2O_3 > 80\%$ TiC/TiN < 20%	$Al_2O_3 > 80\%$ $Zr\,O_2 < 20\%$		Einsatzstähle: 16 Mn Cr 5, 24 Cr Mo 4, 20 Mn Cr 5 21 Cr Mo V5 Vergütungsstähle: C 35, C 45, C 60, Cf 45, Cf 53 34 Cr 4, 41 Cr 4, 100 Cr 6 34 Cr Mo4, 42 Cr Mo 4, 50 Cr V4 Schnellarbeitsstähle: S 18-1-2-5, S 18-1-2-10 S 10-4-3-10 sonstige Stähle: X 12 Cr Mo S17 X 2 Ni Co Mo Ti 1824 X 210 Cr W12 , 90 Mn V8 X 32 Cr Mo V33
$Al_2O_3 > 60\%$ TiC/TiN < 40%			gehärtete Stähle/Eisen-Gußwerkst. bis 65 HRC bis 750 HV

☐ Reinkeramiksorten   ▨ Mischkeramiksorten

Bild 4-42. *Anwendungsfälle für verschiedene Schneidkeramiksorten.*

Nachteilig bei keramischen Schneidstoffen auf Al$_2$O$_3$-Basis sind die verhältnismäßig geringe Bruchfestigkeit und die hohe Schlag- und Thermoschockempfindlichkeit, so daß die Anwendbarkeit bei unterbrochenem Schnitt begrenzt und der Einsatz von Kühlschmierflüssigkeiten auf wenige Sonderfälle beschränkt bleiben muß.

Durch Verstärken von Schneidkeramiken auf Al$_2$O$_3$-Basis mit Siliciumcarbid (SIC) – Whiskern (Einkristallen) eröffnen sich weitere Möglichkeiten, die Bruchzähigkeit, Festigkeit und Wärmeleitfähigkeit im Vergleich zur reinen Aluminiumoxidkeramik zu steigern.

Siliciumnitrid (Si$_3$N$_4$) ist Anfang der 80er Jahre als neuer Schneidstoff bekannt geworden. Diese nichtoxidische Schneidkeramik zeigt insbesondere bei der spanenden Bearbeitung von Grauguß und hochwarmfesten Werkstoffen Vorteile gegenüber den bisher verwendeten Schneidstoffen. Nachteilig ist jedoch die chemische Affinität der Siliciumnitride gegenüber Eisen. So eignen sie sich wegen der Bildung von Eisensilicium bei ca. 1200 °C nicht zum Zerspanen von Stahlwerkstoffen. Mit Zusätzen von ZrO$_2$ oder TiN bzw. dem Einlegen von Whiskern, dem Aufbringen von Al$_2$O$_3$-Schichten lassen sich Verschleißfestigkeit bzw. Bruchzähigkeit dieses Keramikschneidstoffs verbessern.

Ein Kennwert für die Empfindlichkeit eines Schneidstoffs gegenüber den beispielsweise bei unterbrochenen Schnitten auftretenden thermischen Wechselbelastungen ist die Thermoschockzahl

$$R = \frac{\delta_B \lambda}{E \alpha} \qquad (4\text{-}21)$$

mit der Biegebruchspannung δ_B, der Wärmeleitfähigkeit, λ, dem Elastizitätsmodul E und dem Wärmeausdehnungskoeffizienten α.

Nitridkeramiken besitzen mit $R \approx 25$ im Vergleich zu Oxidkeramiken eine um den Faktor 5 höhere Thermoschockbeständigkeit, so daß die Anwendung im unterbrochenen Schnitt und die Verwendung von Kühlschmierflüssigkeiten möglich ist.

4.5.7.5 Diamant und Bornitrid

Schneidstoffe auf der Basis von Diamant und Bornitrid werden zunehmend zum Spanen mit geometrisch bestimmten Schneiden benutzt. Diamant ist der härteste Schneidstoff und kann in mono- oder polykristalliner Form für die Zerspanung verwendet werden. Während *monokristalliner Diamant (MKD)* auf Grund seiner begrenzten mechanischen Belastbarkeit nur für die Feinbearbeitung mit einer Schnittiefe bis etwa $a_p = 1,5$ mm eingesetzt werden kann, sind bei *polykristallinem Diamant (PKD)* eine Schnittiefe bis zu 12 mm und größere Vorschübe anwendbar.

Ausgangsstoffe für die Herstellung der polykristallinen Diamantschicht sind synthetische Diamanten bestimmter Korngröße, die in einer Hochdruck-Hochtemperatursynthese auf einen Hartmetallgrundkörper meist über eine dünne Zwischenschicht niedrigen Elastizitätsmoduls aufgesintert werden. Die etwa 0,5 mm bis 1 mm dicke Diamantschicht hat weitgehend isotrope Eigenschaften und ist somit gegenüber den anisotropen Diamanten monokristallinen Aufbaus weniger stoßempfindlich.

Anwendung finden *Diamantwerkzeuge* bei der Bearbeitung von

- Leichtmetallen (Aluminium, Aluminiumlegierungen, Titan),
- Schwermetallen (Kupfer- und Kupferlegierungen, Zinklegierungen),
- Edelmetallen (Platin, Gold, Silber),
- Kunststoffen (faserverstärkte Kunststoffe, Polytetrafluorethylen),
- anderen nichtmetallischen Werkstoffen (z. B. Hartgummi, Graphit, Keramik, Glas, Gestein, Asbest).

Polykristalline Diamantwerkzeuge haben im Bereich der Automobilindustrie bei der Zerspanung von Aluminium-Silicium-Legierungen besondere Bedeutung erlangt. Eisen-Gußwerkstoffe und Stähle dagegen können mit Diamant wegen der Affinität des Diamantkohlenstoffs zum Eisen nicht zerspant werden.

Kubisch kristallines Bornitrid (CBN) gehört nach dem Diamanten zu den härtesten Schneidstoffen. Wegen der chemischen Beständigkeit gegenüber dem Eisen in Verbindung mit einer verhältnismäßig hohen Druck- und Biegefestigkeit sowie Thermostabilität ist CBN anderen Schneidstoffen besonders bei der Bearbeitung von Stählen mit Härten von 54 HRC bis 68 HRC, hochwarmfesten Legierungen auf Kobalt- und Nickelbasis, Schnellarbeitsstählen und Hartmetallen überlegen.

Die ebenfalls nach dem Verfahren der Hochdruck- und Hochtemperatursynthese herge-

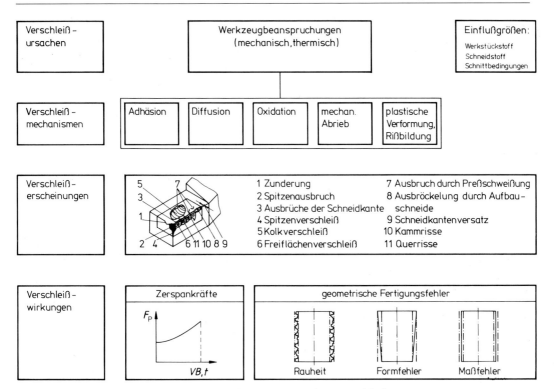

Bild 4-43. Ursachen, Mechanismen und Auswirkungen des Werkzeugverschleißes.

stellten *CBN-Werkzeuge* können als massive Wendeschneidplatten oder in Form von mit polykristallinem kubischen Bornitrid (PKB) beschichteten Hartmetallgrundkörpern vorliegen. Die PKB-beschichteten Schneidplatten haben im Vergleich zur massiven Schneidplatte etwa eine 4,5fache Widerstandsfähigkeit gegenüber Stoßbelastungen. CBN-Werkzeuge ermöglichen beim Spanen mit geometrisch bestimmten Schneiden bereits Oberflächengüten, die in einigen Fällen die Anwendung von Feinbearbeitungsverfahren entbehrlich machen könnten.

4.5.8 Werkzeugverschleiß

Der Werkzeugverschleiß wird hervorgerufen durch mechanische und thermische Beanspruchungen des Werkzeugs, die abhängig von dem Werkstückstoff, dem Schneidstoff und den jeweiligen Schnittbedingungen sind. Bild 4-43 vermittelt einen Überblick.

Die beim Verschleißvorgang ablaufenden physikalischen und chemischen Prozesse bezeichnet man als *Verschleißmechanismen*. Beim Spa-

nen sind es hauptsächlich fünf Prozesse, auf die die verschiedenen Verschleißerscheinungen am Schneidteil eines Werkzeugs zurückzuführen sind.

Der Mechanismus des *Adhäsionsverschleißes* besteht darin, daß Werkstoffpartikel von frisch entstandenen oxidfreien Oberflächen an der Spanunterseite und dem gefertigten Werkstück an den Werkzeugflächen festkleben und Verschweißungen bilden. Diese Preßschweißungen werden anschließend wieder abgetrennt. Sie können teilweise eine höhere Festigkeit haben als die eigentlichen stofflichen Partner; hierdurch kommt es zu Mikroausbröckelungen im Werkstück und vor allem im Werkzeug. Mikroausbröckelungen durch Aufbauschneidenbildung sind ebenfalls diesem Verschleißmechanismus zuzurechnen.

Diffusionsverschleiß äußert sich als Auskolkung auf der Werkzeugspanfläche und tritt besonders bei Hartmetallwerkzeugen in Erscheinung. Dabei laufen bei Temperaturen oberhalb 800 °C aufgrund der gegenseitigen Löslichkeit der

Wirkpartner folgende Diffusionsvorgänge ab:

- Eisen diffundiert in die Cobaltphase (Bindemittel),
- Cobalt diffundiert in den Werkstückstoff unter Auflösung des Bindemetallgefüges,
- Auflösung von Wolframcarbiden unter Bildung von Misch- und Doppelcarbiden in Form von Fe_3W_3C, $(FeW)_6C$ und $(FeW)_{23}C_6$.

Bei Werkzeugstählen und Schnellarbeitsstählen sind Diffusionsvorgänge kaum zu beobachten, da diese bereits bei Temperaturen erweichen, bei denen noch nicht mit einem spürbaren Diffusionsverschleiß gerechnet werden kann. Auch bei keramischen Schneidstoffen ist Diffusionsverschleiß selten anzutreffen.

Oxidationsverschleiß ist Verschleiß durch Verzunderung des Schneidstoffs. Derartige Oxidationsvorgänge sind äußerlich durch Anlauffarben in der Nähe der Kontaktzonen erkennbar. Bei Hartmetallen kommt es unter Zutritt von Luftsauerstoff ab 700 °C bis 800 °C zur Bildung von Wolfram-Cobalt-Eisen-Oxidschichten, die einen zerstörenden Einfluß auf die Hartmetallschneide ausüben.

Mit *mechanischem Abrieb* (abrasiver Verschleiß) bezeichnet man das Abtragen von Schneidstoffpartikeln unter dem Einfluß äußerer Kräfte. Abrasiver Verschleiß tritt meist kombiniert mit anderen Verschleißmechanismen auf und ist besonders für die Entstehung des Freiflächenverschleißes entscheidend.

Bei mechanischer oder thermischer Überbeanspruchung der Werkzeugschneide führen *plastische Verformungen* und *Risse* zu Beschädigungen am Schneidteil. Plastische Verformungen an der Schneide entstehen, wenn die Schneidkante bei ausreichender Zähigkeit, aber zu geringem Verformungswiderstand durch hohe Zerspankräfte belastet wird, oder der Schneidstoff infolge zu hoher Temperaturen an der Schneide erweicht.

Bei Fertigungsverfahren mit unterbrochenem Schnitt (z. B. Fräsen) sind die Schneiden starken mechanischen und thermischen Wechselbeanspruchungen unterworfen. Die mechanischen Wechselbeanspruchungen führen vor allem bei Hartmetallschneiden zu *Querrissen* in der Span- und Freifläche des Werkzeugs. Thermische Wechselbeanspruchungen hingegen sind die Ursache für *Kammrißbildungen* auf der Spanfläche, deren Verlauf sich mit der Temperaturverteilung im Schneidteil deckt.

Die verschiedenen Verschleißmechanismen treten nicht einzeln auf, sondern überdecken sich. Auswirkungen des Verschleißes sind

- Anstieg der Zerspankräfte; besonders F_f und F_p steigen mit zunehmendem Verschleiß an (sog. Schlesinger-Kriterium);
- Fertigungsfehler geometrischer Art (Gestaltabweichungen am Werkstück), z. B. Maß-, Form- und Rauheitsfehler.

4.5.9 Kühlschmierstoffe

Kühlschmierstoffe haben die Aufgabe, die Zerspanbarkeit (Spanbildung, Schnittkräfte, Standvermögen, Oberflächengüte) zu begünstigen, d. h. durch Schmierung die Reibung in den Scherzonen herabzusetzen und durch Kühlen die in diesen Zonen entstehende Verformungs- und Reibungswärme abzuführen. Neben der Schmierfähigkeit und dem Kühlvermögen sind das Reinigungs- und Spülvermögen, der Korrosionsschutz sowie die Gesundheits- und Umweltverträglichkeit weitere wichtige Eigenschaften, die von Kühlschmierstoffen erfüllt werden müssen. Nach DIN 51385 werden Kühlschmierstoffe in nichtwassermischbare und wassermischbare Klassen unterteilt.

Nichtwassermischbare Kühlschmierstoffe (Schneidöle) sind meist Mineralöle ohne bzw. mit Wirkstoffzusätzen (Additiven), die bestimmte Eigenschaften (Schmierfähigkeit, Alterungsbeständigkeit, Schaumverhalten u. a.) verbessern sollen. Daneben sind natürliche Öle tierischer oder pflanzlicher Herkunft sowie synthetische Schmierstoffe gebräuchlich.

Wassermischbare Kühlschmierstoffe können gleichfalls aus natürlichen Ölen, aus synthetischen Stoffen bzw. aus beiden bestehen, und zwar in Form von Emulsionen oder Lösungen. Eine Emulsion ist ein disperses System, das durch Mischen von Flüssigkeiten entsteht, die ineinander nicht löslich sind. Es wird dabei zwischen emulgierbaren (Öl-in-Wasser) und emulgierenden (Wasser-in-Öl) Emulsionstypen unterschieden, d. h. Öl bzw. Wasser (innere Phase) ist tropfenförmig in der jeweiligen Trägerflüssigkeit (äußere Phase) verteilt.

Kühlschmierstoffe können ihre Wirkung nur dann voll entfalten, wenn sie in ausreichender Menge und unter optimalem Druck an die Wirkstelle gelangen.

Neben dem technologischen Nutzen können Kühlschmierstoffe eine Gefährdung für Mensch und Umwelt sein. So ist der Ersatz von mineralölbasischen Kühlschmierstoffen durch physiologisch unbedenklichere und umweltverträglichere Kühlschmierstoffe ebenso anzustreben wie eine möglichst weitgehende Substition kühlschmierstoffintensiver Prozesse bis hin zur Trockenbearbeitung.

4.5.10 Standzeitberechnung und -optimierung

Die Standzeit eines Werkzeugs wird durch ein vorzugebendes *Standzeitkriterium* in Form einer maximal zulässigen Verschleißgröße begrenzt. Für die Beurteilung des Verschleißverhaltens einer Schneidstoff-Werkstückstoff-Paarung ist die Abhängigkeit der gewählten Verschleißgrößen von der Schnittzeit von Interesse. Nach *Taylor* übt die Schnittgeschwindigkeit den größten Einfluß auf den Werkzeugverschleiß aus. Die zeitliche Zunahme von Verschleißgrößen für bestimmte Schnittgeschwindigkeiten kann *Verschleißkurven,* etwa gemäß Bild 4-44a), entnommen werden.

Aus den Verschleißkurven lassen sich für das gewählte Standkriterium, z. B. eine zulässige Verschleißmarkenbreite $VB_{zul} = 0,1$ mm, die den verschiedenen Schnittgeschwindigkeiten zuzuordnenden Standzeiten T ermitteln. Mit diesen Werten kann ein *Standzeit-Schnittgeschwindigkeitsdiagramm* entsprechend Bild 4-44b) entwickelt werden. Der Zusammenhang zwischen Standzeit T und Schnittgeschwindigkeit v_c folgt meist angenähert einer Exponentialfunktion und wurde von *Taylor* in Form der Gleichung

$$v_c\, T^{-\frac{1}{k}} = c_T \qquad (4\text{-}22)$$

beschrieben.

Die graphische Darstellung der Standzeit in Abhängigkeit von der Schnittgeschwindigkeit im doppeltlogarithmischen Maßstab entsprechend der Beziehung

$$\log T = k \log v_c - k \log c_T \qquad (4\text{-}23)$$

führt zu der *Standzeitgeraden (Taylor-Gerade),* wie Bild 4-44c) zeigt. Hierin sind die Konstanten k und c_T nicht von der Schnittgeschwindigkeit, sondern nur von der Schneidstoff-Werkstückstoff-Paarung abhängig. Die Stoffkon-

stante k gibt die Steigung der Standzeitgeraden an, während die Stoffkonstante c_T die Schnittgeschwindigkeit für eine Standzeit $T = 1$ min bestimmt.

Eine andere gebräuchliche Form der *Standzeitgleichung* ist

$$T = c_v\, v_c^k \qquad (4\text{-}24).$$

Hierin ist die Stoffkonstante c_v als Standzeit für eine Schnittgeschwindigkeit $v_c = 1$ m/min definiert. Im doppelt-logarithmischen System ergibt sich dann für die Standzeitgerade die Beziehung

$$\log T = k \log v_c + \log c_v \qquad (4\text{-}25).$$

Die Stoffkonstanten c_v und c_T stehen gemäß

$$c_v = \frac{1}{c_T^k} \qquad (4\text{-}26)$$

in Zusammenhang. Die Taylor-Gerade liefert wegen des gekrümmten Verlaufs der Standzeitkurve nur in einem verhältnismäßig engen Gültigkeitsbereich eine hinreichende Übereinstimmung zwischen dem tatsächlichen Verlauf der Standzeitkurve und dem näherungsweisen Ansatz nach Gl. (4-22).

Aus dem Schrifttum sind weitere Standzeitgleichungen bekannt: Man hat versucht, weitere Einflußgrößen auf den Verschleißvorgang zu berücksichtigen und damit eine bessere Annäherung an den tatsächlichen Standzeitkurvenverlauf zu erreichen. Der Vorteil der Taylor-Gleichung ist zweifellos darin begründet, daß eine rechnerisch einfach zu handhabende Verschleißgleichung vorliegt, bei der der Aufwand zur Ermittlung der Kenngrößen für bestimmte Schneidstoff-Werkstückstoff-Kombinationen vergleichsweise gering anzusetzen ist.

Die *Optimierungsstrategie* in der Fertigung orientiert sich in der Regel an folgenden Zielsetzungen:

- Minimieren der Fertigungskosten (kostenoptimale Fertigung) und
- Minimieren der Fertigungszeit (zeitoptimale Fertigung).

Unter Zuhilfenahme der Taylor-Gleichung lassen sich aus der Fertigungskosten- und der Fertigungszeitgleichung die nach *Witthoff* geltenden jeweiligen Optimalfunktionen für die Standzeit ableiten.

Bild 4-45 zeigt die *Fertigungskosten* und die Anteile der werkzeug- und maschinengebundenen

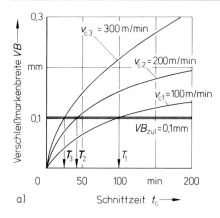

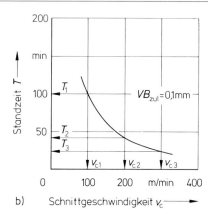

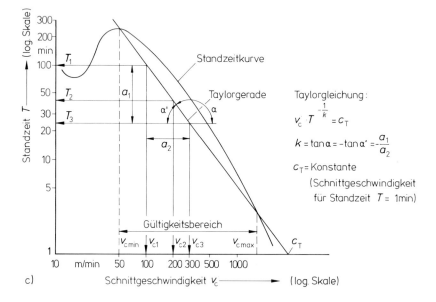

Bild 4-44. *Ermittlung der Standzeit in Abhängigkeit von der Schnittgeschwindigkeit:*
a) Verschleißkurven,
b) Standzeit-Schnittgeschwindigkeit-Diagramm,
c) Standzeitkurve im doppelt-logarithmischen Maßstab.

Fertigungseinzelkosten in Abhängigkeit von der Schnittgeschwindigkeit. Mit zunehmender Schnittgeschwindigkeit steigen die werkzeuggebundenen Kosten K_W wegen des Absinkens der Standzeit T progressiv an, während sich die maschinengebundenen Kosten K_{ML} (multipliziert mit der Fertigungszeit t_c) bei erhöhter Ausbringung degressiv vermindern. Durch Summieren

beider Kostenanteile erhält man eine sog. Becherkurve. Sie zeigt, daß die Fertigungskosten K_F für die *kostenoptimale Schnittgeschwindigkeit* v_{cok} ein Minimum ergeben.

Für die *Fertigungskosten je Werkstück* gilt unter Vernachlässigung von Rüst- und Nebenzeitanteilen

$$K_F = K_{ML}\,t_h + \frac{t_h}{T}(K_{ML}\,t_w + K_{WT}) \qquad (4\text{-}27)$$

mit

K_{ML}	Maschinen- und Lohnkostensatz,
K_{WT}	Werkzeugkosten je Standzeit,
T	Standzeit,
t_w	Werkzeugwechselzeit,
t_h	Hauptzeit.

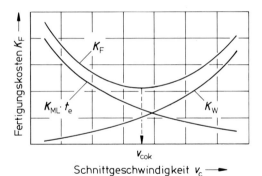

Bild 4-45. Fertigungskosten je Werkstück in Abhängigkeit von der Schnittgeschwindigkeit (VDI 3321, Bl. 1).

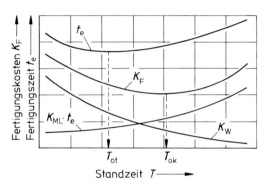

Bild 4-46. Fertigungszeit und Fertigungskosten je Werkstück in Abhängigkeit von der Standzeit (VDI 3321, Bl. 1).

Die Hauptzeit für das Fertigungsverfahren Drehen errechnet sich beispielsweise nach der Gleichung

$$t_h = \frac{d_w \pi l_f}{f v_c} \qquad (4\text{-}28).$$

Hierin ist

d_w Werkstückdurchmesser,
l_f Vorschubweg (Weg, den der betrachtete Schneidenpunkt im Werkstück in Vorschubrichtung spanend zurücklegt),
f Vorschub,
v_c Schnittgeschwindigkeit.

Durch Einsetzen der Taylor-Gleichung (4-22) und Gl. (4-28) in die Kostengleichung (4-27) ergibt sich durch Differentiation die *kostenoptimale Standzeit* zu

$$T_{ok} = -(k+1)\left(t_w + \frac{K_{WT}}{K_{ML}}\right) \qquad (4\text{-}29).$$

Analog erhält man durch Differentiation der Fertigungszeitgleichung die *zeitoptimale Standzeit*

$$T_{ot} = -(k+1)\, t_w \qquad (4\text{-}30).$$

Die Gleichungen zur Standzeitberechnung gelten jeweils nur für ein Werkzeug. Schneiden mehrere Werkzeuge gleichzeitig, nacheinander oder überlagern sie sich in ihrem Eingriff, so müssen die Gleichungen entsprechend erweitert werden. Bei der Anwendung der Standzeitgleichungen ist es wichtig, den Gültigkeitsbereich der Taylorgeraden ($v_{c\,min}$, $v_{c\,max}$) zu kennen. Es besteht sonst die Gefahr, unrealistische Optimalwerte T_{ok} bzw. T_{ot} zu ermitteln.

Bild 4-46 zeigt, wie die Fertigungskosten und die Fertigungszeit je Werkstück durch den Standzeitvorgabewert beeinflußt werden können. Es wird deutlich, daß das Erreichen eines Fertigungszeitminimums mit einer Erhöhung der Fertigungskosten verbunden ist. Beide Optimierungsziele sind gegensätzlich und lassen sich nicht gleichzeitig verwirklichen.

Die beschriebenen Zusammenhänge bestimmen jedoch nicht allein die anzuwendenden Zerspanwerte. Vielmehr müssen zur Optimierung des Spanens weitere werkstück-, werkzeug- und maschinenseitige Randbedingungen berücksichtigt werden.

4.5.11 Schnittkraftberechnung

Wie bei den Standzeitgleichungen gibt es auch zur Berechnung der beim Spanen auftretenden Kräfte (Abschn. 4.4.5) verschiedene Ansätze, um diese zu ermitteln oder vorherzusagen. Im wesentlichen wird die Größe der Schnittkraft von folgenden Einflußgrößen bestimmt:

– Werkstückstoff,
– Vorschub bzw. Spanungsdicke,
– Schnittiefe bzw. Spanungsbreite,
– Spanungsverhältnis a_p/f,
– Spanwinkel,
– Einstellwinkel,
– Schnittgeschwindigkeit,
– Schneidstoff,
– Kühlung und Schmierung sowie
– Werkzeugverschleiß.

Haupteinflußgrößen sind der Werkstückstoff und die Eingriffsgrößen Schnittiefe a_p und Vorschub f bzw. die Spanungsgrößen Spanungsbreite b und Spanungsdicke h, die über den Einstellwinkel $\varkappa$ miteinander verknüpft sind.

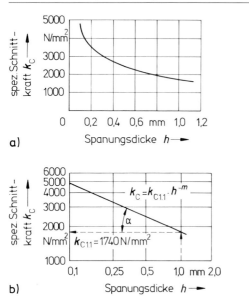

Bild 4-47. *Spezifische Schnittkraft in Abhängigkeit von der Spanungsdicke*
a) in arithmetischer Darstellung,
b) in doppeltlogarithmischer Darstellung.

Als Berechnungsverfahren für die leistungsführende Schnittkraft F_c hat sich das *Schnittkraftgesetz* von *Kienzle* weitgehend durchgesetzt. Untersuchungen zeigten, daß dieses Berechnungsverfahren außer für den Modellfall Drehen ebenso für alle anderen spanenden Fertigungsverfahren mit geometrisch bestimmten Schneiden Gültigkeit hat.

Man erhält die Schnittkraft F_c, indem man den Spanungsquerschnitt A mit der *spezifischen Schnittkraft* k_c multipliziert. Die spezifische Schnittkraft ist das Verhältnis der Schnittkraft F_c zum Spanungsquerschnitt A (bei vereinfachter Betrachtung):

$$k_c = \frac{F_c}{A} \text{ in N/mm}^2 \qquad (4\text{-}31),$$

$$F_c = a_p f k_c = b h k_c \text{ in N} \qquad (4\text{-}32).$$

Wegen der Abhängigkeit der Form des Spanungsquerschnittes A vom Einstellwinkel $\varkappa$ ist es zweckmäßig, mit den aus den Eingriffsgrößen a_p und f abgeleiteten Spanungsgrößen b und h zu rechnen.

Die spezifische Schnittkraft ist ein werkstoffabhängiger Zerspanungswert, der kaum von der Spanungsbreite b, sondern ausschließlich von

der Spanungsdicke h bzw. dem Vorschub f abhängt, wie Bild 4-47a) zeigt.

Kienzle drückte diesen Zusammenhang durch ein Potenzgesetz aus:

$$k_c = k_{c1.1} h^{-m} \text{ in N/mm}^2 \qquad (4\text{-}33).$$

Die *spezifische Schnittkraft* $k_{c1.1}$ gibt die auf eine Spanungsbreite $b = 1$ mm und eine Spanungsdicke $h = 1$ mm bezogene Schnittkraft an. Diese Abhängigkeit wird im allgemeinen im doppeltlogarithmischen Maßstab als Gerade gemäß Bild 4-47b) dargestellt. Der Exponent m bezeichnet in diesem Koordinatensystem die Steigung der Geraden $k_c = f(h) = \tan \alpha$.

Setzt man Gl. (4-33) in Gl. (4-28) ein, erhält man die von *Kienzle* zuerst angegebene *Schnittkraftformel*

$$F_c = b h^{1-m} k_{c1.1} \text{ in N} \qquad (4\text{-}34).$$

Hierin bezeichnet der Exponent $(1-m)$ den Anstiegswert der spezifischen Schnittkraft.

4.6 Spanen mit geometrisch bestimmten Schneiden

Höhere Schnittgeschwindigkeiten und neue Schneidstoffe beim Spanen mit geometrisch bestimmten Schneiden ermöglichen heute eine Werkstückgenauigkeit, die die Anwendung von Fertigungsverfahren mit geometrisch unbestimmten Schneiden für die Endbearbeitung in vielen Fällen entbehrlich machen könnte.

Umgekehrt ist es durch die Fortschritte auf dem Gebiet der Schleiftechnologie gelungen, die Zeitspanungsvolumina in erheblichem Maße zu steigern, so daß Schleifverfahren in bestimmten Anwendungsfällen eine wirtschaftliche Alternative zu spanenden Fertigungsverfahren mit geometrisch bestimmten Schneiden bieten.

Bild 4-48 zeigt die heute unter Großserienbedingungen erreichbaren Werkstückqualitäten und Tendenzen in Abhängigkeit vom Zeitspanungsvolumen für die Fertigungsverfahren Drehen und Schleifen. Die genannten Tendenzen können Ursache von Verfahrenssubstitutionen sein, wobei sich entscheidende Produktionsvorteile dann ergeben, wenn die jeweiligen werkstückbezogenen Fertigungsanforderungen möglichst mit *einem* Fertigungsverfahren für die Vor- und Fertigbearbeitung erfüllt werden können.

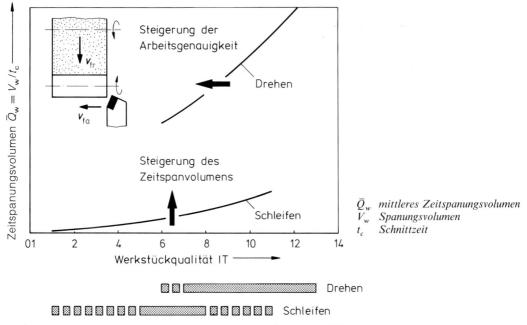

Bild 4-48. *Anwendungsbereiche und Tendenzen beim Drehen und Schleifen.*

Verfahrensmerkmale und Berechnungsgrundlagen der wichtigsten Fertigungsverfahren seien im folgenden beschrieben.

4.6.1 Drehen

Das Drehen ist ein spanendes Fertigungsverfahren mit geschlossener, meist kreisförmiger Schnittbewegung und beliebiger, quer zur Vorschubrichtung liegender Vorschubbewegung. Die Drehachse der Schnittbewegung ist werkstückgebunden, d. h., sie behält ihre Lage zum Werkstück unabhängig von der Vorschubbewegung bei.

Beim Drehen führt in der Regel das Werkstück die umlaufende Schnittbewegung aus und das Werkzeug die erforderlichen Vorschub- und Zustellbewegungen. Die Werkstücke sind Rotationskörper.

4.6.1.1 Drehverfahren

Drehverfahren zählen zu den am häufigsten angewendeten spanenden Fertigungsverfahren. Ausgehend von DIN 8589, Teil 0, werden die Drehverfahren in der vierten Stelle der Ordnungsnummer nach Merkmalen der zu erzeugenden Flächengestalt entsprechend Bild 4-49 unterteilt. In der fünften Stelle der Ordnungsnummer wird Drehen nach den Ordnungsgesichtspunkten

– Richtung der Vorschubbewegung und
– Werkzeugmerkmale

und beim Formdrehen nach der Art der Steuerung unterteilt.

Mit **Plandrehen** bezeichnet man Drehverfahren zur Erzeugung einer senkrecht zur Drehachse liegenden ebenen Fläche. Bild 4-50 verdeutlicht die drei Verfahrensvarianten: *Quer-Plandrehen, Längs-Plandrehen* und *Quer-Abstech-Plandrehen.* Beim Quer-Plandrehen erfolgt der Vorschub senkrecht zur Drehachse des Werkstücks, während beim Längs-Plandrehen der Vorschub parallel zur Drehachse des Werkstücks gerichtet ist. Das Quer-Abstechdrehen wird zum Abtrennen des Werkstücks oder von Werkstückteilen angewendet. Bei allen Plandrehverfahren mit senkrecht zur Drehachse des Werkstücks gerichteter Vorschubbewegung ist zu beachten, daß sich die Schnittgeschwindigkeit mit zunehmendem Vorschubweg (abnehmendem Drehdurchmesser) ändert, wenn nicht ein Anpassen der Werkstückdrehzahl an den jeweiligen Drehdurchmesser erfolgt.

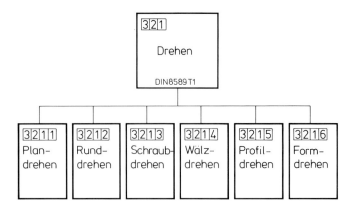

Bild 4-49.
Einteilung der Drehverfahren
nach DIN 8589, Teil 1.

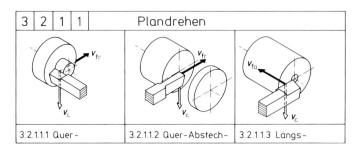

Bild 4-50. Plandrehverfahren.

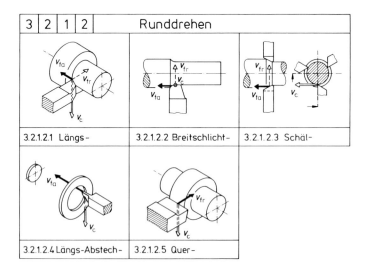

Bild 4-51. Runddrehverfahren.

Runddrehen ist Drehen zum Erzeugen von zur Drehachse des Werkstücks koaxial liegenden kreiszylindrischen Flächen. Einige wichtige Runddrehverfahren zeigt Bild 4-51.

Gegenüber dem herkömmlichen *Längs-Runddrehen* mit parallel zur Drehachse gerichteter (axialer) Vorschubbewegung haben besonders die Runddrehverfahren *Breitschlichtdrehen* und *Schäldrehen* in bestimmten Anwendungsfällen zu wichtigen Verfahrensalternativen geführt.

Breitschlichtdrehen ist ein Längs-Runddrehen mit großem Vorschub unter Verwendung eines Werkzeugs mit sehr großem Eckenradius und sehr kleinem Einstellwinkel der Nebenschneide.

Der Betrag des Vorschubs ist bei diesem Verfahren stets kleiner als die Länge der Nebenschneide zu wählen.

Beim Schäldrehen verwendet man meist umlaufende Werkzeuge mit mehreren im Eingriff befindlichen Schneiden bei kleinem Einstellwinkel der Hauptschneide und großem Vorschub.

Beide Verfahren ermöglichen im Vergleich zum Längs-Runddrehen jeweils eine erhöhte axiale Vorschubgeschwindigkeit und damit auch eine erhöhte *Flächenleistung* P_A. Diese ist definiert als die auf die Schnittzeit bezogene gefertigte Werkstückoberfläche. Für das Längs-Runddrehen gilt

$$P_A = f\,v_c \qquad (4\text{-}35).$$

Durch Erhöhen des Vorschubs nimmt beim Längs-Runddrehen die *theoretische Rauhtiefe* $R_{t.th}$ der gefertigten Werkstückoberfläche mit dem Quadrat des Vorschubs zu. In Abhängigkeit vom Vorschub f und der Eckenrundung r errechnet sich die theoretische Rauhtiefe in erster Näherung nach

$$R_{t.\,th} \approx \frac{f^2}{8\,r} \qquad (4\text{-}36).$$

Der Nachteil der mit größerem Vorschub zu erwartenden erhöhten Werkstückrauhtiefe kann

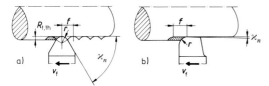

Bild 4-52. *Eingriffsverhältnisse beim*
a) *Längs-Runddrehen und* b) *Breitschlichtdrehen.*
$R_{t,th}$ *theoretische Rauhtiefe*
r *Eckenrundung*
f *Vorschub*
v_f *Vorschubgeschwindigkeit*
$\varkappa_n$ *Einstellwinkel der Nebenschneide*

beim Breitschlichtdrehen durch die Verwendung eines Werkzeugs mit verhältnismäßig großer Nebenschneide und einem Einstellwinkel $\varkappa_n$ im Bereich von $0°$ bis $1°$ umgangen werden. Bild 4-52 zeigt einen Vergleich der Eingriffsverhältnisse beim Längs-Runddrehen und Breitschlichtdrehen.

Das *Längs-Abstechdrehen* dient zum Abstechen runder Scheiben aus plattenförmigen Rohteilen.

Quer-Runddrehen erfolgt mit senkrecht zur Drehachse gerichteter Vorschubbewegung; hierbei muß die Werkzeugschneide mindestens so breit wie die zu fertigende Kreiszylinderfläche sein.

Beim *Schraubdrehen* gemäß Bild 4-53 werden schraubenförmige Flächen mittels Profilwerkzeugen gefertigt. Die Steigung der Schraube entspricht dabei dem Vorschub je Umdrehung.

Man unterscheidet nach der Art des verwendeten Werkzeugs das

– *Gewindedrehen,*
– *Gewindestrehlen* und
– *Gewindeschneiden.*

Das Gewindedrehen ist ein Schraubdrehen mit einem einprofiligen Gewinde-Drehmeißel, während beim Gewindestrehlen das Gewinde mit einem Werkzeug erzeugt wird, das in Vorschubrichtung mehrere mit zunehmender Schnittiefe gestaffelte Schneidenprofile aufweist (Gewindestrehler) und das Gewinde in einem Überlauf zu erzeugen vermag.

Das Gewindeschneiden ist dagegen ein Schraubdrehen zum Erzeugen eines Gewindes mit einem mehrschneidigen Gewindeschneideisen oder Gewindeschneidkopf.

Unter **Profildrehen** versteht man das Drehen mit einem werkstückgebundenen Werkzeug (Profilwerkzeug) zum Erzeugen rotationssymmetrischer Flächen. Bild 4-54 vermittelt eine Übersicht.

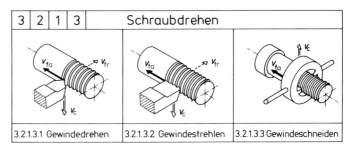

3 2 1 3	Schraubdrehen		
3.2.1.3.1 Gewindedrehen	3.2.1.3.2 Gewindestrehlen	3.2.1.3.3 Gewindeschneiden

Bild 4-53. *Schraubdrehverfahren.*

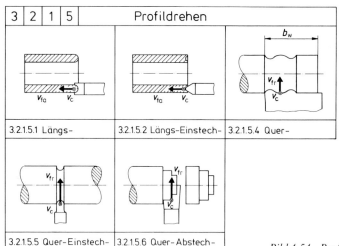

Bild 4-54. Profildrehverfahren.

Längs-Profildrehen ist Profildrehen mit Vorschub parallel zur Drehachse des Werkstücks; hierbei ist die Schneide des Profildrehmeißels mindestens so breit wie das zu erzeugende Profil. Beim *Längs-Profileinstechdrehen* wird mit einem Profildrehmeißel ein ringförmiges Profil (Einstich), z. B. eine Nut, an der Stirnfläche eines Werkstückes eingestochen. Mit Hilfe des *Quer-Profildrehens* mit Vorschub senkrecht zur Drehachse des Werkstücks können rotationssymmetrische Profile auf der ganzen Breite erzeugt werden. Um jedoch bei Quer-Profildrehoperationen ein Rattern auf Grund von Instabilitäten der Werkzeugeinspannung zu vermeiden, sind Profile auf eine Breite von $b_w = 15$ mm (in Sonderfällen bis zu 30 mm) zu begrenzen.

Beim *Quer-Profileinstechdrehen* wird mit einem Profildrehmeißel ein ringförmiger Einstich an der Umfangsfläche des Werkstücks erzeugt. Als Quer-Profilabstechdrehen bezeichnet man einen Drehvorgang, bei dem ein Profildrehmeißel gleichzeitig das Werkstück oder Werkstückteile absticht.

Formdrehen ist Drehen, bei dem durch die Steuerung der Vorschub- bzw. Schnittbewegung (z. B. Unrunddrehen) die Form des Werkstücks erzeugt wird. Nach der Art der Steuerung von Bewegungen kann zwischen

- *Freiformdrehen,*
- *Nachformdrehen,*
- *Kinematisch-Formdrehen* und
- *NC-Formdrehen*

unterschieden werden, wie aus Bild 4-55 hervorgeht. Beim Freiformdrehen wird die Vorschubbewegung von Hand gesteuert (z. B. beim Drechseln). Nachformdrehen (Kopierdrehen) ist Formdrehen, bei dem die Vorschubbewegung über ein zweidimensionales Bezugsformstück gesteuert wird. Beim Kinematisch-Formdrehen erfolgt die Steuerung der Vorschubbewegung kinematisch durch ein mechanisches Getriebe.

Eine weitere Alternative ist das NC-Formdrehen, bei dem die Werkstückform durch Steuerung der Vorschubbewegung mittels eingegebener Daten und Verwenden einer numerischen Steuerung entsteht.

4.6.1.2 Drehwerkzeuge

Die Form und die Abmessungen der Werkzeuge zum Drehen sind abhängig von der Bearbeitungsaufgabe. Moderne Werkzeuge für die spanende Bearbeitung mit definierten Schneiden sind aus verschiedenen Komponenten aufgebaut. Allgemein kann man zwischen

- Schneidensystem,
- Befestigungs- bzw. Klemmsystem und
- Werkzeuggrundkörpersystem

unterscheiden. Der Hauptvorteil einer Aufteilung in mehrere Teilsysteme besteht dabei in einer verbesserten Anpassung des Werkzeugsystems an die jeweilige Bearbeitungsaufgabe.

Der Schnellarbeitsstahl hat als Schneidstoff beim Drehen in der Serienfertigung gegenüber

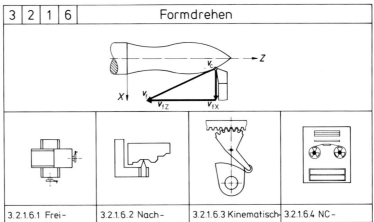

3	2	1	6		Formdrehen
3.2.1.6.1 Frei-		3.2.1.6.2 Nach-		3.2.1.6.3 Kinematisch-	3.2.1.6.4 NC-

Bild 4-55. Formdrehverfahren.

Hartmetall und keramischen Schneidstoffen zunehmend an Bedeutung eingebüßt. Lediglich für Bearbeitungsaufgaben, die eine besondere Schneidstoff-Zähigkeit erfordern, sowie bei Profilwerkzeugen (bessere Schleifbarkeit) werden Schneiden aus Schnellarbeitsstahl noch bevorzugt.

Werkzeugformen für verschiedene Bearbeitungsaufgaben beim Drehen mit aufgelöteten Schneidplatten aus Hartmetall zeigt Bild 4-56. Bei der Schneidenbefestigung durch Löten besteht die Gefahr von Rißbildungen, besonders durch unterschiedliche Wärmeausdehnungskoeffizienten von Schneidplatte und Werkzeuggrundkörper sowie infolge unsachgemäßen Nachschleifens.

Mechanische Befestigungs- bzw. Klemmsysteme vermeiden diese Nachteile und gestatten durch das Verwenden genormter *Wendeschneidplatten* nach DIN 4987 einen schnelleren Schneidenwechsel unter Wegfall der Kosten für Nachschleifarbeiten.

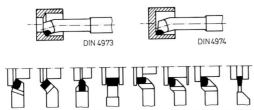

Bild 4-56. Werkzeugformen beim Drehen für verschiedene Bearbeitungsaufgaben.

Bild 4-57 zeigt einige Beispiele für gebräuchliche *Befestigungs-* bzw. *Klemmsysteme.* Konstruktionsprinzipien sind

- a) Befestigung mittels Klemmfinger,
- b) Befestigung mit Klemmfinger über verstellbar angebrachte Spanformplatten,
- c) Befestigung mit Klemmpratze mit mechanisch betätigter, über Exzenter stufenlos verstellbarer Spanformstufe,
- d) Befestigung mittels eines über eine Spannschraube betätigten Winkelhebels,
- e) Schraubenbefestigung ohne Spanformstufe,
- f) Schraubenbefestigung mit Spanformstufe.

Befestigungs- und Klemmsysteme lassen sich unterscheiden in solche für Wendeschneidplatten mit Bild 4-57a), b) und c) und ohne Befestigungsloch in Bild 4-57d), e) und f).

Weiterhin können *Positiv-* oder *Negativplatten* eingesetzt werden. Positivplatten besitzen einen Keilwinkel <90° und ermöglichen in Klemmsystemen positive Spanwinkel in Bild 4-57a), b) und c), während Negativplatten einen Keilwinkel von 90° aufweisen und negative Spanwinkel in Bild 4-57d) ergeben. Die Anzahl der verwendbaren Schneiden ist bei Negativplatten doppelt so groß wie bei Positivplatten gleicher Grundform.

4.6.1.3 Zeitberechnung

Ein wichtiges Entscheidungskriterium für die Auswahl von spanenden Fertigungsverfahren ist das Zeitspanungsvolumen Q_w. Es berechnet

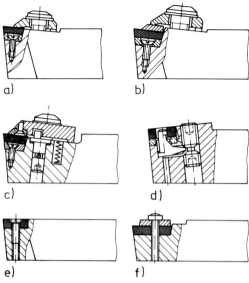

Bild 4-57. *Klemmsysteme für Wendeschneidplatten (nach Krupp-Widia):*
a) mit Klemmfinger,
b) mit Klemmfinger und Spanformplatte,
c) mit Klemmpratze und über Exzenter verstellbarer Spanformstufe,
d) mit Winkelhebel,
e) mit Schraubenbefestigung,
f) mit Schraubenbefestigung und Spanformstufe.

sich aus dem Spanungsvolumen V_w und der Schnittzeit t_c (Abschn. 4.4.3):

$$Q_w = \frac{V_w}{t_c} \text{ in mm}^3/\text{s} \qquad (4\text{-}37).$$

Die *Schnittzeit* t_c ist der wesentliche Anteil an der *Hauptnutzungszeit* t_h. Nach Verband für Arbeitsstudien – REFA e.V. ist die Hauptnutzungszeit definiert als die Zeit, in der das Werkzeug am Werkstück die beabsichtigte Änderung der Werkstückform und (oder) Werkstückoberfläche vollzieht, also seiner Zweckbestimmung entsprechend genutzt wird. Es gilt

$$t_h = t_c + t_a + t_\ddot{u} \qquad (4\text{-}38).$$

Die Schnittzeit t_c ist der Quotient aus dem *Vorschubweg* l_f und der Vorschubgeschwindigkeit v_f. Für $v_f = $ konst gilt

$$t_c = \frac{l_f}{v_f} \text{ in s} \qquad (4\text{-}39).$$

Zusätzlich zur Werkstücklänge l_w ist gegebenenfalls der *Anschnittweg* $l_{a\varkappa}$ in Abhängigkeit vom Einstellwinkel $\varkappa$ zu berücksichtigen.

Zur Berechnung der Hauptnutzungszeit sind außer der Schnittzeit auch die *Anlaufzeit* t_a und die *Überlaufzeit* $t_\ddot{u}$ zu berücksichtigen.

Die Berechnungsgleichungen für die Schnittzeiten und die Zeitspanungsvolumina sind für das Längs-Runddrehen in Bild 4-58 angegeben.

Zur Berechnung der Schnittzeit beim Quer-Plandrehen muß zwischen dem Drehen mit konstanter Drehzahl und konstanter Schnittgeschwindigkeit unterschieden werden. Die Beziehungen sind in Bild 4-59 wiedergegeben.

4.6.2 Bohren, Senken, Reiben

Bohren ist Spanen mit kreisförmiger Schnittbewegung, bei dem die Drehachse des Werkzeugs und die Achse der zu erzeugenden Innenfläche identisch sind und die Vorschubbewegung im Vergleich zum Innendrehen nur in Richtung dieser Drehachse verlaufen darf.

Senken ist Bohren zum Erzeugen von senkrecht zur Drehachse liegenden Planflächen oder symmetrisch zur Drehachse liegenden Kegelflächen bei meist gleichzeitigem Erzeugen von zylindrischen Innenflächen.

Reiben ist ein Aufbohren zwecks Erhöhung der Oberflächengüte bei geringen Spanungsdicken.

4.6.2.1 Bohrverfahren

Die Einteilung der Bohrverfahren nach DIN 8589, Teil 2, zeigt Bild 4-60. Unter *Plansenken* versteht man Senken zur Erzeugung von senkrecht zur Drehachse der Schnittbewegung liegenden ebenen Flächen, wie Bild 4-61 zeigt. Es kann zwischen dem *Planansenken* und dem *Planeinsenken* unterschieden werden. Durch Planansenken werden am Werkstück hervorstehende Planflächen gefertigt. Das Planeinsenken dient zum Erzeugen von im Werkstück vertieften Planflächen; hierbei entsteht gleichzeitig eine kreiszylindrische Innenfläche.

Beide Verfahrensvarianten können mit Senkwerkzeugen mit und ohne Führungszapfen ausgeführt werden.

Rundbohren kennzeichnet einen Bohrvorgang zum Erzeugen einer kreiszylindrischen, koaxial zur Drehachse der Schnittbewegung gelegenen Innenfläche. In der fünften Stelle der nach DIN festgelegten Ordnungsnummer werden Rund-Bohrverfahren nach Merkmalen des Werkzeug-

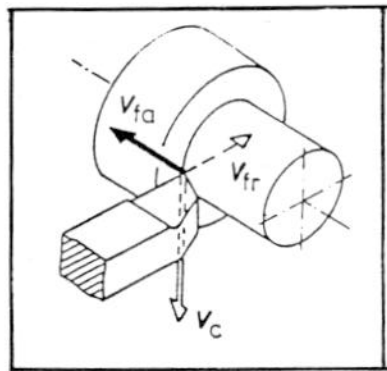

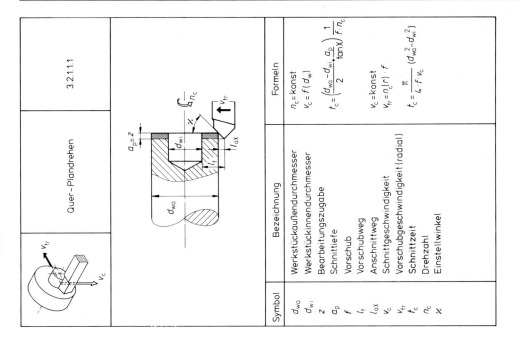

	Quer-Plandrehen	3.2.1.1.1

Symbol	Bezeichnung	Formeln
d_{wa}	Werkstückaußendurchmesser	$n_c = konst$
d_{wi}	Werkstückinnendurchmesser	$v_c = f(d_w)$
z	Bearbeitungszugabe	$t_c = \left(\dfrac{d_{wa}-d_{wi}}{2} + \dfrac{a_p}{\tan\varkappa}\right)\dfrac{1}{f \cdot n_c}$
a_p	Schnittiefe	
f	Vorschub	
l_f	Vorschubweg	
l_{ax}	Anschnittweg	$v_c = konst$
v_c	Schnittgeschwindigkeit	$v_{fr} = n_c(r) \cdot f$
v_{fr}	Vorschubgeschwindigkeit (radial)	$t_c = \dfrac{\pi}{4 \cdot f \cdot v_c}(d_{wa}^2 - d_{wi}^2)$
t_c	Schnittzeit	
n_c	Drehzahl	
$\varkappa$	Einstellwinkel	

Bild 4-59. *Zeitberechnung beim Quer-Plandrehen.*

	Längs-Runddrehen	3.2.1.2.1

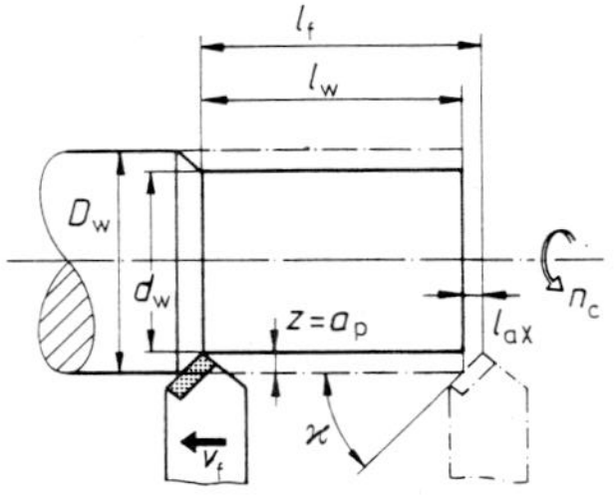

Symbol	Bezeichnung	Formeln
D_w	Werkstückdurchmesser vor dem Drehen	$l_{ax} = \dfrac{a_p}{\tan\varkappa}$
d_w	Werkstück-(Dreh)-Durchmesser	$i = \dfrac{z}{a_p}$
l_w	Werkstücklänge	
z	Bearbeitungszugabe	$v_c = d_w \cdot \pi \cdot n_c$
a_p	Schnittiefe	
f	Vorschub	$v_{fa} = f \cdot n_c$
l_f	Vorschubweg	
l_{ax}	Anschnittweg	$t_c = \dfrac{l_f \cdot i}{f \cdot n_c}$
v_c	Schnittgeschwindigkeit	
v_{fa}	Vorschubgeschwindigkeit (axial)	$Q_w = a_p \cdot f \cdot v_c$
t_c	Schnittzeit	
i	Anzahl der Schnitte	
n_c	Drehzahl	
$\varkappa$	Einstellwinkel	
Q	Zeitspanungsvolumen	

Bild 4-58. *Zeitberechnung beim Längs-Runddrehen.*

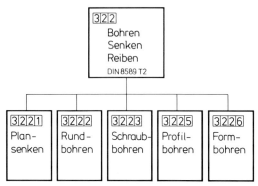

Bild 4-60. Einteilung der Bohrverfahren (nach DIN 8589, Teil 2).

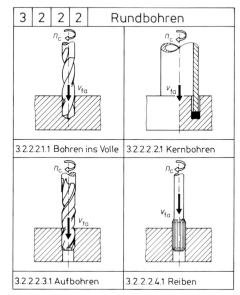

Bild 4-62. Rundbohrverfahren.

eingriffs unterteilt. Man unterscheidet zwischen

– *Bohren ins Volle*,
– *Kernbohren*,
– *Aufbohren* und
– *Reiben*.

Weitere Besonderheiten des Bohrwerkzeugs werden durch die Unterteilung in der sechsten Stelle der Ordnungsnummer angegeben. Beispiele für das Rundbohren mit symmetrisch angeordneten Hauptschneiden zeigt Bild 4-62.

Beim Rundbohren ins Volle wird mit dem Werkzeug ohne Vorbohren in den Werkstückstoff gebohrt.

Kernbohren ist Bohren, bei dem das Bohrwerkzeug den Werkstückstoff ringförmig zerspant und gleichzeitig mit der Bohrung ein kreiszylindrischer Kern entsteht bzw. übrig bleibt.

Mit Aufbohren bezeichnet man Bohrverfahren, die zur Vergrößerung einer bereits vorgefertigten Bohrung (z.B. durch Gießen oder Vorbohren) dienen.

Reiben ist als weitere Untergruppe des Rundbohrens definiert. Beim *Rundreiben* werden maß- und formgenaue, kreiszylindrische Innen-

flächen mit hoher Oberflächengüte durch Aufbohren mit geringer Spanungsdicke erzielt. Es kann dabei je nach Art des verwendeten Reibwerkzeugs zwischen mehrschneidigem Reiben (Bild 4-62) und einschneidigem Reiben unterschieden werden.

Einige ausgewählte Profilbohrverfahren sind in Bild 4-63 dargestellt. *Profilbohren ins Volle* ist Bohren in den vollen Werkstückstoff zum Erzeugen von rotationssymmetrischen Innenprofilen, die durch das Hauptschneidenprofil des Bohrwerkzeugs bestimmt sind (z.B. Profilbohren mit Zentrierbohrer).

Beim *Profilaufbohren* wird das jeweilige Innenprofil durch Aufbohren hergestellt (z.B. Aufbohren einer kegeligen Innenfläche für Kegelstifte). Weitere Profilbohrverfahren sind das *Profilsenken* und das *Profilreiben*.

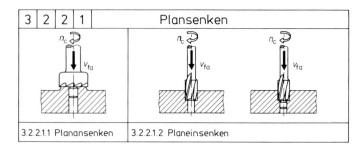

Bild 4-61. Plansenkverfahren.

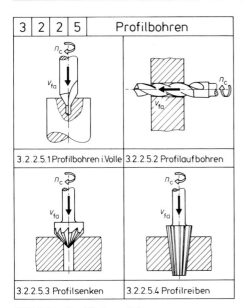

3	2	2	5	Profilbohren

3.2.2.5.1 Profilbohren i.Volle | 3.2.2.5.2 Profilaufbohren

3.2.2.5.3 Profilsenken | 3.2.2.5.4 Profilreiben

Bild 4-63. Profilbohrverfahren.

Schraubbohren ist Bohren mit einem Schraub-profil-Werkzeug in ein vorhandenes bzw. vor-gebohrtes Loch; hierbei entstehen koaxial zur Schnittbewegung liegende Innenschraubflä-chen, z. B. beim Gewindebohren mit einem Ge-windebohrer gemäß Bild 4-64.

Unter *Formbohren* ordnet man Bohrverfahren mit gesteuerter Schnitt- bzw. Vorschubbewe-gung zur Erzeugung von Innenflächen ein, die von der kreiszylindrischen Form abweichen. Bild 4-64 zeigt das Unrundaufbohren eines ge-gossenen oder vorgebohrten Loches.

4.6.2.2 Bohrwerkzeuge

Die Bauformen von Bohrwerkzeugen sind äußerst vielfältig. Trotz der Vielzahl von stan-dardisierten Bohrwerkzeugen nimmt der Anteil von an die jeweilige Bearbeitungsaufgabe ange-paßten Sonderwerkzeugen ständig zu.

Für die Fertigungsverfahren Bohren lassen sich zeitlich aufeinanderfolgende Fertigungsstufen unterscheiden. In Bild 4-65 sind den nach DIN 8589, Teil 2, definierten Fertigungsverfahren und den daraus abgeleiteten Fertigungsstufen für bestimmte zu erzeugende Formelemente typische Bohrwerkzeuge zugeordnet.

Der *Wendelbohrer* zählt zu den am meisten ver-wendeten Bohrwerkzeugen. Je nach der Größe des *Seitenspanwinkels* γ_x (Drallwinkel) und des *Spitzenwinkels* δ können verschiedene Wendel-bohrertypen unterschieden werden, wie Bild 4-66 verdeutlicht.

Mit Wendelbohrern lassen sich üblicherweise Bohrungen mit einem Verhältnis Bohrtiefe/ Bohrungsdurchmesser $l_w/d_w < 5$ ohne Schwie-rigkeiten erzeugen. Mit speziellen *Tiefbohr-werkzeugen* können heute l_w/d_w-Verhältnisse im Bereich von 150 bis 200 erreicht werden. Tief-bohrwerkzeuge finden heute aber auch zur Fer-tigung von Bohrungen mit höheren Anforde-rungen an die Maßgenauigkeit (IT 7 bis IT 10) und an die Form- und Lagegenauigkeit Anwen-dung.

Werkzeuge zum Tiefbohren sind

- *Einlippenbohrwerkzeuge,*
- *Bohrköpfe nach dem Einrohrsystem (BTA-Bohrwerkzeuge),*
- *Bohrköpfe nach dem Doppelrohrsystem (Ejektor-Bohrwerkzeuge).*

Bild 4-67 zeigt Rundbohrverfahren mit Tief-bohrwerkzeugen. Beim Rundbohren ins Volle mit Einlippenbohrer wird ein Bohrwerkzeug mit unsymmetrisch angeordneten Schneiden benutzt. Die Kühlschmierflüssigkeit wird dabei durch das Innere des meist rohrförmigen Werk-

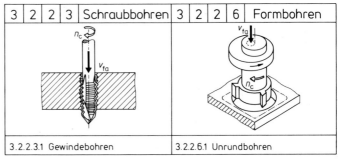

3	2	2	3	Schraubbohren	3	2	2	6	Formbohren

3.2.2.3.1 Gewindebohren | 3.2.2.6.1 Unrundbohren

Bild 4-64. Schraub- und Formbohren.

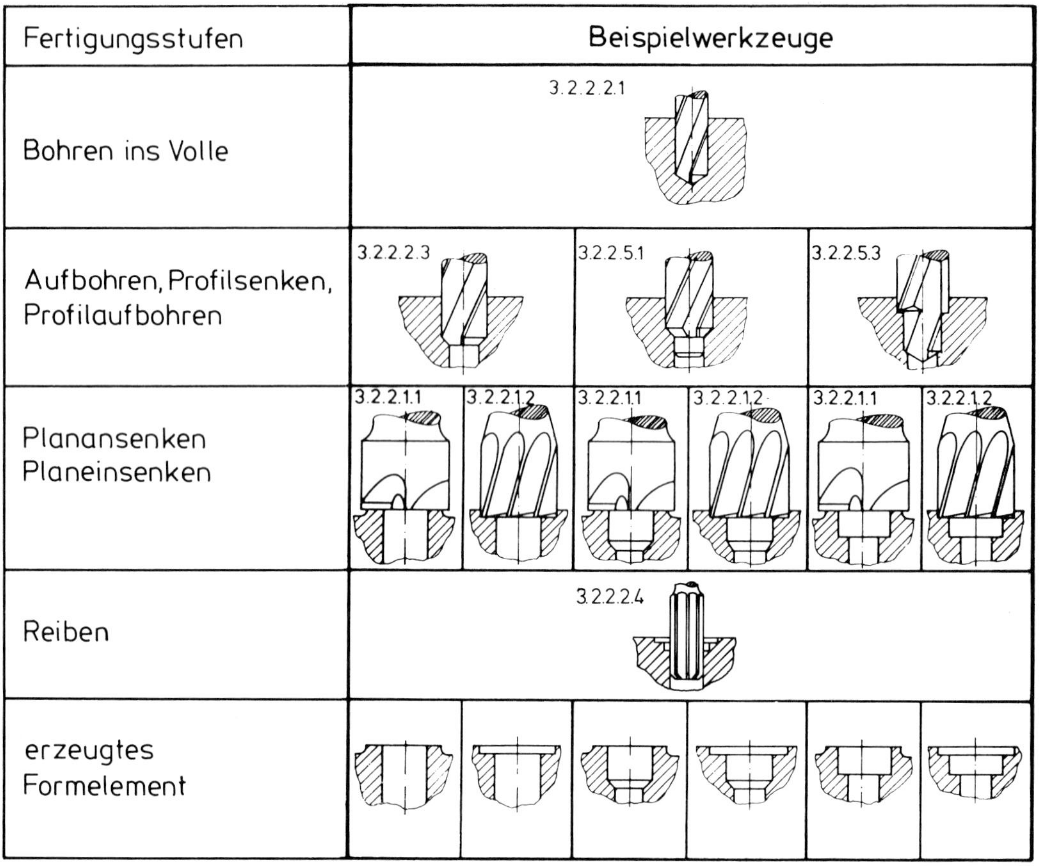

Fertigungsstufen	Beispielwerkzeuge				
Bohren ins Volle	3.2.2.2.1				
Aufbohren, Profilsenken, Profilaufbohren	3.2.2.2.3	3.2.2.5.1		3.2.2.5.3	
Planansenken Planeinsenken	3.2.2.1.1 / 3.2.2.1.2		3.2.2.1.1 / 3.2.2.1.2		3.2.2.1.1 / 3.2.2.1.2
Reiben	3.2.2.2.4				
erzeugtes Formelement					

Bild 4-65. *Werkzeuge für verschiedene Fertigungsstufen beim Bohren (nach Meyer).*

Wendelbohrertyp	Seitenspan-winkel γ_x	Spitzen-winkel δ	Anwendung
N 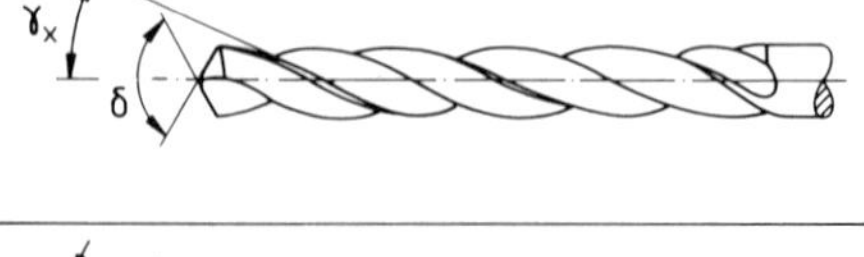	18 bis 30°	118 bis 130°	unleg. u. legierte Stähle GG, GT, GS Al–Leg. > 11% Si
H 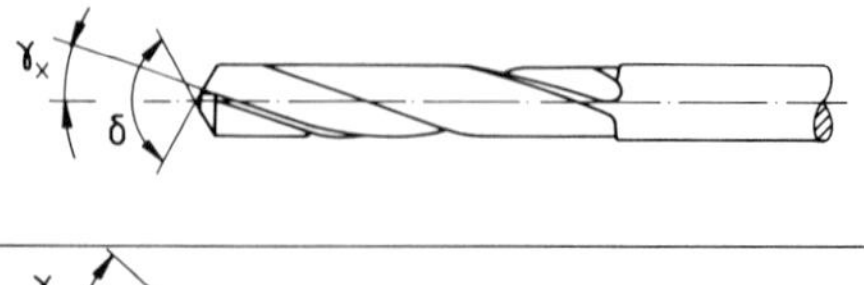	10 bis 15°	118°	Mg–Leg. austenitische Stähle
W 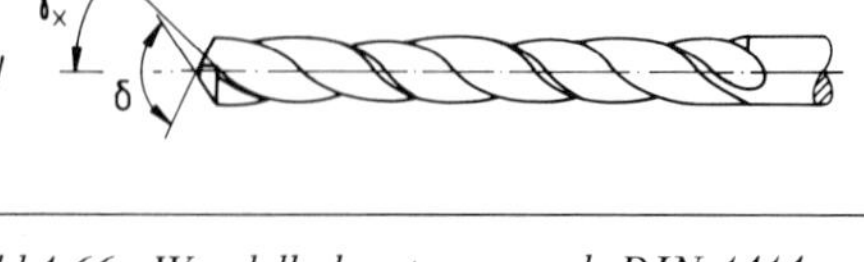	35 bis 45°	140°	Cu Al–Leg. < 10% Si weiche Kunststoffe

Bild 4-66. *Wendelbohrertypen nach DIN 1414 und ihre Anwendung.*

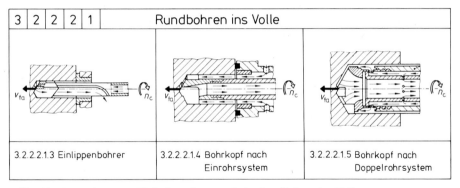

Bild 4-67. *Anwendung von Tiefbohrwerkzeugen beim Rundbohren ins Volle.*

zeugschafts zugeführt. Span- und Kühlschmierflüssigkeitsabfluß erfolgen durch eine äußere Spannut im Werkzeugschaft. Einlippen-Tiefbohrwerkzeuge benötigen zum Anbohren stets eine besondere Führungseinrichtung.

Beim Rundbohren mit einem Bohrkopf nach dem Einrohrsystem (*BTA-Verfahren*)[1] wird die Kühlschmierflüssigkeit von außen zwischen Werkzeugschaft und Bohrungswand zugeführt. Die anfallenden Späne werden dann von der Kühlschmierflüssigkeit in das Innere des Bohrkopfes gespült und durch das Bohrrohr abgeführt. Das Einbringen der Kühlschmierflüssigkeit erfolgt dabei über ein besonderes Zuführsystem, das den zwischen Werkstück und Werkzeug gebildeten Ringraum abdichtet und mit Hilfe der eingesetzten Bohrbuchse den Werkzeugschaft führt.

Das Bohren mit einem Bohrkopf nach dem Doppelrohrsystem (*Ejektorbohrverfahren*) ist dadurch gekennzeichnet, daß die Kühlschmierflüssigkeit zwischen zwei konzentrisch angeordneten Rohren zugeführt und mit den Spänen durch das Innere des Späneabflußrohres wieder abgeführt wird. Der Spänetransport wird von dem mit Düsen versehenen Innenrohr begünstigt. Nach dem Ejektor-Prinzip entsteht ein Unterdruck, so daß man bei diesem Verfahren mit wesentlich geringeren Kühlschmierflüssigkeitsdrücken auskommt.

4.6.2.3 Zeitberechnung

Die Schnittzeit beim Bohren läßt sich wie beim Drehen aus Vorschubweg, Vorschub und Drehzahl berechnen. Beim Bohren wird im allgemeinen ein Sicherheitsabstand von 1 mm zwischen Werkzeug und Werkstück vorgesehen. Die Überlaufwege sind bei den einzelnen Bohrverfahren unterschiedlich. Beim Rundbohren ins Volle mit einem Wendelbohrer beträgt der Überlaufweg $l_{ü} = 2$ mm. Der die Hauptnutzungszeit bestimmende Weg des Bohrwerkzeugs L in mm beträgt somit

$$L = l_{w} + l_{ax} + 1 \text{ mm} + l_{ü} \qquad (4\text{-}40).$$

Bild 4-68 gibt die Eingriffsverhältnisse und einige wichtige Berechnungsgleichungen für das Rundbohren ins Volle mit einem Wendelbohrer an.

4.6.3 Fräsen

Fräsen ist ein spanendes Fertigungsverfahren, das mit meist mehrzahligen Werkzeugen bei kreisförmiger Schnittbewegung und senkrecht oder auch schräg zur Drehachse gerichteter Vorschubbewegung nahezu beliebig geformte Werkstückflächen zu erzeugen vermag. Wesentliche Verfahrensmerkmale sind die im Gegensatz zu anderen Verfahren (z.B. Drehen und Bohren) sich stetig verändernden Eingriffsverhältnisse. Unterbrochener Schnitt und die in Abhängigkeit vom Vorschubrichtungswinkel nicht konstanten Spanungsdicken und damit verbundenen Schnittkraftschwankungen erfordern ein gutes dynamisches Verhalten des Systems Werkstück – Werkzeug – Werkzeugmaschine.

---

[1] Verfahren entwickelt von der Boring und Trepanning Association.

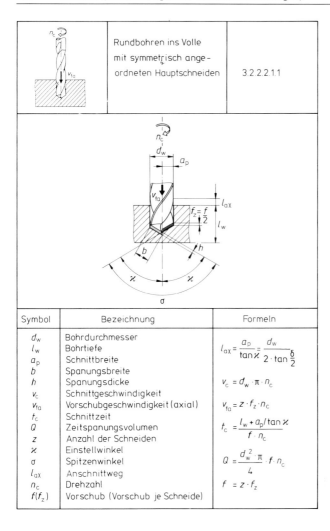

Symbol	Bezeichnung	Formeln
d_w	Bohrdurchmesser	
l_w	Bohrtiefe	$l_{ax} = \dfrac{a_p}{\tan\varkappa} = \dfrac{d_w}{2 \cdot \tan\frac{\sigma}{2}}$
a_p	Schnittbreite	
b	Spanungsbreite	
h	Spanungsdicke	$v_c = d_w \cdot \pi \cdot n_c$
v_c	Schnittgeschwindigkeit	
v_{fa}	Vorschubgeschwindigkeit (axial)	$v_{fa} = z \cdot f_z \cdot n_c$
t_c	Schnittzeit	
Q	Zeitspanungsvolumen	$t_c = \dfrac{l_w + a_p/\tan\varkappa}{f \cdot n_c}$
z	Anzahl der Schneiden	
$\varkappa$	Einstellwinkel	
σ	Spitzenwinkel	$Q = \dfrac{d_w^2 \cdot \pi}{4} \cdot f \cdot n_c$
l_{ax}	Anschnittweg	
n_c	Drehzahl	$f = z \cdot f_z$
$f(f_z)$	Vorschub (Vorschub je Schneide)	

Bild 4-68.
Zeitberechnung beim Rundbohren ins Volle mit einem Wendelbohrer.

4.6.3.1 Fräsverfahren

Fräsverfahren werden nach DIN 8589, Teil 3, in *Plan-, Rund-, Schraub-, Wälz-, Profil-* und *Formfräsen* unterteilt, wie aus Bild 4-69 hervorgeht. Nach Art des Werkzeugeingriffs kann zwischen dem

– *Umfangsfräsen,*
– *Stirnfräsen* und
– *Stirn-Umfangsfräsen*

unterschieden werden. Hierbei erzeugen jeweils die am Umfang liegenden Hauptschneiden, die an der Stirnseite des Fräswerkzeugs liegenden Nebenschneiden oder die am Umfang bzw. der Stirnseite wirkenden Haupt- und Nebenschneiden gleichzeitig die gewünschte Werkstückform.

Planfräsen ist Fräsen mit geradliniger Vorschubbewegung zur Erzeugung ebener Flächen. Verfahrensvarianten des Planfräsens sind in Bild 4-70 gezeigt.

Beim Rundfräsen können kreiszylindrische Flächen mit außen- oder innenverzahnten Fräsern erzeugt werden. Werkzeug- und Werkstückdrehachse stehen bei konventionellen Rundfräsverfahren parallel zueinander.

Als wirtschaftliche Alternative zum Drehen haben sich in bestimmten Anwendungsfällen Rundfräsverfahren entwickelt, bei denen die Werkzeugdrehachse annähernd senkrecht zur Werkstückdrehachse angeordnet ist (sog. Drehfräsen). Bild 4-71 gibt einen Überblick.

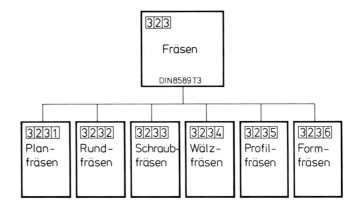

Bild 4-69.
Einteilung der Fräsverfahren
(nach DIN 8589, Teil 3).

Mit *Schraubfräsen* bezeichnet man Fräsverfahren, bei denen unter wendelförmiger Vorschubbewegung schraubenförmige Flächen am Werkstück entstehen (z. B. Gewinde und Zylinderschnecken).

Zum Schraubfräsen gehören gemäß Bild 4-72 das *Langgewindefräsen* und das *Kurzgewindefräsen*. Langgewindefräsen ist Schraubfräsen mit einem einprofiligen Gewindefräser, dessen Achse in Richtung der Gewindesteigung geneigt ist und dessen Vorschub der Gewindesteigung entspricht. Das Kurzgewindefräsen erfolgt dagegen mit einem mehrprofiligen Gewin-

defräser, dessen Achse zur Werkstückachse parallel liegt und dessen Vorschub der Gewindesteigung entspricht. Zur Herstellung des Gewindes ist dabei lediglich etwas mehr als eine Werkstückumdrehung erforderlich.

Wälzfräsen ist eines der wichtigsten Fertigungsverfahren zur Herstellung von Verzahnungen. Beim Wälzfräsen führt ein Fräser mit Bezugsprofil eine mit der Vorschubbewegung simultane Wälzbewegung aus. Dabei wälzen Werkzeug und Werkstück ähnlich wie eine Schnecke in einem Schneckenradgetriebe während des Zerspanvorgangs gegeneinander ab (Bild 4-72).

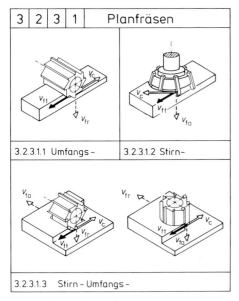

Bild 4-70. Planfräsverfahren.

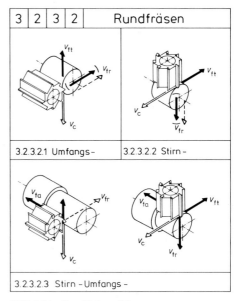

Bild 4-71. Rundfräsverfahren.

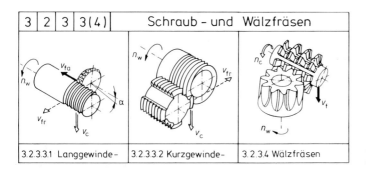

3 2 3 3(4) Schraub - und Wälzfräsen
n_w
v_{fa}
v_{fr}
v_c
α
n_w
v_{fr}
v_c
n_c
v_f
n_w
3.2.3.3.1 Langgewinde-
3.2.3.3.2 Kurzgewinde-
3.2.3.4 Wälzfräsen

Bild 4-72. Schraub- und Wälzfräsverfahren.

Profilfräsen ist Fräsen unter Verwendung eines Werkzeugs mit werkstückgebundener Form. Es dient zur Erzeugung gerader (geradlinige Vorschubbewegung), rotationssymmetrischer (kreisförmige Vorschubbewegung) und beliebig in einer Ebene gekrümmte Profilflächen (gesteuerte Vorschubbewegung). Beispiele für Profilfräsen zeigt Bild 4-73.

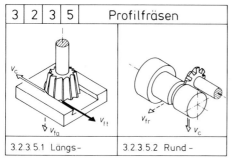

3 2 3 5 Profilfräsen
v_c
v_{ft}
v_{fa}
v_{fr}
v_c
3.2.3.5.1 Längs-
3.2.3.5.2 Rund-

Bild 4-73. Profilfräsverfahren.

Formfräsen ist Fräsen, bei dem die Vorschubbewegung in einer Ebene oder räumlich gesteuert ist und dadurch die gewünschte Form des Werkstücks erzeugt wird. Zu dieser Verfahrensgruppe gehören das in Bild 4-74 dargestellte

- *Freiformfräsen,*
- *Nachformfräsen,*
- *Kinematisch-Formfräsen* und
- *NC-Formfräsen.*

Ein weiterer Gesichtspunkt für die Unterscheidung von Fräsverfahren ist die Richtung der Vorschubbewegung gegenüber der Schnittbewegung. Man unterscheidet zwischen *Gleich-* und *Gegenlauffräsen* gemäß Bild 4-75.

Beim Gleichlauffräsen sind die Drehrichtung des Fräsers und die Werkstückbewegung im Bereich des Werkzeugeingriffs gleichgerichtet. Das Gleichlauffräsen mit Walzenfräser ist dadurch gekennzeichnet, daß mit Beginn des Schneideneingriffs der Vorschubrichtungswinkel φ größer oder gleich 90° ist und beim Aus-

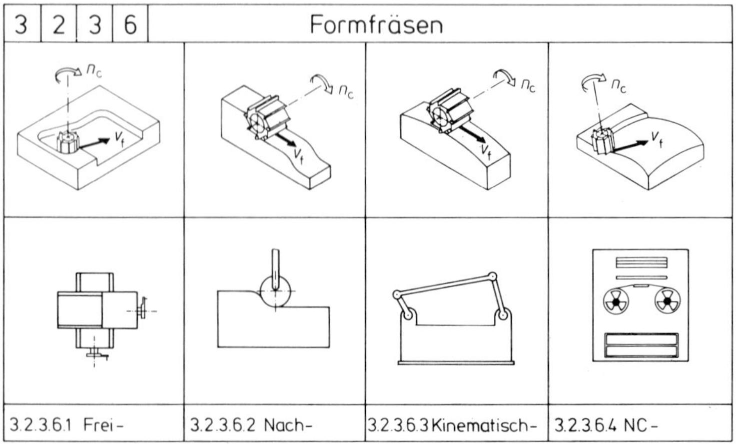

3 2 3 6 Formfräsen
n_c
v_f
3.2.3.6.1 Frei-
3.2.3.6.2 Nach-
3.2.3.6.3 Kinematisch-
3.2.3.6.4 NC-

Bild 4-74. Formfräsverfahren.

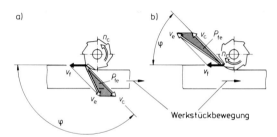

Bild 4-75. Werkzeug- und Werkstückbewegungen beim Umfangfräsen (nach DIN 6580):
a) Gleichlauffräsen (φ > 90°),
b) Gegenlauffräsen (φ < 90°).

tritt einen Maximalwert von 180° annimmt, Bild 4-75 a).

Das Gegenlauffräsen ist ein Fräsen, bei dem im Bereich des Werkzeugeingriffs die Drehrichtung des Fräsers und die Werkstückbewegung einander entgegengerichtet sind. Beim Gegenlauffräsen mit Walzenfräser kann der Vorschubrichtungswinkel im Eingriffsbereich Werte im Bereich $0° \leq \varphi \leq 90°$ annehmen, Bild 4-75 b).

Beim Gleichlauffräsen ist die Schnittkraft gegen den Maschinentisch gerichtet. Der Vorschubantrieb muß daher spielfrei sein, weil der Fräser sonst den Maschinentisch ruckartig in Vorschubrichtung ziehen und das Werkstück aus der Aufspannung reißen könnte. Es empfiehlt sich, das Werkstück stets gegen einen festen Anschlag zu spannen. Gegenüber dem Gegenlauffräsen nimmt die Spanungsdicke beim Gleichlauffräsen zwischen Schneidenein- und -austritt zunehmend ab, so daß sich die Schnittkraft ebenfalls verringert und Auffederungseffekte vermieden werden können. Beim Gleichlauffräsen lassen sich dadurch in der Regel bessere Oberflächengüten erzielen.

4.6.3.2 Fräswerkzeuge

Fräswerkzeuge sind nicht nach einheitlichen Gesichtspunkten unterteilt. Je nach konstruktions- und anwendungsbezogenen Merkmalen unterscheidet man u. a.

– Walzenfräser,
– Walzenstirnfräser,
– Scheibenfräser,
– Prismenfräser,
– Winkelstirnfräser,
– Halbkreisfräser,

– Messerköpfe,
– Kreissägewerkzeuge,
– Schaftfräser,
– Langlochfräser,
– Schlitzfräser,
– T-Nutenfräser,
– Wälzfräser,
– Gewindefräser und
– Satzfräser.

Bild 4-76 zeigt, daß grundsätzlich vier verschiedene *Fräswerkzeugtypen* definiert werden können. Demnach lassen sich die hauptsächlich angewendeten Fräswerkzeuge in *Umfangs-, Stirn-, Profil-* und *Formfräser* unterteilen.

Außer den Fräswerkzeugen aus Schnellarbeitsstahl werden zunehmend Hartmetallwerkzeuge angewendet. Zum Fräsen von Gußwerkstoffen werden inzwischen auch Wendeschneidplatten aus weniger stoßempfindlichen Mischkeramiksorten häufiger eingesetzt. Bei der Bearbeitung von Nichteisenmetallen können Schneidplatten aus polykristallinem Diamant erfolgreich verwendet werden, während Schneidplatten aus polykristallinem Bornitrid beim Fräsen von schwerzerspanbaren Eisenwerkstoffen eine wirtschaftliche Fertigungsalternative bieten.

4.6.3.3 Zeitberechnung

Wichtige Berechnungsgleichungen sind in Bild 4-77 und 4-78 am Beispiel des Umfangs-Planfräsens und Stirn-Planfräsens zusammengestellt.

Die Schnittzeit und das Zeitspanungsvolumen beim Fräsen werden im wesentlichen durch die Größe der Vorschubgeschwindigkeit bestimmt. Die Vorschubgeschwindigkeit v_{ft} ist wiederum vom *Vorschub je Zahn* f_z (Zahnvorschub) abhängig, der mittelbar über die Drehzahl des Fräswerkzeugs n_c auch von der Größe der Schnittgeschwindigkeit beeinflußt wird. Als Vorschub je Zahn oder je Schneide bezeichnet man den Abstand zweier hintereinander entstehender Schnittflächen, gemessen in der Vorschubrichtung und in der Arbeitsebene. Es ist

$$f_z = f/z \tag{4-41},$$

hierbei ist z gleich der Anzahl der Zähne oder Schneiden. Ist $z = 1$, wie z. B. beim Drehen oder beim Fräsen mit Einzahnfräser, so wird

$$f_z = f \tag{4-42}.$$

Frasertyp	Wirkprofil	Wirkfläche	Beispiele
1 Umfangs-(walzen-)fräser	werkstück-ungebunden	Umfangsfläche (kreiszylindrisch)	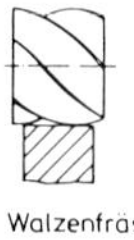 Walzenfräser
2 Stirnfräser	werkstück-ungebunden	Seiten(-Stirn)- u. Umfangsflächen	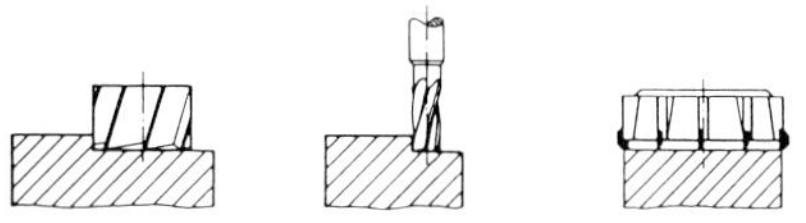 Walzenstirnfräser Schaftfräser Messerkopf
3 Profilfräser	werkstück-gebunden	Profilfläche	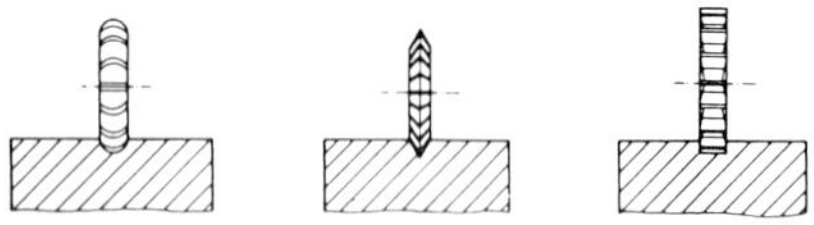 Halbkreisfräser Prismenfräser Scheibenfräser
4 Formfräser	werkstück-ungebunden	Formfläche beliebig	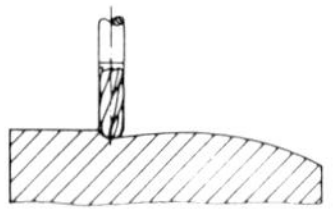 Gesenkfräser

Bild 4-76. Fräswerkzeuge und einige typische Anwendungen.

Vom Zahnvorschub abgeleitet ist der *Schnitt-vorschub* f_c. Als Abstand zweier unmittelbar hintereinander entstehender Schnittflächen wird er ebenfalls in der Arbeitsebene, jedoch senkrecht zur Schnittrichtung gemessen (vgl. Verfahrensschema Bild 4-77 und 4-78). Es gilt

$$f_c \approx f_z \sin \varphi \qquad (4\text{-}43).$$

Bei Zerspanvorgängen mit $\varphi = 90°$ und einschneidigen Werkzeugen, wie z. B. beim Drehen und Hobeln, ist

$$f_c = f_z = f \qquad (4\text{-}44).$$

4.6.4 Hobeln und Stoßen

Hobeln und Stoßen ist Spanen mit wiederholter meist geradliniger Schnittbewegung und schrittweiser, senkrecht zur Schnittrichtung liegender Vorschubbewegung. Hobel- und Stoß-verfahren unterscheiden sich lediglich in der Aufteilung von Schnitt- und Vorschubbewegung auf Werkstück und Werkzeug. Beim Hobeln wird die Schnittbewegung vom Werkstück, beim Stoßen durch das Werkzeug ausgeführt. Große Fortschritte beim Fräsen bewirkten, daß das Hobeln auf vielen Gebieten durch das Fräsen ersetzt wurde. Die Anwendungsgebiete des Hobeln und Stoßens beschränken sich heute auf das Herstellen von Werkstückflächen, die durch andere spanende Fertigungsverfahren nur schwer oder nicht wirtschaftlich zu fertigen sind.

4.6.4.1 Hobel- und Stoßverfahren

Hobel- und Stoßverfahren sind wegen der gleichen Kinematik beim Zerspanvorgang in DIN 8589, Teil 4, zusammengefaßt worden, wie dies Bild 4-79 zeigt. Nach der Art der zu erzeugenden Flächen, kinematischen und werkzeugbezogenen Gesichtspunkten ergeben sich für das Hobeln und Stoßen Plan-, Rund-, Schraub-, Wälz-, Profil- und Formverfahren. Bild 4-80 zeigt die Kinematik einiger wichtiger Hobel- bzw. Stoßverfahren.

4.6.4.2 Hobelwerkzeuge

Die Werkzeuge entsprechen in ihrem Aufbau den Werkzeugen zum Drehen. Als Schneidstoffe werden vorwiegend Schnellarbeitsstähle

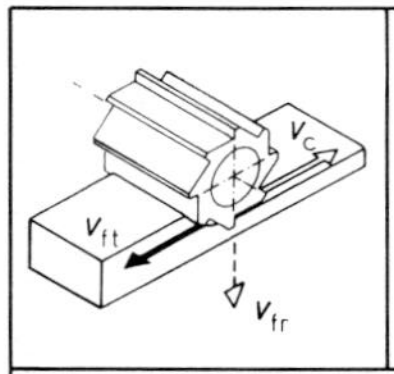

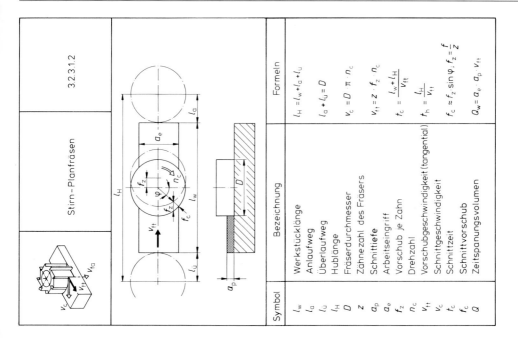

Stirn-Planfräsen   3.2.3.1.2

Symbol	Bezeichnung	Formeln
l_w	Werkstücklänge	$l_H = l_w + l_a + l_u$
l_a	Anlaufweg	$l_a + l_u = D$
l_u	Überlaufweg	$v_c = D \cdot \pi \cdot n_c$
l_H	Hublänge	
D	Fräserdurchmesser	$v_{ft} = z \cdot f_z \cdot n_c$
z	Zähnezahl des Fräsers	
a_p	Schnittiefe	$t_c = \dfrac{l_w + l_H}{v_{ft}}$
a_e	Arbeitseingriff	
f_z	Vorschub je Zahn	$t_h = \dfrac{l_H}{v_{ft}}$
n_c	Drehzahl	
v_{ft}	Vorschubgeschwindigkeit (tangential)	$f_c \approx f_z \sin\varphi, \; f_z = \dfrac{f}{z}$
v_c	Schnittgeschwindigkeit	
t_c	Schnittzeit	$Q_w = a_e \cdot a_p \cdot v_{ft}$
f_c	Schnittvorschub	
Q	Zeitspanungsvolumen	

Bild 4-78. Zeitberechnung beim Stirn-Planfräsen.

Umfangs-Planfräsen   3.2.3.1.1

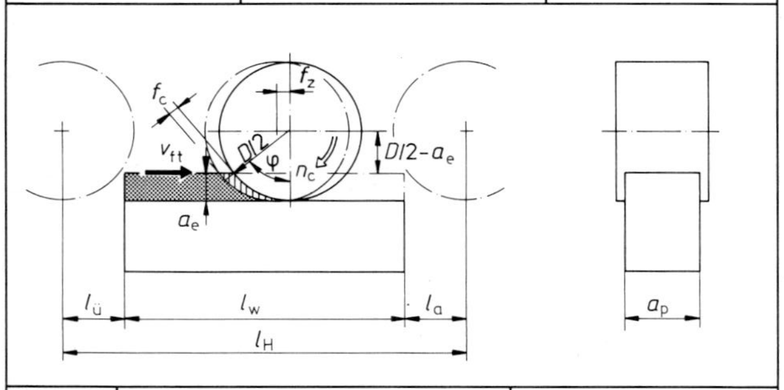

Symbol	Bezeichnung	Formeln
l_w	Werkstücklänge	$l_H = l_w + l_a + l_u$
l_a	Anlaufweg	$l_a = \sqrt{D \, a_e - a_e^2}$
l_u	Überlaufweg	$v_c = D \cdot \pi \cdot n_c$
l_H	Hublänge	
D	Fräserdurchmesser	$v_{ft} = z \cdot f_z \cdot n_c$
z	Zähnezahl des Fräsers	
a_p	Schnittbreite	$t_c = \dfrac{l_w + l_a}{v_{ft}}$
a_e	Arbeitseingriff	
f_z	Vorschub je Zahn	$t_h = \dfrac{l_H}{v_{ft}}$
n_c	Drehzahl	
v_{ft}	Vorschubgeschwindigkeit (tangential)	$f_c \approx f_z \sin\varphi, \; f_z = \dfrac{f}{z}$
v_c	Schnittgeschwindigkeit	
t_c	Schnittzeit	$Q = a_e \cdot a_p \cdot v_{ft}$
f_c	Schnittvorschub	
Q_w	Zeitspanungsvolumen	

Bild 4-77. Zeitberechnung beim Umfangs-Planfräsen.

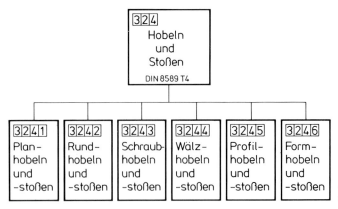

Bild 4-79. Einteilung der Hobel- und Stoßverfahren (nach DIN 8589, Teil 4).

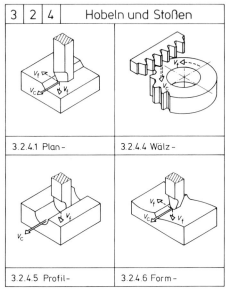

Bild 4-80. Plan-, Wälz-, Profil- und Formverfahren beim Hobeln und Stoßen.

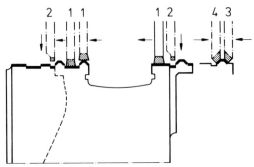

Bild 4-81. Hobelwerkzeuge für typische Bearbeitungen:
1   Breitschlichthobelmeißel
2   Nutenhobelmeißel   3, 4 gerade Hobelmeißel

verwendet. Infolge des unterbrochenen Schnittes bleibt die Anwendung von Hartmetallwerkzeugen beim Hobeln und Stoßen auf die zähen Anwendungsgruppen beschränkt.

Hobelwerkzeuge werden überwiegend zur Bearbeitung von langen, schmalen Plan- und Profilflächen eingesetzt. Ein typisches Beispiel ist das Bearbeiten von Führungen und Aussparungen an Werkzeugmaschinengestellen gemäß Bild 4-81.

4.6.4.3 Zeitberechnung

Die Schnitt- und die Rückhubgeschwindigkeit sind beim Hobeln und Stoßen nicht konstant, da das Werkstück bzw. das Werkzeug bei jedem Hub beschleunigt und wieder abgebremst werden muß. Bei der Berechnung der Zeit beim Hobeln ist daher von einer mittleren Schnitt- bzw. Rückhubgeschwindigkeit auszugehen. Bild 4-82 gibt die wichtigsten Berechnungsgleichungen auf der Grundlage der jeweiligen Werkzeugwege für das Planhobeln und -stoßen an.

4.6.5 Räumen

Räumen ist nach DIN 8589, Teil 5, ein spanendes Fertigungsverfahren, bei dem der Werkstoffabtrag mit einem mehrschneidigen Werkzeug erfolgt, dessen Schneiden hintereinander liegen und jeweils um eine Spanungsdicke h gestaffelt sind. Die Vorschubbewegung kann durch die Relativlage der Schneiden entfallen, da der Vorschub gleichsam im Werkzeug „installiert" ist. Räumwerkzeuge gestatten es, eine komplizierte Fertigteilgeometrie meist in einem Durchgang zu erzeugen. Die dadurch gegenüber anderen Fertigungsverfahren wesentlich

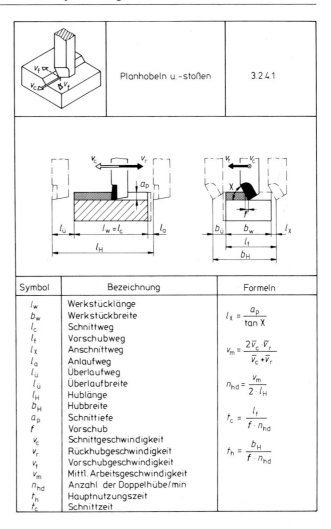

Symbol	Bezeichnung	Formeln
l_w	Werkstücklänge	
b_w	Werkstückbreite	$l_X = \dfrac{a_p}{\tan X}$
l_c	Schnittweg	
l_f	Vorschubweg	
l_X	Anschnittweg	$v_m = \dfrac{2\,\bar{v}_c \cdot \bar{v}_r}{\bar{v}_c + \bar{v}_r}$
l_a	Anlaufweg	
$l_{\ddot{u}}$	Überlaufweg	
$l_{\ddot{u}}$	Überlaufbreite	$n_{hd} = \dfrac{v_m}{2 \cdot l_H}$
l_H	Hublänge	
b_H	Hubbreite	
a_p	Schnittiefe	$t_c = \dfrac{l_f}{f \cdot n_{hd}}$
f	Vorschub	
v_c	Schnittgeschwindigkeit	
v_r	Rückhubgeschwindigkeit	$t_h = \dfrac{b_H}{f \cdot n_{hd}}$
v_f	Vorschubgeschwindigkeit	
v_m	Mittl. Arbeitsgeschwindigkeit	
n_{hd}	Anzahl der Doppelhübe/min	
t_h	Hauptnutzungszeit	
t_c	Schnittzeit	

Bild 4-82.
Zeitberechnung beim Planhobeln und -stoßen.

kürzeren Schnittzeiten kennzeichnen das Räumen als typisches Fertigungsverfahren in der Massenfertigung. Die mit Räumverfahren erreichbaren Schnittgeschwindigkeiten liegen üblicherweise im Bereich von $v_c = 1$ m/min bis $v_c = 15$ m/min. Beim Hochgeschwindigkeitsräumen können heute bereits Schnittgeschwindigkeiten bis zu $v_c = 30$ m/min bis $v_c = 50$ m/min verwirklicht werden.

4.6.5.1 Räumverfahren

Je nach Art der zu erzeugenden Werkstückfläche läßt sich das Räumen in *Plan-, Rund-, Schraub-, Profil-* und *Formräumen* unterteilen, wie aus Bild 4-83 hervorgeht.

Weiterhin kann je nach Lage der zu bearbeitenden Werkstückflächen zwischen *Außenräumen* und *Innenräumen* unterschieden werden. Das Außenräumen ist vorwiegend beim Plan- und Profilräumen gebräuchlich. Eine besondere Variante des Außenräumens ist das *Kettenräumen.* Hierbei werden die Werkstücke entweder auf einem Rundtisch oder auf speziellen Schlitten, die mittels Ketten bewegt werden, am feststehenden Räumwerkzeug entlanggeführt. Da bei diesem Verfahren keine Rückhubbewegung erforderlich ist und gleichzeitig mehrere Werkstücke mit dem Werkzeug im Eingriff sein können, ist die Ausbringung (Anzahl der gefertigten Werkstücke je Zeiteinheit) beim Kettenräumen sehr hoch.

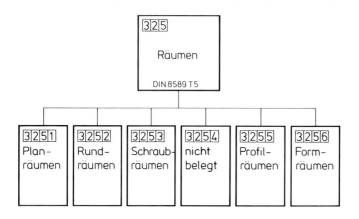

Bild 4-83.
*Einteilung der Räumverfahren
(nach DIN 8589, Teil 5).*

Das Profilräumen wird zum Herstellen von komplizierten Innen- und Außenprofilen angewandt. Einige typische Profile für das Außen- und Innenräumen zeigt Bild 4-84.

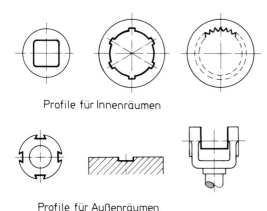

Profile für Innenräumen

Profile für Außenräumen

Bild 4-84. *Herstellbare Profile beim Außen- und Innenräumen (Beispiele).*

Beim Räumen von ebenen und kreiszylindrischen Flächen oder Profilen entsprechend Bild 4-85 führt das Werkzeug oder das Werkstück eine geradlinige Schnittbewegung aus. Wenn der geradlinigen Schnittbewegung zusätzlich eine Drehbewegung des Werkstücks oder Werkzeugs überlagert wird, lassen sich schraubenförmige Flächen fertigen. Das Erzeugen einer Formfläche ist mit einer gesteuerten, kreisförmigen Schnittbewegung möglich. Formräumverfahren sind das Schwenkräumen (ohne Werkstückbewegung) und das Drehräumen (mit rotierender Werkstückbewegung).

4.6.5.2 Räumwerkzeuge

Innenräumwerkzeuge sind meist einteilig ausgeführt und werden bevorzugt aus Schnellarbeitsstahl hergestellt. Bei der Bearbeitung von Grauguß werden auch mit Hartmetallschneiden bestückte Räumwerkzeuge eingesetzt. Bei größeren zu räumenden Volumen kann der Zah-

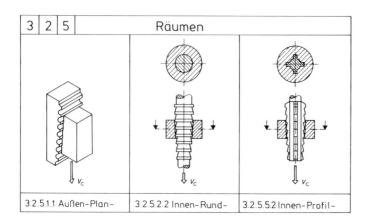

Bild 4-85. *Plan-, Rund- und Profilräumverfahren.*

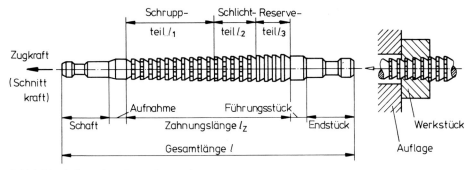

Bild 4-86. Aufbau eines Innenräumwerkzeugs.

nungsteil auch aus mehreren auswechselbaren Räumbuchsen bestehen.

Außenräumwerkzeuge sind besonders bei schwierigen Werkstückformen aus mehreren Zahnungsteilabschnitten zusammengesetzt. Sie lassen sich dadurch leichter herstellen, nachschleifen und gegebenenfalls über Keilleisten nachstellen.

Den Aufbau eines Innenräumwerkzeugs zeigt Bild 4-86. Es besteht aus Schaft, Aufnahme, Zahnungsteil, Führungsstück und Endstück. Am Schaft wird das Werkzeug eingespannt, damit es durch das Werkstück gezogen werden kann. Der Aufnahme- oder Einführungsteil hat die Aufgabe, die Werkstücke zu zentrieren. Die Zahnungslänge setzt sich aus Schrupp-, Schlicht- und Reserveteil zusammen, die nacheinander zum Eingriff kommen. Die Reservezahnung dient zur Kompensation der durch Nachschleifen bewirkten Maßänderungen (Kalibrieren).

Die Schneidengeometrie eines Räumwerkzeugs ist nach DIN 1416 in Abhängigkeit von der Zahnteilung *t* festgelegt. Bild 4-87 zeigt hierzu Einzelheiten.

Das Spanraumvolumen der Spankammer ist so zu bemessen, daß diese den Span während des Schnitts aufnehmen kann. Die Größe der Spankammer ist abhängig von der Spanungsdicke *h*, die beim Räumen dem Vorschub je Zahn f_z entspricht, der Spanungs- bzw. Werkstücklänge l_w und der Spanraumzahl *R*. Die Spanraumzahl *R* (Abschn. 4.5.5) ist werkstückstoffabhängig. Als vorteilhaft haben sich für die Spanraumzahl *R* beim Räumen für spröde, bröckelnde Werkstückstoffe Werte von 3 bis 6 und für zähe, langspanende Werkstückstoffe Werte von 4 bis 8 erwiesen.

Die Angaben beziehen sich auf das Profilräumen. Die unteren Werte gelten für das Schruppen, die oberen für das Schlichten. Die *Zahnteilung t* kann nach der empirischen Gleichung

$$t = (2,5 \text{ bis } 3) \sqrt{h \, l_w \, R} \text{ in mm} \qquad (4\text{-}45)$$

ermittelt werden. Beim Schruppen und Schlichten ergeben sich aufgrund der unterschiedlich anfallenden Spanmengen auch variierende Zahnteilungen.

Damit für die jeweilige Bearbeitungsaufgabe günstige Spanformen zu erhalten sind, werden in die einzelnen Schneiden Spanbrechernuten eingebracht.

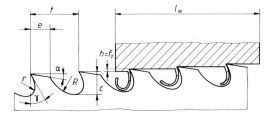

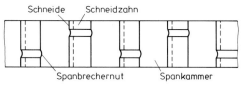

Bild 4-87. Eingriffsverhältnisse und Schneidengeometrien beim Räumen (nach DIN 1416).

α   *Freiwinkel*
γ   *Spanwinkel*
c   *Spankammertiefe*
e   *Zahnrücken*
t   *Zahnteilung*
R, r *Spanflächenradien*
h_z *Spanungsdicke je Zahn*
l_w *Spanungslänge*

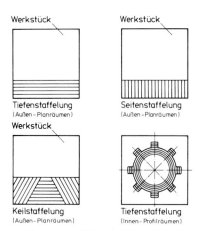

Tiefenstaffelung
(Außen - Planräumen)

Seitenstaffelung
(Außen - Planräumen)

Keilstaffelung
(Außen - Planräumen)

Tiefenstaffelung
(Innen - Profilräumen)

Bild 4-88. Staffelungsarten und Zerspanschemata beim Räumen (nach DIN 1415).

Die Anordnung der aufeinanderfolgenden Schneiden bezeichnet man als *Zahnstaffelung.* Nach DIN 1415 lassen sich verschiedene Staffelungsarten definieren, wie aus Bild 4-88 hervorgeht. Bei der *Tiefenstaffelung* dringen die Schneiden senkrecht zur zu fertigenden Werkstückfläche in ganzer Schneidenbreite in den Werkstückstoff ein und spanen diesen bei geringen Spanungsdicken ab.

Bei der *Seitenstaffelung* dringen die Schneiden parallel (tangential) zur zu fertigenden Werkstückfläche in den Werkstückstoff ein und spanen diesen streifenweise bei großer Spanungsdicke ab. Die endgültige Werkstückoberfläche wird anschließend meist mit einem Schneidenteil in Tiefenstaffelung erzeugt. Besonders Oberflächen von gegossenen und geschmiede-

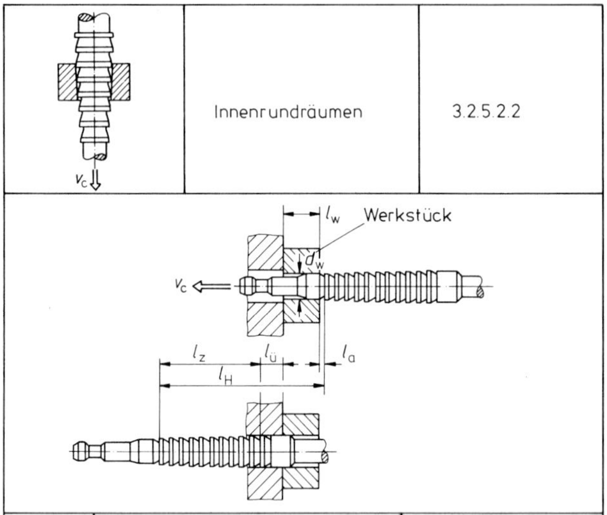

| Innenrundräumen | 3.2.5.2.2 |

Symbol	Bezeichnung	Formeln
l_w	Werkstücklänge	$l_H = l_w + l_a + l_u + l_z$
d_w	Werkstückdurchmesser	
l_a	Anlaufweg	$t_c = \dfrac{l_w + l_z}{v_c}$
l_u	Überlaufweg	
l_z	Zahnungslänge	$t_h = \dfrac{l_H}{v_c}$
l_H	Hublänge	
v_c	Schnittgeschwindigkeit	$z_e = \dfrac{l_w}{t}$
t_c	Schnittzeit	
t_h	Hauptnutzungszeit	$A = z_e \cdot h_z \cdot b$
z_e	Eingriffszähnezahl	
t	Zahnteilung	$b = d_w \cdot \pi$
A	Spanungsquerschnitt	
b	Spanungsbreite	$Q_w = A \cdot v_c$
h_z	Spanungsdicke je Zahn	
Q_w	Zeitspanungsvolumen	

Bild 4-89. Zeitberechnung beim Innenrundräumen.

ten Werkstücken lassen sich damit ohne größere Werkzeugbeanspruchungen räumen. Gegenüber der Tiefenstaffelung ergeben sich bei der Seitenstaffelung jedoch längere Werkzeuge.

Eine Sonderform ist die sogenannte *Keilstaffelung*.

4.6.5.3 Zeitberechnung

Bei der Berechnung der Zeiten beim Räumen ist zwischen den Zeiten für den Arbeits- und Rückhub zu unterscheiden. Dabei bestimmt der eigentliche Räum- bzw. Arbeitshub die Hauptzeit, während der in der Regel mit einer höheren Geschwindigkeit erfolgende Rückhub beim Räumen als Nebennutzung (mittelbare Nutzung) angesehen wird.

Da das Räumen mit einem mehrschneidigen Werkzeug erfolgt, dessen Schneiden jeweils gestaffelt zum Eingriff kommen, ist bei der Berechnung des Zeitspanungsvolumens von der Eingriffszähnezahl z_e auszugehen. Wenn für alle Schneiden die gleiche Spanungsdicke je Zahn h_z angenommen wird, gilt

$$Q_w = z_e \, h_z \, b \, v_c \qquad (4\text{-}46)$$

mit

$$z_e = \frac{l_w}{t} \qquad (4\text{-}47).$$

Die wichtigsten Berechnungsgleichungen zur Zeitermittlung beim Innenrundräumen zeigt Bild 4-89.

4.7 Spanen mit geometrisch unbestimmten Schneiden

Das Spanen mit geometrisch unbestimmten Schneiden kann zusätzlich zu DIN 8580 unterteilt werden in Spanen mit gebundenem und ungebundenem Korn. Zum Spanen mit gebundenem Korn ist das Schleifen mit Schleifkörpern und Schleifbändern sowie Honen und Abtrennen zu zählen. Läppen, Gleitschleifen und Strahlspanen werden mit ungebundenem Korn ausgeführt.

4.7.1 Schleifen

Das Schleifen ist nach DIN 8589 das Trennen mit vielschneidigem Werkzeug. Die *Schneiden-*

form ist geometrisch unbestimmt. Anzahl, Lage und Form der ·Schneiden ändern sich. Die Spanwinkel sind meist negativ, d. h. bis zu $-90°$. Haupt- und Nebenschneiden lassen sich nicht unterscheiden. Das Werkzeug besitzt eine Vielzahl gebundener Schleifkörner. Sie trennen mit hoher Geschwindigkeit bis zu 200 m/s den Werkstückstoff ab. Die Schneiden sind beim Schleifen nicht ständig im Eingriff und dringen im Verhältnis zur Größe eines mittleren Schneidkorns nur geringfügig in die Werkstückoberfläche ein. Dabei werden die Oberfläche, die Form und die Maßhaltigkeit verändert und verbessert. Der Energiebedarf zur Zerspanung einer Werkstückstoff-Volumeneinheit ist groß im Vergleich zu Zerspanverfahren mit geometrisch bestimmten Schneiden.

Bisher wurde Schleifen nur als Endbearbeitung zur Verbesserung der Werkstückqualität schon vorbearbeiteter Werkstücke eingesetzt. Durch Weiterentwicklung der Schleifverfahren und -maschinen können heute so große Werkstoffmengen kurzzeitig abgetragen werden, wie es sonst nur beim Hobeln, Fräsen oder Drehen der Fall ist, so daß nach dem Ur- bzw. Umformen des Werkstücks geschliffen werden kann. Flexible Steuerungen und angepaßte Schleifwerkzeuge lassen Vor- und Fertigbearbeitungen auf einer einzigen Maschine bei ein- und mehrstufigen Abläufen des Schleifprozesses zu. Neue Abrichtverfahren, wie z. B. das kontinuierliche Abrichten zur Profilierung von Schleifscheiben, ermöglichen die Bearbeitung von komplizierten Formteilen in einem Arbeitsgang. Schwerzerspanbare Werkstückstoffe sind meistens nur noch durch Schleifen zu bearbeiten.

Das wichtigste Schleifergebnis ist die Werkstückqualität. Unter Werkstückqualität wird die Rauheit, die Maß- und Formgenauigkeit sowie die Beschaffenheit der Oberflächenrandzone verstanden. Häufig entstehende Fehler in der Oberflächenrandzone infolge hoher Schleiftemperaturen sind Brandflecken, Risse und Gefügeumwandlungen.

Außer der Werkstückqualität steht, wie bei allen Zerspanungsverfahren, die Wirtschaftlichkeit im Vordergrund. Maßgeblich für die Wirtschaftlichkeit sind die Fertigungszeit, die Werkzeugkosten und die Ausbringung. Die Werkzeugkosten werden durch den Verschleiß der Schleifscheibe beeinflußt.

4.7.1.1 Grundlagen

4.7.1.1.1 Kinematische Grundlagen

Beim Schleifen erfolgt durch das Zusammen-wirken von Schnitt- und Vorschubbewegung eine kontinuierliche Spanabnahme. Die Schnittbewegung wird von der Schleifscheiben-umfangsgeschwindigkeit v_s bestimmt, so daß für die *Schnittgeschwindigkeit* v_c gesetzt werden kann

$$v_c = v_s = d_s \, \pi \, n_s \text{ in m/s} \qquad (4\text{-}48)$$

mit

d_s Schleifscheibendurchmesser in m,
n_s Schleifscheibendrehzahl in 1/s.

Die Vorschubbewegung kann schrittweise oder stetig erfolgen und wird bei den verschiedenen Schleifverfahren Werkstückgeschwindig-keit v_w, Tischgeschwindigkeit v_t oder Vorschub-geschwindigkeit v_f genannt.

Bei formelmäßigem Erfassen des Schleifvor-gangs werden hauptsächlich das *Zeitspanvolu-men Q*, der *Eingriffsquerschnitt* A_{kt}, die *Kon-taktlänge* l_K und die *unverformte Spandicke* h_{ch} verwendet.

Mit dem Zeitspanvolumen Q (früher Z) wird das je Zeiteinheit zerspante Werkstoffvolumen bezeichnet. Es ist das Produkt aus Eingriffs-querschnitt der Schleifscheibe, d. h. aus

$$A_{kt} = a_p \, a_e \text{ in mm}^2 \qquad (4\text{-}49)$$

mit

a_p Eingriffsbreite in mm,
a_e Eingriffsdicke in mm

und der in Umfangsrichtung der Schleifscheibe wirkenden *Vorschubgeschwindigkeit* v_{ft}. Diese ist z. B. beim Außenrund-Einstechschleifen

$$v_{ft} = d_w \, \pi \, n_w \text{ in m/s} \qquad (4\text{-}50)$$

mit

d_w Werkstückdurchmesser in m,
n_w Werkstückdrehzahl in 1/s,

so daß sich das Zeitspanvolumen ergibt zu

$$Q = A_{kt} \, v_{ft} = a_p \, a_e \, v_{ft} \text{ in mm}^3/\text{s} \qquad (4\text{-}51).$$

Wird das Zeitspanvolumen auf 1 mm des akti-ven Schleifscheibenprofils $b_D = a_p$ bzw. der Schleifscheibenbreite b_s bezogen, ergibt sich das *bezogene Zeitspanvolumen Q'*:

$$Q' = Q/b_D \quad \text{bzw.} \quad Q' = a_e \, v_{ft}$$
$$\text{in (mm}^3/\text{s})/\text{mm} \qquad (4\text{-}52).$$

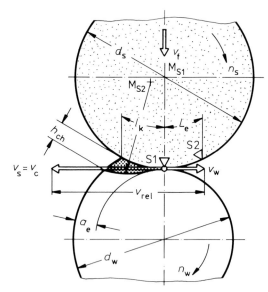

Bild 4-90. *Kinematische Zusammenhänge beim Außen-rund-Einstechschleifen.*
M_{s1} *Mittelpunkt der Schleifscheibe in der Stellung 1*
M_{s2} *Mittelpunkt der Schleifscheibe in der Stellung 2*
n_s *Schleifscheibendrehzahl*
n_w *Werkstückdrehzahl*
d_s *Schleifscheibendurchmesser*
d_w *Werkstückdurchmesser*
l_k *Kontaktlänge*
L_e *effektiver Schneidenabstand*
$S1$ *Schneide 1*
$S2$ *Schneide 2*
a_e *Eingriffsdicke*
v_w *Werkstückumfangsgeschwindigkeit*
v_s *Schleifscheibenumfangsgeschwindigkeit*
v_c *Schnittgeschwindigkeit*
v_{rel} *Relativgeschwindigkeit*
v_f *Vorschubgeschwindigkeit*
h_{ch} *unverformte Spandicke*

Die unverformte Spandicke h_{ch} sei am Beispiel des Außenrund-Einstechschleifens gemäß Bild 4-90 erklärt:

Der unverformte Span ist begrenzt durch die Bahnkurven der Schneiden S_1 und S_2 sowie durch den Werkstückdurchmesser d_w. Beide Schneiden haben den effektiven Schneidenab-stand L_e. Die Bahnkurve der Schneide ent-spricht der theoretischen *Kontaktlänge* l_k. Die Kontaktlänge ergibt sich aus geometrischen Be-ziehungen zwischen Schleifscheibe und Werk-stück zu

$$l_k = \sqrt{a_e \, d_{eq}} \text{ in mm} \qquad (4\text{-}53);$$

d_{eq} ist der äquivalente Schleifscheibendurchmesser in mm.

Beim Eintauchen der Schneide S_2 in das Werkstück ist die Spanungsdicke null, sie steigt an auf den Größtwert h_{ch} und hat wieder den Wert null beim Austritt aus dem Werkstück. Die hierzu abgeleitete Gleichung von *Pahlitzsch* und *Helmerding* ist

$$h_{ch} \approx 2 L_e \frac{v_{ft}}{v_s} \sqrt{\frac{a_e}{d_{eq}}} \text{ in mm} \qquad (4\text{-}54)$$

Das Verhältnis a_e/d_{eq} berücksichtigt die Kontaktbedingungen zwischen Schleifscheibe und Werkstück bei den verschiedenen Schleifverfahren. Das Außen- und Innenrundschleifen sowie das Planschleifen sind kinematisch sehr eng verwandt. Die Eingriffsbedingungen sind ähnlich. Der *äquivalente Schleifscheibendurchmesser* d_{eq} berücksichtigt die Krümmungen von Schleifscheibe und Werkstück. Dadurch lassen sich diese Schleifverfahren miteinander vergleichen. Er errechnet sich aus

$$d_{eq} = \frac{d_s d_w}{d_w \pm d_s} \text{ in mm} \qquad (4\text{-}55).$$

Hierin bedeuten

+ Außenrundschleifen,
− Innenrundschleifen,
$d_{eq} = d_s$ beim Planschleifen.

Beim Außenrundschleifen ergibt sich ein kleiner äquivalenter Schleifscheibendurchmesser mit kleiner Kontaktlänge l_k, wie Bild 4-91 zeigt. Die mittleren Spandicken steigen an. Beim Innenschleifen ist die Kontaktlänge verhältnismäßig groß, und der äquivalente Schleifscheibendurchmesser nimmt durch die negative Werkstückkrümmung zu. Die mittlere Spandicke nimmt ab.

Eine steigende Schnittgeschwindigkeit v_c bewirkt eine abnehmende Spandicke. Auf das abzutragende Werkstückvolumen V_w hat v_c keinen Einfluß, da dies von v_{ft} und der Zustellung a_e abhängt. Von v_c ist aber abhängig, mit welcher Schneidenzahl die Volumenmenge abgetragen wird. Da nicht alle Schneiden einer Schleifscheibe wie beim Umfangsfräsen auf einem Radius liegen, nimmt der Überdeckungsgrad der einzelnen Schneide zu. Im gleichen Verhältnis vermindert sich die Anzahl der in Eingriff kommenden Schneiden. Einen Vorschlag zur Berechnung der *kinematischen Schneidenzahl* N_{kin} machten *König* und *Werner*.

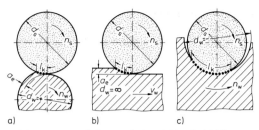

Bild 4-91. Kontaktlängen beim a) Rundschleifen, b) Planschleifen, c) Innenrundschleifen.

4.7.1.1.2 Schneideneingriff und Schneidenraum

Folgt man dem Weg einer Kornschneide beim Zerspanungsvorgang, so dringt sie auf einer sehr flachen Bahn in das Werkstück ein. Dies verdeutlicht Bild 4-92. Werkstück und Schleifkorn verformen sich elastisch. Mit zunehmender Eindringtiefe geht die elastische Verformung des Werkstückstoffs in ein plastisches Fließen über. Werkstückstoff wird seitwärts verdrängt und bildet Aufwürfe. Die Spanbildung tritt erst dann ein, wenn eine ausreichende Spandicke h_{ch} erreicht ist. Diese muß nach *König* der *Schnitteinsatztiefe* T_μ entsprechen. Die tatsächlich abgetragene Spandicke $h_{ch\,eff}$ ist infolge der elastischen Rückfederung kleiner als die Spandicke h_{ch} bei der Auslösung des Schnittvorgangs.

Die Form der Schneiden kann sehr unterschiedlich sein. Den Ausschnitt aus einer

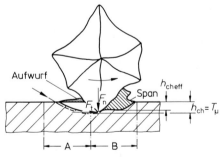

Bild 4-92. Spanbildung beim Schleifvorgang (nach König).

A	*Elastische und plastische Verformung*
B	*Spanbildung*
h_{ch}	*unverformte Spandicke*
$h_{ch\,eff}$	*effektive Spandicke*
T_μ	*Schnitteinsatztiefe*
F_n	*Schleifnormalkraft*
F_t	*Schleiftangentialkraft*

Schleifscheibenoberfläche zeigt Bild 4-93. Bei jedem Schnitt des Schneidenraums in der x-z-Ebene ergeben sich unterschiedliche Profile. Durch die Bewegung von Werkzeug und Werkstück sind unendlich viele Schneidenraumprofile je nach Zerspanungsbedingung bis zu einer Tiefe von 30 µm am Zerspanungsvorgang beteiligt. Beim Schleifen überlagern sich die Schneidenraumprofile und bilden das Rauheitsprofil des Werkstücks.

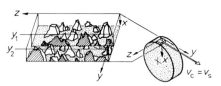

Bild 4-93. Ausschnitt aus einem Schneidenraum (nach Saljé).

Die beim Zerspanungsvorgang wirksam werdenden Schleifkräfte bewirken Kornsplitterung und Kornausbrüche, so daß sich der Schneidenraum ständig ändert.

4.7.1.1.3 Schleifkraft und Verschleiß

Sie sind wichtige Kenngrößen des Zerspanungsprozesses. Die Konstruktion von Maschinen in bezug auf die Antriebsleistung und die Steifheit sowie das Zerspanungsergebnis hinsichtlich Form- und Maßgenauigkeit, Oberflächengüte und Gefüge in der Randzone werden von ihnen beeinflußt.

Die Schleifkräfte werden beim Spanen durch den Eingriff und den Kontakt der Schneiden mit dem Werkstück hervorgerufen. Die resultierenden Schleifkräfte – *Normal-* und *Tangentialkraft* F_n bzw. F_t – sind die Summe der Einzelkräfte der momentan im Eingriff befindlichen Schneiden. Sie entstehen durch Reib-, Verdrängungs- und Scherkräfte. Kleine Schneiden erzeugen eine verhältnismäßig kleine Schleifkraft. Bei größeren Schneiden ergibt sich eine stärkere Werkstoffverdrängung, und die Schleifkraft nimmt zu. Größere Kräfte erzeugen höhere Temperaturen und bewirken Verschleißerscheinungen an den Schneiden des Korns. Infolge der höheren Temperaturen werden in den Kristallschichten des Schleifkornes Oxidations- und Diffusionsvorgänge ausgelöst. Diese führen zu Druckerweichung und stumpfen die

Schneiden ab. Mechanische und thermische Wechselbelastungen bewirken Kornsplitterungen in den Korngrenzen und das Absplittern einzelner Kornteile. Da die einzelnen Körner mit Bindemittel in Kornverband gehalten werden, können bei mechanischer Überbelastung der Bindungsstege zwischen den Körnern ganze Körner und Korngruppen aus dem Kornverband ausbrechen.

4.7.1.2 Schleifwerkzeug

Der Werkzeugstoff eines Schleifwerkzeugs besteht aus Schleif- und Bindemittel. Zum Schleifen muß das Schleifmittel bzw. das Korn verschiedene Anforderungen erfüllen. Es muß eine ausreichende Härte und Schneidfähigkeit besitzen, um Späne aus dem Werkstück herauslösen zu können. Das Korn muß aber auch zäh sein, um schlagartige Belastungen während des Schleifprozesses über einen längeren Zeitraum zu ertragen. Gleichzeitig sollte das Schleifkorn so spröde sein, daß es nach dem Abstumpfen splittert und neue scharfe Schneidenkanten bildet. Außer dieser mechanischen Widerstandsfähigkeit wird vom Schleifkorn auch genügend thermische und chemische Widerstandsfähigkeit verlangt.

4.7.1.2.1 Schleifmittel und Bindung

Die Schleifmittel werden unterteilt in *natürliche* und *künstliche Kornwerkstoffe*. Natürliche Kornwerkstoffe als älteste Schleifmittel haben – außer Naturdiamant – in der heutigen Schleiftechnik wegen der ungenügenden Festigkeitseigenschaften wenige Anwendungsgebiete. Natürliche Kornwerkstoffe sind Quarz, Granat, Naturkorund und Naturdiamant. Zu den künstlichen Kornwerkstoffen gehören *Elektrokorund, Siliciumcarbid, Diamant, Bornitrid* und *Borcarbid*.

Elektrokorund ist geglühter Bauxit mit etwa 80% Al_2O_3, 8% SiO_2, 8% Fe_2O_3, 3,5% TiO_2 und Verunreinigungen. Nach zunehmender Reinheit unterscheidet man

- *Normalkorund* (braun),
- *Halbedelkorund* (rotbraun) und
- *Edelkorund* (weiß oder rosa).

Normal- und Halbedelkorund werden aufgrund höherer Zähigkeit zum Schruppschleifen von Stahl und Stahlguß sowie als Schleifmittel für Schleifpapier und -gewebe verwendet. **Edelko-**

rund ist spröder und eignet sich zum Feinschleifen von Werkstücken großer Genauigkeit. Die Kristalle brechen leicht auseinander, so daß sich im Schleifprozeß ständig scharfe Schneiden bilden.

Siliciumcarbid (SiC) wird aus Quarz und Kohle erschmolzen. SiC ist härter, scharfkantiger und splitterfreudiger als Korund und hat eine höhere Schneidfähigkeit.

Härte und Splitterfreudigkeit nehmen mit dem Gehalt an SiC vom schwarzen zum grünen Siliciumcarbid zu. Siliciumcarbidscheiben werden für die Bearbeitung spröder kurzspanender Werkstoffe, wie z. B. Grau- und Hartguß, Hartmetalle, Glas, Gestein, Porzellan sowie Aluminium und seine Legierungen eingesetzt.

Synthetisch hergestellter **Diamant** wird zum Schleifen und Trennen von Gesteinen, Keramikwerkstoffen, Glas und Kunststoffen verwendet. Der Kornwerkstoff hat eine große Härte $K_{100} = 5000$ bis $K_{100} = 7000$ und eine große Wärmeleitfähigkeit. Aufgrund der chemischen Affinität des Diamant-Kohlenstoffs zu den Legierungselementen von Stahl kommt es bei höheren Temperaturen zu einem chemisch bedingten Verschleiß. Bei Temperaturen von $900\,°C$ bis $1400\,°C$ setzt bei kleinen Drücken eine Graphitierung des Diamanten ein.

Kubisch kristallines Bornitrid (CBN) wird erst seit 1968 in der Schleiftechnik verwendet und ist nach Diamant das härteste Schleifmittel mit $K_{100} = 4700$. CBN hat eine höhere thermische Stabilität als Diamant, da erst bei etwa $1000\,°C$ Oxidationserscheinungen auftreten. Außerdem hat CBN keine Affinität zu Legierungselementen von Stählen.

Mit Kunstharz oder metallisch gebunden wird der Kornwerkstoff zum Schärfen von Werkzeugstählen mit großem Carbidanteil eingesetzt, die bisher weder mit konventionellen Schleifmitteln noch mit Diamant wirtschaftlich bearbeitet werden konnten.

Borcarbide ($K_{100} = 2200$ bis $K_{100} = 2700$) finden hauptsächlich in loser Form als Läppmittel Verwendung.

Die *Bindungen* haben den Zweck, die einzelnen Körner miteinander bei Scheiben oder mit der Unterlage bei Schleifbändern zu verbinden.

Anorganische Bindungen:

Keramische Bindungen (V) bestehen aus Ton, Kaolin, Quarz, Feldspat und Fritten. Mehr als die Hälfte aller gefertigten Schleifscheiben sind keramisch gebunden. Die Schleifscheiben sind sehr spröde und stoßempfindlich. Da sie temperaturbeständig und chemisch widerstandsfähig gegenüber Öl und Wasser sind, werden sie außer beim Trockenschliff auch zum Naßschliff eingesetzt.

Mineralische Bindungen sind Magnesitbindungen und Silicatbindungen.

Magnesitbindungen (Mg) haben nur noch geringe Bedeutung in der Schleiftechnik und werden angewendet bei Schleifkörpern, die im Trockenschliff für dünne, wärmeempfindliche Werkstücke eingesetzt werden, z. B. bei Messern und Besteckteilen.

Silicatbindungen (S) verwendet man beim Planschleifen mit großen Kontaktflächen zwischen Schleifscheibe und Werkstück, da sie einen „kühleren" Schliff ermöglichen. Silikatgebundene Schleifscheiben werden nicht gebrannt, sondern bei erhöhter Temperatur gesintert.

Metallische Bindungen bringt man durch Sintern von Bronze, Stahl oder Hartmetallpulver auf einen mit Diamant oder Bornitrid besetzten Trägerkörper. Mit den so hergestellten Schleifscheiben lassen sich schwer zerspanbare Werkstoffe schleifen, z. B. Hartmetallstähle.

Organische Bindungen:

Bei den *harzartigen Bindungen* (B) unterscheidet man naturharzhaltige Bindungen und Kunstharzbindungen. Die naturharzhaltigen Bindungen aus Schellack und Gummi sind durch die Kunstharzbindungen aus Polyester und Phenoplasten verdrängt worden. Die mit diesen Bindungen hergestellten Schleifscheiben haben eine große Zähigkeit und Zugfestigkeit und sind für Schrupp- und Trennschleifarbeiten mit Umfangsgeschwindigkeiten bis etwa $120\ m/s$ einzusetzen.

Kautschukartige Bindungen (R) sind Gummibindungen aus Naturkautschuk oder synthetischem Kautschuk. Diese sind elastischer als Kunstharzbindungen, jedoch weniger temperaturbeständig und werden für dünne Schleifscheiben zum Gewinde-, Nuten- und Schlichtschleifen angewendet.

4.7.1.2.2 Schleifwerkzeuge mit Korund- und Siliciumcarbid-Kornwerkstoffen

Bild 4-94 gibt einen Überblick über die Schleifwerkzeuge bzw. Schleifkörper nach DIN 69 111. Die Herstellung und der Aufbau dieser Schleifwerkzeuge sind im Prinzip ähnlich. Hergestellt werden sie im Gieß- und Preßverfahren. Beide Verfahren kommen bei keramisch gebundenen Schleifkörpern zur Anwendung. Kunstharzgebundene Schleifwerkzeuge werden nur nach dem Preßverfahren hergestellt.

Beim Gießverfahren wird die durch Mischen von Schleifmittelkorn und keramischer Bindung gebildete Masse in Formen vergossen. Beim Preßverfahren wird nach dem Einfüllen der Masse in die Preßform das Material bis auf ein bestimmtes Volumen verdichtet. Anschließend werden die keramischen Schleifkörper in

kontinuierlich arbeitenden Tunnelöfen oder in Chargen arbeitenden Herdwagen und Haubenöfen bei Temperaturen von 1000 °C bis 1350 °C gebrannt. Die Vorwärm-, Brenn- und Abkühlzeit beträgt insgesamt etwa acht Tage. – Bei kunstharzgebundenen Scheiben erfolgt eine Aushärtung bei Temperaturen von 180 °C bis 190 °C.

Die **Bezeichnung** eines Schleifwerkzeugs aus gebundenen Schleifmitteln ist nach DIN 69 100 genormt. Sie enthält Angaben über Form und Abmessungen des Schleifkörpers sowie über Werkstoff und die größte zulässige Umfangsgeschwindigkeit, wie aus Bild 4-95 hervorgeht. Den Werkstoff beschreibt die *Schleifscheibenspezifikation* durch die fünf Komponenten entsprechend dem Beispiel in Bild 4-96:

– Schleifmittel,
– Körnung,
– Härtegrad,
– Gefüge,
– Bindung.

Die *Art des Schleifmittels* wird durch die Bezeichnung A für Korund und C für Siliciumcarbid beschrieben. Durch ein vorgestelltes zusätzliches Zahlensymbol ist nach ISO IR 825-1966 noch der spezielle Typ des Schleifmittels (Normal- oder Edelkorund) zu erfassen. Die Kennzahl der *Körnung* des Schleifmittels ist ein Maß für die Korngröße und entspricht der Maschenzahl je Quadratzoll. Die Zahl 6 ergibt die gröbste und die Zahl 1200 die feinste Körnung an. Durch Sieben werden die Körnungen 6 bis 220 unterschieden und durch Fotosedimentation 240 bis 1200. Häufig verwendet man Kombinationen mehrerer Körnungen, die durch weitere Zahlensymbole gekennzeichnet sind.

Der *Härtegrad* wird mit Buchstaben von A für weiche bis Z für harte Schleifkörper symbolisiert. Unter der Härte von Schleifkörpern versteht man den Widerstand, den die Bindung dem Ausbrechen der Schleifkörner entgegensetzt. Adhäsion zwischen Korn und Bindematerial sowie die Größe und Ausbildung der Bindungsstege bestimmen diese Härte und das Gefüge des Schleifkörpers. Das *Gefüge* ist gekennzeichnet durch die volumetrische Verteilung von Schleifkörnern, die Bindung und den Porenraum (Offenheit) im Schleifkörper. Nach DIN 69 100 wird die Offenheit dieses Gefüges durch Kennzahlen von 0 bei geschlossenem Gefüge bis 14 bei sehr offenem Gefüge bezeichnet.

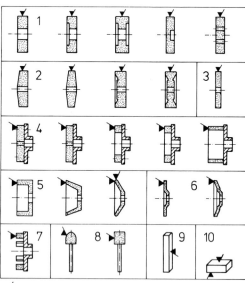

〴〵〳 Wirkfläche

Bild 4-94. Schleifwerkzeuge aus gebundenem Schleifmittel (nach DIN 69 111).

1 *Gerade Schleifscheiben*
2 *konische und verjüngte Schleifscheiben*
3 *Trennschleifscheiben*
4 *auf Tragscheiben befestigte Schleifkörper*
5 *Topfschleifscheiben, Tellerschleifscheiben*
6 *gekröpfte Schleifscheiben*
7 *Schleifsegmente*
8 *Schleifstifte*
9 *Honsteine*
10 *Abrichtsteine*

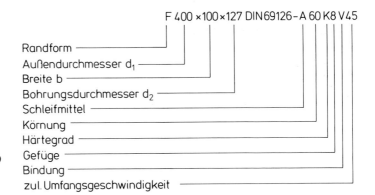

Bild 4-95. Bezeichnung für ein
Schleifwerkzeug nach DIN 69 100
mit Korund oder Siliciumcarbid
als Kornwerkstoff (Beispiel).

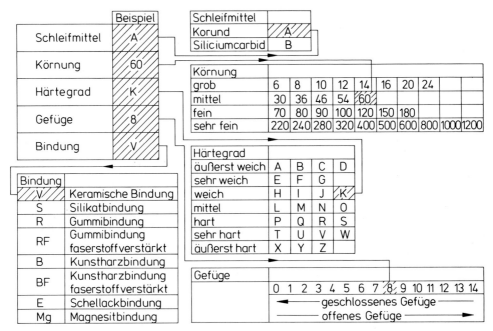

Bild 4-96. Spezifikationsbezeichnung für Schleifwerkzeuge nach DIN 69 100 mit Korund oder Siliciumcarbid als Kornwerkstoff.

Es ist für den Hersteller schwierig, über einen längeren Fertigungszeitraum Schleifwerkzeuge gleicher Güte herzustellen. Deshalb ist eine Härteprüfung als Qualitätskontrolle und -sicherung für Hersteller und Anwender notwendig.

Die **Schleifwerkzeughärte** wird am häufigsten durch die Stichelprüfung, das Sandstrahlverfahren und die E-Modulmessung ermittelt.

Die *Stichelprüfung* erfolgt subjektiv ohne zusätzliche Prüfgeräte. Hierbei wird die von Hand

aufzubringende Ritzkraft der Schleifkörper mit einem Musterstück verglichen.

Mit dem *Sandstrahlgerät* nach *Zeiss-Mackensen* wird unter Druck eine begrenzte Menge Quarzsand bestimmter Körnung auf die Schleifscheibenoberfläche geblasen. Dabei werden aus der Schleifscheibenoberfläche Schleifmittelkörner herausgelöst. Die entstehende Vertiefung, die Blastiefe, ist ein Maß für die Härte des Schleifscheibenmaterials.

Der *E-Modul* wird mit Schwingungsanalysato-

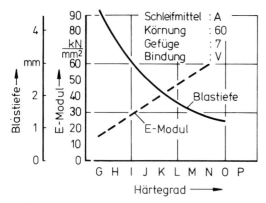

Bild 4-97. Zusammenhang zwischen E-Modul und Blastiefe in Abhängigkeit vom Härtegrad der Schleifscheibe.

ren oder dem „Grindo-sonic"-Gerät über den Weg der Eigenfrequenzmessung bestimmt.

Den Zusammenhang zwischen Blastiefe und E-Modul in Abhängigkeit von der Härtebezeichnung zeigt Bild 4-97.

Die *Bindungsart* wird durch einen Kennbuchstaben beschrieben, wie es Bild 4-96 zeigt.

Die größte zulässige Schleifscheibenumfangsgeschwindigkeit v_s in m/s ist hinter der Werkstoffbezeichnung angegeben. Zusätzlich sind entsprechend der Unfallverhütungsvorschrift (UVV) die Schleifscheiben farblich gekennzeichnet: blaue Streifen bis 45 m/s, gelbe Streifen bis 60 m/s, rote Streifen bis 80 m/s und grüne Streifen bis 100 m/s Umfangsgeschwindigkeit. Schleifscheiben, mit denen ein Probelauf vom Hersteller nach der UVV durchgeführt wurde, tragen den Buchstaben P.

Bei einer Schleifwerkzeugwahl sind folgende Bedingungen zu berücksichtigen:

Eine gröbere Körnung hat eine kleinere Körnungsziffer und ist bei einem weichen zu schleifenden Werkstückstoff zu verwenden sowie bei einem größeren Zeitspanvolumen in der Schruppbearbeitung. Mit einer kleinen Korngröße erzielt man bei Schlichtarbeiten eine kleinere Oberflächenrauheit.

Von der gemessenen Schleifwerkzeughärte, auch als *Nennhärte* bezeichnet, wird die *Wirkhärte* des Schleifwerkzeugs beim Schleifvorgang unterschieden. Zu beurteilen ist die Wirkhärte durch das Verschleißverhalten. Eine größere Wirkhärte ergibt sich mit zunehmender

Schnittgeschwindigkeit. Daher ist bei einer größeren Schnittgeschwindigkeit und einer kleineren Zustellung je Werkstückumdrehung oder Hub ein weicheres Schleifwerkzeug einzusetzen.

Bei normalen Schleifarbeiten ist die Härte des Schleifwerkzeugs im umgekehrten Verhältnis zur Werkstückstoffhärte zu wählen. So z.B. werden für weiche Werkstückstoffe harte Schleifscheiben verwendet. Bei Außenrundschleifarbeiten von Baustahl, Kupfer, Messing und Leichtmetall sind Scheiben aus Normalkorund mit der Härte K bis M zu empfehlen. Gehärtete oder höher legierte Stähle können mit Schleifscheiben aus Edelkorund der Härte H bis K gut bearbeitet werden.

Wird eine besonders lange Standzeit des Schleifwerkzeugprofils, wie z.B. beim Profilschleifen, verlangt, sind härtere Schleifwerkzeuge (M bis R) vorteilhaft. Je größer die Berührungsfläche zwischen Werkstück und Schleifwerkzeug ist, um so weicher und poröser muß das Schleifwerkzeug sein. Langspanende Werkstückstoffe und wärmeempfindliche Werkstücke sollten mit Schleifwerkzeugen bearbeitet werden, die größere Gefügeziffern haben oder durch Ausbrennstoffe zusätzlich geöffnete Spankammern aufweisen.

4.7.1.2.3 Schleifwerkzeuge mit Diamant- und Bornitrid-Kornwerkstoff (CBN)

Auf einen Trägerkörper aus Aluminium, Kunstharz, Bronze oder Keramik ist ein dünner Schleifbelag aus Diamant- oder Bornitridkorn und Bindung aufgebracht.

Bei *kunstharzgebundenen Schleifwerkzeugen* besteht der Schleifbelag aus einem Gemisch aus Kornwerkstoff, Phenolharz und Füllstoffen, das unter Vernetzungstemperatur auf einen Trägerkörper gepreßt wurde.

Bei *metallisch gebundenen Schleifwerkzeugen* wird zwischen Sinterbronzen, Sintermetallbindungen sowie galvanischen Bindungen unterschieden. Bei diesen wird ein Metallpulver- und Kornwerkstoffgemisch unter großem Druck und hoher Temperatur gesintert. Nur bei galvanischen Schleifbelägen hält ein Metallniederschlag den zumeist einschichtigen Diamant- oder CBN-Kornbelag auf dem Trägerkörper fest.

Keramisch gebundene Schleifwerkzeuge mit Diamant- oder CBN-Kornwerkstoffen werden

1A1-500-15-2-305-B151-KSS-TYB-V240

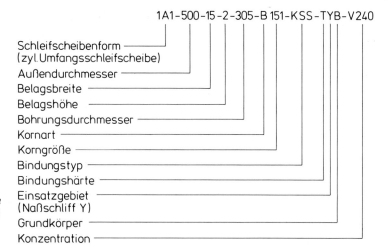

Schleifscheibenform
(zyl. Umfangsschleifscheibe)
Außendurchmesser
Belagsbreite
Belagshöhe
Bohrungsdurchmesser
Kornart
Korngröße
Bindungstyp
Bindungshärte
Einsatzgebiet
(Naßschliff Y)
Grundkörper
Konzentration

Bild 4-98. Bezeichnung für ein Schleifwerkzeug mit Bornitrid als Kornwerkstoff nach DIN 69 800 (Beispiel).

wie herkömmliche Schleifmittel hergestellt. Ein Bezeichnungsbeispiel für Schleifwerkzeuge mit Diamant- oder Bornitrid-Kornwerkstoff zeigt Bild 4-98.

Weitere Ergänzungen zur Spezifikationsbezeichnung zeigt Bild 4-99. Korngrößen für Diamant (D) und kubisch kristallines Bornitrid (B) entsprechen der Nennmaschenweite eines Prüfsiebes. Häufig verwendete Korngrößen liegen im Bereich von 91 bis 181. Die nachfolgenden Buchstaben bezeichnen den Bindungstyp und die Bindungshärte, die nur in weich, mittel, hart und sehr hart unterschieden wird, da sie für konventionelle Schleifwerkzeuge weniger bedeutend ist. Die Konzentrationsbezeichnung gibt die Menge des im Bindemittel enthaltenen Kornwerkstoffs an.

Bei den Schleifwerkzeugen bedeutet C 100[2], daß je Kubikzentimeter Belagsvolumen 4,4 Kt (1 Karat = 0,2 g) Diamant oder CBN enthalten sind. Dies entspricht einem Volumengehalt von 25% Kornwerkstoff im Schleifbelag.

4.7.1.2.4 Werkzeugaufspannung

Richtlinien für das Einspannen bruchempfindlicher Schleifscheiben in *Spannvorrichtungen* sind in der Unfallverhütungsvorschrift erfaßt. Mit der Spannvorrichtung wird die Schleifscheibe auf der Spindelnase der Schleifma-

---

[2] Außer dem Bezugsystem I mit dem Basiswert C 100, in dem die Konzentration mit C abgekürzt wird, existiert in der Praxis ein Bezugsystem II mit dem Basiswert 24% (Volumengehalt), der mit V 240 bezeichnet wird.

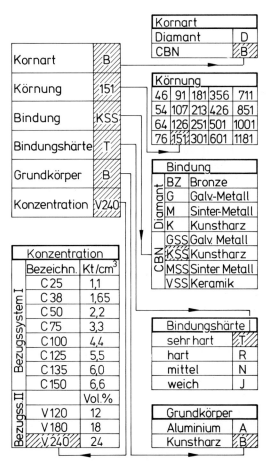

Bild 4-99. Spezifikation für ein Schleifwerkzeug mit Diamant oder Bornitrid als Kornwerkstoff (nach Fa. Winter/Fepa).

schine befestigt. Gehalten wird die Schleifscheibe in der Spannvorrichtung zur Übertragung der Schleifkräfte kraftschlüssig zwischen
Spannflanschen. Für gerade Schleifscheiben
werden zwei Arten unterschieden. Bild 4-100
gibt hierzu Erläuterungen.

Für Schleifscheiben mit einem Verhältnis von
Bohrungs- zu Außendurchmesser $d_2/d_1 > 0,2$
sind Schleifscheibenspannvorrichtungen nach
Bild 4-100a) vorgesehen. Der Kraftschluß wird
durch auf einem Teilkreis angeordnete Schrauben erzeugt.

Bei $d_2/d_1 \leq 0,2$ können Spannflansche nach
Bild 4-100b) zur Anwendung kommen. Die
Flansche werden in diesem Fall axial mit einer
Zentralmutter gespannt.

Um Biegespannungen in den Schleifscheiben
bei Unebenheiten in der Einspannzone zu vermeiden, werden als Zwischenlagen zwischen
Spannflansch und Schleifscheibe Pappe,
Gummi und Kunststoff verwendet. Seit kurzem
kommen verbesserte Spannvorrichtungen, die
besonders gut Unebenheiten in den Spannzo-
nen ausgleichen können, zum Einsatz.

Sind große Genauigkeiten und Oberflächengüten an Werkstücken gefordert, müssen die
Schleifscheiben ausgewuchtet werden. *Unwuch-
ten* an Schleifscheiben führen zu Schwingungen
und erzeugen zwischen Schleifscheibe und
Werkstück Relativbewegungen, die als Rattermarken und Welligkeiten an der Werkstückoberfläche sichtbar werden.

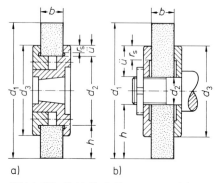

a)   b)

Bild 4-100. *Schleifscheibenspannvorrichtungen:*
a) *Schleifscheibenaufnahme*
   $d_2/d_1 > 0,2; \ddot{u} = h/6; \ddot{u} - 2 \text{ mm} > r_s > \ddot{u} - 3 \text{ mm};$
   $d_3 = d_2 + 2 \ddot{u} \geq (d_1 + 5 d_2)/6$
b) *Spannflansch*
   $d_2/d_1 \leq 0,2; \ddot{u} = h/6; r_s = d_3/6;$
   $d_3 = d_1/3.$

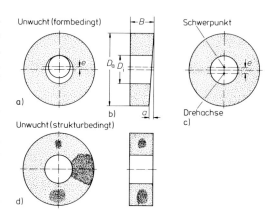

Bild 4-101. *Ursachen für Schleifscheibenunwuchten.
Formbedingte Unwucht: a) Spiel zwischen Bohrung
und Schleifscheibenaufnahme, b) Breitenunterschiede,
c) außermittige Bohrung;
strukturbedingte Unwucht: d) Unterschiede in der
Schleifscheibendichte.*

Verschiedene Ursachen für Schleifscheibenunwuchten zeigt Bild 4-101. Eine *statische Unwucht* liegt vor, wenn das zu wuchtende Werkzeug nur eine Fliehkraft F in einer Ebene besitzt. Sie entsteht vorwiegend bei scheibenförmigen Schleifwerkzeugen und läßt sich durch
sog. statisches Auswiegen beseitigen. Dazu
wird in der Wuchtebene ein Ausgleichgewicht,
das sich in einer schwalbenschwanzförmigen
Nut befindet, gegenüber dem Schwerpunkt verschoben.

Eine *dynamische Unwucht* liegt vor, wenn außer
einer Fliehkraft noch ein Fliehkraftmoment
entsteht. Dies ist der allgemeine Fall, der bei
fast allen walzenförmigen Schleifwerkzeugen
auftritt. Eine dynamische Unwucht kann nur
im Lauf bestimmt werden. Beseitigt wird sie
durch Verschieben von Ausgleichgewichten in
zwei schwalbenschwanzförmigen Nuten oder
durch andere Methoden.

Eine neuere Möglichkeit des Wuchtens an der
Maschine ergibt sich durch den *Hydrokompen-
sor.* Entsprechend Bild 4-102 besteht dieser aus
einem Mehrkammer-Flüssigkeitsbehälter, der
je nach Lage der elektronisch ermittelten Unwucht über Düsen während des Laufs mit
Kühlschmierstoffflüssigkeit gefüllt werden
kann. Steht die Scheibe, entleeren sich die
Kammern wieder. Bei jedem Anlauf wird neu
gewuchtet.

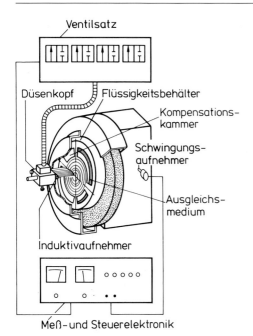

Bild 4-102. Aufbau eines Hydrokompensors, schematisch.

4.7.1.2.5 Abrichten des Schleifwerkzeugs

Vor dem Schleifprozeß muß das Schleifwerkzeug abgerichtet werden. Hierbei wird dem Schleifwerkzeug die im Schleifprozeß verlorengegangene Maß- und Formgenauigkeit sowie die Schärfe wiedergegeben.

Beim Abrichten werden Schleifmittelkörner teilweise oder ganz durch Spanen, Zerteilen, Rütteln, Abtragen oder Umformen aus der Bindung gelöst. Dabei kann eine dem Schleifprozeß angepaßte Schleifscheibentopographie der Schleifscheibe hergestellt werden. Abgerichtet wird hauptsächlich mit Diamantwerkzeugen, in wenigen Fällen mit Stahlwerkzeugen.

Abrichten von Schleifwerkzeugen aus Korund- oder Siliciumcarbid-Kornwerkstoff

Zum *Handabrichten* werden Abrichtstäbe, die mit Silicium- oder Borcarbid gefüllt sind, sowie Abrichtwalzen aus Stahl und Abrichter mit umlaufender Kegelrolle aus Siliciumcarbid verwendet. Abrichtwerkzeuge sind als Rollen, Kegel, Rädchen oder Scheiben ausgebildet, deren Oberflächen gerade, gewellt oder gezackt sein

können. Diese Werkzeuge werden beim Abrichten durch die umlaufende Scheibe in Drehung versetzt. Mit Handabrichtgeräten lassen sich Schleifscheiben in Schleifböcken oder grobe Topfsegmentschleifscheiben abrichten.

Zum *Abrichten auf Schleifmaschinen* sind die Diamant-Abrichtwerkzeuge nach den Bewegungsverhältnissen in *stehende* und *bewegte Abrichtwerkzeuge* eingeteilt.

Zu den stehenden Abrichtwerkzeugen gehören Einkorndiamant, Abrichtplatte und Vielkornabrichter gemäß Bild 4-103. Bei diesen Werkzeugen ist das Abrichten vergleichbar mit dem Drehprozeß. Das Werkzeug wird an der im Schleifprozeß wirksam werdenden Schleifkörperoberfläche entlang bewegt. Das sich hierbei auf der Schleifscheibe ausbildende Abrichtgewinde ist abhängig von dem Seitenvorschub f_{ad} und dem Profil des Abrichtwerkzeugs. Bild 4-104 erläutert die Zusammenhänge.

Beurteilt wird die erzeugte Rauheit auf der Schleifscheibenoberfläche mit der sog. „Wirkrauhtiefe R_{tso}" nach *Pahlitzsch*. Durch einen besonderen Schleifprozeß (Abbildvorgang) ist es möglich, die Oberflächengestalt der Schleifscheibe auf einem Prüfwerkstück abzubilden. Die Rauhtiefenwerte des Prüfwerkstücks sind ein Maß für die wirkende Rauhtiefe der Schleifscheibe, die Wirkrauhtiefe.

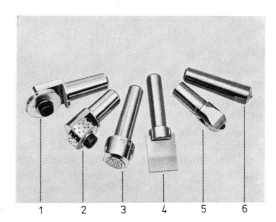

Bild 4-103. Stehende Abrichtwerkzeuge.
1 Abrichtrad
2 Abrichtrolle
3 Abrichtigel
4 Abrichtplatte
5 Einkorndiamant
6 Profil-Abrichtdiamant

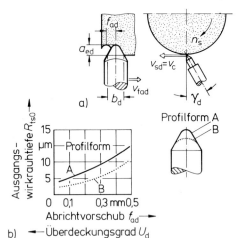

Bild 4-104. Kinematische Zusammenhänge (nach Weinert).
a) Abrichten mit stehendem Abrichtwerkzeug:
a_{ed} *Eingriffsdicke beim Abrichten*
b_d *Wirkbreite*
v_{fad} *Abrichtvorschubgeschwindigkeit*
v_{sd} *Schleifscheibenumfangsgeschwindigkeit beim Abrichten*
γ_d *Anstellwinkel des Abrichtwerkzeugs*
b) Ausgangswirkrauhtiefe R_{ts0} in Abhängigkeit vom Abrichtvorschub f_{ad} bzw. Überdeckungsgrad U_d für unterschiedliche Profilformen des Abrichtwerkzeugs (nach Messer).

Die Profiländerung in Verbindung mit den Einstellbedingungen läßt sich mit dem *Überdeckungsgrad U_d* zusammen berücksichtigen:

$$U_d = \frac{b_{Dd}}{f_{ad}} \qquad (4\text{-}56)$$

mit

b_{Dd} Wirkbreite des Werkzeugs in mm,
f_{ad} Vorschub beim Abrichten in mm/U.

Zum Erreichen der geometrischen Form und der Schneidfähigkeit ist in mehreren Überläufen abzurichten. Die Eingriffsdicke beim Abrichten a_{ed} soll etwa 0,03 mm/Hub betragen. Der Abrichtvorschub bzw. Überdeckungsgrad ist nach der zu erzeugenden Werkstückoberfläche zu wählen. Für kleine zu erzeugende Werkstückrauheiten ist z. B. ein kleiner Vorschub einzustellen. Während des Abrichtens muß man das Werkzeug ausreichend kühlen (etwa 10 l/min für Einkorndiamant).
Die Einflußgrößen beim Abrichten mit bewegten Werkzeugen zeigt Bild 4-105. *Diamantab-*

richtrollen sind an ihrer Oberfläche mit Diamanten ein- oder mehrschichtig belegt. Beim Abrichten wird die Abrichtrolle angetrieben. Je nach dem Geschwindigkeitsquotienten

$$q_d = \frac{v_{Rd}}{v_{sd}} \qquad (4\text{-}57)$$

mit

v_{Rd} Geschwindigkeit der Abrichtrolle in m/s,
v_{sd} Abrichtgeschwindigkeit der Schleifscheibe in m/s,

der Drehrichtung zwischen Rolle und Schleifscheibe (Gegen- oder Gleichlauf), dem radialen Vorschub der Rolle f_{rd}, der Diamantkorngröße und -konzentration läßt sich das Abrichtergebnis in weiten Bereichen verändern: von etwa $R_{ts0} = 2$ µm für Schlichtbearbeitungen ($q_d = -0,7$) bis etwa 18 µm für Schruppbearbeitungen ($q_d = 0,9$).
Form- bzw. werkstückgebundene Diamantabrichtrollen werden in der Massenfertigung hauptsächlich zum Profilieren der Schleifscheibe eingesetzt, z. B. beim Profil-Gerad- und -Schräg-Einstechschleifen auf Rundschleifmaschinen sowie beim Flachschleifen. Das Profilabrichten erfolgt im Einstich. Erzeugt wird das Profil in sehr kurzer Zeit über der gesamten Schleifkörperbreite. Beispiele zeigt Bild 4-106.
In der Kleinserienfertigung sind häufig wechselnde Profilformen herzustellen. Diese lassen sich mit *formungebundenen Diamantrollen* – wie in Bild 4-107 gezeigt – wirtschaftlich abrichten. Gesteuert werden die Formabrichtrollen mit Kopiereinrichtungen oder mit Hilfe der NC-Technik.
Die Diamantabrichtrollen sind in besonderen Abrichtvorrichtungen an der Schleifmaschine spiel- und schwingungsfrei gelagert. Sie haben meist geringe Rundlaufabweichungen. Treten Rundlaufabweichungen auf, so ergeben sich schlechte Profilübertragungen und unrunde Schleifkörper, die zu Rattermarken am Werkstück und geringen Standzeiten der Abrichtrolle führen. Abgerichtet wird unter großer Zufuhr von Kühlschmierstoff (etwa 100 l/min) bei der Schleifgeschwindigkeit $v_c = v_{sd}$.

Abrichten von Schleifwerkzeugen mit Diamant- oder Bornitrid-Kornwerkstoffen

Beim Abrichten von Schleifwerkzeugen mit Diamant (D)- oder Bornitrid-Kornwerkstoffen (CBN) kann das Profilieren und Schärfen der

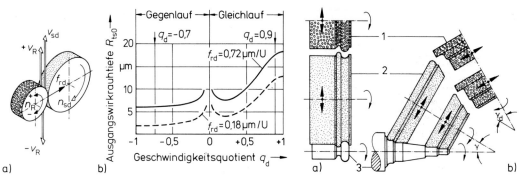

a)   b)   a)   3   b)

Bild 4-105. Kinematische Zusammenhänge (nach Pahlitzsch/Schmitt).
a) Abrichten mit bewegtem Abrichtwerkzeug;
f_{rd} *radialer Abrichtvorschub*
v_{sd} *Schleifscheibenumfangsgeschwindigkeit beim Abrichten*
v_R *Rollenumfangsgeschwindigkeit*
n_{sd} *Schleifscheibendrehzahl beim Abrichten*
n_R *Rollendrehzahl*
+   *Gleichlauf von Schleifscheibe und Rolle*
−   *Gegenlauf*
b) Ausgangswirkrauhtiefe R_{ts0} in Abhängigkeit von dem Geschwindigkeitsquotienten q_d.

Bild 4-106. Profilieren von Schleifscheiben mit Diamantabrichtrollen.
1   Abrichtrolle
2   Schleifscheibe
3   Werkstück
a) Anordnung der Achsen von Abrichtrolle, Schleifscheibe und Werkstück beim Gerad-Einstechschleifen
b) Anordnung der Achsen beim Schräg-Einstechschleifen
γ   Winkel zwischen Werkstück und Schleifscheibe
$γ_δ$ Winkel zwischen Abrichtrolle und Schleifscheibe.

Schleifscheiben durch die große Härte der Kornwerkstoffe nicht in einem Arbeitsgang wie bei herkömmlichen Schleifscheiben durchgeführt werden.

Beim Profilieren der Schleifscheibe wird bei vielen Verfahren die Oberfläche so eingeebnet, daß durch anschließendes Schärfen die Rauheit der Schleifscheibe erst erzeugt werden muß.

Bild 4-108 zeigt gebräuchliche Verfahren. Am einfachsten sind Schleifbeläge mit geradliniger

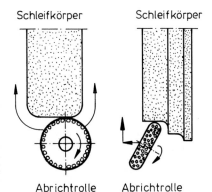

Schleifkörper   Schleifkörper

Abrichtrolle   Abrichtrolle

Bild 4-107. Abrichten mit formungebundenen Abrichtrollen.

Kontur, am schwierigsten mehrprofilige Konturen abzurichten.

Ein häufig angewendetes Verfahren ist das Abrichten mit Siliciumcarbidschleifscheiben. Hierbei wird der abzurichtende Schleifbelag schleifend bearbeitet. Die notwendige Relativbewegung zwischen der Siliciumcarbid-Abrichtscheibe und dem Schleifwerkzeug kann über einen eigenen Antrieb oder durch Mitnahme der Schleifscheibe bei gleichzeitigem Bremsen der Abrichtscheibe erfolgen. Während des Abrichtvorgangs mehrprofiliger Schleifbeläge verschleißt die Abrichtscheibe stark, so daß sie öfter nachprofiliert werden muß. Um den notwendigen Kornüberstand beim Schärfen von metallgebundenen Diamant- und Bornitridschleifscheiben zu erreichen, wird ein Schärfstein aus keramisch gebundenen konventionellen Schleifmitteln verwendet. Beim Schärfen von Scheiben mit großen Korndurchmessern wird der Bindungswerkstoff elektrolytisch zurückgesetzt.

4.7.1.3 Der Schleifprozeß

Der Prozeßverlauf wird hauptsächlich durch das Verhalten der Schleifscheibe bestimmt. Der Schleifscheibenzustand ändert sich unter der

Abrichtwerkzeug	"stehende" Abrichtwerkzeuge				"bewegte" Abrichtwerkzeuge					
	mit Diamant			ohne Diam.	mit Diamant		ohne Diamant			
Schleifmittel / Bindungsart	Einzeldiamant	Abrichtleiste	Vielkornabrichter (Pro-dress)	Molybdän	Diamantabrichtrolle oder -block	Diamantabrichtscheibe	langspanender Stahl	Siliciumcarbid-scheibe	Stahlrolle z B "Roll-2-Dress"	Crushierrolle
Diamant Kunstharzbindungen							●	●	●	
Metallbindungen (überwiegend Bronze)								●		
Crushierbare Metallbindungen								●	●	● S
Keramische Bindungen										
CBN Kunstharzbindungen		● S					● S	●	●	
Metallbindungen (überwiegend Bronze)							●	●		
Crushierbare Metallbindungen	● S	● S						●	●	● S
Keramische Bindungen						●				

Bild 4-108. Gebräuchliche Verfahren zum Abrichten von Diamant- und CBN-Schleifwerkzeugen (nach Fa. Winter/Meyer).
S zusätzliches Schärfen erforderlich.

Einwirkung mechanischer und thermischer Beanspruchung und beeinflußt die Werkstückqualität. Erreicht die Werkstückqualität nach einer Schnittzeit eine vorgegebene Qualitätsgrenze, so ist ein Standzeitende der Schleifscheibe gegeben.

Qualitätsgrenzen können vorgegebene Rauheiten, noch zulässige Profil- und Rundheitsabweichungen und Auftreten von Brandflecken oder Rattermarken an der Werkstückoberfläche sein. Zur Wiederherstellung der geometrischen Form und der Schneidfähigkeit wird die Schleifscheibe abgerichtet. Abrichtverfahren und -bedingungen legen den Ausgangszustand der Schleifscheibe fest.

4.7.1.3.1 Änderung des Schneidenraums im Schleifprozeß

Die Schneidfähigkeit des Schneidenraums ändert sich beim Schleifen infolge von Verschleiß. Sie ändert sich um so schneller, je größer die auftretenden Belastungen an den einzelnen Schneiden der Körner im Schneidenraum werden, wie Bild 4-109 d) zeigt (s. a. Abschn. 4.7.1.1.3). Dies erfolgt so lange, bis sich der Schneidenraum so vergrößert hat, daß ein

Gleichgewichtszustand zwischen den Haltekräften der Körner in der Schleifscheibe und den Schleifkräften besteht. Die Schleifscheibe arbeitet im *„Selbstschärfbereich"*. Die Schleifscheibe verschleißt stetig weiter bei nahezu konstanter Schleifkraft, Bild 4-109 c). Diese wird bestimmt durch die Abrichtbedingung in Verbindung mit dem jeweiligen Zeitspanvolumen. Bei kleiner Belastung stumpfen die Kornflächen und die Körner splittern. Die Schneidenzahl an den Körnern erhöht sich. Der Verschleiß und die Rauheit im Schneidenraum sinken wie auch die Rauheit am Werkstück. Mit zunehmender Schleifzeit geht der Einfluß der Abrichtbedingungen auf den Schneidenraum allmählich verloren.

Die Rauheitsänderung am Werkstück und an der Schleifscheibenoberfläche ist wie bei der Schleifkraft und dem Verschleiß abhängig vom Zeitspanvolumen Q und dem Anfangszustand der Schleifscheibenoberfläche, wie Bild 4-109 a) zeigt. Durch Abstimmen von Abricht- und Schleifbedingungen lassen sich Rauheitsänderungen am Anfang des Schleifprozesses eingrenzen. Für die in Bild 4-109 b) gewählte Schleifbedingung wäre der Abrichtvorschub $f_{ad} = 0,2$ mm/U die geeignete Abrichtbedingung.

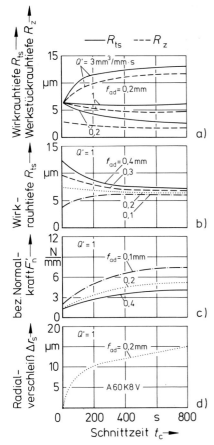

Bild 4-109. Schleifergebnisse in Abhängigkeit von der Schnittzeit t_c:
a) Wirk- und Werkstückrauhtiefe bei verschiedenen Zeitspanvolumen Q' und konstantem Abrichtvorschub f_{ad},
b) Wirkrauhtiefe bei konstantem Zeitspanvolumen und verschiedenen Abrichtvorschüben,
c) bezogene Schleifnormalkraft F'_n bei konstantem Zeitspanvolumen und verschiedenen Abrichtvorschüben,
d) Radialverschleiß Δr_s bei konstantem Zeitspanvolumen und dem Abrichtvorschub $f_{ad} = 0{,}2$ mm.

4.7.1.3.2 Rauheit

Zu den wichtigsten Oberflächenkenngrößen eines Werkstücks gehört die Rauheit R. Sie ermöglicht Aussagen über die Feingestalt einer Oberfläche.

Die gebräuchlichen Rauheitsmaße sind die Rauhtiefe R_t, der arithmetische Mittenrauhwert R_a und die gemittelte Rauhtiefe R_z, die nur noch nach DIN verwendet werden sollte. Bild 4-110 verdeutlicht Einzelheiten. Zur Ermittlung von R_z wird die Bezugsstrecke l in fünf gleichlange Strecken unterteilt. Innerhalb dieser Teilstrecken wird dann die jeweilige Rauhtiefe R_t gemessen. R_z ist der Mittelwert dieser fünf Einzelrauhtiefen. Über die Rauheitsmaße hinaus wird häufig zur Kennzeichnung von Gleit- und Wälzoberflächen die Abottsche Tragkurve beziehungsweise der Profiltraganteil t_p für bestimmte Schnittlinientiefen ermittelt. Der Profiltraganteil t_p ist das Verhältnis der tragenden Länge des Profils zur Bezugsstrecke l_m, wie Bild 4-111 zeigt.

Erfaßt wird die Rauheit allgemein beim Spanen hauptsächlich mit Tastschnittgeräten, z. B. mit einem Perth-O-Meter, das quer zu den Schleifriefen an gesäuberten Werkstücken die Oberfläche mit einer Nadel abtastet. Geräte, die nach dem Lichtschnitt- oder Interferenzverfahren arbeiten, werden beim Läppen eingesetzt. Rauheitsmessungen im Schleifprozeß unter Kühlmitteleinfluß sind mit neuen Meßgeräten seit kurzem möglich.

Die sich im Schleifprozeß einstellende Rauheit wird bestimmt durch das Geschwindigkeitsver-

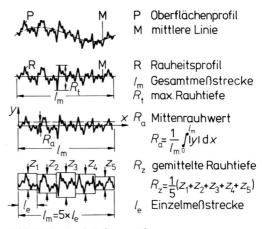

| | P | Oberflächenprofil |
| | M | mittlere Linie |

R Rauheitsprofil
l_m Gesamtmeßstrecke
R_t max. Rauhtiefe

R_a Mittenrauhwert
$$R_a = \frac{1}{l_m} \int_0^{l_m} |y| \, dx$$

R_z gemittelte Rauhtiefe
$$R_z = \frac{1}{5}(z_1 + z_2 + z_3 + z_4 + z_5)$$

l_e Einzelmeßstrecke

Bild 4-110. Rauheitskenngrößen.

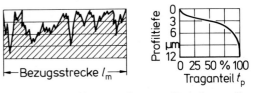

Bild 4-111. Profiltraganteil t_p, graphisch dargestellt.

hältnis $q = v_s/v_w$, die Schleifscheibenumfangsgeschwindigkeit v_s und das Zeitspanvolumen Q bzw. die hiermit verbundene Eingriffsdicke a_e.

Das Geschwindigkeitsverhältnis q beeinflußt die Bildung des Rauheitsprofils am Werkstück. Bei zunehmendem Geschwindigkeitsverhältnis überlagern sich immer mehr Schneidprofile der Scheibe auf der Werkstückoberfläche (s. a. Abschn. 4.7.1.2.2), so daß sich die Rauheit vermindert. Dies kann erreicht werden durch eine höhere Schleifscheibenumfangsgeschwindigkeit v_s bzw. eine kleinere Werkstückumfangsgeschwindigkeit v_w. Dabei steigt die Temperatur in der Randzone des Werkstücks und damit die Gefahr von Schleifbrand und -rissen. Kleinere q-Werte zeigen diese Nachteile nicht. Mit extrem kleinen q-Werten ($q < 6$) bei entsprechend großen Werkstückumfangsgeschwindigkeiten v_w werden kleine Rauheiten und niedrige Schleiftemperaturen erreicht.

Beim Außenrundschleifen ist das Geschwindigkeitsverhältnis $q = 60$ bis $q = 80$. Beim Planschleifen kennt man zwei Bereiche: Für das Pendelschleifen gilt $q = 50$ bis 450 und für das Tief- oder Vollschnittschleifen $q = 1000$ bis 250 000.

Ein größeres Zeitspanvolumen bzw. ein größerer Vorschubeingriff verursacht eine zunehmende Rauheit. Wird der Vorschubeingriff bis $a_f = 0$ im Schleifprozeß zurückgenommen (Ausfunken), nimmt die Rauheit ab.

Liegen für eine Schleifscheiben-Werkstückstoff-Kombination die Einstellbedingungen fest, so ist die Rauheit nur noch von der Art der Schleifscheiben abhängig. In diesem Fall hat die Körnung den größeren Einfluß im Vergleich zum Gefüge und zur Scheibenhärte.

4.7.1.3.3 Schleifkraft und Schleifleistung

Komponenten der Schleifkraft sind die *Normal-*, die *Tangential-* und die *Vorschubkraft*. Bild 4-112 verdeutlicht die Zusammenhänge. Die Normalkraft F_n steht senkrecht auf der zu bearbeitenden Fläche und ist verantwortlich für die Verformungen von Maschine, Werkstück und Werkzeug. Die Tangentialkraft $F_t = F_c$ wirkt, bezogen auf das Werkstück, tangential zur Scheibenoberfläche in Richtung der Schnittbewegung und bestimmt die im Schleifprozeß notwendige Schleifleistung. Die Vorschubkraft F_a bzw. F_f wirkt in Vorschubrichtung und ist verhältnismäßig klein.

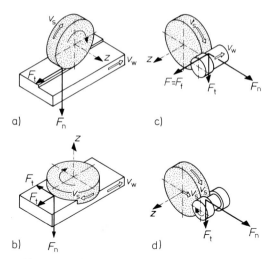

Bild 4-112. Schleifkräfte bei verschiedenen Schleifverfahren (auf das Werkstück bezogen):
a) Plan-Umfangsschleifen,
b) Plan-Seitenschleifen,
c) Außenrund-Längsschleifen,
d) Außenrund-Seitenschleifen.

Werden die Komponenten der Schleifkraft auf die Breite des aktiven Scheibenprofils bezogen, so ergeben sich die bezogenen Schleifkräfte F'_n, F'_t und F'_f.

Schleifkräfte können mit Kraftsensoren gemessen werden. Verwendete Meßelemente sind Piezo-Quarze beim Planschleifen, Dehnmeßstreifen beim Außenrundschleifen oder Induktivaufnehmer beim Spitzenlos-Schleifen. Mit dem Zeitspanvolumen $Q = f(v_f, a_f)$ nimmt auch die Schleifkraft zu, wie Bild 4-113 zeigt.

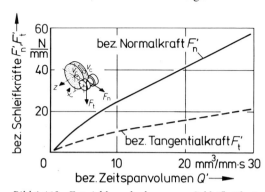

Bild 4-113. Entwicklung der bezogenen Schleifkräfte in Abhängigkeit vom bezogenen Zeitspanvolumen beim Außenrund-Einstechschleifen (Schleifscheibe A60 K8V; Werkstückstoff CK45 N; $v_c = 45$ m/s; $q = 60$; Kühlschmierstoff: Emulsion 2%).

Der Schleifkraftverlauf für die bezogene Tangentialkraft F'_t kann angenähert nach

$$F'_t \approx k_{c\,grind}\, A_{kt} \qquad (4\text{-}58)$$

oder

$$F'_t \approx h_{ch}\, k_{c\,grind} \qquad (4\text{-}59)$$

mit

A_{kt} Eingriffsquerschnitt in mm^2
h_{ch} Spandicke in mm (Abschn. 4.7.1.1.1),
$k_{c\,grind}$ spezifische Schleifkraft in N/mm^2
      (Tabelle 4-4)

beschrieben werden. Setzt man vereinfacht für

$$h_{ch} \approx \frac{v_{ft}\, a_e}{v_c} \approx \frac{Q'}{v_c} \qquad (4\text{-}60),$$

so gilt

$$F'_t \approx \frac{Q'}{v_c}\, k_{c\,grind}$$

mit

Q' bezogenes Zeitspanvolumen in mm^3/mm·s,
v_c Schnittgeschwindigkeit in mm/s.

Der Zusammenhang zwischen Normal- und Tangentialkraft ist durch das *Kraftverhältnis* μ gegeben:

$$\mu = \frac{F_n}{F_t} = \frac{F'_n}{F'_t} \qquad (4\text{-}61).$$

Es ist abhängig von der Schleifscheiben-Werkstückstoffpaarung und den Kühlschmierbedingungen. Allgemein liegt das Kraftverhältnis zwischen $\mu = 2$ und $\mu = 3$.

Die *Schnittleistung* P_c ist der Tangentialkraft F_t direkt proportional:

$$P_c = F_t\, v_c \qquad (4\text{-}62).$$

Unter Berücksichtigung des *Wirkungsgrades* η ist die Motorleistung

$$P_M = \frac{P_c}{\eta} \qquad (4\text{-}63).$$

4.7.1.3.4 Schleiftemperatur und Kühlung

Schleifkräfte und -temperaturen in der Randzone des Werkstücks stehen in einem engen Zusammenhang. Die beim Zerspanungsvorgang benötigte Schleifleistung P_c wird bis zu 80% in Wärme umgewandelt, die vorwiegend in das Werkstück übergeht. Somit wird deutlich, daß mit steigender Eingriffsdicke a_e und höherer Umfangsgeschwindigkeit der Schleifscheibe v_s die Temperatur zunimmt. Bild 4-114 zeigt Temperaturen in der Randzone in Abhängigkeit von der Eingriffsdicke bei verschiedenen Kühlungsarten. Diese Temperaturen können zu Brandflecken auf der geschliffenen Fläche des Werkstücks und zu Gefügeänderungen führen.

Tabelle 4-4. Mittlere spezifische Schleifkraft k_c für verschiedene Werkstückstoffe (Körnung 60 bis 120; $v_c = 30$ m/s bis $v_c = 45$ m/s).

Werkstoff	k_c kN/mm^2	Werkstoff	k_c kN/mm^2
St 37, St 42	30,41	15 NiCrMoVb (gegl.)	29,75
St 50, C 35	34,03	15 NiCrMoVb (verg.)	32,83
St 60	36,08	GG 26	18,98
St 70	38,65	GS 45	26,33
Ck 45, C 45	37,96	GS 52	29,24
Ck 60, C 60	36,42	GTW, GTS	19,32
16 MnCr 5	35,91	Gußbronze	30,44
18 CrN	38,65	Rotguß	10,94
42 CrMo 4	42,75	Messing	13,33
34 CrMo 4	38,30	Al-Guß	10,94
50 CrV 4	37,96	Mg-Legierung	4,79
15 CrMo 5	39,16		

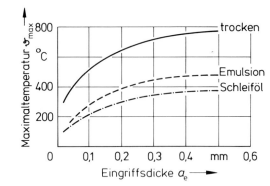

Bild 4-114. Maximale Schleiftemperatur in Abhängigkeit von der Eingriffsdicke und verschiedenen Kühlungsarten (nach König).

Das *Kühlschmiermittel* (Öl-in-Wasser-Emulsion oder Öl) hat folgende Aufgaben:
– Verkleinerung der Reibung zwischen Schleifkorn und Werkstück,
– Kühlung der Werkstückoberfläche,
– Reinigung und Benetzung der Schleifscheibe,
– Korrosionsschutz für Maschine und Werkstückstoff.

Eine abnehmende Reibung ergibt eine kleinere Schleifkraft und eine geringere Rauheit sowie eine niedrige Schleiftemperatur und geringen Verschleiß. Diese Verbesserungen sind besonders groß bei reiner Ölkühlung. Der Einsatzbereich von Öl ist begrenzt durch eine vorgeschriebene Vollkapselung der Schleifmaschine und eine Absaugung der Öldämpfe sowie durch entstehende Probleme bei der Werkstückreinigung.

Außer dem Kühlschmiermittel beeinflußt auch die Leistung des Zuführsystems das Schleifergebnis erheblich. Eine Durchflußmenge von z. B. 5 l/min bei 1 mm Schleifscheibenbreite und einem Zuführdruck von 20 bar ermöglicht eine größere Schleifleistung und eine geringere Rauheit.

Eine weitere Verbesserung des Schleifergebnisses wird durch Freispülen der Schleifscheibe beim Schleifen erreicht. Hierzu werden mehrere Reinigungsdüsen am Umfang der Schleifscheibe angebracht, die mit hohen Drücken bis zu 100 bar und kleinen Düsenspalten die Schleifscheibenporen ausspritzen.

4.7.1.3.5 Schleifscheibenverschleiß

Man unterscheidet zwischen dem *Radialverschleiß* Δr_s und dem *Kantenverschleiß* Δr_{sk}. Beide Verschleißarten sind bei der Berechnung der Werkzeugkosten von Bedeutung, Änderungen des Schneidenraums werden mit dem Radialverschleiß erfaßt und die der geometrischen Form der Schleifscheibe durch den Kantenverschleiß.

Mit zunehmendem bezogenen Zeitspanvolumen Q' vergrößert sich der Verschleiß am Schleifwerkzeug infolge zunehmender Schleifkraft, wie Bild 4-115 zeigt, da durch die größere Belastung ganze Körner aus der Schneidfläche ausbrechen. Im Bereich kleiner Zeitspanvolumina überwiegt der Verschleiß durch Abrieb und Mikroausbruch am Schleifkorn.

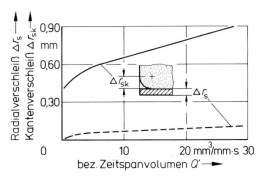

Bild 4-115. Entwicklung der Schleifscheibenverschleißarten in Abhängigkeit vom bezogenen Zeitspanvolumen (Schleifscheibe A 60 K 8 V; Werkstückstoff CK 45 N, $v_c = 45$ m/s; $q = 60$; Kühlschmierstoff: Emulsion 2%).

Für Schleifarbeiten mit großer Profilgenauigkeit sind härtere Schleifwerkzeuge zu verwenden, da diese langsamer verschleißen und länger ihre Profilform beibehalten.

Zur Beurteilung des Verschleißverhaltens von Schleifwerkzeugen wird außer Δr_s und Δr_{sk} der *Verschleißquotient G* gebildet:

$$G = \frac{V_w(t)}{V_s(t)} \qquad (4\text{-}64).$$

$$= \frac{\text{abgetragenes Werkstückvolumen}}{\text{Scheibenverschleißvolumen}}$$

Für Schleifwerkzeuge mit Schleifmitteln aus Edelkorund oder Siliciumcarbid liegen die Werte im Bereich $20 < G < 60$. Schleifwerkzeuge mit Diamant- oder Bornitridkornwerkstoffen erreichen G-Werte über 500.

4.7.1.3.6 Besondere Einflüsse verschiedener Einstellgrößen auf das Schleifergebnis

Eine größere Schleifscheibenumfangsgeschwindigkeit v_s bzw. Schnittgeschwindigkeit v_c ergibt eine kleinere Schleifkraft wegen der kleiner werdenden Spandicke h_{ch}. Mehr Schneiden tragen das Werkstückvolumen ab. Die erhöhte Schneidenanzahl bei verminderter Spandicke h_{ch} je Schneide bewirkt flachere Schleiffriefen und damit eine geringere Werkstückrauheit. Weiter ergibt sich durch die abnehmende Belastung je Schneide ein verminderter Scheibenverschleiß. Die Schnittgeschwindigkeit wird begrenzt durch die sich einstellende hohe Temperatur in der Kontaktzone einschl. der Kühlprobleme sowie durch die Bruchumfangsgeschwindigkeit und den damit notwendigen Sicherheitsvorrichtungen zum Schutz der Bedienungsperson und der Maschine.

Zur Steigerung des bezogenen Zeitspanvolumens $Q' = v_w a_e = v_{ft} a_e$ kann außer der Eingriffsdicke a_e beim Außenrundschleifen die Werkstückumfangsgeschwindigkeit v_w verändert werden. Eine Erhöhung von v_w bewirkt eine Temperaturverminderung in der Randzone des Werkstücks. Die sich ausbreitende Wärme in der Kontaktzone hat nicht genügend Zeit, tiefer in die Oberfläche zu wandern, da die nachfolgenden Schneiden die erwärmte Schicht sofort wieder abschleifen.

Bei verschiedenen Schleifverfahren besteht die Möglichkeit, sowohl die Werkstückgeschwindigkeit als auch die Zustellung bzw. Eingriffsdicke a_e gegensinnig so zu verändern, daß sich verschiedene Schleifverfahren ergeben, z. B. beim Planschleifen das Pendel- und Tiefschleifen. Das Tiefschleifen erfolgt mit großem Vorschub a_f und niedriger Werkstückgeschwindigkeit v_w, das Pendelschleifen mit kleinem Vorschub und großer Werkstückgeschwindigkeit. Für das Tiefschleifen müssen allgemein die verwendeten Schleifscheiben über einen genügend großen Spanraum bzw. Porenraum verfügen, da eine kleine Werkstückgeschwindigkeit in Verbindung mit großer Zustellung zu einem größeren Werkstoffabtrag je Spanraum führt. Eine große Zustellung bewirkt eine große Schleifkraft. Der Leistungsbedarf der Maschine für Tiefschleifaufgaben nimmt zu. Der Antriebsmotor muß also eine entsprechend große Schleifleistung zulassen.

4.7.1.3.7 Mehrstufiger Schleifprozeß

Beim mehrstufigen Schleifen besteht die Aufgabe darin, das Schleifaufmaß eines Werkstücks in möglichst kurzer Zeit, d. h. kostengünstig abzutragen und eine geforderte Werkstückrauheit unter Einhaltung vorgegebener Maßtoleranzen zu erzeugen. Dies ist zu erreichen, wenn der Schleifprozeß in die Stufen Schruppen, Schlichten und Ausfunken unterteilt wird. Eine kurze Schleifzeit läßt sich nur durch ein erhöhtes Zeitspanvolumen Q bzw. eine größere Einstechgeschwindigkeit in der Schruppphase verwirklichen. Die Qualität wird in der Schlicht- und Ausfunkphase erreicht. In diesem Fall läßt sich der Rauheitswert um bis zu 40% verbessern.

Bild 4-116 zeigt den grundsätzlichen Verlauf eines mehrstufigen Schleifprozesses beim Außenrund-Einstech-Schleifen. Die bezogenen Zeitspanvolumina betragen beim Schruppen Q'_1 und beim Schlichten Q'_2. Das effektive Zeitspanvolumen folgt den eingestellten Werten, verzögert durch Nachgiebigkeiten im Maschinensystem. Zunächst wird weniger abgeschliffen, als eingestellt worden ist. Nachdem der Federweg des Maschinensystems durchfahren ist, sind Stellgrößen und effektive Größen identisch.

Ein mehrstufiger Schleifprozeß ist sehr viel schwieriger optimal einzustellen als ein einstufiger Prozeß, da sich mehr freiwählbare Einstellparameter ergeben. Schleifmaschinen dieser Art lassen sich wirtschaftlich über ein Regelmodell steuern. Bei einem allgemeinen Signalflußplan für *Adaptiv-Control-Systeme* unterscheidet man die *ACO-Regelung* (Adaptiv Control Optimization) und die *ACC-Regelung* (Adaptiv Control Constraint). Bei einer ACO-Regelung wird der Prozeß nach vorgegebenen Qualitätskriterien so geregelt, daß die Kosten minimal werden. Bei einer ACC-Regelung werden durch Änderung einer oder mehrerer Einstellgrößen die Kenngrößen des Schleifprozesses konstant gehalten. So verändert man beim Planschleifen die Vorschubbewegung des Schleiftisches, um bei unterschiedlichen Aufmaßen mit konstanten Schleifkräften zu arbeiten.

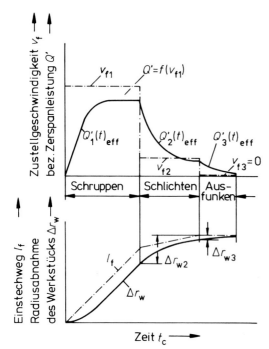

Bild 4-116. *Mehrstufiger Schleifvorgang: Der einge-stellten Vorschubgeschwindigkeit v_{f1} folgt das effektive Zeitspanvolumen Q'_1 verzögert; dem Vorschubweg l_f folgt der am Werkstückradius gemessene Abschliff Δr_w verzögert. Beim Erreichen des Schlichtaufmaßes Δr_{w2} wird auf Schlichtschubgeschwindigkeit v_{f2} umge-schaltet. Beim Aufmaß Δr_w wird so lange ausgefunkt, bis das Sollmaß erreicht ist; dann fährt der Schleifsup-port zurück (nach Saljé/Mushardt).*

4.7.1.3.8 Kosten

Aus den Schleifergebnissen in Verbindung mit den Qualitätsgrenzen ergeben sich Beurtei-lungskriterien wie Werkstückqualität, Schleif-scheibenstandzeit sowie Fertigungskosten und Ausbringung. Bei Optimierungsaufgaben wird allgemein angestrebt, durch die richtige Wahl der Einstellgrößen die Fertigungskosten für ein Werkstück unter Einhaltung der Qualitätsgren-zen zu minimieren.

Die Kosten für die Bearbeitung eines Werk-stücks K_e setzen sich zusammen aus den *schleif-zeitabhängigen Kosten* K_c und den *werkzeugab-hängigen Kosten* K_w:

$$K_e = K_c + K_w \tag{4-65}.$$

Die schleifzeitabhängigen Kosten ergeben sich aus der Fertigungszeit für jedes Werkstück t_e

und dem Platzkostensatz k_{pl}:

$$K_c = k_{pl}\, t_e = k_{pl}\, (t_c + t_n) \tag{4-66}$$

mit

t_c Schnittzeit in s,
t_n Nebennutzungszeit in s,
k_{pl} Platzkostensatz in DM/s.

In den werkzeugabhängigen Kosten K_w ist das Verlustvolumen der Schleifscheibe im Prozeß zu berücksichtigen sowie die *Abrichtkosten* je Werkstück K_d:

$$K_w = \frac{V_s\, k_w}{m_T} + K_d \tag{4-67}.$$

Hierin bedeuten:

V_s Schleifscheibenverlustvolumen beim
        Schleifen in mm³,
k_w Kosten je Schleifscheibenvolumeneinheit
        DM/mm³,
m_T Standzahl der gefertigten Werkstücke
        zwischen zwei Abrichtungen der Scheibe.

Die Abrichtkosten je Werkstück sind

$$K_d = \frac{k_{pl}\, t_{ed} + V_{sd}\, k_w}{m_T} + \frac{K_{wd}}{m_{Td}} \tag{4-68}$$

t_{ed} ist die Zeit je Werkstück durch Abrichten in s:

$$t_{ed} = t_d + t_{nd} \tag{4-69}$$

mit

t_d Abrichtzeit,
t_{nd} Nebennutzungszeit je Abrichtvorgang,
V_{sd} Schleifscheibenverlustvolumen durch Ab-
        richten,
K_{wd} Abrichtwerkzeugkosten,
m_{Td} Abrichtstandzahl, die angibt, wieviel
        mögliche Abrichtvorgänge mit einem
        Abrichtwerkzeug durchgeführt werden
        können.

Die *Ausbringung M* errechnet sich aus der ef-fektiven Stückzeit:

$$M = \frac{1}{t_{eff}} = \frac{1}{\text{effektive Stückzeit}} \tag{4-70}$$

Mit zunehmendem Zeitspanvolumen wird t_c kleiner. Gleichzeitig vermindert sich m_T. Die auf ein Werkstück entfallenden Abrichtzeiten und -kosten steigen an. Für K_e ergibt sich ein Optimum. Diese Zusammenhänge gehen aus Bild 4-117 hervor.

a)   b)

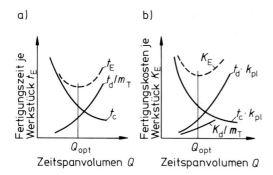

Bild 4-117. a) Zeitoptimale und b) kostenoptimale Schruppzeitspanvolumen (ohne die konstanten Zeitanteile).

4.7.1.4 Schleifverfahren

Die Schleifverfahren sind nach Merkmalen der herzustellenden Flächenform gemäß Bild 4-118 unterteilt. Durch Planschleifen werden z. B. ebene Flächen und durch Rundschleifen kreiszylindrische Flächen erzeugt. Weiterhin unterscheidet man

– Außen- und Innenbearbeitung,
– Art des verwendeten Schleifwerkzeugs (Umfangs- und Seitenschleifscheiben),
– Art der Vorschubbewegung (Längs- und Einstechbewegung).

Einige sich daraus ergebende Plan- und Rundschleifverfahren mit ihren Einstellgrößen zeigt Bild 4-119. Die Schnittbewegung ist durch die Schnittgeschwindigkeit v_c gekennzeichnet und die Vorschubbewegung durch die Bewegungsrichtungen, bezogen auf das Schleifwerkzeug, mit den Vorschubgeschwindigkeiten v_{fa}, v_{fr} und v_{ft} (a für axial, r für radial, t für tangential). Die Vorschubbewegung kann schrittweise (diskontinuierlich) oder stetig (kontinuierlich) erfolgen.

4.7.1.4.1 Planschleifen

Unterschieden wird das *Plan-Umfangs-* und das *Plan-Seitenschleifen.* Die Vorschubbewegung erfolgt geradlinig mit einem Längstisch oder drehend mit einem Rundtisch bei vertikaler oder horizontaler Schleifspindelanordnung.

Beim Plan-Umfangsschleifen wird der Werkstoff mit der Mantelfläche der Schleifscheibe im Gleich- oder im Gegenlauf abgetragen. Das Gleichlaufschleifen belastet die Schneiden infolge des Eingriffs schlagartig. Im Gegenlauf werden die Schneiden stetig belastet durch die anfänglich kleinere Spanungsdicke.

Der große Vorteil beim Plan-Umfangsschleifen sind das einfache Spannen des Werkstücks auf einer Magnetspannplatte und die große Formgenauigkeit der bearbeiteten Fläche sowie die kleine erreichbare Oberflächenrauheit.

Gleichungen für die Berechnung des Eingriffsquerschnitts, des Zeitspanvolumens sowie für die Schleif- und Hauptzeit gibt Bild 4-120 wieder. Die wichtigsten Bauformen von Planschleifmaschinen mit horizontaler Schleifspindel zeigt Bild 4-121. Die Vorschubbewegungen sind auf verschiedene Achsen aufgeteilt. In Bild 4-121 a) ist die Maschine mit Kreuztisch und fester Rahmensäule ausgeführt. Eingesetzt wird die Maschine zur Bearbeitung kleinerer Werkstücke. Größere Werkstücke lassen sich vorteilhafter mit den Bauformen gemäß Bild 4-121 b) und 4-121 c) bearbeiten, da das Werkstück nur in x-Richtung bewegt werden muß. Die Zustellungen in z- und y-Richtung können leichter über die Maschinensäule erfolgen.

Das Plan-Seitenschleifen (Stirnschleifen) wird mit Topfschleifscheiben oder Schleifrädern mit Segmenten ausgeführt. Vorteilhaft lassen sich Werkstücke mit planparallelen Flächen durch zwei gegenüberliegende Segmentschleifscheiben gleichzeitig im Durchlauf- oder Taktver-

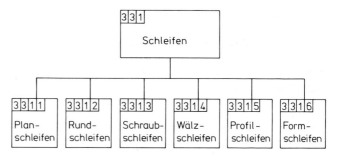

Bild 4-118. Einteilung der Schleifverfahren (nach DIN).

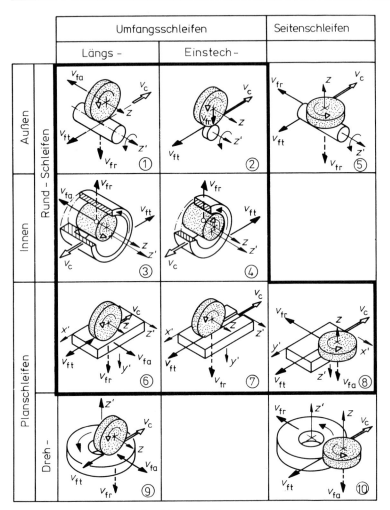

Bild 4-119. Wichtige Schleifverfahren und die zugehörigen Einstellgrößen.

① Außen-Rund-Umfangs-Längsschleifen
② Außen-Rund-Umfangs-Einstechschleifen
③ Innen-Rund-Längsschleifen
④ Innen-Rund-Einstechschleifen
⑤ Außen-Rund-Seiten-Längsschleifen
⑥ Plan-Umfang-Längsschleifen
⑦ Plan-Umfang-Einstechschleifen

⑧ Plan-Seiten-Längsschleifen
⑨ Plan-Umfang-Drehschleifen
⑩ Plan-Seiten-Drehschleifen
v_c Schnittgeschwindigkeit
v_{fa} Vorschubgeschwindigkeit (axial)
v_{fr} Vorschubgeschwindigkeit (radial)
v_{ft} Vorschubgeschwindigkeit (tangential)

fahren bearbeiten. Dies können Wendeschneidplatten, Uhrenteile, Kugellager, Pumpenflügel, Pleuel, Kupplungsscheiben oder Zylinderblöcke sein. In vielen Fällen wird hierbei die Schleifscheibe um einen kleinen Winkel zur Vorschubrichtung angestellt (getiltet). Bei den Werkstücken kann hierdurch in einem Durchlauf mit größeren Zeitspanvolumina geschruppt und geschlichtet werden. Ohne Anstellwinkel

ergibt sich auf dem Werkstück ein Kreuzschliffmuster. Die Gefahr des „Brennens" steigt, da die Eingriffslängen je Korn länger werden und sich die Spanräume schneller füllen.

Die Vorschubbewegung des Werkstücks kann dabei rotatorisch und stetig auf Drehtischen oder translatorisch und pendelnd auf Plantischen erfolgen.

	Plan-Umfangs-Längsschleifen	Plan-Seiten-Längsschleifen
	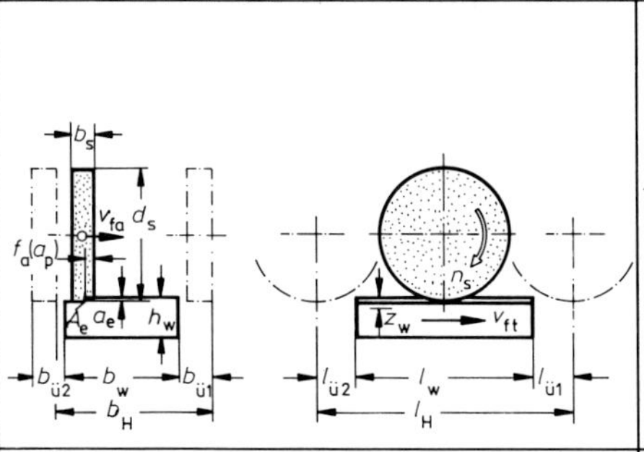 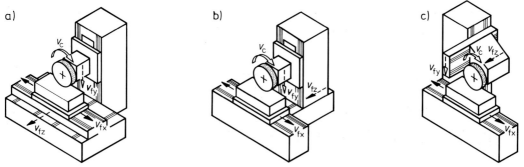	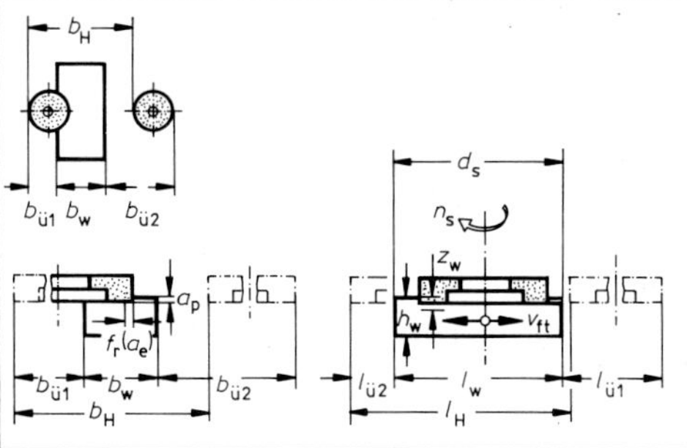
Eingriffs-querschnitt $A_e (\text{mm}^2)$	$A_e = a_e \cdot a_p = a_e \cdot f_a$	$A_e = a_e \cdot a_p = f_r \cdot a_p$
Zeitspan-volumen $Q (\text{mm}^3/s)$	$Q = A_e \cdot v_{ft} = a_e \cdot f_a \cdot v_{ft}$	$Q = A_e \cdot v_{ft} = f_r \cdot a_p \cdot v_{ft}$
mittl.Zeitspan-volumen $\bar{Q} (\text{mm}^3/s)$	$\bar{Q} = Q \cdot \dfrac{l_w}{l_H} \cdot \dfrac{b_w}{b_H} \cdot \dfrac{1}{(2)}$	$\bar{Q} = Q \cdot \dfrac{l_w}{l_H} \cdot \dfrac{b_w}{b_H} \cdot \dfrac{1}{(2)}$
Hauptzeit $t_h (s)$	$t_h = \dfrac{l_H}{l_w} \cdot \dfrac{b_H}{b_w} \cdot t_c \cdot (2)$	$t_h = t_c \cdot \dfrac{l_H}{l_w} \cdot \dfrac{b_H}{b_w} \cdot (2)$
Schleifzeit $t_c (s)$	$t_c = \dfrac{V_{wi}}{Q} = \dfrac{z_w \cdot l_w \cdot b_w}{a_e \cdot f_a \cdot v_{ft}} \cdot (2)$	$t_c = \dfrac{V_{wi}}{Q} = \dfrac{z_w \cdot l_w \cdot b_w}{f_r \cdot a_p \cdot v_{ft}} \cdot (2)$

Bild 4-120. Gleichungen zur Berechnung von Eingriffsquerschnitt, Zeitspanvolumen, Schleif- und Hauptzeit für das Plan-Umfangs-Längsschleifen und Plan-Seiten-Längsschleifen (in Klammern Faktor 2, wenn nach jedem Doppelhub zugestellt wird).

a)   b)   c)

Bild 4-121. Bauformen von Plan-Umfangsschleifmaschinen (nach Saljé).

Wegen dieser Verfahrensvielfalt und der Möglichkeit, das Werkstück im Durchlauf schleifen zu können, wird das Seitenschleifen wirtschaftlich in der Massenfertigung angewendet, bei der eine Ebenheit und Planparallelität kleiner als 5 μm gefordert wird.

Durch Seitenschleifen mit Segmentschleifscheiben läßt sich ein Zeitspanvolumen etwa bis zu 200 mm³/mm·s erzielen, das mit anderen Schleifverfahren kaum zu erreichen ist. Maschinen mit einer Antriebsleistung von mehr als 100 kW je Schleifscheibenspindel bei einem

Schleifscheibendurchmesser von 2000 mm sind bereits ausgeführt.

4.7.1.4.2 Rundschleifen

Dies Verfahren wird unterteilt in Außen- und Innenrundschleifen zwischen den Spitzen sowie in das spitzenlose Außen- und Innenrundschleifen.

Beim **Außenrundschleifen** zwischen den Spitzen wird das Längsschleifen, das Längsschälschleifen, das Einstechschleifen und das Schrägeinstechschleifen unterschieden, wie Bild 4-122 näher erläutert.

Beim *Längsschleifen* ist außer der Rotationsbewegung die typische Bewegung eine Längsbewegung, die von der Schleifscheibe und dem Werkstück parallel zur Werkstückachse ausgeführt wird. Meistens bewegt sich der Tisch mit dem Werkstück. Bei Walzenschleifmaschinen bewegt sich der Schleifschlitten in Längsrichtung. Die Zustellung erfolgt entweder bei jeder Tischumkehr oder auf einer Seite nach jedem Doppelhub. Am Ende eines jeden Hubs sollte die Schleifscheibe um das 0,3fache bis 0,5fache der Scheibenbreite überlaufen. Durch mehrere Leerhübe (Ausfunken) läßt sich die Formgenauigkeit verbessern. Die durchschnittliche Zustellung beträgt beim Schruppen $f_r = 20$ µm/ Hub bis 30 µm/Hub und der Seitenvorschub $f_a = b_s/2$.

Beim *Längsschälschleifen* stellt man die Schleifscheibe außerhalb des zu bearbeitenden Werkstücks um einen großen Betrag zu, so daß das gesamte Werkstückmaterial in einem Hub ab-

genommen wird. Die Längsvorschubgeschwindigkeit und die Werkstückgeschwindigkeit sind kleiner als beim Längsschleifen.

Beim *Einstechschleifen* bewegt sich die meistens profilierte Schleifscheibe radial in das Werkstück ohne Längsvorschub. Geschliffen werden kann gleichzeitig mit geraden oder abgesetzten Schleifscheiben oder mit einem Satz von Schleifscheiben (Satzschleifscheiben). Dies setzt starre Werkstücke oder gute Abstützungen der Werkstücke durch Lünetten voraus. Durch das hierbei mögliche große Zeitspanvolumen wird bei Werkstücken mit längeren Schleifstellen statt des Längsschleifens durch mehrere Einstechschleifoperationen das Material abgeschruppt und anschließend durch Längsschleifen die Oberflächengüte erzeugt. Die Zustellung erfolgt beim Einstechschleifen kontinuierlich und ist abhängig von der effektiven Schleifscheibenbreite, dem Werkstückstoff und den geforderten Oberflächenqualitäten.

Für das Einstech- und Längsschleifen gibt Bild 4-123 die Berechnungen von Eingriffsquerschnitt, Zeitspanvolumen, Haupt- und Schleifzeit wieder.

Beim *Außenrund-Schrägeinstechschleifen* wird zwischen Profil- und Form-Schrägeinstechschleifen unterschieden. Die Werkstücke in Bild 4-124a) und 4-124b) werden durch *Profil-Schrägeinstechschleifen* bearbeitet. Die Schleifmaschine hat eine fest einstellbare Vorschubbewegungsachse, und die Schleifscheibe bewegt sich mit der Vorschubgeschwindigkeit v_{fr} in das Werkstück. Die Schleifscheibe trägt das Gegenprofil des Werkstücks. Abgerichtet wird die

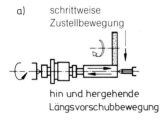

a) schrittweise Zustellbewegung

hin und hergehende Längsvorschubbewegung

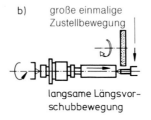

b) große einmalige Zustellbewegung

langsame Längsvorschubbewegung

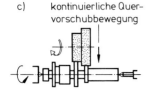

c) kontinuierliche Quervorschubbewegung

d) kontinuierliche Schrägvorschubbewegung

Bild 4-122. Außenrund-Schleifverfahren:
a) Längsschleifen,
b) Längs-Schälschleifen,
c) Gerad-Einstechschleifen,
d) Schräg-Einstechschleifen.

Bild 4-123.
Gleichungen zur
Berechnung von Ein-
griffsquerschnitt,
Zeitspanvolumen,
Haupt- und Schleifzeit
für das Außenrund-
Einstech- und das
Außenrund-Längs-
schleifen (in Klammern
Faktor 2, wenn nach
jedem Doppelhub
zugestellt wird).

	Einstechschleifen	Längsschleifen
Eingriffsquerschnitt A_e (mm²)	$A_e = a_{\dot{e}}\, a_p = f_r \cdot b_w$	$A_e = a_{\dot{e}}\, a_p = f_a \cdot a_e$
Zeitspanvolumen Q (mm³/s)	$Q = A_{\dot{e}}\, v_{ft} =$ $f_r \cdot b_{\dot{w}} d_{\dot{w}} \pi \cdot n_w$	$Q = A_{\dot{e}}\, v_{ft} = a_e \cdot d_{\dot{w}}\, \dfrac{\pi \cdot f_a}{n_w}$
mittl. Zeitspanvolumen $\bar{Q}$ (mm³/s)		$\bar{Q} = \dfrac{l_{\dot{w}} \cdot Q}{l_H}\; v_{fa} = konst$
Hauptzeit t_h (s)		$t_h = \dfrac{z_{\dot{w}}\, b_H\,(2)}{a_{\dot{p}}\, a_{\dot{e}}\, n_w}$
Schleifzeit t_c (s)	$t_c = \dfrac{V_w}{Q} = \dfrac{z_w}{b_{\dot{w}} f_r}$	$t_c = \dfrac{z_{\dot{w}}\, l_w}{a_{\dot{e}} f_{\dot{a}}\, n_w}$

Profilform durch Profilabrichtrollen, Einzeldiamant, Abrichtfliese oder Formabrichtrollen. Damit an der Planfläche des Werkstücks nicht zuviel Material abgetragen wird, ist das Werkstück in Längsrichtung zu positionieren. Dies erfolgt mit Hilfe von Meßsteuerungen.

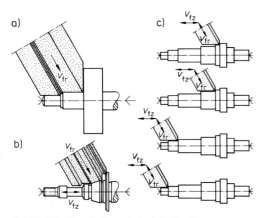

Bild 4-124. Bearbeitungsbeispiele für das
Schräg-Einstechschleifen:
a) und b) Profil-Schräg-Einstechschleifen,
c) Form-Schräg-Einstechschleifen.

Das *Formschrägeinstechschleifen* gemäß Bild 4-124c) wird bei größeren Schleiflängen eingesetzt. Dabei ist der Durchmesser fertig zu bearbeiten, bevor die Schleifscheibe die Planfläche schleift. Der Einstechwinkel ist fest eingestellt. In einem anderen Fall ergibt sich der Einstechwinkel γ durch zwei unabhängig ansteuerbare Zustellbewegungen in v_{fz} und v_{fy}-Richtung. Dies bietet den Vorteil, daß der Schleifprozeß den Bedingungen den Plan- und Zylinderflächen angepaßt werden kann.

Beim **Innenrundschleifen** werden hauptsächlich zylindrische und kegelige Bohrungen bearbeitet. Hierzu sind außer der Schnittbewegung der Schleifscheibe die Werkstück-, Einstech- und Längsvorschubbewegung notwendig. Die Vorschubbewegung des Werkstücks ergibt sich entweder aus der Drehbewegung des Werkstücks oder aus der Planetenbewegung der Schleifspindel. Die Längsvorschubbewegung erfolgt durch die Schleifscheibe. Die Einstechbewegung bzw. die Zustellung wird abhängig von der Maschinenart von der Schleifscheibe oder dem Werkstück ausgeführt. Durch die große Kontaktlänge der Schleifscheibe mit dem Werkstück und der kleinen Spindelnachgiebigkeit müssen die Einstellgrößen für eine Bearbeitungsaufgabe sorgfältig festgelegt werden. Bild 4-125 zeigt die Draufsicht einer Innenrundschleifmaschine.

Bei der Wahl des Schleifscheibendurchmessers sollte das Verhältnis $d_s/d_w = 0,85$ nicht überschritten werden. Bevorzugte Werte liegen für größere Werkstücke im Bereich $0,65 < d_s/d_w < 0,75$, die übliche Schnittgeschwindigkeit beträgt $v_c = 30$ m/s bis $v_c = 45$ m/s. Bei einer größeren Schnittgeschwindigkeit treten thermische Probleme in der Schleifspindel auf. Die Längsvorschubgeschwindigkeiten beim Schruppen sind zwischen 3,5 m/min und 6 m/min und beim Schlichten zwischen 0,25 m/min und 3 m/min zu wählen. Die Zustellung nach jedem Doppelhub soll beim Schruppen $f_r = 0,03$ mm und beim Schlichten $f_r = 0,005$ mm nicht überschreiten.

Der Tischhub ist so einzuteilen, daß ein Überlauf von etwa einem Drittel der Schleifscheibe möglich wird. Einen möglichen Innenrundschleifzyklus zeigt Bild 4-126.

Gleichungen für die Berechnung von Eingriffquerschnitt, Zeitspanvolumen, Haupt- und Schleifzeit beim Innenschleifen sind Bild 4-127 zu entnehmen.

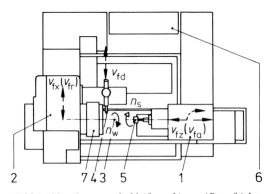

Bild 4-125. Innenrundschleifmaschine (Draufsicht; schematisch).
1   Schlitten mit Schleifscheibe und axialer Vorschubbewegung
2   Schlitten mit Werkstückspindelstock und Werkstückdrehbewegung
3   Werkstückachse
4   Abrichteinrichtung für Einzeldiamant
5   Schleifscheibe
6   Hydraulikeinheit
7   Spannfutter

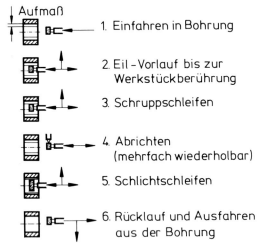

Bild 4-126. Innenschleifzyklus.

Beim Innenrundschleifen ist besonders in den Bohrungen für ausreichende Kühlung zu sorgen, da bei einem größeren Zeitspanvolumen leicht Brandflecke und Risse auftreten. Rattermarken treten allgemein durch fremd- oder selbsterregte Schwingungen auf. Um fremderregte Schwingungen bei den mit großen Drehzahlen laufenden Innenschleifspindeln zu vermeiden, müssen diese gut ausgewuchtet werden. Selbsterregte Schwingungen sind durch steifere Maschinen, Dämpfungsmassen, Drehzahländerung oder Schleifscheiben größerer Körnung zu vermindern.

Als Qualitätskriterium einer Bohrung ist der Kreis- und der Längsformfehler von Bedeutung. Kreisformfehler können durch sorgfältiges Spannen eingegrenzt werden. Längsformfehler sind hauptsächlich abhängig von der Größe der Schleifnormalkraft F_n. Bei großer Nachgiebigkeit des Spindel-Lager-Systems und des Spindeldorns werden die Schleifscheiben unterschiedlich stark durch die Normalkraft ausgelenkt, so daß eine kegelige Bohrung entsteht. Der Fehler läßt sich durch angepaßte Abrichtbedingungen und Schleifscheibenspezifikationen sowie durch eine höhere Schnittgeschwindigkeit und ein kleineres Zeitspanungsvolumen verringern.

Das *spitzenlose Außen- und Innenrundschleifen* setzt man hauptsächlich in der Massenfertigung ein, da eine große Abtragsleistung und eine große Stückzahl erzielt werden. Der Schleifvor-

	Einstechschleifen	Längsschleifen
	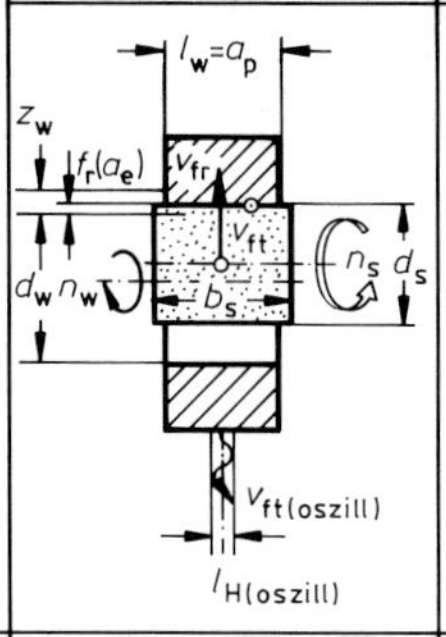	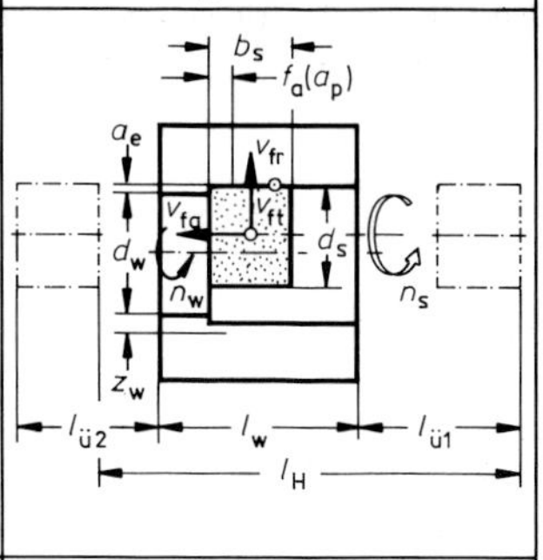
Eingriffsquerschnitt A_e (mm^2)	$A = a_e \cdot a_p = l_w \cdot f_r$	$A_e = a_e \cdot a_p = a_e \cdot f_a$
Zeitspanvolumen Q (mm^3/s)	$Q = A_e \cdot v_{ft} =$ $f_r \cdot l_w \cdot d_w \Pi \cdot n_w$	$Q = A_e \cdot v_{ft} = a_e \cdot f_a \cdot d_w \Pi \cdot n_w$
mittl. Zeitspanvolumen $\bar{Q}$ (mm^3/s)		$\bar{Q} = Q \cdot \dfrac{l_w}{l_H}$
Hauptzeit t_h (s)	$t_h = \dfrac{z_w}{a_e \cdot n_w}$	$t_h = t_c \cdot \dfrac{l_H}{l_w}$
Schleifzeit t_c (s)	$t_c = t_h$	$t_c = \dfrac{z_w \cdot d_w \Pi \cdot l_w}{Q}$

Bild 4-127.
Gleichungen
zur Ermittlung von Ein-
griffsquerschnitt, Zeit-
spanungsvolumen, Haupt-
und Schleifzeit für
das Innenrund-Einstech-
und Innenrund-Längs-
schleifen.

gang ist ohne großen Aufwand zu automatisieren. Beim *spitzenlosen Außenrundschleifen* liegt das Werkstück auf einer Auflageschiene, ohne daß es zwischen den Spitzen aufgenommen wird, wie Bild 4-128 zeigt. Geführt wird es zwischen Schleifscheibe, Auflageschiene und Regelscheibe. Schleif- und Regelscheibe haben die gleiche Drehrichtung. Der Abstand von Regelscheibe und Schleifscheibe bestimmt den Werkstückdurchmesser. Die Regelscheibe besteht aus Kunstharz oder Hartgummi und ist beim Einstechschleifen zylindrisch oder beim Durchgangsschleifen als Rotationshyperboloid ausgeführt.

Mit Vorteil lassen sich im Durchlauf glatte zylindrische Werkstücke und im Einstich zylindrische Werkstücke mit Ansätzen und Bunden sowie profilierte Werkstücke gemäß Bild 4-129 bearbeiten. Beim Durchlaufschleifen dreht sich das Werkstück und bewegt sich zusätzlich in Achsrichtung. Hierzu ist die Regelscheibe um einen bestimmten Winkel schräggestellt, so daß eine Axialkraft eine Verschiebung des Werkstücks bewirkt. Die Drehzahl der Regelscheibe ist kleiner als die der Schleifscheibe und bremst das Werkstück, so daß eine Relativgeschwindigkeit zwischen Werkstück und Schleifscheibe zur Spanabnahme entsteht. Durch das Verstel-

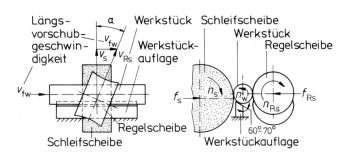

Bild 4-128. Spitzenloses Außenrund-
schleifen, schematisch.

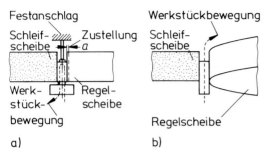

Bild 4-129. a) Einstechverfahren und b) Durchlaufverfahren des spitzenlosen Außenrundschleifens.

len des Winkels α wird die Durchlaufgeschwin-
digkeit beeinflußt. Beim Einstechschleifen ist
das Werkstück kürzer als die Schleifscheibenbreite. Bei diesem Verfahren führt die Regelscheibe außer der Drehbewegung noch eine Zustellbewegung aus.

Beim *spitzenlosen Innenrundschleifen* entsprechend Bild 4-130 arbeitet die Schleifscheibe a in
der Bohrung des Werkstücks c. Ein großer Teil
der Schleifkraft wird von der Regelscheibe b
aufgenommen. Die Stützrolle e ersetzt die Auflageschiene. Die Rolle d übernimmt die Aufgabe, eine Anpreßkraft zu den Teilen b und e zu
erzeugen. Die axiale Vorschubbewegung läßt
sich durch Neigen der Rollen um ihre horizon-
tale Achse erreichen.

Vorteile des spitzenlosen Rundschleifens sind
bei dünnen langen Werkstücken zu sehen, die

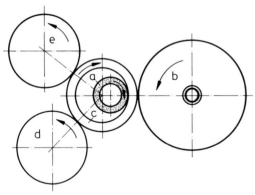

Bild 4-130. Spitzenloses Innenrundschleifen.
a   Schleifscheibe
b   Regelscheibe
c   Werkstück
d   Druckrolle
e   Stützrolle

ohne Unterstützung von Lünetten in einem
Durchgang ohne Durchbiegung fertig geschliffen werden können. Das Einspannen und Zentrieren der Werkstücke entfallen. Die Maschinen lassen sich leicht auf andere Durchmesser
umrüsten.

4.7.1.4.3 Schraubschleifen

Zum Schraubschleifen gehören das Gewinde-
und Schneckenschleifen. Das Gewindeschleifen
wird zur Herstellung von Präzisionsgewinden
an gehärteten und weichen Werkstücken sowie
zur Herstellung von Gewindebohrern eingesetzt. Einige Gewindeschleifverfahren zeigt Bild
4-131.

Beim *Längsschleifen* wird mit einer einprofiligen Schleifscheibe gemäß Bild 4-131 a) der einzelne Gewindegang geschliffen. Bei jedem
Überschliff ist der Vorschubweg gleich der Gewindelänge. Die Schleifscheiben- und Werkstückachse müssen dem Steigungswinkel entsprechend eingestellt sein. Das Verfahren ermöglicht eine sehr genaue Gewindebearbei-
tung. Mit mehrprofiligen Schleifscheiben nach
Bild 4-131 b), kann die Fertigungszeit verkürzt
werden, aber die Fertigungsgenauigkeit nimmt
ab. Die Schleifscheibe ist kegelig ausgeführt,
um in einem Durchgang das Gewinde fertig zu
schleifen.

Beim *Einstechschleifen* mit einer mehrprofiligen
Schleifscheibe entsprechend Bild 4-131 c) führt
das Werkstück etwas mehr als eine Umdrehung
aus. Der Vorschubweg ist gleich der Gewindesteigung. Werkstück- und Schleifspindelachse
sind parallel zueinander angeordnet. Mit diesem Verfahren läßt sich ein großes Zeitspanvolumen abtragen. Es wird bei einer großen
Stückzahl und einem kurzen Gewinde angewendet. Der Steigungsvorschub an der Gewin-
deschleifmaschine erfolgt über eine Leitspindel,
die als Kugelumlaufspindel ausgeführt ist oder
über eine Leitpatrone. Der Werkstück- und der
Schleifspindelantrieb werden über stufenlos
verstellbare Getriebe ermöglicht. Das Abrichten von einprofiligen Scheiben erfolgt mit
einem Einzeldiamanten. Eine mehrprofilige
Schleifscheibe profiliert man mit einer Diamantrolle. Ein nicht genormtes Profil läßt sich
wirtschaftlich mit einem CNC-gesteuerten Ab-
richtgerät herstellen, so etwa ein Hohlflächen-,
Zykloiden- oder Schraubenpumpenprofil einschließlich der Korrektur. Bild 4-132 verdeut-

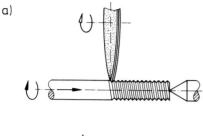

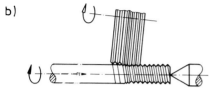

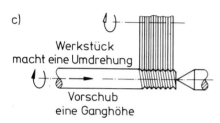

Bild 4-131. Gewindeschleifverfahren:
a) Längsschleifen mit einprofiliger Schleifscheibe,
b) Längsschleifen mit mehrprofiliger Schleifscheibe,
c) Einstechschleifen mit mehrprofiliger Schleif-
*   scheibe.*

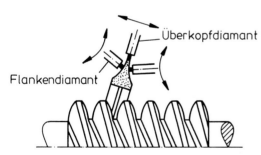

Bild 4-132. Abrichten eines Hohlprofils zum Schleifen
einer zylindrischen Schnecke (nach Fa. Klingelnberg).

licht das Abrichten eines Hohlprofils zum Schleifen einer zylindrischen Schnecke.

4.7.1.4.4 Wälzschleifen

Bei gehärteten Zahnrädern kann der Härteverzug nur durch Schleifen beseitigt werden. Das Wälzschleifen wird bei der Feinbearbeitung von größeren gerad- und schrägverzahnten Außenstirnrädern eingesetzt. Das Schleifscheibenprofil entspricht einem Zahn oder mehreren Zähnen einer Zahnstange, an der das Werkstück abgewälzt wird. Man unterscheidet das diskontinuierliche Wälzschleifen mit einer Teilbewegung und das kontinuierliche Wälzschleifen ohne Teilbewegung. Bild 4-133 vermittelt hierzu Einzelheiten.

Das *Teilwälzverfahren* (Maag-Schleifverfahren) arbeitet mit Teller- oder Doppelkegelscheiben. Die Schleifscheiben sind normalerweise unter 15° oder 20° geschwenkt. Geschliffen wird mit dem Umfang und der Seite des Tellerrades. Es entsteht auf dem Zahn ein Kreuzschliffmuster. Beim 0°-Schliff entsteht ein Glattschliffmuster. Mit diesem Verfahren lassen sich gut Zahnprofilformkorrekturen durchführen. Zur Erzeugung des Schleifvorgangs wird, wie Bild 4-134 zeigt, der Wälzschlitten 1 so verschoben, daß durch den Rollbogen 2 und die Wälzbänder 3 eine Abrollbewegung des Werkstücks entsteht. Der Durchmesser des Rollbogens entspricht dem Durchmesser des Wälzkreises am Werkstück. Die Schleifscheibe führt in der Zahnlücke die hin- und hergehende Schleifbewegung aus. Ist der Zahn fertiggeschliffen, dann wird zum nächsten weiter geteilt.

Beim *kontinuierlichen Wälzschleifen* (Reishauer-Schleifverfahren) kämmt eine Schleifschnecke mit einem Werkstück ähnlich dem Wälzfräsen. Während der synchronisierten Wälzbewegung von Werkstück und Werkzeug wird die Schleifschnecke in Richtung der Werkstückachse verschoben.

4.7.1.4.5 Profilschleifen

Durch das Profilschleifen lassen sich an Plan- und Rundflächen Profile erzeugen. Die Profilschleifscheiben haben eine werkstückgebundene Kontur. Um diese auf das Werkstück zu übertragen, sind beim Profilplanschleifen außer der Schnittbewegung der Schleifscheibe nur noch eine radiale und tangentiale Vorschubbewegung erforderlich. Die Kontur wird mittels einer Diamant-Profilrolle oder eines NC-gesteuerten Abrichtdiamanten in die Schleifscheibenoberfläche gebracht. Der Schleifscheibenverschleiß an den Kanten ist beim Profilschleifen häufig das Standzeitkriterium. Mit zunehmendem Einsatz von verhältnismäßig verschleißfesten Schneidstoffen, wie z. B. CBN und

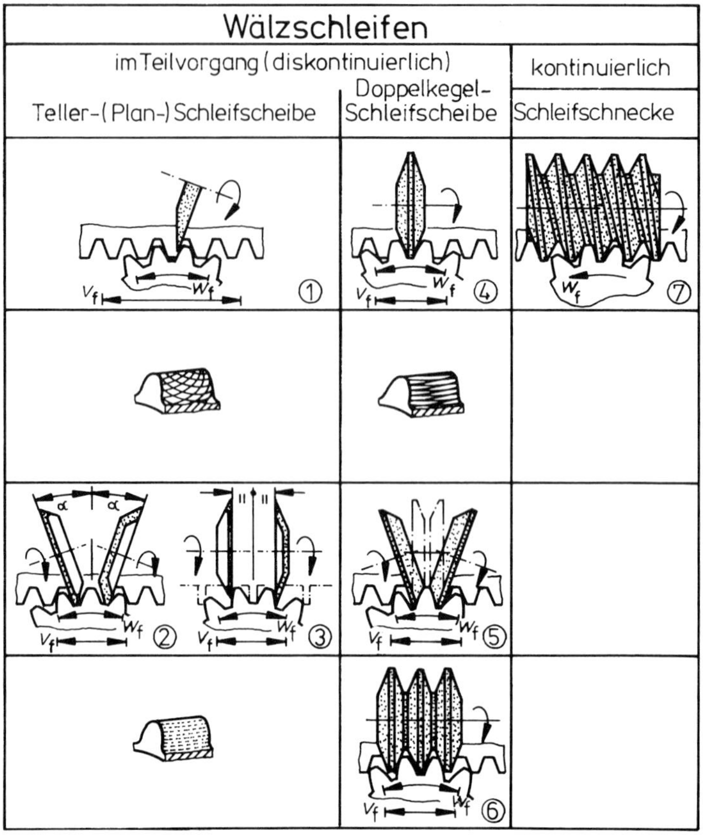

Wälzschleifen			
im Teilvorgang (diskontinuierlich)			kontinuierlich
Teller-(Plan-)Schleifscheibe		Doppelkegel-Schleifscheibe	Schleifschnecke
![①] v_f ⟶ w_f ①		v_f ⟶ w_f ④	w_f ⑦
α α v_f ⟶ w_f ② ‖ ‖ v_f ⟶ w_f ③		v_f ⟶ w_f ⑤	
		v_f ⟶ w_f ⑥	

Bild 4-133.
Wälzschleifverfahren
① *mit einer Stirnschleifscheibe,*
② *mit zwei Stirnschleifscheiben,*
   Maag – 15° (20°) – Methode,
③ *gemäß 2, Maag – 0° – Me-*
   thode,
④ *mit Doppelkegelscheibe,*
⑤ *mit Kegelmantel-*
   scheiben,
⑥ *mit mehreren Doppel-*
   kegelscheiben,
⑦ *mit Schleifschnecke*
(nach Saljé/Bausch).

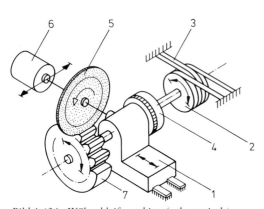

Bild 4-134. Wälzschleifmaschine (schematisch).
1 Wälzschlitten
2 Rollbogen
3 Wälzbänder
4 Teilmechanismus
5 Schleifscheibe
6 Antriebsmotor
7 Werkstück (Zahnrad)

Diamant, ergibt sich dann eine besonders wirtschaftliche Bearbeitung, wenn schwer schleifbare Werkstückstoffe, wie z. B. X 210 Cr 12 oder EMo5Co5, zu schleifen sind. Das Abrichten während des Schleifens (Continuous Dressing) hat sich bei Werkstücken bewährt, die mit großer Profilgenaugkeit zu bearbeiten sind. Durch das kontinuierliche Abrichten bleiben die Anfangsschärfe und die Profilform erhalten. Die Vergrößerung des Zeitspanvolumens und eine verminderte Schleifzeit sind damit verbunden.

Das Profilschleifen mit der Umfangsschleifscheibe ist der hauptsächliche Anwendungsfall. Dabei wird zwischen *Profilpendel-* und *Profiltiefschleifen* bzw. Schleichgang oder Vollschnittschleifen unterschieden. Grundlegende Zusammenhänge zeigt Bild 4-135. Beim Pendelschleifen gemäß Bild 4-135 a), wird mit kleiner Zustellung $a_e = 0,005$ mm bis $a_e = 0,01$ mm und großer Vorschubgeschwindigkeit $v_f = 3$ mm/min

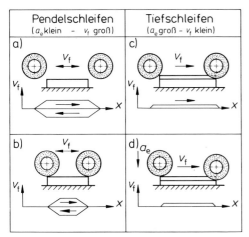

Pendelschleifen (a_e klein – v_f groß)	Tiefschleifen (a_e groß – v_f klein)

Bild 4-135. Profil-Pendel- und Profil-Tiefschleifen
a) und c) mit Überlauf,
b) und d) ohne Überlauf (nach Redeker).

bis $v_f = 1500$ mm/min geschliffen. Es wird unterschieden zwischen Schleifvorgängen, bei denen mit und ohne Überlauf gearbeitet wird. Beim Tiefschleifen ohne Überlauf entsprechend Bild 4-135 d), wird mit konstanter Zustellgeschwindigkeit v_{fr} senkrecht in das Werkstück geschliffen und bei Erreichen des Sollmaßes auf den Längsvorschub umgeschaltet. Ein Zeitvorteil ergibt sich bei einem tiefen Profil und einem großen Schleifscheibendurchmesser. Besondere Merkmale des Tiefschleifens gegenüber dem Pendelschleifen sind eine kleinere Rauhtiefe, ein geringer Kantenverschleiß der Schleifscheibe und damit eine größere Profilhaltigkeit des Werkzeugs, aber auch eine höhere Normal- und Tangentialkraft beim Schleifen sowie eine höhere Temperatur in der Kontaktzone zwischen Schleifscheibe und Werkstück.

Bei einem kleineren Zeitspanvolumen wird das Pendelschleifen hauptsächlich als Feinbearbeitungsverfahren bei der Fertigbearbeitung eingesetzt.

Das Profil-Planschleifen wird i. a. mit einer einzigen, seltener auch mit mehreren Schleifspindeln ausgeführt. Die Maschinenausführung mit mehr als einer Schleifspindel setzt man für Problemlösungen ein. Das Profilieren der beiden Schleifscheiben erfolgt über eine auf dem Tisch montierte Diamantrolle.

4.7.2 Honen

Beim Honen wird, wie beim Schleifen, ein Werkzeug aus gebundenem Korn verwendet, das die Werkstückoberfläche unter ständiger Flächenberührung spanend bearbeitet. Angewendet wird dieses Verfahren zum Verbessern der Maß- und Formgenauigkeit an der Oberfläche von Bohrungen, Zylinderlaufbuchsen und Lagerstellen an Zapfen. Da der Werkstoffabtrag beim Honen klein ist, sind die Werkstücke mit möglichst kleinem Formfehler vorzuarbeiten, um die Genauigkeit innerhalb der Zugabe von etwa 0,05 mm bis 0,1 mm erzeugen zu können. Honen lassen sich weicher und gehärteter Stahl, Gußeisen, Sintermetalle, Bronze, Messing, Kunststoffe, Glas und Graphit. Am häufigsten werden Bohrungen mit einem Durchmesser von 2 mm bis 1200 mm – auch mit Bohrungslängen über 20 m – gehont.

4.7.2.1 Kinematische Grundlagen

Bild 4-136 zeigt verschiedene Honverfahren. Sie werden eingeteilt in

– *Langhubhonen,* bekannt auch unter der Bezeichnung allgemeines Honen oder Ziehschleifen;
– *Kurzhubhonen,* bekannt auch unter der Bezeichnung Feinhonen, Superfinish, Feinziehschleifen oder Schwingschleifen. Im einzelnen werden das Flach-, Spitzendreh-, Spitzenlos- und Laufbahnhonen unterschieden.

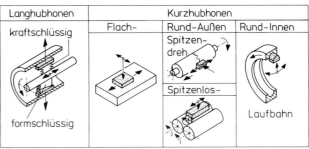

Langhubhonen	Kurzhubhonen		
	Flach-	Rund-Außen	Rund-Innen
kraftschlüssig		Spitzen-dreh	
		Spitzenlos-	
formschlüssig			Laufbahn

Bild 4-136. Honverfahren.

Beim **Langhubhonen** entsteht die Schnittbewegung am Werkstück durch die Hub- und Drehbewegung des Werkzeugs. Die Schnittbewegung v_c setzt sich aus der axialen Geschwindigkeit v_{ca} (etwa 10 m/min bis 40 m/min) und der tangentialen Geschwindigkeit v_{ct} (etwa 10 m/min bis 25 m/min) zur resultierenden Geschwindigkeit zusammen:

$$v_c = \sqrt{v^2_{ca} + v^2_{ct}} \qquad (4\text{-}71).$$

Die Bewegung des Honsteins und die sich daraus ergebende Oberflächenstruktur auf dem Werkstück zeigt Bild 4-137. Bei konstanter Axial- und Tangentialgeschwindigkeit ergeben sich Riefen mit einem konstanten Kreuzungswinkel α. Für den halben Kreuzungswinkel $\alpha/2$ gilt die Beziehung

$$\frac{\alpha}{2} = \arctan \frac{v_{ca}}{v_{ct}} \qquad (4\text{-}72).$$

Die axiale Geschwindigkeit ist beim Langhubhonen annähernd über die Werkstücklänge konstant, nur in den Umkehrpunkten fällt sie ab und steigt wieder an. Die Vorschubbewegung v_f senkrecht zur Werkstückoberfläche erfolgt kraft- oder formschlüssig. Auftretende Flucht- und Richtungsfehler zwischen Maschinenspindelachse und Bohrungsachse müssen ausgeglichen werden. Bei starrer Werkstückaufspannung ist das Honwerkzeug doppelgelenkig mit der Maschinenspindel verbunden. Bei fester Werkzeugaufspannung müssen alle vier Freiheitsgrade in die Werkstückaufspannung gelegt werden.

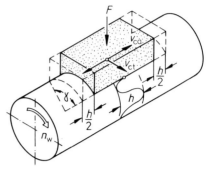

Bild 4-138. *Bewegungen der Honleiste beim Kurzhubhonen.*
F   *Anpreßkraft*
v_{ca} *Axialgeschwindigkeit*
v_{ct} *Tangentialgeschwindigkeit*
h   *Hublänge*
γ *Umschlingungswinkel der Honleiste*
n_w *Werkstückdrehzahl*

Beim **Kurzhubhonen** ergibt sich die Schnittbewegung v_c aus der Drehbewegung des Werkstücks und einer senkrecht zu dieser wirkenden kurzhubigen Schwingbewegung des Werkzeugs, wie Bild 4-138 zeigt:

$$v_c = \sqrt{v^2_{ct} + (h\,\pi\,f)^2 \cos^2(\omega_h\,t)} \qquad (4\text{-}73).$$

Die maximale Geschwindigkeit ist

$$v_{c\,max} = \sqrt{v^2_{ct} + (h\,\pi\,f)^2} \qquad (4\text{-}74).$$

Die Hublänge h beträgt 1 mm bis 6 mm bei einer Hubfrequenz $f = 10$ Hz bis 50 Hz. Hierbei wird die in seiner Form an die Werkstückkontur angepaßte Honleiste bzw. der Honstein an das Werkstück gedrückt. Der Anpreßdruck beim Zustellen liegt zwischen 0,1 N/mm² und 0,4 N/mm².

Mit dem Kurzhubhonen erzielt man eine geringe Rauheit sowie eine große Formgenauigkeit. Bei gehärteten und vorgeschliffenen Oberflächen ist eine Rauheit von $R_Z = 0,1$ µm bis 0,2 µm bei einem Traganteil bis zu 98% und einer Rundheitsverbesserung bis zu 75% erreichbar. Die große Oberflächengüte und die Rundheitsverbesserung bewirken z. B. in Wälz- und Gleitlagern einen ruhigen Lauf bei kleinem Verschleiß. Anwendung findet dieses Verfahren für Bauteile im Fahrzeug- und Motorenbau sowie in der Hydraulik- und Wälzlagerindustrie. Insbesondere werden Lauf- und Gleitflächen, Gleitlagerzapfen an Kurbelwellen, Dichtflächen und Wälzlagerteile bearbeitet.

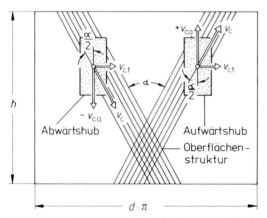

Bild 4-137. *Bewegungen der Honleiste beim Langhubhonen und die daraus entstehende Oberflächenstruktur in einer abgewickelten Bohrung.*

4.7.2.2 Einfluß der Einstellgrößen auf den Honvorgang und das Honergebnis

Das Honergebnis wird zu einem großen Teil von den Eigenschaften der Maschine, der Geometrie des Werkstücks und dem Werkstückstoff bestimmt. Die Spezifikation des Honwerkzeugs und die Art des Kühlschmierstoffs sind weitere wichtige Einflußgrößen.

Mit den Einstellgrößen läßt sich der Honvorgang bzw. die Honzeit und das Honergebnis in weiten Bereichen beeinflussen. Die wichtigsten Stellgrößen sind die Schnittgeschwindigkeit und der Anpreßdruck der Honleisten:

$$p = \frac{F_n}{A_{kt}} = \frac{F_n}{b \cdot l} \quad \text{in} \quad \frac{N}{mm^2} \qquad (4\text{-}75).$$

Hierin bedeuten

A_{kt} Kontaktfläche in mm^2,
b Leistenbreite in mm,
l Leistenlänge in mm,
F_n Normalkraft in N.

Infolge des höheren Anpreßdrucks p dringen die Schneiden der Honleiste tiefer in die Werkstückoberfläche ein. Mit größerer Eindringtiefe nimmt die Anzahl der am Zerspanungsvorgang teilnehmenden Schneiden zu. Viele Schneiden tragen mehr Werkstückstoffvolumen ab, so daß das Zerspanvolumen ansteigt. Gleichzeitig erhöht sich auch die Schnittkraft. Infolgedessen brechen Körner aus der Bindung, und die Honleisten verschleißen schneller. Bild 4-139 verdeutlicht die Zusammenhänge. Mit zunehmendem Zerspanvolumen vergrößert sich die Rauheit sowie die Zylindrizitäts- und Rundheitsabweichung. Eine kleinere Rauheit wird durch eine höhere Schnittgeschwindigkeit erreicht. Gute Honergebnisse lassen sich mit einer axialen Geschwindigkeit von $v_{ca} = 15$ m/min bis $v_{ca} = 30$ m/min und tangentialen Geschwindig-

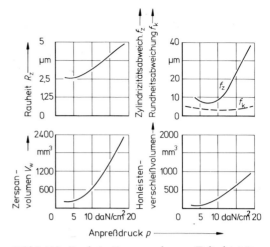

Bild 4-139. *Rauheit, Zerspanvolumen, Zylindrizitäts- und Rundheitsabweichung sowie Honleistenverschleißvolumen in Abhängigkeit vom Anpreßdruck des Honsteins (nach Tönshoff).*

keit von $v_{ct} = 20$ m/min bis $v_{ct} = 50$ m/min erzielen.

Veränderungen der Axial- und Tangentialgeschwindigkeit ändern zwangsläufig den **Kreuzungswinkel** α. Verschiedene Kreuzungswinkel bewirken eine unterschiedliche mechanische Wechselbelastung am Korn. Als Folge hiervon splittert das Kornmaterial, und darunterliegende scharfe Körner nehmen am Zerspanungsvorgang teil. Günstige Abtragswerte bzw. höhere Zeitspanvolumina lassen sich bei α-Werten zwischen 40° und 70° erzielen.

Einen großen Einfluß auf den Zylindrizitätsfehler hat die **Hublänge** l_h. Am häufigsten treten „tonnenförmige" Bohrungen und Bohrungen mit „Vorweite" auf, wie Bild 4-140 zeigt. Durch unterschiedliche Hublängen und einen festgelegten Überlaufweg $l_ü$ bzw. Auslaufweg des

Bild 4-140. Beeinflussung des Zylindrizitätsfehlers durch die Hublänge l_h des Honwerkzeugs.
l *Honsteinlänge*
$l_ü$ *Überlauflänge des Honwerkzeuges*
l_h *Hublänge*

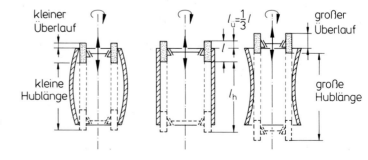

Werkzeugs aus der Bohrung können Zylindrizitätsfehler korrigiert werden. In den Hubumkehrpunkten verringert sich die Axialgeschwindigkeit bis zu $v_a = 0$. Gleichzeitig mit v_a wird der Kreuzungswinkel kleiner und der Werkstückstoffabtrag ändert sich. Diese Abtragsänderung bewirkt bei geeigneter Wahl der Überlauflänge die Korrektur der Bohrungsform. So wird z. B. bei kleineren Hublängen in der Mitte der Bohrung mehr Werkstückstoff abgetragen als bei den Bohrungsenden.

Aus diesen Gründen ist das Honen von Sacklochbohrungen problematisch, wenn am unteren Bohrungsende kein genügend großer Freistich zum Überlauf vorhanden ist. Ausgleichen kann man den fehlenden Überlauf durch geeignete Hubsteuerung. Am Bohrungsgrund werden in Intervallen Kurzhübe durchgeführt, so daß es dort auf diese Weise zu erhöhtem Werkstückstoffabtrag kommt.

Einen allgemeinen Verlauf von Werkstückrauheit und Werkstückstoffabtrag in Abhängigkeit von der Honzeit zeigt Bild 4-141 a). Am Anfang des Honvorgangs berühren die Honleisten das Werkstück nur mit einem kleinen Flächentraganteil, bedingt durch die Bohrung und eine große Anfangsrauheit, z. B. $R_t = 10$ µm. An den Berührungsstellen wird der Werkstückstoff durch den hohen Anpreßdruck schnell abgetragen. Die Oberflächenrauheit verringert sich und geht gegen einen stationären Grenzwert. Die Oberflächengüte läßt sich jetzt nicht mehr

wesentlich verbessern. Geringfügig kann die Rauheit noch durch das Absenken des Anpreßdrucks weiter verkleinert werden. Der Honvorgang wird beendet, wenn der Werkstückstoff abgetragen und das Sollmaß erreicht worden ist.

Ein **zweistufiger Honvorgang** gemäß Bild 4-141 b) ist wegen der Zeiteinsparung wirtschaftlicher. In der ersten Bearbeitungsstufe, dem Vorhonen, wird infolge des erhöhten Anpreßdrucks und wegen der grobkörnigen Honsteine ein großer Werkstückstoffabtrag bzw. ein großes Zeitspanvolumen bei kurzer Bearbeitungszeit möglich. Anschließend läßt sich mit anderen feinkörnigen Honsteinen, die sich ebenfalls im Werkzeug befinden, die Oberfläche so verbessern, daß nach verhältnismäßig kurzer Honzeit das Sollmaß bei ausreichender Qualität erreicht wird.

4.7.2.3 Einfluß des Werkzeugs

Einige Bauformen und Zustellmöglichkeiten von Honwerkzeugen für die Bohrungsbearbeitung zeigt Bild 4-142. Die Honleisten werden in radialer Richtung im Werkzeug geführt. Sie sind auf die Honleistenträger aufgeklebt, geklemmt oder bei Diamanthonleisten aufgelötet. Über Kegel werden die Honleisten gespreizt und an die Bohrungswand gedrückt.

Länge und Breite der Leisten beeinflussen das erreichbare Honergebnis hinsichtlich Zylindrizitäts- und Rundheitsabweichung. Mit längeren Leisten werden vorhandene Zylindrizitätsabweichungen der Bohrung besser überbrückt als mit kürzeren. Mit breiteren Honleisten und unsymmetrischer Leistenanordnung lassen sich aus gleichem Grund Rundheitsabweichungen leichter beseitigen. Breitere Honleisten verhalten sich besonders schwingungsdämpfend. Damit verbunden sind geringere Hongeräusche und ein kleinerer Honleistenverschleiß.

Die kleinste erreichbare Rauheit ist im wesentlichen von der Spezifikation der Honleisten abhängig. Hierzu gehören Kornwerkstoff, Korngröße, Bindungsart, Härte und Tränkung (Abschn. 4.7.1.2.2). Ein Bezeichnungsbeispiel gibt Bild 4-143 wieder.

Verwendete Kornwerkstoffe sind Korund, Siliciumcarbid, Diamant und kubisch-kristallines Bornitrid. Die normalerweise verwendete Körnung liegt zwischen 120 und 1200. Honleisten aus Diamant und kubisch-kristallinem Borni-

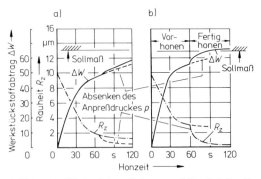

Bild 4-141. Werkstückstoffabtrag und Rauheit in Abhängigkeit von der Honzeit (nach Haasis):
a) einstufiges Honen mit und ohne Absenkung des Anpreßdrucks,
b) zweistufiges Honen mit erhöhtem Anpreßdruck beim Vorhonen und Absenkung des Anpreßdrucks beim Fertighonen.

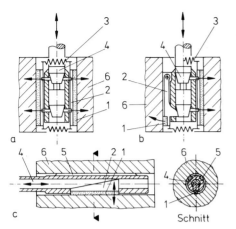

Bild 4-142. Bauformen von Honwerkzeugen (Honah-len) für die Bohrungsbearbeitung:
a) Honwerkzeug mit Parallelleisten (mehrere Honlei-sten am Umfang verteilt),
b) Doppelhonwerkzeug mit Parallel- und Schwenklei-sten für Sacklochbohrungen,
c) Einleistenhonwerkzeug.

1 Honleiste	*4 Zustellkonus*
2 Honleistenträger	*5 Führungsleiste*
3 Rückholfeder	*6 Werkstück*

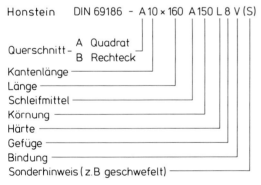

Honstein   DIN 69186 – A 10 × 160 A 150 L 8 V (S)

Querschnitt – A Quadrat
           B Rechteck
Kantenlänge
Länge
Schleifmittel
Körnung
Härte
Gefüge
Bindung
Sonderhinweis (z.B geschwefelt)

Bild 4-143. Bezeichnung für ein Honwerkzeug nach DIN 69 186 mit Korund als Kornwerkstoff (Beispiel).

trid unterscheiden sich von denen aus Korund und Siliciumcarbid-Kornwerkstoff im Schneidverhalten. Oberflächen mit einer Rauheit von unter 3 µm sind mit den Schleifmitteln aus Korund und Siliciumcarbid wirtschaftlich herzustellen. Rauhere Oberflächen werden mit groberer Körnung durch Diamant und kubisch-kristallinem Bornitrid in Verbindung mit einem großen Zeitspanvolumen vorteilhafter bearbei-

tet. Die Körner dieser Kornwerkstoffe bleiben länger im Honleistenverband und werden stumpf.

Bild 4-144 zeigt das jeweils erreichbare bezogene Zeitspanvolumen Q' von Korund-, Diamant- und CBN-Honleisten in Abhängigkeit von der Schnittgeschwindigkeit. Den Einfluß der Korngröße und der Härte von Korund- und Siliciumcarbid-Honsteinen auf die Rauheit, den Honleistenverschleiß und den Werkstoffabtrag gibt Bild 4-145 schematisch wieder.

Tabelle 4-5 und 4-6 geben jeweils eine Übersicht über die erreichbaren Oberflächengüten mit Korund- und Diamant-Honleisten.

4.7.2.4 Einfluß des Werkstücks

Das Honergebnis und der Prozeßverlauf werden vom Zustand des Werkstücks vor der Bearbeitung bestimmt. Dies sind die Härte des

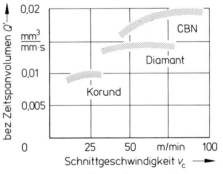

Bild 4-144. Erreichbares bezogenes Zeitspanvolumen in Abhängigkeit von der Schnittgeschwindigkeit für verschiedene Kornwerkstoffe (nach Haasis).

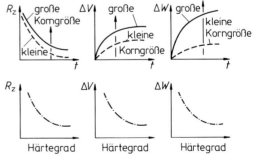

Bild 4-145. Einfluß von Korngröße und Härtegrad der Honleisten auf die Rauheit R, den Honleistenverschleiß ΔV und den Werkstoffabtrag ΔW.

Tabelle 4-5. Erreichbare Rauheitswerte mit Korundhonleisten unterschiedlicher Korngröße und Bindung bei Guß- und Stahlbearbeitung (nach *Haasis*).

Korngröße Mesh		Gußeisen Rauheit R_z in µm			
		180 HB		250 HB	
		keramisch	Bakelit	keramisch	Bakelit
Vorhonen	120	7 bis 9	–	4 bis 6	–
	150	5 bis 7	–	3 bis 5	2 bis 3
	220	4 bis 6	2 bis 4	2 bis 4	1 bis 2
Fertighonen	400	2 bis 4	1 bis 3	1 bis 3	0,5 bis 1,5
	700	–	0,5 bis 1	–	0,5 bis 1
	1000	–	0,5	–	0,3 bis 0,8

Korngröße Mesh		Stahl Rauheit R_z in µm			
		50 HRC		62 HRC	
		keramisch	Bakelit	keramisch	Bakelit
Vorhonen	120	7 bis 9	6 bis 8	4 bis 6	3 bis 4
	150	5 bis 7	4 bis 6	3 bis 5	2 bis 3
	220	3 bis 5	2 bis 4	2 bis 4	1,5 bis 2,5
Fertighonen	400	2 bis 4	1 bis 2	2 bis 3	1 bis 2
	700	1 bis 3	0,5 bis 1	1 bis 2	0,2 bis 1
	1000	0,5 bis 1	0,2 bis 0,5	0,2 bis 1	–

Tabelle 4-6. Erreichbare Rauheitswerte mit Diamanthonleisten unterschiedlicher Korngröße bei Guß- und Stahlbearbeitung (nach *Haasis*).

Korngröße Mesh	Gußeisen Rauheit R_z in µm 180 HB	250 HB	Stahl Rauheit R_z in µm 50 HRC	62 HRC
D 7	0,8	0,6	0,8	0,3
D 15	1,8	1,2	1,8	0,6
D 20	2,0	1,8	2,0	0,8
D 30	2,5	2,0	2,5	1,2
D 40	3,5	2,5	3,0	1,5
D 50	4,0	3,5	3,5	2,0
D 60	4,5	4,0	4,0	2,5
D 70	5,5	4,5	4,5	3,0
D 80	6,0	5,5	5,5	3,5
D 100	6,5	6,0	6,0	4,0
D 120	7,0	6,5	6,5	4,5
D 150	8,0	7,0	7,0	5,0
D 180	9,0	8,0	8,0	5,5
D 200	10,0	9,0	9,0	6,0

Werkstückstoffs, vorhandene Zylindrizitätsfehler und eine große Ausgangsrauheit der Vorbearbeitung. Eine zunehmende Werkstückhärte ermöglicht eine kleine Oberflächenrauheit. Die Körner in der Honleiste stumpfen durch den harten Werkstückstoff ab. Ein vorhandener Zylindrizitätsfehler und eine größere Ausgangsrauheit können nur bei größerem Aufmaß verbessert werden.

4.7.2.5 Einfluß des Kühlschmierstoffs

Der Kühlschmierstoff muß beim Honen hauptsächlich Späne transportieren, die Schneiden schmieren und die Reibungswärme abführen. Das dünnflüssige Honöl wird durch Ringdüsen mit mehreren Austrittsstellen den Honleisten zugeführt. Da eine örtliche Erwärmung beim Honen infolge einer kleinen Schnittgeschwindigkeit bedeutend niedriger ist als beim Schleifen, hat das Honöl überwiegend die Aufgabe, die Honleistenoberfläche zu reinigen.

In Bild 4-146 sind bestimmte Honölzusammensetzungen verschiedenen Werkstückstoffen zugeordnet. Honöle mit niedriger Viskosität er-

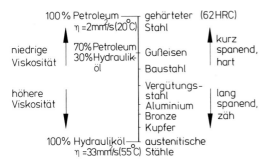

Bild 4-146. Zuordnung der Werkstoffart zur Honöl-viskosität (nach Haasis).

möglichen einen größeren und schnelleren Werkstückstoffabtrag als Öle mit höherer Viskosität. Die höherviskosen Öle bilden einen dickeren Ölfilm zwischen dem Werkstück und den Honleisten, die Kornspitzen kommen weniger zum Vorschein, die Honleiste wirkt härter.

Bei der Bearbeitung von Gußteilen mit Diamanthonwerkzeugen werden auch wasserlösliche Emulsionen verwendet, z. B. bei Kolbenlaufbahnen in Motorgehäusen. Hierdurch spart man bis zu 20% der Honzeit bei gleicher zu erzielender Oberflächenrauheit. Ein besonderer Waschvorgang der Werkstücke auf der Transferstraße kann entfallen.

4.7.2.6 Plateauhonen

Beim Plateauhonen erzeugt man auf einer Kolbenlaufbahn eine Oberflächenstruktur, die aus periodisch auftretenden, tiefen Honspuren mit dazwischenliegenden Tragflächen, den sog. Plateaus besteht. Dies verdeutlicht Bild 4-147.

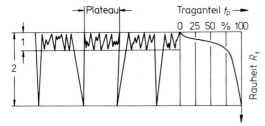

Bild 4-147. Profilschnitt einer plateaugehonten Oberflächenstruktur mit Abbottscher Tragkurve, schematisch.
1   tragende Rauheit
2   Grundrauheit

Wegen der tiefen Honspuren kann eine bessere Haftung des Öls an der Laufbahnwand erreicht werden. Die hierdurch entstehenden Vorteile sind der geringere Verschleiß der Kolbenlaufbahn und der Kolbenringe, der geringere Ölverbrauch sowie die kürzere Einlaufzeit eines Motors.

Die Oberflächenstruktur wird durch Vor- und Fertighonen hergestellt. Beim Vorhonen wird mit grobkörnigen Diamanthonleisten, z. B. mit D 150, oder mit Siliciumcarbid-Honleisten der Körnung 60 Werkstückstoff abgetragen, bis das Fertigmaß der Zylinderbuchse erreicht ist. Dabei entstehen die tiefen Honspuren. Beim Fertighonen werden mit feinkörnigen Honleisten die Spitzen der vorgehonten Flächen in kurzer Zeit abgetragen. Dabei entstehen Plateaus mit großem Profiltraganteil. Die Oberflächenrauheit der Plateaus liegt bei etwa $R_t = 0,5$ µm bis 1 µm und die der Honspuren beträgt bis zu $R_t = 7$ µm.

Bei dieser Honbearbeitung kommt es durch den großen Anpreßdruck zu Verquetschungen in der Oberfläche von Gußteilen. Diese Verquetschungen werden in der Praxis als *"Blechmantel"* bezeichnet. Bei der „Blechmantelbildung" werden die Graphitlamellen des Gußwerkstoffes durch perlitische Gefügebestandteile verschmiert. Besonders bei Kolbenlaufbahnen ist dies zu vermeiden, da wegen des abnehmenden Graphitanteils die Notlaufeigenschaften verlorengehen. Der Effekt tritt auf, wenn die Körner in der Diamanthonleiste das Material nicht mehr trennen, sondern plastisch verformen, so daß mit zunehmender Stumpfung der Kornschneiden die Blechmantelbildung zunimmt. Eine geeignete Wahl der Einstellgrößen kann die Blechmantelbildung klein halten, z. B. dann, wenn die Honleisten im Selbstschärfbereich arbeiten und immer wieder scharfe Körner zum Schnitt kommen.

4.7.2.7 Meßsteuerung des Honprozesses

Die Honmaschinen sind mit automatischen Meßeinrichtungen versehen, die den Honvorgang beim Erreichen des Fertigmaßes abbrechen. Die Messungen erfolgen entweder mit einer pneumatisch arbeitenden Meßeinrichtung oder mit einer elektronischen Tastmeßeinrichtung.

Bei einer *pneumatischen Meßeinrichtung* – Bild 4-148 zeigt das Meßprinzip – sind die Meßdü-

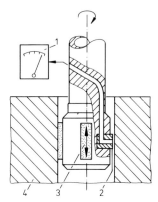

Bild 4-148. Meßkopf einer pneumatischen Meßeinrichtung beim Langhubhonen, schematisch.
1 Differenzdruckmesser   3 Honwerkzeug
2 Meßdüse   4 Werkstück

sen zwischen den Honleisten des Werkzeugs angebracht. Der Luftdruck ist so groß, daß das
Honöl örtlich verdrängt wird. Der Toleranzbereich in der Maßabschaltung liegt bei 2 μm bis
5 μm. Der Vorteil des Verfahrens ist besonders
in der berührungslosen Messung des Bohrungs-
durchmessers begründet.

Bei der *Tastmeßeinrichtung* sitzt gemäß Bild
4-149 auf der Honspindel über der Honahle
eine Meßhülse, die sich axial verschieben läßt.

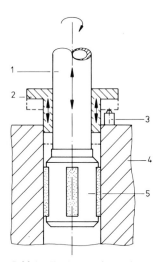

Bild 4-149. Tastmeßeinrichtung beim Langhubhonen,
schematisch.
1 Honspindel   4 Werkstück
2 Meßhülse   5 Honwerkzeug
3 Meßkontakt

Ist der erwünschte Durchmesser erreicht, kann
die Hülse in die Bohrung eintauchen. Mittels
eines Rings an der Hülse wird ein Kontakt ausgelöst, der das Abschalten des Arbeitsganges
bewirkt.

Kleinere gehonte Bohrungen unterhalb von
20 mm können durch eine Nachmeßstation ge-
prüft werden. Das Meßprinzip geht aus Bild
4-150 hervor. Wird hierbei eine vorgegebene
Maßtoleranz der Bohrung durch Verschleiß am
Honwerkzeug überschritten, erfolgt eine Kompensation mit mechanischer Schrittzustellung
(feedback).

Eine *elektronische Maß- und Formsteuerung* ermöglicht eine Hublängen- und Hublagenver-
stellung, so daß Abweichungen von 2 μm von
der Rundheit und der Zylinderform automatisch korrigiert werden.

4.7.3 Läppen

4.7.3.1 Grundlagen

Läppen ist ein Feinbearbeitungsverfahren, bei
dem Werkstücke mit großer Form- und Maßgenauigkeit sowie hoher Oberflächengüte hergestellt werden, wie Tabelle 4-7 zeigt. Im Gegensatz zum Schleifen und Honen werden die
Schneiden beim Läppen von losen Körnern gebildet. Geläppt werden können fast alle Werkstückstoffe, z. B. alle Metalle, Oxidkeramiken,
Rohgläser, Naturstoffe und sonstige Hartstoffe
sowie verzugsempfindliche und unmagnetische
Teile. Neuere Anwendungen finden sich in den
Bereichen Kunststoff- und Halbleitertechnik.

Tabelle 4-7. Erreichbare Genauigkeit beim
Läppen.

Formgenauigkeit	Rauhtiefe
Ebenheit	
Maschinenbau	1 μm/m bis 3 μm/m
Feinmechanik, Optik	1 μm/m
Meßgeräte	0,2 μm/m
Planparallelität	0,3 μm/m
Maßgenauigkeit	1 μm/m
Oberflächengüte	
Maschinenbau	$2\ \mu m < R < 4\ \mu m$
öl- und dampfdichte Flächen	$0,2\ \mu m < R < 0,5\ \mu m$
Endmaßqualität	$R = 0,03\ \mu m$

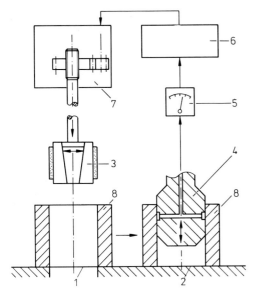

Bild 4-150. Nachmeßeinrichtung mit Schrittzustellung, schematisch.
1 Honstation
2 Nachmeßstation
3 Honwerkzeug
4 pneumatischer Meßdorn
5 Anzeigegerät und Meßwertgeber
6 Zustellsteuerung
7 Zustellgetriebe
8 Werkstück

Es seien vier wichtige Vorteile des Läppverfahrens genannt:
– Die meisten Werkstücke können ohne Einspannung bearbeitet werden;
– Grob- und Feinstbearbeitung sind in einem Arbeitszyklus durchführbar unter Einhaltung der geforderten Toleranzen;
– kleine zerbrechliche Teile mit einer Dicke kleiner als 0,1 mm (z. B. Scheiben aus Silicium und Germanium) und Dichtflächen von großen Maschinenteilen (z. B. Motorenblöcke) können feinstbearbeitet werden;
– geläppte Oberflächen zeigen keinen Wärme- oder Spannungsverzug.

Der Werkstoffabtrag beim Läppen erfolgt durch zwei gleichzeitig ablaufende Vorgänge. In einem Vorgang drücken sich Läppkörner jeweils in die Oberfläche der Läppplatte und des Werkstücks ein. Die Körner werden in der Läppplatte so festgehalten, daß infolge der Relativbewegung zwischen der Platte und der

Werkstückoberfläche ein Spanen erfolgt. Bei dem anderen Vorgang rollen Läppkörner zwischen der Läppplatte und dem Werkstück ab. Die Kornspitzen verformen und verfestigen den Werkstoff an der Werkstückoberfläche. Übersteigt der Verformungswiderstand die Trennfestigkeit des Werkstoffs, brechen Werkstoffteilchen aus.

Die Läppverfahren werden entsprechend Bild 4-151 unterschieden in *Plan-, Rund-* und *Profilläppen* sowie Sonderläppverfahren. Die ersten drei Verfahren verbessern die Maß- und Formgenauigkeit sowie die Oberflächenrauheit. Die Sonderläppverfahren verbessern nur die Oberfläche.

Die am häufigsten eingesetzten Läppverfahren sind das ein- und beidseitig parallele Planläppen, das Außenrundläppen mit Linienberührung sowie das Innenrundläppen. Weitere Verfahren sind das Verzahnungs-, Tauch- und Strahlläppen. Durch Verzahnungsläppen wird an spiralverzahnten Kegelrädern ein besseres Tragbild erzeugt. Tauchläppen läßt sich vorteilhaft zum Entgraten von Werkstücken einsetzen. Hierbei wird das Werkstück in das in einer Trommel rotierende Läppgemisch getaucht. Das vorbeiströmende Läppkorn trägt den Werkstoff ab. Dieses Verfahren kann auch dem Gleitschleifen zugeordnet werden (Abschn. 4.7.4). Beim Strahlläppen wird das Läppkorn in einem Flüssigkeitsstrahl auf die Oberfläche geschleudert (600 m/s bis 1000 m/s), so daß eine Veränderung der Werkstückoberfläche erfolgt (Abschn. 4.7.5).

4.7.3.2 Einfluß von Prozeßgrößen auf das Läppergebnis

Den Ablauf des Läppprozesses und das Läppergebnis beeinflussen Maschine, Läppplatte, Läppmittel und Werkstück. An der Maschine werden Läppdruck und Läppdauer eingestellt. Die Bewegungsrichtung und die Läppgeschwindigkeit von 5 m/min bis 150 m/min bestimmt die Läppplatte. Das **Läppmittel** besteht aus dem Läppkorn und der Läppflüssigkeit; es hat die Aufgabe, zwischen Werkstück und Werkzeug einen Läppfilm zu bilden und im Läppvorgang neue Läppkornschneiden zur Wirkung kommen zu lassen. Neue Schneiden bilden sich ständig durch splitternde Läppkörner bei höheren Läppdrücken.

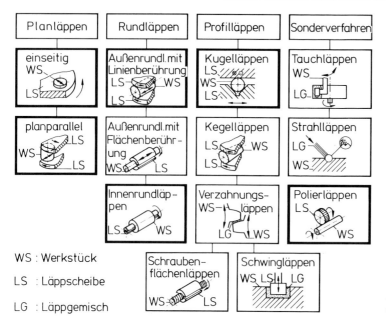

WS : Werkstück

LS : Läppscheibe

LG : Läppgemisch

Bild 4-151. *Übersicht*
über die Läppverfahren.

Das Mischungsverhältnis von Läppkorn zu Läppflüssigkeit und die zugeführte Menge des Läppmittels sind auf den Läppvorgang abzustimmen. Kleine Läppkörner erfordern eine dünnere Läppflüssigkeit, denn ein zu dicker Läppfilm würde die Körner am Werkstückstoffabtrag hindern.

Die Läppkorngröße beträgt 0,1 μm für feinste Läpparbeiten bis zu 150 μm für grobes Schrupplüppen. Innerhalb einer Korngröße müssen die Korndurchmesser möglichst gleich sein, damit beim Läppen keine tieferen Kratzer auftreten. Vorwiegend werden Siliciumcarbid und Edelkorund verwendet. Für harte Werkstückstoffe (z. B. Hartmetalle, Keramik) kommen Borcarbid und Diamant zum Einsatz. Diese ermöglichen einen größeren Läppdruck und damit ein größeres Zeitspanvolumen.

Die erreichbare Oberflächenrauheit wird beeinflußt von der Läppkorngröße, dem Läppdruck, der Läppkorndichte, der Läppfilmdicke und der Läppzeit. Die Auswirkungen dieser Einflußgrößen auf die erzielbare Oberflächenrauheit zeigt schematisch Bild 4-152. Ein großes Läppkorn und ein höherer Läppdruck bewirken besonders bei weichen Werkstückstoffen größere Riefen und tiefere Eindrücke und damit eine größere Rauheit, wie Bild 4-153 und 4-154 zeigen. Mit zunehmender *Läppkorndichte* werden

die Körner in der Bewegung eingeschränkt und am Splittern gehindert. Größere Körner bleiben so am Werkstoffabtrag länger beteiligt. Die Oberflächenrauheit steigt. Eine kleinere Rauheit ist mit zunehmender Läppfilmdicke und langer Läppzeit zu erzielen. Eine größere Läppfilmdicke verhindert ein Eindringen der Körner in den Werkstückstoff. Eine längere Läppzeit bewirkt, daß immer mehr Körner splittern und der Korndurchmesser abnimmt (Bild 4-154).

Das Zeitspanvolumen steigt mit dem Läppkorndurchmesser und dem Läppdruck entsprechend Bild 4-155. Eine Grenze tritt durch

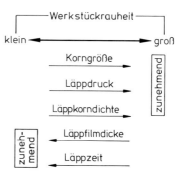

Bild 4-152. *Einfluß verschiedener Größen auf die*
Werkstückrauheit beim Läppen.

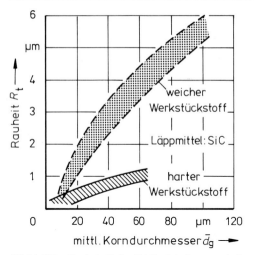

Bild 4-153. *Rauheit R_t in Abhängigkeit vom mittleren Korndurchmesser $\bar{d}_g$ bei hartem und weichem Werkstückstoff (nach Lichtenberg).*

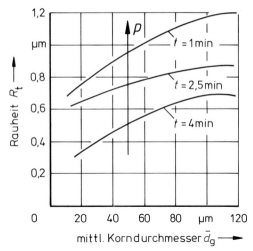

Bild 4-154. *Rauheiten R_t in Abhängigkeit vom mittleren Läppkorndurchmesser bei unterschiedlichen Läppzeiten – Werkstückstoff: 15 CrB (64 HRC); Läppscheibe: Perlitguß; Läppkorn: SiC; Läppkornmenge: 0,5 g/min – (nach Lichtenberg).*

Abreißen des Läppfilms und Splittern der Körner bei höherem Läppdruck auf. Steigern läßt sich das Zeitspanvolumen innerhalb bestimmter Grenzen durch eine größere Läppkorndichte: Es werden immer mehr Körner am Werkstoffabtrag beteiligt. Nimmt jedoch die Läppkorndichte so sehr zu, daß sich die Körner

in der Bewegung hindern, so vermindert sich das Zeitspanvolumen, wie aus Bild 4-156 hervorgeht.

Die Beschaffenheit der Randzone des Werkstücks wird von der Läpptemperatur beeinflußt. Für eine ausreichende Kühlung und Schmierung beim Läppen sorgt die Läppflüs-

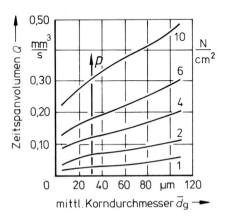

Bild 4-155. *Zeitspanvolumen Q in Abhängigkeit vom mittleren Korndurchmesser $\bar{d}_g$ bei unterschiedlichem Läppdruck – Werkstückstoff: St 50; Läppscheibe: GG 26; Läppkorn: SiC; Kornmenge: 3,5 g/min; Läppflüssigkeit: Wasser mit 3% Läppkonzentrat – (nach Martin).*

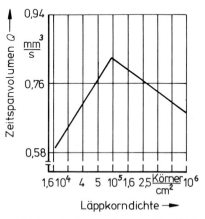

Bild 4-156. *Zeitspanvolumen Q in Abhängigkeit von der Läppkorndichte – Werkstückstoff: GG 26; Läppscheibe: Perlitguß HB = 180; Läppkorn: SiC; Läppflüssigkeit: Petroleum – (nach Lichtenberg).*

Tabelle 4-8. Läppkornarten, Läppkorngrößen und Kühlschmierstoffe für einige wichtige Werkstückstoffe.

Werkstückstoff	Läppkornart, Läppkorngröße		
	Vorläppen	Fertigläppen	Kühlschmierstoffe
Grauguß	SC 200, NK 220	EK 220, NK 500	Petroleum, Fett, Benzol, Öl, Wasser
Bronze	SC 220	SC 500, NK 220	Petroleum, Öl, Fett, Benzol
Hartmetall	SC 320, BK 220	D (Staub) Ersatz: BK	Olivenöl

SC Siliciumcarbid   BK Borcarbid
EK Edelkorund   D   Diamant
NK Normalkorund

sigkeit. Läppflüssigkeiten sind je nach Werkstückstoff Petroleum, Öl, Terpentin, Benzin, Benzol, Sodawasser und Wasser gemäß Tabelle 4-8. In letzter Zeit setzt man immer häufiger Wasser mit Zusätzen, z.B. mit Korrosionsschutzmittel ein. Hierdurch läßt sich ein 10% bis 15% höheres Zeitspanvolumen erreichen.

Bild 4-157. Einscheibenläppmaschine.
Werkphoto Fa. Wentzky
1 Abrichtringe (Laufringe)
2 Läppscheibe
3 Belastungseinrichtung
4 Werkstück

4.7.3.3 Läppverfahren

Beim Läppen von Hand wird das Werkstück oder das Werkzeug mit der Hand geführt; hierbei kann die Schnittbewegung von Hand oder maschinell erfolgen. Angewendet wird dieses Läppverfahren in der Einzelfertigung sowie im Werkzeug-, Lehren- und Meßgerätebau. Das erzielbare Läppergebnis ist in großem Maß abhängig von der Geschicklichkeit des Ausführenden.

Beim maschinellen Läppen werden Einzweckläppmaschinen und Universalläppmaschinen eingesetzt. Mittels Beschickungseinrichtungen läuft der Läppvorgang auf diesen Maschinen meistens automatisiert ab.

4.7.3.3.1 Planläppen

Ebene Flächen werden mit Einscheiben- und Zweischeibenläppmaschinen hergestellt. Beim **Einscheibenläppen** sind die Werkstücke in Laufringen auf der Scheibe so angeordnet, daß sie sich infolge von Reibungsmitnahme drehen. Bild 4-157 zeigt dies im einzelnen. Durch diese drehende Bewegung der Laufringe wird beim Läppvorgang die Läppscheibe ständig abgerichtet und bleibt über eine längere Zeit plan. Eine zusätzliche Belastung der Werkstücke durch Gewichtstücke oder eine pneumatisch arbeitende Belastungseinrichtung sorgt für den notwendigen Läppdruck.

Beim **Zweischeibenläppen** können – wie es Bild 4-158 verdeutlicht – Werkstücke gleichzeitig von beiden Seiten bearbeitet werden. Hierzu liegen die Werkstücke in verzahnten Läuferscheiben, die an einer äußeren Verzahnung abwäl-

Bild 4-158. Zweischeibenläppmaschine.
Werkphoto Fa. JMJ

1 Läppscheibe oben	4 innerer Zahnkranz
2 Läppscheibe unten	5 äußerer Zahnkranz
3 Läuferscheibe	6 Werkstücke

zen. Angetrieben werden diese Scheiben von einem innenliegenden Zahnkranz. Die Werkstücke in den Läuferscheiben durchlaufen zykloidenförmige Bahnen auf der Läppscheibe, so daß sich innerhalb eines Bearbeitungszyklus maßgenaue und planparallele Werkstücke herstellen lassen. Die Drehrichtung und die Drehgeschwindigkeit des Läuferscheibenantriebs können so auf die Läppscheibengeschwindigkeit abgestimmt werden, daß ein gleichmäßiger Läppscheibenverschleiß auftritt und die Scheiben eben bleiben.

Muß die Läppscheibe abgerichtet werden, erfolgt dies durch eine Abdreheinrichtung auf der Maschine oder durch Einläppen beider Läppscheiben aufeinander.

Beim Planläppen müssen die Läppscheiben ihre Geometrie möglichst lange beibehalten. Dazu werden die Scheiben aus Perlitguß mit einer gleichmäßigen Härte von 150 HB bis 200 HB hergestellt. Für Polierläpparbeiten bzw. Läpparbeiten mit kleiner Rauheit sind Scheiben geringerer Festigkeit aus Kupfer, Zinn-Antimon oder Kunstharz einzusetzen, da bei weichen Scheiben die Körner spanen. Dagegen unterstützen harte Scheiben die Rollbewegung des Korns und damit den Werkstoffabtrag. Größere Scheiben sind mit Nuten versehen, um die Läppkornwege zu verkürzen. Auf diese Weise kommen im Läppvorgang öfter neue Schneiden zum Einsatz, so daß man ein größe-

res Zeitspanvolumen erreicht. Um die entstehende Reibungswärme beim Läppen besser abzuleiten, werden die Läppscheiben gekühlt.

4.7.3.3.2 Außen- und Innenrundläppen

Beim Außenrundläppen von Hand werden geschlitzte Läpphülsen verwendet, die mit der ganzen Länge auf dem Werkstück tragen. Geläppt wird mit drehender und hin- und hergehender Bewegung. Die Zustellung erfolgt durch Klemmen der geschlitzten Hülse.

Das maschinelle Außenrundläppen wird auf Zweischeibenläppmaschinen und mit einer größeren Anzahl von Werkstücken entsprechend Bild 4-159 ausgeführt. Die Werkstücke liegen in einem Käfig aus Stahlblech, Messing oder Kunststoff.

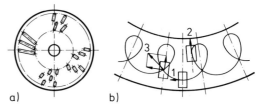

Bild 4-159. a) Anordnung von runden Werkstücken in Käfigen und b) Bahnkurven der Werkstücke auf der Läppscheibe.
1 Rollen des Werkstücks
2 Gleiten des Werkstücks
3 Rollen und Gleiten des Werkstücks

Beim Innenrundläppen sind Läppwerkzeug und Werkstückaufnahme kardanisch aufgehängt, um Fluchtfehler zwischen der Spindel und der Bohrung auszugleichen. Der Läppwerkzeugdurchmesser ist wie beim Honen über einen Kegel in bestimmten Grenzen verstellbar. Das Werkzeug führt außer der Drehbewegung auch eine oszillierende Längsbewegung aus.

4.7.3.3.3 Kugelläppen

Zum Läppen kleinerer Kugeln besitzt die untere Läppscheibe mehrere Rillen. Die obere Läppscheibe ist glatt. Infolge der sich so ergebenden Dreipunktberührung zwischen der Kugel und der Läppscheibe muß sich diese Kugel in der Rillenbahn drehen. Hierbei kommt es zu einem gleichmäßigen Werkstoffabtrag. Zu- und abgeführt werden die Kugeln kontinuierlich über Magazine.

4.7.3.3.4 Polierläppen

Eine Polierbearbeitung an Werkstücken wird aus verschiedenen Gründen ausgeführt: Korrosionsschutz, Hygiene, Schönheit sowie optische und aerodynamische Gesichtspunkte. Poliert werden können wie beim Läppen alle Metalle, Oxidkeramiken, Rohgläser, Naturstoffe und sonstige Hartstoffe.

Der Poliervorgang besteht aus dem Schleifen und Einebnen der Oberfläche. Hierzu wird loses Polierkorn auf ein nachgiebiges Trägerwerkzeug gebracht. Die scharfen und harten Polierkörner tragen den Werkstoff schleifend ab. Das Einebnen bzw. Glätten ohne Werkstoffabtrag bewirken weiche, abgerundete Körner. Die hierbei auftretende plastische Verformung an der Oberfläche wird durch eine hohe Temperatur (200 °C bis 600 °C, örtlich bis zu 1000 °C) begünstigt. Diese entsteht durch Reibung zwischen der großen Kontaktfläche des nachgiebigen Trägerwerkzeugs und der Werkstückoberfläche. Der Werkstückstoff wird dabei teilweise angeschmolzen und fließt in die feinen Oberflächenvertiefungen (*Beilby-Schichten*). Das Fließen erfolgt unter Aufhebung der Kristallstruktur und anschließender Rekristallisation in feinere Kristalle. Bis zu einer Tiefe von etwa 10 μm wird auf diese Weise die Werkstückoberfläche beeinflußt. Die Randzone wird dadurch kaltverfestigt und die Korrosionsbeständigkeit erhöht.

Polierarbeiten werden meistens noch von Hand auf Polierböcken durchgeführt. Automatisch poliert wird auf Bearbeitungsstraßen und Rundtischen. Bild 4-160 zeigt eine solche Anlage. Alle Einrichtungen sind mit einer Staubabsaugung in der Arbeitszone versehen, um die Bedienungsperson zu schützen. Aus ergonomischen und wirtschaftlichen Gründen kommen in zunehmendem Maß Roboter für Polierbearbeitungen, z. B. an Karosserieteilen, zum Einsatz.

Das Polierergebnis wird beeinflußt von den Eigenschaften des Werkzeugs, des Poliermittels (Polierkorn, Bindemittel) und des Werkstücks sowie von den zugehörigen Einstellgrößen an

Bild 4-160. Rundtischpolieranlage mit zwei Pendelwalzen zum Polieren von Autorückspiegelteilen. Werkphoto Fa. Metabo

der Maschine, d. h. Polierzeit und Anpreßdruck.

Die scheibenförmigen Werkzeuge sind flexibel
und bestehen aus Sisalfasern oder textilen
Werkstoffen. Bild 4-161 zeigt eine Auswahl dieser Werkzeuge. Die Umfangsgeschwindigkeit
der Scheiben reicht von 30 m/s bei Stahl bis
60 m/s bei der Leichtmetallbearbeitung; sie liegt
also im Bereich der Schleifbearbeitung. Mit
bürstenartigen Werkzeugen aus Fiber- oder
Sisalfasern lassen sich Vorpolierarbeiten durchführen. Zum Fertigpolieren, besonders bei weichen Werkstückstoffen, werden Werkzeuge aus
Flanell, Seide oder Wolle angewendet. Harte
Werkstückstoffe werden mit Nessel- oder Kö-
pergewebe bearbeitet.

Das **Poliermittel** besteht aus dem Polierkorn
und dem Bindemittel. Veränderliche Größen
sind das Mischungsverhältnis von Polierkorn
zu Bindemittel sowie die Zuführmenge des
Poliermittels. Die Polierkörner bestehen aus
Kreide, Tonerde (Polierweiß), Eisenoxid (Po-
lierrot), Chromoxid (Poliergrün) oder Diamant. Die Bindemittel sind pastenförmig oder
flüssig. Sie müssen das Korn binden, die Reibung vermindern und die Kühlung verbessern.
Die Viskosität des Bindemittels beeinflußt die
Dicke der Poliermittelschicht und die Polierwirkung. Pastenförmige Bindemittel sind aus Stea-
rin, Paraffin, Wachs oder Emulsionsfetten hergestellt. In letzter Zeit haben sich zunehmend
flüssige Polieremulsionen durchgesetzt. Sie lassen sich gleichmäßiger auftragen und sparsa-
mer anwenden. Das Auftragen einer Emulsion
ist mit Sprüheinrichtungen leichter zu automatisieren. Wegen der besseren Kühlwirkung erreicht man eine größere Poliergeschwindigkeit
sowie einen größeren Anpreßdruck.

Die Oberflächenqualität ist abhängig von dem
Werkstückstoff, der Werkstückgeometrie und
der Vorbearbeitung. Homogene Werkstoffe lassen gute Polierergebnisse erwarten. Scharfe
Kanten, Übergänge und zurückspringende Flächen lassen sich schlecht polieren und erhöhen
den Werkzeugverschleiß. Durch eine gleichmäßige Werkstückvorbearbeitung erzielt man
ein besseres Polierergebnis in kürzerer Zeit.
Dieses ist durch den Glanz und die Rauhtiefe
des Werkstücks sowie durch das Bild der Randzone gekennzeichnet. Der Glanz nimmt nach
dem Überschreiten einer experimentell zu er-
mittelnden optimalen Polierzeit ab, da anschlie-

Bild 4-161. Polierwerkzeuge.

ßend weichere Gefügebestandteile verstärkt ab-
poliert werden und eine Reliefbildung auftritt.

Eine größere Werkzeugumfangsgeschwindig-
keit verschlechtert den Glanzgrad, da das
Werkzeug bei der Polierbearbeitung härter
wirkt und mehr schleifend arbeitet. Zunehmender Glanzgrad ist mit kleinerem Polierkorn-
durchmesser und feinerem Gewebe des Trägerwerkzeugs zu erreichen.

Um ein gutes Arbeitsergebnis zu erhalten, müssen die Werkzeuge schwingungsfrei laufen.
Hierzu ist das Trägerwerkzeug von Zeit zu Zeit
mit einem scharfen Drehmeißel abzurichten.

In automatischen Bearbeitungsstationen setzt
man auch bänderartige Trägerwerkzeuge ein,
die einen geringen Poliermittelverbrauch und
eine bessere Polierwirkung mit sich bringen.

4.7.4 Gleitschleifen

Beim Gleitschleifen erfolgt eine spanende Bearbeitung durch eine Relativbewegung zwischen
vielen einzelnen Schleifkörpern (Chips) und
der Werkstückoberfläche. Die spanende Wirkung der Schleifkörper wird ergänzt durch
Zugabe einer wasserlöslichen Chemikalienmi-
schung (Compound).

Angewendet wird dieses Verfahren hauptsächlich zur Vorbehandlung von Oberflächen vor
einer galvanischen Metallbeschichtung, z. B.
vor dem Verchromen und Vernickeln. Maß-

und Formverbesserungen sind nicht zu erreichen. Bei Massen- oder auch Einzelteilen läßt
sich das Gleitschleifen zum Entgraten, Entzun-
dern, Entrosten, Reinigen, Grob- und Feinschleifen sowie zum Glätten und Polieren einsetzen. Bearbeitet werden können alle Metalle,
Kunststoffe und Holz.

Je nach der Erzeugung der Relativbewegung
wird das Gleitschleifen in das Trommel-, Vibra-
tions- und Fliehkraftverfahren eingeteilt.

Beim **Trommelverfahren** gemäß Bild 4-162 wird
der Trommelinhalt bei der Rotation bis zu einer
bestimmten Höhe mitgenommen. An der obersten Schicht einer Trommelfüllung setzt infolge
der Schwerkraft das Gleiten ein. Die Schwerkraft ist maßgebend für die Schleifkraft zwischen dem Schleifkörper und dem Werkstück.
Die Gleitbewegung wird bestimmt durch die
Umfangsgeschwindigkeit der Trommel. Mit zunehmender Umfangsgeschwindigkeit kommt
außer der Gleitbewegung noch eine Rollbewegung hinzu.

Beim **Vibrationsschleifen** wird die Relativbewegung durch Schwingungen bewirkt. Zur
Schwingungserzeugung verwendet man eine
drehbar gelagerte Unwuchtmasse oder einen
direkt angeflanschten Schwingungsmotor. Infolge der unterschiedlichen Schwingbewegun-
gen in horizontaler und vertikaler Richtung
entsteht zwischen dem Schleifkörper und dem
Werkstück in den äußeren Behälterzonen eine
Umwälzbewegung, so daß die Werkstücke ge-
zwungen werden, den Behälter der Anlage zu
durchlaufen, wie aus Bild 4-163 hervorgeht.

Entsprechend Bild 4-164 nimmt in der An-
fangsphase der Werkstoffabtrag proportional
mit der Bearbeitungsdauer und der Frequenz
zu, da mehr Schleifkörper an der Werkstückoberfläche vorbeigeführt werden. Gleichzeitig
verringert sich die Rauheit. Das gesamte Füll-
gut befindet sich ständig in einem Schwebezu-
stand, so daß nach einem solchen Vibrations-
verfahren dünnwandige Teile allseitig in verhältnismäßig kurzer Zeit bearbeitet werden
können. Die Anlagen kommen hauptsächlich
in wendelförmig aufgebauter Form oder in
Langtroganordnung zum Einsatz. Sie können
verkettet mit Zuführgeräten und Trockengerä-
ten in den Produktionsablauf eingebaut werden.

Um das Zeitspanvolumen beim Gleitschleifen
zu erhöhen und die Bearbeitungszeit zu verkür-

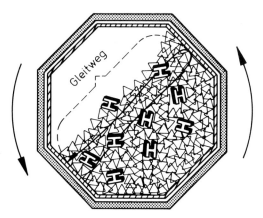

Bild 4-162. *Drehbare Trommel mit Werkstücken und Schleifkörpern, schematisch.*

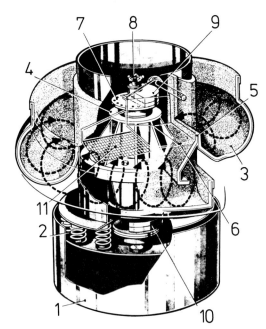

Bild 4-163. *Schnittzeichnung eines Wendeltrog-Vibrators.*
1   *Maschinenuntergestell*
2   *Druckfeder*
3   *Arbeitsbehälter, gummiert*
4   *Vibrationsmotor*
5   *Überlaufsteg*
6   *Separierklappe*
7   *Verstellung der oberen Unwucht*
8   *Verstellung der unteren Unwucht*
9   *obere Unwucht*
10   *untere Unwucht*
11   *Sieb*

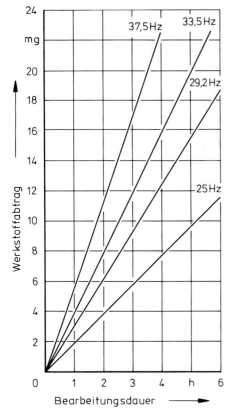

Bild 4-164. Werkstoffabtrag in Abhängigkeit von der Bearbeitungsdauer bei unterschiedlichen Vibrationsfrequenzen.

zen, müssen die wirksamen Kräfte vergrößert werden. Das **Fliehkraftverfahren** nutzt die Zentrifugalkraft aus. Werkstückkanten lassen sich in kurzer Zeit verrunden. Durch die sich drehende tellerförmige Bodenplatte der Anlage werden Schleifkörper und Werkstücke nach außen an die Behälterwand gedrückt.

Bild 4-165 zeigt das Prinzip. Langsam wandern die Schleifkörper und Werkstücke nach oben und fließen zur Mitte des Tellers hin zurück. Schleifkörper (Chips) in Verbindung mit der Compound-Lösung sind *Zuschlagstoffe*, die den Gleitschleifprozeß und das Arbeitsergebnis in weiten Bereichen beeinflussen. Als *Chips* werden verwendet

– Naturstein (gebrochen in verschieden klassierten Größen): Basalt, Dolomit, Quarzstein, Schmirgel, Bimsstein;

– synthetische Schleifkörper, gebrochen in verschieden klassierten Größen mit großem Abtragswert;

– vorgeformte synthetische Schleifkörper (Kugel, Dreieck, Pyramide, Rhombus, Zylinder, Würfel, Kegel) als keramisch oder metallkeramisch bzw. organisch gebundene Körper;

– Sonderchips aus Glas, Nußschalen, Hartholz, Plaste, Schlacken, Filz und Leder.

Die Art der Schleifkörper richtet sich nach dem zu bearbeitenden Werkstoff, dem Rohzustand der Werkstücke und der verwendeten Anlage. Die Größe wird bestimmt durch die Form und Größe der Werkstücke. Für Polierarbeiten werden z. B. feinschleifende Chips verwendet mit geringem Gewicht und größerer Elastizität.

Compound-Lösungen haben die Aufgabe,

– die Schleifwirkungen zu verstärken durch Abstumpfen der Chip-Oberfläche oder zu vermindern durch Filmbildung auf den Chips und dem Werkstück,

– Chips und Werkstücke zu reinigen,

– für einen ausreichenden Korrosionsschutz zu sorgen und

– unterschiedliche Wasserhärten auszugleichen.

Sie sollten leicht von den Werkstücken abspülbar und abwassertechnisch neutral sein.

Das Mischungsverhältnis von Volumen Gleitkörper zum Volumen der Werkstücke beeinflußt das Zeitspanvolumen sowie die Rauheit und Gleichmäßigkeit der Werkstücke. Bei einfachen Teilen genügt ein Mischungsverhältnis von 3:1, bei schwierigen Teilen, z. B. bei langen dünnen Teilen, kann es bis zu 10:1 betragen.

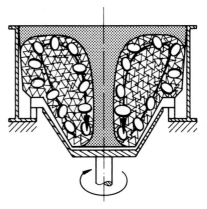

Bild 4-165. Fliehkraftverfahren: feststehender Behälter mit rotierendem Boden.

Die Bearbeitungszeit ist abhängig vom Werkstück und von der abzutragenden Werkstückstoffmenge. Kürzere Bearbeitungszeiten lassen sich durch eine zweistufige Arbeitsweise erreichen, z. B. Entgraten in der Fliehkraftanlage und Feinschleifen im Vibrator.

4.7.5 Strahlspanen

Beim Strahlspanen erfolgt eine Oberflächenverbesserung durch Spanen mit ungebundenen Körnern, die in einem Luft- oder Flüssigkeitsstrahl mit großer Geschwindigkeit (800 m/s) auf die vorbearbeitete Werkstückoberfläche auftreffen. Hierbei wird das Rauheitsgebirge auf der Oberfläche abgetragen und gleichzeitig die Werkstückoberfläche kaltverfestigt. Vorwiegend dient das Strahlspanen dem Reinigen von verzunderten Oberflächen, aber auch dem Entspiegeln von blanken Flächen sowie dem Entgraten und Abrunden von Kanten.

Nach dem Verwendungszweck sind die Strahlverfahren einzuteilen in Rauh- und Glattstrahlen sowie in Läpp- und Polierstrahlen (s. a. Abschn. 4.7.3.1).

Drei verschiedene Arten der Strahlgemischförderung werden hierbei je nach Art der Energieaufbringung unterschieden: das Druckluft-, das Pumpen- sowie das Schleuderradverfahren.

Beim gebräuchlichsten Verfahren wird das Strahlgemisch unter Druckluft beschleunigt. Hierzu wird das Strahlmittel im Wasser aufgewirbelt, um eine gleichmäßige Verteilung zu gewährleisten. Die Druckluftzufuhr erfolgt in der Mischkammer; hierdurch erhält das Strahlgemisch die notwendige Geschwindigkeit. Bei den anderen Verfahren wird als Strahlgemisch durch eine Pumpe oder ein Schleuderrad gefördert. Als Strahlmittel wird hauptsächlich Siliciumcarbid, weniger Korund verwendet. Speziell zur Verfestigung von Oberflächen lassen sich Glaskugeln als Strahlmittel einsetzen.

Die erreichbare Oberflächengüte ist von verschiedenen Einstell- und Verfahrensgrößen abhängig. Einige gebräuchliche Angaben für ein maximal erreichbares Zeitspanvolumen, das von der kinetischen Energie $mv_c^2/2$ abhängig ist, sind nachfolgend aufgeführt:

Strahlwinkel α	45°
Düsenabstand l	50 mm
Düsendurchmesser d	5 mm
Luftdruck p	0,6 N/mm² bis
	0,8 N/mm²

Läppgemischkonzentration	1 : 7
Kornart	Siliciumcarbid
Korngröße d_g	150 µm
Zeitspanvolumen Q_w	Al-Legierungen
	0,44 cm³/min
	Zn 0,36 cm³/min
	Ms 0,25 cm³/min
	St 0,20 cm³/min

In den Strahlanlagen sind meistens Grifföffnungen mit Gummihandschuhen vorgesehen, die die Handhabung im abgeschlossenen Strahlraum ermöglichen. Aus dem Strahlraum wird der entstehende Siliciumcarbid- bzw. Korundstaub oder der Flüssigkeitsnebel abgesaugt. Größere Werkstücke werden in drehbaren Vorrichtungen im Strahl bewegt.

4.8 Gestaltung spanend herzustellender Werkstücke

4.8.1 Allgemeines

Das fertigungsgerechte Gestalten von Werkstücken, die spanend bearbeitet werden sollen, erfordert die Beachtung einiger Grundsätze, die unabhängig vom Fertigungsverfahren gelten:

– Bei der Gestaltung geometrisch einfache Grundkörper wählen,
– das Zerspanvolumen so gering wie möglich halten,
– auf Spannmöglichkeit für die Bearbeitung achten,
– nach Möglichkeit in einer Aufspannung fertig bearbeiten,
– ebene Bearbeitungsflächen möglichst parallel oder senkrecht zur Aufspannfläche legen,
– die zu bearbeitenden Flächen müssen für das Werkzeug gut zugänglich sein,
– Werkzeugauslauf (Freistich nach DIN 509) vorsehen,
– den Einsatz genormter Werkzeuge ermöglichen,
– Drehen und Bohren bevorzugen gegenüber dem Fräsen und Hobeln,
– Oberflächengüten und Toleranzen auf das unbedingt Nötige beschränken,
– Allgemeintoleranzen (ISO 2768) beachten.

Nachstehend folgen Gestaltungshinweise für die Fertigungsverfahren Drehen, Bohren, Senken, Reiben, Fräsen, Hobeln, Stoßen, Räumen und Schleifen sowie für Schnitteile aus Blech (Stanztechnik).

4.8.2 Gestaltung für das Drehen

4.8.2.1 Form- und Lageabweichungen

Die absolut genaue Fertigung eines Werkstücks ist in der Praxis nicht möglich. Außer Abweichungen von den Nennmaßen treten auch Form- und Lageabweichungen auf, welche entstehen können durch:

– Eigenspannung,
– Einspannung,
– Werkzeughalterung,
– Zerspankraft,
– Schnittgeschwindigkeit,
– Maschinenschwingungen.

Nachfolgend seien drei Beispiele für Ursachen von Formabweichungen und ihre jeweiligen Auswirkungen angeführt:

Bild 4-166
Wird ein Drehteil zwischen Spitzen aufgenommen, so tritt durch die Kraft *F* des Drehmeißels auf das Drehteil eine Durchbiegung auf. Die auftretende Formabweichung ist im rechten Bild dargestellt.

Ursache   Auswirkung

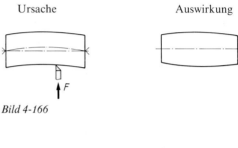

Bild 4-166

Bild 4-167
Wird ein Drehteil einseitig eingespannt, so tritt durch die Kraft *F* des Drehmeißels ebenfalls ein Biegemoment auf, welches zur dargestellten Formabweichung führt.

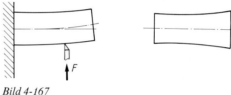

Bild 4-167

Bild 4-168
Wird Rundmaterial in ein Futter eingespannt, um eine Bohrung auszudrehen, so ergibt sich in dieser eine Rundheitsabweichung infolge der Spannkräfte.

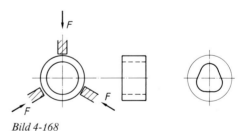

Bild 4-168

4.8.2.2 Gestaltungsbeispiele

Bild 4-169
Wellenabsätze, die keine Funktion erfüllen, sind nicht als Planflächen auszuführen. Bei einer Kegelfläche kann ohne Werkzeugwechsel fertigbearbeitet werden; auch das Drehen auf Nachform-Drehmaschinen wird erleichtert.

Gestaltung
unzweckmäßig   zweckmäßig

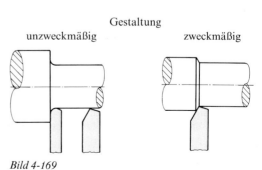

Bild 4-169

Gestaltung

unzweckmäßig   zweckmäßig

Bild 4-170
Um die Fertigung zu vereinfachen, sind bei Drehteilen die Außenkanten mit 45°-Fasen statt mit Rundungen zu versehen. Innenkanten an Flächen, die nachfolgend bearbeitet werden sollen, sind mit Freistichen zu versehen.

Bild 4-170

Bild 4-171
Wellen mit Bund erfordern einen hohen Zerspanungsaufwand. Ein Stellring 1 oder ein aufgeschrumpfter Ring 2 können u. U. den Bund ersetzen.

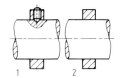

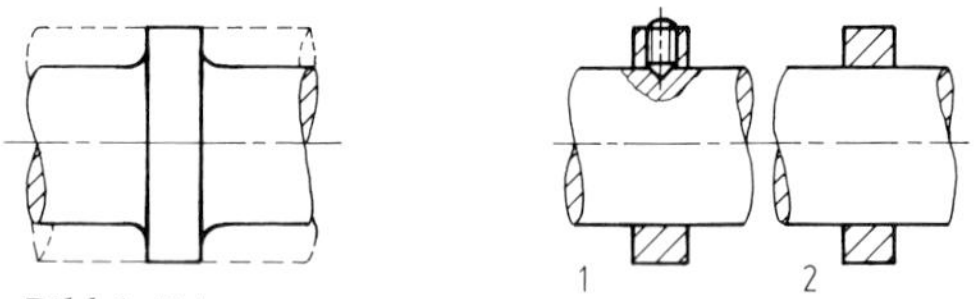

Bild 4-171

Bild 4-172
Beim Kegeldrehen soll der Drehmeißel auslaufen können. Der Anschnitt sollte daher nicht wie bei 1 angeordnet sein, sondern wie bei 2 freiliegen.

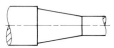

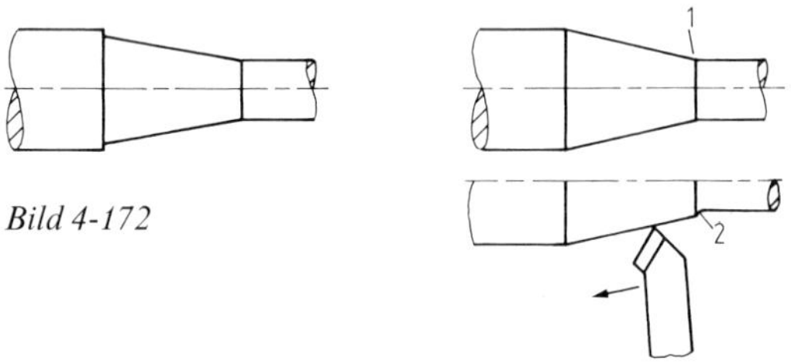

Bild 4-172

Bild 4-173
Abgesetzte lange und dünne Drehteile sind zu vermeiden. Wirtschaftlicher ist das Herstellen aus zwei Teilen unter Verwendung von Halbzeugen.

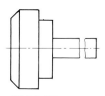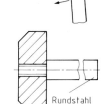

Rundstahl DIN 668

Bild 4-173

Bild 4-174
Das Abdrehen langer Bolzen von der Stange ist unwirtschaftlich. Beim Einsatz von gezogenem Halbzeug brauchen nur die Enden dicht an der Einspannung bearbeitet zu werden.

Bild 4-174

Bild 4-175
Ausreichend breite Spannflächen sind besonders bei Teilen vorzusehen, die im Dreibackenfutter gespannt werden, um ein sicheres Spannen und eine große Spanabnahme zu ermöglichen.

Bild 4-175

Bild 4-176
In Richtung zur Einspannung ansteigende Durchmesser ermöglichen auf Drehautomaten gleichzeitiges Drehen und Bohren.

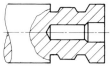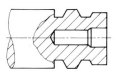

Bild 4-176

Gestaltung

unzweckmäßig   zweckmäßig

Bild 4-177
Beim gleichzeitigen Plandrehen mehrerer Wellenabsätze auf Drehautomaten hängt die Bearbeitungszeit von der größten Durchmesserdifferenz ab. Daher sollte $b_1 = b_2 = b_3$ sein.

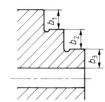

Bild 4-177

4.8.3 Gestaltung für das Bohren, Senken, Reiben

Bild 4-178
Grundlöcher mit ebenem Bohrungsgrund sind zu vermeiden. Bei geforderter ebener Auflagefläche ist vorzubohren und nachfolgend zu senken (2, 3).

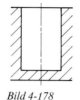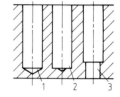

Bild 4-178

Bild 4-179
Bei abgesenkten Bohrungen ist der Einsatz genormter Zapfensenker zu ermöglichen (d_1, d_2; s. DIN 373, DIN 375).

Bild 4-179

Bild 4-180
Wie beim Kegeldrehen (Bild 4-172) ist auch bei Kegelsenkungen, insbesondere für nachfolgende Feinbearbeitungen, der Werkzeugauslauf zu ermöglichen. Für das linke Bild sind Sonderwerkzeuge erforderlich. Sie sind sowohl in der Beschaffung wie in der Instandhaltung teuer.

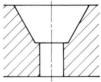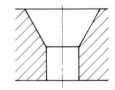

Bild 4-180

Bild 4-181
Nicht nur ein schräger Anschnitt, sondern auch ein schräger Auslauf von Bohrungen führt zum Verlaufen oder auch zum Abbrechen des Bohrers.

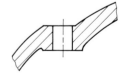

Bild 4-181

Bild 4-182
Bohrungen in Wellen sind sowohl für den Anschnitt als auch für den Auslauf mit Flächen senkrecht zur Bohrungsachse vorzubereiten oder sie sind mittig zu führen. Die Vorbereitung kann durch Senken, besser durch Fräsen erfolgen; aber sie verteuert die Fertigung.

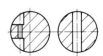

Bild 4-182

Gestaltung

unzweckmäßig   zweckmäßig

Bild 4-183
Beim gleichzeitigen Bohren unterschiedlich harter Werkstoffe, wie z. B. für das Verstiften, besteht die Gefahr des Verlaufens und Abbrechens des Bohrers.

Bild 4-183

Bild 4-184
Läßt sich die Durchdringung zweier Bohrungen nicht vermeiden, so ist der Abstand b so groß zu wählen, daß zunächst die Bohrungen mit den Durchmessern d und d_1 gebohrt und dann der Durchmesser d_2 mit dem Zapfensenker aufgebohrt werden kann.

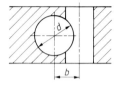
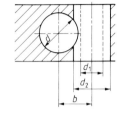

Bild 4-184

Bild 4-185
Die Bearbeitung ist auf die Funktionsflächen zu begrenzen. Man achte dabei auf den Werkzeugauslauf.

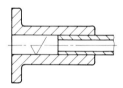
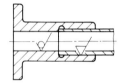

Bild 4-185

Bild 4-186
Bohrungen, die gerieben werden müssen, sind so zu gestalten, daß die Reibahle durchgehend reiben kann 1. An Stelle eines Absatzes zum Einhalten des Abstands können Buchsen 2 oder Sicherungsringe 3 vorgesehen werden.

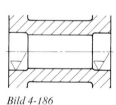
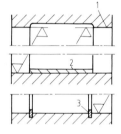

Bild 4-186

4.8.3.1 Gestaltung von Gewinden

Bild 4-187
Bohrungen und Gewinde an einem Werkstück sollen möglichst den gleichen Durchmesser haben. Erfoderliche Anschraubteile können mit entsprechend erhöhter Anzahl von Schrauben kleineren Durchmessers befestigt werden.

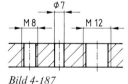
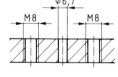

Bild 4-187

Bild 4-188
Freistiche für Innengewinde sind nach DIN 76 ausreichend lang vorzusehen, um den Werkzeugauslauf zu sichern.

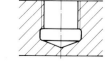

Bild 4-188

Gestaltung

unzweckmäßig   zweckmäßig

Bild 4-189
Bei Gewindegrundlöchern kann das Gewinde nicht bis zum Ende der Bohrung geschnitten werden, da Gewindebohrer einen Anschnitt haben. Der Grundlochüberhang *e* ist nach DIN 76 zu wählen.

 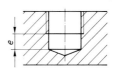

Bild 4-189

Bild 4-190
Bohrungen, die sich an ein Gewinde anschließen, sollten immer gleich oder kleiner als der Kerndurchmesser des Gewindes ausgeführt werden, da sonst die Bearbeitung von beiden Seiten des Werkstücks erfolgen muß.

 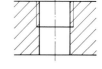

Bild 4-190

Bild 4-191
Gewindedurchgangsbohrungen für Stiftschrauben müssen in ausreichendem Abstand von Wandungen angeordnet werden, da sonst der Gewindebohrer einseitig beansprucht wird und verläuft (Bruchgefahr).

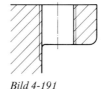 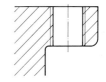

Bild 4-191

4.8.4 Gestaltung für das Fräsen

Bild 4-192
Für das Fräsen eines Vierkants ist ein Absatz 1 oder ein Einstich 3 vorzusehen, damit die Stirnfläche 2 vor dem Fräsen fertiggedreht werden kann.

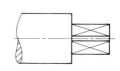 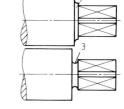

Bild 4-192

Bild 4-193
Um saubere Werkstückkanten zu erhalten, ist der Radius genormter Werkzeuge $R > b/2$ zu wählen, so daß die Rundung nicht tangential in die vorhandenen Flächen übergehen muß. Rechts unten: Viertelkreis-Verrundung.

Bild 4-193

Gestaltung

unzweckmäßig   zweckmäßig

Bild 4-194
Um alle Flächen in nur einer Einstellung fräsen
zu können, müssen sie in einer Ebene liegen.
Damit wird oft auch das Spannen des Werkstücks erleichtert.

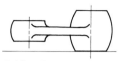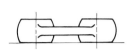

Bild 4-194

Bild 4-195
Die eben verlaufende Grundfläche 1 der Gabel
erfordert einen langen Fräserweg. Die gewölbte
Grundfläche 2 erfordert nur das kürzere Eintauchen des Fräsers.

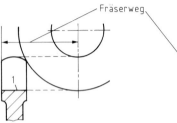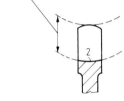

Bild 4-195

Bild 4-196
Das Fräsen mit großen Walzen- oder Messer-
kopffräsern ist wirtschaftlicher als das Fräsen
mit kleinen Stirnfräsern. Bei der Lage der zu
bearbeitenden Flächen sind die Abmessungen
der Fräser zu berücksichtigen.

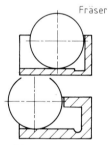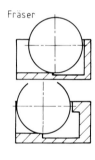

Bild 4-196

Bild 4-197
Nuten, die bis an den Bund 1 geführt werden,
sind zu vermeiden. Wirtschaftlicher als mit
einem Schaftfräser, Nut 2, sind Nuten mit
einem Scheibenfräser herstellbar, Nut 3.

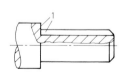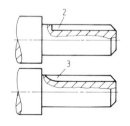

Bild 4-197

Bild 4-198
Paßfedernuten sind bei geringen Durchmesser-
unterschieden abgesetzter Wellen mit gleichen
Abmessungen ($b \times h$) auszuführen. Sie sollten
aus fertigungstechnischen Gründen in einer
Flucht liegen.

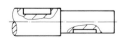

Bild 4-198

4.8.5 Gestaltung für das Hobeln und Stoßen

Gestaltung

unzweckmäßig   zweckmäßig

Bild 4-199
Hobeln und Stoßen gegen eine Kante ist nicht möglich. Der Meißel muß über die Bearbeitungsfläche hinauslaufen, um den Span vom Werkstück abzutrennen, und muß schon vor Beginn des Spanens aus der abgehobenen Stellung, die er beim Rücklauf hatte, auf die Arbeitsposition zurückgefallen sein. Der nötige Vorlauf ist größer, als die Höhe der Schneide über der Meißelaufspannfläche beträgt. Aber auch seitlich neben der Bearbeitungsfläche (mindestens auf der Seite des Vorschubbeginns) muß mehr Raum freigehalten werden als der Meißel breit ist.

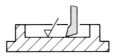 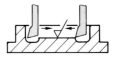
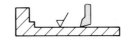 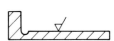
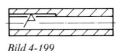 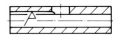

Bild 4-199

Bild 4-200
Unterbrochene Flächen, die durch Hobeln oder Stoßen zu bearbeiten sind, sollen möglichst in einer Ebene liegen.

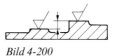 

Bild 4-200

Bild 4-201
Auflageflächen an Gehäusen und dgl. sind so zu gestalten, daß der Meißel nicht die gesamte Grundfläche mit der Vorschubgeschwindigkeit überstreichen muß. Im Beispiel ist die umlaufende Auflagefläche ersetzt durch zwei Auflageleisten.

 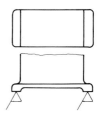

Bild 4-201

Bild 4-202
Nicht senkrecht zueinander liegende Bearbeitungsflächen erschweren die Bearbeitung und erfordern u. U. Spannvorrichtungen.

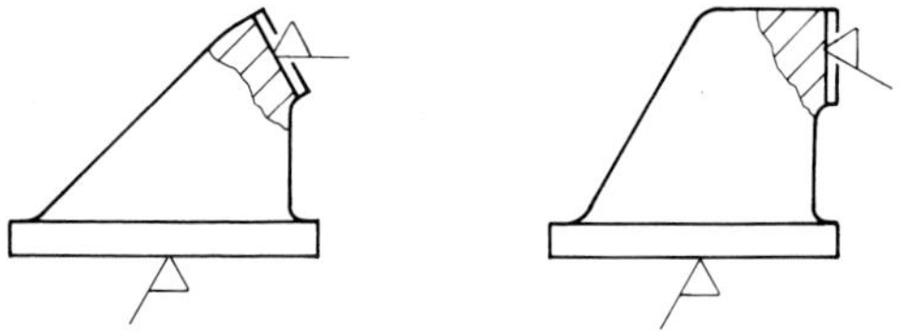

Bild 4-202

4.8.6 Gestaltung für das Räumen

Bild 4-203
Das zu räumende Werkstück muß an einer senkrecht zur Bearbeitungsrichtung liegenden Fläche 1 abgestützt werden, um Sondervorrichtungen zu vermeiden. Die schrägen Flächen 2 sind unvorteilhaft, da die Räumnadel dort einseitig schneidet und verläuft.

Bild 4-203

Gestaltung

unzweckmäßig   zweckmäßig

Bild 4-204
Das Räumen in großen Werkstücken, z.B. in Gehäusen oder in Hohlwellen, kann übergroße Räumnadellängen erfordern. Günstiger ist das Einsetzen einer geräumten Buchse.

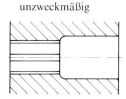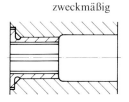

Bild 4-204

Bild 4-205
Zwei oder mehrere Nuten in einer kegeligen Bohrung können nur dann in einem Zug geräumt werden, wenn sie parallel zur Achse verlaufen. Nuten, die parallel zum Kegelmantel angeordnet sind, erfordern für jede Nut einen Zug.

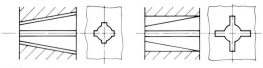

Bild 4-205

Bild 4-206
Polygone mit geringer Seitenanzahl erfordern längere Räumwerkzeuge mit mehr Schneiden als solche mit höherer Seitenanzahl. Vier- und Sechsecke sind deshalb der Dreiecksform vorzuziehen.

Bild 4-206

Bild 4-207
Räumnadel und Werkstück werden bei 1 einseitig belastet. Das bedeutet Gefahr des Verlaufens oder des Werkzeugbruchs. Mehrfachsymmetrische Profile wie in 2 sind vorzuziehen.

Bild 4-207

Bild 4-208
Bei Serien- und Kleinserienfertigungen ist anzustreben, daß für alle Konstruktionen eine einheitliche Nutenbreite für die Räumnuten vorgesehen wird. Dann können alle Nuten, auch wenn sie unterschiedliche Tiefen haben, mit derselben Räumnadel geräumt werden.

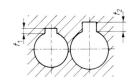

Bild 4-208

4.8.7 Gestaltung für das Schleifen

Gestaltung

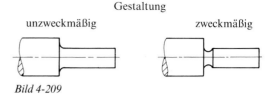

Bild 4-209

Bild 4-209
Übergangsrundungen an Absätzen von zylindrisch zu schleifenden Teilen sind nur erlaubt, wenn im Quer- oder Schräg-Einstechverfahren mit Profilschleifscheiben rundgeschliffen wird. Für das genauere Längs-Rundschleifen muß vorher ein Einstich für den Schleifscheibenauslauf vorgedreht oder geschliffen werden, wobei gleichzeitig die Stirnfläche des Absatzes geschliffen werden kann.

Bild 4-210
Auch beim Innenschleifen muß Raum für den Schleifscheibenauslauf vorhanden sein.

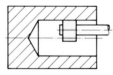
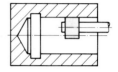

Bild 4-210

Bild 4-211
Das Längs-Rundschleifen von Teilen, die beidseitig durch einen Bund begrenzt sind, ist teurer als das Schleifen mit axial ungehindertem Anstellen der Schleifscheibe.

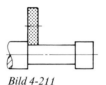
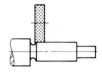

Bild 4-211

Bild 4-212
Zylindrische Teile sind so zu gestalten, daß spitzenloses Schleifen möglich ist 1. Die wirtschaftlichste Lösung ist Ausführung 2, bei der blankgezogenes oder spitzenlos geschliffenes Halbzeug verwendet wird.

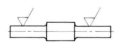
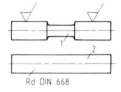

Bild 4-212

Bild 4-213
Wenn es die Genauigkeitsforderungen erlauben, sollte Einstechschleifen ermöglicht werden. Dafür müssen die zu schleifenden Profillängen kleiner als die zu verwendende Schleifscheibenbreite sein.

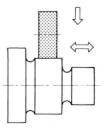
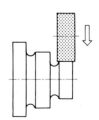

Bild 4-213

Gestaltung

unzweckmäßig   zweckmäßig

Bild 4-214
Mehrere (möglichst alle) Formelemente sollten
mit dem gleichen Schleifscheibenprofil schleif-
bar sein.

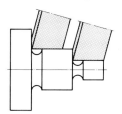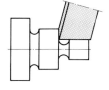

Bild 4-214

Bild 4-215
Für das Einstech-Profil-Rundschleifen sollen
möglichst kurze Profillängen angestrebt werden. Die maximalen Schleifbreiten sind nicht
nur durch die verwendbaren Scheibenbreiten,
sondern auch durch die Nachgiebigkeit des
Werkstücks und seiner Einspannung begrenzt;
je dünner das Werkstück, um so kürzer ist die
zulässige Profillänge.

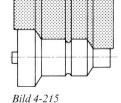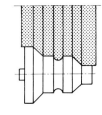

Bild 4-215

Bild 4-216
Es sind möglichst gleiche Kegel an einem Werkstück vorzusehen. Man achte auf den Schleifscheibenauslauf.

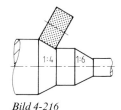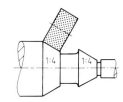

Bild 4-216

Bild 4-217
Verdeckt liegende Flächen können nicht mit geraden Schleifscheiben oder Topfschleifscheiben, oft auch nicht mit Tellerschleifscheiben
erreicht werden. Man ermögliche die Anwendung möglichst großer Schleifkörper, die ein
wirtschaftliches Schleifen erlauben.

Bild 4-217

Bild 4-218
Konturen, die über die Bearbeitungsfläche
hinausragen, behindern in der Regel das Flachschleifen, insbesondere mit geraden Schleifscheiben. Auch bei ausreichendem Werkzeugauslauf sollten Überstände vermieden werden.

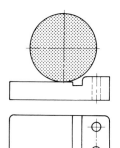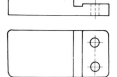

Bild 4-218

4.8.8 Gestaltung von Schnitteilen

4.8.8.1 Werkstoffausnutzung

Gestaltung

unzweckmäßig   zweckmäßig

Bild 4-219
Schnitteile sind mit möglichst kleinem Flächeninhalt A_w zu entwerfen. Bei der Gestaltung ist darauf zu achten, daß sie sich im Werkstoffstreifen gut aneinanderreihen lassen. Die optimale Werkstoffausnutzung ist erreicht, wenn die Schnitteile ohne Abfall aus dem Werkstoffstreifen geschnitten werden. Als Kennzahl dient das Verhältnis von Werkstückfläche A_w zu Streifenfläche A_{st}, der Werkstoffausnutzungsgrad $y = A_w / A_{st}$.

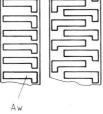

A_w

Bild 4-219

Bild 4-220
Dieses Beispiel zeigt, wie durch eine geringe Maßänderung Flächenschluß und damit eine bessere Werkstoffausnutzung erreicht wird. Runde Schnittkanten sind – wenn sie nicht funktionswichtig sind – zu vermeiden und durch gerade zu ersetzen (Abschneiden ohne Abfall).

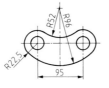
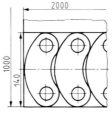
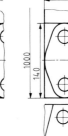
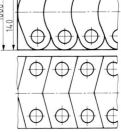

Bild 4-220

Bild 4-221
Die runde Form der Scheibe erfordert einen großen Werkstoffbedarf, der durch Mehrfachschnitte herabgesetzt werden kann. Eine größere Einsparung wird durch das Ändern der runden in eine dreieckige Form erzielt. Die geringsten Werkstoffverluste werden durch Abschneiden nach dem Ausklinken der dunkler dargestellten Flächen erreicht.

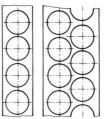

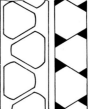

Bild 4-221

Bild 4-222 bis *4-224*
Durch abschnittgerechtes Gestalten können
Ausschnitte durch Abschnitte ersetzt werden.
Es sollte eine Form angestrebt werden, die ein
lückenloses Aneinanderreihen gestattet.

Bild 4-225
Wirtschaftlichere Ausschnittsformen lassen
sich auch durch Ändern der Schnitteilform erreichen. Dieser Hebel hat die Aufgabe, drei
Punkte starr miteinander zu verbinden. Durch
Änderung der Form 1 in die Form 2 können
30% des Werkstoffs eingespart werden. Eine
weitere Ersparnis wäre durch Flächenschluß
möglich.

Gestaltung

unzweckmäßig   zweckmäßig

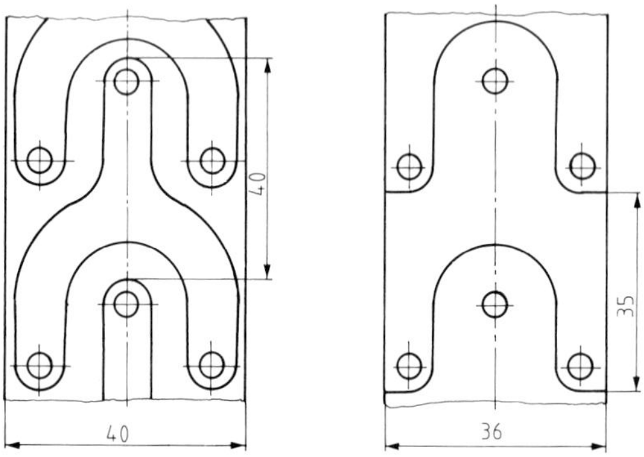

Bild 4-222

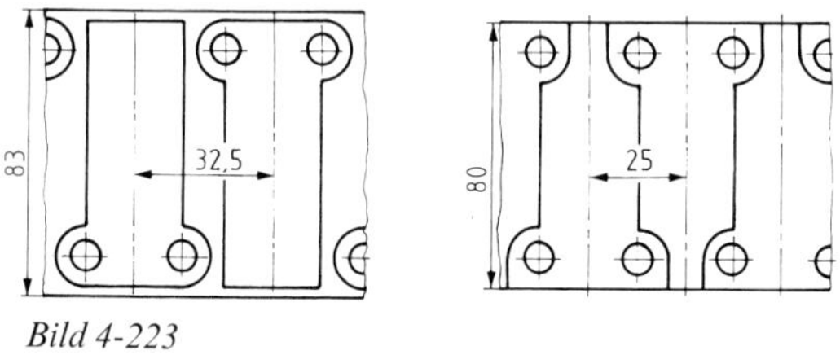

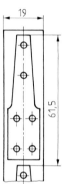

Bild 4-223

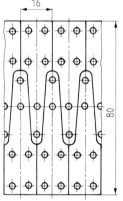

Bild 4-224

Gestaltung

unzweckmäßig   zweckmäßig

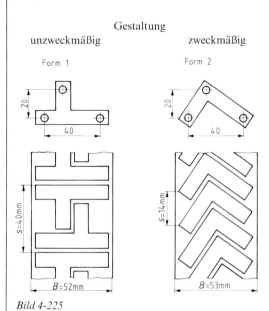

Bild 4-225

Bild 4-226
In manchen Fällen kann eine schräge Anordnung der Schnitteile wirtschaftlicher sein als die
gerade Anordnung.

Um einen möglichst hohen Werkstoffausnutzungsgrad y zu erreichen, sollten folgende Hinweise beachtet werden:

– Einfaches Aneinanderreihen ergibt den ein-
  reihigen Streifen. Der Werkstoffverbrauch
  kann durch Anordnen der Teile in mehreren Reihen gesenkt werden (Bild 4-221 und
  4-224).
– Eine schräge Anordnung der Schnitteile im
  Streifen ist oft vorteilhafter als eine gerade
  (Bild 4-226).
– Die durch die Stegbreite bedingten Verlust-
  flächen beim Ausschneiden lassen sich durch
  den Übergang zum Abschneiden vermeiden
  (Bild 4-219 bis 4-224).
– Runde Schnittkanten sind zu vermeiden und
  durch gerade Kanten zu ersetzen (Bild 4-220).

Gestaltung

unzweckmäßig

zweckmäßig

Bild 4-226

4.8.8.2 Fertigung

Bild 4-227
Je einfacher die Form eines Ausschnittes ist,
desto geringer sind die Werkzeugkosten. Unre-
gelmäßig gekrümmte Umrisse vergrößern die
Werkzeugkosten erheblich. So verhalten sich
z. B. die relativen Werkzeugkosten für diesen
Drehwählerarm im Vergleich von Form 1 zu
Form 2 wie 3:2.

Form 1

Form 2

Bild 4-227

Bild 4-228
Lochungen sollten möglichst rund und mit gleichen Durchmessern ausgeführt werden. Dadurch ergeben sich preisgünstige Schnitte, einheitliche Stempel und eine vereinfachte Nacharbeit (z. B. vereinfachtes Entgraten).

Bild 4-228

Bild 4-229
Aufteilen der Schneidstempel in einfache, gut
schleifbare Querschnitte mit scharfkantigen
Übergängen ermöglicht ein einfaches Fertigen.

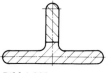
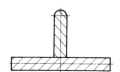

Bild 4-229

Gestaltung

unzweckmäßig   zweckmäßig

Bild 4-230
Stempelecken sollten abgeschrägt und nicht ab-
gerundet werden, um ein einwandfreies Zusammentreffen der Schnittlinien zu gewährleisten.

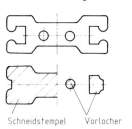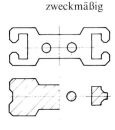

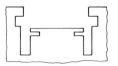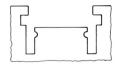

Schneidstempel   Vorlocher

Bild 4-230

Bild 4-231
Kräftig ausgebildete Stempelecken bewirken einen geringeren Werkzeugverschleiß und eine
größere Sicherheit gegen Werkzeugbruch.

Bild 4-231

4.8.8.3 Genauigkeit

Bild 4-232
Bei nacheinander abgeschnittenen Kanten ist
ein tangentiales Einmünden zu vermeiden und
durch Ecken zu ersetzten ($R > B/2$).

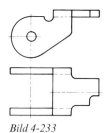

Bild 4-232

Bild 4-233
Ein Lochversatz fällt optisch bei geradlinigen
Begrenzungskanten weniger auf als bei runden
Kanten.

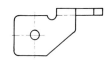

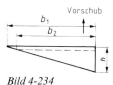

Bild 4-233

Bild 4-234
Beim schrägen Abschneiden eines Werkstücks
ist die Breite b_1 durch den spitzen Auslauf in
hohem Maße von der Vorschubgenauigkeit abhängig (b_1 verkürzt sich zu b_2). Außerdem wird
die Fertigung des Werkzeugs erschwert.

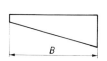

Bild 4-234

Bild 4-235
Man sollte keine unterschiedlichen Ecken und
Rundungen am gleichen Teil vorsehen (Bild
links). Mit $a = a_1 = a_2$ und $b = b_1 = b_2$ erspart
man das Vorlochen und nutzt den Werkstoff
vollständig aus.

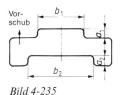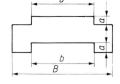

Bild 4-235

Gestaltung

unzweckmäßig   zweckmäßig

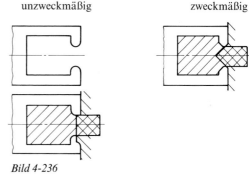

Bild 4-236
Bei Umgrenzungen, die im Folgeschnitt gefertigt werden, kann Versatz entstehen, der durch Streifentoleranzen, Führungsfehler oder den Stempelversatz bedingt ist. Bei geraden Kanten im Schnittwerkzeug können solche Fehler vermieden werden.

Bild 4-236

4.8.8.4 Beanspruchung

Bild 4-237
Bei einer Blechdicke $s \geq 3$ mm verhindern abgeschrägte Stempelformen eine Eckendeformation des Werkstücks.

Bild 4-237

Bild 4-238
Bei Schnitteilen, die anschließend gebogen werden, ist die Biegekante rechtwinklig zur Außenkante zu legen, da sonst die Gefahr des Einreißens beim Biegen besteht.

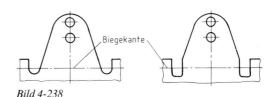

Bild 4-238

Bild 4-239
Ausreichende Steg- und Randbreiten vermindern die Rißgefahr beim Ausschneiden bzw. Lochen.

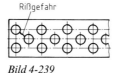 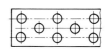

Bild 4-239

Bild 4-240
Man sollte einen minimalen Lochdurchmesser $d_{min} = s$ nicht unterschreiten, da sonst eine erhöhte Bruchgefahr für das Werkzeug besteht. Bei günstigen Bedingungen kann $d_{min} \approx 0,4\ s$ erreicht werden (Beratung mit dem Werkzeugkonstrukteur erforderlich).

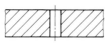 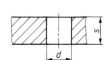

Bild 4-240

4.9 Thermisches Schneiden

Die Bearbeitung und Herstellung von metallischen und nichtmetallischen Werkstücken mit thermischen Schneidverfahren gewinnt aus wirtschaftlichen und technischen Gründen ständig an Bedeutung. Die Qualität der Schnittflächen, die große Maßhaltigkeit der Bauteile, verbunden mit der Möglichkeit, auch an gekrümmten Bauteilen nahezu beliebige Schnittkurvenverläufe zu erzeugen, wird im Gegensatz zu den mechanischen Bearbeitungsverfahren ohne die Anwendung großer mechanischer Kräfte erreicht.

Die „Werkzeuge" z. B. „Flamme", „Plasma" oder „Ionenstrahl", die im Vergleich zu denen spangebender Bearbeitungsverfahren außerordentlich grob erscheinen, erlauben also die Herstellung erstaunlich oberflächen- und formgenauer Bauteile. Voraussetzung ist allerdings, daß die verfahrenstechnischen Besonderheiten und die Probleme der Einstellparameter erkannt und berücksichtigt werden.

Das Prinzip aller Schneidverfahren beruht auf einer örtlichen Erwärmung der Werkstückoberfläche mit einer geeigneten konzentrierten Wärmequelle. Die hohe Temperatur (abhängig von der Art der Wärmequelle und des Werkstoffs) führt zum

– Verbrennen,
– Schmelzen oder
– Verdampfen

des Werkstoffs. Die dadurch entstehende Trennfuge bewegt sich mit der Schnittgeschwindigkeit in Schneidrichtung.

4.9.1 Autogenes Brennschneiden

4.9.1.1 Verfahrensgrundlagen

Nach DIN 2310, Teil 6, ist Brennschneiden ein thermisches Schneidverfahren, das mit einer Brenngas-Sauerstoff-Flamme und Sauerstoff ausgeführt wird. Die von der Heizflamme abgegebene und die bei der Verbrennung des Werkstoffes entstehende Wärme[3] ermöglicht eine fortlaufende Verbrennung durch den Schneidsauerstoffstrahl. Der Reaktionsprozeß setzt sich in die Tiefe und in die Richtung des sich bewegenden Schneidbrenners fort. Die entstehenden Oxide, vermischt mit Schmelze – das ist die Schneidschlacke – werden vom Sauerstoffstrahl ausgetrieben.

Das Brennschneiden erfordert ähnliche Einrichtungen und Betriebsstoffe wie das Gasschweißen, s. Abschn. 3.3. Der wesentliche Unterschied besteht in der Konstruktion des Düsensystems. Die Brennschneiddüse hat die Aufgaben:

– den Werkstoff durch die Heizflamme (Heizdüse) auf Entzündungstemperatur zu bringen,
– den Werkstoff zu verbrennen und aus der Schnittfuge zu blasen. Dies geschieht durch den Schneidsauerstoffstrahl, der durch den i. a. zentrisch angeordneten Kanal auf die erhitzte Werkstückoberfläche geleitet wird.

Bild 4-241 zeigt schematisch die prinzipiellen Vorgänge beim Brennschneiden. Für den Ablauf des Brennschneidvorganges ist das Vorwärmen der Werkstückoberfläche auf die Entzündungstemperatur T_z von größter Bedeutung. T_z ist diejenige Temperatur, oberhalb der der Werkstoff spontan mit Sauerstoff reagiert. Werkstoffe werden im klassischen Sinn als brennschneidbar bezeichnet, wenn sie folgende Bedingungen erfüllen:

– T_z muß unterhalb der Schmelztemperatur T_s liegen. Andernfalls schmilzt der Werkstoff, verliert also seine feste Form und verbrennt erst dann. Eine auch nur annähernd brauchbare Schnittfläche ist nicht erzeugbar. Bestenfalls ist diese Qualität für „Schrottschnitte" akzeptabel. T_z ist abhängig von der Art des Werkstoffs und seiner Zusammensetzung. Sie liegt bei unlegierten und niedriglegierten Stählen bei ca. $1150\,°C$ und nimmt mit zunehmendem C-Gehalt zu. Bei ca. 2% C ist sie gleich der Schmelztemperatur. Damit ist die Grenze der Brennschneidbarkeit gekennzeichnet.
– Die bei der Verbrennung entstehenden Oxide müssen einen niedrigeren Schmelzpunkt aufweisen als der Werkstoff[4]. Sie sollten so dünnflüssig sein, daß sie vom Schneidsauerstoffstrahl ausreichend leicht ausgetrieben werden können.

---

[3] Die Verbrennungswärme von Eisen beträgt etwa 54 kJ/cm³.

[4] Der Schmelzpunkt der Titanoxide ist um etwa 300 °C höher als der des Titans (etwa 1670 °C). Die Voraussetzungen für die Brennschneidbarkeit der Metalle sind daher nicht als prinzipiell gültig anzusehen.

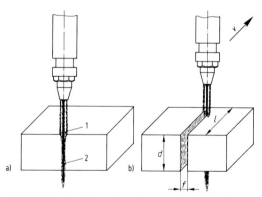

Bild 4-241. Vorgänge beim Brennschneiden, schematisch:
a) Die Heizflamme 1 erwärmt den Werkstoff örtlich auf Entzündungstemperatur $T > T_z$. Der Schneidsauerstoff beginnt, den Werkstoff örtlich zu verbrennen 2.
b) Der Brenner bewegt sich mit der Schneidgeschwindigkeit v, dabei wird Werkstoff geschmolzen und verbrannt. Es entsteht die Schnittfuge mit der Breite f.
l Schnittlänge

– Die Wärmeleitfähigkeit des Werkstoffs sollte möglichst klein, seine Verbrennungswärme möglichst groß sein.

Danach erfüllen nur die üblichen un- bzw. niedriglegierten Stähle und Titan die Voraussetzungen für die Brennschneidbarkeit. Insbesondere durch Chrom und Molybdän wird sie erheblich beeinträchtigt. Stähle mit $Cr > 1,5\%$ oder $Mo > 0,8\%$ sind bereits nur noch bedingt brennschneidbar. Die Ursache ist die sehr hohe

Schmelztemperatur der Cr- bzw. Mo-Oxide, d.h. auch der Schneidschlacken.

4.9.1.2 Thermische Beeinflussung der Werkstoffe

Ähnlich wie bei jedem Schmelzschweißverfahren entstehen beim Brennschneiden z.T. sehr hohe Aufheiz- und vor allem Abkühlgeschwindigkeiten, die unerwünschte Eigenschaftsänderungen hervorrufen können, z.B.

– *Aufhärtung* (bei umwandlungsfähigen Stählen) in der wärmebeeinflußten Zone im Bereich der Brennschnittfläche,
– *Eigenspannungen*, die Verzug und Maßänderungen des Bauteils bewirken können,
– *Rißbildung*.

Die Härte im Bereich der Schmelzschicht hängt im wesentlichen vom Kohlenstoffgehalt, in geringerem Umfang von der Schneidgeschwindigkeit, der Heizflammengröße und der Werkstückdicke ab. Bei höhergekohlten Stählen ($C > 0,3\%$) muß wegen der Härterißgefahr die aufgekohlte Zone der Brennschnittfläche in einer Breite von maximal 0,5 mm bis 1 mm abgearbeitet werden. Während bei schweißgeeigneten Stählen keinerlei zusätzliche Maßnahmen erforderlich sind, müssen aufhärtende Stähle (höhergekohlt und/oder legiert) wärmevorbzw. nachbehandelt werden. Die Abkühlgeschwindigkeit wird dadurch auf ungefährliche Werte begrenzt.

Bild 4-242 zeigt exemplarisch die Härteverteilung im Bereich der Brennschnittfläche bei einem Stahl C 60.

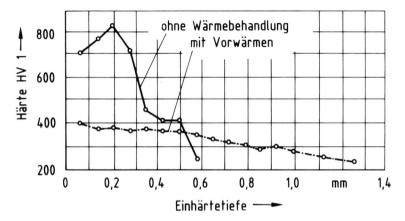

Bild 4-242. Einfluß des Vorwärmens auf die Härte der Brennschnittfläche, Werkstoff C 60, Wanddicke 10 mm.

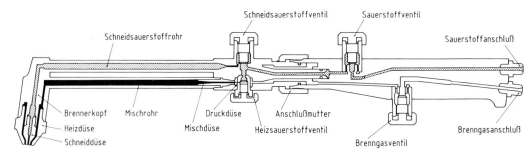

Bild 4-243. Querschnitt eines Handschneidbrenners (Saugbrenner).

4.9.1.3 Geräte und Einrichtungen

Im **Schneidbrenner** wird die für den Schneidprozeß erforderliche *Heizflamme* erzeugt und der Schneidsauerstoffstrahl geführt. Der **Saugbrenner (Injektorbrenner)** ist zumindest bei den Handschneidbrennern die vorherrschende Bauart, Bild 4-243. Kennzeichnendes Merkmal ist die im Brenner stattfindende Vermischung von Brenngas und Sauerstoff durch das Injektorprinzip. Für genauere Hinweise zur Funktionsweise siehe Abschn. 3.3.4.

Die **Brennschneiddüsen** sind das eigentliche „Werkzeug". Ihre Art und Bauweise bestimmen entscheidend die Wirtschaftlichkeit des Verfahrens, die maximale Schnittgeschwindigkeit und die Schnittflächengüte. Die Auswahl der für die jeweiligen Aufgabe „optimalen" Brennschneiddüse sollte daher mit großer Sorgfalt vorgenommen werden.

Die Bauart kann *einteilig* (z. B. *Blockdüsen*) oder *zweiteilig* sein, d. h., sie bestehen aus einer Schneiddüse und der sie konzentrisch umgebenden Heizdüse. Bei den zweiteiligen Düsen ist die *Schlitzdüse* die modernste Bauart: in die Schneiddüse sind schlitzartige Nuten eingearbeitet, durch die das Heizgasgemisch strömt. Der zentrische Sitz der Schneiddüse ist durch die Bohrung in der Heizdüse gewährleistet. Bild 4-244 zeigt einige typische Düsenbauarten.

Die Wirksamkeit und Qualität der Brennschneiddüsen werden von zahlreichen Faktoren bestimmt, von denen einige z. Z. nur unzureichend quantitativ beschreibbar sind. Die Aufgabe dieses „Werkzeugs" besteht darin, den Schneidsauerstoffstrahl möglichst zylindrisch und wirbelfrei austreten zu lassen. Der statische Druck in der Schneiddüse muß dazu vollständig in Geschwindigkeit umgesetzt werden. Ein

mit Überdruck ausströmender Strahl baucht durch die plötzliche Expansion aus und verliert seine zylindrische Form.

Die Querschnittsform der Schneiddüse (zylindrisch, zylindrisch abgesetzt oder lavalähnlich) ist im Vergleich zu ihrer Oberflächengüte von geringerer Bedeutung. Daher ist für ihre einwandfreie Funktion Sauberkeit und Unversehrtheit (z. B. keine mechanischen Beschädigungen, deformierter Querschnitt, festhaftende Spritzer usw.) eine wesentliche Voraussetzung. Gereinigt wird am zweckmäßigsten „naß" (wäßrige Lösung von speziellen Düsenreinigungspulvern) oder mit geeigneten mechanischen Hilfsmitteln (*Düsennadel*). Die Verwendung von Draht, Nägeln oder anderen „Werk-

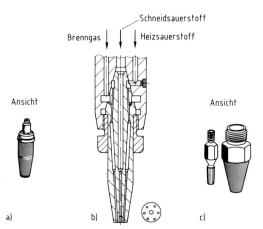

Bild 4-244. Schematische Darstellung verschiedener Düsenbauarten:
a) einteilige Düse (Blockdüse),
b) Maschinenschneidbrenner mit einteiliger gasemischender Düse,
c) mehrteilige Düse (Schlitzdüse).

zeugen" führt zu einer schleichenden Qualitäts-
verschlechterung der Brennschnittflächen. Nur
durch eine entsprechende Ausbildung des
Brennschneiders – vor allem die des Bedieners
stationärer Brennschneidmaschinen, dessen Bedeutung und dessen erforderliche Kenntnisse
häufig unterschätzt werden – kann die Wirtschaftlichkeit und Qualität des Brennschneidens erreicht werden.

Der Brennschnitt läßt sich mit *handgeführten*,
tragbaren oder mit stationären **Brennschneidmaschinen** ausführen, die in vielfältigsten Bau-
arten angeboten werden. Der Nachteil der
handgeführten Maschinen ist, daß die für den
auszuführenden Schnitt erforderlichen Informationen auf dem Blech aufgezeichnet werden
müssen. Die Schnittqualität hängt also von der
Genauigkeit der „Zeichnung" und der manuellen Geschicklichkeit des Brennschneiders ab.
Der Verarbeiter muß beachten, daß zum Herstellen hochwertiger, formgenauer Bauteile die
Brennschneidmaschinen im Aufbau, in der Stabilität und der Qualität der Führungseinrichtungen mit Werkzeugmaschinen vergleichbar
sein müssen. Dieser häufig nicht genügend be-
achtete Umstand beruht sicherlich z. T. auf der
Fehleinschätzung, nach der das Werkzeug
„Flamme" keine Reaktionskräfte auf das
Schneidgut ausübt. Diese Vorstellung berücksichtigt nicht die erheblichen, durch Tempera-
turdifferenzen entstehenden Kräfte und die
Notwendigkeit einer möglichst ruckfreien, kontinuierlichen Brennerbewegung.

Das wichtigste Bauprinzip ist das **Kreuzwagen-
system** mit Längs- und Querantrieb (nahezu
ausschließlich als Koordinatenantrieb), das in
drei grundsätzlichen Bauweisen realisiert wird,
Bild 4-245:
– Ausleger,
– Portal,
– Kombination aus Ausleger- und Portalbau-
  weise.

Der oder die (maximal etwa 20) Brennschneid-
brenner müssen führungsgenau im konstanten
Abstand von der Blechoberfläche erschütte-
rungsfrei, ruckfrei und mit konstanter Geschwindigkeit entlang einer vorgegebenen Kontur bewegt werden. Mit dem **Koordinatenantrieb** lassen sich viele dieser Forderungen einfach und technisch elegant erfüllen. Hierbei
wird der Kreuzwagen in *x*- und *y*-Richtung mit
zwei Servomotoren bewegt. Die Geschwindig-

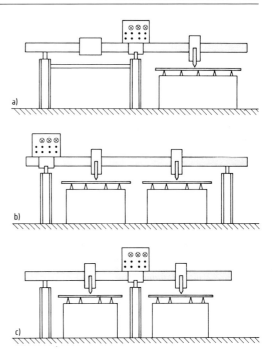

Bild 4-245. *Unterschiedliche Bauweisen der Kreuzwa-
gen-Brennschneidmaschinen (nach Hermann)*:
a) *Ausleger*,
b) *Portal*,
c) *Kombination aus Ausleger und Portal*.

keit *v* ist konstant und unabhängig von der
Bahnkurve des Schneidbrenners (das ist die
nachzufahrende Kontur des Bauteilumrisses),
wenn zwischen *v* und den Geschwindigkeitskomponenten in *x*- und *y*-Richtung die folgende Beziehung, Bild 4-246, besteht:

$$v^2 = v^2 \, (\sin^2 \alpha + \cos^2 \alpha).$$

Die Bewegung der Servomotoren wird also von
der Lage der Koordinaten auf dem Schneid-
tisch bestimmt. Mit dieser Antriebsart können
Schneidgeschwindigkeiten bis 6000 mm/min erreicht und kleinste Radien von etwa 20 mm
nachgefahren werden.

Beim Schneiden kleiner Radien wird der die
Schnittqualität bestimmende Rillennachlauf so
groß (Abschn. 4.9.1.5), daß Nacharbeit des
Schneidgutes erforderlich ist. Dieser Nachteil
läßt sich durch die automatische **Eckenverzögerung** beseitigen. Vor Erreichen einer scharfen
Umlenkung wird die Geschwindigkeit soweit
verringert, daß der Rillennachlauf vernachlässigbar ist.

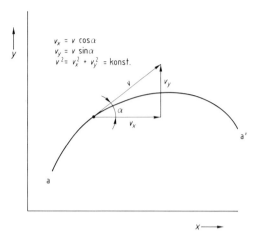

Bild 4-246. Mechanische Grundlagen des Koordinatenantriebs:
(a−a') Verlauf der Bahnkurve,
v = Vektor der Schnittgeschwindigkeit.

Ein weiterer die Schnittqualität bestimmender Faktor ist der richtige und gleichbleibende Abstand der Schneiddüse von der Werkstückoberfläche. Wegen der unvermeidbaren Welligkeit der Bleche und der beim Schneiden vor allem dünnwandiger Bauteile entstehenden Verwerfungen ist eine automatische **Brennerhöhenverstellung** eine große Hilfe. Für senkrechte Formschnitte hat sich die *kapazitive Brennerhöhenverstellung* bestens bewährt. Der Abstand wird durch die Änderung der Kapazität eines Kondensators geregelt, der aus einem am Brenner befestigten Metallstück und dem Werkstück besteht. Der eingestellte Düsenabstand kann in-

nerhalb $\pm 1{,}5$ mm konstant gehalten werden, bei größerem apparativen Aufwand sind auch $\pm 0{,}5$ mm möglich. Diese Werte sind z. B. für die Herstellung von Schweißfugen (Schrägschnitte!) erforderlich.

Mit Hilfe spezieller Einrichtungen läßt sich durch Zusammenfassen der drei wichtigsten Bearbeitungsverfahren Brennschneiden, **Anreißen** und **Ansenken** bzw. **Bohren** die Blechbearbeitung in großem Umfang rationalisieren. Pneumatisch arbeitende Körn- oder Ansenkwerkzeuge erzeugen gut sichtbare Körnungen/Senkungen in der Blechoberfläche. Für einen mechanisierten Ablauf werden bei photoelektrisch gesteuerten Brennschneidmaschinen sog. Abtastzeichnungen verwendet [5], bei denen die Mittelpunkte der Ansenkungen/Bohrungen durch eine Linie verbunden sind, die Codes in Form von Verdickungen enthält, Bild 4-247. Beim Erreichen einer derartigen Markierung schaltet der Abtastkopf auf Schleichganggeschwindigkeit um, an ihrem Ende hält die Maschine an, und es wird angesenkt. Die Positioniertoleranz ist dabei kleiner als $\pm 0{,}5$ mm.

In vielen Fällen ist es erforderlich, auf dem Bauteil Markierungen, Teile- bzw. Positionsnummern, Schweißpositionen usw. anzubringen. Hierfür ist das **Pulvermarkieren** gut geeignet. Mit Hilfe eines Pulvermarkierbrenners wird Zinkpulver zusammen mit Sauerstoff auf das Blech geblasen und hier durch die Heiz-

---

[5] Bei numerisch gesteuerten Brennschneidmaschinen ist keine Abtastzeichnung erforderlich. Sie fahren im Eilgang jeweils zu der nächsten Position.

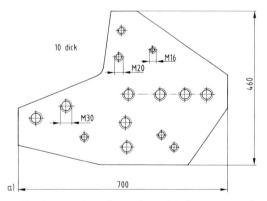

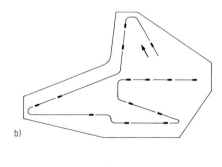

Bild 4-247. Werkstück mit Gewindebohrungen a und zugeordneter Abtastplan b, in dem die Mittelpunkte der Ansenkungen miteinander verbunden sind (nach Messer Griesheim).

flamme angeschmolzen. Es entstehen festhaftende, deutlich begrenzte, etwa 1 mm breite Linien.

Die **Steuerung** der Brennschneidmaschinen, d. h., die Führung des Schneidbrenners entlang der Kontur des auszuschneidenden Bauteils, erfolgt in vielfältiger Weise. Neben der *numerischen* ist die *photoelektrische* die wichtigste Steuerungsart moderner Brennschneidmaschinen. Bei dieser werden die Mitten ca. 1 mm dicker Linien (*Strichmittenabtastung*) oder aber die Kanten der Bauteilsilhouette abgetastet, die auf dem schwarzen Grund des Zeichnungsauflagetisches liegt (*Strichkantenabtastung*). Bei der Strichmittenabtastung ist das Einzeichnen von Verbindungslinien im Schablonenträger erforderlich, wenn mehrere Bauteile ausgeschnitten werden sollen. Eine Lageänderung der Brennteile ist im Gegensatz zur Strichkantenabtastung nicht möglich. Der Schablonenträger muß in diesem Fall neu gezeichnet werden.

Die Informationsträger sind kunststoffkaschierte und somit in bestimmtem Umfang temperatur- und feuchtigkeitsempfindliche Folien. Ihre Größe sollte daher bei einem Maßstab von 1:1 2 m² nicht überschreiten. Verkleinerte Zeichnungen (1:5 bzw 1:10) können mit entsprechenden Hilfsmitteln in einer Genauigkeit von ±0,1 mm hergestellt werden. Obwohl bei Stationierung der „Gebermaschinen" in klimatisierten Räumen bei einem Arbeitsfeld von 3 m × 10 m die Übertragungsgenauigkeit im Bereich von ±1,5 mm liegt, verwendet man für derartige Aufgaben zunehmend numerische Steuerungen.

Brennschneidmaschinen mit computergestützten numerischen Steuerungen (CNC) erfordern höhere Investitionskosten, die sich aber erfahrungsgemäß bei Jahresleistungen von etwa 40 000 Schnittmetern amortisieren. Sie besitzen eine Reihe wichtiger Vorteile:

– Sämtliche Bearbeitungsvorgänge laufen automatisch ab. Manuelle Eingriffe des Bedienungspersonals im Hinblick auf Eilgangbewegungen, Schaltfunktionen und Bearbeitungsbewegungen entfallen. Die bei photoelektrisch gesteuerten Brennschneidmaschinen erreichbare Nutzungsdauer von ca. 35% (nur Abfahren der gezeichneten Kontur erfolgt automatisch) kann auf 70% erhöht werden.
– Maßfehler durch Temperatur- und Feuchtigkeitseinflüsse der Vorlage entfallen. Die Genauigkeit der Bauteile wird deutlich größer.
– Der Tafelnutzungsgrad wird mit Hilfe optimierter „Schachtelpläne" erheblich verbessert. Diese können mit entsprechender Software relativ einfach hergestellt werden, Bild 4-248.
– Wichtige, für den weiteren Arbeitsfortschritt und -ablauf notwendige Daten können einfach auf Lochstreifen gespeichert und verfügbar gemacht werden.
– Maschinenwartung und Systemdiagnose sind effektiver und schneller möglich. Die Verbindung der Servicezentrale mit der Steuerung, z.B. über einen Akustikkoppler, erleichtert die Fehlerdiagnose im Hard- und Softwarebereich durch Starten von Prüfroutinen ganz erheblich.

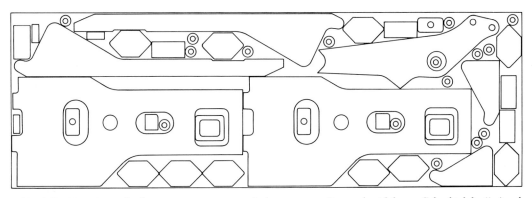

Bild 4-248. Mit einem Rechnerprogramm automatisch erzeugter Brennschneidplan, „Schachtelplan" (nach Messer Griesheim).

Aus verschiedenen Gründen (Abschn. 4.9.1.4) ist das Anschneiden innerhalb der Blechtafel dem Anschnitt von der Kante vorzuziehen. Für diese Aufgabe wird bei stationären Brennschneidmaschinen die **Lochstechautomatik** verwendet. Auf die auf Entzündungstemperatur erwärmte Werkstückoberfläche strömt mit geringerem Druck der Schneidsauerstoff, der den Verbrennungsvorgang einleitet und den Maschinenvorschub einschaltet. Nach Ablauf einer maschinenintern gespeicherten Zeit wird der Schneidsauerstoffdruck auf den für die Schneiddicke gültigen Wert erhöht.

Das Brennschneiden von Werkstücken mit geringerer Wanddicke (1 mm bis 6 mm) führt meistens zu Schwierigkeiten, die Nacharbeit und zusätzliche Kosten verursachen:

– Verzug in der Blechebene,
– Entstehen festhaftender Schlacke an der Schnittunterseite („Bartbildung").

Wenn nicht andere Trennverfahren verwendet werden können (s. Abschn. 4.9.2 und 4.9.3) sind diese Probleme mit speziellen Brennschneiddüsen und konzentrisch um diese angeordnete **Preßluftduschen** hinreichend wirksam zu bekämpfen.

4.9.1.4 Technik des Brennschneidens

Ebenso wie beim Gasschweißen wird die Heizflamme bei geöffnetem Schneidsauerstoffventil neutral eingestellt. Die korrekte Heizflamme und der zylindrische Schneidsauerstoffstrahl sind Voraussetzungen für hochwertige Schnitte, Bild 4-249.

Der Brennschneidprozeß kann an der Kante oder im Werkstückinneren mit der Technik des Lochstechens beginnen. Die Güte der Brennschnittoberflächen und die Maßtoleranzen (Formteilgenauigkeit) werden von der Art des Anschneidens beeinflußt. Als Regel und grundsätzliche Empfehlung gilt, daß das Bauteil möglichst lange mit der Blechtafel verbunden bleiben muß. Dadurch können sich die Rand- bzw. Abfallbereiche frei bewegen, die Lage des festen Bauteiles relativ zur Lage des Informationsträgers (z. B. Schablone, Zeichnung) bleibt aber weitgehend unverändert. Daraus ergeben sich einige wichtige Folgerungen, Bild 4-250:

– Ein Anschneiden im Blechinneren ist dem Kantenanschnitt vorzuziehen.

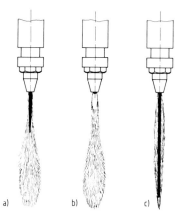

Bild 4-249. Flammeneinstellung:
a) Azetylenüberschuß,
b) Sauerstoffüberschuß,
c) korrekt eingestellte neutrale Flamme. Zu beachten ist der zylindrische, scharf begrenzte Sauerstoffstrahl.

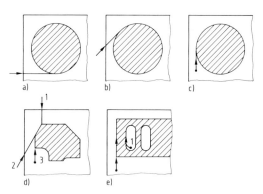

Bild 4-250. Technik des Anschneidens:
a) Falsch: das angeschnittene Bauteil bewegt sich sofort nach dem Anschneiden, weil es mit der Blechtafel nicht so lange wie möglich verbunden blieb. Die Formteilgenauigkeit ist daher nicht optimal.
b) Im wesentlichen bewegt sich der Abfall, das Werkstück bleibt lange fest mit der Tafel verbunden.
c) Anschnitt im Tafelinneren verringert die Möglichkeit der Bauteilbewegung noch weiter, daher zu bevorzugende Anschnittechnik, i.a. ist aber eine Lochstechautomatik erforderlich bzw. zweckmäßig.
d) Möglichst rechtwinklig zur Blechkante anschneiden: 1 besser als 2, optimal ist 3.
e) Innenausschnitte in Formteilen zuerst schneiden 1. Auf tangentialen Einlauf achten, um Bildung von Kerben zu vermeiden (Nacharbeit erforderlich).

– Der Anschnitt soll senkrecht zur Blechkante erfolgen. Der Verzug der Bereiche neben der Schnittfuge wird so am kleinsten.
– Innenausschnitte bei Formteilen immer zuerst schneiden. Hierbei ist wegen der Gefahr einer Kerbbildung auf tangentialen Schnitteinlauf zu achten.

Die Qualität der Brennschnittflächen (Abschn. 4.9.1.5) wird sehr wesentlich von den Verfahrensparametern (Schneidgeschwindigkeit, Heizflammeneinstellung, Schneidsauerstoffdruck) bestimmt. Eine praxiserprobte Empfehlung besagt:

Einstellwerte sollen nach der Schneidtabelle des Brennschneidmaschinenherstellers gewählt werden. Das gilt insbesondere für die Schneidgeschwindigkeit und den Schneidsauerstoffdruck.

Allerdings läßt sich die Schneidgeschwindigkeit für sog. Trennschnitte, bei denen keine oder nur sehr geringe Anforderungen an die Schnittflächenqualität gestellt werden, erheblich erhöhen.

Die Reinheit des Sauerstoffs beträgt i. a. 99,5%. Verringert sich dieser Wert z. B. auf 99%, dann sinkt die maximale Schnittgeschwindigkeit um etwa 10%, die Schlackenablösung ist erschwert, und die Schnittfuge wird etwas breiter.

Der Schneidsauerstoffdruck ist abhängig von der Düsenbauart. Er beträgt bei den üblichen, noch weit verbreiteten Düsen 3 bar bis 6 bar, bei Hochleistungsdüsen 6 bar bis 12 bar und bei den Hochdruckdüsen 10 bar bis 20 bar.

4.9.1.5 Qualität brenngeschnittener Erzeugnisse

Die Güte brenngeschnittener Teile hängt wie die jedes technischen Erzeugnisses von einer Reihe qualitätsbestimmender Faktoren ab:
– bestimmte Form- und Lagetoleranzen,
– der Schnittflächenqualität und
– den Maßtoleranzen.

Häufig ist die wirtschaftlich vertretbare und technisch sinnvolle Qualitätssicherung aus den verschiedensten Gründen nicht einfach zu realisieren.

Form- und Lagetoleranzen

Nach DIN ISO 1101 definiert eine Form- oder Lagetoleranz eines Elements (z. B. Fläche, Achse, Mittelebene) die Zone, innerhalb der jeder Punkt dieses Elementes liegen muß. Je nach der zu tolerierenden Eigenschaft und der Art

ihrer Bemaßung ist die Toleranzzone sehr unterschiedlich. Sie kann z. B. die Fläche zwischen zwei parallelen Geraden (z. B. die Rechtwinkligkeitstoleranz) oder der Raum zwischen zwei parallelen Ebenen (z. B. die Neigungstoleranz) sein.

Bei Lagetoleranzen muß die genaue Lage der Toleranzzone angegeben werden. Dieser Bezug ist ein theoretisch genaues, geometrisches Element, beispielsweise eine gerade Linie oder eine Ebene, z. B. eine Brennschnittfläche. Man beachte, daß in den Maßtoleranzen die Form- und Lagetoleranzen nicht enthalten sind.

Schnittflächenqualität

Die Qualität der Brennschnittflächen kann durchaus mit der beim Bohren und Hobeln erreichbaren konkurrieren. Bild 4-251 zeigt die möglichen Rauhtiefen R_z einiger mechanischer Bearbeitungsverfahren im Vergleich zum Brennschneiden.

Die Güte der Schnittfläche wird nach DIN 2310, Teil 2, bestimmt. Die folgenden Kenngrößen sind hierfür maßgebend.

– Die *Rechtwinkligkeits-* und *Neigungstoleranz u.* Sie entspricht inhaltlich der bisherigen Kenngröße Unebenheit. u ist der Abstand zweier paralleler Geraden, die unter dem theoretisch richtigen Winkel (90° bei Rechtwinkligkeitstoleranz bzw. von 90° verschieden bei der Neigungstoleranz) das Schnittflächenprofil im höchsten und tiefsten Punkt berühren muß (Bild 4-252).
– Die *gemittelte Rauhtiefe R_z.* Sie wird nach DIN 4768 aus den Einzelrauhtiefen (Z_1 bis Z_5) fünf aneinandergrenzender Einzelmeßstrecken ermittelt (Bild 4-253).

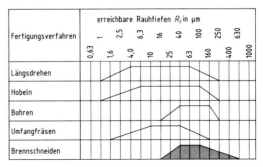

Bild 4-251. Erreichbare gemittelte Rauhtiefe R_z bei verschiedenen Fertigungsverfahren (nach DIN 4766).

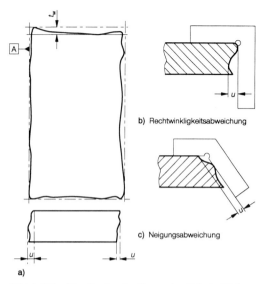

b) Rechtwinkligkeitsabweichung

c) Neigungsabweichung

a)

Bild 4-252. Für die Beschreibung der Schnittflächen-qualität erforderliche Form- und Lagetoleranzen.
a) t_w die auf $\boxed{A}$ bezogene Rechtwinkligkeitstoleranz,
u Rechtwinkligkeitstoleranz in Schneidstrahlrich-tung,
b) Meßbeispiel für die Ermittlung der Rechtwinklig-keits- und
c) der Neigungstoleranz u (nach DIN 2310, Teil 2).

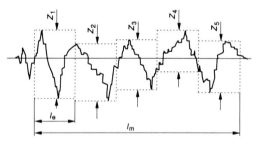

Bild 4-253. Ermittlung der gemittelten Rauhtiefe R_z (nach DIN 4768).
l_m *Gesamtmeßstrecke*
Z_1–Z_5 *Einzelrauhtiefen*
l_e *Einzelmeßstrecke (= 1/5 von l_m).*

Die Anzahl der Meßstellen hängt von der Größe, Form und u.U. dem Verwendungs-zweck des Werkstoffes sowie der gewünschten Güte der Schnittflächen ab. Die folgenden An-gaben können als Anhalt angesehen werden:

– Güte I mindestens zwei Meßstellen je Meter Schnittlänge,

– Güte II mindestens eine Meßstelle je Meter Schnittlänge, wobei die Anzahl der Einzel-messungen an jeder Meßstelle für u drei (je 20 mm Abstand voneinander), für R_z eine (aus fünf Einzelmessungen an 15 mm Schnittlänge) beträgt.

Bild 4-252 zeigt die Rechtwinkligkeits- und Neigungstoleranz u. Das sind bezogene Rich-tungstoleranzen, d.h., sie erfordern für ihre korrekte Beschreibung einen Bezug $\boxed{A}$. Sie werden bei brenngeschnittenen Teilen nicht ein-zeln angegeben, weil ihre Größe nicht mit einem vertretbaren Aufwand bestimmbar sind. Außerdem soll die geometrische Beschaffenheit eines brenngeschnittenen Teils aus wirtschaft-lichen Gründen mit nur einer Messung feststell-bar sein.

Die Schnittflächenqualität wird nicht nur mit Meßgeräten, wie z.B. Feinmeßgeräten, Meßmi-kroskopen, Tastschnittgeräten, Anschlagwin-keln, sondern in vielen Fällen ausreichend und wesentlich einfacher mit Hilfe der von der Bun-desanstalt für Materialforschung und -prüfung entwickelten Schnittflächen-Gütemuster ge-prüft.

Die weniger wichtigen Kenngrößen *Rillennach-lauf n* und *Anschmelzung r* können zur visuellen Beurteilung der Schnittflächenqualität mit her-angezogen werden, Bild 4-254. Die Anschmel-zung ist das bestimmende Kennzeichen für die Form der Schnittoberkante, die eine scharfe Kante, eine Schmelzkante mit Überhang oder eine Schmelzperlenkette sein kann. Der Rillen-nachlauf ist typisch für jede Brennschnittfläche. Er entsteht durch dynamische Vorgänge im Schneidsauerstoffstrahl und ist unvermeidbar. Seine leichte Erkennbarkeit ist häufig der Grund, ihn als Bewertungsmaßstab für die Schnittflächengüte überzubewerten. Tatsäch-lich ist die Bedeutung eher gering, wenn die Rillentiefe klein und die Schnittfläche hinrei-chend eben ist.

Die Qualität der Schnittflächen werden nach Tabelle 4-9 in Güte I oder Güte II eingestuft. Die Einteilung ist abhängig von der Größe der Rechtwinkligkeits- und Neigungstoleranz, der gemittelten Rauhtiefe und der geforderten To-leranz, dargestellt durch die Lage der Toleranz-felder Feld 1 bis Feld 3, Bild 4-255. Bei Bedarf können zusätzliche Güten *vereinbart* werden, wobei die Felder in der Reihenfolge u und R_z angegeben werden. Wird dabei auf die Festle-

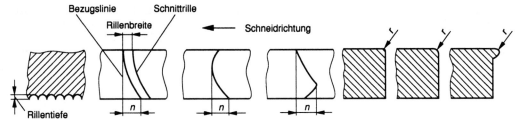

Bild 4-254. Erklärung einiger Qualitätsmerkmale von Brennschneidflächen: Rillentiefe, Rillenbreite, Rillennachlauf n, Anschmelzung r (nach DIN 2310, Teil 1).

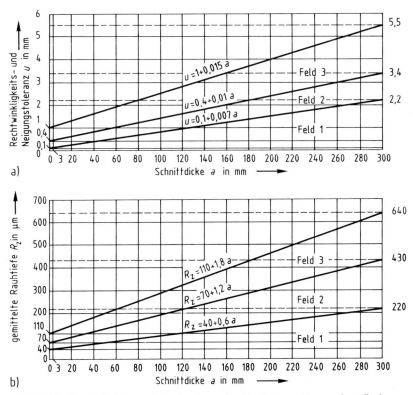

Bild 4-255. Zur Definition und Beschreibung der Qualität von Brennschnittflächen:
a) Rechtwinkligkeits- und Neigungstoleranz u,
b) Zulässige gemittelte Rauhtiefe R_z.

Tabelle 4-9. Abhängigkeit der Schnittflächengüte von der Rechtwinkligkeits- und Neigungstoleranz u und der gemittelten Rauhtiefe R_z.

Güte der Schnittfläche	Rechtwinkligkeits- und Neigungstoleranz u, nach Bild 4-255	Gemittelte Rauhtiefe R_z, nach Bild 4-255
Güte I	Feld 1 und 2	Feld 1 und 2
Güte II	Feld 1 bis 3	Feld 1 bis 3

gung eines Wertes verzichtet, ist eine Null zu setzen.

Beispiel: Feld 1 für u,
Feld 2 für R_z,
Kurzzeichen für diese Güte: 12.

Maßtoleranzen

Die geometrische Genauigkeit der Bauteilabmessungen wird von den Maßtoleranzen der Nennmaße (Zeichnungsmaße) bestimmt. Form- und Lagetoleranzen, die für die Funktion vieler Werkstücke wichtiger sind, müssen getrennt von den Maßtoleranzen angegeben werden. Je nach Toleranzklasse (z. B. A und B) sind bestimmte Grenzabmaße zulässig (Tabelle 4-10), die für Maße ohne Toleranzangaben gelten, wenn z. B. auf Zeichnungen auf die Norm DIN 2310 verwiesen wird. Nach dem älteren Tolerierungsgrundsatz, der aber in der Schweißtechnik noch weitgehend angewendet wird, müssen die Form- und Lagetoleranzen kleiner gleich der Maßtoleranz sein.

Die geforderte Güte und Toleranzklasse wird auf einem Symbol nach DIN ISO 1302 wie folgt angegeben:

1 Angabe der DIN-Hauptnummer (DIN 2310),
2 Angabe der Güte (z. B. I, II oder frei vereinbart),
3 Angabe der Toleranzklasse (z. B. A oder B).

4.9.1.6 Anwendung des Brennschneidens

Das Brennschneiden ist das universellste thermische Schneidverfahren für un- und niedriglegierte Stähle. Die schneidbare Werkstückdicke liegt zwischen 2 mm und 3000 mm, die in der Brennschneidpraxis übliche im Bereich 10 mm bis 300 mm. Bei geringeren Werkstückdicken (1 mm bis 5 mm) sind andere thermische Schneidverfahren wirtschaftlicher (höhere Schneidgeschwindigkeit) und oft auch technisch besser (höhere Schnittflächengüte).

Senkrechte Schnitte und Gehrungsschnitte sind praktisch an beliebig geformten Teilen durchführbar. Insbesondere die vielfältigen Fugenformen der Schweißnähte (auch Tulpennähte sind mit einer speziellen Brenneranordnung und Schneidtechnik erzeugbar) können mit dem Brennschneidverfahren wirtschaftlich hergestellt werden. Man schätzt, daß 75% aller Schweißfugen mit diesem Verfahren erzeugt werden. In der Bundesrepublik Deutschland werden in der metallverarbeitenden Industrie

Tabelle 4-10. Grenzabmaße für Nennmaße (DIN 2310, Teil 3) in Abhängigkeit von der Toleranzklasse. Diese gelten nur an Teilen, deren Seitenverhältnis ($l:b$ = Länge : Breite) höchstens $4:1$ ist.

Toleranz-klasse	Werkstückdicke	Grenzabmaße für Nennmaße			
		35 bis <315	315 bis 1000	1000 bis <2000	2000 bis <4000
A	3 bis 12	±1,0	±1,5	±2,0	±3,0
	12 bis 50	±0,5	±1,0	±1,5	±2,0
	> 50 bis 100	±1,0	±2,0	±2,5	±3,0
	>100 bis 150	±2,0	±2,5	±3,0	±4,0
	>150 bis 200	±2,5	±3,0	±3,5	±4,5
	>200 bis 250	–	±3,0	±3,5	±4,5
	>250 bis 300	–	±4,0	±5,0	±6,0
B	3 bis 12	±2,0	±3,5	±4,5	±5,0
	12 bis 50	±1,5	±2,5	±3,0	±3,5
	> 50 bis 100	±2,5	±3,5	±4,0	±4,5
	>100 bis 150	±3,0	±4,0	±5,0	±6,0
	>150 bis 200	±3,0	±4,5	±6,0	±7,0
	>200 bis 250	–	±4,5	±6,0	±7,0
	>250 bis 300	–	±5,0	±7,0	±8,0

Beispiel: Schnittdicke $a = 180$ mm, Abmessungen des auszuschneidenden Bauteils (Rechteck):
$l = 1500$ mm, $b = 500$ mm, Toleranzklasse A, die Grenzabmaße des geschnittenen Teiles betragen:
$l = 1500 \pm 3,5$ mm, $b = 500 \pm 3,0$ mm. Bei einer geforderten Güte I der Schnittflächen darf nach Bild 4-255 u maximal 2,2 mm, die Rauhtiefe R_z maximal 286 μm betragen.

im Jahr etwa 750 000 km Brennschnitte hergestellt. Die Investitionskosten für die apparative
Einrichtung sind i. a. gering, die Betriebsstoffe
preiswert leicht verfügbar.

Für Gußeisen und andere nicht schneidbare
Werkstoffe (z. B. hochlegierte Cr-Ni-Stähle,
Aluminium) existieren Sonderverfahren, deren
Anschaffungskosten deutlich niedriger sind als
die des z. B. hierfür wesentlich besser geeigneten
Plasmaschneidens. Beim *Pulverbrennschneiden*
wird die kinetische Energie des Schneidsauer-
stoffstrahls durch Zugaben von Spezialsand
(SiO_2) soweit erhöht, daß sich die Oxide und
Schneidschlacken austreiben lassen.

Die künftige Entwicklung ist, bedingt durch die
Konkurrenzsituation, gekennzeichnet durch
den Zwang zu einer weitgehenden Mechanisierung und Technisierung. Die ständig sinkenden
Preise auf dem Computersektor werden die
CNC-Steuerungen zumindest für den Großma-
schinen- und Schiffbau attraktiv machen. Rüst-
und Nebenzeiten lassen sich damit ebenfalls
deutlich verringern.

4.9.2 Plasmaschneiden

Die Verfahrensgrundlagen sind in Abschn. 3.6
beschrieben. Das für diese Verfahrensgruppe
entscheidende und charakteristische Merkmal
ist die starke Konzentration des Lichtbogens
durch die einschnürende Wirkung einer wassergekühlten Kupferdüse. Die erreichbaren Temperaturen liegen je nach Verfahrensvariante
zwischen 20 000 K und 30 000 K. Ein typischer
Unterschied zum Brennschneiden ist der Ur-
sprung der erforderlichen Energie. Beim Plasmaschneiden wird die Schnittfuge ausschließlich durch die von außen zugeführte Energie
erzeugt, die konduktiv vom Plasma auf die
Schnittfläche übertragen wird. Durch die kinetische bzw. thermische Energie des Plasmastrahles wird der Werkstoff geschmolzen (und/
oder verdampft) und herausgeschleudert. Anders als beim Brennschneiden entsteht *keine* zusätzliche Verbrennungswärme. Daraus ergeben
sich zwei wichtige Verfahrenskennzeichen der
Plasmaschneidverfahren:

- Der Schneidprozeß ist im wesentlichen nur
  an die Bedingung geknüpft, daß schmelzbare
  metallische Werkstoffe vorliegen. Mit dem
  übertragenen Lichtbogen können allerdings
  nur leitende Werkstoffe (Metalle) getrennt
  werden, weil sie im Schneidstromkreis liegen

(s. Bild 3-59 a). Das Plasmaschneiden kann
daher für alle nicht brennschneidbaren
Werkstoffe erfolgreich eingesetzt werden.
- Als Folge der fehlenden Verbrennungswärme, die insbesondere die Fortsetzung des
  Schnittvorganges in Wanddickenrichtung ermöglicht, ist die maximale Schnittdicke auf
  etwa 150 mm begrenzt.

Das Plasmaschneiden wird bevorzugt zum
Trennen aller nicht brennschneidbaren Werkstoffe eingesetzt. In erster Linie sind das Aluminium und Aluminiumlegierungen, Kupfer und
hochlegierte Stähle. Aber auch zum Schneiden
unlegierter Stähle ist das Verfahren sehr geeignet, insbesondere bei Anwendung bestimmter
Verfahrensvarianten und Schneidgase.

Allerdings ergeben sich auch eine Reihe bemer-
kenswerter Nachteile, deren Auswirkungen
aber erheblich von der Verfahrensvariante abhängen:

- hohe Arbeitsgeräusche, bis ca. 105 db (A),
- verfahrenstypische leicht V-förmige Schnittfugen sind unvermeidbar,
- starke UV-Strahlung,
- erhebliche Rauch- und Gasentwicklung
  (Ozon, Stickoxide, Metallstäube).

In den meisten Fällen sind also für den gefahr-
losen Betrieb aufwendige Schutz- bzw. Entsor-
gungsmaßnahmen erforderlich.

Die maximal trennbare Werkstückdicke und
die erreichbare Schnittflächengüte hängen weitgehend von der begrenzten Möglichkeit ab, den
Plasmastrahl stabilisieren und formen zu können. Diese Einschränkungen sind z. T. durch die
Verfahrensvariante und das Schneidgas beein-
flußbar.

Als Schneidgase werden Argon, Wasserstoff
und in begrenztem Umfang Stickstoff verwendet. Die wichtigsten Anforderungen an ein als
Schneidgas geeignetes Gas sind

- möglichst große Wärmeleitfähigkeit und
- große Atom- bzw. Molekülmasse.

Die Wärmeleitfähigkeit ist für die Energie-
übertragung auf das Werkstück wichtig. Das
Atomgewicht erhöht den Impuls bzw. die kinetische Energie des Plasmastrahles, d. h. dessen Fähigkeit, den flüssigen Werkstoff aus
der Schnittfuge zu treiben. Hinsichtlich der
Schnittflächenqualität und der erreichbaren
Schnittgeschwindigkeit ist ein Ar-H_2-Gemisch
mit 60% Ar und 40% H_2 optimal. H_2-Gehalte

über 50% können zu Instabilitäten des Plasmastrahles führen und sind daher nicht zu empfehlen. Schneiden mit reinem Argon ergibt zwar sehr hohe Schnittflächengüten, es wird aber wegen der sehr kleinen Schnittgeschwindigkeit in der Praxis nicht verwendet. N_2-Zusätze (Ar-N_2- bzw. Ar-H_2-N_2-Gemische) erweisen sich als überwiegend nachteilig:

– Die Schnittflächenqualität nimmt ab.
– Die Ausbildung der Schnittfuge wird merklich V-förmig, parallele Schnittfugen sind nicht erreichbar.
– Die maximale Schnittgeschwindigkeit nimmt ab.
– Starke Rauchentwicklung und die Bildung giftiger Stickoxide erfordern eine aufwendige Absaugung bzw. Entsorgung.
– Die Schnittflächen sind nicht mehr metallisch blank.

Lediglich bei manuellen Schnitten im Dünnblechbereich kann ein Verringern der Schnittgeschwindigkeit sinnvoll sein. Außerdem wird durch N_2-Zusatz die Neigung zur Bartbildung an der Schnittflächenunterkante verringert.

4.9.2.1 Verfahrensvarianten

Die konventionelle Ar-H_2-Plasmatechnik, auch Feinstrahl- oder „Spitzenelektrodentechnik" genannt, wird hauptsächlich zum Trennen hochlegierter Stähle und Aluminium verwendet. Infolge der angespitzten Wolframelektrode entsteht bei einem geringen Schneidstrom ein sehr konzentriertes Plasma, mit dem schmale Schnittfugen und eine hervorragende Schnittflächenqualität erzeugbar sind. Ein erheblicher Nachteil beim Schneiden unlegierter und hochlegierter Stähle mit dieser Verfahrensvariante ist die deutliche *Bartbildung* an der Schnittkantenunterseite im Schnittdickenbereich < 4 mm. Der Bart ist nur durch zusätzliche Nacharbeit zu beseitigen, das Verfahren daher teurer und unwirtschaftlicher.

Plasma-Preßluftschneiden

Dieses Problem kann durch die Verwendung von trockener, ölfreier Druckluft als Plasmagas beseitigt werden. Die Wirkung führt man auf die Anwesenheit von Sauerstoffionen im Plasma zurück, die offenbar die Schmelzenviskosität verringern. Das Austreiben der jetzt dünnflüssigen, feintropfigen Schmelze an der Materialunterseite wird sehr erleichtert und da-

mit die Bartbildung erschwert. Die leicht temperatursteigernde Wirkung des Luftsauerstoffes sollte nicht überbewertet werden. Gleichzeitig sind die Schnittflächen an Werkstoffen aus unlegiertem Stahl qualitativ hochwertig und die Schnittgeschwindigkeiten außerordentlich groß [6].

Die oxidierende Wirkung des im Plasmagas vorhandenen Sauerstoffs erfordert den Einsatz oxidationsbeständiger, hochschmelzender Elektrodenwerkstoffe (Wolfram scheidet daher völlig aus). Zirkonium- und Hafniumlegierungen haben sich für diesen Zweck bewährt. Ihre im Vergleich zu Wolfram deutlich geringere Schmelztemperatur zwingt zu einer intensiven Kühlung der flächig ausgebildeten Elektrode (geringere Stromdichte als bei einer „Spitzenelektrode") und der Kupferdüse. Trotzdem wird durch die hohe thermische Beanspruchung die Brennerleistung auf etwa 30 kW begrenzt.

Ein entscheidender Nachteil dieser Verfahrensvariante ist die absolute Notwendigkeit, die in großem Umfang entstehenden giftigen Gase, Ozon und Stickoxide, durch eine aufwendige Absauganlage mit nachgeschalteter Naßfiltration zu entsorgen.

Plasma-Wasserinjektionsschneiden

An Stelle des die Umwelt erheblich belastenden Plasma-Preßluftschneidens hat sich für das Trennen unlegierter und hochlegierter Stähle weitgehend das Plasma-Wasserinjektionsschneiden durchgesetzt. Durch besondere konstruktive und verfahrenstechnische Maßnahmen ist der Aufwand für die Dampf- und Rauchentsorgung und den Lärm- und Strahlenschutz außerordentlich gering. Die Investitionskosten sind allerdings erheblich und der Umgang mit diesem Verfahren sehr gewöhnungsbedürftig, weil i. a. mit großen Wassermengen gearbeitet wird.

Die Düsenkonstruktion besteht aus einem kupfernen Düsenkörper, der als Anode für den Pilotlichtbogen dient, und einem davor angeordneten Keramikteil, Bild 4-256. Der als Plasmagas verwendete Stickstoff wird tangential in den Raum zwischen Elektrode und Düse geblasen. Dadurch schnürt sich der Plasmastrahl ein

---

[6] Unlegierter Baustahl, Schnittdicke 5 mm, kann z. B. mit einer 30-kW-Schneidanlage mit ca. 5000 mm/min geschnitten werden.

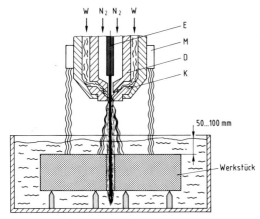

Bild 4-256. Verfahrensprinzip des Plasma-Wasserinjektionsschneidens, schematisch.

und wird in Rotation versetzt. Durch den zwischen der Kupferdüse und der Keramikscheibe vorhandenen Ringspalt wird außerdem Wasser radial in den Plasmastrahl injiziert, der eine weitere Strahlkonzentration hervorruft. Nur etwa 10% des Wassers verdampft, der Rest verläßt den Brenner und kühlt ihn sehr intensiv. Der Brenneraufbau ist daher unkompliziert, die erreichbaren Standzeiten sind mit keiner anderen Verfahrensvariante erreichbar. Der austretende Wasserstrahl kühlt gleichzeitig das Werkstück, verhindert die Oxidbildung, reduziert entscheidend den Verzug der Bauteile und die Breite der thermisch beeinflußten Zone im Bereich der Schnittfläche.

Ein Teil des in das Plasma eingespritzten Wassers dissoziiert. Die entstehenden Sauerstoffionen sind die Ursache für bartfreie hochwertige Schnittflächen auch an unlegierten Baustählen. Der Elektrodenwerkstoff (Zirkonium, Hafnium) muß der angreifenden Wirkung des Sauerstoffs widerstehen können.

Eine Folge des rotierenden Plasmastrahls ist die unterschiedliche Abweichung der beiden Schnittflächen von der Senkrechten. Normalerweise dreht sich der Strahl in Uhrzeigerrichtung. Auf der rechten Seite ist wegen der größeren Anzahl der rekombinierten Teilchen die wirksame Energiemenge größer (Rekombinationswärme) als auf der linken. Diese Erscheinung ist zu beachten, da bei der „schlechten" rechten Seite Winkelabweichungen von 5° bis 8° entstehen, auf der „guten" linken von nur etwa 2°. Durch richtige Wahl der Schneidrichtung bzw. des Umfahrungssinns muß dafür ge-

sorgt werden, daß die rechte Seite immer im Abfall liegt.

Das Verfahren ist sehr umweltfreundlich und mit einem sehr geringen Belästigungsgrad für die beteiligten Personen verbunden. Es wird entweder betrieben

– innerhalb einer geschlossenen Wasserglocke (*Water-Muffler*) oder
– in einem Wasserbehälter unterhalb der Wasseroberfläche (Bild 4-254). Das Wasserbekken muß dann das größte zu schneidende Werkstück aufnehmen können.

Die Vorteile beider Verfahrensvarianten sind:

– Die entstehenden Schadstoffe (Rauch, Gase) werden vom Wasser aufgenommen, die Schadgase (Ozon, Stickoxide) zum größeren Teil im Wasser gebunden.
– Die UV-Strahlung wird durch das Wasser soweit absorbiert, daß keine besonderen Schutzmaßnahmen erforderlich sind.
– Der Lärmpegel wird beim Trennen im Wasserbecken auf ungefährliche 75 dB (A) bis 80 dB (A) reduziert.
– Durch das völlige bzw. teilweise Eintauchen der zu schneidenden Bleche in Wasser ist die thermische Beeinflussung der Werkstücke (Verzug, Maßhaltigkeit, Breite der Wärmeeinflußzone) sehr gering.

4.9.3 Laserschneiden

Je nachdem, welche Zustandsänderung der die Schnittfuge bildende Werkstoff erfuhr, unterscheidet man das Laser-Brennschneiden, Laser-Schmelzschneiden und das Laser-Sublimierschneiden. Die Art des verwendeten Schneidgases und die Leistung der Schneidanlage bestimmen weitgehend die Form der Zustandsänderung. Die letzte Verfahrensvariante ist zum gegenwärtigen Zeitpunkt kaum realisierbar, da die notwendige extreme Fokussierung des Laserstrahls noch nicht möglich ist.

Das Verfahren wird überwiegend zum Trennen eingesetzt; zum Schweißen sind deutlich höhere Strahlleistungen erforderlich. Als prinzipieller Verfahrensnachteil sind die sehr hohen Investitionskosten und der geringe Wirkungsgrad des Laserstrahlers zu nennen, der beim CO_2-Laser maximal 20% beträgt[7].

---

[7] Der Wirkungsgrad von Festkörperlasern ist noch erheblich geringer. Er beträgt z. B. beim Rubinlaser nur etwa 1%.

4.9.3.1 Verfahrensprinzip

Für schweißtechnische Anwendungen ist vor allem der CO_2-Gaslaser wegen der großen erreichbaren Ausgangsleistungen (>1000 W) und des sehr guten Wirkungsgrads (15% bis 20%) von Bedeutung[8]. Der Mechanismus des Lasereffekts[9] ist kompliziert. Er soll im folgenden nur sehr pauschal beschrieben werden.

Das Medium der Festkörperlaser besteht aus einem Festkörper (Kristall oder Glas) und der in ihm eingelagerten aktiven Substanz (Dotierung, z. B. Cr^{+++}). Beim CO_2-Laser ist das aktive Medium ein strömendes Gemisch aus CO_2-He-N_2. Der grundlegende Vorgang des Lasereffekts ist die *Anregung* des aktiven Mediums durch äußere Energiezufuhr, z. B. durch eine Gleichspannung beim CO_2-Laser. Die dadurch auf äußere Bahnen (höhere Energieniveaus) gehobenen Elektronen kehren nach etwa 10^{-8} Sekunden wieder auf ihre Grundbahnen zurück, wobei die vorher absorbierte Energie in Form von Licht wieder abgestrahlt wird. Dieser Vorgang ist normalerweise spontan, d. h., das emittierte Licht ist inkohärent, nicht in Phase und wird in alle Richtungen regellos abgestrahlt. Der statistische Emissionsprozeß geht von einer Vielzahl von Atomen, ungeordnet und unabhängig voneinander, aus. Diese Vorgänge sind z. B. charakteristisch und bestimmend für die Funktion der Glühbirne.

Das Laserprinzip erfordert die erzwungene und geordnete Emission. Sie wird durch „Anheben" der Elektronen auf die oberste Schale ermöglicht und eingeleitet („Pumpen"). Die technische Realisierung dieser Vorgänge geschieht in einem *optischen Resonator,* Bild 4-257. Das im Resonator strömende CO_2-N_2-He-Gemisch wird durch die Energie einer elektrischen Gasentladung angeregt. Die emittierte Laserstrahlung mit der Wellenlänge von 10,6 μm liegt im infraroten Bereich, d. h., sie ist nicht sichtbar[10]. Von der in jede Richtung emittierten Strahlung wird der in Achsrichtung des Resonators verlaufende Anteil an dessen Endspiegeln reflektiert. Dieser Anteil trifft auf weitere angeregte CO_2-Moleküle und erzwingt so eine weitere lawinenartig anwachsende Emission (Laserstrahlung). Die gesamte emittierte Strahlung ist phasen- und amplitudengleich, also monochromatisch und kohärent. Sie wird so lange verstärkt, bis ihre Intensität den „Durchbruchswert" des einen halbdurchlässigen Endspiegels erreicht hat. Der Laserstrahl verläßt jetzt den Resonator und wird über einen Umlenkspiegel und eine Infrarotoptik (ein Gallium-Arsenid-Halbleiter) auf das Werkstück fokussiert. Er erzeugt hier einen Brennfleck von 0,1 mm bis 0,5 mm mit einer Leistungsdichte von bis zu 5 MW/cm^2. Den fokussierten Laserstrahl umgibt zentrisch ein von der Art des zu trennenden Werkstoffs abhängiges Schutzgas. Dessen Aufgabe besteht hauptsächlich darin, die Schmelze aus der Schnittfuge zu blasen. Zum Trennen nichtmetallischer Werkstoffe wird Stickstoff verwendet, der ein Verbrennen verhindert. Bei Stählen und Metallen beschleunigt Sauerstoff durch die freiwerdende Verbrennungswärme den Schneidvorgang.

Der auf die Werkstoffoberfläche auftreffende Laserstrahl kann reflektiert, absorbiert oder hindurchgelassen werden. Nur bei Absorption erwärmt sich der Werkstoff. Das Absorptionsverhalten wird u. a. durch die Art der Legierungselemente und die Oberflächenbeschaffenheit beeinflußt. Die meisten Metalle absorbieren im sichtbaren und im nahen Infrarotbereich (Wellenlänge <1 μm) bis zu 40% der Strahlung. Metalle mit hohem Reflexions- oder niedrigem Absorptionsvermögen (z. B. Au, Ag, Al, Mg, Cu) sind daher nur bedingt laserschneidbar. Nichtmetallische Werkstoffe (Glas, Quarz, Kunststoffe, Holz, Leder, Pappe, Plexiglas, keramische Werkstoffe) verhalten sich umgekehrt. Sie sind im sichtbaren Bereich praktisch transparent, im Infrarotbereich können sie bis zu 96% der Strahlung absorbieren. Die Anzahl und die Unterschiedlichkeit der mit dem Laser schneidbaren Werkstoffe wird damit von keinem anderen Trennverfahren erreicht. Für die Wirksamkeit des Schneidprozesses ist außerdem die Art der Leistungsdichteverteilung über den Strahlquerschnitt wichtig. Die erwünschte Gauß-Amplitudenverteilung ist z. B. Voraussetzung für eine gleiche Schneidgeschwindigkeit in *jeder* Richtung.

---

[8] Außer den Glaslasern werden noch Festkörperlaser verwendet. Die wichtigsten sind der Rubinlaser und der Neodym-Yttrium-Aluminium-Granatlaser.

[9] Das Kunstwort Laser wurde aus den Anfangsbuchstaben von „Light Amplification by Stimulated Emission of Radiation" gebildet. Frei übersetzt bedeutet dies etwa: Lichtverstärkung durch erzwungene Emission von Strahlung.

[10] Die Wellenlänge des sichtbaren Lichts liegt im Bereich zwischen 0,4 μm und 0,8 μm.

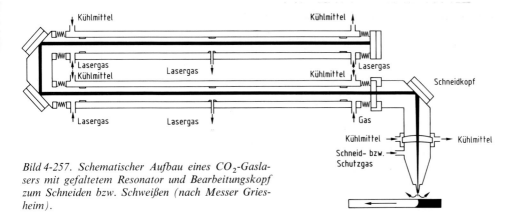

Bild 4-257. *Schematischer Aufbau eines CO_2-Gaslasers mit gefaltetem Resonator und Bearbeitungskopf zum Schneiden bzw. Schweißen (nach Messer Griesheim).*

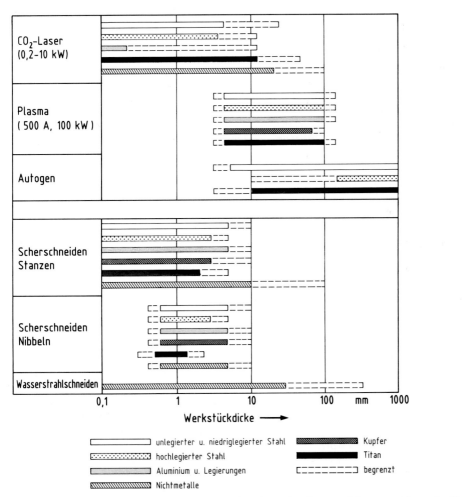

Bild 4-258. *Anwendungsgrenzen thermischer und mechanischer Trennverfahren zum Formschneiden metallischer und nichtmetallischer Werkstoffe (nach Messer Griesheim).*

4.9.3.2 Verfahrensmöglichkeiten und Grenzen

Die extreme Leistungsdichte des Laserstrahls ($8 \cdot 10^8$ W/cm^2 bis $10 \cdot 10^8$ W/cm^2) macht das Laserschneiden besonders geeignet zum Trennen von Blechen mit einer Wanddicke von <1 mm bis 4 mm. In diesem Wanddickenbereich ist eine konzentrierte, punktförmige Wärmequelle ein entscheidender Verfahrensvorteil. Die Schnittfugenbreite beträgt nur 0,1 mm bis 0,5 mm, die Schnittflächengüte ist hervorragend und der Verzug der geschnittenen Bauteile sehr gering. Das Verfahren füllt damit bei metallischen Werkstoffen im Wanddickenbereich der Fein- und Dünnbleche (≤4 mm) eine Anwendungslücke. Mit anderen Verfahren lassen sich Halbzeuge dieser Dicke nicht oder nur unwirtschaftlich trennen. Bild 4-258 zeigt die Anwendungsgrenzen verschiedener thermischer und mechanischer Trennverfahren. Im Dünnblechbereich – als typischer Anwendungsbereich kann stellvertretend die Automobilindustrie genannt werden – konkurriert das Laserschneiden sehr erfolgreich mit dem Nibbeln. Je komplizierter die zu schneidenden Konturen sind, desto wirtschaftlicher ist das Verfahren. Es bietet eine Reihe wesentlicher Vorteile gegenüber herkömmlichen Methoden:

– Es sind keine i. a. sehr teuren Werkzeuge erforderlich.
– Nacharbeit der Schnittflächen kann in den meisten Fällen entfallen.
– Die Schnittgeschwindigkeiten sind sehr hoch, Bild 4-259. Mit einem 500-W-CO$_2$-Laser beträgt die Schnittgeschwindigkeit an einem 2 mm dicken Stahlblech etwa 2500 mm/min.

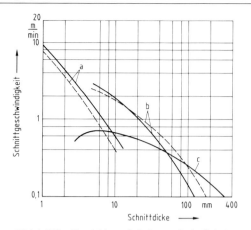

Bild 4-259. Erreichbare Schnittgeschwindigkeiten verschiedener thermischer Schneidverfahren.
– Stahl, – – – austenitischer Cr-Ni-Stahl
a CO$_2$-Laserschneider (1 kW)
b Plasmaschneiden (50 A bis 500 A)
c autogenes Brennschneiden

– Damit ergeben sich deutlich geringere Bearbeitungszeiten.
– Die Arbeitsgeräusche sind verglichen mit mechanischen Trennverfahren sehr gering.

Eine wichtige Voraussetzung für hochwertige Schnitte sind ruckfreie Koordinatenantriebe, die möglichst mit einer numerischen Bahnsteuerung ausgerüstet sind. Als Führungsmaschine wird häufig die sehr stabile Portalmaschine eingesetzt.

Ergänzendes und weiterführendes Schrifttum

Abschnitt 4.1 bis 4.6:

Degner, W., H. Lutze u. E. Smeijkal: Spanende Formung. München, Wien: Hanser, 1993.
Düniß, W., M. Neumann u. H. Schwartz: Fertigungstechnik – Trennen. 3. Aufl. Berlin: VEB Verl. Technik 1976.
Gomoll, V.: Keramische Schneidstoffe – Stand der Technik und Ausblicke. VDI-Z 122 (1980) Nr. 13, S. 160/74.

Kienzle, O.: Die Bestimmung von Kräften und Leistungen an spanenden Werkzeugen und Werkzeugmaschinen. VDI-Z. 94 (1952), S. 229.
König, W.: Fertigungsverfahren. Bd. 1: Drehen, Fräsen, Bohren. Düsseldorf: VDI-Verl. 1990.
Kronenberg, M.: Grundzüge der Zerspanungslehre. Bd. 1 und 3. Berlin, Göttingen, Heidelberg: Springer-Verl. 1969.

Krupp WIDIA: Spanformdiagramme für verschiedene Spanformrillen. Firmenschrift 1983

Leiseder, L. M.: Kühlschmierstoffe für die Metallzerspanung. Landsberg/Lech: verlag moderne industrie 1988.

Menis, W. (Hrsg.): Handbuch Fertigungs- und Betriebstechnik. Braunschweig, Wiesbaden: Vieweg 1989.

Milberg, J.: Werkzeugmaschinen – Grundlagen. Berlin, Heidelberg, New York, London, Paris, Tokio, Hong-Kong, Barcelona, Budapest: Springer 1992.

Merchant, M. E.: Mechanics of the Metal Cutting Process, Part I: Orthogonal Cutting and a Type 2 Chip. Journal of Applied Physics 16 (1945) H. 5, S. 267.

Opitz, H.: Moderne Produktionstechnik. Essen, Verl. W. Girardet 1970.

Perović, B.: Arbeitsmappe für den Konstrukteur: Fertigungsverfahren, Werkzeuge, Spannvorrichtungen, Werkzeugmaschinen. Düsseldorf: VDI-Verl. 1993.

Piispanen, V.: Theory of Formation of Metal Chips. Journal of Applied Physics 19 (1948) H. 10, S. 876.

REFA: Methodenlehre des Arbeitsstudiums, Teil 2, Datenermittlung. München: Carl Hanser Verl. 1976.

Reiter, N.: Hartmetall-Schneidstoffe – Stand der Technik und Ausblicke. VDI-Z. 122 (1980) Nr. 13, S. 155/159.

Saljé, E.: Elemente der spanenden Werkzeugmaschinen. München: Carl Hanser Verl. 1968.

Saljé, E.: Begriffe der Schleif- und Konditioniertechnik. Essen: Vulkan Verl. 1991.

Spur, G., u. *T. Stöferle:* Handbuch der Fertigungstechnik. Band 3/1 u. 3/2. München, Wien: Carl Hanser Verl. 1979 u. 1980.

Stahl-Eisen-Prüfblatt 1178–69: Zerspanungsversuche, Spanbeurteilung (Ausgabe Dez. 1969).

Taylor, F. W.: On the art of cutting metals. Trans. ASME. Bd. 28 (1907), S. 31/35.

Tönshoff, H. K.: Schneidstoffe der Fertigung. Reihe Kontakt u. Studium, Fertigungstechnik, Bd. 91. Techn. Akademie Esslingen 1982.

Tschätsch, H.: Taschenbuch spanende Formgebung. München, Wien: Carl Hanser Verl. 1980.

Victor, H. R.: Zerspankennwerte. Industrie-Anzeiger 98 (1976) Nr. 102, S. 1825.

Victor, H. R., M. Müller u. *R. Opferkuch:* Spanende Fertigungsverfahren. Teil 6: Räumen. wt-Z. ind. Fertig. 71 (1981) Nr. 4.

Victor, H. R., M. Müller u. *R. Opferkuch:* Zerspantechnik I: Grundlagen, Berlin, Heidelberg, New York: Springer-Verl. 1981.

VDI 3321, Bl. 1: Optimieren des Spanens. Herausgeber: Verein Deutscher Ingenieure, Ausg. März 1976.

Vieregge, G.: Zerspanung der Eisenwerkstoffe. Bd. 16 der Stahleisen-Bücher, Düsseldorf, Verl. Stahleisen 1970.

Wertheim, R., u. *J. Bacher:* Siliciumnitrid – Schneidstoff mit Zukunft. VDI-Z. 128 (1986) Nr. 5, S. 155/159.

Wiebach, H.-G.: Einführung in die Schnittwertoptimierung. VDI-Z. 120 (1980), Nr. 18, S. 825/29.

Witthof, J.: Die Ermittlung der günstigsten Arbeitsbedingungen bei der spanabhebenden Formgebung. Werkstatt und Betrieb 85 (1952) H. 10, S. 521.

Abschnitt 4.7:

Haasis, G.: Möglichkeiten der Optimierung beim Honen. Werkstatt und Betrieb 108 (1975) 2, S. 95/107.

Hinz, H. E.: Gleitschleifen – Grundlagen, Maschinen, Chips, Compound, Analysen, Abwasser, Kostenrechnung. Reihe Kontakt und Studium, Fertigungstechnik, Band 65. Expert-Verl. 1980.

Horowitz, J.: Oberflächenbehandlung mittels Strahlmitteln. Band 1 und 2. Zürich: Foster-Verl. AG 1976.

Klink, U.: Honen. Jahresübersichten in der VDI-Z.

König, W.: Fertigungsverfahren. Band 2: Schleifen, Honen, Läppen. Düsseldorf: VDI-Verl. 1989.

Martin, K.: Neuere Erkenntnisse über den Werkstoffabtrag beim Läppen. Fachber. für die Oberflächentechnik 10 (1972) 6, S. 197/202.

Meyer, H.-R.: Über das Abrichten von Diamant- und CBN-Schleifwerkzeugen. Jahrbuch: Schleifen, Honen, Läppen und Polieren, 50. Ausgabe. Essen: Vulkan-Verl. 1981.

Pahlitzsch, G., u. *J. Appun:* Einfluß der Abricht-bedingung auf Schleifvorgang und Schleifer-gebnis beim Rundschleifen. Werkstattstech-nik und Maschinenbau 43 (1953) 9, S. 396/403.

Refa-Methodenlehre des Arbeitsstudiums, Teil 1 bis 6. München, Wien: Carl Hanser-Verl. 1978.

Saljé, E.: Jahrbuch: Schleifen, Honen, Läppen und Polieren. Essen: Vulkan-Verl.

Saljé, E., u. *G. Rohde:* Rundschleifmaschinen. VDI-Z. 124 (1982) Nr. 15/16. – Planschleif-maschinen. VDI-Z. 124 (1982) Nr. 23/24.

Spur, G., u. *T. Stöferle:* Handbuch der Ferti-gungstechnik. Band 3/2: Spanen, München, Wien: Carl Hanser-Verl. 1980.

Techniklexikon Fertigungstechnik und Arbeits-maschinen. (5 Bände) Hamburg: Rowohlt-Verl. 1962.

Abschnitt 4.9:

Bernard, P., u. *G. Schreiber:* Verfahren der Autogentechnik. Düsseldorf: Fachbuchreihe Schweißtechnik 1973.

DIN 2310, Teil 1 bis 6.

Fritz, A. H., J. Sternberg u. *W. Kühnlein:* Ge-räuschminderung beim Schweißen und Brennschneiden.   EG-Forschungsbericht Nr. 7257-78/376/01. Berlin: TFH/ILFA-In-stitut 1988.

Hermann, F.-D.: Thermisches Schweißen. Die Schweißtechnische Praxis. Düsseldorf 1979.

Hirschberg, H.: Thermisches Schweißen von Stahl. Merkblatt STAHL 252. Düsseldorf 1985.

Tamaschke, W.: Schneiden von Stahlblech mit CO_2-Laser. Z. f. industr. Fertigung 72 (1982), S. 323/326.

5 Umformen

5.1 Einteilung und technisch-wirtschaftliche Bedeutung der Umformverfahren

Unter Umformen versteht man gemäß DIN 8580, eine gegebene Roh- oder Werkstückform in eine bestimmte, andere Zwischen- oder Fertigteilform zu überführen. Dabei werden die Stoffteilchen so verschoben, daß der Stoffzusammenhalt und die Masse unverändert bleiben. Das Umformen bezeichnete man früher auch als *plastische* oder *bildsame Formgebung.*

Die *Einteilung* der Umformverfahren erfolgt entsprechend DIN 8582 unter dem Gesichtspunkt der wirksamen Spannungen in der Umformzone in die fünf Beanspruchungsgruppen Druck-, Zugdruck-, Zug-, Biege- und Schubumformen.

Bild 5-1 vermittelt einen Überblick. Die Gruppen sind in DIN 8583 bis 8587 nach den Kriterien der Relativbewegung zwischen Werkzeug und Werkstück, der Werkzeuggeometrie und der Werkstückgeometrie gegliedert. Sie umfassen 18 Untergruppen mit etwa 230 Grundverfahren. Häufig werden auch Verfahrenskombinationen eingesetzt. Es können zwei oder mehrere Grundverfahren gleichzeitig oder nacheinander in einem Arbeitsgang durchgeführt werden. Ein Arbeitsgang ändert in einem einzelnen Schritt die Form und (oder) die Stoffeigenschaften. Aus einer Übersicht über die Umformverfahren gemäß Bild 5-2 gehen der jeweilige Ausgangs- und Endzustand des Werkstücks hervor.

Das Umformen kann bei unterschiedlichen Temperaturen durchgeführt werden. Die Ausgangstemperatur des Werkstücks beeinflußt sowohl den Umformverlauf als auch die Werkstück-Stoffeigenschaften. Dabei kann eine bleibende oder nur beim Umformvorgang feststellbare vorübergehende Festigkeitssteigerung auftreten. Für die Praxis unterteilt man die Verfahren nach DIN 8582 bis 8587 in:

- *Kaltumformen:* Umformen ohne Anwärmen des Rohlings,
- *Warmumformen:* Umformen mit Anwärmen des Rohlings [1].

Umformverfahren, bei denen sowohl kalt als auch warm umgeformt wird, sind z. B. das Walzen, Fließpressen und Prägen. Eine Einteilung der Umformverfahren nach der geometrischen Rohlingsform (z. B. Stangenabschnitt oder Blech) führt zu der Unterscheidung *Massiv-* und *Blechumformung.*

---

[1] Als Warmumformen wurden früher die Verfahren bezeichnet, bei denen die Umformtemperatur über der Rekristallisationstemperatur des Werkstückstoffs lag. Oberhalb der Rekristallisationstemperatur T_{RK} tritt keine Verfestigung des Werkstoffs ein.

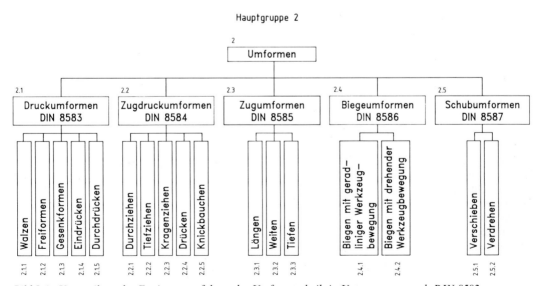

Bild 5-1. Unterteilung der Fertigungsverfahren der Umformtechnik in Untergruppen nach DIN 8582.

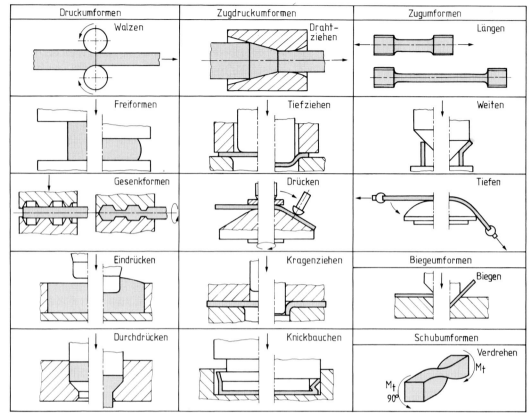

Bild 5-2. Beispiele für Umformverfahren, eingeteilt nach überwiegender Beanspruchung in der Umformzone. Im jeweils linken Bildteil ist die Ausgangsform, im rechten Bildteil die Endform des Werkstücks dargestellt.

Vorteile von Umformverfahren sind

- bessere *Werkstoffausnutzung;* die modernen Verfahren des Umformens erlauben in besonderen Fällen die Fertigung von einbaufertigen Teilen. Gegenüber der spanenden Bearbeitung sind Werkstoffeinsparungen von 10% bis 50% möglich.
- Einsparen von *Fertigungszeit;* Umformmaschinen ermöglichen ein höheres Ausbringen durch verkürzte Haupt- und Nebenzeiten. Die Erhöhung der Pressenhubzahl, der Einsatz automatisierter Zuführ- und Entnahmevorrichtungen sowie die Mehrmaschinenbedienung führen zu einer Einsparung von Fertigungszeit bis zu 30%.
- Steigerung der *Werkstückqualität;* die Maßgenauigkeit und Oberflächengüte der Erzeugnisse können verbessert werden durch Kombinieren von Umformprozessen mit Endbearbeitungsverfahren. Mit einigen Um-

formverfahren lassen sich sehr kleine Toleranzen einhalten. Zum Beispiel kann beim Fließpressen eine Wanddickenabweichung bei 600 mm Dmr. bis zu $\pm 0{,}01$ mm und beim Oberflächenfeinwalzen eine Rauheit bei Stahlteilen bis zu $R_z = 0{,}2$ μm erreicht werden.
- Erhöhung der *Werkstückstoff-Festigkeit;* bei mehreren Verfahren des Kaltumformens kann eine solche Festigkeitssteigerung vorteilhaft ausgenutzt werden. Beim Kaltfließpressen steigt die Härte des eingesetzten Stahls bis zu 120% und beim Oberflächenfeinwalzen (je nach Umformgrad) bis zu 40%. Dadurch können Stähle mit geringerer Festigkeit und entsprechend niedrigerem Preis als Rohling eingesetzt werden. Eine höhere Gestaltfestigkeit und eine verringerte Kerbwirkung lassen sich bei Umformteilen mit nicht angeschnittenem Faserverlauf erreichen.

5.2 Grundlagen der Umformtechnik

Für die Anwendung der Umformtechnik ist der kristalline Aufbau der Metalle von grundlegender Bedeutung. Das kleinste Bauelement eines Kristalls ist die *Elementarzelle* (Bild 5-3). In

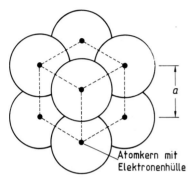

Bild 5-3. Anordnung von Atomen in einer kubisch raumzentrierten Elementarzelle (Gitterabstand bei α-Eisen: $a = 287 \cdot 10^{-9}$ mm).

Metallen findet man meist drei Grundformen: die kubische, die tetragonale und die hexagonale Elementarzelle. Beim Erstarren einer Schmelze (Abschn. 2, Urformen) ordnen sich die Elementarzellen nahezu parallel an und bilden feste Bereiche, die immer größer werden. Wenn sich alle Zellen gegenseitig berühren, ist die Schmelze erstarrt. Auf einer feingeschliffenen Oberfläche kann man durch eine geeignete Ätzung mit chemischen Mitteln das Gefüge der einzelnen Kristallkörper und ihre Korngrenzen sichtbar machen. Man erkennt unter dem Mikroskop eine Struktur etwa entsprechend Bild 5-4.

Die unregelmäßigen Körper mit zueinander statistisch regellos orientierten Zellen sind die *Kristallite* oder *Körner*. Die mechanischen und physikalischen Eigenschaften der Metalle werden durch die Lage und die Durchmesser der Atome, deren Abstand voneinander und durch die Verteilungsdichte im Atomgitter bestimmt. Die Eigenschaften eines Kristallits sind daher richtungsabhängig, also *anisotrop*. Im Verbund eines Vielkristalls gleichen sich die Vorzugsrichtungen statistisch aus; die Eigenschaften sind daher *quasi-isotrop*.

Bei der plastischen Formänderung von Metallen werden große Gitterbereiche von Elementarzellen gegeneinander um endliche Strecken verschoben. Dieses Verschieben oder *Gleiten* erfolgt bevorzugt parallel zu den am dichtesten gepackten Gitterebenen, verdeutlicht im Bild 5-5. Die Ebenen sind bei kubisch raumzentrierten (krz) Metallen (wie z. B. *a*-Eisen, Wolfram, Chrom) die Flächen des sog. Rhomben-Dodekaeders. Bei Metallen mit kubisch flächenzentriertem (kfz) Gitter (wie z. B. *γ*-Eisen, Aluminium, Kupfer, Nickel) sind es die Flächen des Oktaeders. Bei Metallen mit hexagonalem (hdP) Gitter (wie z. B. Zink, Magnesium) sind die Basisflächen am dichtesten mit Atomen besetzt. Entlang dieser Ebenen setzt die Gleitung oder *Translation* ein [2].

Bei einem *Vielkristall*, der aus zahlreichen Kristalliten mit unregelmäßigen Korngrenzen besteht, haben die Gleitebenen unterschiedliche Orientierung (Bild 5-4). Das Gleiten setzt in diesem Fall richtungsunabhängig ein, da immer

---

[2] Genauer lassen sich diese Vorgänge nur mit dem Versetzungsbegriff beschreiben, dessen Erklärung in diesem Zusammenhang zu weit führen würde.

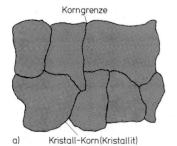

Bild 5-4. Aus Kristalliten aufgebautes Gefüge eines Metalls: a) Vielkristall im Ausgangsgefüge, b) Gefüge nach der Umformung.

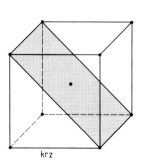 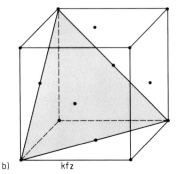 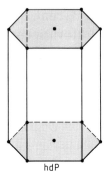

a) krz b) kfz c) hdP

Bild 5-5. Elementarzellen von Metallen mit den am dichtesten mit Atomen besetzten Gitterebenen:
a) kubisch raumzentriertes Gitter (α-Eisen, Wolfram, Chrom),
b) kubisch flächenzentriertes Gitter (γ-Eisen, Al, Cu, Ni),
c) hexagonales Gitter (Zink, Magnesium).

zur Beanspruchungsrichtung günstig liegende Gleitsysteme vorhanden sind. Eine große Anzahl von Kristalliten befindet sich aber auch in solchen Lagen, in denen ein Gleiten in der Kraftrichtung nicht möglich ist. Daher ist der Umformwiderstand eines vielkristallinen Metallstücks viel größer als derjenige eines Einkristalls.

Für das Berechnen der Umformvorgänge hat man *Kenngrößen der Formänderung* definiert. Während des Umformvorgangs bleibt das Volumen des umgeformten Körpers annähernd gleich. Wird ein Quader mit den Ausgangsabmessungen h_0, b_0, und l_0 auf die Endabmessungen h_1, b_1 und l_1 gemäß Bild 5-6 gestaucht, so gilt die Beziehung

$$V = h_0 b_0 l_0 = h_1 b_1 l_1 = \text{konstant} \qquad (5\text{-}1).$$

Die Größe von Formänderungen kann in verschiedener Weise angegeben werden:

– Unter der **absoluten Formänderung** versteht man den Unterschied der geometrischen Abmessungen vor und nach der Umformung (Höhenabnahme, Breitenabnahme, Längenabnahme):

$$\Delta h = h_1 - h_0; \quad \Delta b = b_1 - b_0; \quad \Delta l = l_1 - l_0.$$

– Bei der **bezogenen Formänderung** wird die absolute Formänderung zu den Ausgangsabmessungen ins Verhältnis gesetzt (bei positivem Vorzeichen „Dehnung", meist in % angegeben):

$$\varepsilon_h = \frac{h_1 - h_0}{h_0}, \quad \varepsilon_b = \frac{b_1 - b_0}{b_0}; \quad \varepsilon_l = \frac{l_1 - l_0}{l_0}.$$

– Das **Formänderungsverhältnis** ist das Verhältnis der geometrischen Abmessungen vor und nach dem Umformen (Stauchgrad, Breitungsgrad, Streckgrad):

$$\gamma = \frac{h_1}{h_0}; \quad \beta = \frac{b_1}{b_0}; \quad \lambda = \frac{l_1}{l_0}.$$

– Der **Umformgrad** ist das logarithmische Formänderungsverhältnis:

$$\varphi_h = \ln \frac{h_1}{h_0}; \quad \varphi_b = \ln \frac{b_1}{b_0}; \quad \varphi_l = \ln \frac{l_1}{l_0}.$$

Der Umformgrad wird bei der Ermittlung des *Kraft-* und *Arbeitsbedarfs* benötigt. Formänderungen treten nicht allein in einer Richtung auf. Beim Strecken eines Zugstabs wird sein Querschnitt gleichzeitig abnehmen; beim Stauchen eines Bolzens vergrößert sich der Durchmesser. Für alle Berechnungen des erforderlichen Kraftbedarfs ist aber stets der größte Wert des Umformgrads φ einzusetzen. Der Satz von der Volumenkonstanz läßt sich mit Hilfe des Um-

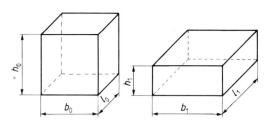

Bild 5-6. Gestauchter Quader mit idealisierter Geometrie nach dem Umformen (sog. parallel-epipedische Verformung).

formgrads so formulieren, daß die Summe der orthogonalen Umformgrade gleich null ist:

$$\varphi_h + \varphi_b + \varphi_1 = 0 \qquad (5\text{-}2).$$

Auf Grund des kristallinen Aufbaus zeigen die metallischen Werkstoffe ein proportionales Verhalten im Spannung-Dehnung-Schaubild bis zur *Fließgrenze* (Hooke-Gerade). Die elastische Verformung entsteht durch reversible Gitterdehnungen und -stauchungen. Beim Fließbeginn gleiten große Gitterbereiche irreversibel ab.

Die bevorzugten Gleitebenen stimmen bei homogenen Werkstoffen mit der Richtung der maximalen Schubspannung überein. Durch die im Werkstoff in großer Anzahl enthaltenen eindimensionalen Gitterdefekte (Versetzungen) setzt der Fließbeginn bei wesentlich niedrigeren Schubspannungen ein als bei idealem Gitteraufbau. Für einen dreiachsigen Spannungszustand kann in Anlehnung an *Mohr* ohne Berücksichtigung der mittleren Hauptnormalspannung die *Fließbedingung* definiert werden:

$$\sigma_{max} - \sigma_{min} = 2\,\tau_{max} = R_e \triangleq \sigma_v \qquad (5\text{-}3)$$

mit R_e als der Fließ- bzw. Streckgrenze und σ_v als der einachsigen Vergleichsspannung. Die Vergleichsspannung wird nach unterschiedlichen *Festigkeitshypothesen* berechnet und zwar nach der Normalspannungshypothese, der Schubspannungshypothese nach *Tresca* (s. Gl. (5-3)) und der Gestaltänderungsenergie-Hypothese (GEH) nach *v. Mises*.

Der Einfluß ein- und mehrachsiger Spannungszustände auf den Verlauf der Schubfließgrenze τ_F und der Schubfestigkeit τ_B geht aus Bild 5-7 hervor. Darin sind die Mohrschen *Spannungskreise* für den Fließbeginn dargestellt. Der jeweilige Abstand zwischen τ_F und τ_B ist ein Vergleichsmaß für das plastische Formänderungsvermögen.

Oberhalb des Schnittpunkts S der beiden Kenngrößen ist im Bereich mehrachsiger Zugspannungen mit Trennbruchgefahr zu rechnen. Unter mehrachsigen Druckspannungszuständen wird ein größeres *Formänderungsvermögen* erreicht als unter Zugspannungszuständen. Im Grenzfall können mehrachsige Zugspannungen verformungslose Trennbrüche auslösen.

Im Spannung-Dehnung-Schaubild nach Bild 5-8 tritt beim Werkstoff Stahl (mit verhältnismäßig wenig Kohlenstoff) eine ausgeprägte

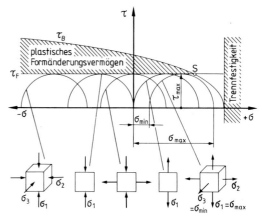

Bild 5-7. Mohrsche Spannungskreise und Grenzfestigkeiten für unterschiedliche Hauptnormalspannungszustände.

τ_B	*Schubfestigkeit*
τ_F	*Schubfließgrenze*
τ_{max}	*maximale Schubfestigkeit*

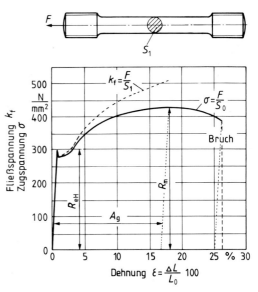

Bild 5-8. Spannung-Dehnungs-Schaubild für St 37, aufgenommen beim Zugversuch.

σ	*konventionelle Spannung ($\sigma = F/S_0$)*
k_f	*Fließspannung ($k_f = F/S_1$)*
R_{eH}	*obere Streckgrenze*
R_m	*Zugfestigkeit nach ISO*

obere Streckgrenze R_{eH} auf. Wird beim Zugversuch die der Zugprobe aufgezwungene Verlängerung Δl kontinuierlich gesteigert, so erhöht sich die meßbare Kraft F und damit die Zugspannung $\sigma = F/S_0$. Am Höchstlastpunkt ist die Nennzugfestigkeit R_m des Werkstoffs erreicht; im Zugversuch kommt es infolge von Instabilitäten zur Einschnürung, bei weiterer Dehnung zum Bruch. Die Spannung σ ist eine fiktive Größe, da sie stets auf den Ausgangsquerschnitt S_0 der Zugprobe bezogen wird.

Die wahre Spannung $k_f = F/S_1$ wird *Formänderungsfestigkeit* oder *Fließspannung* genannt. Der Verlauf der Fließspannung k_f in Abhängigkeit vom Umformgrad etwa gemäß Bild 5-9 heißt *Fließkurve* und ist für unterschiedliche Werkstoffe von der Höhenlage und dem Verfestigungsanstieg abhängig. Für die meisten in der Umformtechnik angewendeten Metalllegierungen sind die Fließkurven in den Arbeitsblättern VDI 5-3200 und 3201 festgelegt.

Fließkurven lassen sich einfacher handhaben, wenn sie durch eine mathematische Beziehung näherungsweise erfaßt werden. Zwischen φ und ε besteht der Zusammenhang [3]

$$\varphi = \ln(1 + \varepsilon) \tag{5-4}.$$

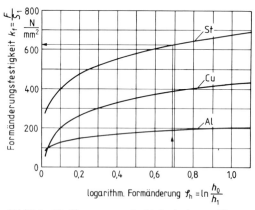

Bild 5-9. *Fließkurven von Stahl (unlegierter Einsatzstahl Ck 10), Kupfer und Aluminium.*
Beispiel: Für die Stauchung auf die halbe Ausgangshöhe ergibt sich ein Umformgrad $\varphi_h = -0,69$; die dazugehörige Werkstoffestigkeit für Stahl beträgt $k_f = 620 \, N/mm^2$.

---

[3] Nach Definition ergibt sich die wahre Dehnung oder der Umformgrad φ aus:

$$\varphi = \int_{l_0}^{l_1} \frac{dl}{l} = \ln \frac{l_1}{l_0} = \ln \frac{l_0 + \Delta l}{l_0} = \ln(1 + \varepsilon).$$

Für kleine Werte von $|\varepsilon| < 0,2$ sind beide Kenngrößen etwa gleich groß.

Zur mathematischen Beschreibung von Fließkurven wurden (nach *Reihle* u.a.) Potenzfunktionen entwickelt. Für unlegierte und niedriglegierte Stähle sowie für Leichtmetalle gilt beim Kaltumformen für die Fließspannung im Bereich $\varphi = 0,2$ bis $\varphi = 1,0$ die Beziehung

$$k_f = C \, \varphi^n \tag{5-5}.$$

Für die Konstanten C und n gelten folgende Zusammenhänge:

$$C = R_m \, (e/n)^n \tag{5-6},$$
$$n = \varphi_{gl} \tag{5-7}.$$

Hierin bedeuten

n Verfestigungsexponent,
R_m Zugfestigkeit,
e Basis der natürlichen Logarithmen,
φ_{gl} Umformgrad bei der Gleichmaßdehnung im Zugversuch.

Fließkurven, die sich nach Gl. (5-5) annähern lassen, sind in doppellogarithmischer Darstellung der Fließspannung k_f in Abhängigkeit vom Umformgrad φ eine Gerade. Der *Verfestigungsexponent* n ergibt sich als $\tan \alpha$ des Anstiegwinkels dieser Geraden.

Die Fließkurve selbst kann aus dem Zugversuch nach DIN 50 145 bis zur Gleichmaßdehnung A_{gl} ermittelt werden, die man aus den Werten für R_m, A_{10} und A_5 näherungsweise berechnen kann:

$$n = \varphi_{gl} = \ln(1 + A_{gl}) = \ln(1 + 2A_{10} - A_5) \tag{5-8}.$$

Aus vorverfestigten Proben, die z.B. durch Walzen oder Drahtziehen zu mehr als $\varphi \approx 0,4$ umgeformt wurden, läßt sich im Zugversuch die Fließspannung ermitteln. Die Spannung-Dehnung-Schaubilder solcher Zugproben zeigen fast keinen Dehnungsbereich mehr, so daß die Zugfestigkeit R_m der Fließspannung k_f entspricht.

Im *Stauchversuch* kann die Fließkurve bis zu Umformgraden von $\varphi = 1,0$ ermittelt werden. Beim Stauchen zwischen ebenen Bahnen wird die gleichmäßige Breitung an den Berührungsflächen infolge der Reibung behindert. Die Probe verliert ihre zylindrische Gestalt und baucht entsprechend Bild 5-10 aus: Kurze Zylinderproben nehmen Tonnenform an, schlanke Proben bauchen an den Enden aus. Dadurch

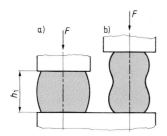

Bild 5-10. Ausbauchung bei zylindrischen Stauchkörpern:
a) kurze Probe mit $h_0/d_0 = 1{,}0$,
b) schlanke Probe mit $h_0/d_0 = 2{,}5$.

kann keine homogene Umformung erfolgen; der Spannungszustand ist nicht mehr einachsig. Um dies zu vermeiden, werden die Stauchflächen poliert und geschmiert, Kunststoffolien als Zwischenlage benutzt, oder es wird der *Kegelstauchversuch* angewendet. Dabei sind Stauchbahnen und Probenstirnflächen kegelig ausgebildet. Die dadurch entstehenden Radialspannungen sollen gerade so groß werden, daß sie die Reibschubspannungen aufheben. Dies ist der Fall, wenn für den Neigungswinkel α der Kegelflächen und den Reibwert μ die Beziehung

$$\mu = \tan\alpha \qquad (5\text{-}9)$$

gilt. Für Stahl bei Raumtemperatur und bei guter Schmierung gilt $\alpha = 1{,}5°$; hierbei kann man den Umformgrad noch mit guter Näherung aus der mittleren Probenhöhe errechnen. Der Kegelstauchversuch eignet sich auch für die Fließkurvenermittlung an Blechen. Dabei werden die geschichteten Proben in einer Spannhülse zentriert und nach geringer Belastung frei weitergestaucht. Der Spannungsverlauf wird durch die Trennschichten der Bleche nicht gestört.
Solange der Spannungszustand im Zug- oder Stauchversuch näherungsweise als einachsig angesehen werden kann, gilt für die Formänderungsfestigkeit oder Fließspannung

$$k_f = \frac{F}{A_0}\, e^{\varphi} \qquad (5\text{-}10);$$

hierbei bedeuten F die gemessene Umformkraft, A_0 die Fläche vor der Umformung und

$$\varphi = \ln(l_1/l_0) \ \text{bzw.} \ \varphi = \ln(h_1/h_0).$$

Mit Hilfe der Fließkurven können *Umformkräfte* und *Umformarbeiten* berechnet werden.

Nach Lösungsansätzen der elementaren Plastizitätstheorie ergibt sich zum verlustfreien Umformen eines nicht verfestigten Werkstoffs die ideale Umformarbeit zu

$$W_{id} = V \int_0^{\varphi_1} k_f\, d\varphi = V k_f \varphi_1 \qquad (5\text{-}11).$$

Hierin bedeutet:

V umgeformtes Werkstoffvolumen,
k_f Fließspannung des Werkstückstoffs,
φ Umformgrad.

Bei verfestigten Werkstoffen ist eine mittlere Fließspannung k_{fm} einzusetzen, die als Integralwert ermittelt wird:

$$k_{fm} = \frac{1}{\varphi_1} \int_0^{\varphi_1} k_f\, d\varphi \qquad (5\text{-}12).$$

Näherungsweise kann auch der arithmetische Mittelwert der Fließspannungen vor und nach der Umformung aus der Fließkurve berechnet werden:

$$k_{fm} = \frac{k_{f_0} + k_{f_1}}{2} \qquad (5\text{-}13).$$

Bei den Umformverfahren in der Praxis bewirken zusätzliche Verluste durch Reibung, innere Schiebungen im Werkstoff, Biegung u. ä. eine im Vergleich zu Gl. (5-11) größere Umformarbeit:

$$W_{ges} = \frac{W_{id}}{\eta_F} \qquad (5\text{-}14).$$

Außer den Näherungsansätzen zur Abschätzung dieser Verluste muß besonders bei komplexer Werkstückgeometrie der *Umformwirkungsgrad* η_F experimentell bestimmt werden ($\eta_F = 0{,}4$ bis $\eta_F = 0{,}8$). Dieser ist abhängig von der äußeren Reibung an den Werkzeugflächen, der Art des Umformverfahrens, dem umgeformten Werkstoff, der Werkstückgeometrie und dem Stofffluß. Häufig wird er aus dem Verhältnis ideelle Umformkraft F_{id} zur tatsächlich erforderlichen Umformkraft F_{ges} bestimmt:

$$\eta_F = \frac{F_{id}}{F_{ges}} \qquad (5\text{-}15).$$

Diese Beziehung gilt allerdings nur für stationäre Vorgänge; bei allen anderen Umformvorgängen muß statt mit F_{ges} mit einer mittleren Kraft gemäß

$$\bar{F} = W_{ges}/s \qquad (5\text{-}16)$$

mit s als dem Umformweg gerechnet werden.

Hinsichtlich der *Kraftwirkung* ist es zweckmäßig, die Umformverfahren in solche mit unmittelbarer und solche mit mittelbarer Kraftwirkung zu unterteilen. Bei den Umformverfahren mit *unmittelbarer* Kraftwirkung, wie z. B. beim Stauchen, Recken und Walzen, wirkt die äußere Kraft in der Hauptumformrichtung. Für eine idealisierte verlustfreie Umformung ergibt sich die senkrecht zur gedrückten Fläche A_1 erforderliche ideelle Umformkraft zu

$$F_{id} = A_1 \, k_f \qquad (5\text{-}17);$$

hierbei ist A_1 die augenblickliche Querschnittsfläche senkrecht zur Kraft und k_f die augenblickliche Fließspannung des Werkstoffs.

Für Umformverfahren mit *mittelbarer* Kraftwirkung, wie z. B. für das Voll-Vorwärts-Fließpressen, Stab- und Drahtziehen sowie Tiefzie-

hen, muß zusätzlich der Umformgrad berücksichtigt werden:

$$F_{id} = A_1 \, k_{fm} \, \varphi_1 \qquad (5\text{-}18).$$

In dieser Formel ist A_1 der Querschnitt am Ende des Vorgangs, k_{fm} die mittlere Fließspannung und φ_1 der Umformgrad des Vorgangs. Die tatsächlich erforderliche Kraft kann mit Hilfe des Formänderungswirkungsgrads η_F berechnet werden. Entsprechende Beispiele werden bei den einzelnen Verfahren erläutert.

Die Fließspannung und damit die Fließkurvencharakteristik hängt in großem Maße von der *Umformtemperatur* ab, wie Bild 5-11 zeigt. Je höher die Umformtemperatur ist, desto niedriger ist die (Warm-)Fließspannung bei konstanter Umformgeschwindigkeit $\dot\varphi = d\varphi/dt$, und um so flacher ist der Verfestigungsanstieg der Fließkurven.

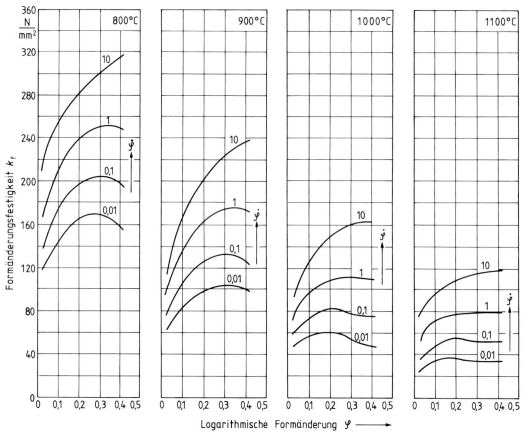

Bild 5-11. *Warmfließkurven bei verschiedenen Temperaturen für den Stahl C45, Umformgeschwindigkeit* $\dot\varphi = d\varphi/dt$ *in* s^{-1} *(nach H.-G. Müller).*

Besonders dann, wenn die Temperatur so hoch ist, daß eine Rekristallisation während des Umformprozesses ablaufen kann, nimmt der Gleitwiderstand auf den Kristallebenen ab. Bei diesem zeitabhängigen Prozeß wird die auftretende Verfestigung sofort wieder rückgängig gemacht. Mit einer zweckmäßigen Temperaturführung kann auch ein bestimmtes Gefüge erzielt werden (z. B. feinkristallines Grobblech).

Während beim Kaltumformen besonders der Umformgrad φ die Form der Fließkurve beeinflußt, ist für das Warmumformen die *Formänderungsgeschwindigkeit* $\dot{\varphi}$ von ausschlaggebender Bedeutung. Eine größere Formänderungsgeschwindigkeit behindert die Rekristallisation während des Umformens oder macht sie sogar unmöglich. Bild 5-12 zeigt als Beispiel für den Umformgrad $\varphi = 0,3$ die Fließspannungen k_f für den Stahl C 45 (nach *H.-G. Müller*). Je höher die Umformtemperatur ist, desto steiler verläuft die Kurve.

Bei $\dot{\varphi} = 10 \ \text{s}^{-1}$ fließt der Stahl C 45 bei einer Umformtemperatur von $1100\,°\text{C}$ erst bei der dreifachen Fließspannung im Vergleich zu $\dot{\varphi} = 0,01 \ \text{s}^{-1}$. Das Werkstück hat bei dem schnelleren Umformvorgang eine höhere Festigkeit als ein gleiches Werkstück bei $900\,°\text{C}$, das langsam umgeformt wird ($\dot{\varphi} = 0,01 \ \text{s}^{-1}$).

Der Einfluß der Umformgeschwindigkeit $\dot{\varphi}$ auf die Fließspannung kann mit sog. *Plastometern* ermittelt werden. Diese Maschinen erlauben z. B. ein Stauchen mit konstanter Umformgeschwindigkeit. Da $\dot{\varphi}$ bei homogener Umformung nach der Gleichung

$$\dot{\varphi} = \mathrm{d}\varphi/\mathrm{d}t = v_{wz}/h \qquad (5\text{-}19)$$

von der Werkzeuggeschwindigkeit v_{wz} und der augenblicklichen Probenhöhe h abhängt, wird bei Plastometern die Stauchbahngeschwindigkeit nach entsprechenden Kurvenscheiben gesteuert.

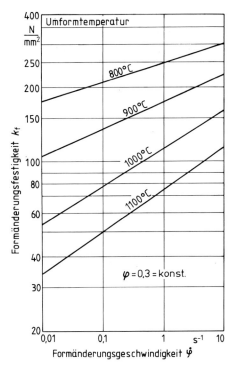

Bild 5-12. Fließspannung k_f für den Stahl C45 in Abhängigkeit von der Formänderungsgeschwindigkeit $\dot{\varphi}$.

verfahren mit gegeneinander bewegten Werkzeugen. Diese können die Form des Werkstücks gar nicht oder nur teilweise (*Freiformen*) bzw. zu einem wesentlichen Teil oder völlig umfassen (*Gesenkformen*).

Beim *Eindrücken* dringt das Werkzeug in das Werkstück ohne oder mit einer Relativbewegung zwischen Werkzeug und Werkstück entlang der Oberfläche ein.

Den *Durchdrückverfahren* kommt in der Umformtechnik eine sehr große Bedeutung zu. Das *Verjüngen* und das *Fließpressen* werden zur Herstellung einzelner Werkstücke angewendet (z. B. Radbefestigungsschrauben). *Strangpressen* dient vorwiegend der Herstellung von Halbzeug (Hohl- und Winkelprofile aus Aluminiumlegierungen).

5.3 Druckumformen

Bei den Verfahren für das Druckumformen wird der plastische Zustand im Werkstoff durch ein- oder mehrachsige Druckspannungen hervorgerufen. Nach DIN 8583 gehören dazu die *Walzverfahren* (Halbzeugherstellung und sog. Stückwalzverfahren). Die Freiform- und Gesenkformverfahren umfassen Druckform-

5.3.1 Walzen

5.3.1.1 Definition und Einteilung nach DIN 8583

Das Verfahren ist definiert als stetiges oder schrittweises Druckumformen mit sich drehen-

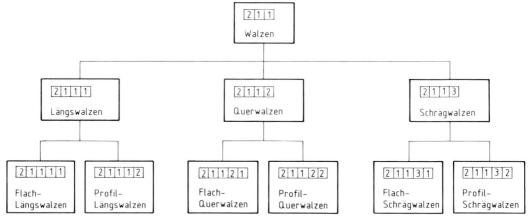

Bild 5-13. *Einteilung der Walzverfahren nach DIN 8583.*

den Werkzeugen (Walzen). Beim Walzen von Hohlkörpern werden mitunter auch Gegenwerkzeuge (z. B. Dorne, Stopfen, Stangen) verwendet. Die Walzen können entweder angetrieben oder vom Walzgut mitgeschleppt werden. In Sonderfällen werden an Stelle einer oder mehrerer Walzen anders geformte Werkzeuge verwendet, z. B. hin- und hergehende Backen beim Gewindewalzen.

Im Ordnungssystem der Druckumformverfahren nach DIN 8583 unterscheidet man Längs-, Quer- und Schrägwalzen, wie die Übersicht Bild 5-13 zeigt. Beim **Längswalzen** wird das Walzgut senkrecht zu den Walzenachsen ohne Drehung durch den Walzspalt bewegt. Es tritt als Strang aus den gegensinnig umlaufenden Walzen aus. Der Strang mit gleichbleibendem Querschnitt ist meist Halbzeug, das weiter verarbeitet wird. Die Erzeugnisse können nach ihrer Geometrie in Flach- und Profilprodukte unterteilt werden. Die Werkzeuge heißen dementsprechend *Flach-* bzw. *Profilwalzen*, wie in Bild 5-14 angedeutet.

Nach diesen Walzverfahren können auch Hohlkörper hergestellt werden. Hervorzuheben sind das Walzen von Vierkantrohren und die Rohrherstellung nach dem Pilgerschrittverfahren.

Das *Pilgerschrittwalzen* dient zum Erzeugen dünnwandiger nahtloser Rohre. Hierbei erfolgt das Umformen abschnittweise durch Strecken der dickeren Rohrwand über einem Dorn gemäß Bild 5-15. Üblicherweise wird beim Warmwalzen ein zylindrischer Dorn, beim Walzen bei Raumtemperatur ein kegeliger Dorn benutzt.

Das *Reckwalzen* ist ein Profil-Längswalzen von Vollkörpern, bei dem der austretende Querschnitt nicht konstant bleibt. Die Walzen, entsprechend Bild 5-16, sind so ausgebildet, daß sich der Profilquerschnitt in Umfangsrichtung stetig oder sprunghaft ändert. Das Verfahren wird häufig angewendet, um für das Schmieden im Gesenk Zwischenformen mit günstiger Massenverteilung herzustellen.

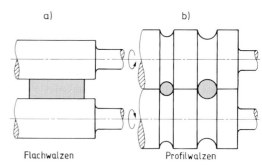

Bild 5-14. *Walzenausführungen beim Längswalzen.*

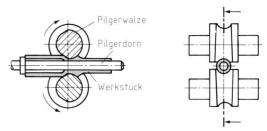

Bild 5-15. *Pilgerschrittwalzen zum Erzeugen nahtloser Rohre (Mannesmann-Verfahren).*

Das Prinzip des Längswalzens kann auch als Planetenwalzverfahren angewendet werden. Bild 5-17 zeigt die Arbeitsweise. Zwei angetriebene Walzköpfe rotieren gegenläufig; an ihrem Umfang sind planetenartig die Profilwalzen gelagert. Diese zeigen ein Profil, das der Lückenform des zu erzeugenden Werkstücks entspricht. Sie treffen bei jeder Umdrehung gleichzeitig auf dem Werkstück auf. Dieses dreht sich schrittweise weiter, so daß nach einer vollständigen Umdrehung die gesamte Anzahl der Zähne am Umfang ausgewalzt ist. Diesem Bewegungsablauf ist eine Vorschubbewegung des Werkstücks in Längsrichtung überlagert.

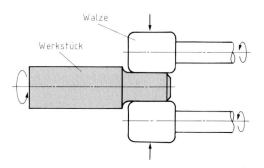

Bild 5-18. Querwalzen von Vollkörpern für das Glattwalzen im Einstechverfahren.

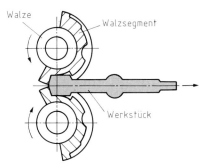

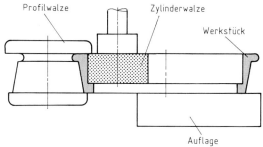

Bild 5-19. Querwalzen von Hohlkörpern für das Ringwalzen von Eisenbahnrädern.

Bild 5-16. Reckwalzen zum Erzeugen von Formteilen (Massenverteilung für Gesenkschmiede-Rohlinge).

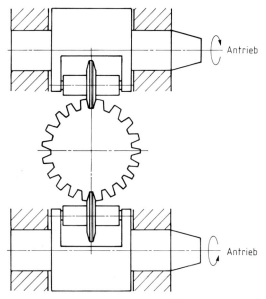

Bild 5-17. Planetenwalzverfahren für Vielkeilwellen (Grob-Verfahren).

Querwalzen liegt vor, wenn das Walzgut ohne Vorschubbewegung zwischen gleichsinnig umlaufenden Walzen um die eigene Achse rotiert. Auch bei diesem Druckumformverfahren unterscheidet man das Querwalzen von Vollkörpern gemäß Bild 5-18 und von Hohlkörpern entsprechend Bild 5-19.

Beim *Ringwalzen* werden geschlossene Hohlkörper hergestellt, deren Umfang sich ständig vergrößert.

Zum Profil-Querwalzen von Vollkörpern gehört das *Gewindewalzen,* das Bild 5-20 zeigt. Falls die Genauigkeitsanforderungen nicht zu hoch sind, ist das Walzen von Gewinden häufig wirtschaftlicher als eine spanende Gewindeherstellung. Es wird als Kaltumformverfahren mit Werkstoffen durchgeführt, deren Zugfestigkeit R_m unter 1200 N/mm² liegt und deren Mindestbruchdehnung $A_5 = 8\%$ beträgt. Die gewalzten Gewinde (sowie Schnecken, Rillen, Rändelungen und Verzahnungen) haben folgende Vorteile:

– stark verfestigte Gewindeflanken,
– nicht unterbrochener Faserverlauf,

– preßblanke Oberfläche,
– kleiner Reibungskoeffizient,
– erhöhte Dauerfestigkeit,
– ausreichende Genauigkeit,
– erhebliche Werkstoffeinsparung gegenüber dem Spanen,
– minimale Fertigungszeit auf Automaten.

Die vom Kern in Richtung der äußeren Randzonen ansteigende Härteverteilung eines gewalzten Gewindes geht aus Bild 5-21 hervor. Auf den äußeren Gewindeflanken tritt eine weitere Härtesteigerung beim Erzeugen der preßblanken Oberfläche auf. Im Gegensatz zu den anderen Verfahren der spanlosen Zahnradherstellung (Schmieden, Pressen, Strangpressen, Fließpressen), deren gemeinsames Merkmal das Kopieren der Werkstückform von einer Negativform des Werkzeugs ist, kann das Walzen von Gewinden und Verzahnungen kinematisch

mit dem Wälzfräsen verglichen werden. Das Umformen erfolgt allmählich; die erforderlichen Maximalkräfte sind bedeutend niedriger als beim gleichzeitigen Umformen eines ganzen Zahnkranzes.

Hinsichtlich der *Werkzeuganordnung* beim Gewindewalzen müssen verschiedene Verfahren unterschieden werden. Das älteste Verfahren, das in der Automobilzulieferindustrie weit verbreitet ist, verwendet als Umformwerkzeuge Flachbacken gemäß Bild 5-22. Der Schraubenrohling wird zwischen den flachen Backen gewalzt. Diese enthalten das Gewindeprofil unter dem Winkel der Gewindesteigung. Das Gewinde ist nach 1,1 Überrollvorgängen auf dem parallelen Backenabschnitt fertiggeformt.

Bei runden Werkzeugen muß das Gewindeprofil ebenfalls unter dem Steigungswinkel des Gewindes angebracht sein, wenn die Drehachsen von Werkstück und Werkzeug zueinander parallel stehen. Dies ist beispielsweise beim *Radial*-Gewindewalzverfahren der Fall, das Bild 5-23

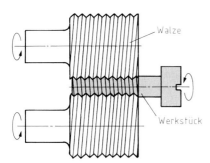

Bild 5-20. Profil-Querwalzen von Vollkörpern für das Gewindewalzen im Einstechverfahren.

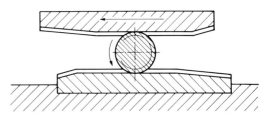

Bild 5-22. Flachbackenwerkzeuge für das Erzeugen von Gewinden oder Vielkeilwellen (Roto-Flo-Verfahren).

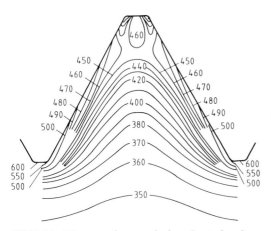

Bild 5-21. Härteverteilung nach dem Gewindewalzen (Gewinde M8, vergüteter Chrom-Vanadium-Stahl; Kernhärte 340 HV 0,1).

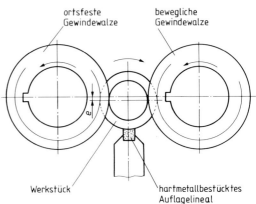

Bild 5-23. Gewindewalzen mit einseitiger radialer Zustellung.
e Exzentrizität des Werkstückmittelpunktes

verdeutlicht. Dabei liegt das Werkstück auf einem hartmetallbestückten Auflagelineal, das den Werkstückmittelpunkt um das Exzentrizitätsmaß *e* unterhalb der Walzenachsen fixiert. Die bewegliche Gewindewalze wird durch eine hydraulische Vorrichtung radial gegen das Werkstück und die ortsfeste Gewindewalze zugestellt. Dieses Verfahren ist bis zu einer Gewindelänge von etwa 120 mm geeignet.

Längere Gewinde müssen im *Axialverfahren* hergestellt werden. Hierbei wird das Werkstück gleichzeitig beim radialen Zustellen der Gewindewalzen axial vorgeschoben. Die Vorschubgeschwindigkeiten liegen zwischen 80 mm/min und 200 mm/min. Im Durchlaufverfahren sind nach diesem Walzprinzip Gewindestangen mit „endlosen" Gewinden herstellbar.

Beim **Schrägwalzen** sind die Walzenachsen entsprechend Bild 5-24 gekreuzt. Dadurch entsteht ein Längsvorschub in dem um seine Längsachse rotierenden Werkstück. Das Werkstück wird im Walzspalt durch Anlageleisten und eine Führungswalze (nicht im Bild gezeigt) gehalten. Die doppelkegeligen Arbeitswalzen sind unter einem Kreuzungswinkel von 3° bis 6° angeordnet, so daß das Werkstück schraubenförmig in Vorschubrichtung über die Stopfenstange bewegt wird. Infolge des Kegelwinkels verengt sich der Walzspalt; dies führt zu einer Stauchung des Werkstoffs mit seitlichem Ausweichen. Die radialen Zugspannungen verursachen im Zusammenwirken mit dem ständigen Wechsel der Beanspruchungsrichtung ein Aufreißen des Werkstücks im Kern. Der rotierende Stopfen glättet das Rohrinnere und bewirkt eine präzise Wanddickenauswalzung im Querwalzteil des Walzspalts.

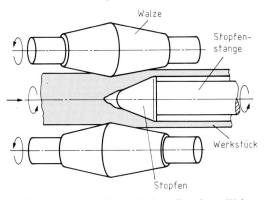

Bild 5-24. Schrägwalzen mit doppelkegeligen Walzen (Stopfenwalzwerk zur Rohrherstellung).

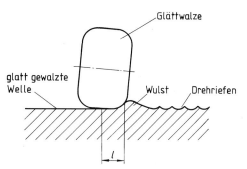

Bild 5-25. Schräggestellte Glättwalze zum Einebnen von Drehriefen; erreichbare Rauheit $R_z \approx 0,5$ µm. l Länge der Eindruckmarke

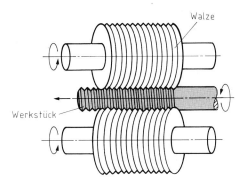

Bild 5-26. Schräggestellte Profilwalzen zur Gewindeherstellung (Durchlaufverfahren für Endlosgewinde).

Schrägwalzverfahren werden auch mit scheiben- und kegelförmigen Walzen bei der Rohrherstellung sowie mit zylinderförmigen Walzen beim *Glattwalzen* von Rohren und Stäben gemäß Bild 5-25 eingesetzt. Beim Gewindewalzen im Durchlaufverfahren können schräggestellte Profilwalzen mit in sich geschlossenen Gewindefurchen eingesetzt werden; dies verbilligt die Werkzeugherstellung. Bild 5-26 zeigt das Prinzip.

5.3.1.2 Verhältnisse im Walzspalt

Zur Konstruktion von Walzwerken und deren Antrieben ist es notwendig, die Walzkräfte, Walzmomente, den Arbeitsbedarf und die Walzleistungen vorauszuberechnen. Dazu müssen die Verhältnisse im Walzspalt betrachtet werden; dies geschieht am übersichtlichsten an Walzen für die Flachmaterialherstellung.

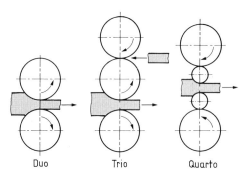

Bild 5-27. *Walzenanordnung in Walzgerüsten (schematisch).*

Die im Stahlwerk abgegossenen Blöcke (Blockguß von Einzelstücken) oder *Stranggußbrammen* (kontinuierlicher Endlosguß) werden mit zylindrischen oder leicht balligen Walzen zu Grobblech, Warmbreitband und dieses dann weiter zu Kaltband, z. B. zu Karosserieblech mit 2050 mm Breite und 0,7 mm Dicke, ausgewalzt. Die Anordnung der Walzen kann paarig sein (Duo) oder aus drei (Trio) oder vier Walzen (Quarto) bestehen, wie aus Bild 5-27 hervorgeht.

In neueren Walzanlagen sind die einzelnen Walzgerüste hintereinander aufgestellt und bilden kontinuierlich arbeitende *Walzstraßen*, z. B. Warmbreitbandstraßen mit sieben Quarto-Gerüsten im Abstand von 1,5 m. Dadurch werden die Walzzeiten erheblich verkürzt sowie engere Maßtoleranzen, größere Fertigungslängen, höhere Walzgeschwindigkeiten und höhere Leistungen erreicht. Erforderlich sind aber lange Werkshallen bis zu 400 m Länge und der Einsatz von Gleichstrommotoren mit einer präzisen Regelungstechnik für die von Gerüst zu Gerüst zunehmende Bandgeschwindigkeit (z. B. 30 m/s bei Warmbreitband mit der Endwalztemperatur von 900 °C).

Ein großer Teil der Walztechnik beruht auf Erfahrung. In den letzten Jahren konnten jedoch viele Vorgänge durch plastizitäts-theoretische Betrachtungen erfaßt werden. An dieser Stelle soll nur kurz die sog. *elementare Walztheorie* erläutert werden.

Die grundlegenden Bezeichnungen sind an Hand der Walzspaltgeometrie beim Flachwalzen gemäß Bild 5-28 zu erkennen:

– Der *Walzspalt* ist der Raum zwischen den Walzen, der durch die Verbindungslinien EE'/AA' und die Walzgutbreite b_m begrenzt wird.

– Die *Walzebene* wird durch die Fläche gebildet, die durch die Walzenachsen gelegt werden kann. (Sie verläuft durch die Auslaufpunkte des Walzguts A und A'.)

– Als *gedrückte Länge* l_d bezeichnet man die Projektion des Walzbogens $\widehat{EA}$ auf die gedachte Mittellinie des Walzguts. Die gedrückte Fläche $A_d = l_d b_m$ ist die Projektion der Berührungsfläche zwischen Walzgut und Walzen. Die mittlere Breite des Walzguts ergibt sich aus $b_m = (b_0 + b_1)/2$.

– Die *Walzenöffnung* ist der kleinste Abstand AA' zwischen den Walzen in der Walzebene und wird durch die Anstellung der Walzen verändert. Der Walzensprung wird durch die Nachgiebigkeiten im Walzgerüst verursacht, er ist eine Vergrößerung der Walzenöffnung beim Durchgang des Walzguts.

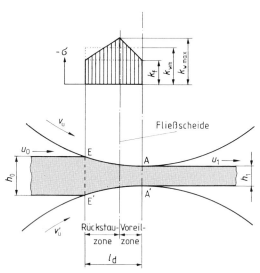

Bild 5-28. *Verhältnisse im Walzspalt beim Flachwalzen (schematisch).*

u_0	*Einlaufgeschwindigkeit*
u_1	*Auslaufgeschwindigkeit des Walzguts*
h_0	*Ausgangsdicke*
h_1	*Enddicke des Walzguts*
v_u	*Umfangsgeschwindigkeit der Walzen*
l_d	*gedrückte Länge*
E	*Einlaufpunkt an der Walze*
A	*Auslaufpunkt an der Walze*
k_f	*Fließspannung (Formänderungsfestigkeit des Werkstoffs)*
k_{wm}	*mittlerer Formänderungswiderstand*
$k_{w\,max}$	*maximaler Formänderungswiderstand*

– Die *elastische Abplattung* der Walzen führt zu einer Vergrößerung des Walzenradius R.

In Bild 5-28 läuft das Walzgut mit der Ausgangshöhe h_0 und der Einlaufgeschwindigkeit u_0 in den Walzspalt ein. Es wird auf die Endhöhe h_1 gewalzt und verläßt das Gerüst mit der Auslaufgeschwindigkeit u_1. Im Walzspalt stimmt bei näherungsweiser Betrachtung der Vorgänge nur in einer Ebene die Walzggutgeschwindigkeit u_m mit der Umfangsgeschwindigkeit der Walzen v_u überein. Diese fiktive Grenze wird *Fließscheide* genannt.

Vor der Fließscheide (in Durchlaufrichtung gesehen) liegt die *Rückstauzone*. In diesem Bereich ist die Geschwindigkeit des Walzguts kleiner als die Walzenumfangsgeschwindigkeit v_u. Der Werkstoff wird durch die gekrümmten Stauchflächen der Walzen aus dem Walzspalt zurückgedrückt. In der *Voreilzone* zwischen Fließscheide und Walzebene ist die Walzgutgeschwindigkeit um etwa 3% bis 6% größer als v_u.

Im oberen Teilbild sind die *Spannungsverhältnisse* im Walzspalt dargestellt. Die Walzkraft muß so hoch sein, daß die Flächenpressung in der gedrückten Fläche die Fließspannung k_f übersteigt. Bedingt durch die Reibungsbehinderung an den Walzenflächen stellt sich der höhere Formänderungswiderstand $k_w = k_f / \eta_F$ ein, der an der Fließscheide sein Maximum erreicht.

Für das *Greifen des Walzguts* ist die Reibung von großem Einfluß. Bild 5-29 a) verdeutlicht die Greifbedingungen im Walzspalt. Zur Aufrechterhaltung des Walzvorgangs muß eine Fließscheide im Walzspalt vorhanden sein. Vor der Fließscheide (von der Einlaufseite her gesehen) wird das Walzgut durch die Walzen mitgezogen, dahinter zieht das Walzgut die Walzen mit. Ein Greifen ist möglich, wenn der Eingriffswinkel α kleiner als der Reibungswinkel ϱ ist. Grundsätzlich gilt

$$\tan \alpha \leq \mu = \tan \varrho \qquad (5\text{-}20).$$

Das Greifvermögen ist abhängig von

– der Walzguttemperatur, d.h. mit steigender Temperatur ϑ sinkt der Reibwert, z.B. von $\mu = 0{,}5$ bei $700\,°C$ auf $\mu = 0{,}25$ bei $1200\,°C$;
– der Walzengeschwindigkeit (von $\mu = 0{,}6$ bei $1{,}75\,m/s$ auf $\mu = 0{,}5$ bei $3{,}5\,m/s$ für $\vartheta = 700\,°C$) und von
– der Oberfläche, d.h. gegossene, rauhe Walzen greifen besser als geschmiedete, glatte.

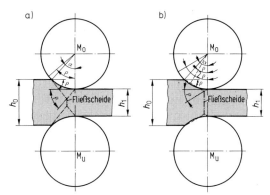

Bild 5-29. *Winkelverhältnisse im Walzspalt beim Flachwalzen: a) Greifen des Walzgutes, b) Durchziehen des Walzgutes.*

Nachdem die Walzen das Walzgut gegriffen haben, spricht man vom *Durchziehen*. Die Winkel ändern sich, wie Bild 5-29 b) zeigt. Der Normaldruck auf das Walzgut verteilt sich längs des Eingriffsbogens, die Resultierende kann bei $\alpha_0/2$ angesetzt werden. Damit ergibt sich unter Berücksichtigung des Coulomb-Reibgesetzes $F_R = \mu F_N$ die Winkelbeziehung

$$\tan \alpha/2 \leq \mu = \tan \varrho \qquad (5\text{-}21).$$

Hieraus folgt die Durchziehbedingung $\alpha \leq 2\varrho$, d.h., der Eingriffswinkel α ist kleiner als der doppelte Reibungswinkel. Beim Walzen kann der Eingriffswinkel also doppelt so groß sein wie beim Greifen. Man versucht daher in der Praxis, den Walzgutanfang anzuspitzen, oder das Walzgut zu beschleunigen, um Greifen zu erzwingen. Auch durch partielle Kühlung kann der Reibwert am Walzgutanfang heraufgesetzt werden; infolgedessen vergrößert sich der Eingriffswinkel.

Die Theorie des Flachwalzens gilt in erster Linie für breitungsfreies Walzen. In Wirklichkeit aber tritt beim Walzen auch eine *Breitung* des Walzguts ein. Von Einfluß auf die Breitung sind

– die Geometrie des Walzspalts,
– der Werkstoff und seine Temperatur,
– die Geschwindigkeit und
– die Reibung; z.B. gilt für das Walzen von Stahl im Bereich $\vartheta = 700\,°C$ bis $\vartheta = 1200\,°C$

$$\mu = 1{,}05 - 0{,}5\,\frac{\vartheta}{1000} - 0{,}056\,v_u \ (m/min)$$
$$(5\text{-}22).$$

Die Reibung beeinflußt beim Warmwalzen ebenfalls erheblich die *Kinematik des Stoffflusses.* Dies verdeutlicht Bild 5-30. Die Geschwindigkeitsverhältnisse sind am Beispiel des breitungsfreien Warmbandwalzens dargestellt. Da die Walzguthöhe h in Walzrichtung ständig kleiner wird, muß die Walzgutgeschwindigkeit u in der gleichen Richtung ständig zunehmen. Theoretisch gäbe es nur einen einzigen Punkt im Walzspalt, an dem sich Walzgut und Walze gleich schnell bewegen. Dies ist die schon erläuterte Fließscheide. In Wirklichkeit bildet sich aber eine breitere *Haftzone* aus, da der Werkstofffluß inhomogen verläuft. Die Ausdehnung der zwischen den beiden Gleitzonen liegenden Haftzone nimmt mit wachsender Reibung zu. Dadurch kann der Einfluß der Geschwindigkeitszunahme in der Voreilzone vernachlässigt werden, so daß sich für die Formänderungsge-

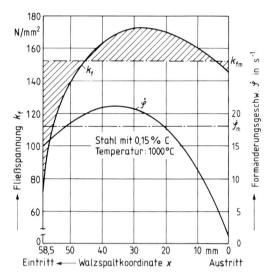

Bild 5-31. *Verlauf der Fließspannung k_f und der Formänderungsgeschwindigkeit $\dot\varphi$ längs des Walzspalts, Warmbandwalzung (nach K.-H. Weber).*

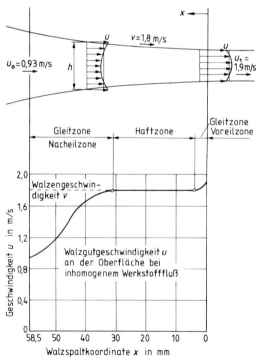

Bild 5-30. *Geschwindigkeitsverteilung im Walzspalt nach Pawelski; Warmbandwalzung bei $\vartheta = 1000\,°C$, Eintrittshöhe $h_0 = 20\,mm$, Austrittshöhe $h_1 = 9{,}8\,mm$, Walzenradius $R = 325\,mm$, abgeplatteter Radius $R' = 335\,mm$.*
v Walzengeschwindigkeit
u Walzgutgeschwindigkeit

schwindigkeit beim Walzen ergibt

$$\dot\varphi_m = \frac{\omega}{\alpha}\,\varphi_1 \qquad (5\text{-}23)$$

in s^{-1}. Mit $\omega = 2\,\pi\,n_w/60$ läßt sich aus der Walzendrehzahl n_w und dem Walzwinkel α die mittlere Formänderungsgeschwindigkeit ermitteln, nach der die gültige Warmfließkurve (Bild 5-11) ausgesucht werden muß. Beim Warmwalzen von Grobblechen gilt $\dot\varphi_m = 0{,}1\ s^{-1}$, beim Blockwalzen $\dot\varphi_m = 1\ s^{-1}$ bis $10\ s^{-1}$, beim Bandwalzen $\dot\varphi_m = 10\ s^{-1}$ bis $300\ s^{-1}$ und beim Drahtwalzen $\dot\varphi_m = 1000\ s^{-1}$.

In Bild 5-31 ist der Verlauf der Fließspannung k_f und der Formänderungsgeschwindigkeit $\dot\varphi$ in Abhängigkeit von der Walzspaltkoordinate x dargestellt. Es ergibt sich ein $\dot\varphi$-Maximum innerhalb des Walzspalts. Die Fließspannung k_f ist beim Warmwalzen in stärkerem Maße von der Umformgeschwindigkeit $\dot\varphi$ als von der Formänderung φ abhängig. Deshalb ergibt sich im Walzspalt zur Austrittsseite hin ebenfalls ein Abfall von k_f.

5.3.1.3 Kraft- und Arbeitsbedarf beim Walzen

Bei einer Walzenumdrehung beträgt unter vereinfachenden Annahmen entsprechend Bild 5-32 die gewalzte Länge $l_1 = 2\,\pi R$. Wenn die ideelle Umformkraft $F_{t\ id}$ in tangentialer Rich-

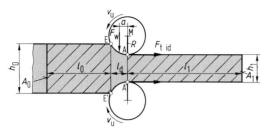

Bild 5-32. Ideelle Tangential-Walzkraft $F_{t\,id}$.
a   Hebelarm (halbe gedrückte Länge l_d)
M   Walzenmittelpunkt
R   Walzenradius ($R=D/2$)
h_0 Ausgangshöhe
h_1 Endhöhe
l_0 Ausgangslänge eines Volumenabschnitts
l_1 Endlänge eines Volumenabschnitts
A_0 Ausgangsfläche des Walzguts
A_1 Endfläche des Walzguts

tung am Austrittspunkt A des Walzspalts wirkt, hat das Walzenpaar die verlustfreie Arbeit

$$W_{id}=2\,F_{t\,id}\,l_1=k_{fm}\,V\varphi \qquad (5\text{-}24)$$

in Nm zu verrichten. Die größte Formänderung im Walzspalt ist $\varphi_g=\ln h_1/h_0$, und somit ist die verlustfreie Umfangskraft je Walze

$$F_{t\,id}=\frac{1}{2}\,k_{fm}\,A_1\,\varphi_g \qquad (5\text{-}25)$$

in N. Hierbei ist A_1 der Endquerschnitt des Walzguts: $A_1=b_m\,h_1=V/l_1$.
Der Formänderungswirkungsgrad η_F erfaßt die Reibverluste beim Walzvorgang und kann je nach Temperatur und Walzgeschwindigkeit zwischen 0,4 und 0,7 liegen. Demnach gilt für die tatsächliche Umfangskraft F_t der Walze

$$F_t=\frac{F_{t\,id}}{\eta_F} \qquad (5\text{-}26).$$

Da diese Umfangskraft am Hebelarm R (Walzenhalbmesser $D/2$) angreift, überträgt jede Walze ein Drehmoment von

$$M=F_t\,R=\frac{R}{2\,\eta_F}\,k_{fm}\,A_1\,\ln\frac{h_1}{h_0} \qquad (5\text{-}27)$$

in Nm. Die erforderliche Leistung für das Walzen ergibt dann mit $\omega=\pi\,n/30=v_u/R$ die Beziehung

$$P=2\,M\omega=\frac{k_{fm}}{\eta_F}\,v_u\,A_1\,\ln\frac{h_1}{h_0} \qquad (5\text{-}28)$$

in kW. Die vertikal ansetzende Walzkraft F_w, die als Resultierende der Normalspannungen über dem den Werkstoff stauchenden Walzenbogen wirkt, greift mit dem Hebelarm a vom Walzenmittelpunkt an und ergibt sich aus

$$F_w=A_d\,k_w=A_d\,\frac{k_f}{\eta_F} \qquad (5\text{-}29)$$

Die gedrückte Fläche A_d ergibt sich aus mittlerer Breite b_m und der sog. gedrückten Länge l_d zu

$$A_d=b_m\,l_d=\frac{b_0+b_1}{2}\sqrt{R\,\Delta h} \qquad (5\text{-}30).$$

Als Hebelarm a kann näherungsweise die halbe gedrückte Länge l_d angesetzt werden. Dies setzt eine konstante Normaldruckverteilung über die ganze gedrückte Länge voraus, was beim Kaltwalzen oft nicht exakt zutrifft. Nach Gl. (5-30) hängt die Druckverteilung auch vom Walzenradius R und der Stichabnahme Δh ab. Mit zunehmendem R und Δh wächst auch l_d an, und damit nehmen die Reibung und der Formänderungswiderstand k_w zu.
Man kann dies in der Rechnung durch größere Werte für den Hebelarm a berücksichtigen:
$a=0,4\,l_d$ beim Kaltwalzen,
$a=0,5\,l_d$ beim Warmwalzen von Rechteck-Querschnitten,
$a=0,6\,l_d$ für runde Profile (Bild 5-14b)),
$a=0,7\,l_d$ für geschlossene Kaliber gemäß Bild 5-33.
Mit der vertikalen Walzkraft ist das Moment jeder Walze analog zu Gl. (5-27) $M=F_w\,a$ und die Leistung (in kW) analog zu Gl. (5-28)

$$P=2\,M\omega=b_m\,\Delta h\,v_u\,\frac{k_f}{\eta_F} \qquad (5\text{-}31).$$

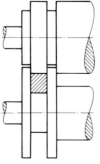

Bild 5-33. Geschlossenes Kaliber ohne Möglichkeit der Gratbildung.

5.3.2 Schmieden

Schmieden ist Warmumformen; die wichtigsten Verfahrensvarianten sind das *Freiformen* und das *Gesenkformen*. Außer diesen herkömmlichen Verfahren werden das Warmstauchen, das Feinschmieden und das Schmiedewalzen eingesetzt. Für das Nachbearbeiten von Schmiedestücken wendet man zum Erzielen hoher Genauigkeiten das Warmkalibrieren und das Kaltprägen an.

Schmiedbare Stähle haben einen Kohlenstoffgehalt zwischen 0,05% und 1,7%. Die Schmiedetemperatur ist abhängig von der Stahlsorte. Je nach Kohlenstoffgehalt wandelt sich im Stahl die Struktur bei bestimmten Temperaturen von der kubisch-raumzentrierten α-Modifikation in das kubisch-flächenzentrierte γ-Eisen um. Das entstehende Gefüge bezeichnet man als *Austenit*. Es ist u.a. durch eine sehr gute Verformbarkeit gekennzeichnet.

Stähle mit einem Kohlenstoffgehalt von 0,05% bis 0,9% werden im austenitischen Zustand warm umgeformt, weil die γ-Modifikation des Raumgitters der Eisenatome und der darin gelöste Kohlenstoff eine Umformung begünstigen. Stähle zwischen 0,9% und 1,7% Kohlenstoffgehalt werden auch im Zustand *Austenit* mit *Zementit* geschmiedet.

5.3.2.1 Freiformschmieden

Beim Freiformschmieden wird ohne begrenzende Werkzeuge aus dem Rohling die gewünschte Endform erzeugt; hierbei kann der Werkstoff zwischen den Werkzeugen frei fließen. Die Fertigform entsteht durch geeignete Führung des Werkstücks und der Werkzeuge.

Freiformen wird oft als Vorstufe für das Gesenkschmieden angewendet. Für bestimmte Arbeiten der Einzelfertigung ist es noch heute gebräuchlich. Die Umformung geschieht meist zwischen Amboß und Hammer mit verschiedenen Formhämmern und Vorschlaghämmern.

Das Freiformen stellt meist eine Kombination der drei Grundarbeitsvorgänge Stauchen, Strecken und Breiten dar. Dazu kommen weitere Fertigungsschritte wie z.B. Lochen, Schlitzen, Absetzen, Schroten.

Das *Stauchen* ist der einfachste Schmiedevorgang (Bild 5-10). Bei diesem Umformen zwischen zwei ebenen Werkzeugflächen wird die freie Ausbreitung des Werkstoffs nur durch die Reibung an den Werkzeugflächen behindert. Dies führt zum Ausbauchen des Werkstücks. Ist der Stauchkörper schlank, bilden sich die Ausbauchungen zunächst nahe den Enden aus. Werkstücke mit einer Höhe von etwa dem dreifachen Durchmesser knicken beim freien Stauchen erfahrungsgemäß aus. Will man bei derartigen Werkstücken eine Verdickung an einer bestimmten Stelle erzeugen, so muß der Stab an dieser Stelle erwärmt werden. Eine Anwendung dieses Prinzips ist das *Elektrostauchverfahren* gemäß Bild 5-34. Vor der Verschleißplatte a befinden sich zwei bewegliche Klemmbacken b, die den zu stauchenden Stangenabschnitt c führen. Ein elektrischer Stromkreis e erwärmt das Werkstück auf die Umformtemperatur. Die Druckkraft wird durch den Stauchstempel d aufgebracht.

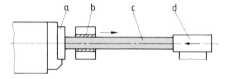

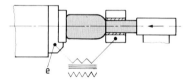

Bild 5-34. *Elektrostauchen von Rundstäben.*
a   *Verschleißplatte*
b   *Klemmbacken*
c   *Stangenabschnitt (Rohling)*
d   *Stauchstempel*
e   *Widerstandsheizung*

Das *Streckschmieden* ist der häufigste Schmiedevorgang. Im Gegensatz zum Stauchen wird hierbei jeweils nur ein kleiner Teil des Werkstückvolumens umgeformt. Um ein Werkstück zu recken (oder zu strecken), müssen gemäß Bild 5-35a) viele kleine Einzelstauchungen mit schmalen Werkzeugbahnen durchgeführt werden, die dabei senkrecht zur Streckrichtung angeordnet sind. Nach dem Prinzip des kleinsten Zwangs fließt der Werkstoff in Richtung der kleineren Reibungsbehinderung, d.h. über die ballige Druckfläche ab und verlängert dabei

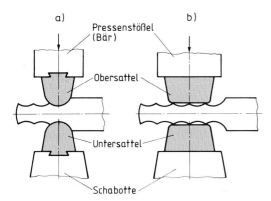

Bild 5-35. *Streckschmieden: a) Recken, b) Glätten.*

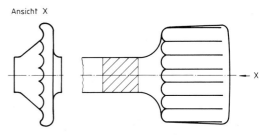

Bild 5-36. *Breiten eines Vierkantquerschnitts durch Freiformen.*

das Werkstück. Auf der gestauchten Oberfläche bleibt durch die balligen Werkzeugformen eine Struktur mit Querrillen zurück. Durch Umsetzen des Werkstücks um 90° wird in einem nachfolgenden Arbeitsgang die Oberfläche geglättet. Die längere Seite der Hammerbahnen (Ober- bzw. Untersattel) bedeckt mehrere Rillenkämme zugleich und glättet die wellige Fläche, wie Bild 5-35 b) zeigt.

Die gewünschte Verlängerung des Werkstücks ist mit einer meist unerwünschten Breitung verbunden. Deshalb wird das Schmiedestück nach jedem Schlag um 90° gewendet, um die Breitung zurückzuschmieden. Der bei jedem einzelnen Hammerschlag oder Pressenhub erzielte Umformgrad hängt von der Geschwindigkeit und Masse des Pressenstößels und der gedrückten Fläche A_d unter den Werkzeugen ab. Die Breite des Rohlings wird durch Stauchen quer zum Faserverlauf oder Wenden vergrößert.

Beim *Breiten* sind die Längsachsen von Werkzeug und Werkstück parallel angeordnet. Die im Bild 5-36 erkennbare flache Rillenstruktur wird auf der umgeformten Oberfläche zum Schluß mit einem flachen Werkzeug geglättet. Ein einseitiges Breiten quer zur Faserrichtung in größerem Ausmaß sollte vermieden werden, weil dabei leicht Risse entstehen.

Dickwandige Rohre werden nicht ausgebohrt, sondern durch Strecken über einem Dorn hergestellt. Dabei geht man von einem zylindrisch vorgeschmiedeten Rohling aus, der nach dem Warmlochen auf einen Dorn genommen wird. Bild 5-37 verdeutlicht das Verfahren. Der Dorn wirkt als Amboß; das senkrecht zur Dornachse angeordnete schmale Werkzeug bewirkt ein

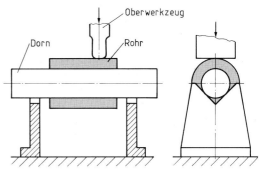

Bild 5-37. *Streckschmieden von Rohren über Dorn.*

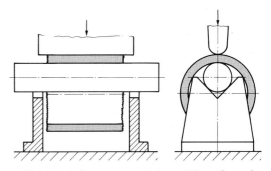

Bild 5-38. *Aufweiten von Rohren (Vergrößern des Umfangs).*

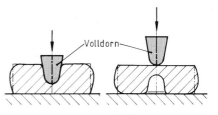

Bild 5-39. *Lochen mit Volldorn.*

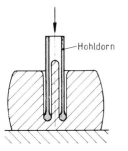

Bild 5-40. Lochen mittels Hohldorn.

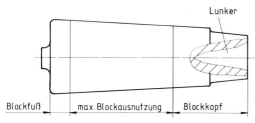

Bild 5-41. Blockeinteilung beim Freiformschmieden.

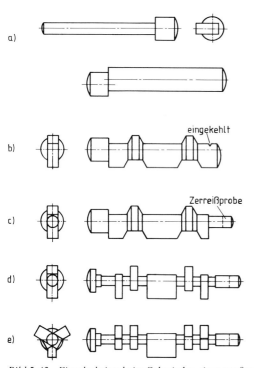

Bild 5-42. Einzelschritte beim Schmieden einer großen Kurbelwelle.

Verlängern des Werkstücks. Eine erwünschte Aufweitung des Rohrs wird anschließend in einem Arbeitsgang mit parallel zur Dornachse eingesetzter Hammerbahn gemäß Bild 5-38 bewirkt. Nach jedem Schlag oder Preßvorgang wird der Dorn mit dem Rohr etwas gedreht.

Beim *Lochen* wird in das erwärmte Schmiedestück ein Volldorn getrieben; dies ist aus Bild 5-39 ersichtlich. Dabei weichen die Werkstoffteilchen zunächst seitlich aus und fließen bei weiterem Vordringen des Dorns an diesem entlang nach oben. Ist der Dorn etwa bis zur Hälfte eingetrieben worden, wird das Werkstück gewendet und von der anderen Seite gegengelocht. Höhere Werkstücke können mit einem Hohldorn entsprechend Bild 5-40 gelocht werden. Dabei erreicht man eine bessere zylindrische Lochform.

Durch *Schroten* trennt man überflüssigen Werkstoff vom Schmiedestück. Wenn scharfe Absätze beim Schmieden erzeugt werden sollen, wird der Werkstoff an der abzusetzenden Stelle zunächst eingeschrotet und anschließend auf die gewünschte Dicke geschmiedet.

Als weitere Verfahren beim Freiformen sind das *Biegen* und das *Verdrehen* zu nennen.

Als *Arbeitsschritte* ergeben sich beim Freiformschmieden

- das Erwärmen des Rohblocks im Schmiedeofen,
- das Abtrennen des Blockkopfes mit Lunker und Seigerung, mitunter auch des Blockfußes gemäß Bild 5-41,
- das Stauchen und Durchschmieden des Rohblocks,
- die spezielle Formgebung in den vorgesehenen Umformstufen etwa entsprechend Bild 5-42, evtl. mit Zwischenerwärmung,
- das Abkühlen des Rohlings in der Kühlgrube und
- die Wärmebehandlung.

Die Aufheizgeschwindigkeit muß besonders bei großen Schmiedestücken sorgfältig überwacht werden, damit keine Spannungsrisse auftreten. Bis zu etwa 650 °C muß langsam erwärmt werden, z. B. mit Temperaturzunahmen von 30 °C/h. Danach kann man wesentlich schneller bis auf die Schmiedetemperatur zwischen 900 °C und 1100 °C aufheizen. Bei großen Stücken kann das Durchwärmen mehrere Stunden dauern. Das Schwindmaß beim Schmieden von Stahl beträgt 1% bis 1,5%. Die Toleranzen beim Freiformen sind verhältnismäßig grob.

Freiformschmieden kann sowohl auf Schmiedehämmern als auch auf -pressen erfolgen. Der *Schmiedehammer* wirkt mit einem Schlagimpuls auf das Schmiedestück. Bei größeren Werkstücken reicht aber die Durchschmiedung oft nicht bis in die Kernzone. Deshalb werden für sehr große Werkstücke Pressen eingesetzt.

Mit Luft angetriebene Hämmer sind wegen ihrer einfachen Bauart, der guten Steuermöglichkeit und ihrer Betriebssicherheit weit verbreitet. Die maximale Bärmasse kann bis zu 1,6 t betragen. Bild 5-43 zeigt die Arbeitsweise eines Schmiedehammers. Der Wirkungsgrad des Hammers wird von der stoßenden Bärmasse und der gestoßenen Masse (Unterwerkzeug mit der Schabotte) bestimmt. Die Schabotte ruht auf einem Fundament mit elastischer Zwischenlage. Die in den Boden eingeleiteten Fundamentschwingungen und Körperschallanteile können erheblich sein, so daß Umweltschutzprobleme zu berücksichtigen sind. In neuerer Zeit werden deshalb statt der Hämmer bevorzugt Schmiedepressen eingesetzt.

Schmiedepressen können wasser- oder ölhydraulisch betrieben werden. Je nach Bauart kann man weiter in Säulen- und Ständerpressen unterteilen. Die weit verbreiteten Säulenpressen können als Laufholm- oder Laufrahmenpressen mit zwei oder vier Säulen versehen sein. Auf letzteren kann man Rohblöcke bis zu 300 t Masse verarbeiten. Der *Arbeitsablauf* ist wie folgt vorzusehen:

– Im Leerhub wird das Werkzeug auf das Schmiedestück aufgesetzt;
– im Arbeitshub wird der Druck erhöht und der Umformschritt durchgeführt;
– beim Rückzug wird der Laufholm hinaufgezogen;
– der Laufholm wird in seiner oberen Lage schwebend gehalten.

Zum Verringern der Nebenzeiten (Heranbringen des Schmiedeblocks, Vorschub- und Drehbewegungen) werden *Schmiedemanipulatoren* eingesetzt. Der Manipulator ist eine fahrbare Schmiedezange und wird entweder frei beweglich oder schienengebunden betrieben. Die Ausnutzung der Schmiedeanlagen kann dadurch bis auf 85% der Betriebszeit heraufgesetzt werden. Infolge der besseren Ausnutzung

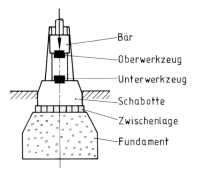

Bild 5-43. *Aufbau eines Schmiedehammers.*

der Blockhitze ergibt sich eine Einsparung an Primärenergie.

5.3.2.2 Gesenkschmieden

Gesenkschmieden ist Umformen von vorgewärmten Metallen mit gegeneinander bewegten Hohlformen, den Gesenken. Dem Werkstoff wird durch Ober- und Untergesenk die Fließrichtung und die Form vorgeschrieben.

Das Gesenkschmieden wird für Massenteile (z. B. Werkzeuge, Fahrzeugteile und Bestecke) eingesetzt. Als Vorteile sind die geringe Einsatzmasse, der günstige Faserverlauf im Werkstück (dadurch bessere Festigkeitseigenschaften) und die geringe zusätzliche spanende Bearbeitung zu nennen. Die Kosten für die Einrichtungen, Gesenke und Wärmequellen sind dagegen verhältnismäßig hoch. Die Fertigungstoleranzen (DIN 7526) sind beim Schmieden im Gesenk erheblich geringer als beim Freiformschmieden.

Gesenkschmiedestücke können Massen von einigen Gramm bis zu mehreren Tonnen haben. Typische Werkstückarten sind

– Maschinenteile (Scheiben, Naben, Achsschenkel, Pleuel),
– Normteile (Schrauben, Bolzen, Muttern, Nieten),
– Werkzeuge (Zangen, Scheren, Hämmer, Schraubenschlüssel),
– Blechteile (Besteckteile, Beschlagteile).

Nach der Form des Rohlings lassen sich die Verfahren einteilen in

– Gesenkschmieden von der Stange,
– Gesenkschmieden vom Spaltstück,
– Gesenkschmieden vom Stück.

Beim *Gesenkschmieden von der Stange* wird eine Stange von etwa 2 m Länge an einem Ende auf

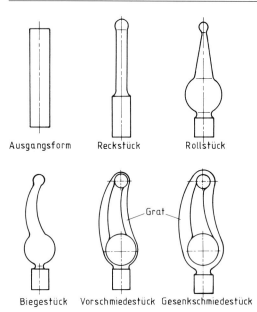

Ausgangsform   Reckstück   Rollstück

Biegestück   Vorschmiedestück Gesenkschmiedestück

Bild 5-44. Gesenkschmieden von der Stange.

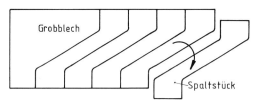

Grobblech

Spaltstück

Bild 5-45. Spaltstückherstellung für Gesenkschmiede-teile.

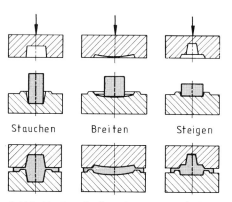

Stauchen   Breiten   Steigen

Bild 5-46. Gesenkschmieden vom Stück (mit Haupt-Arbeitsvorgängen).

Schmiedetemperatur erhitzt und im Gesenk ge-schmiedet. Die Umformstufen sind in Bild 5-44 zu erkennen. Das fertige Teil trennt man in gleicher Hitze durch den letzten Arbeitshub von der Stange ab. Das Verfahren wird vorwiegend für Werkstücke in langgestreckter Form mit Massen bis zu 3 kg und Stangendurchmessern bis zu 50 mm angewendet. Bei diesem Verfahren entfällt das umständliche Spannen des Stücks in einer Schmiedezange.

Beim *Gesenkschmieden vom Spaltstück* werden überwiegend kleine, flache Werkstücke herge-stellt. Bild 5-45 läßt erkennen, daß aus einem Grobblechabschnitt die Ausgangsform durch Flächenanschluß nahezu verlustlos als Spalt-stück abgeschnitten wird. Der Faserverlauf bleibt nicht ungestört erhalten; dies kann u. U. für die Biegewechselfestigkeit nachteilig sein. Die Zwischenformen stellt man wie beim Schmieden von der Stange oder wie beim Ge-senkschmieden vom Stück her.

Das *Gesenkschmieden vom Stück* wird bei großen oder schwer zu schmiedenden Werk-stücken oder bei erhöhten Genauigkeitsanfor-derungen angewendet. Ausgangsform ist ein abgescherter oder abgesägter Stangenab-schnitt. Langgestreckte Werkstücke werden meist quer zur Walzrichtung umgeformt, pris-matische und scheibenförmige vorwiegend in der Walzrichtung (Längsschmieden).

Beim Gesenkschmieden unterscheidet man grundsätzlich drei Arbeitsvorgänge, die meist kombiniert werden: Stauchen, Breiten und Stei-gen. Bild 5-46 erläutert dies im einzelnen. Das *Stauchen* ist ein Verringern der Anfangshöhe bei geringer Breitung ohne große Gleitvorgänge an den Gesenkwänden. Der Werkstoff fließt vorwiegend in Richtung der Arbeitsbewegung. Beim *Breiten* muß der Werkstoff längere Gleit-wege quer zur Arbeitsbewegung zurücklegen. Das *Steigen* erfolgt vorzugsweise entgegen der Arbeitsbewegung, teilweise rechtwinklig dazu. Das Ausfüllen von Vertiefungen (Zapfen-schmieden) erfordert längere Gleitwege, wobei stärkerer Gesenkverschleiß auftritt.

Genaue Angaben über Bearbeitungszugaben, Kanten- und Dornkopfrundungen, Hohlkehlen sowie Außen- und Innenschrägen von Gesenk-schmiedestücken sind der Norm DIN 7523, Teil 3, zu entnehmen. Der *Grat* am Gesenkschmie-deteil ist erforderlich, um eine vollständige Gesenkfüllung sicherzustellen. Die Gratdicke s

Tabelle 5-1. Richtwerte für die Gratausführung (nach *K. Lange*).

Schmiedestück-Projektionsfläche in Gratebene (ohne Gratbahn) A_s mm^2	Gratdicke s mm	Gratverhältnis b/s		
		Stauchen	Breiten	Steigen
bis 1800	0,6	8	10,0	13,0
1800 bis 4500	1,0	7	8,0	10,0
4500 bis 11200	1,6	5	5,5	7,0
11200 bis 28000	2,5	4	4,5	5,5
28000 bis 71000	4,0	3	3,5	4,0
71000 bis 180000	6,3	2	2,5	3,0
180000 bis 450000	10,0	1	2,0	2,5

und das Gratverhältnis b/s nach Bild 5-47 richten sich nach der Projektionsfläche A_s im Gesenk und dem jeweiligen Arbeitsvorgang. Richtwerte für die Gratausführung sind in Tabelle 5-1 enthalten.

Zwecks einwandfreier Abgratung soll der Grat immer an der Linie des größten Werkstückumfangs liegen, wie Bild 5-48 zeigt. Für die Ge-

senkfertigung ist zu beachten, daß Werkstückkanten nicht mit Teilungsebenen zusammenfallen dürfen.

Genauschmieden wird für Werkstücke mit geringen Bearbeitungszugaben und Maß-, Form- und Lagetoleranzen angewendet. Dazu gehören die Verfahren *Gratlos-Schmieden, Kalibrieren, Prägen*. Hierfür müssen sehr genaue Gesenke mit hoher Oberflächengüte verwendet werden. Zum Nachbearbeiten ist dann vielfach nur noch Schleifen erforderlich. Als Rohlinge werden Profilwalzstahl, Strangpreßmaterial oder gezogene bzw. geschälte Stäbe eingesetzt. Das Volumen des Rohlings sollte genau dem Fertigteil entsprechen. Die Schnittflächen müssen rechtwinklig zur Längsachse liegen. Genauschmiedestücke werden auf Reibrad-Spindelpressen oder Kurbelpressen hergestellt. Schmiedehämmer sind wegen ihrer Schlagwirkung und des zu großen Spiels in der Bärführung weniger gut geeignet.

Erhebliche Werkstoff- und Bearbeitungszeit-Einsparungen machen das Verfahren bei der

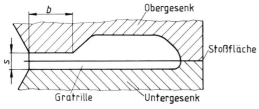

Bild 5-47. Gratgesenk mit Gratrille zur Aufnahme von überschüssigem Werkstoff.
s Gratdicke   b Breite des Gratsteges

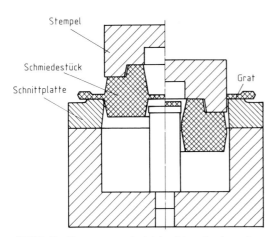

Bild 5-48. Entgraten und gleichzeitiges Lochen eines Gesenkschmiedestücks (Auswerferstifte nicht gezeichnet).

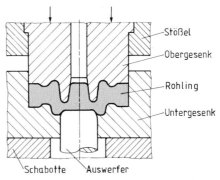

Bild 5-49. Werkzeug zum Genauschmieden von Zahnrädern ohne Grat.

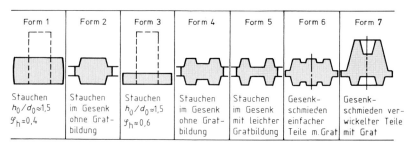

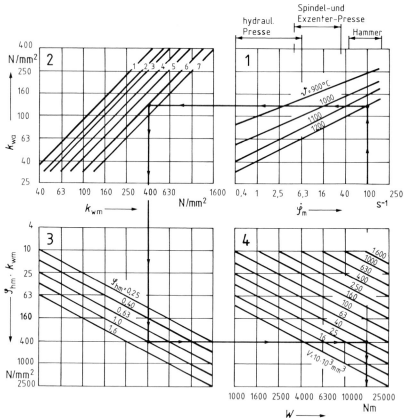

Bild 5-50. *Nomogramm zur Ermittlung des Arbeitsbedarfs W für rotationssymmetrische Schmiedeteile aus niedriglegiertem Stahl (nach K. Lange).*

Beispiel: Ein Schmiedeteil entsprechend Form 6 soll unter einem Gegenschlaghammer hergestellt werden (Ausgangsdurchmesser $d_0 = 29$ mm). Gegeben sind die Schmiedetemperatur 1200 °C, die Geschwindigkeit des Hammers $v = 6,66$ m/s, die Anfangshöhe $h_0 = 60$ mm sowie $h_1 = 22$ mm.

Lösung: Die anfängliche Umformgeschwindigkeit beträgt $\dot{\varphi}_0 = (6660$ mm/s$)/(60$ mm$) = 111$ s^{-1}. Nach Lange kann die mittlere Umformgeschwindigkeit für

Hämmer mit 0,9, für Spindelpressen mit 0,35, für Hydraulische Pressen mit 1,5 und für Kurbel- bzw. Exzenterpressen mit 0,5 der jeweiligen Anfangsgeschwindigkeiten angesetzt werden. Demnach beträgt die mittlere Umformgeschwindigkeit für das ausgewählte Beispiel $\dot{\varphi}_m = 0,9 \cdot 111$ s$^{-1} = 100$ s^{-1}.

Aus Feld 1 ergibt sich damit ein Peilstrahl ins Feld 2; auf Grund der Form 6 wird hier ein mittlerer Formänderungswiderstand von $k_{wm} = 400$ N/mm² abgelesen. In Feld 3 ergibt sich für die mittlere Formänderung $\varphi_m = ln\ (h_1/h_0) = ln\ (22/60) \approx -1$ der Peilstrahl ins Feld 4: Bei einem Volumen $V = \frac{\pi}{4} d_0^2 h_0 \approx 40\ 000$ mm³ ist $W = 16$ kNm.

Herstellung von z. B. Zahnrädern, Zahnleisten und Turbinenschaufeln wirtschaftlich. Bild 5-49 zeigt einen Werkzeugaufbau zum Genauschmieden von Zahnrädern. Der überschüssige Werkstoff kann im mittleren Teil des Obergesenks (sog. Kompensator) aufsteigen und wird durch Lochen entfernt.

5.3.2.3 Kraft- und Arbeitsbedarf beim Schmieden

Vor der Wahl der geeigneten Umformmaschine muß die größte auftretende Umformkraft bestimmt werden. Bei mechanischen Pressen ist dies zur Vermeidung von Überlastungen wichtig. Bei hydraulischen Pressen kann mit dieser Feststellung abgeschätzt werden, ob die Pressen-Nennkraft ausreicht, das Schmiedestück einwandfrei auszuschmieden.

Die für das Schmieden erforderliche Umformkraft ist

$$F = A_d k_{we} \qquad (5\text{-}32)$$

in N. A_d ist die gedrückte Fläche als Projektion der Schmiedestückfläche senkrecht zur Kraftrichtung und k_{we} der Formänderungswiderstand am Ende des Umformvorgangs.

Die für das Stauchen geltende Gleichung (5-32) gilt sinngemäß auch für das Recken und Breiten; allerdings erhöht der mit der Umformzone verbundene Werkstoff die Spannungen. Nach *Siebel* errechnet sich die Kraft beim Recken zu

$$F = A_d k_f \left(1 + \frac{1}{2}\mu\frac{l}{h} + \frac{1}{4}\frac{h}{l}\right) \qquad (5\text{-}33).$$

Hierbei bedeuten

h Höhe des Schmiedestücks,
l Länge des Stempels oder Sattels.

Beim Gesenkschmieden kann der Formänderungswiderstand am Ende der Umformung k_{we} bis zu zwölfmal so hoch sein wie der Anfangswert. Dies ist abhängig von der jeweiligen Form des Gesenks, von der Temperatur des Werkstücks und von der Umformgeschwindigkeit. Aus diesem Grund ist eine Vorausberechnung sehr schwierig. Daher wurden für verschieden gestaltete Formen Arbeitsschaubilder gemäß Bild 5-50 erstellt, aus denen man den Kraft- und Arbeitsbedarf ermitteln kann.

Die erforderliche Umformarbeit muß für das Gesenkschmieden auf arbeitsgebundenen Maschinen (Hämmer, Pressen mit Schwungrad)

bekannt sein, damit der Arbeitsschritt vollständig durchgeführt werden kann. Berechenbar ist die Umformarbeit W aber nur für das Stauchen zwischen ebenen Bahnen (Freiformen):

$$W = V\varphi_h\,k_{fm}/\eta_F \qquad (5\text{-}34)$$

in Nm. Für den Formänderungswirkungsgrad η_F ergeben sich dabei je nach Umformgrad φ_h, Zustand der Stauchbahnen, Verzunderung u. a. Werte zwischen $\eta_F = 0,6$ bis $\eta_F = 0,9$. Diese Werte nehmen beim Gesenkschmieden infolge der Form- und Grateinflüsse bei einfachen Teilen auf $\eta_F = 0,4$ und bei sehr komplizierten Formen mit Grat sogar bis auf $\eta_F = 0,2$ ab.

Für genauere Bestimmungen der Kraft- und Arbeitswerte sind Vorversuche zur Korrektur der Schautafeln in Bild 5-50 unerläßlich.

5.3.3 Eindrücken

Zu den Eindrückverfahren zählen das *Prägen*, das die Oberfläche eines Werkstücks reliefartig verändert, und das *Einsenken* zum Herstellen eines Gesenks. Es handelt sich in beiden Fällen um eine Kaltumformung.

Beim Prägen unterscheidet man das *Hohl-* vom *Vollprägen*. Beim ersteren Verfahren bleibt die Werkstückdicke annähernd gleich, beim zweiten wird sie gezielt verändert, wie Bild 5-51 zeigt.

Das *Glattprägen* ist eine Umformung zum Verbessern der Oberfläche eines Werkstücks durch geringes Kaltstauchen. Die Werkzeugflächen müssen feingeschliffen oder geläppt sein. Wenn

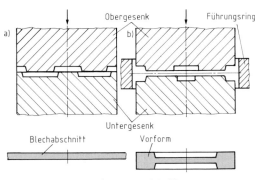

Bild 5-51. Prägewerkzeuge und Rohlinge:
a) Hohlprägen ohne Dickenänderung (z. B. für Numerierung von Karosserieblechen),
b) Vollprägen mit Führungsring (z. B. für das Münzprägen).

man beim Stauchvorgang höhenbegrenzende Anschläge einsetzt, spricht man vom *Maßprägen*. Hierdurch werden Dickenunterschiede an Gesenkschmiedeteilen beseitigt. Ein Beispiel hierfür zeigt Bild 5-52. Diese Nachbearbeitung wird meist auf Kniehebelpressen durchgeführt, die am unteren Totpunkt bei kleinen Wegen sehr große Kräfte aufbringen können. Durch Mehrfachprägen ist eine Maßgenauigkeit bis zu $\pm 0,025$ mm erreichbar. Bei ringförmigen Werkstücken ist die ISO-Qualität IT 8 zu erzielen.

Die Umformkraft ergibt sich nach Gl. (5-32). Anhaltswerte für den Formänderungswiderstand k_{we} am Ende des Prägevorgangs gehen aus Tabelle 5-2 hervor. Je schärfer die Kanten ausgeprägt werden sollen, desto höher ist der Wert für k_{we} anzusetzen. Beim Vollprägen legierter Stähle werden die Gesenke bis nahe an ihre Zugfestigkeit belastet.

Einsenken ist nach DIN 8583 das Eindrücken von Formwerkzeugen in ein Werkstück zum Erzeugen einer genauen Innenform. Auf diese Weise können z. B. Gesenke sehr wirtschaftlich hergestellt werden, da die erhabene Form eines Einsenkstempels spanend billiger herzustellen ist als eine hohle Gravur. Auf ölhydraulischen Einsenkpressen wird ein Einsenkstempel mit sehr geringer Geschwindigkeit in das Werkstück eingedrückt, wie Bild 5-53 verdeutlicht. Das seitliche Ausweichen des Werkstoffs verhindert man durch einen Haltering.

Die auftretenden Druckspannungen können Werte bis zu 3000 N/mm² erreichen, die höchsten Nennkräfte von Einsenkpressen liegen bei 32 000 kN. Um die auftretende Reibung möglichst klein zu halten, werden die Werkzeugflä-

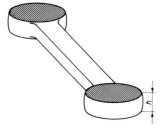

Bild 5-52. Maßprägen an einem entgrateten Gesenkschmiedeteil.

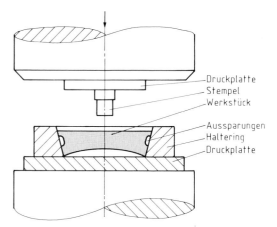

Bild 5-53. Kalteinsenken zur Herstellung eines Hohlgesenks.

chen verkupfert und mit Molybdändisulfid (MoS_2) geschmiert. Nach der Richtlinie VDI 3170 beträgt die erforderliche Druckspannung das 4,5fache der Formänderungsfestigkeit k_f. Dieser Wert wird der jeweiligen Fließkurve bei der maximalen Formänderung φ_{max} entnommen. Die Größe φ_{max} kann näherungsweise berechnet werden:

$$\varphi_{max} = 0,33 \frac{t}{d} - 0,01 \qquad (5\text{-}35);$$

t ist die Einsenktiefe in mm und d der Stempeldurchmesser in mm. Die erforderliche Druckkraft in N beträgt

$$F = 4,5 \, k_f \frac{\pi}{4} d^2 \qquad (5\text{-}36).$$

Zu den Eindrückverfahren mit gradliniger Bewegung gehört außer dem eben besprochenen auch das *Körnen* mittels Körnerspitze, *Lochen mittels Hohldorn* (Bild 5-40) und das *Einprägen*

Tabelle 5-2. Formänderungswiderstand k_{we} am Ende des Prägevorgangs.

Werkstoff	Hohlprägen k_{we} N/mm²	Vollprägen k_{we} N/mm²
Aluminium 99 %	50 bis 80	80 bis 120
Al-Legierungen	80 bis 150	120 bis 350
Kupfer, weich	200 bis 300	800 bis 1000
CuZn 37	200 bis 300	1500 bis 1800
Nickel, rein	300 bis 500	1600 bis 1800
Neusilber	300 bis 400	1800 bis 2200
Stahl USt 12	300 bis 400	1200 bis 1400
Chrom-Nickel-Stahl	600 bis 800	2500 bis 3200

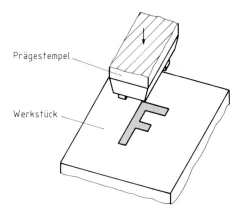

Bild 5-54. Einprägen mittels Prägestempel.

von Zeichen mittels Prägestempel entsprechend Bild 5-54.

Eine andere Gruppe von Eindrückverfahren arbeitet mit umlaufender Bewegung des Werkzeugs. Dazu gehören das *Walzprägen*, *Rändeln* und *Kordeln* sowie das *Gewindefurchen*. Einige dieser Möglichkeiten zeigt Bild 5-55.

Durch *Warmeinsenken* können die Verfahrensgrenzen des Kalteinsenkens erheblich erweitert werden. Beispielsweise kann die Einsenkgeschwindigkeit von 0,003 mm/s bis 0,2 mm/s beim Kalteinsenken auf 2,5 mm/s bei Schmiedepressen erhöht werden. Oft lassen sich auch Schmiedehämmer ($v = 4$ m/s bis $v = 6$ m/s) einsetzen. Genauigkeit und Oberflächengüte sind geringer als beim Kalteinsenken. Das Verfahren wird zur Herstellung von Schmiede- und Preßgesenken eingesetzt. Der Stempel muß um das Schwindmaß α des Werkstückstoffs größer hergestellt werden. Eingesenkte Werkzeuge haben grundsätzlich gegenüber spanend hergestellten Gesenken den Vorteil des ungestörten Faserverlaufs. Die Standzeit ist etwa dreimal höher. Ein Einsenkstempel kann zum Herstellen von etwa 100 Gesenken verwendet werden.

5.3.4 Durchdrücken

Durchdrücken ist Druckumformen eines Werkstücks durch formgebende Werkzeugöffnungen hindurch. Die wichtigsten Verfahren sind das Strangpressen und das Fließpressen.

5.3.4.1 Strangpressen

Beim *Strangpressen* wird ein aufgeheizter Block in einem Preßzylinder (Blockaufnehmer) durch

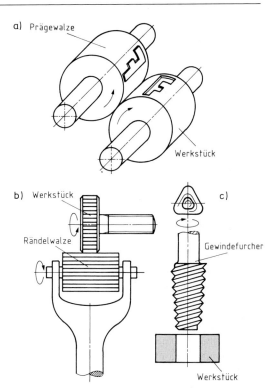

Bild 5-55. Eindrücken mit umlaufender Werkzeugbewegung: a) Walzprägen, b) Rändeln, c) Gewindefurchen von Innengewinden.

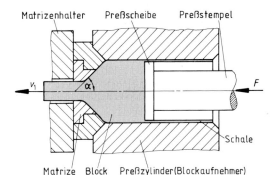

Bild 5-56. Voll-Vorwärts-Strangpressen mit Schale.
F *Preßkraft*
α *halber Öffnungswinkel der Matrize*
v_1 *Austrittsgeschwindigkeit des Strangs.*

einen Stempel unter hohen Druck gesetzt, wie es Bild 5-56 zeigt. Der Werkstoff beginnt zu fließen und tritt durch die Matrizenöffnung als Strang mit der Austrittsgeschwindigkeit v_1 aus.

Bild 5-57. *Durch Strangpressen hergestellte Profile:*
a) runde und eckige Vollprofile,
b) symmetrische und unsymmetrische Winkelprofile,
c) offene und geschlossene Hohlprofile,
d) komplizierte Profilrohre.

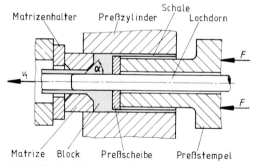

Bild 5-58. *Hohl-Vorwärts-Strangpressen.*
F   Preßkraft
α   halber Öffnungswinkel der Matrize
v_1 *Austrittsgeschwindigkeit des Hohlprofils.*

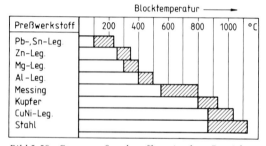

Bild 5-59. *Strangpreßwerkstoffe mit den Bereichen üblicher Verarbeitungstemperaturen.*

Wenn die dem Preßstempel vorgelagerte Preßscheibe kleiner als der Durchmesser des Preßzylinders ist, bleibt eine Schale stehen. In diesem Fall wird der Block vor dem Einlegen nicht geschmiert; der Werkstoff wird beim Auspressen abgeschert.

Mittels Strangpressen können Halbzeuge bis zu 20 m Länge hergestellt werden. Die Möglichkeiten zum Herstellen unterschiedlicher *Profilformen* sind sehr zahlreich, wie Bild 5-57 erkennen läßt. Im Gegensatz zum Walzverfahren sind auch hinterschnittene Querschnitte und Hohlprofile herstellbar. Aus Bild 5-58 geht hervor, daß die Strangpresse für Hohlprofile doppelte Antriebsmechanismen aufweisen muß, weil der Block zunächst gelocht und dann über dem stehenbleibenden Lochdorn ausgepreßt wird.

Zum Strangpressen eignen sich besonders gut umformbare Werkstoffe, z.B. Aluminium und seine Legierungen sowie Kupfer, Zink, Zinn, Blei und deren Legierungen. Gebräuchliche Strangpreßwerkstoffe mit dem Temperaturbereich, in dem sie verpreßt werden, zeigt Bild 5-59.

Das *Stahl-Strangpressen* ist erst in neuerer Zeit gelungen. Nach dem **Ugine-Séjournet-Verfahren** wird dabei Glas bestimmter Zusammensetzung als Schmiermittel verwendet. Der auf Preßtemperatur erwärmte Stahlblock wird zunächst in Glaspulver gewälzt, und vor die Matrizenöffnung legt man eine Scheibe aus gepreßtem Glas. Beim Auspressen schmilzt das Glas und übernimmt die Rolle des Schmiermittels. Gleichzeitig schützt es Matrize und Stempel vor zu hoher Erwärmung und die Blockoberfläche vor zu schneller Abkühlung. Da kein Verzundern des Blocks auftreten kann, entfällt auch die Reibwirkung des Zunders in der Matrize. Zur Zeit werden in der Bundesrepublik Deutschland Stahlprofile hergestellt, die sich in einen Kreis von 150 mm Dmr. einzeichnen lassen. Die kleinste Wanddicke beträgt etwa 3,5 mm, der Mindestdurchmesser der Hohlprofile etwa 20 mm. Bei kleineren Wanddicken oder Durchmessern wäre die Werkzeugbeanspruchung übermäßig hoch.

Für die Konstruktion einer Matrize muß man vom *Profilquerschnitt* gemäß Bild 5-60 ausgehen. Danach werden Presse und Aufnehmer sowie Matrizentyp ausgewählt. Für die Festlegung des Preßzylinder-Durchmessers d_z gilt der

Maximalwert für den profilumschreibenden Kreis

$$d_{u\,max} = 0{,}85\ d_z \qquad (5\text{-}37).$$

Als vorteilhaftester Wert gilt aber $d_u = 0{,}6\ d_z$.

Aus wirtschaftlichen Gründen wird oft mehrsträngig gepreßt, wie Bild 5-61 andeutet. Mit Rücksicht auf einen möglichst gleichmäßigen *Werkstofffluß* bevorzugt man symmetrische Anordnungen. Da die Matrizendurchbrüche so angeordnet sein sollen, daß der Flächenschwerpunkt in der Matrizenmitte liegt, werden bei unsymmetrischen Profilstangen häufig runde Abfallstangen mitgepreßt. Das Ziel dieser Maßnahme ist, möglichst gerade austretende Stränge zu erhalten.

Je nach Strangpreßwerkstoff und Profilform stehen verschiedene Matrizentypen zur Auswahl. Am häufigsten verwendet man die Flachmatrize mit einem Öffnungswinkel $2\ \alpha = 180°$. Für NE-Schwermetalle und Stahl werden konische Matrizen (Bild 5-56 und 5-58) eingesetzt (Öffnungswinkel $2\ \alpha = 90°$).

Der Stofffluß beim Voll-Vorwärts-Strangpressen führt bei Flachmatrizen ($2\ \alpha = 180°$) zu vier unterschiedlichen Fließtypen. Bild 5-62 vermittelt eine Übersicht. Der *Fließtyp S* ist ein theoretisches Modell. Er tritt bei homogenem Strangpreßwerkstoff auf, wenn ein sehr kleiner Reibwert eine praktisch unbehinderte Werkstoffbewegung entlang aller Grenzflächen zuläßt. Der *Fließtyp A* zeigt sich bei homogenem Werkstoff, wenn nur an der Matrizenstirnfläche eine bestimmte Reibung auftritt. Der *Fließtyp B* tritt bei homogenen Werkstoffen auf, wenn eine nennenswerte Reibung an allen Kontaktflächen vorhanden ist. Der *Fließtyp C* ist kennzeichnend für Blöcke mit ungleicher Verteilung der plastischen Eigenschaften (Phasenänderungen in den Randzonen oder ungleiche Temperaturverteilung) sowie mit sehr großen Reibwerten. Im letzten Preßdrittel ergeben sich meist Werkstofftrennungen durch das unterschiedliche Fließverhalten (sog. Zweiwachsbildung).

Die *Qualität der Matrizen* ist sowohl für die Maßhaltigkeit des Strangs als auch zum Erzielen glatter und sauberer Oberflächen von Bedeutung. Letzteres gilt besonders dann, wenn Strangpreßprofile für dekorative Zwecke benötigt werden (sog. Eloxal-Qualität). Kratzer und Riefen in den Reibflächen der Matrizendurch-

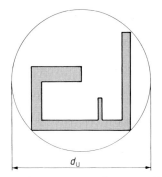

Bild 5-60. Zur Festlegung von Matrize und Preßzylinder.
d_u *Durchmesser des profilumschreibenden Kreises*

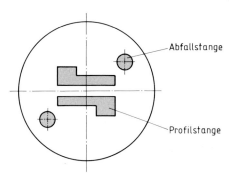

Bild 5-61. Matrize für unsymmetrische Profilstangen sowie runde Abfallstangen zwecks Ausgleich des Stoffflusses.

Fließtyp				
	S	A	B	C
Werkstoffart	homogen	homogen	homogen	inhomogen
Werkstoff-Beispiel	theoretisch	Pb, Al mit Schmierung	Cu, Al, Al-Legierungen	Mg, α- und β-Ms
Reibung	keine	gering	stark	stark

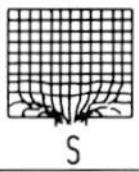

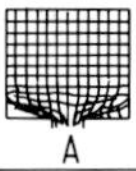

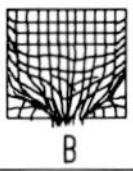

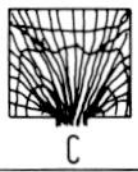

Bild 5-62. Einteilung der Fließtypen beim axial-symmetrischen Voll-Vorwärts-Strangpressen (nach Dürrschnabel).

brüche, d.h. eine elektrisch oxidierte Aluminium-Oberfläche sowie ungenügendes Beseitigen der festklebenden Preßrückstände führen zu erheblichen Oberflächenmängeln.

Preßfehler auf Grund der Herstellung sind im einzelnen

- Trichterbildung am Strangende bei zu geringem Preßrest (Preßlunker),
- Materialtrennung im letzten Drittel des Strangkerns (Zweiwachsbildung),
- Innenrisse und sog. Holzfaserbruch infolge zu kalter Innenschichten,
- Schalen- oder Dopplungsbildung durch Verunreinigungen in der Oberfläche des Produktes (Oxidschichten der Rohteile, Schmiermittel),
- Aufreißen des Strangs in Umfangsrichtung (Tannenbaumfehler) infolge Warmbrüchigkeit bei zu großer Umformgeschwindigkeit,
- Blasenbildung durch örtliche Aufschmelzungen (*v*- oder *T*-Werte zu hoch),
- Längsrisse auf der Rohroberfläche durch zu starke Abkühlung der Außenschicht,
- Poren und Riefen durch Aufschweißungen am Werkzeug,
- Oberflächenfehler, die durch die Strang-Leitschienen verursacht werden,
- streifiges Gefüge als Folge zu niedriger Preßtemperatur,
- Gefügeungleichmäßigkeit über die Stranglänge durch Blockabkühlung,
- Grobkornbildung mit Abnahme der Festigkeitswerte und Korrosionsfestigkeit sowie erhöhte Neigung zur Rißbildung beim Abschrecken.

Der *Kraft-Weg-Verlauf* beim Strangpressen von Vollprofilen ist schematisch in Bild 5-63 dargestellt. Die Kraft zeigt für das Vorwärtsstrangpressen zunächst einen großen Anstieg, weil zum Preßbeginn der eingesetzte Block, dessen Außendurchmesser geringfügig kleiner als der Preßzylinder-Durchmesser war, aufgestaucht wird. Nach Abschluß dieses instationären Anlaufvorgangs nimmt die Preßkraft stetig ab, da die Reibung zwischen Block und Aufnehmer linear mit der Blocklänge abnimmt. Die Neigung dieses Kurvenasts hängt vom verwendeten Schmiermittel ab. Zum Ende des Strangpreßvorgangs ergibt sich ein Kraftanstieg, da der Stempel in die vor der Matrize liegende Umformzone eindringt, den Werkstofffluß stört und zusätzliche innere Schiebungen hervorruft.

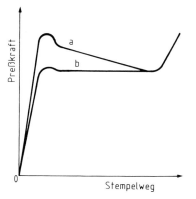

Bild 5-63. Schematischer Kraft-Weg-Verlauf beim Strangpressen:
a) Voll-Vorwärts-Strangpressen,
b) Voll-Rückwärts-Strangpressen.

Beim Rückwärts-Strangpressen, bei dem ein hohler Stempel den ausgepreßten Strang aufnimmt, fehlt die Relativbewegung zwischen Block und Aufnehmer. Die Preßkraft hat einen geringeren Anfangswert und bleibt annähernd konstant.

Zum Schmieren können beim Strangpressen von Nichteisenmetallen alle Hochdruckschmiermittel verwendet werden, die einen zusammenhängenden Schmierfilm ergeben und den Temperaturen standhalten. Auf die Glasschmierung beim Séjournet-Verfahren zum Strangpressen von Stahl wurde bereits hingewiesen.

Eine wichtige Voraussetzung für die wirtschaftliche Fertigung von Strangpreßprodukten ist die zweckmäßige Auslegung einer *Auslaufeinrichtung* hinter der Preßanlage. Sie muß das Preßgut möglichst dicht hinter der Matrize selbsttätig annehmen und unter leichtem, einstellbarem Zug führen können. Auf diese Weise wird ein Richteffekt ausgeübt und ein Verdrallen und Ablaufen des Profils von der Auslaufbahn vermieden. Bei mehrsträngigem Pressen mit einer Auszieheinrichtung ergibt sich als weiterer Vorteil das gleichmäßige Austreten aller Stränge.

Für die Errechnung des *Kraftbedarfs* kann zunächst angenommen werden, daß die Umformung zum Strang ausschließlich in der kegeligen Umformzone vor der Matrize stattfindet. Hierzu wird die Umformkraft F_u (in N) benötigt:

$$F_u = A_0 \, k_w \, \varphi_{ges} \tag{5-38}$$

Die Gesamtumformung ergibt sich aus $\varphi_{\text{ges}} = \ln(z A_1 / A_0)$ mit z als der Anzahl der Stränge, A_1 als dem Austrittsquerschnitt und A_0 als dem aufgestauchten Blockquerschnitt.

Die Reibkraft zwischen Block und Preßzylinder beträgt

$$F_R = \mu \, k_w \, d_z \, \pi \, [h - \tfrac{1}{2}(d_z - d_1)] \qquad (5\text{-}39)$$

in N. Die Gesamtkraft ergibt sich aus $F_{\text{ges}} = F_u + F_R$ zu

$$F_{\text{ges}} = A_0 \, k_w \, \varphi_{\text{ges}} + \mu \, k_w \, \pi \, [h - \tfrac{1}{2}(d_z - d_1)]$$
$$(5\text{-}40)$$

in N. Wird mit Schale gepreßt, dann muß der Reibwert μ zwischen Block und Aufnehmerwandung durch die Scherfestigkeit τ_B des Werkstoffs ersetzt werden.

Der Formänderungswirkungsgrad liegt bei der Warmumformung bei $\eta_F = 0,2$ bis $\eta_F = 0,6$. Bei unrunden Strängen wird zusätzlich ein Formfaktor eingeführt, der die höheren Fließwiderstände in der Form berücksichtigt. Dieser Formfaktor kann bis 1,5 betragen. Ergibt sich nach der Berechnung, daß die erforderliche Kraft F_{ges} nicht zur Verfügung steht, kann der Anwender folgende Maßnahmen treffen:

- eine Maschine mit höherer Nennkraft beschaffen,
- einen kleineren Blockdurchmesser verwenden,
- mit verkleinerter Blocklänge arbeiten,
- bei erhöhter Umformtemperatur strangpressen,
- den Reibfaktor verkleinern,
- größere Ausgleichsstränge vorsehen.

Als Sonderverfahren soll auf das *Quer-Strangpressen* hingewiesen werden, bei dem der Werkstoff quer zur Wirkrichtung fließt. Hiernach können beispielsweise Tiefseekabel mit einem biegsamen Bleimantel umhüllt werden, wie Bild 5-64 verdeutlicht. Zum Einsetzen eines neuen Blocks wird der Fertigungsprozeß kurz unterbrochen.

5.3.4.2 Fließpressen

Fließpressen ist das Durchdrücken eines zwischen Werkzeugteilen aufgenommenen Werkstücks mittels Stempel durch eine Düse. Es ist ein Massivumformverfahren, bei dem metallische Werkstoffe meist bei Raumtemperatur durch große Druckspannungen in Radial- und Axialrichtung zum Fließen gebracht werden.

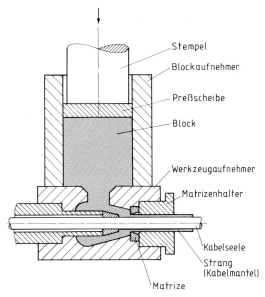

Bild 5-64. *Quer-Strangpressen zum Herstellen von ummantelten Tiefseekabeln (schematisch).*

Der Werkstoff wird durch eine Bohrung in der Matrize, im Stempel oder durch einen Spalt zwischen Matrize und Stempel verdrängt. Als Rohlinge dienen Scheiben, Stangenabschnitte oder Vorpreßlinge, die durch Ändern des Querschnitts ihre Form erhalten.

Das *Kaltfließpressen* hat sich aus der Verarbeitung von Tuben und Hülsen entwickelt. Zu deren Herstellung wurden zunächst nur sehr weiche Metalle, später auch Zink, Aluminium und Kupfer verwendet. Im Jahre 1934 gelang es erstmals, auch Stahl kaltfließzupressen. Die anfänglichen Schwierigkeiten bezüglich der Standzeit der Werkzeuge und der Oberflächenbeschaffenheit der Werkstücke konnten durch Schmiermittel behoben werden. Besonders geeignet für dieses Verfahren ist eine chemische Vorbehandlung der Rohlinge mit einer Phosphatschicht (sog. *Bondern*). Nach dem Werkstofffluß lassen sich grundsätzlich drei Verfahren gemäß Bild 5-65 unterscheiden:

Rückwärts-Fließpressen ist das gegenläufige Umformen eines Werkstücks in bezug auf die Maschinenwirkrichtung. Der Werkstoff fließt entgegen der Stempelbewegung. Das Verfahren wird hauptsächlich zum Herstellen von Hülsen und Näpfen angewendet; somit ist das fertige Werkstück meist ein einseitig offener Hohlkörper (Bild 5-65a).

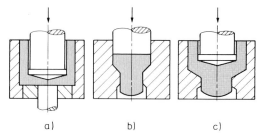

Bild 5-65. Prinzipdarstellung der wichtigsten Fließ-preßverfahren nach DIN 8583:
a) Napf-Rückwärts-Fließpressen,
b) Voll-Vorwärts-Fließpressen,
c) Gemischt-Fließpressen.

Vorwärts-Fließpressen ist gleichläufiges Umformen eines Werkstücks in bezug auf die Maschinenwirkrichtung. Der Werkstoff fließt in Richtung der Stempelbewegung (Bild 5-65b)). Es können achsensymmetrische Voll- und Hohlkörper erzeugt werden.

Gemischt-Fließpressen ist die Kombination beider genannter Verfahren. Der Werkstoff fließt mit und entgegen der Stempelbewegung (Bild 5-65c)). In einem Arbeitsgang können daher komplizierte Formen, etwa entsprechend Bild 5-66, hergestellt werden, auch mit unterschiedlichen Wanddicken.

Als Fließpreß-*Werkstoffe* eignen sich die meisten Nichteisenmetalle sowie niedriggekohlte und niedriglegierte Stähle (Cr, Cr Mn). Stähle mit Korngröße von 9 bis 7 nach der ASTM-Korngrößen-Richtreihe [4] eignen sich besonders gut. Von den Nichteisenmetallen sind Sn, Zn, Cu sowie die gut kaltumformbaren Legierungen Al-Mg-Si, Al-Cu-Mg und Al-Mg-Mn für das Fließpressen geeignet (Korngröße 6 bis 4 nach ASTM).

Die *Schmierung* ist für das Verfahren von ausschlaggebender Bedeutung. Da die Reibarbeit nahezu die Hälfte der gesamten Umformarbeit betragen kann, werden vom Schmiermittel niedrige Reibwerte, ausreichende Druckbeständigkeit, gute Oberflächenhaftung, Zusammenhalt auch bei starker Oberflächenvergrößerung und das Verhindern von Kaltschweißstellen gefordert.

Für Nichteisenmetalle werden in der Praxis mineralische Öle und Fette sowie Metallstearate

eingesetzt. Bei Stahl muß eine Trennschicht zwischen Werkstück und Werkzeug vorhanden sein. Am besten hat sich das Phosphatieren (Schichtdicke 5 μm bis 10 μm) bewährt. Als Schmiermittel können dann Natronseife, Molybdändisulfid oder Graphit eingesetzt werden. Für nichtrostende Stähle hat sich dagegen eine Oxalatschicht als Schmiermittelträger oder ein metallischer Überzug (Cu, Pb, Sn, Zn) bewährt.

Zum Erzielen einwandfreier Werkstücke sind Oberflächenzustand und Volumen des Rohlings maßgebend. Als Ausgangsrohlinge können Platinen (Blechausschnitte), Stangenabschnitte (abgeschert oder gesägt) und Vorpreßlinge verwendet werden. Je nach den Anforderungen an das Preßteil wird Walzstahl, gezogener oder geschälter Werkstoff eingesetzt. Erreichbare Werkstückgenauigkeiten im Durchmesser liegen bei IT 13 bis IT 8. Die Oberfläche kann eine Rauheit von $R_z \leqq 6{,}3$ μm erreichen. Fließgepreßte Teile haben gute Festigkeits- und Dauerfestigkeits-Werte. Ursache ist die Kaltverfestigung im Zusammenwirken mit dem nicht angeschnittenen Faserverlauf. Dadurch können Stähle mit niedriger Festigkeit für höher beanspruchte Teile eingesetzt werden, ohne daß vergütet werden muß.

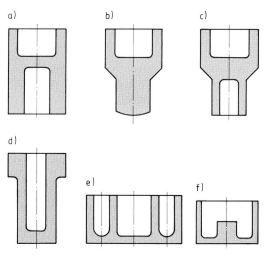

Bild 5-66. Verfahrenskombinationen für Fließpreß-Hohlkörper:
a) Napf-Vorwärts mit Napf-Rückwärts,
b) Voll-Vorwärts mit Napf-Rückwärts,
c) Hohl-Vorwärts mit Napf-Rückwärts,
d) Napf-Vorwärts mit Flanschanstauchen,
e) Napf-Rückwärts mit Napf-Rückwärts,
f) Voll-Rückwärts mit Napf-Rückwärts.

---

[4] ASTM, American Society of Testing Materials.

Weitere *Vorteile* des Kaltfließpressens liegen in der großen Stoffeinsparung gegenüber dem Spanen und auch gegenüber anderen Umformverfahren (z. B. Warm-Gesenkschmieden) sowie in der hohen Mengenleistung auch bei schwierigen Formteilen. Hauptabnehmer für Fließpreßteile ist die Automobilindustrie. Die Produktion nimmt in der Bundesrepublik Deutschland und in den USA jährlich um etwa 12% zu.

Wirtschaftliche Stückzahlen sind

Mindestmenge	Werkstückmasse
10 000 Stück	1 bis 20 g
5 000 Stück	20 bis 500 g
3 000 Stück	0,5 bis 10 kg.

Die Standzeit der Werkzeuge kann zwischen 10 000 und 20 000 Pressungen liegen. Geometrische Grenzwerte für fließgepreßte Hohlkörper sind

Länge zwischen	5 mm bis 1200 mm,
Außendurchmesser	5 mm bis 150 mm,
Wanddicke	0,5 mm bis 50 mm

(0,1 mm Mindestwanddicke bei Al).

Der *Werkstofffluß* beim Fließpressen kann durch Versuche mit geteilten Rohlingen und an Hand der auf der Teilungsebene eingebrachten Liniennetze gemäß Bild 5-67 ermittelt werden. Es ist vorteilhaft, wenn die Rohteile dem Matrizenwinkel entsprechend vorgeformt werden. Der Werkstofffluß wird vorwiegend durch die Werkzeuggeometrie und den Reibzustand beeinflußt.

Die *Kraftwirkungen* beim Voll-Vorwärts-Fließpressen lassen sich an Hand von Bild 5-68 er-

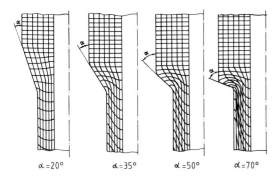

Bild 5-67. *Werkstofffluß beim Hohl-Vorwärts-Fließpressen bei verschiedenem Neigungswinkel α (Matrizenöffnungswinkel 2α).*

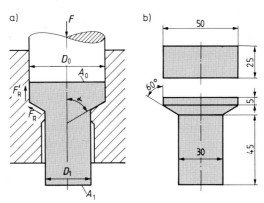

Bild 5-68. a) *Zur Kraftwirkung beim Voll-Vorwärts-Fließpressen;*
b) *Berechnungsbeispiel zum Voll-Vorwärts-Fließpressen.*

Gegeben:

Ausgangsdurchmesser	D_0	$= 50$ mm,
Enddurchmesser	D_1	$= 30$ mm,
Ausgangshöhe	h_0	$= 25$ mm,
Endhöhe	h_1	$= 45$ mm
Neigungswinkel	α	$= 60° \approx 1$ *im Bogenmaß,*
Reibbeiwert	μ	$= 0,1$ *(geschätzt),*
Kopfhöhe	k	$= 5$ mm.

Zu berechnen ist die erforderliche Umformkraft F_{ges}.

Lösung:

$$\varphi_g = \ln \frac{A_0}{A_1} = \ln \frac{50^2}{30^2} = \ln 2,78 = 1,02 \,.$$

Der Fließkurve für Stahl (Bild 5-9) wird die dazugehörige Formänderungsfestigkeit $k_f = 670$ N/mm² entnommen. Da $k_{f_0} = 270$ N/mm² beträgt, ergibt sich aus graphischer Mitteilung $k_{fm} = 580$ N/mm². Somit ist die Umformkraft nach Gl. (5-41)

$$F_{ges} = 1963,5 \cdot 580 \cdot 1,02 \left(1 + \frac{2}{3} \cdot \frac{1}{1,02} + \frac{0,1}{0,5 \cdot 0,87}\right) N +$$
$$+ \pi \cdot 50 \cdot 5 \cdot 0,1 \cdot 270 \, N =$$
$$= 1,16 \cdot 10^6 \cdot (1 + 0,65 + 0,23) \, N + 21\,205,75 \, N =$$
$$= 2205 \, kN \,.$$

läutern: Der Stangenabschnitt wird von der Querschnittsfläche A_0 auf den Austrittsquerschnitt A_1 vermindert. Die größte Formänderung, bei deren Betrag die Fließspannung k_f der Fließkurve entnommen wird, ist

$$\varphi_g = \ln (A_0/A_1) \,.$$

Die Umformkraft setzt sich aus Teilkräften zusammen, nämlich aus der jeweiligen Kraft für die ideelle Umformung F_{id}, für die innere Schiebung F_{Sch}, für die Verluste im Matrizentrichter durch Reibung F_R und für die äußere Matrizen-reibung F'_R:

$$F_{ges} = F_{id} + F_{Sch} + F_R + F'_R =$$
$$= A_0\, k_{fm}\, \varphi_g \left(1 + \frac{2}{3}\frac{\alpha}{\varphi_g} + \frac{\mu}{\cos\alpha \cdot \sin\alpha}\right)$$
$$+ \pi D_0\, k\, \mu\, k_{f0} \qquad (5\text{-}41)$$

in N. Die Formänderungsarbeit (in Nm) ist mit dem umgeformten Volumen V zu berechnen:

$$W_{ges} = V\, k_{wm}\, \varphi_g = V \varphi_g\, k_{fm}/\eta_F \qquad (5\text{-}42)$$

Beim Rückwärts-Fließpressen kann der für die Pressenauswahl und Auslegung der Werkzeuge benötigte Kraftbedarf zweckmäßigerweise nach Bild 5-69 aus folgender Modellvorstellung hergeleitet werden: In einem ersten Schritt wird nur das Stauchen unter dem Stempel mit dem Durchmesser D_1 von der Rohlingshöhe h_0 auf die Bodenhöhe h_1 betrachtet. Hierfür läßt sich nach *Siebel* ansetzen:

$$F_{Stauch} = \frac{\pi}{4} D_1^2\, k_{f1}\left(1 + \frac{1}{3}\mu\frac{D_1}{h_1}\right) \qquad (5\text{-}43)$$

in N. In einem zweiten gedachten Schritt wird der Ringzylinder auf seine Wanddicke s umgeformt. Hierfür gilt

$$F_{Zylinder} = \frac{\pi}{4} D_1^2\, k_{f2}\left[1 + \frac{h_1}{s}\left(0{,}25 + \frac{\mu}{2}\right)\right]$$
$$(5\text{-}44)$$

in N. Die Gesamtkraft für das Hohl-Rück-wärts-Fließpressen beträgt dann in N

$$F_{ges} = F_{Stauch} + F_{Zyl} =$$
$$= A_1\, k_{f1}\left(1 + \frac{1}{3}\mu\frac{D_1}{h_1}\right) +$$
$$+ A_1\, k_{f2}\left[1 + \frac{h_1}{s}\left(0{,}25 + \frac{\mu}{2}\right)\right] \quad (5\text{-}45)$$

Im Vergleich zu Warmumformverfahren sind die Beanspruchungen der Werkzeuge beim Kaltfließpressen besonders hoch. Bild 5-70 zeigt einen Werkzeugsatz für das Napf-Rück-wärts-Fließpressen. Die Umformkraft wirkt in axialer und radialer Richtung auf das Werk-zeug. Axiale Druckspannungen werden vom Werkzeug auf die Presse übertragen und ohne große Schwierigkeiten abgeleitet. Die radiale Komponente wirkt dagegen als Innendruck auf die Innenwand des hohlen Werkzeugs (Matrize oder Aufnehmer). An dieser Stelle entstehen große Zugspannungen, die das Werkzeug aus-

einanderreißen können. Daher werden oft vor-gespannte Werkzeugsätze verwendet, etwa wie Bild 5-71 zeigt. Als Richtwerte für die Anzahl der Armierungsringe kann angegeben werden:

Innendruck p_i N/mm^2	Anzahl der Ringe	Durchmesser-verhältnis d_a/d_i
bis 1000	0	4 bis 5
1000 bis 1600	1	4 bis 5
1600 bis 2000	2	5 bis 6.

Die Werkzeugform beeinflußt die Höhe der Umformkräfte. Die Stempel-Wirkseitenform kann verschieden ausgeführt werden; Bild 5-72 zeigt eine Auswahl. Flache Stempel sind zwar am einfachsten herzustellen, bewirken aber we-gen des Werkstoffgleitens unter hohen Flächen-pressungen höhere Reibkräfte. Stempel mit ke-geliger Wirkseite (Bild 5-72 b) und 5-72 c)) zei-gen je nach ihrem Kegelwinkel 2 α geringere bezogene Stempelkräfte. Mit Rücksicht auf die geforderten kleinen Unterschiede in der Boden-dicke des Produktes wird mit Kegelwinkeln von 2 $\alpha = 160°$ bis 2 $\alpha = 170°$ gearbeitet. Stempel mit kugeliger Wirkseite haben die kleinsten Rei-bungsverluste, sind aber mit Rücksicht auf die Werkstückgeometrie selten einsetzbar.

Für Stempelformen zum Hohl-Vorwärts-Fließ-pressen gibt es ebenfalls mehrere Ausführungs-beispiele, wie aus Bild 5-73 hervorgeht. Beim Stempel mit festem Dorn (Bild 5-73 b)) soll das Verhältnis Dornlänge/Durchmesser $< 1{,}5$ sein. Der Übergangsradius zwischen Stempel und Dorn muß möglichst groß gewählt werden (we-gen Spannungskonzentrationen). Der einge-setzte feste Dorn (Bild 5-73 c)) wird verwendet, wenn mit kegeligem Dorn eine schwächer kege-lig ausgeführte Bohrung erzeugt werden soll. Wenn vorgesehen ist, den Hohlstempel als Ab-streifer einzusetzen, kann ein federnder beweg-licher Dorn im Hohlstempel angeordnet wer-den.

Als *Werkzeugmaschinen* zum Fließpressen die-nen mechanische weggebundene Pressen (Kur-bel-, Exzenter-, Kniehebelpressen). Sie können in stehender oder liegender Bauart als Einstu-fen- oder Mehrstufenpressen ausgeführt wer-den. Außerdem werden auch hydraulische Pres-sen eingesetzt. Als Grenzen für die Maximal-

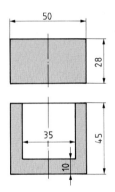

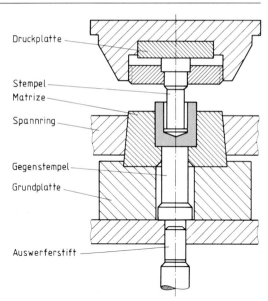

Druckplatte

Stempel
Matrize

Spannring

Gegenstempel

Grundplatte

Auswerferstift

Bild 5-69. Berechnungsbeispiel für das Napf-Rückwärts-Fließpressen.

Gegeben: $D_0 = 50$ *mm,*
$\qquad\qquad D_1 = 35$ *mm,*
$\qquad\qquad h_0 = 28$ *mm,*
$\qquad\qquad h_1 = 10$ *mm,*
Napfhöhe $H = 45$ *mm,*

Wanddicke $s = \dfrac{50-35}{2}$ *mm* $= 7{,}5$ *mm,*

Reibbeiwert $\mu = 0{,}1$ *mm (geschätzt).*

Bild 5-70. Werkzeugsatz für das Napf-Rückwärts-Fließpressen; Matrizenausführung ohne Schrumpfring.

Lösung: Die Formänderung unter dem Stempelboden beträgt

$$\varphi_1 = ln\, \frac{h_1}{h_0} = ln\, 2{,}8 = 1{,}03.$$

Für diesen Wert müßte die Fließspannung k_f der Fließkurve entnommen oder aber berechnet werden. Für Ck 10 ergibt eine Berechnung nach Gl. (5-5)

$$k_f = C \cdot \varphi^n = 690 \cdot \varphi^{0{,}2519}\ N/mm^2 =$$
$$k_{f_1} = 695\ N/mm^2.$$

Die Formänderung für den Hohlzylinder des Wandbereichs ergibt sich zu

$$\varphi_2 = \varphi_1 \left(1 + \frac{D_1}{8 \cdot s}\right) = 1{,}03 \left(1 + \frac{35}{8 \cdot 7{,}5}\right) = 1{,}63.$$

Die dazugehörige Formänderungsfestigkeit k_f errechnet sich zu

$$k_{f_2} = 690 \cdot \varphi_2^{\,0{,}2519}\ N/mm^2 = 780\ N/mm^2.$$

Somit ist die Gesamtkraft gemäß Gl. (5-45)

$$F_{ges} = 962 \cdot 690 \left(1 + \frac{1}{3} \cdot 0{,}1\, \frac{35}{10}\right) N +$$

$$+\, 962 \cdot 780 \left[1 + \frac{10}{7{,}5} \cdot \left(0{,}25 + \frac{0{,}1}{2}\right)\right] N =$$

$$= 1791\ kN.$$

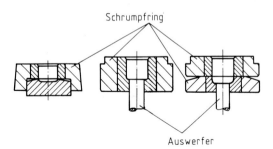

Schrumpfring

Auswerfer

Bild 5-71. Beispiele für die Preßbüchsengestaltung mit Schrumpfring beim Napf-Rückwärts-Fließpressen.

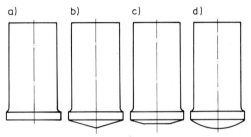

a)   b)   c)   d)

Bild 5-72. Stempel-Wirkseitenformen für das Hohl-Rückwärts-Fließpressen: a) flach, b) kegelig, c) kegelstumpf, d) kugelig.

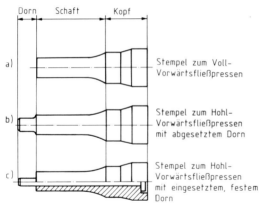

Bild 5-73. *Stempelformen für das Vorwärts-Fließpressen.*

kräfte bei den verschiedenen Anlagen sind zu nennen

Kurbelpressen $F_N = 25\,000$ kN,
Kniehebelpressen (einstufig) $F_N = 31\,500$ kN,
Mehrstufenpressen
(mechanisch) $F_N = 12\,500$ kN,
hydraulische Pressen $F_N = 40\,000$ kN.

Auch größere Einheiten wären technisch zu realisieren; sie sind jedoch derzeitig nicht wirtschaftlich einsetzbar.

5.4 Zug-Druck-Umformen

Bei dieser Verfahrensgruppe wird der plastische Zustand durch zusammengesetzte Zug- und Druckbeanspruchung erzeugt. Nach DIN 8584 gehören hierzu die technischen Fertigungsverfahren *Durchziehen* als Draht- und Stabziehen, *Tiefziehen* von Blechen zu Hohlkörpern und deren weitere Umformung mit Verringern des Durchmessers, *Drücken* von Hohlkörpern und deren Formänderung durch Weiten oder Verengen sowie das *Kragenziehen* und *Knickbauchen*.

Das Kragenziehen wird häufig in Verbindung mit dem Lochen im Behälterbau angewendet. Dabei muß der gelochte Behälter (z.B. für Hochspannungs-Schaltanlagen) mit Schweißbrennern erhitzt werden, um ein ausreichend leichtes Fließen des Werkstoffs zu ermöglichen. Die in den Behälter einzuschweißenden Rohrstutzen können dann kostengünstig längs einer Kreisbahn von Schweißautomaten einge-

schweißt werden. Die umständliche Fugenvorbereitung bei elliptischen Schnitten kann entfallen.

5.4.1 Draht- und Stabziehen

Alle Durchziehverfahren haben nach DIN 8584 das gemeinsame Merkmal, daß das Rohteil durch eine in Ziehrichtung verengte, formgebende düsenförmige Matrize hindurchgezogen wird. Dabei unterscheidet man das *Gleitziehen* als Durchziehen von Voll- und Hohlkörpern durch ein feststehendes Ziehwerkzeug – z.B. das Zieheisen gemäß Bild 5-74 – vom *Walzziehen*, bei dem der Ziehring durch ein drehbar gelagertes Ziehrollenpaar ersetzt wird (vgl. Bild 5-14 b), Längswalzen von Profilquerschnitten).

Das *Draht-* und *Stabziehen* wird zum Herstellen von meist kreisringförmigen Vollprofilen verwendet. Es ist ein Gleitziehverfahren zur Halbzeug- und Drahtherstellung. Dazu werden warmgewalzte Rohteile als Stabmaterial entzundert und an einem Ende angespitzt. An dieser sog. Angel greift die Ziehzange an.

Als Schmierstoffe werden häufig Zwischenschichten auf der Basis von Kalk, Borax, Phosphat oder Oxalat verwendet. Wie bei anderen Umformverfahren soll hier das Schmiermittel einen geringen Reibwert bewirken, gute Trenneigenschaften in der Wirkfuge haben, temperaturbeständig sein und glatte Werkstückoberflächen ermöglichen. Das Schmiermittel muß weiterhin druckbeständig, leicht aufzubringen und gut zu entfernen sein. Wegen der Sicherheitsbestimmungen am Arbeitsplatz dürfen keine gesundheitschädigenden oder belästigenden Gase oder Rauchschwaden auftreten. Ehe der Schmiermittelträger aufgebracht wird, muß

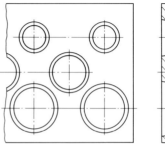
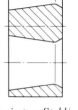

Bild 5-74. *Zieheisen (aus chromlegiertem Stahl) zum stufenweisen Reduzieren des Drahtdurchmessers. Der Innenraum des Werkzeugs heißt Ziehhol.*

man eine metallisch reine Oberfläche erzeugen. Stahlwerkstoffe werden deshalb mechanisch oder chemisch entzundert.

In der Drahtindustrie ist das *Kälken* noch weit verbreitet, da Kalk die letzten Reste der Beizsäure neutralisiert und später beim Ziehen mit organischen Ziehfetten verseift. Wird *Borax* an Stelle von Kalk als Schmiermittelträger verwendet, ergibt sich durch die größere Haftfähigkeit eine bessere Oberflächenfeinheit.

Auch Alkali und Seifen können als Schmiermittelträger eingesetzt werden. Eine besondere Bedeutung haben die *Phosphatierverfahren* (Bondern) beim Gleitziehen von höhergekohltem Stahldraht mit hohen Ziehgeschwindigkeiten und Umformgraden erlangt.

Als **Schmiermittel** selbst werden Petroleum, Rüböl, Mineralöle, Seifenemulsionen, teilweise mit MoS_2- und Graphit-Zusatz (*Naßschmiermittel*) sowie Bienenwachs, Talg, Kalkmischungen und Metallseifen, wie Al-, Ca-, Zn-Stearate (*Trockenschmiermittel*) verwendet. Als Richtwerte für die Reibungszahl kann bei Rüböl $\mu = 0{,}05$ für Hartmetall- und $\mu = 0{,}10$ für Stahl-Ziehringe angegeben werden.

Für Stahl-Ziehringe beträgt die Standmenge etwa 2000 kg Draht je Durchgang. Bei *Hartmetallwerkzeugen* kann sie auf das 30- bis 200fache gesteigert werden. Ziehsteine aus Hartmetall – Bild 5-75 zeigt die Anordnung – sind in DIN 1547 genormt. Bis zu einem Öffnungs-Durchmesser $d_1 \geq 0{,}3$ mm werden die Hartmetallziehsteine gleich mit der Bohrung gesintert. Geschliffen und poliert wird danach mit Diamantpulver oder Borcarbid verschiedener Körnung.

Fein- und Feinstdrähte mit 1,5 mm bis zu 5 µm Durchmesser werden häufig mit *Diamant*-Ziehsteinen gezogen. Die Fertigung dieser verschleißfesten Werkzeuge erfolgt in einer Kombination von mechanischen, chemischen, elektrischen und elektrolytischen Verfahren. Der Poliereffekt wird durch eine feinabgestimmte Funkenerosion im Ziehhol erreicht, wie in Bild 5-76 erläutert ist.

Der Ziehvorgang erfolgt in mehreren Stufen. Die mögliche Formänderung je Stufe ist durch die Belastbarkeit des Kraft-Einleitungsquerschnitts A_1 begrenzt [5]. Man kann je Zug

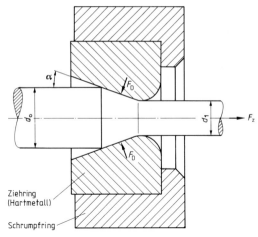

Bild 5-75. *Ziehstein aus Hartmetall mit Schrumpfring aus Stahl.*
d_0 *Ausgangsdurchmesser des Drahts*
d_1 *Enddurchmesser des Drahts*
α *halber Kegelwinkel des Ziehhols.*
F_z *Ziehkraft*
F_D *Druckkraft*

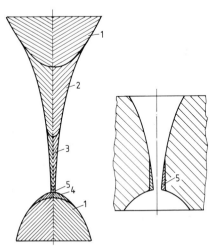

Bild 5-76. *Arbeitsgänge am Diamant-Ziehstein (nach O. Fritsch).*
1 *Bearbeitung chemisch (Ausbrennen mit Sauerstoff),*
2 *mechanisch-elektrisch,*
3 *elektrolytisch,*
4 *mechanisch-elektrisch,*
5 *elektrisch durch Funkenerosion.*

---

[5] Die Ziehkraft F_z soll aus Sicherheitsgründen 70% des Werts $A_1 R_m$, der Abreißbedingung bei mittelbarem Kraftangriff, nicht überschreiten.

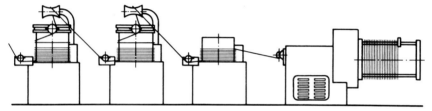

Bild 5-77. Schematische Darstellung einer Mehrfach-Drahtziehmaschine, aus Block-Ziehmaschinen zusammengestellt (nach K. Lange).

unter Berücksichtigung der Kaltverfestigung $\varphi_{max} = 0,2$ bis $\varphi_{max} = 0,5$ ansetzen.

Beim Ziehen von Stahl muß nach fast jedem Zug eine Zwischenglühung erfolgen.

Dicke Stäbe mit $d_0 \geqq 16$ mm sowie Rohre und Profile werden auf *Ziehbänken* gezogen. In den Industrie-Betrieben ist die Kettenziehbank weit verbreitet, die mit einhakbarem Kettenwagen arbeitet. Ziehmaschinen mit zwei gegenläufig bewegten Ziehwagen ermöglichen einen kontinuierlichen Ziehprozeß. Bei *Mehrfach-Drahtziehmaschinen* wird der von der Haspel ablaufende Draht nach Durchlaufen der Ziehdüse auf der angetriebenen Ziehtrommel aufgewickelt. Es erfolgt ein sog. Endlos-Ziehen, schematisch dargestellt in Bild 5-77.

Die *Temperaturerhöhung* beim Gleitziehen entsteht durch die fast zu 90% in Wärme umgesetzte Umformarbeit. Da die Ziehgeschwindigkeiten im Vergleich zu anderen Umformverfahren mit über 60 m/s sehr hoch sind, kann sich eine Festigkeitsabnahme auf Grund der Erwärmung in der Umformzone nicht negativ auswirken.

Nach *Siebel* und *Kobitzsch* kann nach der elementaren Plastizitätstheorie ausreichend genau eine adiabatische mittlere Temperaturerhöhung in °C für homogen umgeformte Volumenelemente angegeben werden:

$$\Delta T = k_{fm} \frac{1}{c\varrho} \ln \frac{A_0}{A_1} \qquad (5\text{-}46)$$

Hierin sind

c spezifische Wärmekapazität des Werkstoffs,
ϱ Dichte des Werkstoffs.

Die *Reibung* zwischen Ziehhol und Drahtoberfläche entlang der Umformzone trägt zu einer zusätzlichen Temperaturerhöhung in der Randzone des Drahts bei. Man kann eine parabolische Temperaturverteilung in Richtung auf die Drahtachse annehmen. Je schneller gezogen wird, desto höher wird die Oberflächentemperatur entlang der Umformzone, weil die abgeleitete Reibwärme auf ein geringeres Volumen konzentriert bleibt. Auf Grund der unterschiedlichen Wärmedehnungen über den Querschnitt bleiben *Eigenspannungen* im Draht zurück.

Der *Kraftbedarf* beim Draht- und Stabziehen ist am einfachsten für den Fall des runden Vollstrangziehens herzuleiten. Die Zugkraft F_Z in Bild 5-75 erzeugt im Querschnitt A_1 die Zugspannung $\sigma = F_Z/A_1$. Infolge der im Ziehtrichter auftretenden Druckspannungen werden die Volumenelemente gleichzeitig in der Umformzone in radialer Richtung gestaucht. Die ideale Umformkraft ist bei mittelbarer Kraftwirkung

$$F_{id} = A_1 k_{fm} \varphi \qquad (5\text{-}47)$$

in N. Die mittlere Formänderungsfestigkeit k_{fm} muß berücksichtigt werden, weil in Richtung auf den Austritt aus dem Ziehhol eine zunehmende Verfestigung auftritt. Den Wert für $k_{f\,max}$ muß man bei der größten Formänderung

$$\varphi_{max} = \ln \frac{A_1}{A_0} = 2 \ln \frac{d_1}{d_0}$$

aus der Fließkurve für den jeweiligen Werkstoff entnehmen.

Der Reibungsanteil längs der kegeligen Düsenwand beträgt

$$F_R = \mu F_N \approx \mu k_{fm} A_1 \varphi \qquad (5\text{-}48)$$

in N. Die Ziehkraft muß die axiale Komponente der Reibkraft überwinden:

$$F'_R = \mu F_N \frac{1}{\tan \alpha} = \mu k_{fm} A_1 \varphi \frac{1}{\tan \alpha} \qquad (5\text{-}49).$$

Der halbe Kegelwinkel α der Ziehdüse beeinflußt nicht nur die Reibung, sondern auch den

Kraft- und Arbeitsbedarf für innere Schiebungsverluste:

$$F_S = k_{fm} A_1 \cdot \frac{2}{3} \tan \alpha \qquad (5\text{-}50).$$

Damit ergibt sich die Gesamt-Ziehkraft zu

$$F_{ges} = F_{id} + F_R' + F_S =$$

$$= k_{fm} A_1 \left[\varphi \left(1 + \frac{\mu}{\tan \alpha} \right) + \frac{2}{3} \tan \alpha \right] \qquad (5\text{-}51).$$

Da die Winkel an Ziehdüsen verhältnismäßig klein sind ($\alpha = 10°$ bis $\alpha = 15°$), kann näherungsweise $\tan \alpha$ dem Bogenmaß α gleichgesetzt werden. Somit läßt sich nach *Siebel* der optimale Neigungswinkel berechnen:

$$\alpha_{opt} = \sqrt{\frac{3}{2} \mu \varphi} \qquad (5\text{-}52).$$

Er ergibt sich auch aus der graphischen Darstellung der Kräfte gemäß Bild 5-78.

5.4.2 Gleitziehen von Rohren

Rohre können nach zwei Verfahren, dem Hohl-Gleitziehen und dem Gleitziehen über festen Stopfen entsprechend Bild 5-79 gefertigt werden. Beim *Hohl-Gleitziehen* befindet sich im Inneren des Rohres kein Werkzeug, so daß die Umformung dort frei erfolgen kann. Je nach den geometrischen und technologischen Verhältnissen kann die Wanddicke s größer werden, gleich bleiben oder sich verringern. Wegen der freien Umformung zeigt die Innenoberfläche eine größere Rauheit als die Außenoberfläche. Die Krafteinleitung erfolgt wie bei allen Durchziehverfahren über den Werkstückwerkstoff. Die Umformung wird in erster Linie durch tangentiale Stauchung und axiale Dehnung bewirkt, so daß nach dem Fließkriterium von *Tresca* gilt

$$\sigma_z - \sigma_t = k_f \qquad (5\text{-}53).$$

Die Axialspannung σ_z steigt in der Umformzone von null am Werkstoffeintritt bis auf den Endwert am Werkstoffaustritt an. Die Druck-tangentialspannung σ_t bewirkt zusammen mit der Axialspannung die Umformung, während die Radialspannung σ_r an der Innenseite des Rohrs gleich null ist. Auch in der Rohrwandung können keine großen Werte von σ_r auftreten, weil sich das Rohr nach innen frei verformen kann.

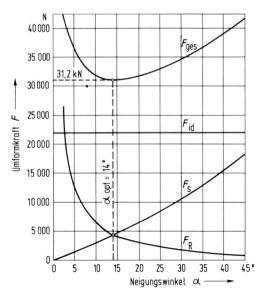

Bild 5-78. *Umformkraft F in Abhängigkeit vom Neigungswinkel α (nach K. Grüning).*
Berechnungsbeispiel für das Gleitziehen eines Stahlrohrs aus Ck 10 mit den Abmessungen 20 × 2 mm. Das Rohr soll auf $d_1 = 12$ mm und $s_1 = 0,8$ mm umgeformt werden. Als Reibwert ist $\mu = 0,05$ angenommen. Die maximale Formänderung sei auf $\varphi_{max} \leq 0,6$ festgelegt. Es ergeben sich drei Züge mit den Gesamtkräften $F_{ges\,1} = 22,2$ kN, $F_{ges\,2} = 20,3$ kN und $F_{ges\,3} = 11,1$ kN.

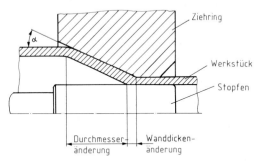

Bild 5-79. *Gleitziehen von Rohren über festen Stopfen mit Verringern von Durchmesser und Wanddicke.*
α *Neigungswinkel der Ziehringöffnung.*

Beim *Gleitziehen über festen Stopfen* muß zusätzlich zu der ideellen Formänderungsarbeit, der Reibungsarbeit an der Schulter des Ziehrings und an der Ziehringrundung die Reibungsarbeit am Dorn berücksichtigt werden. In der Praxis werden beim Rohrziehen gleichzeitig der Durchmesser und die Wanddicke verringert

(Bild 5-79). Es handelt sich also um eine Kombination des Hohlgleitziehens mit dem Stopfengleitziehen.

Zur Berechnung der Umformkräfte kann der Umformgrad durch Abstrecken $\varphi_{\text{max G}}$ ungefähr der logarithmierten Wanddickenänderung φ_s gleichgesetzt werden:

$$\varphi_{\text{max G}} \approx \varphi_s = \ln \frac{s_0}{s_1} \qquad (5\text{-}54)$$

Die Gesamtumformung setzt sich aus der Wanddickenänderung und der Durchmesseränderung zusammen:

$$\varphi_{\text{ges}} = \varphi_s + \varphi_d \qquad (5\text{-}55).$$

Zwecks weiterer Vereinfachung der Kraft- und Arbeitsberechnung kann angesetzt werden, daß die mittlere Formänderungsfestigkeit beim Gleitziehen und beim Hohlziehen gleiche Werte erreicht.

5.4.3 Abstreckziehen von Hohlkörpern

Das Abstreckziehen wird zum Vermindern der Wanddicke von hülsenförmigen Hohlkörpern mit Boden verwendet. Diese Stückgutteile sind entweder tiefgezogen oder fließgepreßt und haben immer einen Boden, mit dem das Werkstück mittels eines Stempels durch einen oder mehrere *Abstreckringe* gezogen wird, wie Bild 5-80 zeigt. Aus Wirtschaftlichkeitsgründen wird man versuchen, in einem einzigen Arbeits-

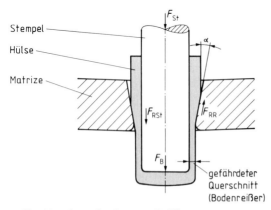

Bild 5-80. *Abstreckziehen von Hohlkörpern.*
α *Abstreckwinkel*
F_{St} *Stempelkraft*
F_{RSt} *Stempelreibkraft*
F_{RR} *Ringreibkraft an der Matrize*
F_B *Bodenkraft*

gang einen möglichst hohen Umformgrad zu erreichen. Wenn aber die Spannung in der umgeformten Napfwand die Zugfestigkeit übersteigt, tritt ein Versagen durch *Bodenreißer* auf. Der Abstreckwinkel α beeinflußt in starkem Maß die Bodenkraft, die für dieses Versagen maßgebend ist. Die Bodenkraft wird um so geringer, je kleiner der Abstreckwinkel ist. Für kleine Winkel α wird die Bodenkraft sehr klein. Die Differenz zwischen der vom Stempel aufzubringenden Umformkraft F_{St} und der Bodenkraft F_B ist die vom Stempel auf die Napfwand übertragene Reibkraft F_{RSt}. Für kleine Winkel wird nahezu die gesamte Umformkraft durch Haftreibung übertragen.

Mit abnehmendem Abstreckwinkel α kann die maximale Formänderung φ_{max} größer gewählt werden. Allerdings nimmt mit kleinerem α auch die Umformkraft F_{St} zu; die damit verbundene Erhöhung der Radialspannung erfordert die Verwendung armierter Ziehringe durch Schrumpfverband. Als Vorteile des Abstreckgleitziehens gegenüber dem Fließpressen ergeben sich kleinere Umformkräfte und geringe Werkzeugspannungen. Die *Wanddickengenauigkeit* ist sehr groß. Allerdings können Dickenunterschiede, die von der Vorform her vorhanden sind – z. B. die *Zipfelbildung* infolge Anisotropie des Werkstoffs – nicht völlig ausgeglichen werden. Die Oberflächenrauheit wird gegenüber den Ausgangswerten beim Abstreckziehen vermindert. Mit steigender Querschnittsabnahme werden die Napfoberflächen glatter und zugleich auch homogener.

Da meist lange Hülsen zu fertigen sind, werden Pressen mit großem Hub benötigt. Der Hub muß mindestens die doppelte Länge der Hülse aufweisen. Mechanische Pressen sollten so ausgelegt sein, daß ihr Kraftmaximum der höchsten auftretenden Ziehkraft entspricht. Hydraulische Pressen eignen sich besser für das Gleitziehen, sind aber für die Getränkedosenfertigung viel zu langsam (z. Z. 800 bis 1200 Dosen je Minute in Mehrfachlinien).

Vielfach wird mit kombinierten Werkzeugen gleichzeitig tiefgezogen und abgestreckt. Bild 5-81 zeigt die Arbeitsweise. Bei der Getränkedosenherstellung befinden sich beispielsweise im Tiefziehwerkzeug unter dem eigentlichen Ziehring drei weitere Abstreckringe mit kleinerem Durchmesser, so daß der Außendurchmesser von d_1 auf d_2 und im zweiten Abstreckring auf d_3 verringert wird. Hierbei berechnet man die Hauptformänderung aus der Wanddickenverringerung φ_s. Wegen der Kaltverfestigung erhält die Dose eine größere Festigkeit im abgestreckten Wandbereich. Die Dosenwanddicke kann z.Z. bis auf $s_{min} = 0{,}182$ mm verringert werden. Die zum Abstrecken erforderliche Kraft setzt sich aus der eigentlichen Umformkraft und den Reibverlusten zusammen, die überschlägig im Formänderungswirkungsgrad η_F zusammengefaßt werden können. Somit wird die Abstreckkraft je Abstreckring berechnet zu

$$F_{AZ} = \frac{k_{fm}}{\eta_F} A_Z \, \varphi_s \qquad (5\text{-}56).$$

Der Formänderungswirkungsgrad beträgt $\eta_F \approx 0{,}35$. Das Formänderungsverhältnis φ_s kann auch aus den Abmessungen vor und nach dem Abstreckziehen des Zargenquerschnitts A_Z berechnet werden ($\varphi_s = \ln A_1 / A_2$).

5.4.4 Tiefziehen

Das Tiefziehen zählt zu den wichtigsten Verfahren des Blechumformens. Es bildet die Grundlage für die Massenfertigung von Werkstücken für die verschiedensten Anwendungsgebiete, wie z.B. Feuerzeuggehäuse, Teile für Automobilkarosserien, Haushaltsgeräte sowie Blechteile des Maschinen- und Apparatebaus. Nach DIN 8584 wird das Tiefziehen wie folgt definiert: *Tiefziehen* ist Zugdruckumformen eines Blechzuschnitts – je nach Werkstoff auch einer Folie oder Platte, eines Ausschnitts oder Abschnitts – zu einem Hohlkörper, ohne beabsichtigte Veränderung der Blechdicke.

Es kann auch ein Hohlkörper zu einem Hohlkörper mit kleinerem Umfang tiefgezogen werden. Dann spricht man vom Tiefziehen im Weiterschlag. Das *Tiefziehen im Erstzug* (früher Tiefziehen im Anschlag genannt), ist schematisch in Bild 5-82 dargestellt. Beim Tiefziehen handelt es sich um ein Verfahren der mittelbaren Krafteinleitung. Die erforderliche Ziehkraft F_{St} wird vom Stempel auf den Ziehteilboden übertragen und von der Napfwand, der sog. Zarge, in den Flansch weitergeleitet. Der zwischen Ziehring und Niederhalter liegende *Flansch* entspricht der Formgebungszone dieses Umformverfahrens. Die Grenze der Verformung ist erreicht, wenn die Bodenzone die zur Umformung des Flansches erforderliche Kraft

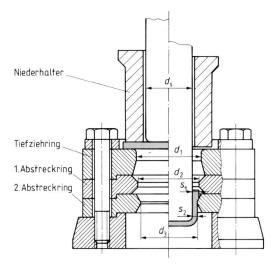

Bild 5-81. *Werkzeug zum kombinierten Tiefziehen bzw. Abstreckziehen (nach G. Oehler und F. Kaiser).*
d_s *Stempeldurchmesser*
d_1 *Durchmesser des Tiefziehrings*
d_2 *Durchmesser des ersten Abstreckrings*
d_3 *Durchmesser des zweiten Abstreckrings*
s_1 *Wanddicke nach dem ersten Abstrecken*
s_2 *Wanddicke nach dem zweiten Abstrecken.*

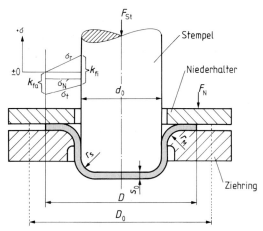

Bild 5-82. *Tiefziehen im Erstzug und schematische Darstellung des Spannungsverlaufs in der Umformzone (Flanschbereich).*
F_{St} *Stempelkraft*
F_N *Niederhalterkraft*
d_0 *Stempeldurchmesser*
D_0 *Zuschnittdurchmesser (Ronde)*
D *augenblicklicher Flanschdurchmesser*
r_s *Stempelradius ($\approx 0{,}15 \cdot d_0$)*
r_M *Ziehringradius ($\approx 8 \cdot s_0$).*

nicht mehr übertragen kann und der Boden abreißt (Bodenreißer). Dies bedeutet, daß beim Tiefziehen das Gleichgewicht der erforderlichen Ziehkraft F_{St} und der übertragbaren Kraft betrachtet werden muß, die maximal der Bruchlast F_{Br} entsprechen kann:

$$F_{St} \leqq F_{Br} \qquad (5\text{-}57).$$

Die dazugehörigen Spannungen ergeben sich nach Division durch den fiktiven Zargenquerschnitt $A_Z = \pi(d_0 + s_0)s_0$ zu

$$\sigma_z = \frac{F_{St}}{A_z} \leqq \frac{F_{Br}}{A_z} = \sigma_{Br} \qquad (5\text{-}58).$$

Die erforderliche Ziehspannung σ_z setzt sich zusammen aus der ideellen Ziehspannung σ_{id} für die verlustfreie Umformung, den Reibspannungen σ_R, die an Ziehring und Niederhalter auftreten, sowie aus der Rückbiegespannung σ_{rb} zum Rückbiegen des gebogenen Bleches im Auslauf der Ziehringrundung:

$$\sigma_z = \sigma_{id} + \sigma_R + \sigma_{rb} \qquad (5\text{-}59)$$

Damit kann der *Formänderungswirkungsgrad* für das Tiefziehen berechnet werden:

$$\eta_F = \frac{dW_{id}}{dW_{ges}} = \frac{F_{id}}{F_{St}} = \frac{\sigma_{id}}{\sigma_z} \qquad (5\text{-}60)$$

Der Formänderungswirkungsgrad beim Tiefziehen liegt im allgemeinen zwischen $\eta_F = 0{,}5$ bis $\eta_F = 0{,}8$.

Wenn der Stempel in den Ziehring eintaucht (Bild 5-82), wird die Ronde in den Ziehring hineingezogen. Der Ausgangsdurchmesser D_0 verkleinert sich ständig, bis er über verschiedene Stadien von D dem Stempeldurchmesser d_0 unter Berücksichtigung der Blechdicke s_0 entspricht. Dabei bewirkt die maximale Ziehspannung $\sigma_{z\,max}$, die an der Ziehringrundung umgelenkt wird, gemäß Bild 5-83 eine radiale Zugspannung σ_r auf ein Volumenelement, das in der Umformzone des Flansches liegt. Durch die Verengung der im Flansch liegenden Sektoren des Blechzuschnitts ergeben sich die tangential wirkenden Druckspannungen σ_t. Der Flansch neigt dann besonders bei dünnen Blechen zum Ausknicken bzw. zur *Faltenbildung*. Dieser unerwünschte Effekt wird vermieden, wenn der Niederhalter mit ausreichender Kraft auf den Flansch gepreßt wird. Die zum Vermeiden von Falten benötigte Druckspannung σ_N ist von dem Werkstückstoff, der relativen

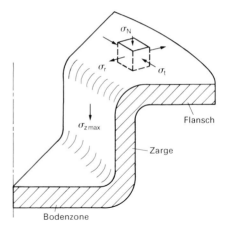

Bild 5-83. *Auf ein Volumenelement im Flansch einwirkende Spannungen beim Tiefziehen.*
σ_N *Niederhalter-Druckspannung*
σ_t *tangentiale Druckspannung*
σ_r *radiale Zugspannung*
$\sigma_{z\,max}$ *maximale Zugspannung in der Zarge.*

Blechdicke und dem Ziehverhältnis $\beta_0 = D_0/d_0$ abhängig. Sie liegt bei Werten zwischen $1\ N/mm^2$ und $10\ N/mm^2$. Nach *Siebel* gilt für die erforderliche Niederhalterkraft in N

$$F_N = A_N\,\sigma_N = A_N\,\frac{R_m}{400}\left[(\beta_0 - 1)^2 + \frac{d_0}{200\,s_0}\right]$$
$$\qquad (5\text{-}61).$$

Es bedeuten:

A_N vom Niederhalter geklemmter Flanschbereich,
σ_N Niederhalterdruckspannung,
β_0 Ziehverhältnis,
d_0 Stempeldurchmesser,
s_0 Ausgangsblechdicke,
R_m Zugfestigkeit des Werkstückstoffs.

Nach *Panknin* kann die *maximale Ziehkraft* $F_{St,\,max}$, die aus dem Diagramm Bild 5-84 hervorgeht, mit Hilfe des Umformwirkungsgrads η_F berechnet werden:

$$F_{St,\,max} = \pi\,d_m\,s_0\left[1{,}1\,\frac{k_{fm}}{\eta_F}\left(\ln\frac{D_0}{d_0} - 0{,}25\right)\right]$$
$$\qquad (5\text{-}62)$$

Hierin sind:

d_m mittlerer Napfdurchmesser mit Berücksichtung der Wanddicke s_0,
k_{fm} Fließspannung im Flansch (näherungsweise $k_{fm} = 1{,}3\ R_m$).

Das *Ziehverhältnis* $\beta_0 = D_0/d_0$ kennzeichnet die Größe der Umformung. Beim Überschreiten

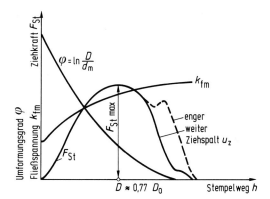

Bild 5-84. *Kraft-Weg-Verlauf sowie Umformgrad und dazugehörende Fließspannung beim Tiefziehen im Anschlag.*

D_0 Ausgangsdurchmesser der Ronde
D jeweiliger äußerer Flanschdurchmesser

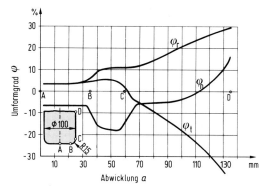

Bild 5-85. *Verlauf der örtlichen Umformung über der Abwicklung eines Tiefziehteils.*

des Grenzziehverhältnisses $\beta_{max} = D_{0\,max}/d_0$ erfolgt am Übergang vom Napfboden zur Zarge der sog. Bodenreißer. Überschlägig gilt für die Bodenabreißkraft

$$F_{Br} \approx \pi\, d_m s_0 R_m \qquad (5\text{-}63).$$

Das Grenzziehverhältnis hängt von der Blechdicke s_0, der Werkzeuggeometrie und dem Werkstoff ab. Besonders stark ist der Einfluß der senkrechten Anisotropie, ausgedrückt durch den *R*-Wert. Je höher der *R*-Wert, desto größer ist β_{max}. Eine Folge der ebenen Anisotropie *R* des Bleches ist aber auch die *Zipfelbildung*: Die Napfhöhe ist nicht konstant über dem Umfang, sondern in den Richtungen mit hohem *R*-Wert groß (Zipfel) und in den Richtungen mit kleinem *R*-Wert gering (Tal in der Napfwand). Für einige Tiefziehbleche sind praxisübliche Werte für Ziehverhältnisse im Erst- und Weiterzug in Tabelle 5-3 angegeben.

In bezug auf die *Umformgrade* im Tiefziehteil muß die Kontinuitätsbedingung erfüllt sein:

$$\varphi_r + \varphi_t + \varphi_n = 0 \qquad (5\text{-}64).$$

Unmittelbar nach dem Aufsetzen des Stempels auf die Platine ist die Umformung zunächst auf die Ringfläche im Ziehspalt zwischen Stempel und Ziehring sowie auf den späteren Boden des Ziehteils beschränkt. Mit zunehmendem Stempelweg wird dieser Bereich einem Streckziehen unterworfen; hierbei erfolgt zusätzlich noch eine Biegung um die Rundung des Stempels r_s und den Ziehringradius r_M (Bild 5-82).

Der Umformgrad φ_n in Blechdickenrichtung nimmt am Napfboden stets negative Werte an, wie aus dem Diagramm Bild 5-85 hervorgeht; d. h., das Blech wird dort dünner, um dann im Bereich der Zarge stetig zuzunehmen. Am oberen Rand des Napfes ist die Wanddicke s_1 im allgemeinen größer als die Ausgangsblechdicke s_0. Der Verlauf der Wanddicke über Napfhöhe und Napfumfang hängt u. a. von folgenden Größen ab:

– Tiefziehverhältnis,
– Werkzeuggeometrie,
– Niederhalterdruck,
– Eigenschaften des Blechwerkstoffs (wie z. B. Anisotropie).

Der größte Umformgrad φ_{max} tritt am oberen Rand des Napfes in tangentialer Richtung auf.

$$\varphi_{max} = |\varphi_t|.$$

Die experimentelle Ermittlung der örtlichen Formänderungen erfolgt meist mit Liniennetzen, die entweder mechanisch oder photochemisch auf die Ausgangsronden aufgebracht werden. Durch Ausmessen der zu Ellipsen verzerrten ursprünglichen Kreise und der Blechdicke können zwei Formänderungen an dieser Stelle ermittelt werden. Die dritte Formänderung ergibt sich dann nach der Kontinuitätsbedingung (s. Blechprüfung).

Beim *Tiefziehen im Weiterzug* entsprechend Bild 5-86 wird aus einem Napf ein anderer Behälter mit kleinerem Durchmesser und größerer

Tabelle 5-3. Werkstoffe zum Tiefziehen; erreichbares Ziehverhältnis β und übliche Schmierstoffe (nach *Dubbel*, Taschenbuch für den Maschinenbau, Berlin, New York, Heidelberg: Springer-Verl.).

Werkstoff	$R_{p0,2}$ N/mm²	R_m N/mm²	erreichbares Ziehverhältnis			Schmierstoff
			Erstzug	1. Weiterzug ohne	mit Zwischenglühen	
unlegierte weiche Stähle U St 12 U St 13 RR St 14	≤ 280 ≤ 250 ≤ 220	270 bis 410 270 bis 370 270 bis 350	1,9 2,0 2,1	1,2 1,25 1,3	1,6 1,65 1,7	in Wasser emulgierbare Öle mit bei wachsender Beanspruchung steigendem Seifen- bzw. Feststoffanteil. Für gebonderte Bleche genügt Kalkmilch bzw. Seifenwasser mit Graphit. Ziehfolien
nichtrostende Stähle ferritisch: X 8 Cr 17 austenitisch: X 15 CrNi 18 9	270 185	450 bis 600 500 bis 700	1,55 2,0	– 1,2	1,25 1,8	Wasser-Graphit-Brei oder dicke Mischung aus Leinöl-Bleiweiß mit 10 % Schwefel, Natrium-Palmitat
hitzebeständige Stähle ferritisch: X 10 CrAl 13 austenitisch: X 15 CrNiSi 25 20	295 295	500 bis 650 590 bis 740	1,7 2,0	1,2 1,2	1,6 1,8	
Nickellegierung NiCr 20 Ti (Nimonic 75)	195 bis 440	685 bis 880	1,7	1,2	1,6	
Kupfer: F-Cu sauerstofffrei	< 140	215 bis 255	2,1	1,3	1,9	
Cu-Zn-Legierung (Ms) CuZn 40 F35 CuZn 37 F 30 CuZn 28 F28 CuZn 10 F24 (Tombak) CuNi 12 Zn 24F (Neusilber)	< 235 < 195 < 155 < 135 < 295	345 295 bis 370 275 bis 350 235 bis 295 340 bis 410	2,1 2,1 2,2 2,2 1,9	1,4 1,4 1,4 1,3 1,3	2,0 2,0 2,0 1,9 1,8	starke Seifenlauge, mit Öl vermischt, oder Rüböl, seifen- und fetthaltige in Wasser emulgierbare Öle, ggf. mit Zusatz von kornfreiem Graphit
CuNi 20Fe F30 (Monel)	110	295	1,9	1,3	1,8	dicke Seifenlauge, mit Öl vermischt, oder Rüböl
Al 99,5 w Al 99,5 F10 Al 99 w	< 59 68 < 68	69 100 79	2,1 1,9 2,05	1,6 1,4 1,6	2,0 1,8 1,95	Petroleum mit Zusatz von kornfreiem Graphit oder Rübölersatz, mineralische Fette, sofern keine Markenschmierstoffe verwendet werden
Al-Legierungen Al 99,9 Mg 0,5 w Al MgSi 1 w	30 –	70 145	2,05 2,05	1,6 1,4	1,95 1,9	

Höhe hergestellt. Der Niederhalter muß der Ausgangsform angepaßt sein und den Durchmesser d_1 haben. In seiner Mitte bewegt sich der Stempel mit dem Durchmesser d_2, der mit dem Ziehring die Endform herstellt. Die Ziehkraft $F_{St\,max}$ muß wiederum kleiner sein als die Bodenabreißkraft, die wie beim Erstzug berechnet werden kann. Bodenreißer lassen sich vermeiden, wenn die Ziehverhältnisse gemäß Tabelle 5-3 ausgewählt werden. Bei Näpfen, die in mehreren Arbeitsgängen gezogen werden, ist das Gesamtziehverhältnis β_{ges} gleich dem Produkt der einzelnen Ziehverhältnisse.

Beim Ziehen ohne Zwischenglühen muß das Ziehverhältnis bei jeder folgenden Stufe verkleinert werden. Für die *Werkzeuggestaltung* ist zu berücksichtigen, daß der Ziehringradius r_M (Bild 5-82) das fünf- bis zehnfache der Blechdicke s_0 betragen soll. Eine gute Kraftübertragung im Bodenteil des Tiefziehstempels läßt

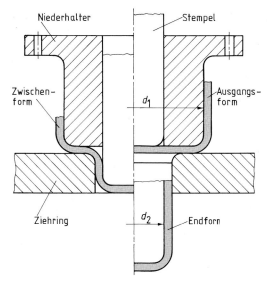

Bild 5-86. *Tiefziehen im Weiterzug zum Reduzieren des Hohlkörper-Durchmessers.*

sich mit einem Stempelradius r_s von $0,15\ d_0$ erreichen. Vorteilhaft ist eine Stempelrundung, die drei- bis fünfmal größer ist als die Ziehringrundung. Für den Ziehspalt u_z setzt man

$$u_z = s_0 + a\sqrt{10\,s_0} \qquad (5\text{-}65).$$

Hierbei gilt $a_1 = 0,07$ für Stahlblech, $a_2 = 0,02$ für Aluminium und $a_3 = 0,04$ für sonstige Nichteisenmetalle. Bei zu großem Spalt wird der Napf nicht zylindrisch und bekommt u. U. Falten. Bei zu kleinem Ziehspalt wird das Werkstück abgestreckt, es kommt öfter zu Bodenreißern.

Relativ dicke Blechteile mit $d_0/s_0 < 25$ haben genügend Eigensteifigkeit, so daß kein Niederhalter notwendig ist. Beim Ziehen von kegeligen und parabolischen Hohlteilen hat die Zarge beim Umformen keinen Kontakt zum Werkzeug; hieraus ergibt sich dann wieder eine größere Gefahr der Faltenbildung.

Bei niederhalterlosem Tiefziehen dickerer Teile $(25 \leqq d_0/s_0 \leqq 40)$ wird meist ein traktrixförmiger [6] Ziehring verwendet. Wegen der fehlenden Niederhalterreibung und der geringeren Biegeverluste erhöht sich das Grenzziehverhältnis.

---

[6] Eine Traktrixkurve ist z. B. die spiralähnliche Kurvenform bei einer geschleppten Kette.

Die *Schmierstoffe* sollen die Reibkräfte beim Tiefziehen kleinhalten und ein Fressen zwischen Werkzeug und Werkstück verhindern. Für die Fertigung wird darauf Wert gelegt, daß man das Schmiermittel nach der Bearbeitung mühelos beseitigen kann. Einige Hinweise auf Schmierstoffe finden sich in Tabelle 5-3.

5.4.4.1 Zuschnittsermittlung beim Tiefziehen

Eine möglichst genaue Ermittlung des Zuschnitts ist aus Gründen der Wirtschaftlichkeit (Werkstoffersparnis) und der Technologie (z. B. Vermeidung von Bodenreißern) wichtig. Da sich die Blechdicke beim Tiefziehen im Mittel nicht verändert, bleibt bei einfachen *rotationssymmetrischen Ziehteilen* außer dem Volumen auch die Oberfläche von Platine und Fertigteil gleich groß. Deshalb kann man aus den Teilflächen mit Hilfe der Guldin-Regel den Platinendurchmesser D_0 berechnen. Für ein zylindrisches Ziehteil ohne Bodenrundung ergibt sich

$$D_0 = \sqrt{d^2 + 4\,d\,h} \qquad (5\text{-}66).$$

Die so berechneten Platinendurchmesser D_0 für häufig vorkommende rotationssymmetrische Ziehteile sind in Bild 5-87 zusammengestellt. Wenn sich ein Ziehteil aus sehr vielen Einzelteilen zusammensetzt, ist die Berechnung der einzelnen Teilflächen sehr umständlich. Dann empfiehlt sich eine zeichnerische Ermittlung mit Hilfe des Seileckverfahrens.

Für die Ermittlung des Zuschnitts von *quadratischen* und *rechteckigen Ziehteilen* werden die geraden Wände des Hohlkörpers in die Bodenebene abgewickelt bzw. umgeklappt und durch Bögen verbunden. Da der Werkstoff in den Ecken beim Fließen durch die Seitenwände behindert wird, müssen die umgeklappten Seitenwände verkürzt und die Verbindungs-Viertelbögen erhöht werden. Anderenfalls ergeben sich zu hohe Wände und zu niedrige Ecken am Ziehteil.

Die Zuschnittermittlung von unregelmäßig geformten *Karosserieteilen* ist noch weitgehend Erfahrungssache. Man versucht in diesem Fall ebenfalls, nach dem Umklappprinzip die Zuschnittform grob vorzubestimmen. Nach dem Erproben im Werkzeug wird die Platine so lange korrigiert, bis der Zuschnitt optimal ist.

Das Ziehen von unregelmäßig geformten flachen Teilen in der Karosseriefertigung ist eine Kombination von Tiefziehen (Zug-Druck-Um-

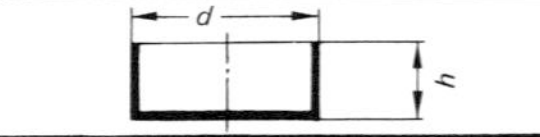

Formeln (oberer Teil):

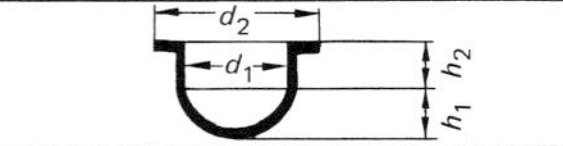

$$D_0 = \sqrt{d_2^2 + 4\,(h_1^2 + d_1 h_2)}$$

$$\sqrt{d^2 + 4\,(h_1^2 + dh_2)}$$

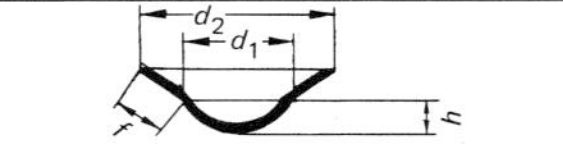

$$\sqrt{d^2 + 4h^2 + 2f(d_1 + d_2)}$$

$$\sqrt{d_1^2 + 4\left[h_1^2 + d_1 h_2 + f/2\,(d_1 + d_2)\right]}$$

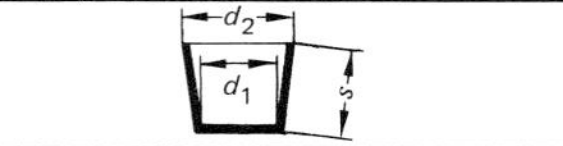

$$\sqrt{d_1^2 + 2s\,(d_1 + d_2)}$$

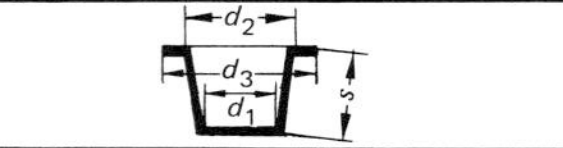

$$\sqrt{d_1^2 + 2s\,(d_1 + d_2) + d_3^2 - d_2^2}$$

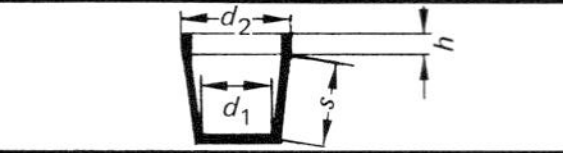

$$\sqrt{d_1^2 + 2\left[s\,(d_1 + d_2) + 2d_2 h\right]}$$

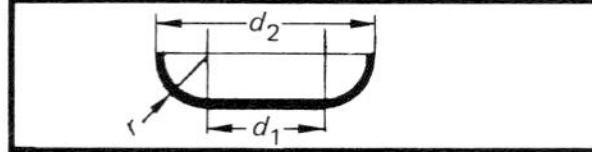

$$\sqrt{d_1^2 + 6{,}28\, rd_1 + 8r^2}\quad\text{oder}\quad \sqrt{d_2^2 + 2{,}28\, rd_2 - 0{,}56r^2}$$

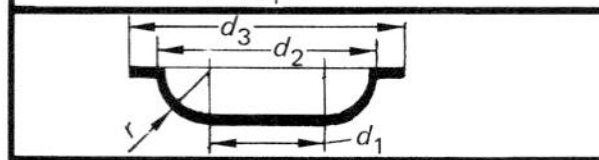

$$\sqrt{d_1^2 + 6{,}28\, rd_1 + 8r^2 + d_3^2 - d_2^2}\quad\text{oder}\quad \sqrt{d_3^2 + 2{,}28\, rd_2 - 0{,}56r^2}$$

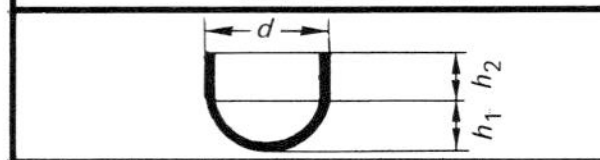

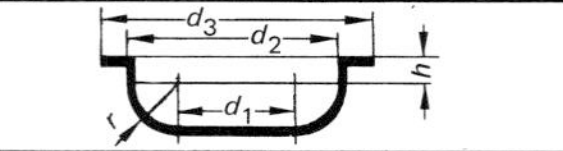

$$\sqrt{d_1^2 + 6{,}28\, rd_1 + 8r^2 + 4d_2 h + d_3^2 - d_2^2}\quad\text{oder}\quad \sqrt{d_3^2 + 4d_2\,(0{,}57\, r + h) - 0{,}56r^2}$$

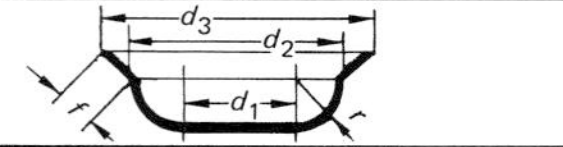

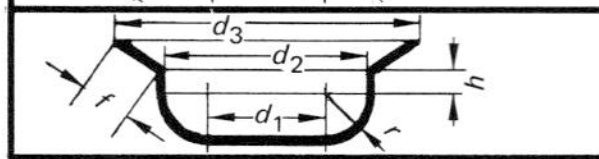

$$\sqrt{d_1^2 + 6{,}28\, rd_1 + 8r^2 + 4d_2 h + 2f(d_2 + d_3)}\quad\text{oder}\quad \sqrt{d_3^2 + 4d_2\,(0{,}57\, r + h + f/2) + 2d_3 f - 0{,}56r^2}$$

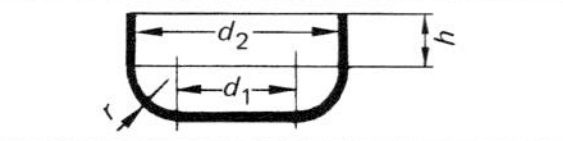

$$\sqrt{d_1^2 + 4\,(1{,}57\, rd_1 + 2r^2 + hd_2)}\quad\text{oder}\quad \sqrt{d_2^2 + 4d_2\,(h + 0{,}57\, r) - 0{,}56r^2}$$

Formeln (unterer Teil):

$$D_0 = \sqrt{d^2 + 4dh}$$

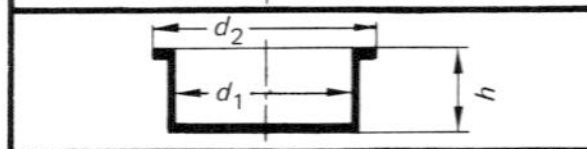

$$\sqrt{d_2^2 + 4d_1 h}$$

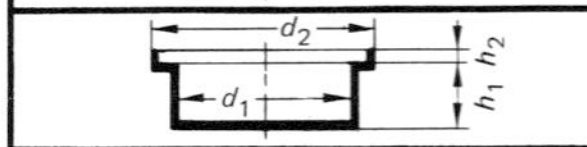

$$\sqrt{d_2^2 + 4\,(d_1 h_1 + d_2 h_2)}$$

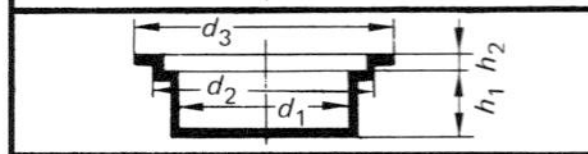

$$\sqrt{d_3^2 + 4\,(d_1 h_1 + d_2 h_2)}$$

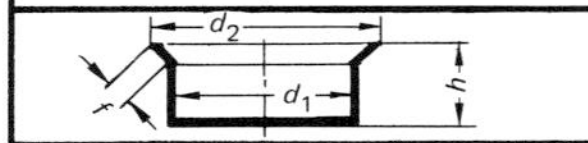

$$\sqrt{d_1^2 + 4d_1 h + 2f\,(d_1 + d_2)}$$

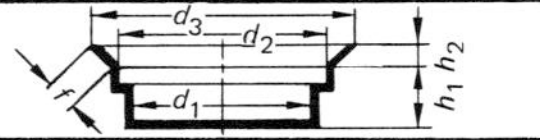

$$\sqrt{d_2^2 + 4\,(d_1 h_1 + d_2 h_2) + 2f(d_2 + d_3)}$$

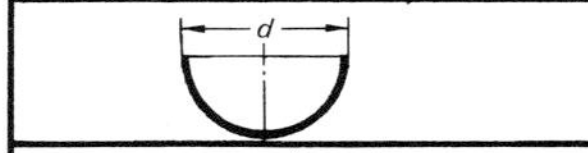

$$\sqrt{2d^2} = 1{,}414\, d$$

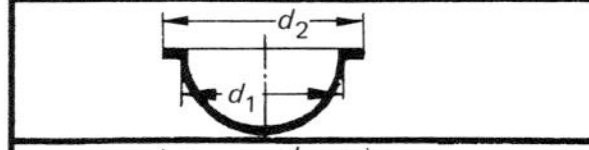

$$\sqrt{d_1^2 + d_2^2}$$

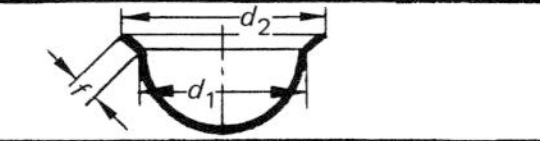

$$1{,}414\,\sqrt{d_1^2 + f\,(d_1 + d_2)}$$

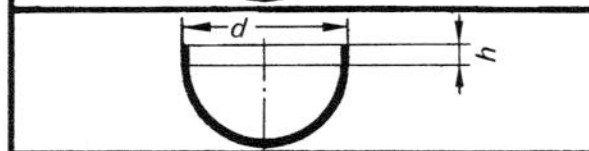

$$1{,}414\,\sqrt{d^2 + 2dh}$$

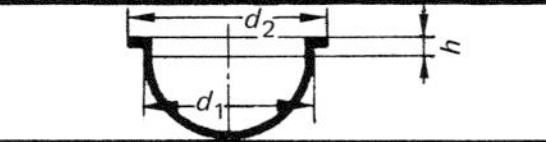

$$\sqrt{d_1^2 + d_2^2 + 4d_1 h}$$

$$1{,}414\,\sqrt{d_1^2 + 2d_1 h + f\,(d_1 + d_2)}$$

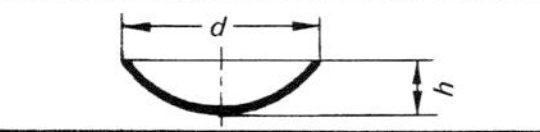

$$\sqrt{d^2 + 4h^2}$$

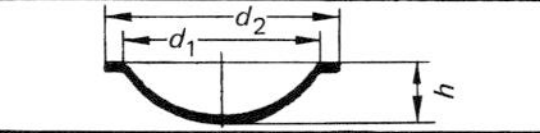

$$\sqrt{d_2^2 + 4h^2}$$

Bild 5-87. Berechnung des Zuschnittsdurchmessers D_0.

formen) und Streckziehen (Zugumformen). Untersuchungen der Umformungen mit Linienrastern zeigen, daß nur wenig Werkstoff vom Flansch nachfließt. Der größte Teil des für die Hohlkörperbildung benötigten Werkstoffs wird durch Vermindern der Blechdicke bereitgestellt.

Die größte in der Fläche auftretende Dehnung soll 25% nicht überschreiten. Damit die Teile ohne Nachbehandlung lackiert werden können, bleibt man meist unter 15% Dehnung. Dadurch kann man die sog. Apfelsinenhaut vermeiden. Mit Rücksicht auf die Aufrauhung der Blechoberflächen kann also nur mit geringer Ziehtiefe und nur in einer Ziehstufe gearbeitet werden. Die erforderlichen Ziehkräfte und Grenzen des Verfahrens müssen experimentell ermittelt werden.

Wegen des meist ungleichförmigen Werkstoffflusses werden bei bestimmten Karosserieteilen in vielen Fällen *Bremswülste* im Werkzeug und *Entlastungslöcher* im Ziehteil verwendet. Bremswülste erschweren das Einziehen des Bleches an geraden, flachen Ziehkanten. Umgekehrt sollen größere Ziehradien an Ecken von z.B. Autotüren das Einziehen von Blech erleichtern. Entlastungslöcher werden dort vorgegeben, wo an vertieften Stellen im Ziehteil (z.B. an später ausgeschnittenen Fensteröffnungen) die Zugspannungen in der Nähe von Ecken bis an die Bruchgrenze R_m heranreichen.

Zum Tiefziehen werden mechanische weggebundene oder hydraulische *Pressen* benutzt. Um eine zu hohe Auftreffgeschwindigkeit des Stößels zu vermeiden, arbeiten große Karosserieziehpressen höchstens mit 15 Hub/min. Die Hubzahl läßt sich durch veränderte Kinematik (z.B. Verbundkurbelantrieb mit schnellerem Vorlauf und Rückhub) bis auf etwa 20 Hub/min steigern.

Hydraulische Tiefziehpressen erreichen nur kleinere Hubzahlen. Die Anschaffungs- und Betriebskosten sind höher als die von mechanischen Pressen. Der Vorteil liegt in der guten Regelbarkeit von Ziehgeschwindigkeit und Niederhalter. Werden versehentlich zwei Platinen in das Werkzeug eingelegt, tritt bei hydraulischen Pressen keine Beschädigung durch Überlastung auf. Die größten serienmäßigen Hydraulikpressen haben eine Nennkraft von 20 000 kN und eine Ständerweite von 5 m. Meist werden mehrere solcher Pressen zu Pres-

senstraßen kombiniert. Das Einlegen, Herausnehmen und Transportieren der Werkstücke erfolgt teil- oder vollautomatisch durch Zangen- oder Greifervorrichtungen und ist z.Z. Gegenstand von Rationalisierungsinvestitionen mit Robotersystemen.

5.4.5 Drücken

Drücken wird zum Herstellen rotationssymmetrischer Hohlkörper aus Blech mit nahezu beliebiger Mantellinie angewendet. Die Blechdicke bleibt im Mittel unverändert. In der örtlich eng begrenzten Umformzone treten wie beim Tiefziehen tangentiale Druck- und radiale Zugspannungen auf. Beim Drücken sind die Ausgangsformen meist ebene Blechzuschnitte. Sie werden mit einer Andrückscheibe zentrisch gegen die Stirnfläche des Drückfutters gespannt, das der Innenform der Fertigteils entspricht. Während Drückfutter und Werkstück rotieren, wird das Werkzeug als Drückwalze oder abgerundeter Drückstock längs der Mantellinie geführt, Bild 5-88. Für Großserien setzt man Drückmaschinen mit hydraulisch betätigtem Schlitten und automatischer Programm-Nachformsteuerung ein. Für sehr große Blechteile im Raketen- und Behälterbau sind Sondermaschinen mit vertikaler Drehachse entwickelt worden. Da diese Teile aus Titan-, Wolfram-, Molybdän- und Zirconium-Legierungen warm umgeformt werden müssen, ergeben sich sehr hohe Kosten für das Futter aus hochlegiertem

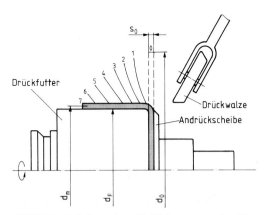

Bild 5-88. Drücken eines Hohlkörpers mit den Zwischenstufen 0 bis 7.
s_0 Rondendicke
d_0 Rondendurchmesser
d_F Durchmesser des Drückfutters
d_m mittlerer Durchmesser des Hohlkörpers

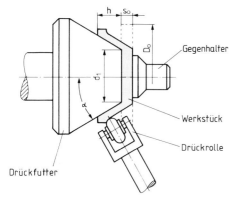

Bild 5-89. *Projizierstreckdrücken eines kegeligen Hohlkörpers.*

D_0 *Rondendurchmesser*
d_1 *Innendurchmesser (Boden)*
s_0 *Ausgangsblechdicke*
h *Höhe des kegeligen Mantels*
α *halber Kegelwinkel*

warmfesten Stahl. In diesen Fällen versucht man, die komplette Futterkontur durch eine bewegliche Formrolle auf der Gegenseite der Drückwalze zu ersetzen.

Das in einem Arbeitsgang erzielbare maximale Drückverhältnis $\beta_D = D_0/d_1 = 1,6$ (für St 13) wird nur erreicht, wenn folgende Versagensformen nicht eintreten:

– Ausknicken des nur im Bereich der Drückwalze formschlüssig gestützten Flansches durch Wellen- oder Faltenbildung,
– Risse in tangentialer Richtung am Übergang zwischen Flansch und Zarge besonders bei zu kleiner Drückwalzenrundung,
– radiale Risse im äußeren Flanschbereich beim Wegdrücken von Falten durch Biegewechselbelastung.

Das Drücken ist bei kleinen Stückzahlen und großen Durchmessern wirtschaftlicher als das Tiefziehen, z.B. bei der Herstellung größerer Waschmaschinentrommeln und Kochkessel für Großküchen. Bei noch größeren Durchmessern, wie sie z.B. bei Parabolspiegeln, Radarreflektoren, Kümpelböden für Großkessel oder bei sehr langen Teilen im Flugzeug- und Raketenbau vorliegen, ist das Drücken praktisch das einzig mögliche Fertigungsverfahren.

Sobald die Drückwalzen die Wanddicke vermindern, gehört das Verfahren nach DIN 8583, Teil 2, zu den Walzverfahren (Druckumfor-

men). Hierunter fällt das *Projizierstreckdrücken*, das zum Herstellen rotationssymmetrischer Hohlkörper mit kegeligen, konkaven oder konvexen Wandformen angewendet wird, Bild 5-89. Die Endform kann meist in einem Arbeitsgang erreicht werden. Dabei wird die Wanddicke reduziert, indem Volumenelemente im Werkstoff parallel zur Rotationsachse verschoben werden. Die Endwanddicke s_1 über der Höhe h des Hohlkörpers läßt sich aus der Ausgangsdicke s_0 und dem halben Öffnungswinkel ($6° < \alpha < 42°$) berechnen:

$$s_1 = s_0 \sin \alpha \qquad (5\text{-}67).$$

Der Einsatzbereich der Drückverfahren ist sehr groß. So werden z.B. durch *Drücken* bzw. *Drückwalzen* hergestellt:

– Fässer und Trommeln,
– Pfannen und Kochtöpfe,
– Radkappen und Kfz-Schalldämpfer,
– Lampen- und Scheinwerfer-Reflektoren,
– Keilriemenscheiben und Kfz-Felgen,
– Präzisionsrohre und Hydraulikzylinder,
– Strahltriebwerk- und Raketenteile.

Im Vergleich zum Tiefziehen ist der Kraftbedarf bei den Drückverfahren wesentlich kleiner, da immer nur ein örtlich eng begrenzter Bereich umgeformt wird. Wegen der geringeren Werkzeugkosten können Drückverfahren auch in der Kleinserienfertigung eingesetzt werden. Schon bei Serien von ca. 800 zylindrischen Hohlkörpern kann das Verfahren wirtschaftlich sein. Ein weiterer Vorteil ergibt sich durch die Kaltverfestigung im Wandbereich.

5.4.6 Kragenziehen (Bördeln von Öffnungen)

Dieses Verfahren hat den Zweck, an Hohlkörpern Kragen aufzurichten, um daran Gewinde schneiden, Bolzen einpressen oder Rohre einlöten oder einschweißen zu können. Dabei taucht ein Stempel in ein vorgeschnittenes Loch und weitet es auf. Es erfolgt eine Durchmesservergrößerung bei gleichzeitiger Wanddickenabnahme. Bild 5-90 zeigt diesen Vorgang. Druckspannungen wirken im Kragen in radialer und axialer Richtung, Zugspannungen in Umfangsrichtung. Bei weiten Borden ($d_i > 5\,s_0$), engem Spalt ($u_z \approx s_0$) und kleiner Ziehringrundung R_R ergibt sich die Kragenhöhe zu

$$h = \tfrac{1}{2}(d_R - d_0) \qquad (5\text{-}68).$$

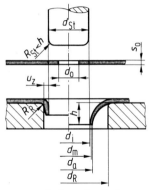

enger Spalt   weiter Spalt

Bild 5-90. Auswirkungen der Spaltweite beim Kragenziehen.

d_{St} *Stempeldurchmesser*
R_{St} *Stempelabrundung*
s_0 *Blechdicke*
u_z *Spaltweite*
d_0 *Lochdurchmesser*
d_i *Innendurchmesser des Kragens*
d_m *mittlerer Durchmesser des Kragens*
d_a *äußerer Kragendurchmesser*
d_R *Ziehringdurchmesser*
R_R *Ziehringrundung*
h $= 1/2\ (d_R - d_0)$ *Kragenhöhe für einen engen Spalt*
     $(u_z \approx s_0)$.

Bei großer Ziehringrundung oder weitem Spalt gilt

$$h = \tfrac{1}{2}(d_m - d_0) + 0,43\,R_R + 0,72\,s_0 \qquad (5\text{-}69).$$

Durch Abstrecken ($u_z < s_0$) kann auf Kosten der Wanddicke ein höherer Kragen erzielt werden. Die Außenwand des Kragens wird genau zylindrisch, wenn $u_z < 0,65\,s_0$ gewählt wird. Die Wanddicke darf allerdings nicht zu sehr geschwächt werden, weil sonst der ganze Kragen abreißt.

5.5 Zugumformen

Bei diesen Umformverfahren wird die gewünschte Fertigform überwiegend durch Zugbeanspruchung erreicht. Dabei tritt eine Oberflächenvergrößerung bei einer Wanddickenabnahme auf. Die wichtigsten Unterteilungen der Zugumformverfahren sind das *Längen, Weiten* und *Tiefen.*

5.5.1 Längen

Längen ist Zugumformen eines Werkstücks durch eine von außen aufgebrachte, in der Werkstücklängsachse wirkende Zugkraft. Dabei wird unterschieden zwischen *Strecken* zum Vergrößern der Werkstückabmessungen in Kraftrichtung wie beim Zugversuch an Rundproben, und *Streckrichten* zum Beseitigen von Biegungen an Stäben, Rohren und Wellen, oder von Ausbeulungen an Blechen.

Das zu richtende Werkstück wird in Spannzangen eingespannt und meist hydraulisch gestreckt. Die Zugkraft wirkt zunächst auf teilverkürzte Stellen ein und bringt diese zum Fließen. Dadurch steigt die Fließgrenze in diesem Bereich an, so daß nachfolgend der gesamte Querschnitt in den plastischen Bereich gerät.

Für das Streckrichten z. B. von Rohren, Strangpreßprofilen und Grobblechplatten reichen plastische Dehnungen von 1% bis 2% aus. Die größten Streckbänke für Blechwerkstoffe haben eine Nennkraft von 140 000 kN und können Blechplatten von 20 m Länge und 150 mm Dicke bis zu 7% strecken.

5.5.2 Weiten

Weiten ist Zugumformen durch eine im Werkstück radial nach außen wirkende Kraft. Die Verfahren zum Weiten werden bei der Herstellung von Gehäusen, Trommeln, Karosserieteilen und großen Blechformteilen angewendet. Außer runden und ovalen können auch vieleckige Hohlkörper umgeformt werden. Ist die Vorform mit Schweißnähten hergestellt, muß darauf geachtet werden, daß an diesen Stellen keine Werkzeugbeschädigung eintritt.

Das Weiten kann mit einem *Dorn* erfolgen; hierbei werden entweder nur die Enden oder die gesamte Länge des Werkstücks aufgeweitet. Beim Weiten mit *Spreizwerkzeug* kann man dagegen auch die Mitte eines Werkstücks aufweiten. Die segmentförmigen Werkzeugteile werden mittels Keil oder Kegel nach außen gedrückt und formen dadurch das Werkstück entweder in einer Matrize oder frei. Letzteres geschieht z. B. bei der Durchmesserkalibrierung von geschweißten Großrohren. Dabei wird durch eine plastische Dehnung von 1,5% eine genaue kreisrunde Rohrform erreicht. Da das Aufweiten über den ganzen Umfang gleichzeitig erfolgt, wird eine gleichmäßige Dickenabnahme und Formgenauigkeit von 0,2% bis 0,3% des Durchmessers erreicht. Bei diesem Maß-Aufweiten kann die Durchmesserabweichung einschließlich der Formfehler bis auf 0,05 mm verringert werden.

Außer dem Weiten mit starren Werkzeugen gibt es auch Verfahren mit *elastischen Werkstoffen*, wie z.B. Kautschuk, Elastomerkunststoffen und Kork. Mit Gummistempeln können meist nur kleinere Werkstücke bis zu 100 mm Dmr. wirtschaftlich ausgebaucht werden. Durch die Reibung zwischen Gummistempel und Werkstück ergeben sich verhältnismäßig große Kräfte und ein Verkürzen der Teile in Achsrichtung (z.B. bis zu 12% bei CrNi-Stahlblech). Dadurch kann die Umfangsdehnung erhöht werden (z.B. bis zu 60% für CrNi-Stahl).

Als Wirkmedien zum Aufweiten können auch Öl oder Wasser verwendet werden. Der Druck wird durch Eintauchen des Stempels in das flüssige Medium aufgebaut; dabei unterliegt die Ringdichtung starkem Verschleiß. Durch die gleichmäßige Druckverteilung in der Flüssigkeit besteht die Gefahr des Ausbeulens und Reißens an Stellen mit geringerer Wanddicke.

Das hydraulische Ausbauchen wird zum Herstellen von Fittings mit zwei oder mehr Abzweigungen in beliebigen Richtungen angewendet. Meist wird der mittels einer Pumpe mit Druckverstärker aufgebrachte Innendruck durch eine mechanische Längskraft unterstützt, um größere Dehnungen zu erreichen. Solche Maschinen haben eine Werkzeugschließkraft bis zu 13 000 kN, um das Druckmedium mit 100 N/mm² bis 300 N/mm² wirken zu lassen.

5.5.3 Tiefen (Streckziehen)

Tiefen ist das Anbringen von Vertiefungen in einem ebenen oder gewölbten Blech. Die dabei eintretende Oberflächenvergrößerung wird durch Verringern der Blechdicke erreicht. Tiefen kann mit starrem oder nachgiebigem Werkzeug erfolgen. Beim Tiefen mit elastischem Wirkmedium lassen sich keine großen Formänderungen erreichen. Daher bleibt das Verfahren auf verhältnismäßig flache Teile beschränkt (*Hohlprägen* von Nummernschildern für Kraftfahrzeuge oder Kennzeichnung von Karosserien, Bild 5-91).

Das wichtigste Tiefungsverfahren mit starrem Werkzeug ist das *Streckziehen*. Entsprechend

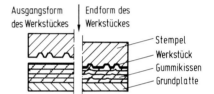

Bild 5-91. *Hohlprägen mit elastischem Wirkmedium (Verfahren des Tiefens nach DIN 8585, Teil 4).*

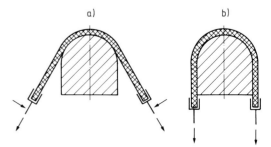

Bild 5-92. *Streckziehen von Blechteilen über einen Formklotz.*

Bild 5-92 geschieht das Umformen unter verschiedenen Zugrichtungen. Dabei ist das Werkstück mit Spannzangen am Rand fest eingespannt und nimmt die Form des Stempels an. Dieses Verfahren wird besonders im Karosseriebau für Aufbauten von Omnibussen und Lastkraftwagen, für Türen, Dächer und Kotflügel sowie in der Luftfahrtindustrie für Blechformteile bis zu 50 m² angewendet. Die Teile sind meist über die ganze Ausdehnung hin gekrümmt, oft auch in querliegender Richtung. Der Blechzuschnitt ist rechteckig oder trapezförmig. Die notwendigen Zugspannungen werden über den beweglichen Stempel aufgebracht, der als Außenform für das Werkstück dient. Das Blech legt sich zuerst an der Kuppe des Stempels an und paßt sich mit fortschreitendem Hub der Stempelform an. Die Spannzangen sind um ihre Achsen drehbar. Wenn die Spannvorrichtungen den Werkstoff zunächst um etwa 2% gleichmäßig dehnen und dann durch Schwenken an den Stempel anlegen, spricht man vom *Tangential*-Streckziehen. Es tritt keine Relativbewegung zwischen Werkzeug und Werkstück auf; die Kraft wirkt stets tangential zur Werkzeugkontur.

Nach dem völligen Anliegen wird das Werkstück kurz nachgestreckt, um die *Rückfederung* klein zu halten. Im Vergleich zum Biegen, bei dem Restspannungen mit verschiedenem Vorzeichen auftreten, ist die Rückfederung aber wesentlich geringer. Beim anschließenden Beschneiden oder Schweißen wirft sich das umgeformte Teil nicht. Dieser Effekt wird auch beim Streckrichten von Strangpreßprofilen ausgenutzt.

Die Festigkeit von Werkstücken, die durch Streckziehen hergestellt wurden, ist höher als die von tiefgezogenen Teilen. Infolge der Verfestigung des Werkstoffs wird die Streckgrenze bei Karosserieteilen bis zu 10%, die Härte bis zu 2% erhöht. Da beim Streckziehen keine Druckspannungen entstehen, kann keine *Faltenbildung* auftreten. Durch das Strecken werden *Eigenspannungen* im Werkstoff abgebaut.

Die Verfahrensgrenze beim Streckziehen ist erreicht, wenn der Werkstoff einschnürt oder reißt. Tritt dies ein, ehe die gewünschte Werkstofform vollständig ausgebildet ist, so ist die Gleichmaßdehnung im Verhältnis zur erforderlichen Dehnung zu klein, oder die auftretenden Reibkräfte sind zu groß. Es werden drei verschiedene Arten von Reißern unterschieden:

– Risse infolge von Überbeanspruchung in der Nähe der Spannbacken: Kerbspannungen beachten;
– Sprödbruch im Bereich des Scheitels am Streckziehstempel: Spröde Werkstoffe können sich schlecht der Werkzeugform anpassen;
– Einschnürung im Scheitelbereich: Beanspruchungsgrenze gemäß den Grenzformänderungsschaubildern.

5.5.4 Blechprüfung zur Kennwertermittlung

Bei kleinen Formänderungen können auch *Fließfiguren* auftreten, wenn der Werkstoff nur an örtlich begrenzten Stellen fließt und daneben unverformte Querschnitte vorhanden sind. Dies tritt besonders bei Werkstoffen mit ausgeprägten Streckgrenzen auf.

Zum Beispiel zeigen ausgehärtete Aluminium-Legierungen schon bei sehr kleinen Dehnungen im Bereich von 5% Fließfiguren, die etwa unter einem Winkel von 120° zueinander verlaufen, die sog. Lüders-Linien. Zum Beurteilen von Werkstoffen für das Streckziehen werden die Ergebnisse des Zugversuchs als Gleichmaßdeh-

nung ε_{gl} und Bruchdehnung A_g, der Erichsentiefe T_E sowie der n-Faktor herangezogen.

Je größer die *Gleichmaßdehnung* ist, um so geringer ist die Neigung eines Werkstoffs zum Einschnüren. Die beim *Erichsen-Versuch* ermittelte Tiefung ist ein Maß für die Dehnung unter zweiachsiger Zugbeanspruchung. Dieser Wert kann deshalb gut mit dem einfachen Streckziehen verglichen werden. Der *n-Faktor* ist ein Maß für die Verfestigung eines Werkstoffs und entspricht bei unlegierten und niedriglegierten Stählen der Steigung der Fließkurve in doppelt logarithmischer Auftragung:

$$n = \varphi_{gl} = \ln\left(1 + \varepsilon_{gl}\right) \tag{5-70}.$$

Ist der n-Faktor groß, so ist auch die Verfestigung groß und die Bauteilfestigkeit höher. Auf Grund der Stützwirkung benachbarter Bereiche besteht eine geringere Neigung zum örtlichen Einschnüren. Dies bedeutet, daß bei einem großen n-Faktor eines Blechs eine gute Streckzieheignung vorliegt.

Für die fertigungs- und funktionsgerechte Werkstoffauswahl, zum Sichern eines ungestörten Fertigungsverlaufs und zur optimalen Ausnutzung des Werkstoffs muß das *Werkstoffverhalten* bekannt sein. Wichtig ist z. B. die Anisotropie eines Werkstoffs. Sie gibt an, ob die Orientierungen der Kristalle von der statistisch regellosen Verteilung abweichen und dabei ausgeprägte Orientierungen, *Texturen* genannt, vorhanden sind. Texturen können bei vielkristallinen Werkstoffen durch Gieß-, Umform- und Glühbedingungen entstehen. Als Maß für die Anisotropie der plastischen Eigenschaften von Blechen wird der sog. *senkrechte Anisotropiewert R* im Zugversuch als Verhältnis der Umformgrade in Breiten- und Dickenrichtung ermittelt:

$$R = \frac{\varphi_b}{\varphi_s} = \ln\frac{b_0}{b_1} \bigg/ \ln\frac{s_0}{s_1} \tag{5-71}.$$

Danach kann das Grenzziehverhältnis gemäß Bild 5-93 abgeschätzt werden. Der Anisotropiewert R ändert sich aber mit dem Winkel zur Walzrichtung. Deshalb wird die sog. *ebene Anisotropie ΔR* als Änderung des R-Werts in der Blechebene aus den Einzelwerten berechnet. Dazu müssen die Flachproben der Blechtafel unter den Winkeln 0°, 90° und 45° zur Walzrichtung entnommen werden:

$$\Delta R = \tfrac{1}{2}\left(R_{0°} + R_{90°} - 2\,R_{45°}\right) \tag{5-72}.$$

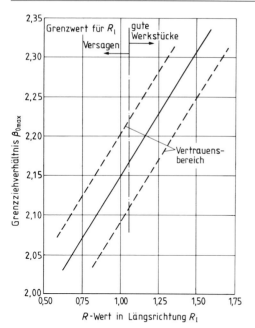

Bild 5-93. *Einfluß der senkrechten Anisotropie R auf das Grenzziehverhältnis.*

5.5.4.1 Tiefungsversuch nach *Erichsen*

Diese in DIN 50101/2 genormte Blechprüfung besteht im Ausbeulen einer fest eingespannten Blechprobe bis zum eintretenden Riß (Bild 5-94). Als Kennwert wird der Tiefungswert T_E gemessen, bis zu dem der Stempel ohne Auftreten von Rissen das Blech ausbeulen kann. Für Feinbleche und Bänder aus unlegiertem Stahl sind die *Mindest-Tiefungswerte* in Abhängigkeit von der Blech- bzw. Banddicke genormt.

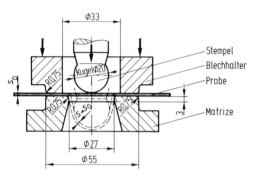

Bild 5-94. *Werkzeug für den Erichsen-Tiefungsversuch nach DIN 50 101, Teil 1, für Bleche und Bänder mit einer Dicke von 0,2 mm bis 2 mm.*

Die Tiefung wird durch eine zweiachsige Zugspannung erzeugt. Deshalb besteht eine deutliche Abhängigkeit des Tiefungswerts vom Verfestigungsexponenten n. Ein Zusammenhang zwischen dem Tiefungswert und dem Grenzziehverhältnis $\beta_{0\,max}$ beim Tiefziehen besteht dagegen nicht. Das Ausbeulen der Blechkuppe erfolgt auf Kosten der Blechdicke; deshalb hat diese den größten Einfluß auf die erreichbare Tiefung. Blechdickenunterschiede – unter Umständen auch Änderungen in den Schmierverhältnissen – sind die häufigsten Fehlerquellen bei der Erichsen-Prüfung.

5.5.4.2 Näpfchen-Tiefziehprüfung nach *Swift*

Dieses Prüfverfahren wird vorwiegend zum Beurteilen von Blechen für das Tiefziehen angewendet. Dabei wird mit gleichbleibendem Stempeldurchmesser d_0 aus Ronden mit stufenweise vergrößertem Durchmesser D_0 ein Näpfchen mit flachem Boden gezogen, bis die Grenze der Ziehfähigkeit durch einen Bodenreißer auftritt. Der größte, noch fehlerfrei gezogene Durchmesser $D_{0\,max}$ bildet im Verhältnis zum Stempeldurchmesser d_0 das maximale *Grenzziehverhältnis* $\beta_{max} = D_{0\,max}/d_0$. Dieses Prüfverfahren ist verhältnismäßig aufwendig und wird daher vorwiegend als Modellversuch mit einem konstanten Stempeldurchmesser von $d_0 = 33$ mm angewendet. Infolge des großen Einflusses der Reibungsbedingungen auf das Grenzziehverhältnis β_{max} lassen sich die Ergebnisse nicht ohne weiteres auf das Tiefziehen von Blechen mit Großwerkzeugen übertragen. Im Näpfchenziehversuch werden größere Grenzziehverhältnisse als bei der betrieblichen Umformung erreicht, da das Grenzziehverhältnis mit größer werdendem Verhältnis von Stempeldurchmesser d_0 zu Blechdicke s_0 abnimmt (Bild 5-95). Die großen Karosserieteile sind wegen der relativen Dünnwandigkeit d_0/s_0 wesentlich empfindlicher; dies ist besonders auf die Reibung am Niederhalter zurückzuführen.

5.5.4.3 Beurteilung von Blechen mittels Meßrastertechnik

Bei umformtechnisch schwierigen Karosserieteilen, bei der Festlegung der Anzahl von Ziehstufen sowie der Erprobung neuer Werkstoffe und Werkzeuge wird eine *Formänderungsanalyse* durchgeführt. Hierzu werden Kreisrasternetze vor dem Umformen auf die Blechoberflä-

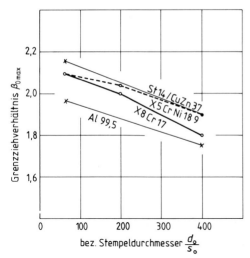

Bild 5-95. Grenzziehverhältnis β_{max} in Abhängigkeit vom bezogenen Stempeldurchmesser d_0/s_0 für verschiedene Werkstoffe.

che aufgetragen und deren Verzerrungen nach dem Umformprozeß gemessen. Das aufgebrachte Raster soll die Oberfläche nicht beeinflussen und nach dem Umformen noch gut erkennbar sein. Die beste geometrische Form zum Erkennen von Verzerrungen an der Blechoberfläche ist der Kreis (Bild 5-96). Durch den Ziehvorgang werden die Kreise auf dem Werkstück ellipsenförmig verzerrt. Die Hauptachsen können dann meßtechnisch erfaßt werden. Bei großflächigen Ziehteilen werden Kreise mit 5 mm Dmr. durch elektrochemisches Markieren mittels Schablonen aufgebracht. Auf die vorher gesäuberte Blechplatine wird eine Kunststoff-Ätzvorlage mit dem entsprechenden Meßraster aufgelegt. Über eine Filzmatte wird ein Elektrolyt aufgetragen, der je nach Stromstärke und Einwirkzeit das Rasterbild von der Folie auf die Blechoberfläche überträgt. Eine weitere Möglichkeit ist das photochemisch-elektrochemische Auftragen der Meßgitter. Dabei wird die Rasterfolie durch einen Photolack ersetzt, wie er z. B. für die Leiterplattenfertigung oder als Offsetdruckplatte zum Einsatz kommt.

Die *Auswertung der Meßraster* nach dem Umformen ist ein arbeitsintensiver Teil der Formänderungsanalyse. Mit Hilfe eines biegsamen Meßlineals werden über der Werkstückkontur die Durchmesser der aufgebrachten Kreise aus-

gemessen (Bild 5-96). Im vorliegenden Koordinatensystem mit φ_1 als Längenformänderung und φ_2 als Breitenformänderung sind das reine Tiefziehen mit $\varphi_1 = -\varphi_2$ sowie das reine Streckziehen mit $\varphi_1 = \varphi_2$ unter den möglichen Verformungsarten als Idealfälle zu bezeichnen. In der Praxis finden sich meist Verformungszustände, die zwischen diesen beiden Extremen einzuordnen sind.

Im Bereich zwischen einachsigem gleichmäßigem Zug (plane strain) mit $\varphi_2 = 0$ und dem Streckziehen liegt die kritische Verformungsbeanspruchung. In diesem Dehnbereich ergibt sich ein Minimum in der *Grenzformänderungskurve* (Bild 5-97). Diese Grenzformänderungskurven nach *Keeler* und *Goodwin* zeigen die Grenzen für die untersuchte Blechqualität für

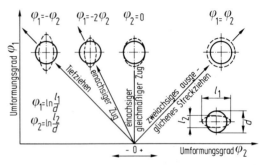

Bild 5-96. Formänderungen von Kreisrastern je nach Beanspruchung.
φ_1 *Längenformänderung*
φ_2 *Breitenformänderung*
φ_3 *Dickenformänderung:*
  $\varphi_3 = ln\,(s_1/s_0) = -(\varphi_1 + \varphi_2).$

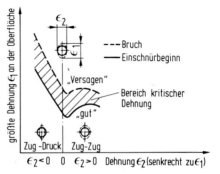

Bild 5-97. Grenzformänderungsschaubild (Forming Limit Diagram) für Blechformteile (nach Keeler und Goodwin).

Bruch- bzw. Einschnürbeginn. Die Werte ergeben sich aus der Berechnung der größten bezogenen Längenänderung ε_1, die der großen Achse der gemessenen Ellipse entspricht, und der senkrecht dazu erfolgten Dehnung ε_2, die der kleinen Achse derselben Ellipse entspricht. Zwischen diesen Grenzkurven (Forming Limit Curves) liegt ein Bereich kritischer Formänderungen, wo die Einschnürung beginnt oder erste Anrisse auftreten. Als kritische Stellen sind diejenigen Stellen am Ziehteil zu betrachten, bei denen ein Reißen beim Umformen zu befürchten ist.

Ein Problem beim Beurteilen der Umformeignung von Blechen nach diesem Verfahren der Formänderungsanalyse ist der Einfluß der *Reibungsbedingungen* auf die Formänderungsverteilung. Das Verfahren erlaubt daher nur eine annähernde Beurteilung von Blechen für große und flache, unregelmäßige Ziehteile beim Karosseriebau. In diesen Fällen lohnt sich der Aufwand, weil bei dem Entwurf und der Konstruktion von Werkzeugen genauere Unterlagen über die Gleichmäßigkeit der Formänderung am Ziehteil ermittelt werden können.

5.6 Biegen

Biegeumformen ist nach DIN 8586 das Umformen eines festen Körpers, wobei man den plastischen Zustand (Fließen) im wesentlichen durch eine Biegebeanspruchung herbeiführt. Für das Umformen durch Biegen eignen sich alle metallischen Werkstoffe. Das Biegen wird beim Umformen von Blechen sehr häufig angewendet, und zwar von der Massenfertigung kleinster Werkstücke bis zur Einzelfertigung im Schiff- und Apparatebau. Außer den Blechen werden aber auch Rohre, Drähte und Stäbe mit sehr unterschiedlichen Querschnittsformen in einer Vielzahl von Verfahren durch Biegen umgeformt. Im allgemeinen handelt es sich dabei um Kaltumformen. Nur bei sehr großen Blechdicken oder sehr kleinen Biegeradien wird warm gebogen, um die notwendigen Kräfte klein zu halten und eine Kaltversprödung des Werkstoffes zu vermeiden. Im folgenden sei kurz das Biegen um gerade Achsen erläutert. Beim Biegen um gekrümmte Achsen, wie es beim Kragenziehen auftritt, liegen keine reinen Biegespannungen vor; es treten zusätzliche Zug- oder Druckspannungen auf.

5.6.1 Einteilung der Biegeverfahren

Entsprechend der Werkzeugbewegung kann man Biegeumformen mit *geradliniger* und *drehender* Werkzeugbewegung unterscheiden. Zur ersten Gruppe gehört das Biegen im V-förmigen *Biegegesenk*, wie es Bild 5-98 zeigt. Das auf den Rändern des Gesenkes ruhende Werkstück wird durch die gradlinige Bewegung des Biege-

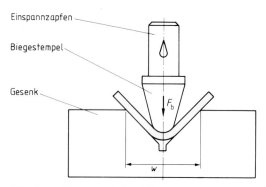

Bild 5-98. *Biegegesenk in V-Form.*
F_b *Biegekraft*
w *Gesenkweite*

stempels in das V-Gesenk gedrückt. Der Stempel belastet das Blech mit einer Kraft F_b. Unter dem Biegemoment $M_b = \frac{1}{4} w \cdot F_b$ beginnt der Werkstoff zu fließen, bis das Blech an der Gesenkwand anliegt. Dieses Verfahren wird auf der *Abkantpresse* durchgeführt. Der Krümmungsradius wird durch das Gesenk vorgegeben. Analog zu diesem Vorgang kann auch ein Biegen im U-förmigen Biegegesenk vorgenommen werden. Hierbei entsteht allerdings beim Biegen ohne Gegenhalter im Bodenteil eine elastische Durchbiegung, die erst im Gesenkgrund eben gedrückt wird.

Eine technische Anwendung dieses Verfahrens stellt die *Großrohrfertigung* dar. Aus einer Blechtafel wird zunächst eine U-Form vorgebogen, das dann in einer Formpresse zu einer offenen O-Form umgeformt wird. Da die Kanten zuvor angebördelt werden, ergibt sich ein offenes Schlitzrohr, das mittels Unterpulver-Schweißverfahren verschweißt wird.

Beim Biegeumformen mit drehender Werkzeugbewegung gemäß Bild 5-99 wird eine schwenkbare Biegewange eingesetzt. Das mittels Spannpratze gehaltene Blech wird bis

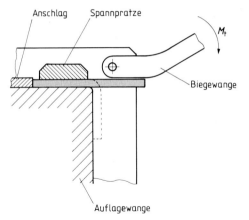

Anschlag   Spannpratze M_t Biegewange   Auflagewange

Bild 5-99. Biegen mit drehender Werkzeugbewegung.

zur Anlage an die Auflagewange gebogen (*Schwenkbiegen*).

Ähnlich arbeitet das *Rundbiegen* entsprechend Bild 5-100. Das zu biegende Blech wird von einem Klemmbolzen auf die Biegerolle gespannt. Das freie Ende kann unbehindert an einer Blechführung nachrutschen. Das zum Umformen erforderliche Moment M_t wird durch einen Hebel aufgebracht. Lange Biegeformteile können statt auf einer Abkantbank auch durch Biegen mittels *Profilwalzen* hergestellt werden. Das Prinzip verdeutlicht Bild 5-101. Das Werkstück wird durch den Formschlitz der Profilwalzen geführt und nimmt die gewünschten Biegewinkel an. Meist werden mehrere Walzenpaare hintereinander angeordnet, wenn die Geometrie oder die Größe des Biegebetrages nicht mit einem Walzenpaar erreicht werden kann.

Biegen wird auch vielfach angewendet, um ein *Fügen durch Umformen* zu erreichen. Dazu gehört das Hohlnieten als Biegen um gekrümmte Achsen, das Fügen durch umgebogene Blechlappen sowie das Fügen durch geschränkte oder einseitig oder zweiseitig umgebogene Lappen. Das Verbinden von Glasscheiben mit Blech oder das Schließen eines Dosendeckels erfolgt durch *Umbördeln;* dies kann man als partielles Biegen längs einer Kreisbahn ansehen.

Hohe Anforderungen werden an *Falze* gestellt. Ebene und zylindrische Bleche und Behälter werden durch Falze verbunden, die vor allem dicht sein sollen. Bei vielen Gebrauchsgegenständen müssen sie verhältnismäßig große

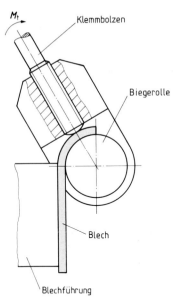

M_t Klemmbolzen   Biegerolle   Blech   Blechführung

Bild 5-100. Werkzeuganordnung für das Rundbiegen.

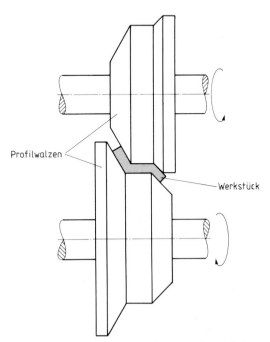

Profilwalzen   Werkstück

Bild 5-101. Herstellen von langen abgewinkelten Werkstücken (Profilschienen) mittels Profilwalzen.

Bild 5-102. Herstellen von Falzen an Blechbehältern durch mehrmaliges Umbiegen:
a) einfacher Falz,
b) Doppelfalz.

Drücke aushalten, z. B. in Spraydosen. Beim Verbinden von ebenen Blechteilen zu einem Kasten dichtet schon der einfache Falz gemäß Bild 5-102 a) an drei Flächen, die unter den nach dem Umformen zurückbleibenden elastischen Kräften aufeinandergepreßt bleiben. Beim stehenden oder liegenden *Doppelfalz* werden bereits vier bis fünf Dichtflächen erzeugt, wie Bild 5-102 b) zeigt. So können zylindrische Behälter mit ihren Böden verbunden werden; dabei wird der Zylinder bei Konservendosen von der Deckelseite her oder auf der Innenseite abgestützt. Ein ebener Boden ist schwieriger herzustellen, weil die Abstützung von innen unhandlicher ist als auf einem durchgedrückten Boden von außen.

5.6.2 Biegespannungen, Verformungen und Kräfte

Beim Umformen durch Biegen unterscheidet man nach Bild 5-103 drei Zonen:

– reine Zugzone: Bereich zwischen der ursprünglich mittleren Faser und der äußeren Randfaser;

– Druck-Zug-Zone: Zone zwischen der ungelängten und der spannungsfreien Faser;

– reine Druckzone: Zone zwischen der Grenzdehnungsfaser und der inneren Randfaser.

Bei scharfkantigem Biegen ist die *Spannungsverteilung* nicht mehr symmetrisch zur Werkstückmitte. Die innen auftretende größte Druckspannung ist nicht mehr gleich groß wie die auftretende größte Zugspannung. Die größte Druckrandspannung ist beim Biegen größer als die Zugfestigkeit des gleichen Werkstoffes. Die äußeren Zonen werden unter den Zugspannungen gelängt und damit dünner; die inneren Schichten werden gestaucht und daher dicker.

Da die Fließgrenze des Werkstoffs zu beiden Seiten der spannungsfreien Faser überschritten wird, suchen die elastischen Spannungen im Inneren nach Wegfall der äußeren Biegekräfte das Werkstück in seine Ausgangslage zurückzubringen. Dabei federt das gebogene Werkstück zurück, bis ein inneres Gleichgewicht eintritt. Die Außenfaser befindet sich dann unter Druckspannung und die Innenfaser unter einer Zugspannung. Die dadurch bewirkte *Rückfederung* hängt von der Fließgrenze des Werkstoffes und von der Biegeart ab. Je kleiner der Biegeradius ist, desto größer ist die plastische Umformzone.

Das Rückfederungsbestreben ist bei allen Biegeverfahren zu beachten. Um formgenaue Werkstücke zu erhalten, muß vor Auslegung der Biegewerkzeuge der *Rückfederungsfaktor* $k = \alpha_1/\alpha_2$ nach Bild 5-104 ermittelt werden. Das ist das Verhältnis aus dem geforderten Biegewinkel α_2 zum erforderlichen Biegewinkel α_1,

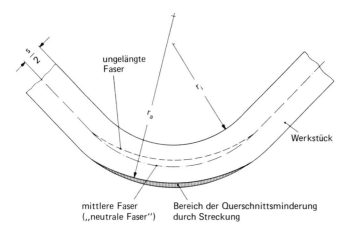

*Bild 5-103. Biegezone bei Werkstücken mit einem Biegewinkel von 90°
(nach König, Wilfried: Fertigungsverfahren. Bd. 5. Blechumformung).*
s   Blechdicke
r_i Innenradius
r_a Außenradius

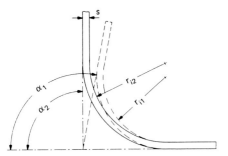

*Bild 5-104. Zur Definition des Rück-
federungsfaktors (nach W. König).*

α_1 *Winkel am Werkzug*
α_2 *Winkel am Werkstück (nach
        Herausnahme aus dem Gesenk)*
s *Blechdicke*
r_{i1} *Innenradius am Werkzeug*
r_{i2} *Innenradius am Werkstück*

$$\text{Rückfederungsfaktor } k = \frac{\alpha_2}{\alpha_1} = \frac{r_{i1}+0,5\,s}{r_{i2}+0,5\,s} < 1$$

der die unerwünschte Rückfederung durch Überbiegen ausgleicht. Die k-Werte hängen von den Werkstoffeigenschaften und vom Verhältnis r/s (Biegeradius/Blechdicke) ab. Diese Zusammenhänge gehen für verschiedene Werkstoffe aus den Rückfederungsdiagrammen in Bild 5-105 hervor.

Für die Praxis ist der *minimale Biegeradius* r_{min} von Bedeutung, da an den Blechrändern leicht Risse durch eine überproportionale Randverfestigung auftreten können. Er wird durch den Grad der Umformung in den Randfasern festgelegt und kann über die maximal zulässige

Dehnung in der Außenfaser berechnet werden. Vereinfacht ergibt sich nach *Oehler* der Zusammenhang $r_{min} = c\,s$. Dabei ist c der sog. *Mindestrundungsfaktor* für die Blechdicke s. In Tabelle 5-4 sind für verschiedene Werkstoffe Mindestrundungsfaktoren zusammengestellt. Diese Werte gelten für Biegevorgänge quer zur Walzrichtung. Liegt die Biegeachse parallel zur Walzrichtung, so tritt bereits bei kleineren Randdehnungen Rißgefahr auf. Das gilt besonders für Bleche mit höherer Festigkeit und geringerem Dehnvermögen. Nach DIN 6935 liegen die Werte für r_{min} um $0,5\,s$ höher als beim Biegen senkrecht zur Walzrichtung.

Vielfach kommt es zu Versagensfällen an Bauteilen aus Blech, wenn die *Gratlage* am Biegeteil nicht berücksichtigt wird. Mit abnehmender Dehnung, ansteigendem Streckgrenzenverhältnis R_e/R_m und zunehmendem bezogenen Radius r_i/s steigt die Gefahr der Rißbildung an den Biegekanten, wenn der Schnittgrat *außen* liegt. Deshalb ist in kritischen Fällen bereits auf der Konstruktionszeichnung zu vermerken „Gratlage innen" oder „Vor dem Biegen entgraten".

Ein weiteres Problem bei Biegeteilen ist die *Randverformung*. Diese tritt vorwiegend beim Biegen dicker Bleche mit kleinem Biegeradius auf. Der an der inneren Biegekante liegende Werkstoff wird gestaucht und versucht daher seitlich zum Rand hin auszuweichen, Bild 5-106. Die Ausgangsbreite b nimmt dadurch um das Maß $2\,t$ auf $b_i = b + 2\,t$ zu. Die außen liegenden Werkstofffasern verhalten sich umgekehrt: Es tritt eine Schrumpfung ein auf $b_a = b - 2\,t$. Nach Versuchen von *Oehler* beträgt die Breiten-

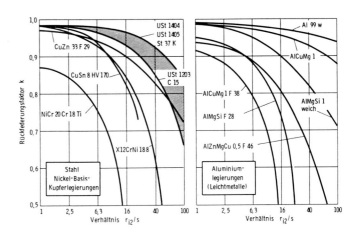

*Bild 5-105. Rückfederungsdiagramm
für verschiedene Werkstoffe
(nach J. Flimm, Hanser Verlag).*

Tabelle 5-4. Mindestrundungsfaktor für verschiedene Werkstoffe.

Werkstoff	c-Faktor	Werkstoff		c-Faktor	Werkstoff		c-Faktor
Stahlblech	0,6	Aluminium,	halbhart	0,9	AlMn,	weich	1,0
Tiefziehblech	0,5	Aluminium,	hart	2,0	AlMn,	preßhart	1,2
rostfreier Stahl		AlMg 3,	weich	1,0	AlMn,	hart	1,2
mart. ferrit.	0,8	AlMg 3,	halbhart	1,3	AlCu,	weich	1,0
austenitisch	0,5	AlMg 7,	weich	2,0	AlCu,	ausgehärtet	3,0
Kupfer	0,25	AlMg 7,	halbhart	3,0	AlCuMg,	weich	1,2
Zinnbronze	0,6	AlMg 9,	weich	2,2	AlCuMg,	preßhart	1,5
Aluminiumbronze	0,5	AlMg 9,	halbhart	5,0	AlCuMg,	ausgehärtet	3,0
CuZn 28	0,3	AlMgSi,	weich	1,2	AlCuNi,	geglüht	1,4
CuZn 40	0,35	AlMgSi,	ausgehärtet	2,5	AlCuNi,	ungeglüht	3,5
Zink	0,4	AlSi,	weich	0,8	MgMn		5,0
Aluminium, weich	0,6	AlSi,	hart	6,0	MgAl 6		3,0

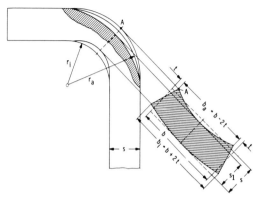

Bild 5-106. Randverformung beim Biegen (nach W. König).

differenz im Biegegrund für weichen Baustahl $t = 0,4\ s/r_i$. Da der Werkstoff nach innen fließt, vermindert sich die Ausgangsdicke s um bis zu 10% auf s_1. Gleichzeitig tritt an den Enden der Biegekanten mit kleiner werdendem bezogenen Biegeradius r_i/s ein zunehmendes Aufwerfen der Außenkanten auf. Der Querschnitt im Biegebereich zeigt eine deutliche Aufwölbung. Um den seitlichen Überstand des Wulstes zu verhindern, kann bei Präzisionsteilen und bei Passungen eine teure Nacharbeit oder ein vorheriges Freischneiden im Biegebereich erforderlich werden.

Bei der *Zuschnittsermittlung* von Biegeteilen wird die gestreckte Länge L_z der zu biegenden Teile aus der Summe der geraden Teilstrecken

sowie der dazwischenliegenden Kreisbögen berechnet zu:

$$L_z = l_1 + l_2 + \frac{\pi\,\alpha}{180°}\left(r_i + \xi\,\frac{s}{\alpha}\right) \qquad (5\text{-}73).$$

Der Korrekturfaktor ξ zur Berücksichtigung der Verlagerung der neutralen Faser (mit zunehmendem Biegewinkel nach außen hin) kann Bild 5-107 entnommen werden.

Ausgangspunkt für die Berechnung der *Biegekraft* bei Verwendung von *V*-förmigen Gesenken ist das Biegemoment M_b (s. Bild 5-98).

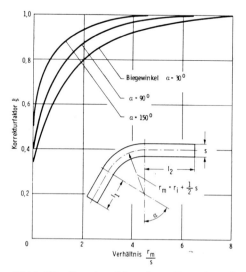

Bild 5-107. Korrekturfaktor ξ zur Ermittlung der gestreckten Länge (nach K. Grüning, Vieweg Verlag).

Wird ein Blech der Breite b und der Dicke s mit rechteckigem Querschnitt im Gesenk belastet, so ergibt sich zu Beginn der plastischen Umformung ein Biegemoment von

$$M_b = \tfrac{1}{4}\, w \cdot F_b = k_f \cdot W \qquad (5\text{-}74).$$

Hierin ist F_b die mittig aufgebrachte Biegekraft, w die Gesenkweite der beiden Auflagepunkte, k_f die Fließspannung und W das Widerstandsmoment des Werkstücks mit $W = b\,s^2/6$. Dieses verschiebt sich mit zunehmender Krümmung (bei fortschreitender Biegung im plastischen Bereich bzw. kleinerem r/s-Verhältnis) zu $W = b\,s^2/4$. Damit läßt sich aus Gl. 5-74 die in der Praxis gebräuchliche Beziehung für die maximale Biegekraft herleiten:

$$F_b = C \cdot b \cdot s^2 \cdot R_m/w \qquad (5\text{-}75).$$

Nach *Mäkelt* ist dabei die Fließspannung k_f durch den größeren Wert der Zugfestigkeit R_m ersetzt worden. Der Berichtigungsfaktor C nach *Cali* kommt insbesondere für kleine Gesenkweiten ($w/s < 10$) zum Tragen. Aus Kraftmessungen bei Biegeversuchen wurde von *Oeh-*

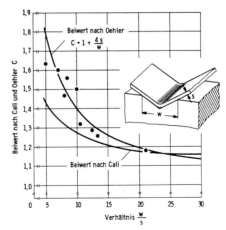

Bild 5-108. *Beiwert nach Cali und Oehler zur Biegekraftberechnung.*

ler der praxisgerecht korrigierte C-Wert zu $C = 1 + 4\,s/w$ bestimmt. Beide Werte sind in Abhängigkeit von der bezogenen Gesenkweite w/s in Bild 5-108 dargestellt.

5.7 Gestaltung für das Umformen

5.7.1 Allgemeines

Gesenkschmiedestücke sollten in enger Zusammenarbeit zwischen Besteller und Hersteller gestaltet werden, damit der Hersteller auf Grund seiner Erfahrung die funktionsbedingten Anforderungen des Bestellers schmiedetechnisch optimal erfüllen kann.

Es liegt daher in beiderseitigem Interesse, daß die Schmiedestückzeichnung unter Beachtung der nachstehenden DIN-Normen angefertigt wird:

– DIN 7523, Teil 1: Schmiedestücke aus Stahl; Gestaltung von Gesenkschmiedestücken; Regeln für Schmiedestückzeichnungen.
– DIN 7523, Teil 2: Schmiedestücke aus Stahl; Gestaltung von Gesenkschmiedestücken; Bearbeitungszugaben, Seitenschrägen, Kantenrundungen, Hohlkehlen, Bodendicken, Wanddicken, Rippenbreiten und Rippenkopfradien.
– DIN 7526: Schmiedestücke aus Stahl; Toleranzen und zulässige Abweichungen für Gesenkschmiedestücke.
– DIN 9005: Gesenkschmiedestücke aus Magnesium-Knetlegierungen.
– DIN 17673: Gesenkschmiedestücke aus Kupfer und Kupfer-Knetlegierungen.

Für die Herstellung von Freiformschmiedeteilen sind folgende DIN-Normen zu beachten:

– DIN 7527: Schmiedestücke aus Stahl; Bearbeitungszugaben und zulässige Abweichungen für freiformgeschmiedete Teile.
– DIN 17606: Freiformschmiedestücke aus Aluminium-Knetlegierungen.
– DIN 17678: Freiformschmiedestücke aus Kupfer und Kupfer-Knetlegierungen.

5.7.2 Gestaltung von Gesenkschmiedestücken

Gestaltung

unzweckmäßig   zweckmäßig

Bild 5-109
Lage und Verlauf der Gesenkteilung sind mitbestimmend für Anzahl, Größe, Form und Kosten der Umformwerkzeuge. Vorteilhaft ist i. a. eine Teilfuge in halber Höhe des Gesenkschmiedestücks, besonders dann, wenn es in bezug auf die Gesenkteilung symmetrisch ist:

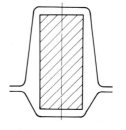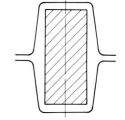

Bild 5-109

– Die für die Aushebeschrägen benötigte Werkstoffmenge ist so am kleinsten, dadurch ist der Aufwand bei einer spanenden Bearbeitung am geringsten;
– der Versatz ist leichter zu erkennen;
– die Werkzeugherstellung ist durch die Verwendung nur eines Modells für die Herstellung beider Gesenkhälften billiger.

Bild 5-110
Zur Verbesserung des Werkstoffflusses kann eine andere Lage der Gesenkteilung besser sein. Dies ist z. B. der Fall, wenn hohe enge Gravurräume ausgefüllt werden müssen, wie z. B. bei ringförmigen Schmiedestücken größerer Höhe und bei U-förmigen Querschnitten.

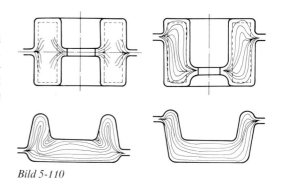

Bild 5-110

Bild 5-111
Die Teilung des Gesenks unmittelbar an einer Stirnfläche ist möglichst zu vermeiden, da die Gratnaht dort das leichte Erkennen von Versatz verhindert und das Abgraten erschwert.

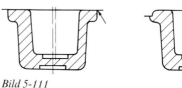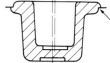

Bild 5-111

Bild 5-112
Unterschneidungen nach Möglichkeit vermeiden, da das Werkstück aus einem einteiligen Werkzeug nicht ausgehoben werden kann. In unvermeidbaren Fällen sind teure, geteilte Werkzeuge einzusetzen.

Bild 5-112

Gestaltung

unzweckmäßig   zweckmäßig

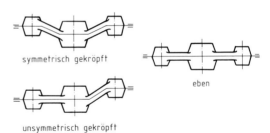

symmetrisch gekröpft

eben

unsymmetrisch gekröpft

Bild 5-113

Bild 5-113
Es werden drei Grundformen der Gesenkteilung unterschieden:
- eben,
- symmetrisch gekröpft,
- unsymmetrisch gekröpft.

Bei der ebenen Gesenkteilung ist der Herstel-
lungsaufwand des Werkzeugs am geringsten.
Auch schmiedetechnisch ist die ebene Gesenkteilung vorteilhaft, da die Neigung zum Versatz
gering ist. Aufwendiger sind Gesenke mit symmetrisch gekröpfter Teilung. Sie erfordern
größere Gesenkblockabmessungen und zusätzlichen Zerspanungsaufwand bei der Herstellung der Gesenke.

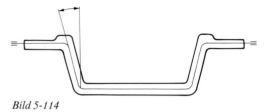

Bild 5-114

Bild 5-114
Die Neigung der Kröpfungen sollte nicht zu
steil sein. Bei zu kleinem Winkel zwischen Gratnaht und Umformrichtung besteht die Gefahr,
daß der Grat nicht glatt geschnitten, sondern
abgequetscht wird.

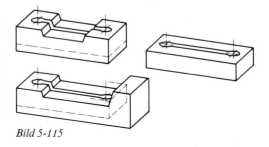

Bild 5-115

Bild 5-115
Gesenke mit unsymmetrisch gekröpfter Teilung
erfordern einen noch höheren Herstellungsauf-
wand. Um den zulässigen Versatz einhalten zu
können, müssen sie ein Widerlager erhalten,
das die auftretenden Schubkräfte aufnimmt.
Dadurch werden die Gesenkblockabmessungen
noch größer als bei vergleichbaren Gesenken
mit symmetrischer Teilung.

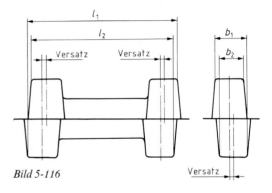

Bild 5-116

Bild 5-116
Beim Festlegen der Teilung muß auch der Versatz am Schmiedestück berücksichtigt werden.
Nach DIN 7526 ist der zulässige Versatz nicht
in die zulässigen Maßabweichungen einbezogen, sondern gilt unabhängig und zusätzlich zu
diesen. Dies muß beim Bemaßen von Gesenkschmiedestücken, besonders von spanend zu
bearbeitenden Flächen, berücksichtigt werden.

Gestaltung

unzweckmäßig   zweckmäßig

Bild 5-117
Beim Hohlfließpressen entsteht ein Versatz durch das Verlaufen des Preßstempels. Er ist um so größer, je kleiner das Verhältnis Durchmesser zu Länge der Innenform ist.

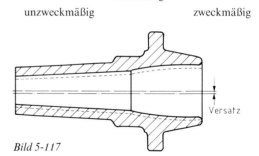

Bild 5-117

Bild 5-118
Um Schmiedestücke aus dem Gesenk heben zu können, müssen ihre in Umformrichtung liegenden Flächen geneigt sein. Richtwerte hierfür sind in DIN 7523, Teil 3, angegeben.

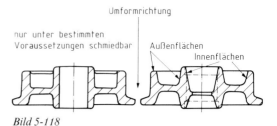

Bild 5-118

Bild 5-119
Durch die zweckmäßige Wahl der Gesenkteilung bzw. der Lage der Hauptachsen des Schmiedestücks zur Gesenkteilung kann der Konstrukteur bestimmen, an welchen Flächen Seitenschrägen vorgesehen werden müssen. Sie werden zweckmäßigerweise an Flächen gelegt, wo sie auch am Fertigteil nicht stören, oder an Flächen, die bearbeitet werden müssen.

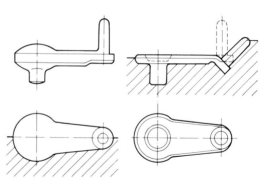

Bild 5-119

Bild 5-120
Durch die Veränderung der Gesenkteilung kann sich der Werkzeug- und Fertigungsaufwand sowohl verringern als auch erhöhen. Bei diesem Beispiel erzielt man eine Verringerung der Werkzeugkosten durch eine andere Gesenkteilung.

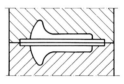

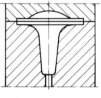

Bild 5-120

Gestaltung

unzweckmäßig   zweckmäßig

Bild 5-121
Eine Verringerung des Aufwandes beim Fertigbearbeiten ergibt sich in diesem Beispiel durch
die Wahl einer vorteilhaften Gesenkteilung
(Vermeiden von Schrägen).

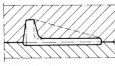

Bild 5-121

Bild 5-122
Durch eine sinnvolle Führung der Gratnaht
– aufgezeigt an zwei Beispielen – können Stich-
bildungen vermieden werden. Stiche sind Stellen, an denen Werkstoff aus zwei Richtungen
gegeneinanderfließt, ohne daß es zu einer Verbindung kommt.

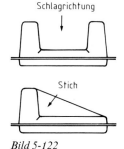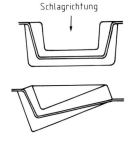

Bild 5-122

Bild 5-123
Der Werkstoff setzt dem Umformen in den Gesenken Widerstand entgegen, der besonders
dann zunimmt, wenn der Werkstoff scharfe
Kanten umfließen oder tiefe, enge Gravurteile
ausfüllen muß. Daher müssen ausreichende
Kantenrundungen und Hohlkehlen vorgesehen
werden (DIN 7523, Teil 3).

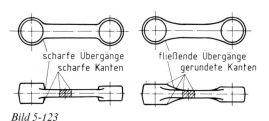

Bild 5-123

Bild 5-124
Bei zu kleinen Rundungen von Hohlkehlen entstehen Schmiedefehler (Stiche, Bild 5-122).

Bild 5-124

Bild 5-125
Enge Hohlräume und schmale, hohe Rippen
und Stege erschweren das Eindringen des Werkstoffs infolge schnellerer Abkühlung und des
dadurch bedingten Anstiegs seiner Formänderungsfestigkeit. Daher sollen Rippen und Stege
eine gedrungene Querschnittsform erhalten.
Um das Fließen zu erleichtern, sollen sie große
Hohlkehlen am Übergang in den Schmiede-
stückkörper aufweisen. Mindestwerte für die
Wand- und Rippendicke enthält DIN 7523,
Teil 2.

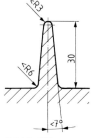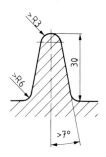

Bild 5-125

Gestaltung

unzweckmäßig   zweckmäßig

Bild 5-126
Bei der Gestaltung von Querschnittsübergängen sollen Rundungshalbmesser stets so groß gewählt werden, wie es ohne Nachteile für die Funktionseigenschaften des Werkstücks möglich ist.

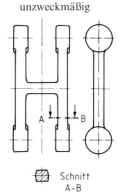
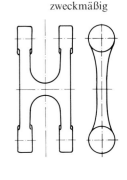

 Schnitt
A–B

Bild 5-126

Bild 5-127 bis *5-130*
Durch Prägen erzielt man bei einzelnen Maßen kleinere Toleranzen und eine hohe Oberflächengüte, so daß in vielen Fällen auf eine spanende Bearbeitung verzichtet werden kann, Maßprägeflächen sollen gegenüber den angrenzenden Formelementen erhaben sein. Um die erforderlichen Preßkräfte klein zu halten, werden die notwendigen Flächen durch vertiefte Formelemente verkleinert.

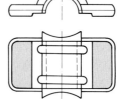
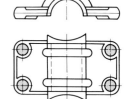

Bild 5-127

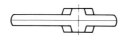
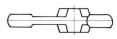

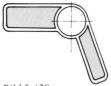
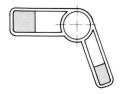

Bild 5-128

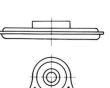

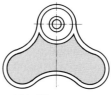

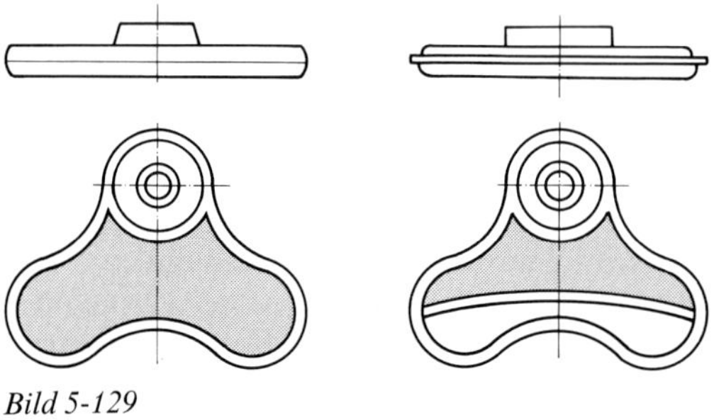

Bild 5-129

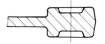

Bild 5-130

Gestaltung

unzweckmäßig   zweckmäßig

Bild 5-131
Die Schwierigkeit, schräg zu einer Fläche zu
bohren, läßt sich dadurch umgehen, daß man
eine rechtwinklig zur Bohrerachse stehende Ta-
sche oder einen entsprechenden Ansatz vor-
sieht.

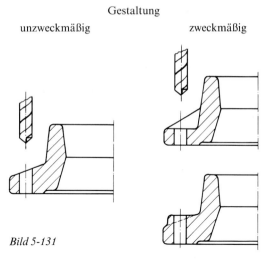

Bild 5-131

Bild 5-132
Bearbeitungszugaben für die Stirnflächen langer Schmiedestücke müssen wegen des unterschiedlichen Schwindens ausreichend bemessen
werden. Aus diesem Grund sollte man Augen,
Zapfen oder Nocken, die bearbeitet werden sollen, oval ausbilden. Bei langen Hebeln mit
Augen an beiden Enden sollte nur eines mit
vorgeschmiedetem Loch, das andere hingegen
massiv ausgeführt werden.

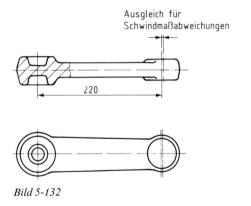

Bild 5-132

Bild 5-133
Werkstoffanhäufungen sind besonders gefähr-
lich, wenn von ihnen Partien mit geringerem
Querschnitt im Winkel zueinander ausgehen.
Dieser Winkelhebel ist ein Beispiel hierfür. Die
Gratform beim ersten, zweiten und dritten
Schlag ist durch punktierte, strichpunktierte
und ausgezogene Linien angedeutet. Im linken
Bild erkennt man, daß die beiden Gratlappen
übereinanderfließen, und daß sich beim dritten
Schlag ein Stich bis in das Werkstück hinein-
schiebt. Durch eine konstruktive Änderung der
Hebelform (rechtes Bild) wird der Stich außer-
halb des Schmiedestücks gehalten.

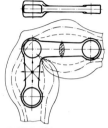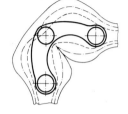

Bild 5-133

5.7.3. Gestaltung von Tiefziehteilen

Gestaltung

unzweckmäßig   zweckmäßig

Bild 5-134
Komplizierte Teile und asymmetrische Grundformen sind nach Möglichkeit zu vermeiden.
Auf normalen Werkzeugmaschinen leicht zu
fertigende Umrißlinien sind anzustreben. Die
Kosten für verschiedene Werkzeugformen können aus der Verhältniszahl x abgeschätzt werden.

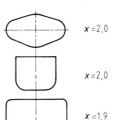

Bild 5-134

Bild 5-135
Runde Böden sind schwieriger durch Tiefziehen herzustellen als ebene mit genügend großer
Bodenrundung. Die günstigste Bodenrundung
entspricht dem 0,15fachen Stempeldurchmesser.

Bild 5-135

Bild 5-136
Tiefe Teile mit breitem Flansch erfordern einen
großen Rondendurchmesser sowie große und
teure Werkzeuge. Es kann wirtschaftlicher sein,
den Flansch nachträglich anzubringen.

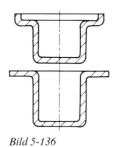
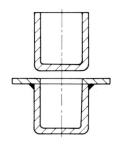

Bild 5-136

Bild 5-137
Die Höhen ausgezogener Vertiefungen, Augen
oder Stutzen sind niedrig zu halten ($h \leq 0,3\ d$)
und sollen mit möglichst großer Schräge und
großen Radien ausgeführt werden. Sie sind
dann ohne Rißgefahr meist in einem Zug zu
fertigen.

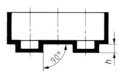
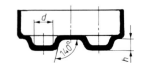

Bild 5-137

Bild 5-138
Kegel- und kurvenförmig verlaufende Mantelflächen haben eine ungleichmäßige Werkstoff-
beanspruchung zur Folge und neigen in besonderem Maße zur Faltenbildung. Bei bauchigen
Mantelflächen schmiegt sich der Werkstoff an
die Stempelform an. Daraus ergibt sich eine
gleichmäßigere Werkstoff- und Werkzeugbeanspruchung.

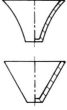

Bild 5-138

Gestaltung

unzweckmäßig   zweckmäßig

Bild 5-139
Senkrechte Zargen sind billiger als Kegelflächen. Eine Außenrolle gelingt leichter als eine Innenrolle.

Bild 5-139

Vor dem Fertigzug

5 Ziehgänge   2 Ziehgänge

Bild 5-140
Sind kegelige Mantelflächen nicht zu vermeiden, so ist eine möglichst geringe Neigung anzustreben. Dadurch verringert sich die Anzahl der Ziehstufen.

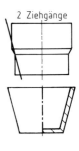

Nach dem Fertigzug

Bild 5-140

Bild 5-141
Teile mit Hinterschneidungen sind nicht ziehbar. In diesen Fällen ist das Werkstück so zu teilen, daß einfache Grundformen entstehen.

Bild 5-141

Bild 5-142
Ebene Verschalungsbleche mit Randbördel neigen eher zu Verwerfungen als leicht gewölbte Blechformen.

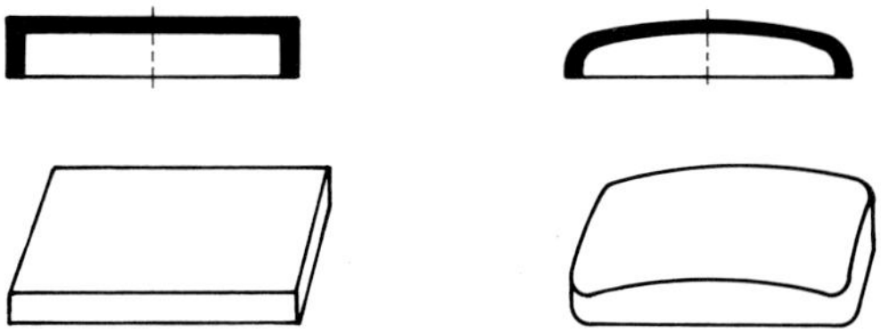

Bild 5-142

Ergänzendes und weiterführendes Schrifttum

Beitz, W., u. *K.-H. Küttner* (Hrsg.): Dubbel-Taschenbuch für den Maschinenbau. 15. Aufl. Berlin, Heidelberg, New York: Springer-Verl. 1983.

Billigmann, J., u. *H.-D. Feldmann:* Stauchen und Pressen. 2. Aufl. München: Carl Hanser Verl. 1973.

Cali, F. G.: Pressures for right angle bends. Am. Machinist 96 (1952) Nr. 24, Kap. 48.

Doege, E., u.a.: Tiefziehen auf einfach und doppelt wirkenden Karosseriepressen unter Berücksichtigung des Gelenkantriebs. Werkstatt u. Betrieb 104 (1971), S. 737/47.

Fritz, A. H.: Neuere Entwicklungen im Stanzwerkzeugbau für das Fertigen mittels Gummikissen. VDI-Bericht Nr. 522, Düsseldorf 1984, S. 105/120.

Fritz, A. H., H. Gattinger, K. Peters u.a.: Herstellung von Grobblech, Warmbreitband und Feinblech. Düsseldorf: Verl. Stahleisen 1976.

Geiser, W. (Hrsg.): Fertigungstechnik II. 2. Aufl. Hamburg: Verl. Handwerk u. Technik 1975.

Grüning, K.: Umformtechnik. 3. Aufl. Braunschweig, Wiesbaden: Verl. Vieweg & Sohn 1982.

König, W.: Fertigungsverfahren. Bd. 5. Blechumformung (2. Aufl.) Düsseldorf: VDI-Verl. 1990.

Kohtz, D.: Werkstoffbehandlung metallischer Werkstoffe: Grundlagen und Verfahren. Düsseldorf: VDI-Verl. 1994.

Lange, K.: Lehrbuch der Umformtechnik. Bd. 1: Grundlagen. Bd. 2: Massivumformung. Bd. 3: Blechumformung. Berlin, Heidelberg, New York: Springer-Verl. 1972, 1974, 1975.

Lange, K. u.a.: Umformen. In: Betriebshütte 6. Aufl. Bd. 1. Berlin: Verl. Ernst & Sohn 1964.

Mäkelt, H.: Werkstückbeanspruchung und Kraftbedarf beim rechtwinkligen Kaltbiegen von Blech auf Pressen. Industrie-Anzeiger 82 (1960) Nr. 26, S. 383/90.

Oehler, G., u. *F. Kaiser:* Schnitt-, Stanz- und Ziehwerkzeuge. 6. Aufl. Berlin, Heidelberg, New York: Springer-Verl. 1973.

Panknin, W.: Die Grundlagen des Tiefziehens im Anschlag unter besonderer Berücksichtigung der Tiefziehprüfung. Bänder – Bleche – Rohre (1961), H. 4, 5 u. 6, S. 133/43, 201/11, 264/71.

Panknin, W., u. *A. H. Fritz:* Der Einfluß einer Umkehr der Verformungsrichtung auf die Formänderungsfestigkeit von metallischen Werkstoffen. Draht 18 (1967) Nr. 1, S. 1/6.

Romanowski, W. P.: Handbuch der Stanzereitechnik. 5. Aufl. Berlin (Ost): VEB Verl. Technik 1971.

Handbuch für die spanlose Formgebung. Firmenschrift. Schuler-Pressen 1964.

Siebel, E.: Die Formgebung im bildsamen Zustand. Düsseldorf: Verl. Stahleisen 1932.

Siebel, E., u. *W. Panknin:* Das Tiefziehen im Anschlag. Werkstattstechnik u. Maschinenbau 46 (1956) H. 7, S. 231/26.

Spur, G., u. *T. Stöferle:* Handbuch der Fertigungstechnik. München, Wien: Carl Hanser Verl. 1980.

Tschätsch, H.: Taschenbuch Umformtechnik: Verfahren, Maschinen, Werkzeuge. München, Wien: Carl Hanser Verl. 1977.

Wagner, C., u. *A. H. Fritz:* Walzenwechselvorrichtungen aus technischer und wirtschaftlicher Sicht. Stahl u. Eisen 95 (1975) Nr. 5, S. 188/94.

6 Sachwortverzeichnis

A

A-Elektrode 134
Abbindetemperatur (Klebstoff) 216
Abbindezeit (Klebstoff) 216
Abkühlungsschaubild 15
Ablüftzeit (Klebstoff) 216
Abrichten (Schleifwerkzeug) 287
Abschmelzleistung 139
Abschrägung 100
–, scharfkantig 190
Abstreckziehen 398
Abtrennen 223
ACC-Regelung 295
ACO-Regelung 295
Adhäsionsverschleiß 249
Aktivkraft 236
Allgemeintoleranz 64
Aluminiumlegierung 34
Anisotropie, senkrechte 409
Anode (Schweißen) 124
Anschnitt 7
–, schräger 327
– (Brennschneiden) 347
Anschnittmöglichkeit 86
Anschnittquerschnitt 41
Apfelsinenhaut 405
Arbeitsbedarf (Schmieden) 383
– (Walzen) 374
Arbeitsebene 233
Arbeitseingriff 233
Arbeitspunkt 127
Arbeitstechnik (Schweißen) 139
Arbeitstemperatur (Löten) 195
Armaturen 37
Armaturenguß 73
Aufbauschneide 240
Aufhärtung, Brennschnittfläche 341
Aufheizgeschwindigkeit
    (Schweißen) 111
Auflegieren 133
Aufschmelzgrad 105, 162
Auftragschweißen 104
– mit Bandelektrode 169
Auftrieb 10
Aufweiten mit Wirkmedien 408
Ausbringen 71
Ausbringung 139
Ausdehnungskoeffizient
    (Schweißen) 110
Aushärtungseffekt 36
Ausklinken 223
Ausschneiden 223
Aussteifung 192
Auswerferstift 67
Außenräumen 273
Außenrolle, gebördelt 425
Außenrund-Einstechschleifen 278
Außenrundläppen 319
Außenrundschleifen 300
–, spitzenlos 303

B

B-Elektrode 136
Ballen 7
Bartbildung (Schnittkantenunter-
    seite) 352
Bauteilsicherheit 33
Bearbeitungszugabe (Schmiedestück)
    423
Befestigungsschrauben 85
Beizlösung 215
Benetzungswinkel 195
Bentonit 50
Beschneiden 223
Betrieb, umweltfreundlicher 14
Biegebeanspruchung 82
Biegekante (Schnitteile) 339
Biegekraft 416
Biegespannung 414
Biegeumformen 412
Biegeverfahren, Einteilung 412
Bindungen, anorganische 281
–, organische 281
Blaswirkung, magnetische 143
Blechmantel (Honen) 313
Blechprüfung 409
Blechumformen 399
Blechverbindung (Kleben) 217
– (Löten) 206
Blockdüse 342
Blockseigerung 46
Bodenreißer 402
Bodenrundung, Tiefziehen 424
Bodenverbindung (Löten) 211
Bohrverfahren, Einteilung 260
Bohrwerkzeuge 263
Bolzenschweißen 193
Bondern 389
Bornitrid 248
Brandfleck 293, 302
Brandrisse 46
Bremswülste 405
Brennerhöhenverstellung, kapazitive
    344
Brennschneiddüse 340, 342
Brennschneiden 340
Brennschneidmaschine 343
Brennschneidplan 345
Brennschneidprozeß 346
Brinellhärte (Gußeisen) 26
BTA-Verfahren 265

C

C-Elektrode 137
CBN (Schleifen) 281
CBN-Werkzeug 249
Cermets 245
Chips, Schleifkörper 323
CNC-Brennschneidmaschine 345
CO_2-Gaslaser 354

CO_2-Schweißen 161
CO_2-Verfahren 58
Cold-Box-Verfahren 60
Compound-Lösung 323
Croning-Verfahren 59
CVD-Verfahren 246

D

Dauerform 8, 9
Dauerschweißbetrieb 128
Dendriten 21
Deponiekosten 48
– (Altsand) 61
Diamant 248
Diamant-Ziehstein 395
Diamantabrichtrolle 289
Dichtnaht 183
Diffusionsverschleiß 249
Diffusionszone 197
Doppeldraht-Verfahren (Schweißen)
    168
Doppelpunktschweißen 178
Doppelspeiser 7
Draht-Pulver-Kombination 172
Drahtelektrode 157
Drahtspirale 153
Drahtvorschubeinrichtung 153
Drahtziehen 394
Drehverfahren 255
Drücken (Hohlkörper) 405
Drückfutter 405
Druckgießform 67
Druckgießmaschine 66
Druckgußlegierung 34
Druckmassel 41
Druckminderventil 120
Druckumformen 367
Dünnblechbereich (Schweißen) 162
Duplexbetrieb 9
Durchziehbedingung 373
Durchziehverfahren 394

E

Eckenverzögerung 343
Edelkorund 280
Einbrandform (WIG) 146
Eindrückverfahren 383
Einfallunker 10
Eingriffsgröße 234
Einhängestift 230
Einkomponenten-Klebstoff 216
Einlippenbohrwerkzeug 263
Einrißtiefe 227
Einschaltdauer 128
Einschneiden 223
Einsenken 383
Einstech-Profil-Rundschleifen 334
Einstechschleifen 300, 333
Eisengußwerkstoff 24

Ejektorbohrverfahren 265
Elektrodenabstand 194
Elektrodenumhüllung 123, 132
Elektroschlackeschweißen 187
Elektrostauchverfahren 376
Entfettung (Lösungsmittelbad) 214
Entformen 11
Entkohlungstiefe 30
Entlüftungsbohrung 190
Entsorgung 3
Erstarrung, gerichtete 19
–, gelenkte 41
Erstarrungsfront 22
Erstarrungsverhalten 16
Erstarrungszeit 42
Erstaufnahmefläche 6

F

Faltenbildung 400
Falzen 413
Fangstift 230
Feinguß 61
Feinkorngefüge 17
Fertigteilzeichnung 6
Fertigungskosten (Optimierung) 251
Fertigungssysteme 1
Fertigungsverfahren (Ordnungssystem)
    223
Fertigungszeitminimum 253
Festigkeitshypothese 363
Feuerfestigkeit 50
Flächenschluß 335
Flachwalzen 368, 372
Flammeneinstellung 119
Flammenrückschlag 121
Flammlöten 199
Fließbedingung 363
Fließfiguren 409
Fließgrenze 363
Fließkurve 364
Fließpreß-Hohlkörper 390
Fließscheide 373
Fließspan 239
Fließspannung 364
Fließtyp (Strangpressen) 387
Flußmittel 200
Folgeschneidwerkzeug 229
Foliennahtschweißen 184
Folienstumpfnaht 183
Form, verlorene 48
Form- und Gießanlage 55
Formänderung 362
–, plastische 361
Formänderungsanalyse 410
Formänderungsfestigkeit 364
Formänderungsgeschwindigkeit 367
Formänderungsverhältnis 362
Formänderungswirkungsgrad
    (Tiefziehen) 400
Formdrehen 258
Formen, verlorene 8
Formfehler 227
Formfräsen 268
Formfüllungsvermögen 38
Formmaske 19
Formsand 49

Formschrägen 66
Formseitenschneider 231
Formteilung 6
Formteilungsebene 79
Fräsverfahren, Einteilung 267
Fräswerkzeugtyp 269
Freifläche 234
Freiflächenverschleiß 237
Freiformschmieden 376
Freischneidwerkzeug 228
Freistich 326
– (Innengewinde) 328
Freiwinkel 235
Fremdkeime 18
Fügen 103
Fugenform 141
Fülldrahtelektrode 158
Fülldruck, kapillarer 196
Füllfaktor 89

G

Gasdurchlässigkeit 50
Gaslöslichkeit (Schweißen) 110
– (Gießen) 45
Gaslunker 45
GD 34
Gedrückte Länge 372
Gegenlauffräsen 269
Genauigkeitsgrad 64
Genauschmieden 381
Gesamtschneidwerkzeug 229
Geschwindigkeitsverhältnis (Schleifen)
    292
Geschwindigkeitsverteilung (Walzspalt)
    374
Gesenkblockabmessungen 419
Gesenkherstellung 420
Gesenkschmiede 380
Gesenkschmiedestücke 379
Gesenkteilung 418
–, ebene 419
Gestaltung, Fräsen 329
– (Umformen) 417
– (Drehen) 325
– (Sinterteile) 96
– (Spanen) 324
– (Gesenkschmieden) 418
Gestaltung von Gußteilen (Gießen) 74
Getränkedosenherstellung 398
Gewindedrehen 257
Gewindedurchgangsbohrung 329
Gewindefurchen 385
Gewindeschleifen 304
Gewindeschneiden 257
Gewindestrehlen 257
Gewindewalzen 369
– (Härteverteilung) 370
GGG 27
Gießbarkeit 38
Gießhorn 74
Gießspirale 39
GK 34
Glattwalzen 371
Gleichlauffräsen 268
Gleitsystem 362
Gratgesenk 381

Grathöhe 227
Gratlage 229
– (Biegeteil) 415
Gratverhältnis 381
Grauerstarrung 25
Greifbedingung 373
Grenzflächenreaktionen 195
Grenzflächenspannung 195
Grenzformänderungskurve 411
Grenzziehverhältnis 401, 410
Grobkorngefüge 17
Großrohrfertigung 412
Grünling 91
GS 32
GTS 29
GTW 30
Gußbronze 37
Gußeigenschaften 24
Gußeisen 23, 24
–, selbstspeisend 43
– mit Kugelgraphit 26
Gußfehler 38
Gußmessing 37
Gußprognose 24
Gußverbundkonstruktion 30
Gußversatz 56
Gußwerkstoff, duktiler 12
–, austenitisch 2

H

Hämatit 71
Hammerbahn 377
Handlöten 203
Handschweißbetrieb 128
Handschweißen 106
Hartguß 43
Hartlot 203
Hartlöten 202
Hartmetall (Beschichten) 246
Hartmetallfertigung 94
Hauptnutzungszeit 260
Hauptschneiden 235
Hebelarm 375
Heißkokille 73
Heißpressen 96
Heißriß (Schweißen) 114
Heißrißbildung 170
Herdguß, gedeckt 52
–, offen 51
Heuverssche Kontrollkreise 76
Heuversfaktoren 41
Hinterfüllen 11
Hinterschneidung (Sintern) 98
Hobelwerkzeug 272
Hochgeschwindigkeitsdrehen 243
Hohl-Gleitziehen 397
Hohl-Vorwärts-Strangpressen 386
Hohlkern 59
Hohlprägen 408
Honleistenverschleiß 309, 311
Honprozeß (Meßsteuerung) 313
Honstein 308
Honverfahren 307
Hot-Box-Verfahren 50

I

Impfen 18
Impulslichtbogenschweißen 159
Impulstechnik 151
Impulszündgerät 149
Induktionslöten 199
Induktionsverluste 194
Injektorwirkung 122
Innenräumen 273
Innenrundschleifen 301
–, spitzenlos 304
Inverterschweißstromquelle 130
Ionisierspannung 146

K

Kalibrieren (Sintern) 92, 94
Kälken 395
Kalteinsenken 384
Kaltfließpressen 389
Kaltharzsand 52
Kaltkammerverfahren 67
Kaltriß 137
– (Schweißen) 114
–, wasserstoffinduziert 137
Kaltschweißstelle 40
Kaltschweißung 47
Kaltumformen 359
Kantenabzug 227
Kantenrundung, Gravur 421
Kastenformerei 53
Kastenloses Formen 57
Kathode (Schweißen) 124
Kegelstauchversuch 365
Kegelvertiefung 100
Keilwinkel 235
Keime, arteigene 16
Kennlinie, statische 127
Kennlinienfeld 127
Kernauftriebskraft 11
Kerneisen 52
Kernherstellverfahren 60
Kernlager 11
Kernsand 50
Kernversatz 47
Kettenziehbank 396
Kipptiegelgießen 71
Kleben 212
Klebfilm 217
Klebfläche, Fixieren 216
Klebfuge 212
Klebstoff 212
–, kalthärtend 216
Klemmsystem (Drehmeißel) 259
Klopfdichte 89
Knotenpunkte 78
Kohlensäure-Erstarrungsverfahren 58
Kokillenguß 22, 71
Kokillengußlegierung 36
Kokillenträger 74
Kolbenlegierungen 36
Kolbenlöten 198
Kolkverschleiß 237
Konstantspannungscharakteristik 127
Kontaktklebstoff 212, 216
Kontaktlänge 278

Kopierdrehen 258
Kornwerkstoff 280
Kosten, schleifzeitabhängige 296
Kraftbedarf (Fließpressen) 391
– (Drahtziehen) 396
– (Strangpressen) 388
Kraftlinienumlenkung (Kehlnaht) 188
Kraftwirkung 366
Kraterfülleinrichtung 150
Kreuzrändelung 101
Kristallform, globulare 20
–, prismatische 21
Kristallisation 15
Kristallseigerung 46
Kubisch kristallines Bornitrid 281
Kugelführungen 229
Kugelgraphit 26
Kühleisen 44
Kühlrippe 44
Kühlschmiermittel 294
Kupfergußwerkstoffe 36
Kupolofen 9
Kurzhubhonen 307
Kurzlichtbogen 157
Kurzlichtbogentechnik 161

L

Lagerbuchse 102
Lamellengraphit 24
Lamellenspan 239
Langhubhonen 307
Langlichtbogen 157
Längsschleifen 300
Längswalzen 368
Läppen 314
Läppkornart 318
Läppverfahren, Vorteile 315
Läppverfahren 318
Laserstrahl 354, 356
Leerlaufspannung 126
Leerlaufverluste 127
Legierungszone 198
Leistungsdichte 113
Lichtbogen 124
Lichtbogenformen 154
– (MSG) 156
Lichtbogenkennlinie 126
Lichtbogenspannung 126
Lichtbogenstabilität 125
Lochen 223
– (Schmiedestüc)k 378
Lochstechautomatik 346
Lochversatz 338
Lot 205
Lotformteil2 200
Lötbadlöten 198
Löteignung 195
Löten 195
Lüders-Linien 409
Lunker 41
Lunkerbildung 22
Lunkergefahr 76

M

MAG-Schweißen 161
Magnetformverfahren 66

MAK-Werte 61
Maskenformverfahren 59
Maßprägeflächen 422
Maßprägen 384
Maßtoleranzen 65
Materialanhäufung 76
Meehanite-Gußeisen 26
Mehrkomponenten-Klebstoff 215
Mehrlagentechnik 114
Messerkopffräser 330
Meßrastertechnik 410
Metall-Aktivgas-Schweißen 152
Metall-Inertgas-Schweißen 152
MIG-Schweißen 159
Mikrolunker 22
Mikroplasmaschweißen 163, 165
Modell, verlorenes 8
Modellgüteklassen 8
Modellsand 49
Modelltraube 63
Modultheorie 42
MSG-Schweißverfahren

N

Nachlinksschweißen 121
Nachrechtsschweißen 122
Nahtformverhältnis 170
Nahtkreuzung 192
Nahtvorbereitung 167
Naßgußformen 51
Naßputzverfahren 12
NC-Formdrehen 258
Neigungstoleranz 349
Neigungswinkel 235
Nennhandschweißbetrieb 128
Nichteisen-Gußwerkstoff 24
Niederdruck-Kokillengußverfahren 72
Niederhalterkraft 400
Novolake 59

O

Oberflächen-Vorbehandlung (Kleben) 215
Oberflächenbehandlung (Kleben) 213
Oberflächendiffusion 93
Oberflächenrauheit (Läppen) 316
– (Honen) 313
Ofenlöten 199
Orthogonalprozeß 237
Oxidationsverschleiß 250

P

Paralleldrahttechnik 168
Passivkraft 236
Paßfedernut 330
Pendellagentechnik 114
Penetration 38
Penetrieren 46
Phasenschnittsteuerung 130
Phenol-Kresol-Harz 59
Phosphatierverfahren (Bondern) 395
Pilgerschrittwalzen 368
Pilotstift 230
Pinch-Effekt 125, 160
PKD 248

Plan-Umfangsschleifmaschinen 299
Plandrehen 255
Plansenken 260
Plasma-Dickblechschweißen 165
Plasma-Pulverauftragschweißen 166
Plasma-Wasserinjektionsschneiden 352
Plasmaschneiden 351
Plasmaschweißen 124
Plasmastrahl 351
Plastometer 367
Plastosolklebstoff 214
Plateauhonen 313
Plattenführungsschneidwerkzeug 228
Plasma-Preßluftschneiden 352
Polierbearbeitung 320
Poliermittel 321
Polyadditionsklebstoff 213
Polymerisationsklebstoff 213
Prägen 383
Präzisionsguß 61
Pressen, isostatisches 92
Pressling 91
Preßbarkeit 91
Primärgefüge 17
Primärkristallisation (Schweißen) 115
Profilbohren 262
Profildrehen 257
Profilfräsen 268
Profilreiben 262
Profilschleifen 306
Profilsenken 262
Projizierstreckdrücken 406
Prozeßkette 3
Pufferschicht (Schweißen) 105
Pulverbrennschneiden 351
Pulvererzeugung 90
Pulvermarkieren 344
Pulvermetallurgie 88
Punktschweißen 175
– (Elektrodenkraft) 177
Punktschweißzange 182
Putzarbeit 12
Putzöffnung 81
PVD-Verfahren 244

Q

Qualitätssicherung 13
Quarzausdehnungsfehler 46
Quer-Strangpressen 389
Querschnittsübergang 97
Querwalzen 369

R

R-Elektrode 135
Rändeln 385
Randverformung (Biegen) 415
Rattermarke (Schleifen) 302
Rauheitsmaße (Schleifen) 291
Rauhtiefe, theoretische 257
Raumerfüllung 89
Räumnadellänge 332
Räumverfahren 274
Rechtwinkligkeitstoleranz 348
Regelung, innere 154
Reibahle 328

Reinigungswirkung 147
Reißrippen 44
Reißspan 239
Resonator, optisch 354
Rillenbreite 349
Rillentiefe 349
Rippen 84
Rippenkreuz 44
Rohranschluß 193
Rohrverbindung (Löten) 209
Rohrverbindungen (Kleben) 219
Rollennahtform 183
Rotguß 37
Rückfederung 414
Rückfederungsdiagramm 415
Rückfederungsfaktor 414
Rückwärts-Fließpressen 389
Rückzugskräfte (Stanzen) 227
Rundbiegen 413
Runddrehen 256
Rundheitsabweichung (Honen) 310
Rundverbindung (Löten) 207
Rundverbindungen (Kleben) 219
Rüttel-Preß-Abhebeformmaschine 54
Rüttel-Preß-Formmaschine 58

S

Sandform (verlorene Form)
Sandgußfehler 47
Sättigungsgrad 25
Saugbrenner (Injektorbrenner) 342
Säulenführungsschneidwerkzeug 228
Schablonenformen 52
Schälbeanspruchung (Kleben) 218
Schaumstoffmodell 64
Scherschneiden 223
Scherspan 239
Scherwiderstand 227
Scherwinkel 237
Scherzone 238
Scherzugfestigkeit (Punktschweißen)
    177
Schleifen 277
Schleifergebnis 291, 295
Schleifkraft 280, 292
Schleifmittel 282
Schleifscheibenauslauf 333
Schleifscheibendurchmesser,
    äquivalenter 279
Schleifscheibenoberfläche 280
Schleifscheibenspezifikation 282
Schleifscheibenunwucht 286
Schleifscheibenumfangsgeschwindigkeit
    284
Schleiftemperatur 293
Schleifverfahren (Einstellgrößen) 298
– (Einteilung) 297
Schleifwerkzeuge 284
Schleifwerkzeughärte 283
Schleudergießen 73
Schleuderstrahlputzmaschine 12
Schlichte 46
Schließkraft 67
Schlitzdüse 342
Schlüsselloch-Effekt 165

Schmelzbadsicherung 174
Schmelzklebstoff 212
Schmelzlöten 195
Schmelzpulver 172
Schmiedefehler (Stich) 421
Schmiedehammer 379
Schmiedemanipulator 379
Schmiedepressen 379
Schmiedetemperatur 378
Schmiermittel (Drahtziehen) 395
Schneidenabstand, effektiver 278
Schneidgeschwindigkeit 343
Schneidkeramik 246
Schneidkraft 227
Schneidplatte 249
Schneidspalt 226
Schneidstoff 243
Schneidverfahren, thermische 340
Schnellschneidpresse 231
Schnittbewegung 232
Schnittteilform 336
Schnittfläche 225
Schnittflächenqualität 347
Schnittfugenbreite (Laser) 356
Schnittkraft 226, 236
–, spezifische 254
Schnittkraftgesetz (Kienzle) 254
Schnittleistung 236
Schnittlinie 225
Schnittzeit 260
Schräg-Einstechschleifen 301
Schrägwalzen 371
Schraubdrehen 257
Schrumpfspannungen 16
Schrumpfung 40
Schülpen 46
Schüttsintern 91
Schwammlunker 45
Schweißbad 109
Schweißbarkeit 117
Schweißeignung 117
Schweißen 103
– (Werkstoff) 110
– (Leichtmetall) 151
– (Mechanisierungsgrad) 167
– (Sauberkeit) 106
Schweißfolgeplan 188
Schweißgleichrichter 129
Schweißkonstruktionen 187
Schweißlinse 176, 178
Schweißmöglichkeit 119
Schweißnaht (Zugänglichkeit) 191
– (Anhäufung) 192
– (Funktionsfläche) 189
– (Querschnittsübergang) 191
– (Wurzel) 190
Schweißnahtvorbereitung 175
Schweißöse 122
Schweißplattieren 105
Schweißposition 108, 143
Schweißpulver-Kennwerte 173
Schweißsicherheit 117
Schweißstabklasse 122
Schweißstoß 140
Schweißstromquelle 126, 131
Schweißumformer 128

Schweißverfahren 107
–, Einteilung 104
Schweißwärme 110
Schweißzeit 178
Schwenkbiegen 413
Schwerkraftgießen 10, 71
Schwindmaß, linear 42
Schwindmaße 41
Schwindung 40
– (Sintern) 89
Seigerung 46
Seitenschneider 230
Seitenschräge 420
Sekundärfensteröffnung 180
Selbstaushärtung 68
Selbstschärfbereich 290
Sicherheitsteil 13
Sicherheitsvorlage 121
Sieb-Kondensator 149
Siliciumcarbid (Schleifen) 281
Siliciumcarbid-Kornwerkstoff 282
Sinterfertigteile 88
Sinterlegierungen 94
Sintern 93
Sinterschwindung 92
Sinterstäbe 99
Sinterstahl 95
Sintertechnik 88
Sintertemperatur 93
Spaltüberbrückbarkeit 135
Spanart 239
Spanbildung 237
Spanen, Ordnungssystem 231
Spanfläche 234
Spanform 241
Spanformstufen 241, 260
Spannfläche 6, 326
Spannung-Dehnung-Schaubild 363
Spannungskreis, Mohrscher 363
Spannungsverhältnis (Walzspalt) 373
Spannvorrichtung (Schleifen) 285
Spanraumzahl 241
– (Räumen) 275
Spanungsdicke 254
Spanungsquerschnitt 234
Spanwinkel 235
Speiser 41
Sphäroguß 26
Spreizwerkzeug 407
Spritzgießen 8
Sprühlichtbogen 155
– (MIG) 159
Stabelektrode 123
Stabelektrodentyp 134
Stahlguß 31
–, austenitisch 31
–, hochlegiert 33
Standardvermögen 236
Standfläche 84
Standgröße 237
Standzeit 68
Standzeitgleichung 251
Stauchversuch 364
Steiger 41
Stempelecken 338
Stempelform-Fließpressen 392

Stempelversatz 339
Stengelkristalle 21
Stichabnahme 375
Stichbildung 421
Stichlochtechnik 165
Stichprobenprüfung 13
Stirnfräsen 266
Stopfenwalzwerk 371
Stoßart 140
Stoßverfahren 272
Strahlmittel 324
Strahlspanen 324
Stranggußbrammen 372
Strangpressen 385
Strangpreßfehler 388
Streckrichten (Strangpreßprofil) 407
Streckschmieden 376
Streckziehen 408
Strichkantenabtastung 345
Stromnebenanschluß 180
Suchstift 230
Syphonabstich 10

T

Tangential-Streckziehen 408
Taylor-Gerade 251
Teilungsgrat 7, 47
Temperaturerhöhung (Gleitziehen) 396
Temperaturverteilung (Spanen) 242
Temperguß, schwarz 29
–, weiß 29
Temperhartguß 28, 43
Texturen 409
Thyristoren 130
Tiefbohren 263
Tiefen mit elastischem Wirkmedium 408
Tiefziehen im Erstzug 399
Tiefziehen im Weiterzug 401
Titancarbid 244
Titannitrid 244
Toleranzklasse 350
Topfschleifscheibe 334
Topfzeit (Klebstoff) 215
Tränklegierung 95
Tränkwerkstoff 95
Transduktor 129
Transistorkaskade 130
Trennen 223
Tropfenübergang 125

U

Überlaufbohne 67
Ugine-Séjournet-Verfahren 386
Umbördeln 413
Umfangsfräsen 266
Umformarbeit 365
Umformgrad 362
Umformtemperatur 366
Umformverfahren, Vorteile 360
–, Einteilung 359
Umformwirkungsgrad 365
Umweltschutz 215
Unfallschutzbestimmung 120
Unrunddrehen 258

Unterkühlung 17
Unternahtriß 116
UP-Schweißen 166

V

Vakuumgießen 45
Verbindungsschweißen 104
Verbundgießen 49
Verbundkonstruktion 27
Veredeln der Schmelze 56
Verrippung 72
Versatz, Hohlfließpressen 420
Verschalungsbleche mit Randbördel 425
Verschleißgröße 237
Verschleißkurve 251
Verschleißquotient 294
Verschleißwirkung 249
Versetzung 361
Vertiefung, ausgezogene 424
Verzahnungsauslauf 101
Vibrationsschleifen 322
Vielkristall 361
Voll-Vorwärts-Strangpressen 385
Vollformgießen 64
Vorschubbegrenzung 229
Vorschubbewegung 233
Vorschubrichtungswinkel 233
Vorwärmen 116
Vorwärts-Fließpressen 390
Vorwölbungen (Scherschneiden) 227

W

Wachsausschmelzverfahren 61
Wachsmodell 63
Walzenvorschubeinrichtung 231
Wälzfräsen 267
Wälzschleifen 305
Walzspalt 372
Walzverfahren, Einteilung 368
Wanddickeneinfluß 27
Warmbreitband 372
Wärmebilanz (Schweißen) 167
Wärmeeinflußzone (WEZ) 112
Wärmeerzeugung, Widerstands-
    schweißen
Wärmeleitfähigkeit (Argon) 146
– (Schweißen) 110
Warmkammerverfahren 66
Warmriß 43
– (Gießen) 32
Warmrißneigung 56
Warmumformen 359
Wasserglas 58
Wasserstoff, Einfluß des 137
Weichlot 202
Weichlöten 202
Weißeinstrahlung 25
Wendelbohrertyp 264
Wendeschneidplatten 259
Werkstoffanhäufung, Winkelhebel 423
Werkstoffausnutzungsgrad 335, 337
Werkstoffeigenschaften in Gußstücken 23
Werkstoffübergang 125, 147

Werkstückdicke 109
Werkstückeigenschaft (Gießen) 5
Werkzeug-Auslauf 85
Werkzeugbezugssystem 235
Werkzeugeinstellwinkel 235
Werkzeugform (Drehen) 259
Werkzeugkosten 337
Werkzeugwinkel 235
WEZ (Wärmeeinflußzone) 113
Whisker 248
Widerstandschweißen 175
Widerstandspreßschweißen 175
Widerstandsschmelzschweißen 175, 187
Widerstandsstumpfschweißen 185
Widmannstättensches Gefüge 32
WIG-Impulslichtbogenschweißen 151
WIG-Verfahren 147

Winkbewegung 233
Wirktemperaturbereich 200
Wirkungsgrad 127
Wolframcarbid 244
Wolframelektrode 148
WPL-Schweißen 164
WPS-Schweißen 164
Wulststumpfschweißen 185
Wurzel, UP-geschweißt 170

Z

Zapfensenker 327
Zeitberechnung (Fräsen) 269
– (Planhobeln) 273
– (Räumen) 277

Zeitspanungsvolumen 234
Zeitspanvolumen 317
– (Schleifen) 278
Zementsand 52
Zerspankraft 236
Ziehstein 395
Ziehverhältnis 400
Zink-Druckgußlegierung 37
Zinkdruckguß 69
Zipfelbildung (Tiefziehen) 401
Zündhilfe 149
Zündstellen 116
Zuschnittermittlung (Karosserieteile) 403
– (Biegeteil) 416
Zwangslage 143
Zweiteilchenmodell 93